国外炼油化工新技术丛书

绿色化工

——催化、动力学和化工过程导论

[美]S. Suresh　S. Sundaramoorthy　著
孙亚楠　刘富余　许孝玲　陈艳红　等译

石油工業出版社

内 容 提 要

本书首先对绿色化工进行了简要介绍，突出了开发环境友好过程的必要性和绿色化学、反应工程在设计这些过程中的作用，然后介绍了化学动力学和催化的基本原理以及化学反应器的分类和形式，并对新的绿色反应器和 CFD 技术在绿色反应器建模中的应用进行了详细介绍，最后列举了一些绿色催化剂和绿色过程发展的案例。此外，本书还附有运用 MATLAB 软件开发的程序代码，可用于解决大量反应工程问题。

本书可供从事化工研究、技术开发及生产管理等方面的人员及高等院校相关专业师生阅读和参考。

图书在版编目（CIP）数据

绿色化工：催化、动力学和化工过程导论 /（美）S. 苏雷什，（美）S. 桑达姆尔斯著；孙亚楠等译. —北京：石油工业出版社，2019. 1

（国外炼油化工新技术丛书）

书名原文：Green Chemical Engineering：An Introduction to Catalysis，Kinetics，and Chemical Processes

ISBN 978-7-5183-2970-0

Ⅰ. ①绿… Ⅱ. ①S… ②S… ③孙… Ⅲ. ①化工过程-无污染技术 Ⅳ. ①TQ02

中国版本图书馆 CIP 数据核字（2018）第 249171 号

Green Chemical Engineering：*An Introduction to Catalysis*，*Kinetics*，*and Chemical Processes*
by S. Suresh and S. Sundaramoorthy
ISBN：978-1-4665-5883-0

北京市版权局著作权合同登记号：01-2016-9436

出版发行：石油工业出版社
（北京安定门外安华里 2 区 1 号　100011）
网　址：www. petropub. com
编辑部：（010）64523546　图书营销中心：（010）64523633
经　销：全国新华书店
印　刷：北京中石油彩色印刷有限责任公司

2019 年 1 月第 1 版　2019 年 1 月第 1 次印刷
787×1092 毫米　开本：1/16　印张：28. 5
字数：720 千字

定价：168. 00 元
（如出现印装质量问题，我社图书营销中心负责调换）

《绿色化工——催化、动力学和化工过程导论》

翻 译 组

组　长：孙亚楠

副组长：刘富余　许孝玲　陈艳红

成　员：韩东敏　于庆君　刘建伟　王　斌　吴一敏
陈　静　陈泰劭　苏远库　曲艺强　张艳红
刘成浩　王成秀　耿　强　孙晓彤　于百杰
王　超　孙金鹏　刘特林　孙楠楠　王影影
李士明　张娇玉　张　登　王　莉　陈　媛

译者前言

化学工业作为国民经济的支柱产业之一，其发展极大地推动了人类物质生产和生活的巨大进步。然而，化学工业在满足人们物质生活需求的同时，不可避免地会导致一些有害副产物（污染物）的生成和资源的消耗，给人类和自然环境带来有害影响。为解决这一问题，人们提出了“绿色化工”的概念。绿色化工是指在各种化工过程的设计、开发和操作中考虑环境影响并有效降低这些过程对环境不良影响的新方法。为此，笔者翻译了本书，希望本书的出版能够引导人们更加重视绿色化工生产，利用一些新技术和新方法从源头上减少或消灭污染，协调经济与环境的发展，促进化学工业的进一步发展。

本书共6章，包括动力学、催化和化学反应器以及绿色化工过程及应用等方面内容，由孙亚楠、刘富余、许孝玲和陈艳红等翻译完成，孙亚楠负责全书统稿。在本书翻译过程中，得到了孙敏、李艳峰、王成、高秀娥、孙爽、张伟营、李召凤、张伟、李雪英、许西珍等人的帮助，在此一并表示感谢！

限于译者水平有限，书中难免有疏漏之处，敬请读者批评指正。

原书前言

作为所有国家经济增长和发展的一个重要原动力，化学工业主要致力于生产有用的化工产品以满足人类高质量、高标准的生活需求。尽管人们普遍认为化学工业对财富的产生做出了重要贡献，但是化学工业也被认为是污染和环境退化的一个重要原因。化工企业将自然界中可再生和不可再生的化学资源转化为有用的化工产品，但该过程会产生有害的副产物，造成环境污染。这些活动产生的废物会缓慢地影响环境，如果任其发展下去，将会对人类的生存造成潜在的威胁。如果不减少这些活动对环境的影响或使这些活动对环境的影响最小化，经济增长和发展将难以为继。因此，人们对于新的环境友好（污染很小或无污染）的化工生产技术和方法的需求日益增长。绿色化工是指在各种化工过程的设计、开发和操作中考虑环境影响并有效降低这些过程对环境不良影响的新方法。绿色化工的主要目标是通过污染防治和最低限度地使用不可再生资源来实现可持续性。可持续性本质上是指在不损害后代满足自己需求能力的前提下满足当代需求。

化学反应器是所有化工产业中最重要的组成部分，是关键化学反应进行的场所。在化学反应器中，反应效率决定了化学过程产生废物的数量。因此，设计化学反应器以达到最佳性能是最大程度减少废物产生的关键。化学反应工程（CRE）提供了一种科学依据和方法，它将反应器性能量化为设计和操作变量的函数。因此，化学反应工程在绿色化工中发挥了关键作用。了解影响化学反应器性能的各种因素为设计的反应器达到最佳性能提供了良好的基础。影响反应器性能的因素包括：进料速率、反应器尺寸、操作温度和压力、动力学速率、传输速率、流体流动和混合模式、吸附特性、催化剂的孔结构和表面形貌等。反应器性能是所有这些因素间复杂的相互作用的结果。将这些因素的影响合并至反应器的设计需要高度复杂的计算工具，如CFD（计算流体力学）技术、先进的实验测量技术和计算机分子模拟工具。

在本书中，我们尝试将“化学反应工程”和“绿色化工”的概念相结合，突出“化学反应工程”在设计和开发环境友好的“绿色过程和绿色技术”中的作用。

第1章对绿色化工进行了简要介绍，突出了开发环境友好过程的必要性以及绿色化学、反应工程在设计这些过程中的作用。

第2章涵盖了化学动力学和催化的基本原理并对化学反应器的分类和形式进行了简要介绍。详细探讨了用于分析各类反应（不可逆反应和可逆反应、自催化反应、基元反应和非基元反应、串联反应和平行反应）速率方程的微分法和积分法，介绍了固体催化反应和酶催化生物化学反应两种反应速率方程的发展过程，并结合大量实例和已解决的问题，阐明了根据间歇反应器数据估算动力学参数的方法。

第3章涵盖了均相反应器的主要内容，包括理想反应器、非理想反应器和等温反应器。推导出理想均相反应器的显式设计方程，提出了多级反应器设计的图解法，探讨了连串平行反应和聚合反应均相反应器的设计，建立了非等温反应器和绝热反应器的优化设计方法，详细介绍了非理想反应器并突出各种非理想混合模式。所有概念均结合大量实例和已解决的问题进行说明。

第4章涵盖了多相反应器的主要内容，包括催化反应器和非催化反应器。提出了非催化气—固反应和非催化气—液反应的多种模型并得出总速率方程，推导出各种非催化反应器（流化床反应器、移动床反应器和固定床反应器）的显式设计方程、催化剂颗粒内反应的总速率方程（包括外部和内部传质、表面反应）以及大量催化反应器（固定床反应器、流化床反应器、浆态床反应器）的设计方程。结合已解决的问题阐明了催化反应器和非催化反应器的设计。

第5章对新的绿色反应器和计算流体力学技术在绿色反应器建模中的应用进行了概述。对大量新反应器，即微型反应器、微波反应器和旋转圆盘反应器进行了详细的论述，对计算流体力学技术及其在搅拌釜式反应器层流混合建模中的应用进行了简要介绍。

第6章涵盖了绿色催化剂和绿色过程发展的案例研究及应用。本章包括3

个案例研究，突出了绿色催化过程的发展及绿色催化剂在工业废物处理中的应用。

第2章至第4章包含大量已解决的问题和实践问题，有助于读者更好地理解本书涵盖的各种反应工程的概念。本书的一个重要特点是将MATLAB软件开发的程序用于解决大量反应工程问题，代码表收录在第2章至第4章的末尾。读者可以利用这些程序解决本书列出的各种问题，也可用于解决更高水平的问题。

本书包含的反应工程的概念可以作为本科生和研究生反应工程教学的有用参考资料。他们可在本书中查找到关于绿色化工的资料，对于理解绿色化工的基本概念和进一步从事本领域的研究会有所帮助。因此，本书主要聚焦于绿色化工领域的教学和研究。

目　录
CONTENTS

第1章 绪　　论

化学工程将化工产品从一种形式(原料，可再生或不可再生资源)转化为另一种形式(产品)，有助于人们满足对舒适生活的需求。该过程实现了原料向产品的转变，但不可避免地会导致一些有害副产物(污染物)的生成以及再生和不可再生资源的消耗。随着人口的不断增长以及经济增长带来的越来越富裕的生活水平，人们对有用化工产品(如水泥、糖、纸浆和纸张、药物、石油化工产品等)的需求日益增长。作为地球上人口最多的地区，预计到2025年，亚洲化工产品的生产能力相较于2000年会增长5~6倍。这将导致自然资源(如化石燃料和淡水)的快速消耗和环境污染水平的急剧加剧。如果任其发展下去，其对环境造成的长期和短期影响有可能威胁地球上生命的存在。

环境因素即E-factor，是指生产单位质量产品所产生的废物，它是衡量化学工业对环境影响的一个指标。表1.1列出了不同类型化学工业的E-factor值。与普遍观念相反，生产高附加值化工产品(如药物、精细化学品)的化学工业比炼油和大宗化学工业对环境的影响更大。

表1.1　不同类型化学工业的E-factor值

化学工业的分类	生产能力，t/a	E-factor(废物质量/产品质量)
炼油厂	$10^6\sim10^8$	0.1
大宗化学品	$10^4\sim10^6$	1~5
精细化学品	$10^2\sim10^4$	5~50
药物	$10\sim10^3$	25~100

从长远来看，以环境恶化为代价的经济增长和发展是无法持续的。因此，在经济增长和环境恶化之间寻求平衡的需求及必要性衍生出了可持续发展的概念。1987年，联合国世界环境与发展委员会将可持续发展定义为在不损害后代满足自己需求能力的前提下满足当代需求。Bakshi和Fiksel将可持续过程和产品定义如下：在为社会需求做出积极贡献和为企业创造长期利润的同时，将资源消耗和废物的产生维持在可接受的水平。因此，可持续发展涉及工业、社会和生态系统间的复杂相互作用。

尽管化学工业占所有发展中国家国内生产总值(GDP)的12%~15%，它还是常被社会认为是污染的主要来源和环境恶化的主要原因。因此，人们越来越希望通过发展和采用对环境更加友好的新的生产工艺和方法，使化学工程在环境保护中发挥重要作用。任何对环境友好的技术都被称为“绿色工艺”。绿色工艺是指原料和能源效率更高，通过使用可再生资源从源头上预防污染或使污染最小化而非在管道末端治理污染的可持续工艺。因此，人们认为化学品生产过程中产生的总污染是全球人口、人均消耗及过程效率降低的产物。任何试图通过政府规定控制这些因素的尝试都会导致社会和政治动荡及经济的不稳定，况且我们无法控制或减少人口增长或人均消耗。因此，减少污染或使污染最小化的唯一可行的选择就是开发新的工艺和过程，使其在原料和资源利用及废物生成最小化方面发挥更有效的作用。

1.1 绿色化学和绿色化工的原则

Paul Anastas 和 John Warner 在他们 1998 年出版的著作中引入了绿色化学的概念，并将其作为化学产品生产过程的设计原则——减少有害物质的使用或消除有害物质。绿色化学的创始人提出了 12 个基本原则，将其用于化工实践中有望开发出环保型产品和过程。绿色化学的 12 个基本原则如下：

(1) 预防废物产生：设计过程并在开始阶段预防废物的产生而非在废物产生后再处理或清理。

(2) 原子经济性最大化：人工合成或设计方法，使反应过程中使用的所有原料最大限度地转化为最终产物，从而使废物的产生最小化。选择一种替代合成路线或原料，将副反应产生的有害副产物降到最低限度。原子经济性的定义如下：

$$原子经济性=\frac{目标产物的分子质量}{所有产物分子质量的总和}$$

它被认为是一种衡量原料有效利用程度的手段。选择能够产生最大原子经济性的原料。例如，以苯或正丁烷为原料均可生产马来酸酐，相应的反应式如下：

$$2C_6H_6+9O_2 \rightarrow 2C_4H_2O_3+H_2O+4CO_2(以苯为原料)$$

$$C_4H_{10}+3.5O_2 \rightarrow C_4H_2O_3+4H_2O(以正丁烷为原料)$$

正丁烷路线的原子经济性为 57.6%，苯路线的原子经济性为 44.4%。因此，与苯相比，以正丁烷为原料生产马来酸酐更佳。选择一种原子经济性高的原料是设计环境友好化学过程的第一步。

(3) 设计危害更小的化学合成方法：设计合成方法使其利用和产生的物质对环境的毒性最小。

(4) 设计更安全的化学品和产品：设计对环境毒害污染最小的化学产品。

(5) 使用更安全的溶剂和助剂：减少会对环境造成污染的溶剂的使用。需要使用时，应采用对环境友好的溶剂。由此而论，作为对环境有毒溶剂的环保替代品，超临界 CO_2 ($scCO_2$) 和离子液体具有较大的潜力。

(6) 节能设计：设计能量效率更高的过程，从而使能源(燃料)的净消耗最小化并减少能源消耗对环境的影响。常温、常压过程消耗的能量更少，优于高温、高压体系。我们应该探索通过合适的过程和热集成来降低能源和原料消耗的可能性。将反应器和传质集成的新组合系统为节能化工过程的设计提供了大量机会。

(7) 使用可再生原料：尽可能选择可再生而非要枯竭的原料。以生物质为原料合成化学品是一条值得探索的替代路线。例如，对于己二酸的合成，以D-葡萄糖为原料的生物化学方法是一条替代以苯为原料的化学方法的环保路线。

(8) 减少或避免使用化学衍生物：我们应避免或最小限度地使用化学衍生物，因为在这些过程中需要添加试剂并进一步产生废物。

(9) 采用催化作用替代化学计量试剂：与使用化学计量试剂的合成过程相比，使用催化剂合成化学品产生的污染更少。因此，催化剂在环境友好化工过程的设计中发挥着关键作用。合理选择和设计固体催化剂可以明显减少废物的产生。

(10) 设计使用后可降解的化学品：设计使用后能够降解为无毒物质且不在环境中持续存在的化学品。例如，与塑料不同的是，作为其替代品使用的聚乳酸和聚羟基脂肪酸酯等生物高分子表现出优异的生物可降解性。

(11) 污染防治的实时分析：建立能够在有害物质生成前对其进行实时监测和控制的分析方法。

(12) 通过更安全的化学过程将事故的可能性降到最低：选择化工过程使用的物质，从而将化学事故包括泄漏、爆炸和火灾等的可能性降到最低。

1.2 化学反应工程——绿色化工的核心

任何化工厂都可看作一个由各个单元组成的系统，这些单元按照原料转变为最终产品所需加工步骤的特定顺序进行排列。化学工业的所有处理单元可大致分为3个部分：原料预处理部分、反应器部分和分离或净化部分。在这3个部分中，关键化学变化发生的反应器部分是化学处理的核心，反应器部分性能的任何改善都可能对污染防治产生重大影响。因此，化学反应工程在绿色化学处理中发挥着重要作用。尽管绿色化学的原则为绿色过程的发展提供了指导方针，但一个过程是否成功取决于反应器的选择、设计和操作。在大多数化学过程中，反应器的选择及操作对上游、下游所需分离单元的数目和类型影响很大，从而对环境产生深远影响。

化学反应工程提供了一种量化设计和操作变量对反应器性能影响的方法。以反应物转化率和产物选择性衡量的反应器性能受很多因素的影响，如进料速率、反应器尺寸、温度、动力学速率、传递速率、混合和流动形式。反应器性能的适当量化(建模)需要一种多尺度方法，涉及从微观到宏观(反应器长度，m)很大范围内的系统特性。因此，通过反应器的正确选择和操作预防污染需要解决这些尺度内的所有相关问题。在分子水平上，理解过程化学有助于获得最大的原子效率，理解复杂的反应机理有助于建立适当的动力学速率表达式并将其用于反应器设计，理解催化反应机理有助于设计催化剂以获得最高的选择性。在介观尺度上，理解流体在旋涡中的混合和传递、多相系统中的传递、催化剂颗粒孔内的传递以及局部传递对反应速率的影响对于设计具有最佳性能的反应器至关重要。在宏观尺度上，理解流体力学对反应器性能的影响对于反应器的放大和操作至关重要。因此，对于最佳性能反应器的设计，集成上述3个尺度(分子、介观和宏观)系统描述的多尺度反应器建模方法是必需的。

多尺度反应器建模和设计方法需要非常复杂且先进的计算工具和实验技术。反应器性能的适当量化需要我们对反应物如何通过流体混合来接触进行适当的描述。对于多相反应器，我们应当能够描述每一相的流动和混合形式。在传统反应器设计方法中，我们通常假设每一相为平推流或全混流，如果假设与实验现象不符，我们则假定一个轴向分散模型并调整模型参数(佩克莱数)以匹配实验测量。但是，对于具有复杂流体混合形式的新型非常规反应器的设计、放大及操作，传统方法缺乏可预测性。为了建立更真实的反应器模型，我们需要更好地描述流动、混合和相接触形式。在本书中，基于复杂计算流体力学(CFD)的模型能够更真实地把握和描述流体混合的复杂性。因此，对于新型反应器的设计，计算流体力学是一种重要的计算工具。但是，为了获得有关流体速度和湍流的信息以证实基于复杂计算流体力学的模型，我们需要复杂的实验测量技术。

催化剂的选择和设计对获得优异的反应器性能并使过程变得环境友好至关重要。为了获得最高的收率和选择性，我们可以专门筛选出适合某一特定用途的催化剂。先进的实验和计算模拟技术则用于研究表面拓扑结构、吸附特性、孔结构和传递性质，这些性质对设计具有必要性质的催化剂非常有用。新的催化剂设计结合先进的反应器设计技术可使任一过程变得经济可行且环境友好。

第2章　动力学和化学反应器概述

在化学工业中，化学反应器的设计和操作会极大地关系到其对周围环境的影响。了解各种反应并表征其动力学行为对化学反应器的最佳设计和操作十分重要。本章对化学动力学的基本概念、获得各种反应速率方程的方法、催化原理和催化反应动力学进行了概述，并简单介绍了反应器的类型和分类。

2.1　化学反应动力学

化学反应是指化合物(反应物)从一种形式转变为另一种形式(产物)的过程，转化的速率受多种因素的影响，如温度、压力等。化学动力学涉及化学反应速率表达式的建立。化学动力学的研究为反应器的工程设计提供了所需的数据和资料。本节将介绍化学动力学的一些基本原理。

2.1.1　反应速率

反应速率是衡量化学反应速率的一种方式。对于发生在固定体积为 V 的容器(间歇反应器)中的不可逆均相反应，其反应式如下：

$$a\mathrm{A}+b\mathrm{B}\rightarrow c\mathrm{C}+d\mathrm{D}$$

假设通过适当搅拌流体，保持反应器内条件不变。n_{A}、n_{B}、n_{C}和 n_{D}分别表示某一时间 t 时反应器中物质 A、B、C 和 D 的物质的量，$\mathrm{d}n_{\mathrm{A}}$、$\mathrm{d}n_{\mathrm{B}}$、$\mathrm{d}n_{\mathrm{C}}$和 $\mathrm{d}n_{\mathrm{D}}$分别表示 $\mathrm{d}t$ 时间内反应引起的物质 A、B、C 和 D 物质的量的变化。反应速率则定义为单位时间、单位体积内反应物或产物物质的量的变化。因此：

$$r_{\mathrm{A}}=\text{单位体积内反应物 A 的转化速率}=\frac{1}{V}\cdot\frac{\mathrm{d}n_{\mathrm{A}}}{\mathrm{d}t}$$

$$r_{\mathrm{B}}=\text{单位体积内反应物 B 的转化速率}=\frac{1}{V}\cdot\frac{\mathrm{d}n_{\mathrm{B}}}{\mathrm{d}t}$$

$$r_{\mathrm{C}}=\text{单位体积内产物 C 的生成速率}=\frac{1}{V}\cdot\frac{\mathrm{d}n_{\mathrm{C}}}{\mathrm{d}t}$$

$$r_{\mathrm{D}}=\text{单位体积内产物 D 的生成速率}=\frac{1}{V}\cdot\frac{\mathrm{d}n_{\mathrm{D}}}{\mathrm{d}t}$$

通过反应式的化学计量系数，可将参与反应的各个化学物质的反应速率关联如下：

$$r=\frac{(-r_A)}{a}=\frac{(-r_B)}{b}=\frac{(-r_C)}{c}=\frac{(-r_D)}{d} \tag{2.1}$$

通常，r 被称为比反应速率(非某一化学物质)，单位为 kmol/(m^3 · s)。对于恒容液相反应，反应速率可以用反应物 A 的浓度表示，其中 $C_A=n_A/V$，可得：

$$r_A=\frac{dC_A}{dt} \tag{2.2}$$

值得注意的是，对于反应物，r_A是负值，$(-r_A)$是正值。

2.1.2 转化程度

转化程度用于衡量反应物在特定时间内的转化率。n_{A0}和 n_{B0}分别表示体积为 V 的反应器内反应物 A 和 B 的初始物质的量，n_A和 n_B分别表示时间 t 后反应器中 A 和 B 的物质的量，A 物质的转化率则定义为一定时间内 A 转化的物质的量除以反应初始 A 的物质的量。因此：

$$x_A=\text{A 的转化率}=\frac{n_{A0}-n_A}{n_{A0}}=1-\left(\frac{n_A}{n_{A0}}\right)$$

类似地，

$$x_B=\text{B 的转化率}=\frac{n_{B0}-n_B}{n_{B0}}=1-\left(\frac{n_B}{n_{B0}}\right)$$

用 A 和 B 的浓度表示转化率，可写成：

$$x_A=1-\frac{C_A}{C_{A0}}\text{；}x_B=1-\frac{C_B}{C_{B0}} \tag{2.3}$$

其中，C_{A0}和 C_{B0}分别表示 A 和 B 的初始浓度，将式(2.2)中的 C_A用 $C_{A0}(1-x_A)$代替，以 x_A表示的速率方程 r_A为：

$$(-r_A)=C_{A0}\left(\frac{dx_A}{dt}\right) \tag{2.4}$$

2.1.3 速率方程

根据实验观察得到的质量作用定律，反应速率 r_A可表示为：

$$-r_A=kC_A^nC_B^m \tag{2.5}$$

式中 k——速率常数，kmol$^{(1-m-n)}$ · (m^3)$^{(m+n-1)}$ · s^{-1}；
n——A 的反应级数；
m——B 的反应级数。

式(2.5)被称为速率方程。n 和 m 分别称为 A 和 B 的反应级数，$(n+m)$称为反应的总级数。研究反应化学动力学的目的是为反应建立一个恰当的速率方程。在间歇或连续反应器内，以一种可控的方式进行给定反应，通过测量参与反应的各个化合物的浓度来观察反应进度。碰撞理论解释了质量作用定律的有效性。根据碰撞理论，化合物 A 和 B 之间的反应主要由 A 和 B 分子之间的碰撞引起，A 和 B 的浓度越高，其分子之间发生碰撞的概率越高。因此，反应速率随 A 和 B 浓度(C_A和 C_B)的升高而增大。反应介质的温度越高，分子的内能越高，分子间碰撞的强度越高，因此，反应速率随温度的升高而增大。温度对反应速率的影响可用阿伦尼乌斯方程表示，它描述了反应速率常数 k 与温度之间的关系，表示如下：

$$k = k_0 e^{-\Delta E/RT} \tag{2.6}$$

式中 k_0——指前因子；

ΔE——反应活化能；

R——气体常数；

T——温度，K。

因此，速率方程是温度和浓度的函数。

2.1.3.1 活化能和反应热

对于每个反应，参与反应的化合物的能级均会发生变化，能量的变化如能级图(图 2.1)所示。

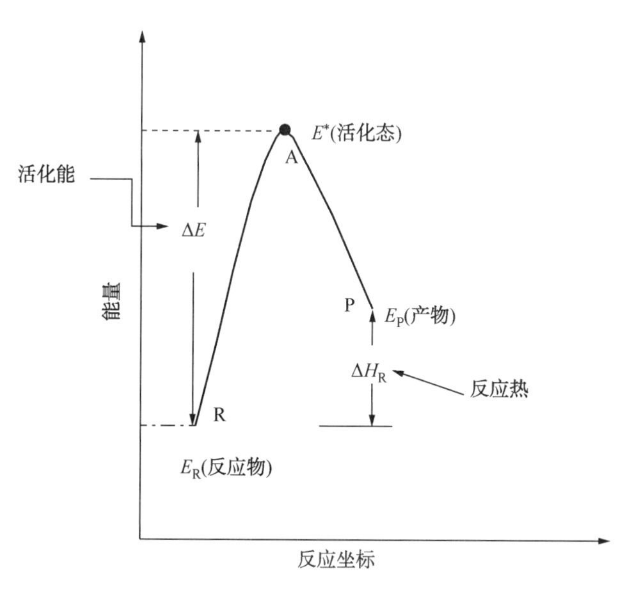

图 2.1 吸热反应能级图

处于某一能态 E_R(kJ/kmol，图中点 R)的反应物需要跨越一个高能活化态 E^*(kJ/kmol，图中点 A)后才能最终转化为处于能态 E_P(kJ/kmol，图中点 P)的产物，反应物到达活化态所需的能量称为活化能 ΔE，表示如下：

$$\Delta E = E^* - E_R,\ \text{kJ/kmol} \tag{2.7}$$

活化能 ΔE 也被称为能垒，反应物只有跨越此能垒才能转变为产物。ΔE(能垒)越高，反应速率越慢。化学反应的本征机理决定了活化能的量级，对于某些反应，活化能过高导致反应无法进行。化学反应引起的能量变化(焓)被称为反应热 ΔH_R，定义如下：

$$H_R = E_P - E_R，\ \text{kJ/kmol} \tag{2.8}$$

吸热反应是指产物比焓 E_P 高于反应物比焓 $E_R(E_P>E_R)$ 的反应，即反应热 ΔH_R 是正值的反应。吸热反应从反应介质吸收热量，因此需要不断的热量供给。相反，放热反应是指 E_P 低于 E_R 即反应热为负值的反应。放热反应向反应介质释放能量，图 2.2 为放热反应能级图。

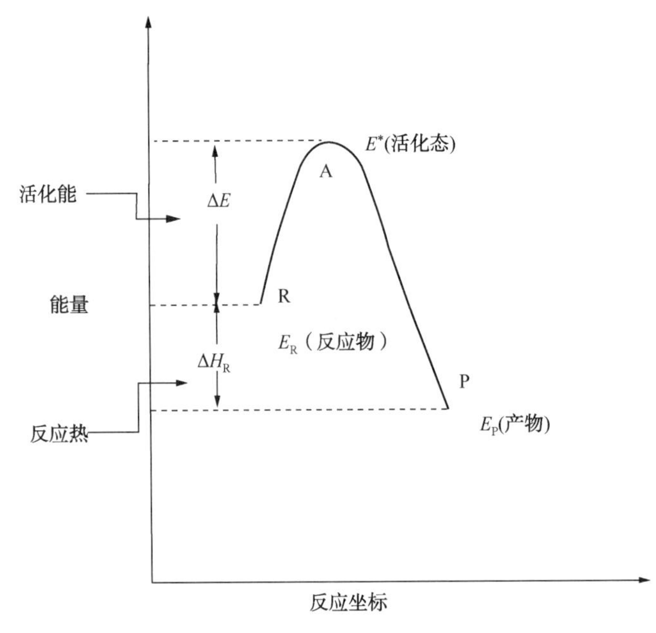

图 2.2　放热反应能级图

题 2.1

在间歇实验中，测定某 1 级反应在 4 个不同温度下的动力学速率常数 k 如下：

T，K	303	323	343	363
k，s^{-1}	0.071	0.189	0.510	0.991

计算活化能 ΔE。

解：

根据阿伦尼乌斯方程：

$$k = k_0 e^{-\Delta E/RT}$$

写成线性方程的形式，可得：

$$\ln k = \ln k_0 - \frac{\Delta E}{RT}$$

因此，以 k 对 $1/T$ 作图可得到一条直线(图 P2.1)，斜率 $m=-\Delta E/RT$，截距 $I=\ln k_0$。

$1/T$，K^{-1}	3.3×10^{-3}	3.1×10^{-3}	2.92×10^{-3}	2.75×10^{-3}
$\ln k$	-2.65	-1.67	-0.673	-0.009

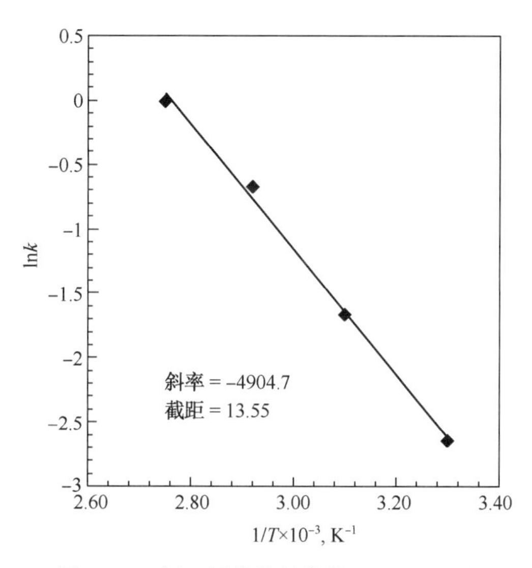

图 P2.1　用于活化能计算的 $\ln k$—$1/T$ 图

从图 P2.1 中可以看出：斜率 $m=-4904.7$，截距 $I=13.55$。

活化能 $\Delta E=-R\cdot m=8.314\times4904.7=40778$kJ/(kmol·K)；$k_0=e^I=764756$kJ/kmol。

注：参考 MATLAB 程序 cal_ active_ energy. m。

2.1.3.2　限制反应物

对于化合物 A 和 B 之间的化学反应 $aA+bB\rightarrow cC$，其速率方程为：

$$-r_A=kC_A^nC_B^m \tag{2.9}$$

如果反应物 A 和 B 的物质的量符合化学计量比，那么它们将完全转化为产物。

C_{B0}^*为 A 完全转化所需 B 的最小初始浓度，则：

$$C_{B0}^*=\frac{b}{a}C_{A0} \tag{2.10}$$

其中，C_{A0}为 A 的初始浓度。

假设反应物 B 的浓度远超过所需的最小浓度，即 $C_{B0}>>C_{B0}^*$，那么，反应物 A 而非反应物 B 会完全转化为产物。即使反应物 A 完全转化，反应器中仍有大量 B 未转化。由于 B 过量，与初始浓度 C_{B0}相比，其浓度的变化可以忽略不计。因此，C_B实际上可以看作一个常数，即 $C_B=C_{B0}$。速率方程(2.9)可以简化为：

$$-r_A=k'C_B^n \tag{2.11}$$

其中，$k'=kC_B^m$。

反应物 A 被称为限制反应物，其浓度 C_A 控制了反应速率。对于 A 和 B 之间的 2 级反应，速率方程为：

$$-r_A=kC_AC_B \tag{2.12}$$

如果反应物 B 过量且 A 为限制反应物，那么速率方程(2.12)可简化为：

$$-r_A=kC_A$$

此方程为 1 级速率方程，对应反应被称为准 1 级反应。

2.1.4 基元反应和非基元反应

基元反应是指反应物分子直接碰撞生成产物而不产生任何中间产物的一步反应。对于反应物 A 和 B 生成产物 C 的反应，化学计量方程为 $a\text{A}+b\text{B}\rightarrow c\text{C}$，A 的反应速率可写成：

$$-r_A=kC_A^nC_B^m \tag{2.13}$$

对于基元反应，其反应级数与化学计量系数一一对应。如果该反应为基元反应，那么 $n=a$，$m=b$，其速率方程为：

$$-r_A=kC_A^aC_B^b \tag{2.14}$$

非基元反应是指一步不能完成，需多步完成且每一步会生成中间过渡化合物的反应。将非基元反应分为若干基元反应步骤，据此可得到反应机理。对于非基元反应，反应级数与化学计量系数之间不存在一一对应关系。例如，对于反应：

$$H_2+Br_2\rightarrow 2HBr$$

由实验数据得到的速率方程为：

$$r_{HBr}=\frac{k_1\ C_{H_2}C_{Br_2}^{\frac{1}{2}}}{k_2+\left(\dfrac{C_{HBr}}{C_{Br_2}}\right)} \tag{2.15}$$

此速率方程与化学计量方程无任何对应关系。因此，H_2 和 Br_2 之间的反应是非基元反应。对于非基元反应，其速率方程的推导是一个试错过程，包括以下步骤：

(1) 将非基元反应分为若干基元反应步骤，假定一个反应机理。

(2) 根据质量作用定律，写出每个基元步骤的速率方程，联立方程，得到总速率方程。

(3) 将由此得到的速率方程与实验数据得到的速率方程对比，如果吻合，则提出的机理正确。否则，假定一个新的机理并重复上述步骤。

非基元反应速率方程的推导将在后面进行讨论(详见 2.1.10 节)。

2.1.5 可逆反应

可逆反应指既能向正反应方向进行，又能向逆反应方向进行的反应。以反应物 A 和 B 反应生成产物 C 和 D 的可逆反应为例，反应式如下：

$$aA+bB \underset{k_2^*}{\overset{k_1}{\rightleftharpoons}} cC+dD$$

反应分为正向反应步骤 1 和逆向反应步骤 2，假定均为基元反应步骤。对于正向反应，A 和 B 反应生成产物 C 和 D，正向反应速率为：

$$(-r_A)=k_1C_A^aC_B^b \tag{2.16}$$

其中，k_1为正向反应动力学速率常数。对于逆向反应，C 和 D 反应生成 A 和 B，逆向反应速率为：

$$r_A=k_2C_C^cC_D^d \tag{2.17}$$

其中，k_2为逆向反应动力学速率常数。A 的净反应速率为：

$$(-r_A)=k_1C_A^aC_B^b-k_2C_C^cC_D^d \tag{2.18}$$

可逆反应的一个例子是 H_2和 N_2反应生成 NH_3，反应式如下：

$$N_2+3H_2 \rightleftharpoons 2NH_3$$

然而，该反应是非基元反应。当正向反应速率与逆向反应速率相等时，可逆反应达到平衡。因此，当反应平衡时，净反应速率$(-r_A)$为 0。以 C_{Ae}、C_{Be}、C_{Ce}和 C_{De}分别表示 A、B、C 和 D 的平衡浓度，那么，$k_1C_{Ae}^aC_{Be}^b=k_2C_{Ce}^cC_{De}^d$。平衡常数 K 定义如下：

$$K=\left(\frac{k_1}{k_2}\right)=\left(\frac{C_{Ce}^cC_{De}^d}{C_{Ae}^aC_{Be}^b}\right) \tag{2.19}$$

平衡常数 K 是指正反应速率常数 k_1和逆反应速率常数 k_2的比值，温度对其的影响用范特霍夫方程表示如下：

$$\frac{d}{dT}\ln K=\left(\frac{\Delta H_R}{RT^2}\right) \tag{2.20}$$

其中，ΔH_R是反应热。

利用范特霍夫方程可得到反应温度下的平衡常数 K，求解方程(2.19)，计算得到 A 的平衡转化率 x_A。

将范特霍夫方程中的 K 用 k_1/k_2代替，对 T 积分可得：

$$\ln\frac{k_1}{k_2}=\frac{\Delta H_R}{RT}+\ln C \tag{2.21}$$

其中，$\ln C$ 是积分常数，方程(2.21)可表示如下：

$$\frac{k_1}{k_2}=C_e-\frac{\Delta H_R}{RT} \tag{2.21a}$$

如果 ΔE_1和 ΔE_2分别为正、逆反应的活化能，k_1和 k_2的阿伦尼乌斯方程表示如下：

$$\left.\begin{aligned} k_1 &= k_{10} e^{-\frac{\Delta E_1}{RT}} \\ k_1 &= k_{20} e^{-\frac{\Delta E_2}{RT}} \end{aligned}\right\} \tag{2.22}$$

其中，k_{10}和k_{20}分别为正、逆反应的指前因子，以式(2.22)代替式(2.21a)中的k_1和k_2，可得：

$$\Delta H_R = \Delta E_1 - \Delta E_2 \tag{2.23}$$

图2.3所示为可逆吸热反应和可逆放热反应的能级图。对于吸热反应，$\Delta E_1 > \Delta E_2$；对于放热反应，$\Delta E_1 < \Delta E_2$。在给定温度下，吸热反应的产物比放热反应的产物更易于转变为反应物。

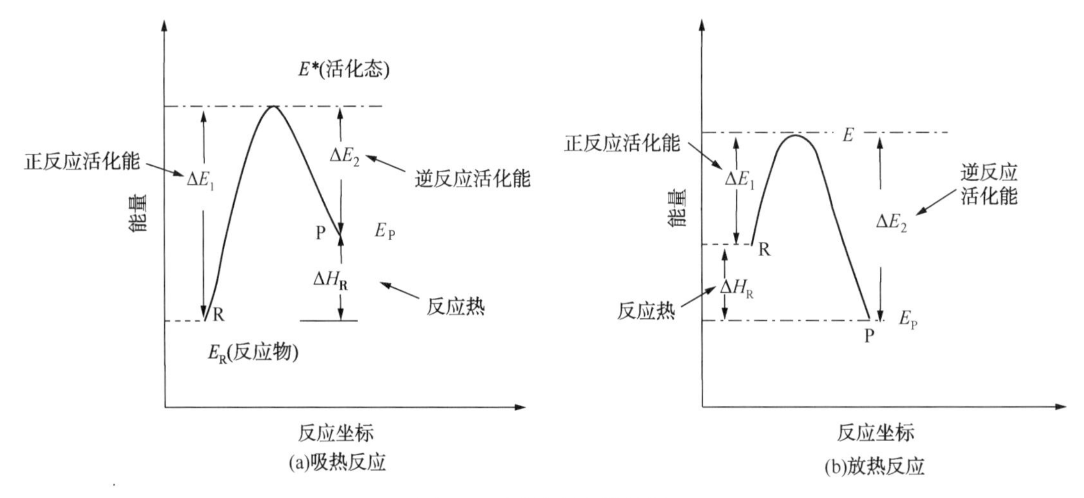

图2.3 可逆反应能级图

2.1.6 根据间歇反应器数据确定单一反应的速率方程

速率方程描述了给定反应物浓度和反应温度下化学反应的速率，为化学反应器的设计提供了必要的数据。在固定体积V、固定温度的间歇反应器中进行给定反应，通过记录限制反应物浓度随时间的变化来观察反应进程，从而确定速率方程。对于在恒容间歇反应器中进行的不可逆反应A→B(图2.4)，反应器的体积为V，A的初始浓度为C_{A0}，通过搅拌反应器中的流体维持整个反应器中反应条件一致，C_A为任一时刻t时反应器中A的浓度，假设限制反应物A的速率方程可写为：

$$(-r_A) = kC_A^n \tag{2.24}$$

式中 k——反应速率常数；

n——反应级数。

对间歇反应器中非稳态下的A进行物料平衡计算，可得：

$$\begin{aligned} &\{A\text{进入反应器的流速}\} = \{A\text{离开反应器的流速}\} + \{\text{反应器中}A\text{的转化率}\} \\ &\quad + \{\text{反应器中}A\text{的积累速率}\} \end{aligned} \tag{2.25}$$

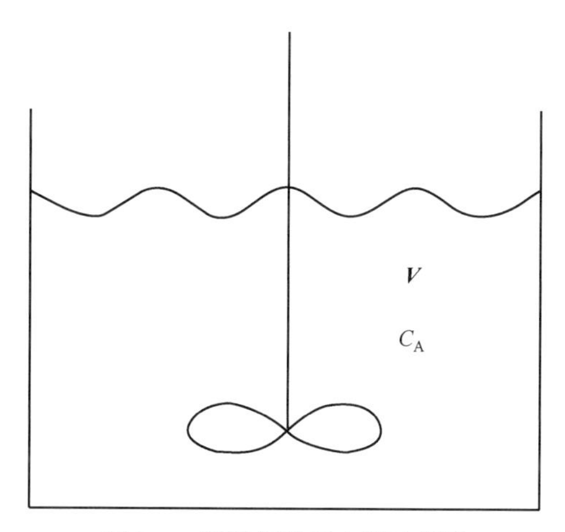

图 2.4　恒容间歇反应器示意图

$$\{\text{反应器中 A 的转化率}\} = (-r_A)V \tag{2.26}$$

$$\{\text{反应器中 }A\text{ 的积累速率}\} = \frac{d(C_A V)}{dt} = V\frac{dC_A}{dt} \tag{2.27}$$

将式(2.26)和式(2.27)代入总物料平衡方程(2.25)，可得：

$$-\left(\frac{dC_A}{dt}\right) = (-r_A) \tag{2.28}$$

求解方程(2.28)可得 C_A 随时间变化的速率方程。对于给定反应，根据观察或测量的不同时间的 C_A 数据可反推出速率方程。图 2.5 为根据间歇反应器中实验所得数据绘制的 C_A 随 t 的变化曲线。

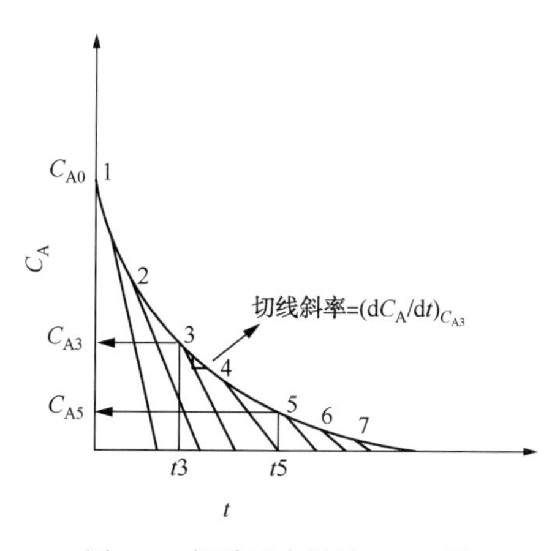

图 2.5　间歇反应器的 C_A—t 图

C_A—t 变化曲线为一条平滑曲线，曲线上的各点与实验数据一一对应。选取曲线上 N 个离散点(记为 1，2，3，…，N)，分别作切线，确定其斜率，据此得到各个点(1，2，3，…，N)对应浓度(C_{A1}，C_{A2}，C_{A3}，…，C_{AN})处的导数$-dC_A/dt$，从而得到各个浓度(C_{A1}，C_{A2}，C_{A3}，…，C_{AN})时的反应速率$-r_A$。对速率方程(2.24)两边取对数可得：

$$\ln(-r_A)=\ln k+n\ln C_A \tag{2.29}$$

写成直线形式为 $y=a_0x+a_1$，其中 $y=\ln(-r_A)$，$x=\ln C_A$，$a_0=n$，$a_1=\ln k$。

因此，根据实测数据得到的 $\ln(-r_A)$—$\ln C_A$ 为一条斜率为 n，截距为 $\ln k$ 的直线(图 2.6)。

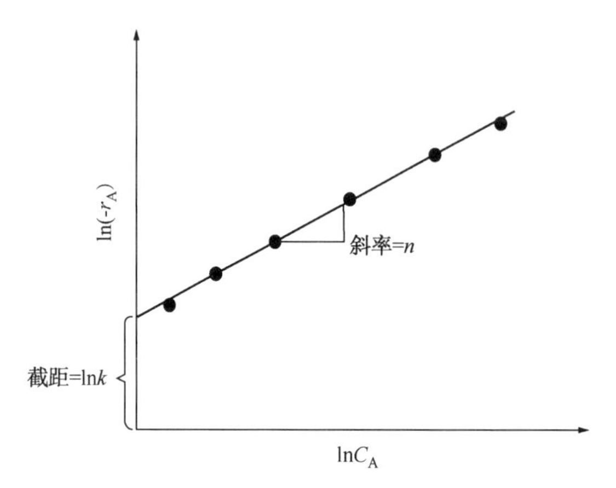

图 2.6　用于动力学参数估算的 $\ln(-r_A)$—$\ln C_A$ 图

根据直线的斜率和截距可确定 k 和 n 的值。或者，通过线性回归(见附录 2A)将实验测得数据拟合得到直线方程 $y=a_0x+a_1$，进而确定动力学参数 k 和 n 的值。这种基于导数 dC_A/dt 确定速率方程的方法称为微分法，由于实验数据易产生测量误差，此方法所得结果不准确。相比之下，积分法可减小测量误差，结果更加准确。对于不同级数的反应，对方程(2.28)两边积分即得速率方程的积分形式。假设反应级数为 n(分别取 $n=1$，2，…)，积分得到对应的速率方程表达式，将实验数据依次代入，直至找到最适合的方程，对应的反应级数和速率常数即为 k 和 n。积分法是一种不断试错的方法，每次尝试均需假设一个反应级数 n，n 越接近，计算动力学参数需要尝试的次数越少。在后续内容中，我们将给出一种简单的图解法，用于估算反应级数 n 和 k 合适的初始猜测值。

2.1.6.1　图解法估算 k 和 n

将 $(-r_A)=kC_A^n$ 代入式(2.28)可得：

$$\left(\frac{dC_A}{dt}\right)=-kC_A^n \tag{2.30}$$

对式(2.30)积分得：

$$\int_{C_{A0}}^{C_A}\frac{dC_A}{C_A^n}=-k\int_0^t dt \tag{2.31}$$

$$\frac{1}{n-1}\left[\frac{1}{C_A^{n-1}}-\frac{1}{C_{A0}^{n-1}}\right]=kt \tag{2.32}$$

整理可得：

$$y=\frac{1}{[1+(n-1)k't]^{\frac{1}{n-1}}} \tag{2.33}$$

其中

$$y=\frac{C_A}{C_{A0}};\ k'=kC_{A0}^{n-1} \tag{2.34}$$

利用间歇反应器中实验得到的 C_A—t 数据绘制 y—t 图(图 2.7)。在 $t=0$(曲线上点 P)处作切线，与 t 轴相交于 $t=t_1$，取 t_1对应的 y 值为 y_1，在点(t_1，y_1)处作切线，与 t 轴相交于 $t=t_2$。$t=0$ 处切线的斜率为$(\mathrm{d}y/\mathrm{d}t)|_{t=0}$。对 t 求导可得：

$$\left(\frac{\mathrm{d}y}{\mathrm{d}t}\right)=-k'[1+(n-1)k't]^{-\left(\frac{n}{n-1}\right)} \tag{2.35}$$

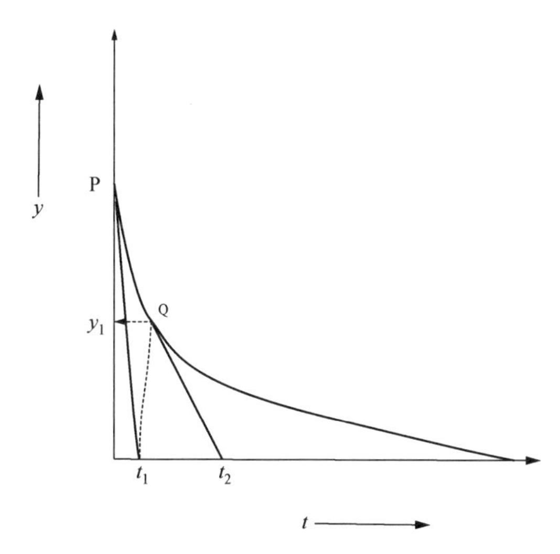

图 2.7 间歇反应器的 y—t 图

由图 2.7 可知，当 $t=0$ 时，$(\mathrm{d}y/\mathrm{d}t)|_{t=0}=-k'$，对应切线斜率为$-(1/t_1)$，代入式(2.35)得：

$$t_1=\frac{1}{k'} \tag{2.36}$$

将式(2.33)代入式(2.35)中的 y 可得：

$$\left(\frac{\mathrm{d}y}{\mathrm{d}t}\right)=-k'y^n \tag{2.37}$$

将 $y=y_1$，$t=t_1$代入式(2.37)得：

$$\left.\left(\frac{\mathrm{d}y}{\mathrm{d}t}\right)\right|_{t=t_1}=-k'y_1^n \tag{2.38}$$

从图 2.7 中可以看出，$t=t_2$处切线的斜率为$-y_1/(t_2-t_1)$，可得：

$$\frac{y_1^n}{t_1}=\frac{y_1}{(t_2-t_1)}$$
$$y_1^{n-1}=\frac{t_1}{(t_2-t_1)} \tag{2.39}$$

对式(2.39)两边取对数，可得 n 的表达式为：

$$n=1+\frac{\ln\left[\frac{t_1}{(t_2-t_1)}\right]}{\ln y_1} \tag{2.40}$$

根据 $k'=kC_{A0}^{n-1}$，$k'=1/t_1$可得 k 的表达式为：

$$k=\frac{1}{t_1C_{A0}^{n-1}} \tag{2.41}$$

注意：此方法不适用于 1 级反应($n=1$)。当采用本节提出的过程估算得到的 k 和 n 与初始猜测值相近时，可取。采用积分法估算的 k 和 n 更准确。

2.1.6.2 估算反应物 A 和 B 间反应的动力学参数

对于反应物 A 和 B 间的反应 $a\text{A}+b\text{B}\rightarrow c\text{C}$，其速率方程为：

$$(-r_A)=kC_A^nC_B^m \tag{2.42}$$

假设此反应在间歇反应器中进行且 B 过量，即 $C_B=C_{B0}$。那么，式(2.42)可简化为以限制反应物 A 表示的 n 级速率方程：

$$(-r_A)=k'C_A^n \tag{2.43}$$

其中

$$k'=kC_{B0}^m \tag{2.44}$$

在间歇反应器中进行反应，B 取不同的初始浓度，令 $C_B=C_{B0}^1$，C_{B0}^2，…，C_{B0}^N。对于每一个 C_{B0}值，记录 C_A随时间的变化。图 2.8 所示为不同 C_{B0}下 C_A随 t 的变化曲线。

根据不同 B 的初始浓度($C_B=C_{B0}^1$，C_{B0}^2，…，C_{B0}^N)下的 C_A—t 曲线计算 k'和 n。令 $k'=k'_1$，k'_2，k'_3，…，k'_N，对式(2.44)两边取对数，可得：

$$\ln k'=\ln k+m\ln c_{B0} \tag{2.45}$$

$\ln k'$—$\ln C_{B0}$为一条直线，斜率为 m，截距为 $\ln k$。作 $\ln k'$—$\ln C_{B0}$(图 2.9)，得到直线的斜率和截距，进而得到 m 和 k。

2.1.7 一些单一反应速率方程的积分形式

采用积分法估算速率方程的动力学参数时，需要对式(2.28)进行积分，从而得到速率

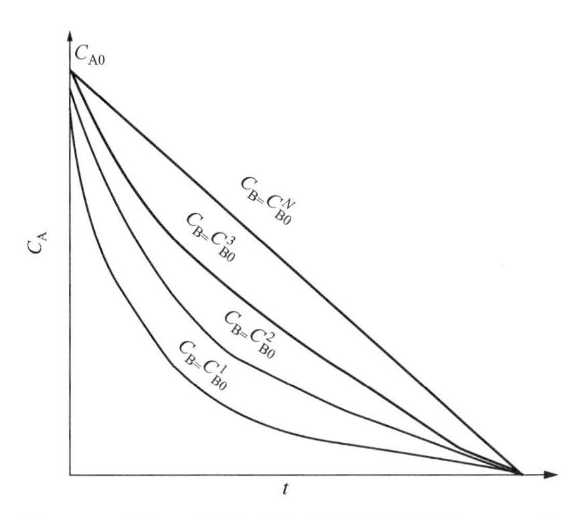

图 2.8 不同 C_{B0} 下用于动力学参数估算的 C_A—t 图

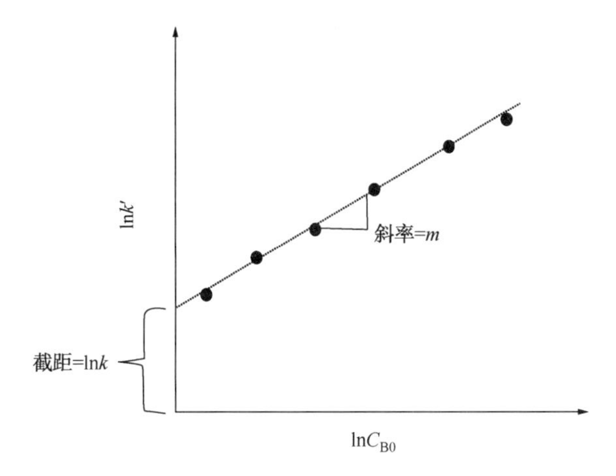

图 2.9 用于动力学参数估算的 $\ln k'$—$\ln C_{B0}$ 图

方程的积分形式。在本节中，我们将对一些单一反应速率方程的积分形式进行推导。

2.1.7.1 1 级反应

对于在体积为 V 的间歇反应器中进行的 1 级反应 $A \xrightarrow{k} B$，C_{A0} 为反应物 A 的初始浓度，其速率方程为 $(-r_A)=kC_A$，代入式(2.28)可得：

$$\frac{dC_A}{dt}=-kC_A \tag{2.46}$$

对式(2.46)两边积分可得：

$$\int_{C_{A0}}^{C_A}\frac{dC_A}{C_A}=-k\int_0^t dt \tag{2.47}$$

$$\ln\left(\frac{C_A}{C_{A0}}\right)=-kt \tag{2.48}$$

用转化率 x_A 表示 C_A，则 $C_A = C_{A0}(1-x_A)$，代入式(2.48)可得 1 级反应速率方程的表达式为：

$$kt = \ln\left(\frac{1}{1-x_A}\right) \tag{2.49}$$

以 $\ln[1/(1-x_A)]$ 对 t 作图，得到一条过原点、斜率为 k 的直线(图 2.10)，通过测定直线的斜率可得 k 值。

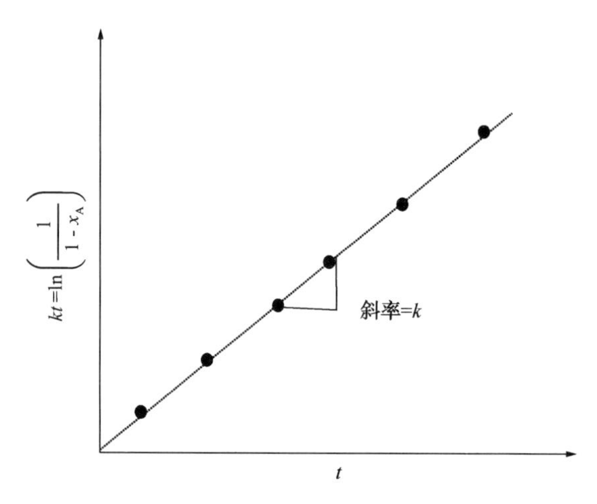

图 2.10　1 级反应速率方程积分图

反应的半衰期指限制反应物的浓度 C_A 减小到初始浓度 C_{A0} 的一半时所需要的时间。将 $C_A = C_{A0}/2$ 和 $t = t_{1/2}$ 代入式(2.48)可得：

$$t_{1/2} = \frac{1}{k}\ln 2 \tag{2.50}$$

因此，已知 1 级反应的半衰期 $t_{1/2}$，根据式(2.50)可得 k 值。

2.1.7.2　2 级反应

对于 2 级反应 $2A \xrightarrow{k} B$，其速率方程为 $(-r_A) = kC_A^2$，代入式(2.28)可得：

$$\frac{dC_A}{dt} = -kC_A^2 \tag{2.51}$$

对式(2.51)两边积分可得：

$$\int_{C_{A0}}^{C_A} \frac{dC_A}{C_A^2} = -k\int_0^t dt \tag{2.52}$$

$$\left(\frac{1}{C_A} - \frac{1}{C_{A0}}\right) = kt \tag{2.53}$$

用转化率 x_A 表示 C_A，则 $C_A = C_{A0}(1-x_A)$，代入式(2.53)可得 2 级反应速率方程的表达式为：

$$kt=\frac{1}{C_{A0}}\left(\frac{x_A}{1-x_A}\right) \tag{2.54}$$

以 $\frac{1}{C_{A0}}\left(\frac{x_A}{1-x_A}\right)$ 对 t 作图，得到一条过原点、斜率为 k 的直线(图 2.11)，通过测定直线的斜率可得 k 值。

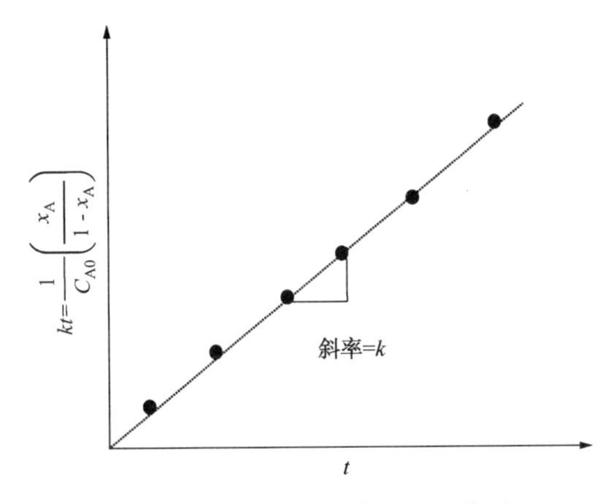

图 2.11 2 级反应速率方程积分图

半衰期表达式为：

$$t_{1/2}=\frac{1}{kC_{A0}} \tag{2.55}$$

2.1.7.3 3 级反应

对于 3 级反应 $3A \xrightarrow{k} B$，其速率方程为 $(-r_A)=kC_A^3$，代入式(2.28)可得：

$$\frac{dC_A}{dt}=-kC_A^3 \tag{2.56}$$

对式(2.56)两边积分可得：

$$\left(\frac{1}{C_A^2}-\frac{1}{C_{A0}^2}\right)=2kt \tag{2.57}$$

将 $C_A=C_{A0}(1-x_A)$ 代入式(2.57)可得：

$$kt=\frac{1}{2C_{A0}^2}\left[\frac{1}{(1-x_A)^2}-1\right] \tag{2.58}$$

以 $\frac{1}{2C_{A0}^2}\left[\frac{1}{(1-x_A)^2}-1\right]$ 对 t 作图，得到一条过原点、斜率为 k 的直线(图 2.12)。

半衰期表达式为：

$$t_{1/2}=\frac{3}{2kC_{A0}^2} \tag{2.59}$$

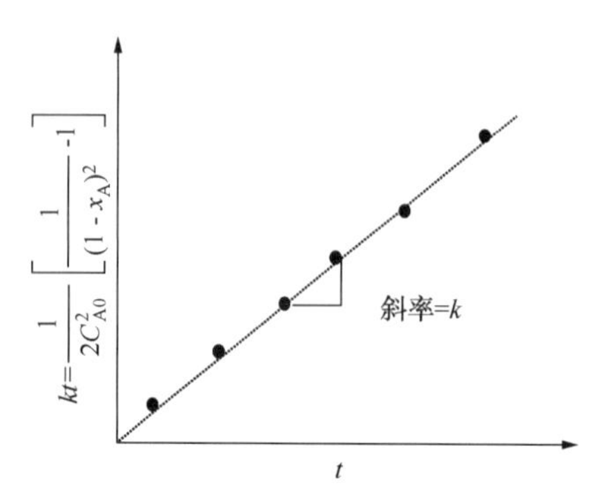

图 2.12　3 级反应速率方程积分图

2.1.7.4　A 和 B 间的 2 级不可逆反应

对于反应物 A 和 B 间的不可逆反应 $A+B\xrightarrow{k}C+D$，其速率方程为：

$$(-r_A)=kC_AC_B \tag{2.60}$$

令 C_{A0} 和 C_{B0} 分别为间歇反应器中 A 和 B 的初始浓度，定义：

$$M=\frac{C_{B0}}{C_{A0}} \tag{2.61}$$

由于 $(C_{A0}-C_A)=(C_{B0}-C_B)$，可得：

$$C_B=C_{B0}-C_{A0}+C_A=C_{A0}(M-1)+C_A \tag{2.62}$$

将式(2.62)代入式(2.28)中的 C_B，可得：

$$\frac{dC_A}{dt}=-kC_A[C_{A0}(M-1)+C_A] \tag{2.63}$$

积分得：

$$\int_{C_{A0}}^{C_A}\frac{dC_A}{[C_{A0}(M-1)+C_A]}=-k\int_0^t dt \tag{2.64}$$

分离常数，对式(2.64)积分得：

$$kt=\frac{1}{C_{A0}(M-1)}\ln\left[\frac{C_{A0}(M-1)+C_A}{MC_A}\right] \tag{2.65}$$

将 $C_A=C_{A0}(1-x_A)$ 代入可得：

$$kt=\frac{1}{C_{A0}(M-1)}\ln\left[\frac{M-x_A}{M(1-x_A)}\right] \tag{2.66}$$

以 $\frac{1}{C_{A0}(M-1)}\ln\left[\frac{M-x_A}{M(1-x_A)}\right]$ 对 t 作图，得到一条过原点、斜率为 k 的直线(图 2.13)。

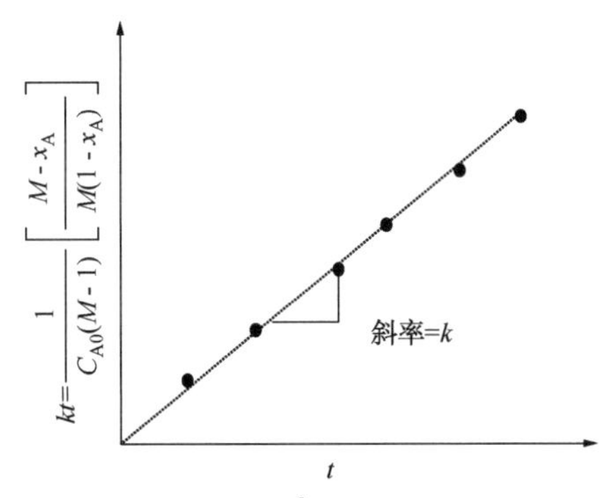

图 2.13 反应 $A+B \xrightarrow{k} C+D$ 速率方程积分图

半衰期表达式为:

$$t_{1/2}=\frac{1}{kC_{A0}(M-1)}\ln\left[\frac{2M-1}{M}\right] \tag{2.67}$$

注意: 当 $M=1$ 时, 式(2.66)和式(2.67)可简化为 2.1.7.2 节中 2 级反应的积分式(2.54)和积分式(2.55)。

2.1.7.5 1 级可逆反应

对于 1 级可逆反应 $A \underset{k_2}{\overset{k_1}{\rightleftharpoons}} B$, 其速率方程为:

$$-r_A=k_1C_A-k_2C_B \tag{2.68}$$

令 C_{Ae} 和 C_{Be} 分别为 A 和 B 的平衡浓度, 那么, 平衡常数 K 的表达式为:

$$K=\frac{k_1}{k_2}=\frac{C_{Be}}{C_{Ae}} \tag{2.69}$$

令 C_{A0} 为 A 的初始浓度, 由于 $(C_{A0}-C_A)=C_B$, 那么:

$$C_{A0}=C_A+C_B=C_{Ae}+C_{Be} \tag{2.70}$$

联立式(2.69)和式(2.70)可得:

$$C_{Ae}=\frac{C_{A0}}{1+K} \tag{2.71}$$

$$C_B=(1+K)C_{Ae}-C_A \tag{2.72}$$

将式(2.69)代入式(2.68)可得:

$$-r_A=k_1\left(C_A-\frac{C_B}{K}\right)$$

$$-r_A=k_1\left\{C_A-\frac{1}{K}[(1+K)C_{Ae}-C_A]\right\} \tag{2.73}$$

$$-r_A=\frac{k_1(1+K)}{K}(C_A-C_{Ae})$$

将式(2.73)代入式(2.28)中的($-r_A$)，积分可得：

$$\int_{C_{A0}}^{C_A} \frac{dC_A}{(C_A - C_{Ae})} = -\frac{k_1(1+K)}{K} \int_0^t dt \tag{2.74}$$

化简得：

$$\frac{k_1(1+K)}{K} t = \ln\left(\frac{C_{A0} - C_{Ae}}{C_A - C_{Ae}}\right) = \ln\left[\frac{KC_{A0}}{(1+K)C_A - C_{A0}}\right] \tag{2.75}$$

以 $\ln\left[\frac{KC_{A0}}{(1+K)C_A - C_{A0}}\right]$ 对 t 作图，得到一条过原点、斜率为 $\frac{k_1(1+K)}{K}$ 的直线(图 2.14)。通过测定直线的斜率可得速率常数 k_1。

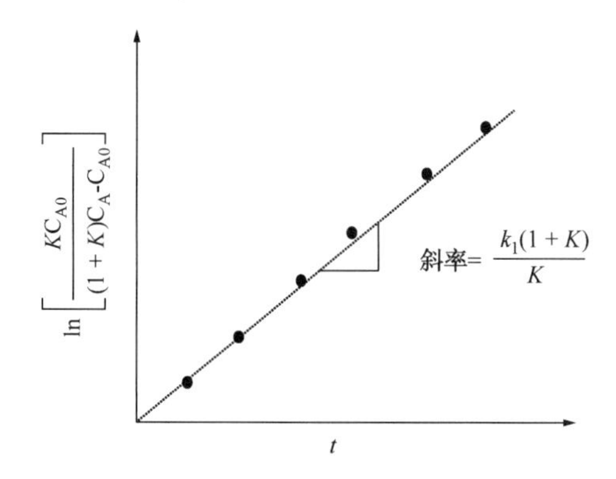

图 2.14　可逆反应速率方程积分图

半衰期表达式为：

$$t_{1/2} = \frac{k}{k_1(1+K)} \ln\left(\frac{2k}{K-1}\right) \tag{2.76}$$

2.1.7.6　0 级反应

对于反应 A $\xrightarrow{k}$ B，由于反应物 A 大量过量，反应过程中其浓度的变化可忽略不计。在这种情况下，速率方程与 A 的浓度 C_A 无关，且反应为 0 级反应，那么：

$$\frac{-dC_A}{dt} = k \tag{2.77}$$

其中，k 为速率常数，对式(2.77)积分可得：

$$C_{A0} - C_A = kt \tag{2.78}$$

将 $C_A = C_{A0}(1-x_A)$ 代入式(2.78)可得：

$$kt = C_{A0} x_A$$

以 $C_{A0}x_A$ 对 t 作图，得到一条斜率为 k 的直线(图 2.15)。

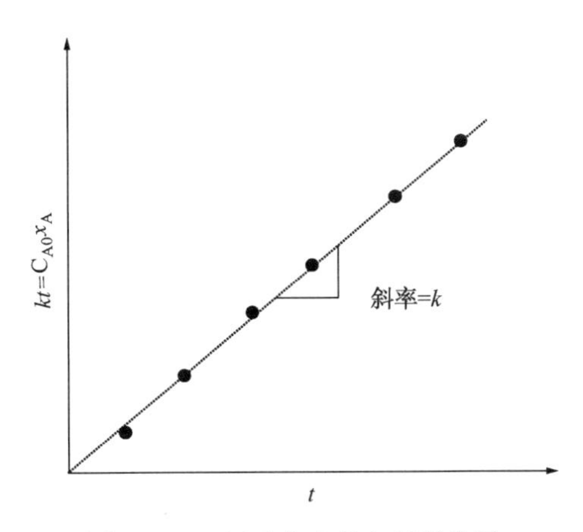

图 2.15 0 级反应速率方程积分图

0 级反应的半衰期为：

$$t_{1/2}=\frac{C_{A0}}{2k} \tag{2.79}$$

总结不同类型反应速率方程的积分式并列于表 2.1。

表 2.1 速率方程积分式

反应	速率方程	速率方程的积分式	半衰期 $t_{1/2}$
0 级反应 $A\xrightarrow{k}B$	$(-r_A)=k$	$kt=C_{A0}x_A$	$t_{1/2}=\frac{C_{A0}}{2k}$
1 级反应 $A\xrightarrow{k}B$	$(-r_A)=kC_A$	$kt=\ln\left(\frac{1}{1-x_A}\right)$	$t_{1/2}=\frac{1}{k}\ln 2$
2 级反应 $2A\xrightarrow{k}B$	$(-r_A)=kC_A^2$	$kt=\frac{1}{C_{A0}}\left(\frac{x_A}{1-x_A}\right)$	$t_{1/2}=\frac{1}{kC_{A0}}$
3 级反应 $3A\xrightarrow{k}B$	$(-r_A)=kC_A^3$	$kt=\frac{1}{2C_{A0}^2}\left[\frac{1}{(1-x_A)^2}-1\right]$	$t_{1/2}=\frac{3}{2kC_{A0}^2}$
2 级反应 $A+B\xrightarrow{k}C+D$	$(-r_A)=-kC_AC_B$ $M=\frac{C_{B0}}{C_{A0}}$	当 $M=1$ 时， $kt=\frac{1}{C_{A0}(M-1)}\ln\left[\frac{M-x_A}{M(1-x_A)}\right]$； 当 $M\neq1$ 时， $kt=\frac{1}{C_{A0}}\ln\left(\frac{x_A}{1-x_A}\right)$	当 $M=1$ 时， $t_{1/2}=\frac{1}{kC_{A0}(M-1)}\ln\left(\frac{2M-1}{M}\right)$； 当 $M\neq1$ 时， $t_{1/2}=\frac{1}{kC_{A0}}$
1 级可逆反应 $A\underset{k_2}{\overset{k_1}{\rightleftharpoons}}B$	$(-r_A)=\frac{k_1(1+K)}{K}(C_A-C_{Ae})$	$\frac{k_1(1+K)}{K}t=\ln\left[\frac{KC_{A0}}{(1+K)C_A-C_{A0}}\right]$	$t_{1/2}=\frac{k}{k_1(1+K)}\ln\left(\frac{2k}{K-1}\right)$

注：对于速率方程为$(-r_A)=kC_A^m$的 m 级不可逆反应，$kt=\frac{1}{(m-1)C_{A0}^{(m-1)}}\left[\frac{1}{(1-x_A)^{m-1}}-1\right]$，$t_{1/2}=\frac{(2^{m-1}-1)}{(m-1)kC_{A0}^{(m-1)}}$。

题 2.2

某一 n 级单一不可逆反应 $A \xrightarrow{k} B$ 在间歇反应器中进行。反应器入口溶液中 A 的浓度为 5kmol/m³，反应器温度恒定为 315K。在不同的时间取样并测定 A 的浓度，列于下表：

时间 t，min	C_A，kmol/m³
0	5
1.1	4.75
4.7	4.5
7.7	4.25
11.3	4.0
15.6	3.75
20.8	3.5
35.6	3.0
46.1	2.75
60.0	2.5
78.8	2.25
105	2.0
143	1.75
202	1.5
300	1.25
480	1.00

采用微分法估算反应级数 n 和速率常数 k。

解：

根据题中所给数据，作 C_A—t 图(图 P2.2a)。在曲线上取 9 个点(对应于 9 个不同 C_A 值)，分别作其切线并测量切线斜率，结果示于下表。

C_A	$(-r_A)=\frac{-dC_A}{dt}$	$\ln(-r_A)$	$\ln C_A$
4.25	0.125	-2.08	1.45
4.0	0.0645	-2.74	1.39
3.5	0.0461	-3.08	1.25
3.0	0.0333	-3.40	1.10

续表

C_A	$(-r_A)=\frac{-dC_A}{dt}$	$\ln(-r_A)$	$\ln C_A$
2.75	0.0218	−3.84	1.01
2.50	0.0179	−4.02	0.92
2.25	0.0122	−4.41	0.81
2.0	0.0085	−4.77	0.69
1.75	0.0055	−5.20	0.56

令反应速率方程为：

$$(-r_A)=kC_A^n$$

两边取对数，得到线性形式为：

$$\ln(-r_A)=\ln k+n\ln C_A$$

以 $\ln(-r_A)$ 对 $\ln C_A$ 作图，得到一条直线，直线斜率 $m=n$，截距 $I=\ln k$。由图 P2.2(b) 可得：$m=3.3$，即反应级数 $n=3.3$；$I=-6.9$，即速率常数 $k=e^{-6.9}=1.01\times10^{-3}$。

该反应为一个 3 级反应，且速率常数 $k=1.01\times10^{-3}$。

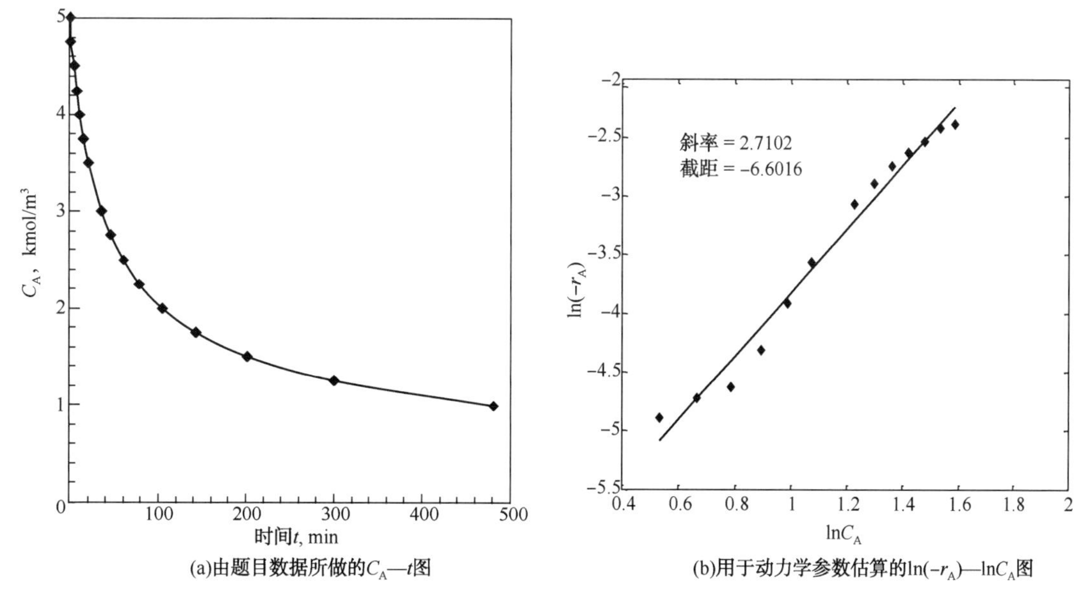

(a)由题目数据所做的C_A—t图

(b)用于动力学参数估算的$\ln(-r_A)$—$\ln C_A$图

图 P2.2　由题目数据所做的图

注：参考 MATLAB 程序 diff_ anal_ kinet. m。

题 2.3

采用积分法求解题 2.2 的速率方程。

解：

由题 2.2 微分法分析结果可知反应级数为 3。对于 3 级反应，速率方程的积分式为：

$$kt=\frac{1}{2C_{A0}^2}\left[\frac{1}{(1-x_A)^2}-1\right]$$

因此，以$\frac{1}{2C_{A0}^2}\left[\frac{1}{(1-x_A)^2}-1\right]$对 t 作图(图 P2.3)，得到一条经过原点的直线，直线斜率为 k。

时间 t min	C_A kmol/m^3	$kt=\frac{1}{2C_{A0}^2}\left[\frac{1}{(1-x_A)^2}-1\right]$	时间 t min	C_A kmol/m^3	$y=\frac{1}{2C_{A0}^2}\left[\frac{1}{(1-x_A)^2}-1\right]$
0	5	0	60.0	2.5	0.060
1.1	4.75	2.16×10^{-3}	78.8	2.25	0.0788
4.7	4.5	4.69×10^{-3}	105	2.0	0.1050
7.7	4.25	7.68×10^{-3}	143	1.75	0.1433
11.3	4.0	0.0113	202	1.5	0.2022
15.6	3.75	0.0156	300	1.25	0.300
20.8	3.5	0.0208	480	1.00	0.480
35.6	3.0	0.0356			
46.1	2.75	0.0461			

直线的斜率 $m=10^{-3}$。因此，速率常数 $k=10^{-3}$，反应级数 $n=3$。

注：参考 MATLAB 程序 integral_ anal_ kinet. m。

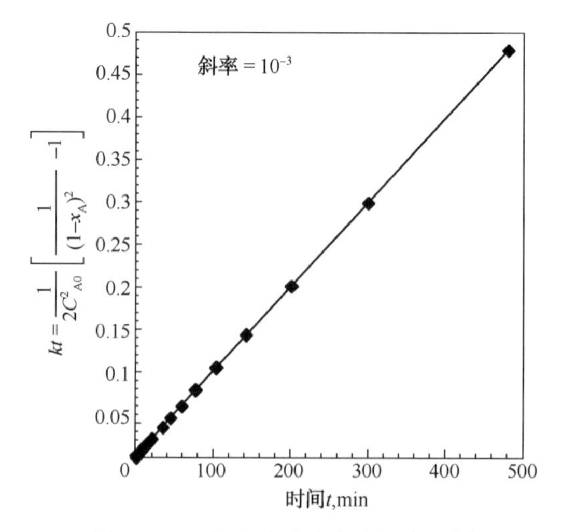

图 P2.3　3 级反应速率方程的积分图

题 2.4

采用半衰期法计算题 2.2 给出的间歇反应器数据对应的动力学参数 k 和 n。

解：

对于 n 级不可逆反应，半衰期表达式为：

$$t_{1/2}=\frac{2^{n-1}-1}{(n-1)kC_{A0}^{n-1}}$$

根据题 2.2 给出的间歇反应器数据和对应的 C_A—t 图，计算得到不同 C_{A0} 下的半衰期 $t_{1/2}$ 并示于下表。

C_{A0}	$t_{1/2}=[t_{C_A=\frac{C_{A0}}{2}}-t_{C_A}=C_{A0}]$	$\ln C_{A0}$	$\ln t_{1/2}$
5	$t_{1/2}=60\begin{bmatrix}t_{(C_A=2.5)}=60\\t_{(C_A=5)}=0\end{bmatrix}$	1.609	4.09
4.5	$t_{1/2}=74.1\begin{bmatrix}t_{(2.25)}=78.8\\t_{(4.5)}=4.7\end{bmatrix}$	1.504	4.31
4	$t_{1/2}=93.7\begin{bmatrix}t_{(2.0)}=105\\t_{(4.0)}=11.3\end{bmatrix}$	1.386	4.54
3.5	$t_{1/2}=122.2\begin{bmatrix}t_{(1.75)}=143\\t_{(3.5)}=20.8\end{bmatrix}$	1.253	4.81
3	$t_{1/2}=166.4\begin{bmatrix}t_{(1.5)}=202\\t_{(3.0)}=35.6\end{bmatrix}$	1.099	5.11
2.5	$t_{1/2}=240\begin{bmatrix}t_{(1.25)}=300\\t_{(2.5)}=60\end{bmatrix}$	0.916	5.48
2	$t_{1/2}=375\begin{bmatrix}t_{(1.0)}=480\\t_{(2.0)}=105\end{bmatrix}$	0.693	5.93

将半衰期表达式写成线性形式为：

$$\ln(t_{1/2})=\ln\left[\frac{2^{n-1}-1}{(n-1)k}\right]-(n-1)\ln C_{A0}$$

以 $\ln(t_{1/2})$ 对 $\ln C_{A0}$ 作图，得到一条直线，斜率 $m=-(n-1)$，截距 $I=\ln[2^{n-1}-1/(n-1)k]$，如图 P2.4 所示。

由图 P2.4 可得直线的斜率和截距分别为：

$$m=-2$$

$$I=7.32$$

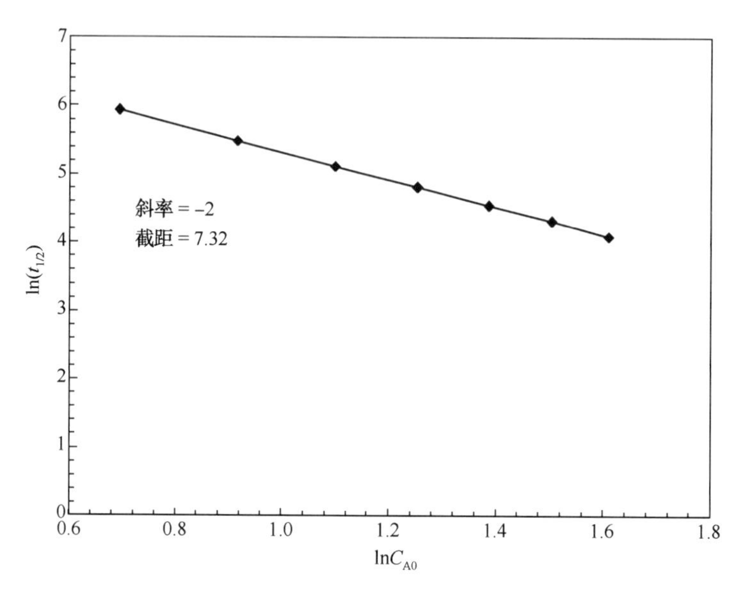

图 P2.4　用于动力学参数估算的 $\ln(t_{1/2})$—$\ln C_{A0}$图

斜率 = -2 = -(n-1)。因此，反应级数 n = 3。

$$\ln\left[\frac{2^{n-1}-1}{(n-1)k}\right]=I=7.32$$

$$\Rightarrow\left[\frac{2^{n-1}-1}{(n-1)k}\right]=1510$$

$$k=\frac{2^{n-1}-1}{(n-1)1510}=\frac{2^2-1}{2\times1510}=9.93\times10^{-4}\approx0.001$$

题 2.5

某一 1 级可逆反应 $A \xrightarrow{k} B$ 在间歇反应器中进行且反应温度恒定。反应物 A 的初始浓度 $C_{A0}=4\text{kmol/m}^3$，在反应器出口每分钟取样一次并测定 A 的浓度，反应 10min 内测得的 A 的浓度列于下表。

时间 t，min	0	1	2	3	4	5	6	7	8	9	10
C_A，kmol/m^3	4	3.6	3.4	3.0	2.8	2.6	2.4	2.3	2.2	2.1	2.0

反应 1h 后，A 的浓度为 1.5kmol/m^3，估算平衡常数 K 和速率常数 k。

解：

对于 1 级可逆反应，速率方程的积分式为：

$$\frac{k_1(1+K)}{K}t=\ln\left(\frac{C_{A0}-C_{Ae}}{C_A-C_{Ae}}\right)$$

由 $C_{Ae}=\frac{C_{A0}}{1+K}$可得，$K=\frac{C_{A0}}{C_{Ae}}-1$，将 $C_{A0}=4\text{kmol/m}^3$，$C_{Ae}=1.5\text{kmol/m}^3$代入可得：

$$K=\frac{4}{1.5}-1$$

即 $K=1.667$。

根据题中所给数据，以 $\ln\left(\frac{C_{A0}-C_{Ae}}{C_A-C_{Ae}}\right)$对 t 作图(图 P2.5)，得到一条经过原点的直线，其斜率 $m=\frac{k_1(1+K)}{K}$。

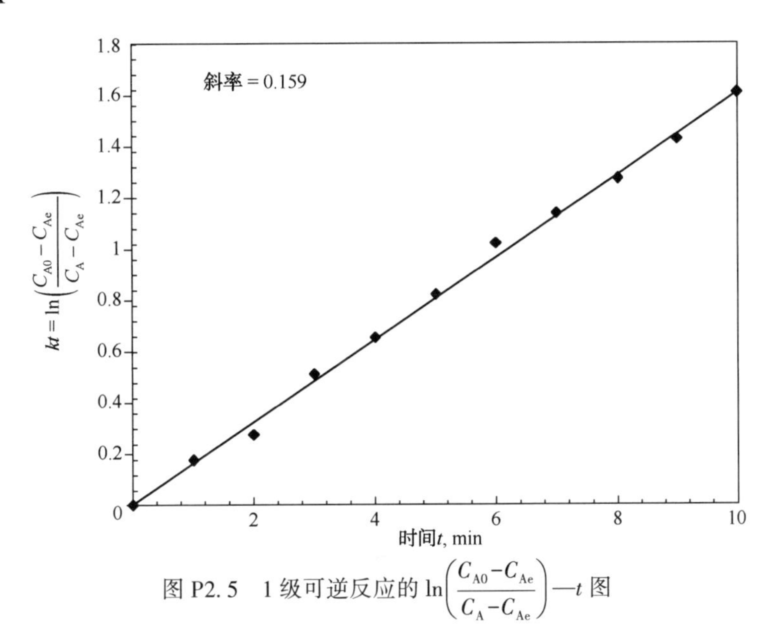

图 P2.5　1 级可逆反应的 $\ln\left(\frac{C_{A0}-C_{Ae}}{C_A-C_{Ae}}\right)$—$t$ 图

时间 t min	C_A kmol/m^3	$\ln\left(\frac{C_{A0}-C_{Ae}}{C_A-C_{Ae}}\right)$
0	4	0
1	3.6	0.174
2	3.4	0.275
3	3.0	0.511
4	2.8	0.654
5	2.6	0.821
6	2.4	1.022
7	2.3	1.139
8	2.2	1.273
9	2.1	1.427
10	2.0	1.609

由直线计算可得斜率 m：

$$m=\frac{k_1(1+K)}{K}=0.159$$

$$k_1=\frac{0.159K}{1+K}=\frac{0.159\times1.667}{2.667}=0.099$$

$$k_1=0.1\text{min}^{-1}$$

注：参考 MATLAB 程序 integral_ anal_ kinet2. m。

2.1.8 复合反应

复合反应大致分为连串反应和平行反应。连串反应是指反应物 A 通过两步转化为产物 C，同时生成中间产物 B 的反应。反应式如下：

$$\text{A}\xrightarrow{k_1}\text{B}\xrightarrow{k_2}\text{C}$$

平行反应是指反应物 A 同时生成不同的产物如 B、C 和 D 的反应，反应式如下：

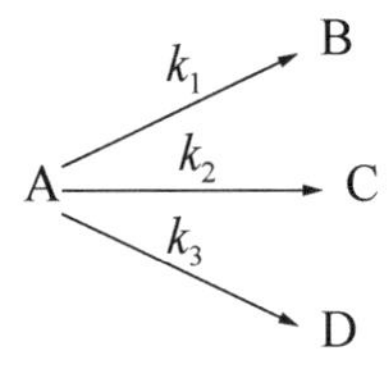

连串—平行反应指连串和平行反应的组合，如：

$$\text{A}\xrightarrow{k_1}\text{B}\xrightarrow{k_2}\text{C},\quad \text{B}\xrightarrow{k_3}\text{D}$$

2.1.8.1 连串反应

对于间歇反应器中的连串反应 $\text{A}\xrightarrow{k_1}\text{B}\xrightarrow{k_2}\text{C}$，令 C_{A0}为 A 的初始浓度，最初反应器中无 B 和 C 存在。反应分两步连续进行且每一步反应遵循 1 级动力学。那么，A 到 B 的转化速率 r_1可表示为：

$$r_1=k_1C_{\text{A}} \tag{2.80}$$

B 到 C 的转化速率 r_2可表示为：

$$r_2=k_2C_{\text{B}} \tag{2.81}$$

A、B 和 C 浓度的变化率可表示为：

$$\frac{\text{d}C_{\text{A}}}{\text{d}t}=-k_1C_{\text{A}} \tag{2.82}$$

$$\frac{dC_B}{dt}=k_1C_A-k_2C_B \tag{2.83}$$

$$\frac{dC_C}{dt}=k_2C_B \tag{2.84}$$

对式(2.82)两边积分可得：

$$C_A=C_{A0}e^{-k_1t} \tag{2.85}$$

将式(2.85)代入式(2.83)中的 C_A，求解 C_B的1级积分式可得：

$$C_B=\frac{C_{A0}k_1}{(k_1-k_2)}(e^{-k_2t}-e^{-k_1t}) \tag{2.86}$$

由 $C_{A0}=C_A+C_B+C_C$可知 $C_C=C_{A0}-C_A-C_B$，代入式(2.85)和式(2.86)可得：

$$C_C=C_{A0}\left[1-\frac{1}{(k_1-k_2)}(k_1e^{-k_2t}-k_2e^{-k_1t})\right] \tag{2.87}$$

图2.16显示了 C_A、C_B和 C_C随时间的变化情况。

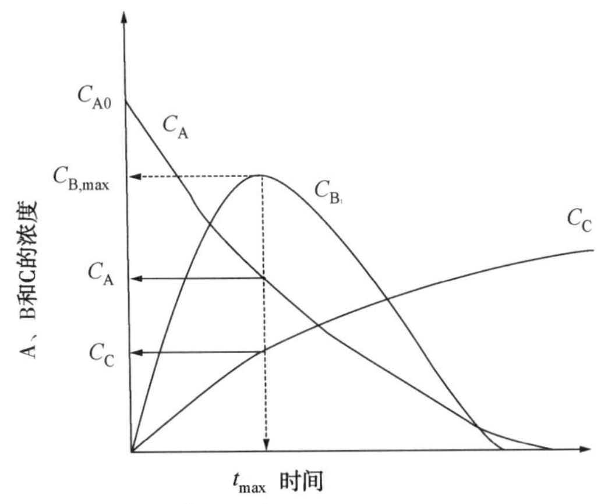

图2.16 连串反应 $A\xrightarrow{k_1}B\xrightarrow{k_2}C$ 中 C_A、C_B和 C_C随时间的变化图

从图2.16中可以看出，随着反应的进行，C_A不断降低，C_C不断升高，C_B则先逐渐升高，在 t_{max}时达到最大值 $C_{B,max}$后又逐渐减小。如果B是目标产物，那么反应器的最佳操作时间为 t_{max}，此时B的产量最大。将 C_B对 t 求导并令其为0，可得：

$$\left.\left(\frac{dC_B}{dt}\right)\right|_{t=t_{max}}=\frac{C_{A0}k_1}{(k_1-k_2)}(-k_2e^{-k_2t_{max}}+k_1e^{-k_1t_{max}})=0 \tag{2.88}$$

求解式(2.88)可得：

$$t_{max}=\frac{1}{(k_1-k_2)}\ln\frac{k_1}{k_2} \tag{2.89}$$

以 t_{max} 代替式(2.86)中的 t 可得：

$$C_{B,max}=C_{A0}\left(\frac{k_1}{k_2}\right)^{\frac{k_2}{(k_1-k_2)}} \tag{2.90}$$

对于单一反应，通常认为限制反应物的转化率 x_A 是表征反应器性能的指标。对于复合反应，由于限制反应物转化生成多种产物，单是转化率无法表征其优异性能。如果转化一定量的反应物可以生成更多的目标产物同时伴有相对较少量副产物的生成，此时，我们认为反应性能优异。因此，对于复合反应，除转化率外，收率和选择性是表征反应器性能的其他两个因素。总收率 γ 是指限制反应物转化为目标产物的百分数。总选择性 $\overline{\Phi}$ 是指目标产物与副产物生成量的比值。对于串联反应 $A\xrightarrow{k_1}B\xrightarrow{k_2}C$，如果 B 是目标产物而 C 是副产物，那么在任意时刻 t，总收率和选择性的表达式为：

$$总收率\ \overline{\gamma}=\frac{C_B}{C_{A0}-C_A} \tag{2.91}$$

$$总选择性\ \overline{\Phi}=\frac{C_B}{C_C} \tag{2.92}$$

同样，我们定义瞬时收率 γ 和瞬时选择性 Φ 分别为反应某一时刻的收率和选择性。因此，对于任意时刻，如果($-dC_A$)是单位反应器体积转化的 A 的物质的量，(dC_B)和(dC_C)是 B 和 C 生成的物质的量，那么：

$$瞬时收率\ \gamma=\frac{dC_B}{-dC_A} \tag{2.93}$$

$$瞬时选择性\ \Phi=\frac{dC_B}{dC_C} \tag{2.94}$$

表示为反应速率的形式可得：

$$\gamma=\frac{dC_B}{-dC_A}=\frac{\left(\frac{dC_B}{dt}\right)}{\left(\frac{dC_A}{dt}\right)}=1-\frac{k_2}{k_1}\left(\frac{C_B}{C_A}\right) \tag{2.95}$$

$$\Phi=\frac{dC_B}{dC_C}=\frac{\left(\frac{dC_B}{dt}\right)}{\left(\frac{dC_C}{dt}\right)}=\frac{k_2}{k_1}\left(\frac{C_A}{C_B}\right)-1 \tag{2.96}$$

对于连串反应，收率和选择性随时间和转化率的变化而变化。

题 2.6

对于在间歇反应器中进行的连串反应 $A \xrightarrow{k_1} B \xrightarrow{k_2} C$，测得的实验数据表明：当反应进行 13.8min 时，B 的浓度最大，为 A 初始浓度的 50%，即 $C_{B,max}=50\%C_{A0}$。在反应初始，反应器中仅有 A 存在，估算速率常数 k_1 和 k_2。

解：

对于连串反应，可得：

$$\left(\frac{C_{B,max}}{C_{A0}}\right)=\left(\frac{k_1}{k_2}\right)^{\frac{k_2}{(k_2-k_1)}}$$

$$t_{max}=\frac{1}{(k_1-k_2)}\ln\left(\frac{k_1}{k_2}\right)$$

由题中所给数据可知：$\left(\frac{C_{B,max}}{C_{A0}}\right)=0.5$ 且 $t_{max}=13.8\text{min}$，代入化简可得：

$$\ln\left(\frac{C_{B,max}}{C_{A0}}\right)=\frac{k_2}{(k_2-k_1)}\ln\left(\frac{k_1}{k_2}\right)$$

$$\frac{1}{t_{max}}\ln\left(\frac{C_{B,max}}{C_{A0}}\right)=-k_2$$

$$k_2=-\frac{1}{t_{max}}\ln\left(\frac{C_{B,max}}{C_{A0}}\right)$$

$$k_2=-\frac{1}{13.8}\times\ln 0.5=0.05\text{min}^{-1}$$

令 $x=\frac{k_1}{k_2}$，那么 $\left(\frac{k_1}{k_2}\right)^{\frac{k_2}{(k_2-k_1)}}=\left(\frac{k_1}{k_2}\right)^{\frac{1}{\left(1-\frac{k_1}{k_2}\right)}}=x^{\frac{1}{(1-x)}}$，即：

$$x^{\frac{1}{(1-x)}}=\frac{C_{B,max}}{C_{A0}}=0.5$$

试差可得：$x=2$。

因此，$k_1=0.1\text{min}^{-1}$。

2.1.8.2 平行反应

对于间歇反应器中的平行反应 $A \begin{cases} \xrightarrow{k_1} B\ \text{目标产物} \\ \xrightarrow{k_2} C \end{cases}$，A 同时转化生成产物 C 和 D，假设反应遵循 1 级动力学，A 生成 B 的速率 r_1 表达式为：

$$r_1=k_1C_A \tag{2.97}$$

A 生成 C 的速率 r_2表达式为：

$$r_2 = k_2 C_A \tag{2.98}$$

间歇反应器中 A、B 和 C 的浓度随时间的变化可表示为：

$$\frac{dC_A}{dt} = -(k_1 + k_2) C_A \tag{2.99}$$

$$\frac{dC_B}{dt} = k_1 C_A \tag{2.100}$$

$$\frac{dC_C}{dt} = k_2 C_A \tag{2.101}$$

对式(2.99)两边积分可得：

$$C_A = C_{A0} e^{-(k_1+k_2)t} \tag{2.102}$$

其中，C_{A0}为 A 的初始浓度，将式(2.102)代入式(2.100)和式(2.101)中的 C_A并积分可得：

$$C_B = \frac{C_{A0} k_1}{(k_1 + k_2)} [1 - e^{-(k_1+k_2)t}] \tag{2.103}$$

$$C_C = \frac{C_{A0} k_2}{(k_1 + k_2)} [1 - e^{-(k_1+k_2)t}] \tag{2.104}$$

C_A、C_B和 C_C随时间 t 的变化趋势如图 2.17 所示。

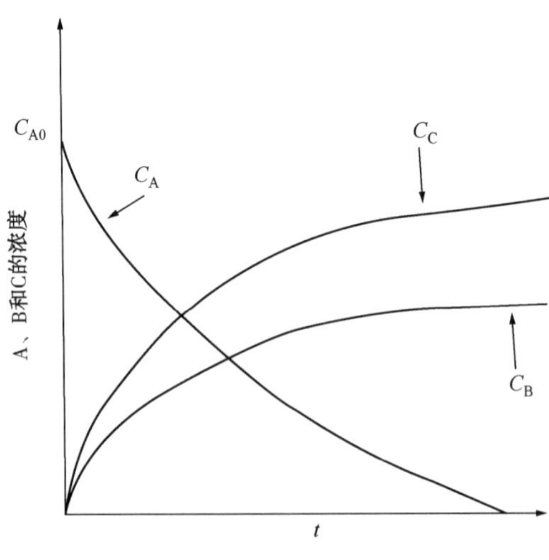

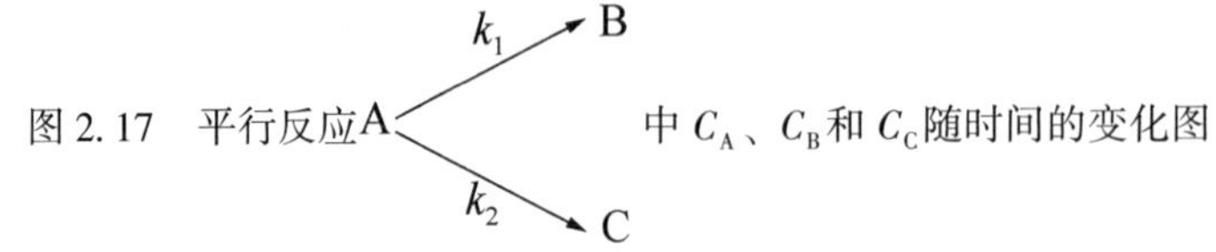

图 2.17　平行反应 $A \xrightarrow{k_1} B$，$A \xrightarrow{k_2} C$ 中 C_A、C_B和 C_C随时间的变化图

由于 B 为目标产物而 C 为副产物，平行反应的总收率和选择性分别表示为：

$$\text{总收率 } \bar{\gamma}=\frac{C_{B}}{(C_{A0}-C_{A})}=\frac{k_1}{k_1+k_2} \tag{2.105}$$

$$\text{总选择性 } \bar{\Phi}=\frac{C_{B}}{C_{C}}=\frac{k_1}{k_2} \tag{2.106}$$

瞬时收率和选择性表示为：

$$\gamma=\frac{dC_{B}}{-dC_{A}}=\frac{\left(\frac{dC_{B}}{dt}\right)}{\left(-\frac{dC_{A}}{dt}\right)}=\frac{k_1}{k_1+k_2} \tag{2.107}$$

$$\Phi=\frac{dC_{B}}{dC_{C}}=\frac{\left(\frac{dC_{B}}{dt}\right)}{\left(\frac{dC_{C}}{dt}\right)}=\frac{k_1}{k_2} \tag{2.108}$$

对于平行反应，收率和选择性与浓度无关。因此，总收率与瞬时收率相等，总选择性与瞬时选择性相等。

2.1.9　自催化反应

自催化反应是指反应产物自身可作为反应催化剂的一类催化反应。例如，对于反应 $A \xrightarrow{k} B$，如果产物 B 可作为反应的催化剂，则该反应称为自催化反应，反应式如下：

$$A+B \xrightarrow{k} C+D$$

自催化反应的速率方程表达式为：

$$(-r_{A})=kC_{A}C_{B} \tag{2.109}$$

式中　k——速率常数；

C_{A}——A 的浓度；

C_{B}——B 的浓度。

令 C_{A0}和 C_{B0}分别为间歇反应器中 A 和 B 的初始浓度。注意：对于自催化反应，初始阶段需加入一定量 B 才能开始反应。由于 A 和 B 的总物质的量不随时间变化，即：

$$C_{A0}+C_{B0}=C_{A}+C_{B}=C_{0} \tag{2.110}$$

将 $C_{B}=C_{0}-C_{A}$代入式(2.109)可得：

$$(-r_{A})=kC_{A}(C_{0}-C_{A}) \tag{2.111}$$

$(-r_A)$随 C_A的变化趋势如图 2.18 所示。

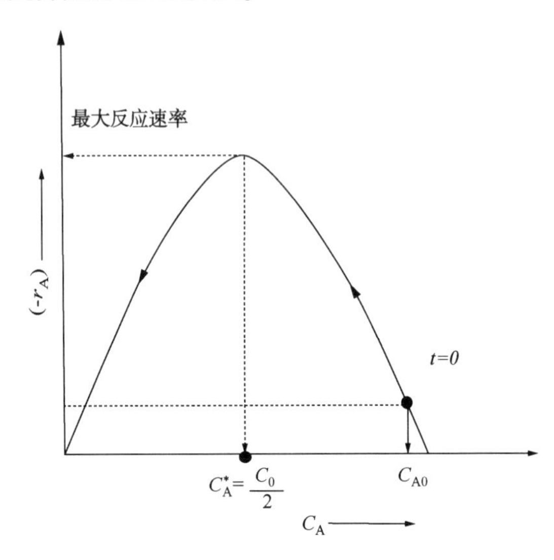

图 2.18　自催化反应的$(-r_A)$—C_A图

反应开始时，$C_A=C_{A0}$，由于 $C_B<<C_A$，产物 B 控制反应速率。随着反应的进行，C_A逐渐减小，C_B逐渐增大，使得反应速率$(-r_A)$逐渐升高。随着 C_A的不断降低，当其达到某一浓度 C_A^*时，$C_A<<C_B$，反应物 A 开始控制反应速率。因此，当 $C_A<C_A^*$时，随着反应的进行，反应速率$(-r_A)$随着 C_A的减小而降低，并在 $C_A=C_A^*$时达到最大值。令 $d(-r_A)/dC_A=0$，计算可得：

$$C_A^*=\frac{C_0}{2} \tag{2.112}$$

将式(2.111)代入式(2.28)可得：

$$\frac{dC_A}{dt}=-kC_A(C_0-C_A) \tag{2.113}$$

分离常数，对式(2.113)进行积分可得：

$$kt=\frac{1}{C_0}\ln\left[\frac{C_{A0}}{C_{B0}}\cdot\frac{(C_0-C_A)}{C_A}\right] \tag{2.114}$$

发酵反应是一类典型的自催化反应过程，随着有机原料(A)的消耗，微生物(B)不断繁殖增加。

2.1.10　非基元反应和稳态假设

非基元反应是指速率方程与化学计量方程无一一对应关系的反应(2.1.4 节)。假设反应机理，将非基元反应分解为若干基元反应，可获得非基元反应的速率方程。例如，Lindemann 在 1992 年提出一种用于解释偶氮甲烷自发分解反应的机理。

$$(CH_3)_2N_2 \rightarrow C_2H_6+N_2$$

此反应为 A →B+C 型，可分解为 3 个基元步骤：

(1)第 1 步。一分子 A 与另一分子 A 碰撞生成活性高、不稳定的分子 A^*，反应式为：

$$A+A \xrightarrow{k_1} A^*+A$$

此反应步骤的速率为：

$$r_1=k_1C_A^2 \tag{2.115}$$

(2) 第 2 步。活化分子 A^* 与一分子 A 碰撞回到稳态，反应式为：

$$A^*+A \xrightarrow{k_2} A+A$$

此反应步骤的速率为：

$$r_2=k_2C_A^*C_A \tag{2.116}$$

(3) 第 3 步。活化分子 A^* 分解为产物 B 和 C，反应式为：

$$A^* \xrightarrow{k_3} B+C$$

此反应步骤的速率为：

$$r_3=k_3C_A^* \tag{2.117}$$

其中，C_A 和 C_A^* 分别为 A 和 A^* 的浓度。

假设这 3 个步骤中速率最慢的是 A^* 分解生成产物 B 和 C 的第 3 步。对于任一多步反应，最慢的一步被认为是速率控制步骤，其反应速率为总反应速率。因此，反应速率 r 的表达式为：

$$r=\frac{dC_B}{dt}=\frac{dC_C}{dt}=k_3C_A^* \tag{2.118}$$

C_A^* 随时间的变化可表示为：

$$\frac{dC_A^*}{dt}=k_1C_A^2-k_2C_A^*C_A-k_3C_A^* \tag{2.119}$$

活性分子 A^* 是一种非常不稳定的中间化合物，假设其消失速率与生成速率相等，即 A^* 处于准稳态。因此，A^* 的净生成速率为 0，可得：

$$\frac{dC_A^*}{dt}=0 \tag{2.120}$$

上述假设称为“准稳态假设”，适用于多步反应中生成的所有中间化合物。应用此假设可得：

$$C_A^*=\frac{k_1C_A^2}{k_3+k_2C_A} \tag{2.121}$$

将式(2.121)代入式(2.118)中的 C_A^* 可得非基元反应速率方程的表达式为：

$$(-r_A)=\frac{k_1k_2C_A^2}{k_3+k_2C_A} \tag{2.122}$$

此速率方程很好地解释了实验观察到的反应物和产物浓度随时间的变化趋势，因而被认为是最适于给定反应的速率方程。值得注意的是，当 A 的浓度较低时，此速率方程可简化为 2 级速率方程 $(-r_A)=(k_1k_2/k_3)C_A^2$；当 A 的浓度高时，此速率方程则简化为 1 级速率方程 $(-r_A)=k_1C_A$。

准稳态假设被广泛用于非基元反应速率方程的推导。在后续内容中，我们将能看到更多关于准稳态假设的应用。

2.1.10.1　采用线性回归法估算非基元反应的动力学参数

第 2.1 节中推导出的非基元反应速率方程可写成两个独立参数 k_1 和 k_2 的表达式：

$$(-r_A)=\frac{k_1C_A^2}{1+k_2C_A} \tag{2.123}$$

在本节中，我们将提出一种方法：根据实验记录的 C_A 随时间变化数据估算参数 k_1 和 k_2，表示 C_A 随时间变化的微分方程为：

$$\frac{\mathrm{d}C_A}{C_A}=\frac{k_1C_A^2}{1+k_2C_A} \tag{2.124}$$

对方程两边积分可得：

$$\int_{C_{A0}}^{C_A}\left[\frac{(1+k_2C_A)}{k_1C_A^2}\right]\mathrm{d}C_A=\int_0^t \mathrm{d}t \tag{2.125}$$

积分化简可得：

$$t=\frac{1}{k_1}\left[\frac{x_A}{C_{A0}(1-x_A)}\right]+\frac{k_2}{k_1}\ln\left(\frac{1}{1-x_A}\right) \tag{2.126}$$

写成线性形式为：

$$y=a_1x_1+a_2x_2 \tag{2.127}$$

其中

$$x_1=\left[\frac{x_A}{C_{A0}(1-x_A)}\right]$$

$$x_2=\ln\left(\frac{1}{1-x_A}\right)$$

$$a_1=\frac{1}{k_1}$$

$$a_2=\frac{k_2}{k_1};\ y=t$$

根据记录的间歇反应器中 C_A 随时间 t 变化的数据，我们计算得到 x_1、x_2 和 y 的值并列于表 2.2。利用表 2.2 中 x_1、x_2 和 y 的值，采用线性回归法(附录 2B)可估算系数 a_1 和 a_2。根据估算的系数 a_1 和 a_2，利用公式 $k_1=1/a_1$ 和公式 $k_2=a_2/a_1$，计算得到参数 k_1 和 k_2。

表 2.2 根据间歇反应器数据计算 x_1、x_2 和 y 以用于动力学参数估算的说明

t	C_A	$x_A=1-\frac{C_A}{C_{A0}}$	$x_1=\left[\frac{x_A}{C_{A0}(1-x_A)}\right]$	$x_2=\ln\left(\frac{1}{1-x_A}\right)$	$y=t$
0	C_{A0}	0	0	0	0
t_1	C_{A1}	x_{A1}	x_{11}	x_{21}	y_1
t_2	C_{A2}	x_{A2}	x_{12}	x_{22}	y_2
t_3	C_{A3}	x_{A3}	x_{13}	x_{23}	y_3
⋮	⋮	⋮	⋮	⋮	⋮
t_i	C_{Ai}	x_{Ai}	x_{1i}	x_{2i}	y_i
⋮	⋮	⋮	⋮	⋮	⋮
t_N	C_{AN}	x_{AN}	x_{1N}	x_{2N}	y_N

题 2.7

某一液相反应 A →B+C 在间歇反应器中进行，反应温度为 150℃。反应物 A 分解生成 B 和 C 的反应遵循非基元反应步骤，其速率方程为 $(-r_A)=\frac{k_1C_A^2}{1+k_2C_A}$ [kmol/(m³ · min)]。测定不同时刻反应器中 A 的浓度 C_A 并列于下表。

时间 t，min	C_A，kmol/m³
0	2
7.5	1.9
16	1.8
35	1.6
60	1.4
85	1.2
120	1.0
170	0.8

续表

时间 t，min	C_A，$kmol/m^3$
240	0.6
360	0.4

估算速率常数 k_1 和 k_2。

解：

A 的初始浓度 $C_{A0}=2kmol/m^3$，速率方程的积分式为：

$$t=\frac{1}{k_1}\left[\frac{x_A}{C_{A0}(1-x_A)}\right]+\frac{k_2}{k_1}\ln\left(\frac{1}{1-x_A}\right)$$

写成线性形式为：

$$y = a_1x_1+a_2x_2$$

其中

$$y=t;\ x_1=\frac{x_A}{C_{A0}(1-x_A)};\ x_2=\ln\left(\frac{1}{1-x_A}\right)$$

$$a_1=\frac{1}{k_1};\ a_2=\frac{k_2}{k_1}$$

转化率 $x_A=1-\frac{C_A}{C_{A0}}$。

利用 C_A—t 数据计算 x_1 和 x_2 的值并列于下表。

时间 t，min	C_A，$kmol/m^3$	x_A	$x_1=\left[\frac{x_A}{C_{A0}(1-x_A)}\right]$	$x_2=\ln\left(\frac{1}{1-x_A}\right)$
0	2	0	0	0
7.5	1.9	0.05	0.0263	0.507
16	1.8	0.1	0.0555	0.1054
35	1.6	0.2	0.1250	0.2231
60	1.4	0.3	0.2143	0.3566
85	1.2	0.4	0.3333	0.5108
120	1.0	0.5	0.5000	0.6931
170	0.8	0.6	0.7500	0.9163
240	0.6	0.7	1.1667	1.2040
360	0.4	0.8	2.00	1.6094

将所得数据进行线性拟合得到系数 a_1 和 a_2，分别为：

$$a_1 = 93.42$$

$$a_2 = 107.9$$

参数 k_1 和 k_2 分别为：

$$k_1 = \frac{1}{a_1} = 0.0107$$

$$k_2 = a_2 k_1 = 1.1545$$

注：参考 MATLAB 程序 kinet_ non_ elem. m。

2.1.11 催化：催化反应机理简介

反应物生成产物的过程需经过一个高能活化态，转化为活化态所需的能量称为活化能（ΔE）。活化能的大小决定了化学反应在特定温度下的反应速率，活化能越高，反应速率越低。对于某些反应，由于活化能太高，反应速率过低，在实际情况下是不可行的。例如：由于常压下 N_2 和 O_2 反应的活化能过高，常温下该反应无法进行（否则，地球上生命赖以生存的 O_2 在大气中将不复存在）。但是，如果将大气暴露在 800~1000℃的高温中，温度的升高明显提高了反应速率，N_2 会与 O_2 反应生成氮氧化物（NO、NO_2、N_2O）。但温度不能超过某个极限，否则高温会造成产物分解。

如果某个所需化学反应因活化能过高而无法进行或反应温度无法超过某个容许极限，我们就需要寻找另一种活化能较低的反应机理，使得反应能在较高的温度下可以进行。为此，我们需加入催化剂。催化剂是指一种加入后可将单步反应分解为活化能远低于初始反应的多步反应的物质。降低活化能可使反应速率成倍增加。

对于化合物 A 和 B 间的单步反应，由于活化能 ΔE 过高，反应无法进行，反应式如下：

$$\mathrm{A+B \rightarrow C} : \Delta E$$

向反应中加入一种催化剂（记为 X），反应式可表示为：

$$\mathrm{A+B \xrightarrow{X} C}$$

一般来说，在反应过程中化合物 A 或 B 或者 A 和 B 会化学吸附在固体催化剂的表面。假设某一时刻只有 A 化学吸附在 X 的表面，使得单步反应分解为多步循环反应，如下：

第 1 步：A 吸附在 X 上，活化能为 ΔE_1。

$$\mathrm{A+X \rightleftharpoons A \cdot X} : \Delta E_1$$

该步为可逆反应，生成的吸附化合物 A · X 与自由分子 A 和具有缺陷的催化剂表面 X 达到一种平衡状态。

第 2 步：B 与 A · X 反应，活化能为 ΔE_2。

$$\mathrm{B + A \cdot X \rightarrow C \cdot X} : \Delta E_2$$

第 3 步：C 从 X 上脱附，活化能为 ΔE_3。

$$C \cdot X \rightleftharpoons C + X : \Delta E_3$$

该步也是可逆反应，生成的吸附化合物 C · X 与自由分子 C 和具有缺陷的催化剂表面达到一种平衡状态。

上述 3 步反应构成了 Langmuir 和 Hinshelwood 提出的固体催化反应机理。图 2.19 所示为非催化反应和催化反应的能级图。从图中可以看出，催化反应的第 1 步、第 2 步和第 3 步的活化能 ΔE_1、ΔE_2和 ΔE_3远低于非催化反应，即催化剂提供了另外一种活化能较低的反应路径，使得反应速率明显升高。此外，由于参与反应循环的催化剂在每个周期得到再生，步骤 1、步骤 2 和步骤 3 是循环进行的。因此，催化剂是指能够参与反应但在反应中不被消耗的物质。通过不断地参与反应循环，一分子催化剂可将无限多的反应物分子转化为产物。下一节中，我们将对固体催化化学反应的动力学速率方程进行推导，并在附录 2A 中对催化作用及其应用进行更加详细的讨论。

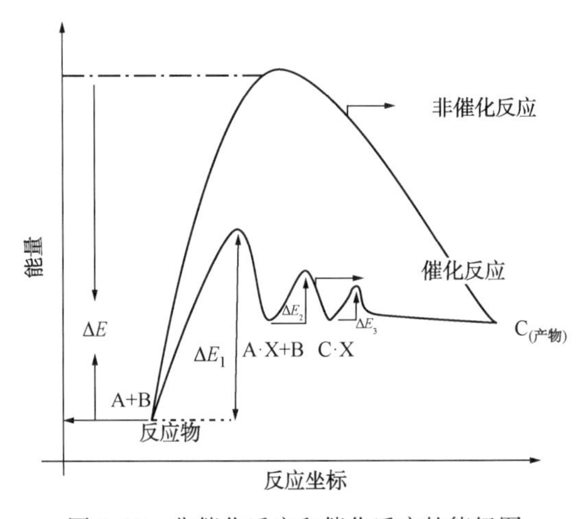

图 2.19　非催化反应和催化反应的能级图

Langmuir 和 Hinshelwood 提出了一种能够解释固体催化化学反应动力学的模型。此后，Hougan 和 Watson 将 Langmuir-Hinshelwood 模型应用于大量复杂反应。因此，在文献中，Langmuir-Hinshelwood 模型通常又被称为 Langmuir-Hinshelwood-Hougan-Watson(LHHW)模型。根据此模型，催化反应过程分为 3 步：吸附、表面反应和脱附。在吸附过程中，反应物化学吸附在固体催化颗粒的自由缺陷位(活性位)，形成中间体；在反应过程中，化学吸附的中间体在催化剂表面发生反应，生成产物；最后，在脱附过程中，化学吸附的产物从催化剂表面脱附。在本节中，我们建立了一些标准反应的速率方程。

(1) A $\rightleftharpoons$ B 的速率方程。

对于可逆催化反应：

$$A \overset{X}{\rightleftharpoons} B$$

我们将写出其 3 步反应的速率方程。

第 1 步(吸附)：

反应物 A 化学吸附在缺陷位 l 上，生成中间体 Al，该步为可逆反应，反应式如下：

$$A+l \underset{k_A'}{\overset{k_A}{\rightleftharpoons}} Al$$

假设反应符合质量作用定律，A 的吸附速率 r_A 方程可写为：

$$r_A = k_A\left(C_A C_l - \frac{C_{Al}}{K_A}\right) \tag{2.128}$$

式中　C_A——催化剂表面(未附着在表面)A 的浓度；

C_l——缺陷位的浓度；

C_{Al}——化学吸附 A 的浓度；

k_A——A 的化学吸附速率常数；

K_A——A 的吸附平衡常数$=\frac{k_A}{k_A'}$；

k_A'——A 的脱附速率常数。

第 2 步(表面反应)：

化学吸附的 A 在化学吸附活性位上反应生成产物 B，反应式为：

$$Al \underset{k_r'}{\overset{k_r}{\rightleftharpoons}} Bl$$

表面反应速率 r_s 可表示为：

$$r_s = k_r\left(C_{Al} - \frac{C_{Bl}}{K_r}\right) \tag{2.129}$$

式中　C_{Bl}——化学吸附产物 B 的浓度；

k_r——正反应的反应速率常数；

K_r——反应平衡常数$=\frac{k_A}{k_A'}$；

k_r'——逆反应的反应速率常数。

第 3 步(脱附)：

化学吸附的 B 脱附，产物 B 分子从活性位 l 释放，该步为可逆反应，反应式为：

$$Bl \underset{k_B}{\overset{k_B'}{\rightleftharpoons}} B+l$$

B 的脱附速率 r_B 可表示为：

$$r_B = k_B\left(\frac{C_{Bl}}{K_B} - C_A C_l\right) \tag{2.130}$$

式中　C_B——催化剂表面(未附着在表面)产物 B 的浓度；

k_B——B 的吸附速率常数；

K_B——B 的吸附平衡常数$=\dfrac{k_B}{k_B'}$；

k_B'——B 的脱附速率常数。

上述 3 步中，表面反应的速率最慢，是速率控制步骤，因此，表面反应速率 r_r 被认为是催化反应的总反应速率，表达式为：

$$r=k_r\left(C_{Al}-\frac{C_{Bl}}{K_r}\right) \tag{2.131}$$

进一步地，假设形成的中间体 C_{Al} 和 C_{Bl} 处于一种准平衡状态，即其生成速率(吸附)与解离速率(脱附)相等，中间体 Al 和 Bl 处于一种稳定状态。因此，取 $r_A=0$，$r_B=0$，可得：

$$C_{Al}=K_A C_A C_l \tag{2.132}$$

$$C_{Bl}=K_B C_B C_l \tag{2.133}$$

将式(2.132)和式(2.133)分别代入式(2.131)中的 C_{Al} 和 C_{Bl} 可得：

$$r=k_r K_A C_t\left(C_A-\frac{C_B}{K}\right) \tag{2.134}$$

其中

$$净平衡常数=\frac{K_r K_A}{K_B}$$

催化剂颗粒的活性位或缺陷位吸附 A 或 B。因此，催化剂颗粒中活性位的总固定数量 C_t 为缺陷位(C_l)、吸附 A 的活性位(C_{Al})和吸附 B 的活性位(C_{Bl})数量的总和，即：

$$C_t=C_l+C_{Al}+C_{Bl} \tag{2.135}$$

将 $C_{Al}=K_A C_A C_l$ 和 $C_{Bl}=K_B C_B C_l$ 代入式(2.135)可得：

$$C_l=\frac{C_t}{1+K_A C_A+K_B C_B} \tag{2.136}$$

将式(2.136)代入式(2.134)中的 C_l 可得总速率方程为：

$$r=k_r K_A C_t\left(\frac{C_A-\dfrac{C_B}{K}}{1+K_A C_A+K_B C_B}\right) \tag{2.137}$$

化简可得速率方程的最终表达式为：

$$r=k\left(\frac{C_A-\dfrac{C_B}{K}}{1+K_A C_A+K_B C_B}\right) \tag{2.138}$$

式中 k——总速率常数$=k_r K_A C_t$。

(2) $A+B \rightleftharpoons C$ 的速率方程。

对于可逆催化反应：

$$A+B \rightleftharpoons C$$

反应存在两种可能的机理，取决于A和B均化学吸附在活性位还是仅有A化学吸附在活性位。在本节中，我们将对两种机理的速率方程进行推导。

① 机理1(A而非B化学吸附)。根据此机理，反应物A化学吸附在缺陷位，B直接与化学吸附的A反应。

第1步(吸附)：

反应物A化学吸附在缺陷位l上，生成中间体Al，反应式如下：

$$A+l \underset{k_A'}{\overset{k_A}{\rightleftharpoons}} Al$$

A的吸附速率r_A为：

$$r_A = k_A\left(C_A C_l - \frac{C_{Al}}{K_A}\right) \tag{2.139}$$

式中 k_A——A的吸附速率常数；

K_A——A的吸附平衡常数。

第2步(表面反应)：

B直接与化学吸附的A反应，生成产物C(吸附在活性位)，反应式如下：

$$B+Al \underset{k_r'}{\overset{k_r}{\rightleftharpoons}} Cl$$

反应速率r_r可表示为：

$$r_r = k_r\left(C_B C_{Al} - \frac{C_{Cl}}{K_r}\right) \tag{2.140}$$

式中 C_{Cl}——化学吸附C的浓度；

K_r——反应平衡常数$=\frac{k_r}{k_r'}$；

k_r——反应速率常数。

第3步(脱附)：

化学吸附的C脱附，产物C从活性位释放，反应式如下：

$$Cl \underset{k_c}{\overset{k_c'}{\rightleftharpoons}} C+l$$

C的脱附速率r_C可表示为：

$$r_C = k_C\left(\frac{C_{Cl}}{K_C} - C_C C_l\right) \tag{2.141}$$

式中 k_C——C 的吸附速率常数；

K_C——C 的吸附平衡常数。

表面反应的速率最慢，是速率控制步骤。因此，表面反应速率 r_r 被认为是催化反应的总反应速率，r 的表达式为：

$$r = k_r\left(C_B C_{Al} - \frac{C_{Bl}}{K_r}\right) \tag{2.142}$$

进一步地，假设生成的中间体 Al 和 Cl 处于稳定状态，可得：

$$C_{Al} = K_A C_A C_l \tag{2.143}$$

$$C_{Cl} = K_C C_C C_l \tag{2.144}$$

将式(2.143)和式(2.144)分别代入式(2.142)中的 C_{Al} 和 C_{Cl} 可得：

$$r = k_r K_A C_l\left(C_A C_B - \frac{C_C}{K}\right) \tag{2.145}$$

其中

$$\text{总平衡常数} = \frac{K_r K_A}{K_C}$$

催化剂颗粒中活性位的总固定数量 C_t 为缺陷位(C_l)、吸附 A 的活性位(C_{Al})和吸附 C 的活性位(C_{Cl})数量的总和，即：

$$C_t = C_l + C_{Al} + C_{Cl} \tag{2.146}$$

将 $C_{Al} = k_A C_A C_l$ 和 $C_{Cl} = K_C C_C C_l$ 代入式(2.146)可得：

$$C_l = \frac{C_t}{1 + K_A C_A + K_C C_C} \tag{2.147}$$

将式(2.147)代入式(2.145)中的 C_l 可得：

$$r = (k_r K_A C_t)\frac{\left(C_A C_B - \frac{C_C}{K}\right)}{1 + K_A C_A + K_C C_C} \tag{2.148}$$

最后，速率方程可写为：

$$r = \frac{k\left(C_A C_B - \frac{C_C}{K}\right)}{1 + K_A C_A + K_C C_C} \tag{2.149}$$

式中 k——总速率常数 $= k_r K_A C_t$。

② 机理2(A和B均化学吸附)。根据此机理，反应物A和B均吸附在缺陷活性位上，相邻活性位上化学吸附的A和B分子发生反应。

第1步(吸附)：

A化学吸附在缺陷活性位l上，生成中间体Al，反应式如下：

$$A+l \underset{k_A'}{\overset{k_A}{\rightleftharpoons}} Al$$

A的吸附速率r_A为：

$$r_A=k_A\left(C_A C_l-\frac{C_{Al}}{K_A}\right) \tag{2.150}$$

B化学吸附在缺陷活性位l上，生成中间体Bl，反应式如下：

$$B+l \underset{k_B'}{\overset{k_B}{\rightleftharpoons}} Bl$$

B的吸附速率r_B为：

$$r_B=k_B\left(C_B C_l-\frac{C_{Bl}}{K_B}\right) \tag{2.151}$$

第2步(表面反应)：

相邻活性位上化学吸附的A和B发生反应，生成产物C并吸附在其中一个活性位上，另一个活性位为缺陷位，反应式如下：

$$Al+Bl \underset{k_r'}{\overset{k_r}{\rightleftharpoons}} Cl+l$$

化学吸附的A分子只能与化学吸附在相邻位上的B分子反应，因此，正反应速率与吸附A分子的浓度(C_{Al})和B分子覆盖的相邻活性位分率(θ_B)的乘积成正比，其中$\theta_B=C_{Al}/C_t$，C_t为总活性位数目的浓度。类似地，逆反应速率与吸附C分子的浓度(C_{Cl})和B分子覆盖的相邻缺陷位分率(θ_l)的乘积成正比，其中$\theta_l=C_l/C_t$。所以，表面反应速率r_r的表达式为：

$$r_r=k_r C_{Al}\left(\frac{C_{Bl}}{C_t}\right)-k_r' C_{Cl}\left(\frac{C_l}{C_t}\right) \tag{2.152}$$

即

$$r_r=\frac{k_r}{C_t}\left(C_{Al}C_{Bl}-\frac{C_{Cl}C_l}{K_r}\right) \tag{2.153}$$

第3步(脱附)：

化学吸附C分子的脱附使得产物C从活性位上释放，反应式如下：

$$Cl \underset{k_C}{\overset{k_C'}{\rightleftharpoons}} C+l$$

C 的脱附速率 r_C 的表达式为：

$$r_C = k_C\left(\frac{C_{Cl}}{K_C} - C_C C_l\right) \tag{2.154}$$

表面反应的速率最慢，是速率控制步骤。因此，催化反应总反应速率 r 的表达式为：

$$r = \frac{k_r}{C_t}\left(C_{Al}C_{Bl} - \frac{C_{Cl}C_l}{K_r}\right) \tag{2.155}$$

假设所有中间体 Al、Bl 和 Cl 均处于稳定状态，可得：

$$C_{Al} = K_A C_A C_l \tag{2.156}$$

$$C_{Bl} = K_B C_B C_l \tag{2.157}$$

$$C_{Cl} = K_C C_C C_l \tag{2.158}$$

将 $C_{Al}=K_AC_AC_l$，$C_{Bl}=K_BC_BC_l$ 和 $C_{Cl}=K_CC_CC_l$ 代入式(2.155)可得：

$$r = \frac{k_r C_l^2}{C_t}\left(K_A K_B C_A C_B - \frac{K_C C_C}{K_r}\right) \tag{2.159}$$

催化剂颗粒中活性位的总固定数量 C_t 为缺陷位(C_l)、吸附 A 的活性位(C_{Al})、吸附 B 的活性位(C_{Bl})和吸附 C 的活性位(C_{Cl})数量的总和，即：

$$C_t = C_l + C_{Al} + C_{Bl} + C_{Cl} \tag{2.160}$$

将式(2.156)、式(2.157)和式(2.158)分别代入式(2.160)中的 C_{Al}、C_{Bl} 和 C_{Cl} 可得：

$$C_l = \frac{C_t}{K_A C_A + K_B C_B + K_C C_C + 1} \tag{2.161}$$

将式(2.161)代入式(2.159)中的 C_l 可得：

$$r = (k_r C_t K_A K_B)\frac{\left(C_A C_B - \frac{C_C}{K}\right)}{(1+K_A C_A + K_B C_B + K_C C_C)^2} \tag{2.162}$$

最后化简为：

$$r = k\,\frac{\left(C_A C_B - \frac{C_C}{K}\right)}{(1+K_A C_A + K_B C_B + K_C C_C)^2} \tag{2.163}$$

其中，总速率常数 $k=k_rK_AK_BC_t$，总平衡常数 $K=\left(\frac{K_RK_AK_B}{K_C}\right)$。

题 2.8

对于某一固体催化剂上的气相反应 $A+B \rightarrow C$，实验测得数据列于下表。

反应速率$(-r_A)$，mol/(g·h)	p_A，atm	p_B，atm	p_C，atm
0.04338	0.112	1.276	0.102
0.02037	0.212	0.555	0.205
0.01393	0.325	0.328	0.226
0.0809	0.450	0.193	0.352
0.00643	0.487	0.158	0.423
0.00487	0.546	0.122	0.510
0.00384	0.632	0.093	0.532
0.00305	0.738	0.073	0.629
0.00245	0.772	0.060	0.702
0.00213	0.823	0.052	0.754
0.00175	0.921	0.043	0.857

采用速率方程$(-r_A)\dfrac{kp_Ap_B}{1+K_Ap_A+K_Cp_C}$拟合实验数据，求解速率常数 k 和吸附平衡常数 K_A 和 K_C。

解：

对方程两边取倒数，写成线性形式为：

$$\frac{1}{(-r_A)}=\frac{1}{k}\left(\frac{1}{p_Ap_B}\right)+\frac{K_A}{k}\left(\frac{1}{p_B}\right)+\frac{K_C}{k}\left(\frac{p_C}{p_Ap_B}\right)$$

定义

$$y=\frac{1}{(-r_A)};\ x_1=\left(\frac{1}{p_Ap_B}\right);\ x_2=\frac{1}{p_B};\ x_3=\frac{p_C}{p_Ap_B}$$

则速率方程化简为：

$$y=a_1x_1+a_2x_2+a_3x_3$$

其中，系数 a_1、a_2和 a_3分别为：

$$a_1=\frac{1}{k};\ a_2=\frac{K_A}{k};\ a_3=\frac{K_C}{k}$$

计算 x_1、x_2、x_3和 y 的值并列于下表。

$x_1=\frac{1}{p_A p_B}$	$x_2=\frac{1}{p_B}$	$x_3=\frac{p_C}{p_A p_B}$	$y=\frac{1}{(-r_A)}$
6.9973	0.7837	0.7137	23.05
8.499	1.802	1.742	49.09
9.381	3.049	2.120	71.79
11.514	5.183	4.053	123.61
13.02	6.329	5.509	155.52
15.02	8.197	7.656	205.34
17.01	10.753	9.051	258.40
18.56	13.70	11.68	327.87
21.59	16.67	15.15	408.16
23.37	19.23	17.62	469.48
25.25	23.26	21.64	571.43

将所得数据进行拟合，线性回归得到系数 a_1、a_2和 a_3分别为：

$$a_1=0.6450$$

$$a_2=14.79$$

$$a_3=9.73$$

动力学参数 k、K_A和 K_C分别为：

$$k=\frac{1}{a_1}=1.5505$$

$$K_A=\frac{a_2}{a_1}=22.93$$

$$K_C=\frac{a_3}{a_1}=15.08$$

注：参考 MATLAB 程序 kinet_ lang_ hins. m。

2.1.12 酶催化生物化学反应动力学

酶是存在于微生物细胞中的生物催化剂，它们作用于有机反应物(称为基质)并将其转化为产物(Suresh 等，2009a，2009b，2009c)。在生物处理过程中，基质为有机污染物，它们是维持微生物生长所必需的营养物。存在于微生物中的酶作用于有机污染物并将其分解为无害产物。酶催化反应是指基质在酶的催化作用下转化为产物的生物化学反应。Michaelis-Menton 提出了一种酶催化反应机理，如下：

$$E+S \underset{k_2}{\overset{k_1}{\longrightarrow}} ES \overset{k_3}{\longrightarrow} P$$

其中，E 代表酶，S 为基质而 P 为产物。根据此机理，基质首先与酶 E 结合形成活化体 ES，ES 与游离的基质 S 和酶 E 处于动态平衡状态，接着活化体转化为产物 P。其中产物生成步骤的反应速率最慢，是速率控制步骤。因此，产物生成速率 r_P 可表示为：

$$r_P = k_3 \cdot [ES] \tag{2.164}$$

其中，[ES]为活化体 ES 的浓度。

假设活化体 ES 处于稳定状态，其生成速率与解离速率相等，可得：

$$k_1[E][S] = k_2[ES] \tag{2.165}$$

或

$$[ES] = \frac{[E][S]}{k_M} \tag{2.166}$$

式中　[E]——游离酶 E 的浓度；

[S]——基质 S 的浓度；

k_M——平衡常数$=\frac{k_1}{k_2}$。

由于酶在反应过程中无消耗，其总量 E_0 固定。因此，酶的总浓度 E_0 为游离酶浓度[E]和结合酶浓度[ES]的总和，表示为：

$$E_0 = [E] + [ES] \tag{2.167}$$

将$[E]=E_0-[ES]$代入式(2.166)可得[ES]表达式为：

$$[ES] = \frac{E_0[S]}{k_M+[S]} \tag{2.168}$$

将式(2.168)代入式(2.164)，可得酶催化反应的速率方程为：

$$r_P = \frac{k[S]}{k_M+[S]} \tag{2.169}$$

其中，$k=k_3E_0$。

此式被称为 Michaelis-Menton 方程。速率 r_P—基质浓度[S]图(图 2.20)表明：在低基质浓度下，速率方程遵循 1 级动力学，$r_P=(k/k_M)[S]$；在高基质浓度下，速率方程遵循 0 级动力学，$r_P=k$。r_P—[S]曲线在$[S]=0$ 处的切线与 $r_P=k$ 交于点$[S]=k_M$，这种切线法可用于确定动力学参数 k 和 k_M。类似地，对式(2.169)两边取倒数可以得到速率方程的线性形式$(1/r_P)=(k_M/k)(1/[S])+(1/k)$。因此，以$(1/r_P)$对$(1/[S])$作图得到一条直线，通过计算直线斜率 k_M/k 和截距 $1/k$ 可估算动力学参数 k 和 k_M。

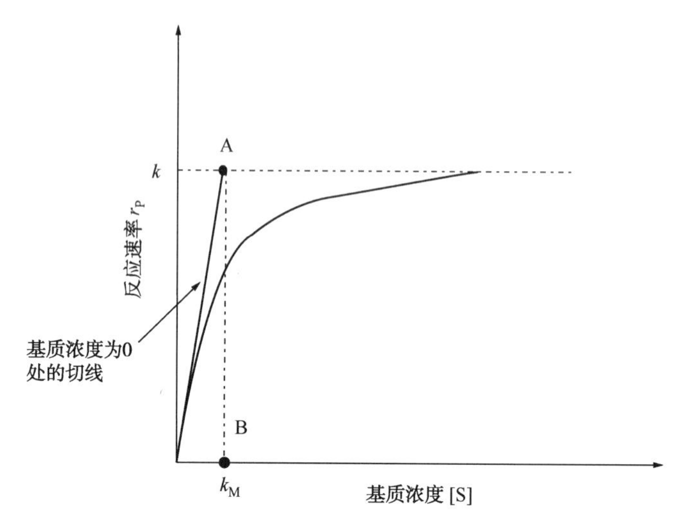

图 2.20 酶催化反应速率 r_P—基质浓度[S]图

对于某些酶催化反应，由于基质[S]与活化体 ES 结合形成 ES_2，抑制了产物 P 的形成，其反应机理可表示为：

$$E+S \rightleftharpoons ES \xrightarrow{k_3} P$$

$$ES+S \rightleftharpoons ES_2$$

产物 P 的形成是速率控制步骤，总反应速率方程为：

$$r_P = k_3[ES] \tag{2.170}$$

假设中间体 ES 和 ES_2处于准平衡态(稳定状态)，[ES]和[ES_2]的表达式为：

$$[ES] = \frac{[E][S]}{K_M} \tag{2.171}$$

$$[ES_2] = \frac{[ES][S]}{K_S} \tag{2.172}$$

其中，K_M和 K_S为平衡常数。由于酶在反应过程中无消耗，故酶的总浓度 E_0固定，为游离酶和结合酶浓度的总和，因此：

$$E_0 = [E]+[ES]+[ES_2] \tag{2.173}$$

求解方程(2.171)、方程(2.172)和方程(2.173)可得[ES]的表达式为：

$$[ES] = \frac{E_0[S]}{K_M+[S]+\frac{[S]^2}{K_S}} \tag{2.174}$$

将式(2.174)代入式(2.170)得到基质抑制的酶催化反应的速率方程为：

$$r_P = \frac{k[S]}{k_M + [S] + \frac{[S]^2}{K_S}} \tag{2.175}$$

其中，$k=k_3E_0$。

题 2.9

在间歇反应器中，浓度为2kmol/m^3的基质在酶的催化下进行反应，不同时间基质浓度的记录见下表。

时间 t，h	C_S，kmol/m^3
0	2
0.5	1.78
1.0	1.56
1.5	1.34
2.0	1.12
2.5	0.926
3.0	0.748
4.0	0.422
5.0	0.238
6.0	0.104
7.0	0.044
8.0	0.018
9.0	0.008
10.0	0.003

验证所给数据是否符合 Michaelis-Menton 动力学速率方程 $r_P = \frac{kC_S}{k_M + C_S}$。

解：

由题中所给数据作 C_S—t 曲线并示于图 P2.9a，以 5 次多项式拟合数据的误差最小。对多项式求导并计算不同 C_S值对应的导数，可得速率 $r_P = -dC_S/dt$。对动力学速率方程两边取倒数，可得其线性表达式为：

$$y = a_0 + a_1 x$$

其中，$x=1/C_S$，$y=1/r_P$，$a_0=1/k$，$a_1=K_M/k$。因此，以 $1/r_P$对 $1/C_S$作图，得到一条直线，斜率为 a_1，截距为 a_0（图 P2.9b）。曲线上的数据列于下表。

C_S	r_P	$\frac{1}{C_S}$	$\frac{1}{r_P}$
2. 0	0. 4058	0. 500	2. 4645
1. 78	0. 4391	0. 5618	2. 277
1. 56	0. 4494	0. 6410	2. 225
1. 34	0. 4412	0. 7463	2. 266
1. 12	0. 4186	0. 8929	2. 389
0. 926	0. 3854	1. 080	2. 595
0. 748	0. 3449	1. 337	2. 899
0. 422	0. 2536	2. 3697	3. 943
0. 238	0. 1643	4. 202	6. 087
0. 104	0. 0904	9. 615	11. 061
0. 044	0. 0395	22. 73	25. 344
0. 018	0. 0129	55. 55	77. 50
0. 008	0. 0062	125	160. 6
0. 003	0. 0089	—	—

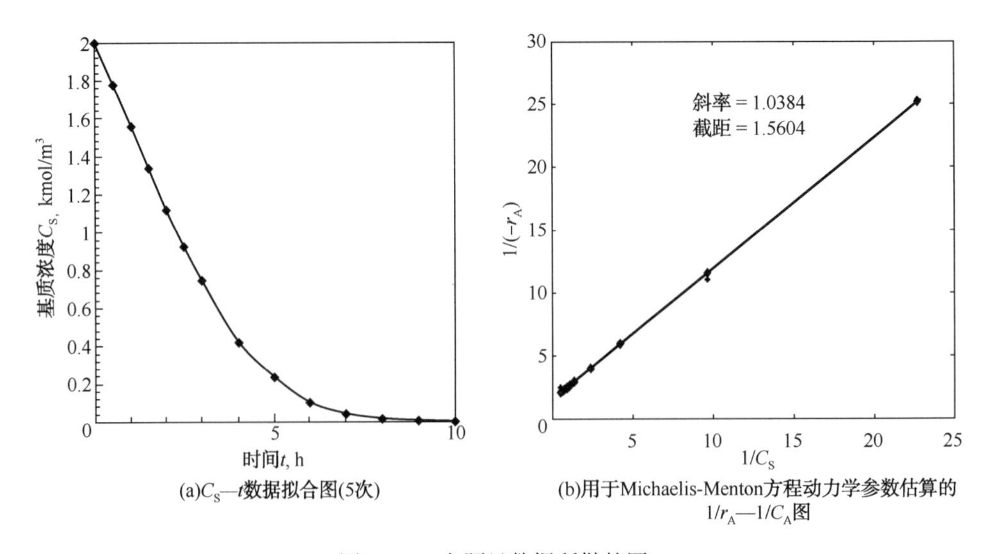

图 P2. 9　由题目数据所做的图

系数 a_0 和 a_1 为：

$$a_0 = 0.8993$$

$$a_1 = 1.2874$$

$$k = \frac{1}{a_0} = 1.112$$

$$k_M = \frac{a_1}{a_0} = 1.4316$$

注：参考 MATLAB 程序 kinet_ enzyme_ cat. m。

2.2　化学反应器简介

化学反应器是指化工生产过程中化学反应进行的工艺容器。按操作方法，化学反应器可大致分为间歇反应器和连续流动反应器。在间歇过程中，反应物在开始时被加入反应器，经历一定的时间即反应时间(批次时间)后卸出产物。在实际生产过程中，由于80%以上的加工工业为连续加工工业，相比于间歇反应器，我们遇到的多是连续流动反应器。对于连续流动反应器，反应物被连续不断地加入反应器，同时产物连续不断地流出反应器。

根据反应器中进行的反应的性质，可将反应器分为均相反应器和非均相反应器。均相反应器为单相反应器，所有反应物为同一相(气相或液相)。非均相反应器为多相反应器，反应过程中存在不同相(气相、液相和固相)之间的物质传递。非均相反应器可进一步分为非催化反应器和催化反应器。在催化反应器中，固体催化剂用于加速化学反应。关于反应器更广泛的分类如图 2.21 所示。

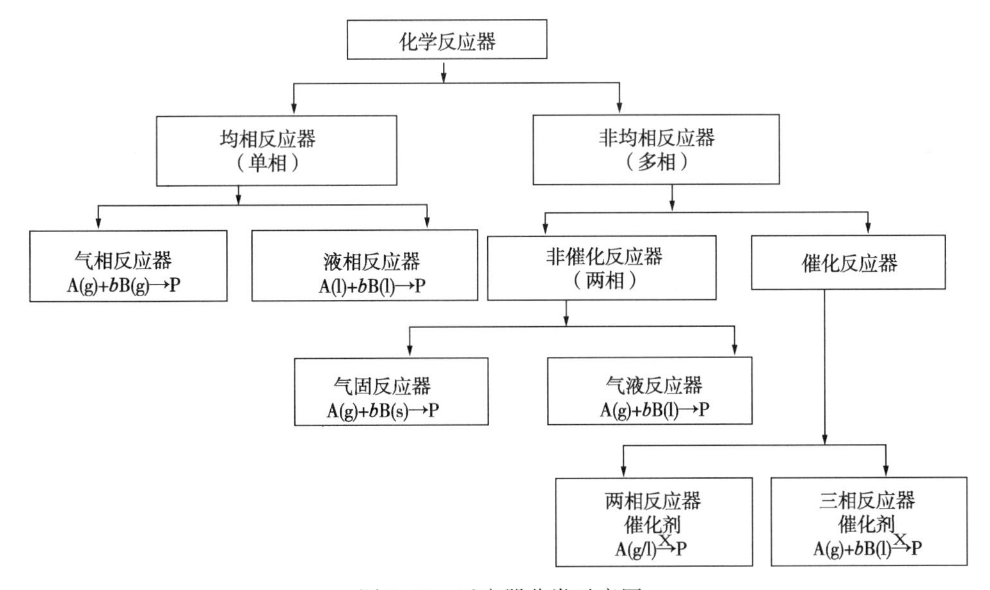

图 2.21　反应器分类示意图

2.2.1 均相反应器：停留容器

均相反应器是指用来容纳一定体积反应介质(包括反应物和产物)的简单停留容器。如果所有的反应物和产物均处于气体状态，则反应器为气相反应器；如果所有的反应物和产物均处于液体状态，则反应器为液相反应器。由于均相反应器为单相反应器，反应物可以从反应器的一个位置移到另一个位置，因此，随着流动性的增强，反应物分子发生碰撞和反应的频率增大。在给定温度下，气相反应器中分子的流动性高于液相反应器中分子的流动性。对于液相反应器，通过搅拌混合反应介质或维持反应器处于湍流条件可以维持反应相处于湍流状态，从而提高分子的流动性。

作为一种简单的停留容器，均相反应器的形状为“釜式”或“管式”。如果容器的 L/D(长径比)在 1~3，则该容器为釜式反应器；如果容器的 L/D 高于 50，则该容器为管式反应器。对于釜式反应器，在搅拌器的作用下混合流体可使反应物相处于湍流状态，因此，釜式反应器也被称为连续搅拌釜式反应器(CSTR)。图 2.22 所示为具有恒定体积 V 和体积流速 q 的连续搅拌釜式反应器。

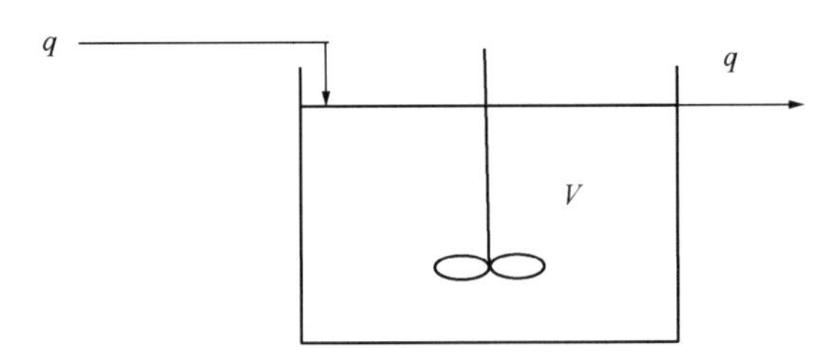

图 2.22 连续搅拌釜式反应器示意图

对于管式反应器，通过维持湍流条件来实现反应物相流体的混合或湍流，如图 2.23 所示。

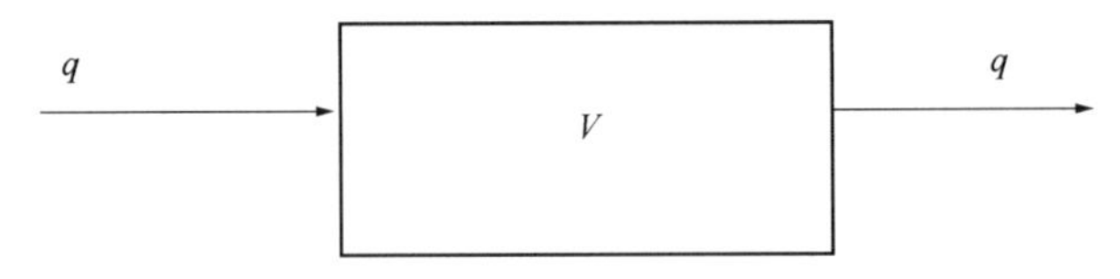

图 2.23 管式反应器示意图

均相反应器的工艺设计包括达到指定转化率所需反应器体积的计算。对于给定的原料流速 q，反应器的体积 V 决定了空时($\tau=V/q$)，即反应物在容器中进行反应的平均有效反应时间。在有效反应时间内，转化率达到的程度取决于反应器中的反应速率和流体混合(湍流)的程度。在连续搅拌釜式反应器中，借助搅拌器实现流体混合；在管式反应器中，则通过维持湍流条件实现流体混合。对于均相反应器的适当设计，需要深入理解流体的混合形式及其对反应的影响，并且必然会涉及较为棘手的复杂流动方程的构建和求解。为了解决此问题的复杂性并为反应器的设计问题提供易处理的解决方案，我们对流体混合形式做出一些简化假设，具有此简化流体混合形式的反应器被看作理想反应器。因此，对于书中的理想连续搅拌釜式反应器和理想管式反应器，假设流体以预定的方式或形式混合。

2.2.1.1 理想连续搅拌釜式反应器(CSTR)

理想连续搅拌釜式反应器是指流体充分或完全混合的搅拌容器，流体的充分混合使得釜内物料的浓度处处相等。

某一物料以体积流速 q 进入恒定体积为 V 的理想连续搅拌釜式反应器(图 2.24)，其中反应物 A 的浓度为 C_{A0}。令出口处反应物 A 的浓度为 C_{Af}，假设反应器处于稳定状态。由于反应器内流体完全混合，整个反应器体积内 A 的浓度处处相等(等于出口处 A 的浓度 C_{Af})。这一假设简化了理想连续搅拌釜式反应器的设计，我们将在下面进行讨论。

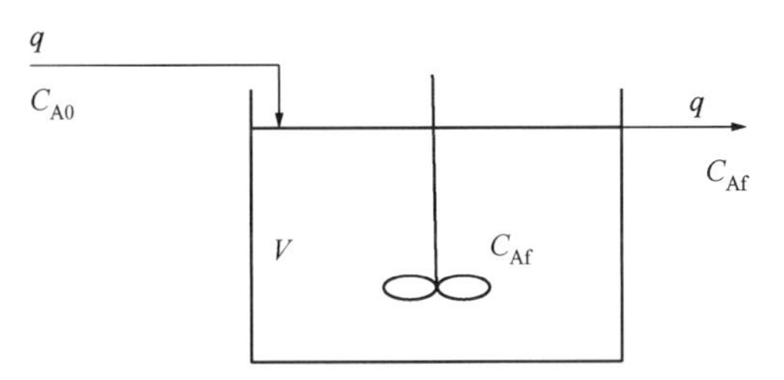

图 2.24 理想连续搅拌釜式反应器示意图

假设反应式为 A →B，动力学速率方程为：

$$(-r_A)=kC_A^n \tag{2.176}$$

其中，$(-r_A)$为 A 的消耗速率，单位为 kmol/(m^3 · s)；k 为反应速率常数；n 为反应级数。

根据阿伦尼乌斯定律，k 与反应温度 T 有关：

$$k=k_0e^{-\Delta E/RT} \tag{2.177}$$

其中，k_0为指前因子，ΔE 为活化能，R 为气体常数。当反应温度恒定(如反应热可忽略)时，k 为常数。

在稳态下，对反应器中的 A 进行物料衡算，可得：

{A 进入反应器的流速} = {A 离开反应器的流速} + {反应器中 A 反应消耗的速率}　(2.178)

即

$$qC_{A0}=qC_{Af}+(-r_AC_{Af})V \tag{2.179}$$

化简方程可得：

$$\tau=\frac{V}{q}=\frac{(C_{A0}-C_{Af})}{(-r_AC_{Af})} \tag{2.180}$$

其中 τ 为空时。式(2.180)被称为理想连续搅拌釜式反应器的设计方程或性能方程。

A 在出口处的最终浓度 C_{Af}和转化率 x_{Af}的关系可用下式表示：

$$C_{Af}=C_{A0}(1-x_{Af}) \tag{2.181}$$

理想连续搅拌釜式反应器的设计实际上是计算原料中浓度为 C_{A0}的反应物 A 达到指定转化率 x_{Af}时所需的反应器体积 V[利用式(2.180)]。

2.2.1.2 理想管式反应器

对于管式反应器，通过维持高流速来实现流体混合，使流体处于湍流状态(雷诺数高于50000)。在如此高速的湍流条件下，除了离管壁较近的黏性内层区域外，径向的速度梯度可以忽略不计，如图2.25所示。如果从中心轴至管壁的径向速度梯度可以完全忽略，假设速度分布为平面形状(图2.25)，则具有平面形状速度分布的流体被称为平推流。平推流在理论上近似于湍流，但由于它与管壁处的无滑移(零速度)状态矛盾，因此在实际中并不存在。平推流状态也说明流体单元在轴向(流动方向)以相同的速度移动。

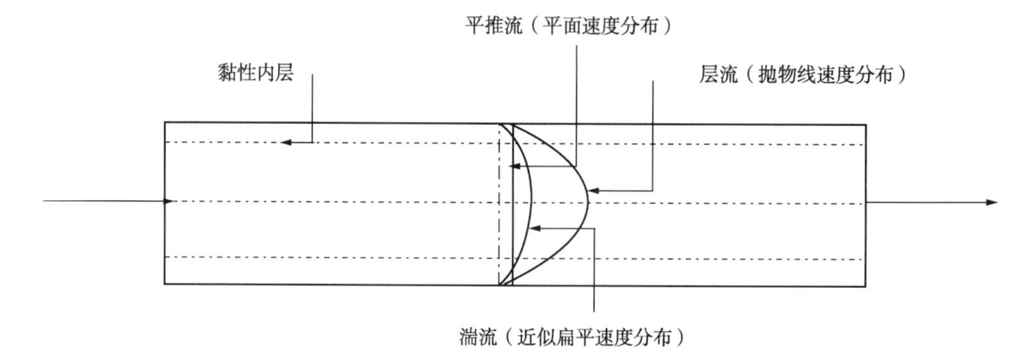

图2.25 管式反应器的速度分布示意图

根据动量传递和质量传递间的类比原理，在给定的流动条件下，速度和浓度分布相同。因此，在平推流状态下假设的平面速度分布表明浓度分布也为平面形状，这意味着管式反应器特定轴向位置处的反应物浓度在径向不发生变化，即径向反应物浓度处处相等。由于只有完全混合才能实现浓度的均一，我们认为平推流条件保证了径向流体的完全混合。因此，平推流反应器(PFR)是对湍流反应器的一种理想化，其中的流体处于高度湍流状态且在径向完全混合。

平推流反应器本身是一种理想管式反应器，其径向流体完全混合。在定义了径向混合形式后，随之而来的是关于轴向混合形式的问题：流体单元在轴向(流动方向)是如何混合的？简单地假设流体单元在轴向不混合，那么，这种平推流反应器就被称为理想平推流反应器，即流体在径向完全混合而在轴向无混合的管式反应器。

以某一反应物料为例，其中反应物A的浓度为C_{A0}，它以体积流速q进入理想平推流反应器(图2.26)，并发生反应A ⟶B，其动力学速率方程为$(-r_A)=kC_A^n$。随着流体从反应器入口流至出口，反应物A的浓度C_A随着反应的进行而逐渐降低并在离开反应器时达到C_{Af}。反应物A的浓度C_A在反应器中的变化如图2.27所示。

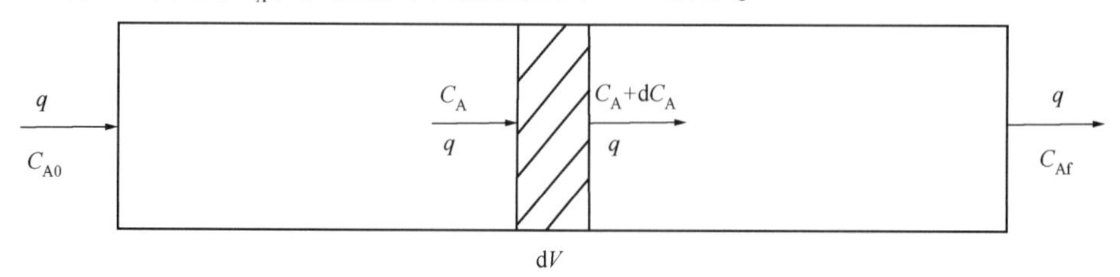

图2.26 理想平推流反应器示意图

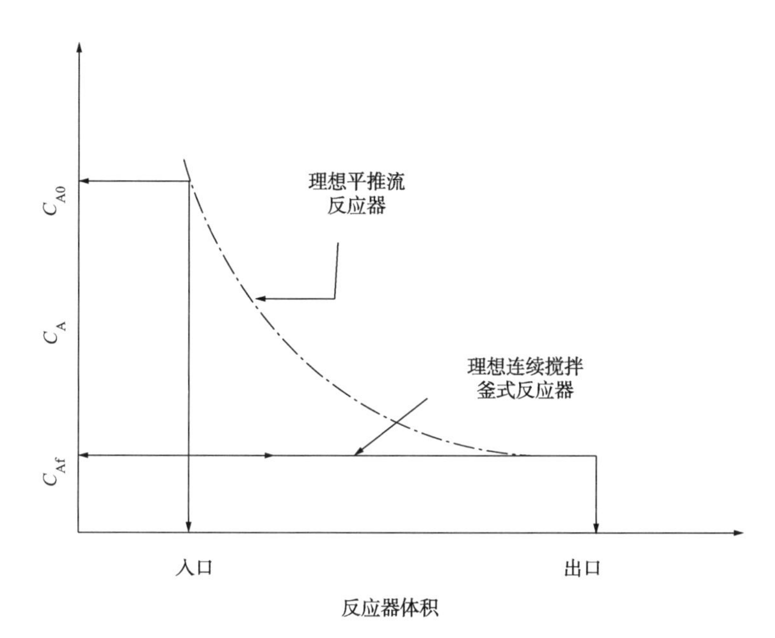

图 2.27 反应器中反应物浓度的变化示意图

对于平推流反应器，从反应器入口至出口，A 的浓度 C_A不断变化。相比之下，理想连续搅拌釜式反应器中 A 的浓度 C_A在反应器入口处从 C_{A0}急剧降至 C_{Af}，并在整个反应器中保持为 C_{Af}不变。在平推流反应器中，尽管 C_A在轴向不断降低，但在径向保持不变。

选取反应器任意位置处体积为 dV 的单元体(图 2.26)，令 dC_A为 A 通过体积 dV 的浓度变化。

对单元体 dV 中的 A 进行稳态平衡计算可得：

{单元体 dV 中 A 的流速} = {A 离开单元体 dV 的流速} + {单元体 dV 中 A 的反应消耗速率}

即

$$qC_{A0}=qC_{Af}+(-r_AC_{Af})\mathrm{d}V \tag{2.182}$$

化简上式可得：

$$\int_0^V \mathrm{d}V=q\int_{C_{A0}}^{C_{Af}}\frac{\mathrm{d}C_A}{(-r_AC_{Af})} \tag{2.183}$$

即

$$\tau=\frac{V}{q}=\int_{C_{Af}}^{C_{A0}}\frac{\mathrm{d}C_A}{(-r_AC_{Af})} \tag{2.184}$$

其中，τ 为空时。上式即为理想平推流反应器的性能设计方程，用于计算达到指定转化率所需的理想平推流反应器的体积。

2.2.2 非均相反应器——传质设备

与所有反应化合物处于同一相的均相反应器不同的是，非均相反应器中的反应物分布于不同相。非均相反应器为多相反应器，被设计用于处理两相或两相以上化合物之间发生的反应。以化合物 A(P1 相)和 B(P2 相)间的化学反应为例，反应式为：

$$A_{(P1)}+B_{(P2)}\rightarrow 产物 \quad (2.185)$$

只有当 P1 相和 P2 相互相接触时，A 和 B 间的反应才能进行，因此处于 P1 相的化合物 A 将穿过分离两相的相界面移动至 P2 相(图 2.28)。

相界面(或界面)是指两相间接触的共同区域。例如，从液柱升起的一个气泡的外表面代表了气相和液相的相界面。化合物穿过相界面从一相传递至另一相的现象称为传质。传质速率为单位时间内穿过相界面的 A 的物质的量，随着界面面积的增大而增大。界面面积越大，两相间的接触越好，传质速率也就越高。本质上，用于传质操作(如吸收、精馏和吸附)的传质设备是指专门设计的单位容积界面面积最高的工艺容器，两相接触更优。因此，传质设备也被称为相接触设备或简单地被称为接触设备。

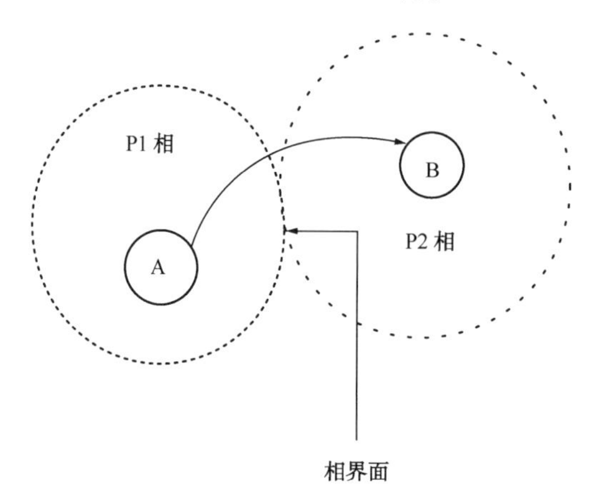

图 2.28 多相反应示意图

在多相反应中，传质速率在决定反应物转化为产物的总速率中发挥着关键作用。在上述化合物 A 和 B 间的多相反应中，A 从 P1 相转移至 P2 相并在 P2 相发生反应。由于化合物 A 生成产物的总转化率受其在反应发生的 P2 相中移动性的限制，化合物 A 则为限制反应物。A 从 P1 相传递至 P2 相的传质速率越大，在 P2 相的浓度越高，其在 P2 相的反应速率也就越高。因此，传质速率对总转化率的影响更大。

任何用于 P1 和 P2 两相接触的传质设备也可被用作这些相间反应进行的多相反应器。例如，以气相(P1)CO_2(化合物 A)和液相(P2)NaOH 溶液间的化学反应为例，反应式为：

$$CO_2(g)+2NaOH(l)\rightarrow Na_2CO_3+H_2O \quad (2.186)$$

该反应可在常用于气液相传质操作(如吸收)的填充塔内进行。这里提到的反应器为填充床反应器(图 2.29)。

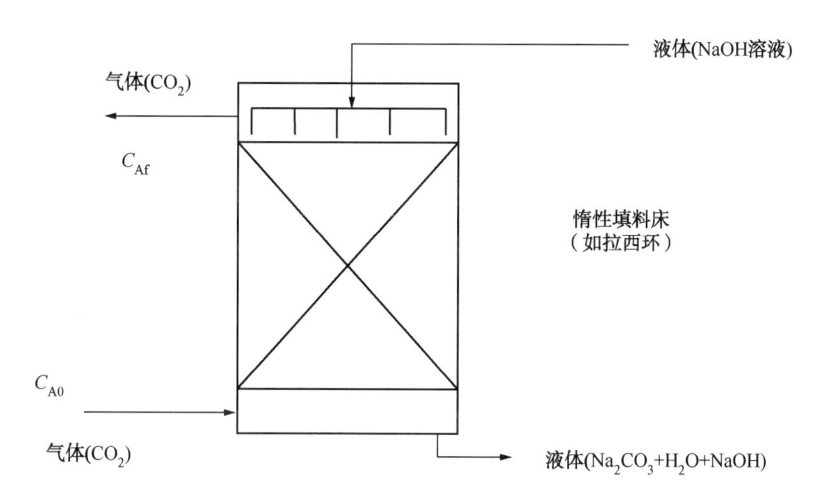

图 2.29 气液填充床反应器示意图

以粉末态 FeS_2(固相)和气相 O_2间的化学反应为例，反应式为：

$$2FeS_2(s)+5O_2(g)\rightarrow 2FeO+4SO_2$$

由于该反应涉及气相和固相，任何包含气体和固体的设备如流化床可用于此反应。这里提到的反应器为流化床反应器(图 2.30)。

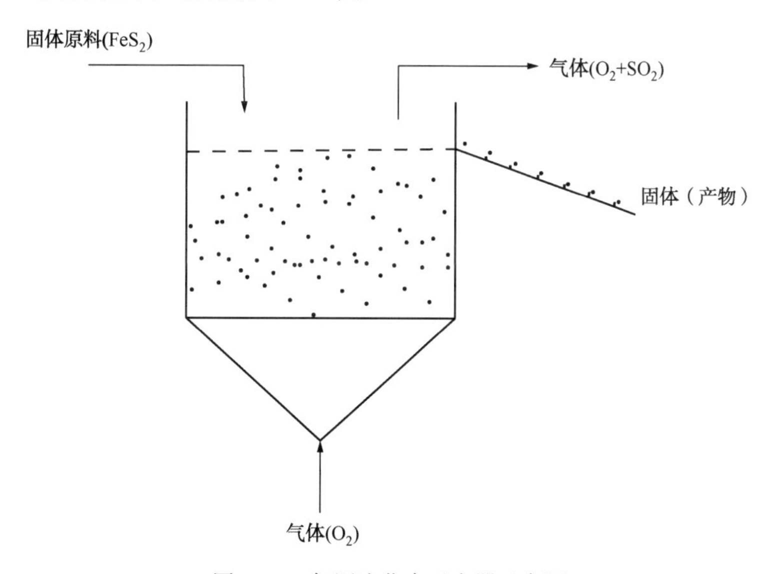

图 2.30 气固流化床反应器示意图

本质上，所有多相反应器均为传质设备，因此其设计涉及传质原理的应用。对于稳态操作的多相反应器中进行的化合物 A(P1 相)和化合物 B(P2 相)间的反应，在反应器的特定位置，令 C_{A1}和 C_{A2}分别为 P1 相中化合物 A 和 P2 相中化合物 B 的稳态浓度(图 2.31)。

化合物 A 穿过相界面从 P1 相传递至 P2 相，其速率 r_1正比于推动力浓度差($C_{A1}-C_{A2}$)，即：

$$r_1=k_m a_i(C_{A1}-C_{A2}) \tag{2.187}$$

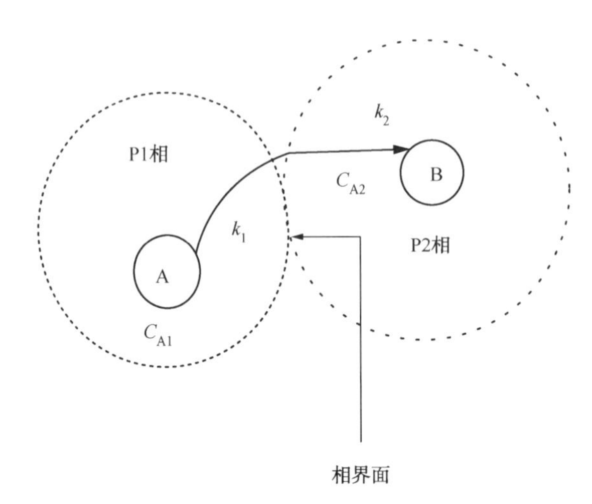

图 2.31　多相反应物浓度示意图

其中，r_1为 A 的传递速率，单位为 kmol/m^3；a_i为单位反应器体积的比界面面积，单位为 m^3/m^2；k_m为总传质系数。假设 P2 相为单相(充分混合相)，化合物 A 为限制反应物，A 在 P2 相中转化生成最终产物的速率为 r_2，正比于浓度 C_{A2}(1 级动力学)，即：

$$r_2 = k_r f_2 C_{A2} \tag{2.188}$$

其中，r_2为 A 的转化速率，单位为 kmol/m^3；f_2为反应器中 P2 相的体积分数；k_r为反应速率常数。在稳态时，r_1和 r_2相等。

令 r_1和 r_2相等，解方程可得：

$$C_{A2} = \frac{k_m a_i}{(k_m a_i + k_r f_2)} C_{A1} \tag{2.189}$$

将式(2.189)代入式(2.188)中的 C_{A2}，可得速率 r(包含传质速率和动力学反应速率)的表达式，为：

$$r = \frac{C_{A1}}{\left(\dfrac{1}{k_m a_i} + \dfrac{1}{k_r f_2}\right)} \tag{2.190}$$

式(2.190)被称为总速率方程，用于多相反应器的设计。式中同时出现传质系数 k_m和反应速率常数 k_r[式(2.190)]，该方程反映了传质速率和动力学反应速率对总转化速率的共同作用。

迄今为止，本节讨论的多相反应器是指处理不借助催化剂进行的多相反应的反应器。因此，这些反应器被称为非催化反应器。非催化多相反应器本质上为两相反应器，根据反应器处理的物相，可大致分为气固反应器和气液反应器。在本节中，我们已经看到了这些反应器的例子。

对于速率非常缓慢的化学反应，通过加入一种称为催化剂的外来物质可以加快反应速率。催化反应是指借助催化剂进行的反应，用于催化反应的反应器被称为催化反应器。许多反应使用的催化剂为固体物质，因此，大多数催化反应器为多相反应器。

通常，非常昂贵的金属如 Pt、Ag 或 Au 被用作催化材料。然而，由于催化材料能够在每个反应循环中再生、重复使用，故其使用量很小。与其他化学试剂不同的是，催化剂并不是被连续加入反应器中的。反应器中保持一定量的催化材料，其他化学反应物(反应流体)连续通过催化材料。由于反应器中催化材料的量很小，我们必须为催化材料和反应流体提供足够的接触，这样大量反应流体分子才能够与反应器中的每个催化剂分子接触。采用多孔载体材料如氧化铝(Al_2O_3)并将催化剂分子浸渍进入孔内可实现上述目的。催化材料和载体材料一同构成了催化剂颗粒，并被制备成常规形状如球体、圆柱体和立方体，尺寸在 1~5in。由于载体材料的孔隙率高，故其单位体积颗粒的比表面积大。尽管催化材料的量很小，但是其分布于载体材料孔道的表面，故单位体积的催化剂颗粒具有很大的界面面积用于催化材料和反应流体的接触。图 2.32 所示为球形催化剂颗粒示意图。该图所示为催化剂颗粒的孔道，图中的点代表催化材料，为活性位，反应物分子吸附在上面并转化为产物。

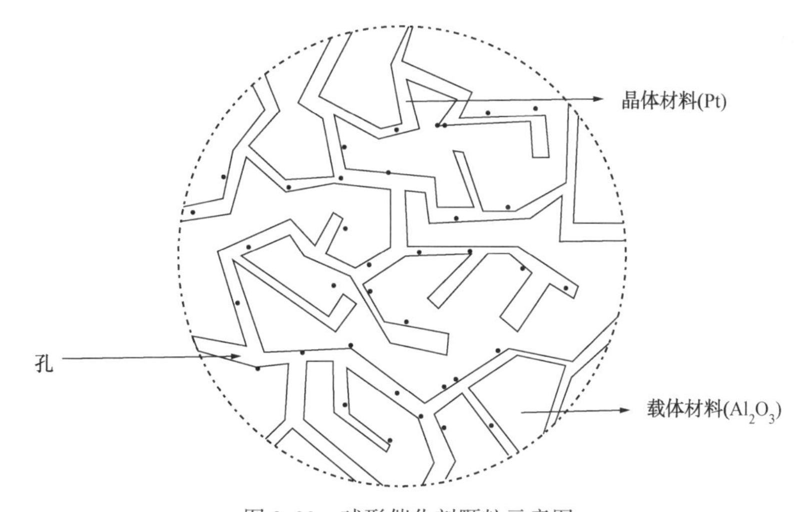

图 2.32　球形催化剂颗粒示意图

催化反应器是指含有固定量催化剂颗粒(或粉末态的催化材料)的多相反应器，含有反应物的流体连续通过反应器。反应物料从反应器的一端(入口)进入，产物和未反应的反应物从另一端(出口)流出。在整个反应器中，催化剂颗粒浸在含有反应物和产物的物料中。在这种情况下，总速率方程应考虑以下几个方面：

(1) 反应物从体相流体转移至催化剂颗粒表面(称为外部传质)的速率；

(2) 反应物通过孔道扩散从催化剂颗粒表面转移至活性位(称为内部传质)的速率；

(3) 活性位上的反应速率。

根据催化反应涉及的相数，催化反应器大体分为两相反应器和三相反应器两种。

以在固体催化剂 CuO-MgO(X)作用下 C_2H_4(乙烯)和 H_2反应生成 C_2H_6(乙烷)为例，反应式为：

$$C_2H_4(g)+H_2(g)\xrightarrow{\text{CuO-MgO(X)}}C_2H_6(g) \tag{2.191}$$

反应物和产物均为气体，催化剂为固体。由于反应涉及气相和固相，则用于此反应的反应器为两相反应器。该反应常在装满催化剂颗粒的填充床反应器中进行(图 2.33)。

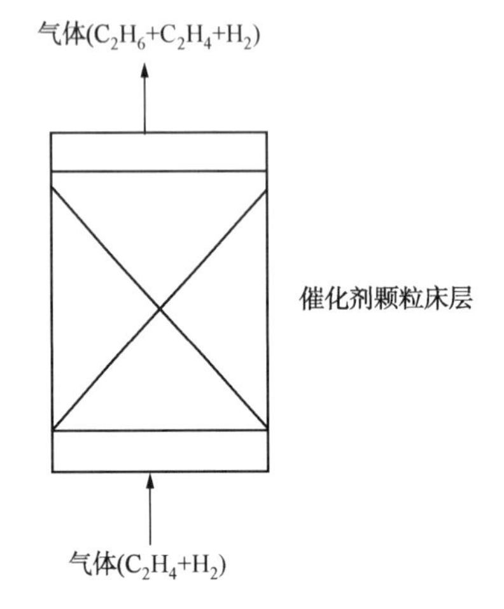

图 2.33　填充床催化反应器(两相反应器)示意图

以在镍粉催化剂(固相)作用下 H_2(气相)和植物油(液相)间的反应为例，反应式为：

$$\text{植物油(l)} + \text{氢气(g)} \xrightarrow{\text{Ni(催化剂)}} \text{氢化油} \qquad (2.192)$$

该反应涉及三相，在浆态床反应器中进行(图 2.34)。

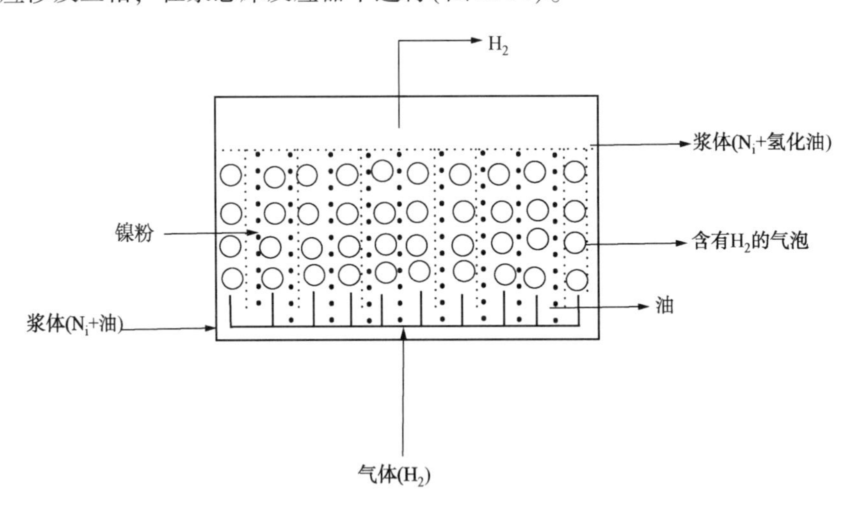

图 2.34　浆态床反应器(三相反应器)示意图

将镍(催化剂)粉末分散于油中形成浆体并加到浆态床反应器中，含有 H_2的气体以鼓泡的形式通过浆体，最后取出含有镍和氢化油产物的浆体，分离出镍并在原料中循环使用。在这种情况下，总速率方程应考虑以下几个方面：

(1) H_2穿过气—液相界面从气泡传递至液相油的速率；

(2) 溶解的 H_2穿过液—固相界面从液相油传递至镍粉催化剂的速率；

(3) 镍表面 H_2和油反应的速率。

附录 2A　催化和化学吸附

2A.1　催化简介

催化是指通过添加一种物质(催化剂)来提高化学反应速率的动力学现象，加入的催化剂在化学反应的总计量方程中不会出现。催化剂的使用已经超过 2000 年，催化剂最初用于酒、奶酪和面包的制作。在这些产品的生产过程中，需要加入少量前一批次的产物以生产该批次的产物。1836 年，J. J. Berzelius 认真总结了淀粉在酸的作用下转化为糖、氢气在铂上的燃烧、过氧化氢在含有金属的碱性溶液中的分解等过程，提出存在某种主体，这种主体“影响化学变化但不参与反应，在整个反应中保持不变”。随后，J. Liebig 和 W. Ostwald 发现催化剂能够提高化学反应速率而在反应中不被消耗。

催化剂是指能够改变反应速率而反应后未发生变化的物质。在催化剂存在的条件下，许多正常条件下不能进行的化学反应可以进行。没有催化剂，许多生命过程和工业过程都无法进行，因而，催化的重要性无论如何夸大都不为过。推动化工产品如硫酸、农业化肥、塑料和燃料大规模生产的几个重要的工业反应均为催化反应。一些重要的工业催化化学过程如下：石油化工中的催化裂化、催化重整、芳构化、异构化等，食品加工业中的植物油加氢、酶催化反应，二氧化硫转化为三氧化硫，氨的合成等。

催化剂通过促进反应的不同机理来改变反应速率，值得注意的是，催化剂在反应中没有消耗，但是它参与了化学反应，尽管在整个反应过程中并未观察到。催化剂能够活化分子并降低活化能，这是反应发生的必要条件，但这并不改变平衡态，它们的作用只是提高达到平衡态的速率。催化剂能够改变反应机理，因而它们会影响化学反应的收率和选择性。

催化是一个研究活跃的领域。图 A.1 显示了催化领域每年出现的研究著作数量的增长情况。这些数据清晰地表明人们对于催化在化工及相关领域如环境工程、生物化学工程、能源工程、材料科学和纳米技术中的应用越来越感兴趣。

2A.1.1　催化的分类

催化对化学和化工来说至关重要。应用于工业的催化剂有多种形式，包括多孔固体形式的多相催化剂、溶解在液相反应混合物中的均相催化剂、酶形式的生物催化剂。

(1) 根据催化活性物种的性质可将催化分为以下主要几类：

① 分子催化。“分子催化”是指催化剂实体为一种类似于反应化合物的分子催化体系。化合物如钼配合物，大分子如酶等均可作为分子催化的催化剂。分子催化剂多见于催化剂和反应化合物处于同一相(液相)的均相催化体系，但是，在多相(非均相)体系如涉及将分子连接至聚合物的体系中也可见到分子催化剂。

② 表面催化。顾名思义，表面催化发生在外延固体的表面原子上。此过程通常涉及具有不同性质的表面原子，因此需要不同类型的催化位(不同的是，分子催化的所有催化位是相同的)。由于使用的催化剂为固体，表面催化本质上是多相催化。

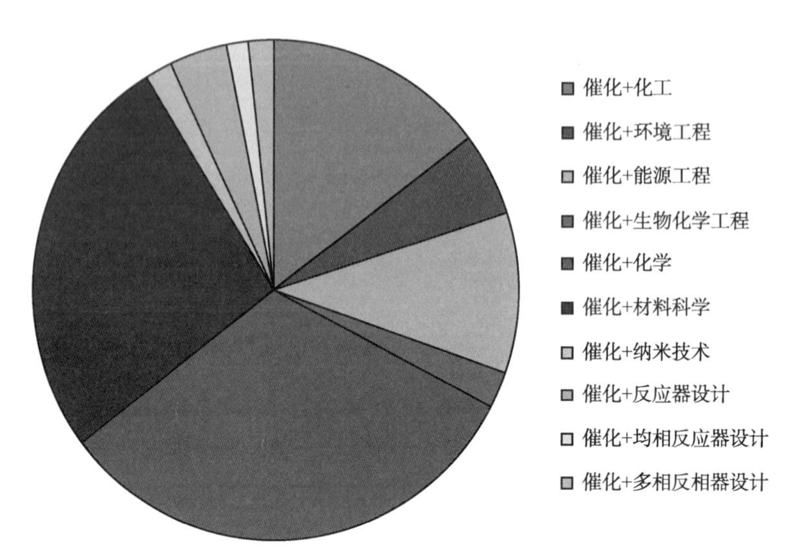

图 A.1 1823—2014 年爱思唯尔出版物(Science Direct)出现的关于“催化+(化工、环境工程、能源工程、生物化学工程、化学、材料科学、纳米技术、反应器设计、均相反应器设计和多相反应器设计)”话题的研究论文的数量图(至 2014 年 1 月 14 日，共计 95111、35389、67816、15479、208450、174198、12070、25278、9375 和 11310 篇文章)

③ 酶催化。酶是指蛋白质、氨基酸的聚合物，可催化生物体中的生物化学反应和生物反应。涉及的体系可能为胶体，即介于均相和多相之间的体系。某些酶只能催化某些特定的反应(如蔗糖酶催化蔗糖)。

④ 自催化。自催化是指某种产物能够作为催化剂的反应。实验发现：随着反应物的消耗，反应速率逐渐升高并经历一个最大值。一些生物化学反应即为自催化反应。

(2) 催化的另一种分类方法是根据催化体系存在的相数分为均相(单相)催化和非均相(多相)催化。

① 均相催化。在均相催化过程中，反应物和催化剂处于同一相。常见的例子包括许多物质的气相分解，如碘催化的乙醛和乙醚的分解，无机酸催化的液相酯化反应(酸碱催化现象的一个例子)。钼催化剂和其他分子催化剂可溶于不同的液体并用于均相催化。气相物种也可作为催化剂。均相催化剂为分子催化剂，但反过来不一定正确。化学工业中大约 20% 的商业催化反应为均相催化。

② 非均相催化。在非均相催化过程中，反应物和催化剂处于不同的相。常见的例子包括许多固体催化的气相反应(如 SO_2 在 V_2O_5 存在下的氧化反应)，其他的例子则涉及两个液相(如苯乙烯和丁二烯的乳液聚合反应，烃类为一相，作为催化剂的有机过氧化物溶液则构成另一相)。非均相催化剂为分子催化剂或表面催化剂。非均相分子催化剂具有分子催化中心，如连接至固体或聚合物的钼物种。在非均相催化过程中，观察到的反应速率包含了传递速率和本征反应速率的影响，大约 80% 的商业催化反应均涉及非均相催化过程。相比于均相催化剂，非均相催化剂的灵活性更大且不需额外的催化剂分离成本，因而吸引力更大，应用更为广泛。

非均相催化剂可进一步分为多孔、无孔和负载型催化剂。具有丰富的孔道且比表面积很大的催化剂称为多孔催化剂(Gota 和 Suresh，2014)。大比表面积催化剂可用于固—液相互作用，对于获得高反应速率非常有利。例如，氧化铝—二氧化硅裂化催化剂就是大比表面积催化剂的一个例子，其孔容为 $0.6m^3/g$，平均孔径为 4nm，相应的比表面积约为 $300m^2/g$。其他多孔大比表面积催化剂的例子如：用于植物和动物油加氢的雷尼镍催化剂；用于石脑油重整生产高辛烷值汽油的 Pt/Al 催化剂。

无孔催化剂为整体式催化剂，应用于取热为主要考虑因素的过程，这主要是由于额外的催化剂表面会加快反应速率，不利于取热。例如，硝酸工业中氨氧化使用的铂网催化剂就是无孔催化剂的一个例子。

当活性物质的微小粒子分散在活性较低的物质上产生催化效应时，形成的催化剂被称为负载型催化剂，活性物质通常为纯金属或金属合金。例如，石脑油重整过程中使用的 Pt/Al_2O_3催化剂和二氧化硫氧化过程中使用的 V_2O_5/SiO_2催化剂。

2A.1.2 催化剂基本概念综述

对催化剂的本质和概念总结如下：

(1) 催化剂通过降低反应所需能量来提高反应速率。催化剂与反应中间体成键，抵消了反应物中化学键断裂所需的能量。在提高反应速率的过程中，催化剂的作用是提供一条更易发生的反应路径，即催化剂先与反应物形成中间体，接着产物生成，最后催化剂进行再生。该路径的能垒即活化能更低。

(2) 尽管催化剂直接或间接出现在速率法则或反应机理中，它在化学计量方程中并不出现。在化学意义上，它既不是反应物，也不是产物。

(3) 随着反应的进行，催化剂的量并不发生变化。

(4) 除了提高反应速率，催化剂能够通过加速某一(目标)反应的速率来控制反应选择性。

(5) 催化剂仅仅提高反应速率，并不改变热力学平衡。其存在不影响反应物或产物的吉布斯自由能，因而并不改变平衡常数。达到平衡时，正反应和逆反应速率相等，因而催化剂必须同时加快正、逆反应的速率。如果催化剂降低了某一方向所需的能量，那么它必然也会降低另一方向所需的能量。

2A.2 非均相催化和化学吸附

当催化剂为固体时，液相或气相反应实际上发生在催化剂的表面，分子或原子吸附在表面的活性中心(位)上发生反应。催化剂通过其吸附反应物的能力来提高反应速率，从而将反应的活化能降低至远低于非催化反应的水平。

为了将体相流体中的反应物转化为产物，反应物必须从流体中转移至催化界面并吸附在表面，反应生成吸附产物。接着，产物脱附并从界面转移至体相流体。

上述每步的速率均影响体系浓度的分布并对总反应速率的确定发挥重要作用。反应物的活化吸附、产物的活化脱附及吸附的反应物生成产物的表面反应过程均是一种化学现象，需要相对较高的活化能，因此对温度非常敏感。实际的化学变化常分为连续几个阶段进行，每一阶段都有其特征状态。因此，在很多情况下，我们可以只考虑最慢的一步并假设其他所有步骤处于平衡状态。速率最慢的活化步骤被称为速率控制步骤，如果表面反应为速率控制步骤，则假设其他步骤(吸附和脱附步骤)处于平衡状态。

活化吸附是吸附质和活化表面(活性位)间的一个非常特殊的反应，具有可逆化学反应的特点。当达到吸附平衡时，吸附速率和脱附速率相等。催化剂表面的反应被认为是吸附的反应物分子和体相流体中的分子或相邻活性位上吸附分子间的反应，反应速率正比于相邻吸附反应物的浓度。

假设催化剂表面的活性中心按照规则的几何模型分布，并由晶体结构决定。我们可以假定催化剂表面的活性位分布均匀，且所有活性位的作用相同。如果活性表面不均一，或者一些活性中心在吸附和脱附期间失去活性，结果会使活化能升高，吸附热降低(Suresh 和 Keshav，2012)。

任意催化反应均包含以下 4 个重要步骤：

(1) 反应物在颗粒外表面和体相流体间的传质；

(2) 反应物和产物扩散进入和扩散出催化剂颗粒的孔结构；

(3) 反应物的活化吸附和产物的脱附；

(4) 吸附反应物的表面反应。

对于(1)和(2)为速率控制步骤的反应，受温度的影响通常很小，只有在反应物分子的动力学运动受温度影响时才会存在。类似地，当(1)和(2)为速率控制步骤时，粒径大小对反应速率的影响很大。通常，传质和扩散是次要速率控制因素，涉及活化吸附和表面反应的步骤(3)和(4)为主要速率控制因素。

2A.2.1 吸附等温线

固体表面的吸附分为两大类：物理吸附和化学吸附。物理吸附是指吸附质通过范德华力与固体的一种非选择性弱结合。物理吸附可能是多层吸附，高温下会遭到破坏。化学吸附则是指吸附质与固体间的一种更具选择性的结合，其过程更类似于化学反应。因此，化学吸附只能为单层吸附。氮气在 Fe 上的吸附行为体现了物理吸附和化学吸附的典型区别。当温度为-190℃时，液氮以氮气分子的形式物理吸附在 Fe 上，随着温度的升高，氮气的吸附量急剧下降。在室温下，Fe 根本不吸附氮气。当温度高达 500℃时，氮气以氮原子的形式吸附在 Fe 上。与多相催化相关的吸附类型为化学吸附。

如果吸附剂和吸附质接触的时间足够长，吸附的吸附质量与溶液中吸附质的量将达到平衡，其平衡关系用吸附等温线描述。一般而言，液相吸附比气相吸附更加复杂。例如：虽然在液相吸附中我们可以假设单层覆盖，但吸附分子并不一定是在同一方向紧密排列的。其他的复杂情况还包括溶剂分子的存在和吸附分子形成胶束。文献报道了 Freundlich、Langmuir、Temkin、Dubinin-Radushkevich (D-R)和 Redlich-Peterson (R-P)等各种等温线方程，并描述了吸附的平衡特性。吸附等温线方程则大多指用于表示一定浓度范围内实验数据的经验表达式。

2A.2.1.1 Langmuir 等温线

Langmuir 等温线对化学吸附过程的描述最佳。1932 年，Irving Langmuir 凭借其在表面化学的研究成果获得了诺贝尔奖。基于以下3个假设，Langmuir等温线描述了吸附质(A)吸附到吸附剂(S)的过程：

(1) 吸附质存在于与吸附剂表面接触的溶液中，并与表面强烈吸引；

(2) 表面具有特定数目的溶质分子吸附位点；

(3) 吸附只涉及一层分子附着在表面，即单层吸附，化学吸附为单层吸附。

与吸附剂表面接触的流体中溶质A的吸附速率正比于流体中分子A的数目(气相中A的分压或液相中A的浓度)和表面未覆盖的吸附位的数目。定义 r_a 为A在表面S的吸附速率，$r_a \propto p_A$ 且 $r_a \propto (1-\theta)$，其中 θ 为吸附剂表面的覆盖率，p_A 为气相中A的分压，$(1-\theta)$ 为表面未覆盖吸附位的分率，可得：

$$r_a \propto p_A(1-\theta)$$

$$r_a = k_1 p_A(1-\theta) \tag{A.1}$$

A从吸附位脱附的速率正比于被覆盖的吸附位的数目，定义 r_d 为脱附速率，可得：

$$r_d \propto \theta$$

$$r_d = k_2\theta \tag{A.2}$$

当平衡时，$r_a = r_d$，即：

$$k_1 p_A(1-\theta) = k_2\theta$$

解上述方程，可得 θ 的表达式为：

$$\theta = \frac{k_1 p_A}{k_2 + k_1 p_A} \tag{A.3}$$

定义：

$$q = \frac{\text{吸附溶质的物质的量}}{\text{固体的质量}},\ \text{mol/g}$$

当平衡时，$q \propto \theta$，可得：

$$q = k_3\theta \tag{A.4}$$

将式(A.3)代入式(A.4)可得：

$$q = \frac{k_3 k_1 p_A}{k_2 + k_1 p_A} \tag{A.5}$$

或写为以下形式：

$$q = \frac{k_3 p_A}{\frac{k_2}{k_1} + p_A}$$

$$q=\frac{K_1 p_A}{K_2+p_A} \quad (A.6)$$

其中，$K_1=k_3$，$K_2=k_2/k_1$。

吸附等温线建立了固体表面吸附的吸附剂的量和溶液中吸附质浓度之间的关系。因此，式(A.6)被称为 Langmuir 吸附等温线方程。对于液相体系，式(A.6)也可用 A 的浓度表示为：

$$q=\frac{K_1 C_A}{K_2+C_A} \quad (A.7)$$

2A.2.1.2 Freundlich 等温线

1909 年，Freundlich 提出了一个经验表达式，表示单位质量固体吸附剂吸附的气体量随压力的等温变化。此方程被称为 Freundlich 吸附等温线，对于气相吸附，其数学表达式为：

$$q \propto p_A^n \text{ 或 } q=kp_A^n \quad (A.8)$$

对于液相吸附，表达式为：

$$q \propto C_A^n \text{ 或 } q=kC_A^n \quad (A.9)$$

其中，k 和 n 为某一温度下给定吸附质和吸附剂的吸附常数。此公式用于溶质的实际名称未知的情况，如糖和植物油中有色物质的吸附等。

2A.2.1.3 其他有名的等温模型

除了上面提到的两个吸附等温模型外，文献中还报道了许多其他的模型。一些有名的等温模型列于表 A.1。

表 A.1 一些有名的吸附等温模型

编号	等温模型	方程	假设
1	Temkin(1940)	$q_e=B_T\ln K_T+B_T\ln C_e$	(1) 由于吸附质和吸附剂间的作用，吸附层中所有分子的吸附热随覆盖率的减小而直线降低； (2) 吸附的特点是结合能均匀分布，达到某些最大的结合能值
2	Redlich-Peterson(1959)	$q_e=\frac{K_r C_e}{1+a_r C_e^{\beta}}$	在高浓度下接近 Freundlich 模型并符合 Langmuir 方程的低浓度限制。并且，R-P 方程将 3 个参数合并至经验等温线中，具有较高的通用性。因此，该模型既可用于均相体系，又可用于非均相体系
3	Dubinin-Radushkevich(1947)	$q_e=q_m e^{(-K\varepsilon^2)}$	

环境工程领域的许多研究者采用 Freundlich(1906)和 Langmuir(1918)等温方程来表示活性炭—有机污染物体系的平衡吸附数据，尽管这些方程在使用时存在严重的缺陷。例如：最有名的 Freundlich 等温线适用于高度不均匀的表面(Halsey 和 Taylor，1947)，且仅对有限浓度范围内的吸附数据有效。对于高度不均匀的表面，在非常低的浓度下吸附才遵循亨利定律。但是，在浓度为 0 时，Freundlich 方程并不接近亨利定律。尽管当浓度为 0 时，Langmuir 方程接近亨利定律，但它对均匀表面无效。Redlich-Peterson 方程则将 3 个参数合并至经验等温线中，因此，该方程既可用于均相体系，又可用于非均相体系。

2A.3　催化剂失活和再生

在操作过程中，催化剂的活性会逐渐降低，进而无法提供所需的性能。催化剂的活性一般会随着反应的进行而逐渐降低。在开发一种新的催化过程时，催化剂的寿命通常是经济性的一个主要考虑因素。从经济方面考虑，经常停工再生或替换催化剂是不被允许的。催化剂的失活速率可能会很快，如加氢裂化催化剂；可能会很慢，如氨合成使用的负载型 Fe 催化剂，在使用几年后活性未明显降低。

了解催化剂如何失活很重要。对于一些体系，催化剂活性降低速率很慢，因此几个月或几年后才会更换或再生催化剂。失活速率慢的催化剂有裂化和烃类反应的催化剂、氨合成的负载型催化剂和含有金属如 Pt、Ag 的催化剂等。催化剂活性降低的原因有：反应物或反应生成的物质引起的中毒、污染、烧结、老化和积炭。快速失活是由物质的物理沉积引起的，物质的物理沉积堵塞了催化剂的活性位。石油行业中使用的催化剂的积炭即属于此类。积炭覆盖了催化剂的活性位，也可能堵塞孔口。对于此种中毒，通入空气或蒸汽可将催化剂再生。再生过程本身是一个非均相反应过程。

含硫化合物和其他物质被称为化学吸附毒物，经常会吸附在 Ni、Cu、Pt 等催化剂上。例如：在 SO_2的氧化过程中，反应物中存在的极少量的 As 会使催化剂中毒。

毒物(P)的毒性取决于其吸附焓和决定其化学吸附平衡常数(K_P)的吸附自由能。根据 Langmuir 等温模型可计算可逆吸附毒物的覆盖率(θ_P)，表达式为：

$$\theta_P = \frac{K_P p_P}{1+K_A p_A + K_P p_P} \tag{A.10}$$

其中，K_A和 K_P分别为反应物和毒物的吸附常数，p_A和 p_P分别为反应物和毒物的分压。催化剂的活性正比于未覆盖活性位的分率($1-\theta_P$)，造成催化剂中毒的化合物通常为原料中的杂质。但是，目标反应生成的产物偶尔也会变为毒物。主要有 3 种毒物：

(1) 具有活性杂原子的分子(如 S)；

(2) 原子间具有多重键的分子(如不饱和烃)；

(3) 金属化合物或金属离子(如 Hg，Pd，Bi，Sn，Cu，Fe)。

石油原料中存在的一些痕量(ppm)金属化合物吸附在催化剂的活性位上，发生作用并通过产生越来越多的副产物来改变反应的选择性。当通入至 Pt/Al_2O_3催化剂的二氧化硫—空气混合物中存在水蒸气时，反应氧化活性会降低。这种中毒现象是由水对氧化铝载体结构的影响引起的，被称为稳定性中毒。由此引起的扩散阻力的增加会明显提高蒂勒模数，并降低反应的效率因子。在极端情况下，催化剂床层的压降也可能明显升高。

有一些物质并不是催化剂，但能提高催化剂的效率并延长催化剂的寿命，这些物质被称为催化剂助剂。这些助剂可能会与催化剂反应形成一些活性位以提高催化剂活性。例如：当添加少量碱金属硫酸盐时，二氧化硫氧化反应中 V_2O_5 的催化活性会明显提高，这主要是由于硫酸盐的加入抑制了催化剂使用过程中表面积的降低，从而提高了一段时间内催化剂的活性。

由于长时间暴露于高温反应气氛，导致催化剂表面结构发生变化而引起的失活被称为烧结。杂质沉积在催化剂表面的活性部分所引起的晶体表面变化被称为老化。

一些降低反应速率的物质则被称为抑制剂。如果有副反应发生，抑制剂则会降低催化剂的活性。例如：对于乙烯氧化反应，环氧乙烷为目标产物。在相同的条件下，反应也会生成 CO_2 和 H_2O，这是需要抑制的副反应。Au/Al_2O_3 是乙烯氧化反应良好的催化剂，如果在催化剂中添加卤族元素化合物，则可减少 CO_2 和 H_2O 的生成，同时降低催化剂活性，从而抑制副反应的发生。

2A.4 案例研究：吸附去除污染物

在下文中，我们将给出两个案例研究来说明吸附在工业污染物去除中的应用。

2A.4.1 活性炭吸附去除苯酚

苯酚(P)及其衍生物被看作是与环境污染相关的有机化合物。它们广泛存在于农药、染料、药物，炼油厂、焦化厂、塑料业、石油化工和其他工业的废水中(Suresh 等，2012a)。由于对水生环境中生物的毒害作用，苯酚及其取代化合物被认为是重要的环境污染物，它们可通过皮肤快速吸附。大多数酚类化合物是有毒的，许多已知或被疑为人类致癌物质。因此，美国环境保护局(USEPA)将苯酚及其取代化合物归为优先控制污染物，并建议水源中总酚类化合物的最大浓度为 1μg/mL。利用颗粒活性炭(GAC)的吸附过程被广泛用于饮用水和工业废水中痕量有机污染物如苯酚、苯胺(AN)及其衍生物的去除。

在过去十年里，研究证明：对于污水中苯酚的去除，高效经济的吸附技术比其他物理化学方法如光化学法、电化学处理、生物降解等更加有益(Suresh 和 Keshav，2012)。商用活性炭非常昂贵，因此，近年来，许多研究者对以低成本、现成的材料为原料制备活性炭的过程进行了研究，这些材料主要为工业和农业副产废物，如：羧基化二氨基乙烷孢粉素、橘皮(Suresh 和 Keshav，2012)；蔗渣粉煤灰(Suresh 等，2012；Soni 等，2012)；香蕉髓、葵花籽壳、腰果净壳(Suresh 等，2012b)；玉米棒子渣、米糠(Suresh 等，2012c)；豆腐渣、壳质和甲壳质。1986 年，Bailey 等综述了在废物和废水处理中使用的低成本吸附剂。另一种可作为吸附剂的生物质为植物树叶，研究者对棕榈树叶(Suresh 等，2012d)和废弃的茶叶进行过研究(Suresh 等，2011a，2011b)。

使用低成本吸附剂的一些优点包括：技术简单且只需少量处理，良好的吸附能力，低成本，免费使用且易再生。因此，本研究采用免费、低成本的植物树叶作为吸附剂，研究表明：利用活化的棕榈叶作为一种吸附剂，通过其物理化学性质去除苯酚是可行的。为了理解吸附的行为和机理，我们进行了动力学研究。

2A.4.1.1 *材料和方法*

所有试剂均达到分析纯水平。苯酚购自印度新德里的南新精细化学品有限公司。采用 0.1mol/L 的 NaOH 溶液或 HCl 溶液调节初始 pH 值，将准确称量的苯酚溶于双蒸水(DWW)中，制备 1000mg/L 的原液。在有需要的时候，将原液用蒸馏水稀释得到理想实验浓度的溶液。

首先将取自印度博帕尔穆拉那阿扎德国家技术研究所的植物树叶用双重蒸馏水清洗，然后烘干。将烘干的吸附剂用实验轧机压碎，筛分得到 1~2mm 的颗粒，将颗粒放置于炉子中并缓慢加热至所需温度 600℃，恒温 1h，接着降至室温，然后在加热板中用磷酸对其处理活化 3d。将得到的活化吸附剂用双蒸水反复洗涤至中性，在 100℃下于真空干燥箱中干燥一夜。将干燥得到的样品筛分为 200 目的颗粒并储存于干燥器中。

在 100mL 带塞子的锥形瓶中进行批量实验，瓶中含有 20mL 已知浓度、pH 的苯酚溶液和已知量的活性炭。当温度为 303K 时，使用温度控制搅拌器(新德里麦瑞斯科学仪器有限公司)搅拌混合物，转速为 150r/min。在适当的时间间隔内取出样品，用 0.45μm 的滤纸过滤，并用紫外分光光度计测量残留溶液的浓度。在初始 pH 为 2~9 时进行实验，通过加入 0.1mol/L 的 NaOH 溶液或 HCl 溶液调节 pH 值。

溶液中取出苯酚的量采用下式计算：

$$去除苯酚的百分数=100(C_0-C_t)/C_0 \tag{A.11}$$

活性炭吸收苯酚的量(mg/g)为：

$$q_t=(C_0-C_t)V/m$$

其中，C_0为苯酚的初始浓度，mg/L；C_t为任一时刻 t 时苯酚的初始浓度，mg/L；V 为溶液的体积，L；w 为吸附剂的质量，g。

2A.4.1.2 *动力学研究*

当温度为 303K 时，在 100mL 带塞子的锥形瓶中研究苯酚吸附至吸附剂上的动力学行为。在特定的时间间隔后，过滤溶液并用分光光度计分析苯酚浓度，吸附的模型动力学方程已知且许多研究者对其进行了报道(Suresh 等，2011c，2011d，2011e)。

保持吸附剂的量不变，根据不同的接触时间确定不同时间间隔内染料的吸收量。在 $T=30℃$，pH=2，$C_0=1000mg/L$，$m=10g/L$ 的条件下，考察了接触时间对吸收的影响(图 A.2)。在实验的 60min 内，活性炭去除苯酚的最大百分数约为 80%。

吸附动力学决定了过程的效率和平衡时间，也描述了活性炭对吸附质的吸附速率。为了确定吸附过程中可能涉及的速率控制步骤，对准 1 级和准 2 级两种动力学模型进行了研究并将其用于活性炭上苯酚吸附数据的拟合。

准 1 级动力学模型：液相中的有机分子吸附至固相为可逆过程，并在溶液和固相间达到平衡。假设吸附质以非解离分子的形式吸附至吸附剂颗粒，则吸附现象被看作扩散控制过程(Fogler，1998)，可表示为：

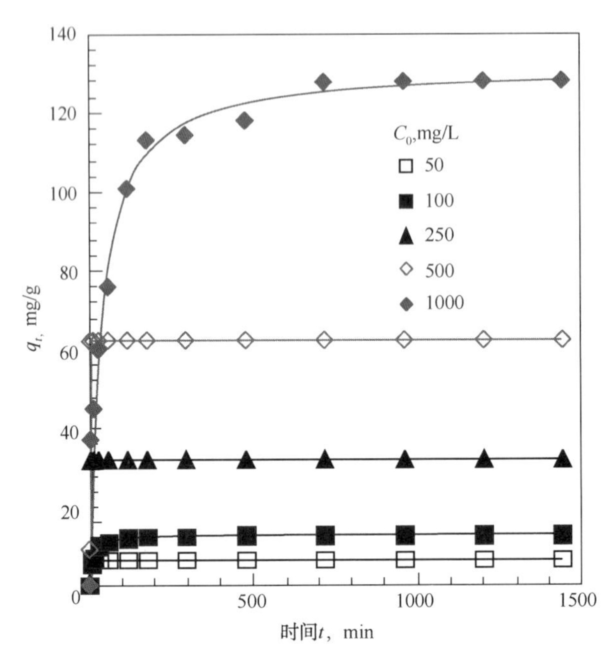

图 A.2　接触时间和初始浓度对活性炭吸收苯酚量的影响示意图

（图中符号代表实验数据，曲线根据准 2 级动力学模型拟合得到，$m=10$g/L，$T=30$℃，pH=6.2）。

$$A+S \underset{k_D}{\overset{k_A}{\rightleftharpoons}} AS \tag{A.12}$$

其中，A 为吸附质，S 为吸附剂的活性位，AS 为活性化合物，k_A和 k_D分别为吸附和脱附速率常数。根据 1 级动力学模型，当初始吸附剂中无吸附质存在时（如：当 $t=0$ 时，$C_{AS0}=0$），吸附剂吸收吸附质的分率可表示为：

$$\frac{X_A}{X_{Ae}}=1-e^{\left(k_A C_S+\frac{k_A}{K_S}\right)t} \tag{A.13}$$

其中，X_{Ae}为平衡条件下吸附剂吸收吸附质的分率（如 C_{ASe}/C_{A0}）；$K_S=k_A k_D$；C_S为溶液中吸附剂的浓度。

因此，在恒定 C_S下，对于不同的 C_{A0}，以 $\ln\left(1-\frac{X_A}{X_{Ae}}\right)$对 t 作图，得到一条直线，并与 $t=0$ 时的纵坐标重合。在给定 C_S下，利用相关的关系式和每条曲线的斜率可得常数 k_A和 k_D。式（3.2.2）可变换为：

$$\lg(q_e-q_t)=\lg q_e-\frac{k_f}{2.303}t \tag{A.14}$$

其中

$$k_f=\left(k_A C_S+\frac{k_A}{k_S}\right) \tag{A.15}$$

$$q=X_A \text{ 且 } q_e=X_{Ae}$$

此式即为所谓的Lagergren方程(Lagergren，1898)，该方程仅在吸附初期有效。许多研究者忽略初期的实验数据，错误地将后期吸附质的吸收数据拟合为此方程。根据$\lg(q_e-q_t)$—t曲线可得动力学常数。

实验结果表明，整个过程并不遵循准1级模型，主要是由于以下两个重要方面有所不同：(1)$k_f(q_e-q_t)$并不代表可用活性位的数目；(2)$\lg q_e$不等于$\lg(q_e-q_t)$—t曲线的截距(Ho和McKay，1999)。根据式(A.13)，在$T=303K$，$C_{A0}=50\sim1000mg/L$的条件下，以初始24h内活性炭上苯酚吸附的$\lg(q_e-q_t)$对t作图，可得准1级吸附速率常数k_f的值(表A.2)。

表A.2 活性炭去除苯酚的动力学参数表

模型	C_0，mg/L	q_e，calc mg/g	k_S g/(mg·min)	h mg/(g·min)	R^2	MPSD
准1级模型	50	6.47	6.47	1.12	0.999	0.13
	100	12.59	11.99	2.12	0.799	93.15
	250	32.27	32.27	12.79	0.999	0.47
	500	62.61	62.60	8.77	0.999	0.26
	1000	32.27	114.47	2.02	0.972	58.40
准2级模型	50	6.47	8.17	34.82	0.999	4.05
	100	12.75	3.19	1.48	0.992	15.99
	250	32.27	2.05	10.83	0.999	5.12
	500	62.61	4.05	41.52	0.999	2.79
	1000	131.29	7.2	3.68	0.991	34.59

模型	C_0，mg/L	$K_{id,1}$ mol/(g·min$^{0.5}$)	I_1	R^2	$K_{id,2}$ mol/(g·min$^{0.5}$)	I_1	R^2
Weber-Morris	50	0.003	6.45	0.875	0.00004	6.56	0.893
	100	0.748	4.534	0.889	0.013	12.17	0.678
	250	0.011	32.13	0.793	0.0001	32.16	0.957
	500	0.014	62.14	0.964	0.0002	62.69	0.984
	1000	7.102	20.19	0.994	0.705	104.02	0.787

注：$t=24h$，$C_{A0}=50\sim1000mg/L$，$m=10g/L$，$T=303K$。

准2级动力学模型：对于含有极性官能团的纤维素基吸附剂，其极性官能团能够与溶质离子化学键结合并赋予吸附剂离子交换能力(Ho和McKay，1998，1999，2000)。对于这些吸附体系，吸附速率正比于推动力和面积的乘积，吸附速率方程可表示为：

$$\frac{dq_t}{dt}=k_S(q_e-q_t)^2 \tag{A.16}$$

其中，k_S为准2级速率常数，g/(mg·min)。对式(3.2.5)进行积分，将$t=0$时，$q_t=0$代入

可得：

$$\frac{t}{q_t}=\frac{1}{k_S q_e^2}+\frac{1}{q_e}t \tag{A.17}$$

当 $t \to 0$ 时，初始吸附速率 h[mg/(g·min)]可定义为：

$$h=k_S q_e^2 \tag{A.18}$$

根据 t/q_t—t 曲线的斜率和截距可以确定平衡吸附容量(q_e)、初始吸附速率(h)和准 2 级常数 k_S。吸附量取决于吸附质的初始浓度 C_0、体系温度 T、溶液 pH、吸附剂粒径、吸附剂的质量 w 和吸附剂特性等。动力学模型只涉及可观测参数对总速率的影响(Ho，2006)。

直线 t/q_t—t 即所谓的比相关式。式中 t 同时出现在曲线的纵坐标和横坐标上，因而会产生一个完全关联系数($R^2=1.0$)。相比于 1 级动力学模型或其他动力学表达式，该表达式最适用于吸附研究(Lyberatos，2006)。使用线性回归方法确定的系数则不适于比较动力学模型的最佳拟合，非线性拟合可用于获得动力学参数(Ho，2006)。

式(A.17)似乎在低和高吸附时间时才有效。当 $t \to \infty$ 时，$q_t \to q_e$；当 $t \to 0$ 时，$q_t \to 0$。

在快速吸附的情况下，我们很难测量动力学时间尺度内的吸附速率。在这种情况下，最好能对动力学结果进行定性讨论。利用 Windows 系统 MS Excel 求解器的附加功能对数据进行非线性拟合，可以确定 q_e、h 和 k_S。

准 2 级动力学模型的线性相关系数值比准 1 级动力学模型的高，表明准 2 级动力学模型适于描述苯酚在活性炭上的吸附过程。此吸附过程取决于吸附质和吸附剂并涉及化学吸附和物理吸附。其中化学吸附可能是速率控制步骤，涉及吸附剂和吸附质间通过电子共用或交换形成的价力。

当 $C_0=50\sim1000$mg/L、$m=10$g/L、$T=303$K 时，接触时间对活性炭吸附苯酚量的影响如图 A.2 所示。吸附时间为 24h，与吸附过程的平衡时间近似。可以看出，在最初的 1h 内，所有 C_0下苯酚均被快速吸附，此后吸附速率逐渐降低并达到平衡。接触时间为 5h 时的残余浓度比接触时间为 24h 时的残余浓度高 2%。因此，接触 5h 后，假设近似稳态，当 C_0不大于 250mg/L 时，则认为吸附达到了准平衡状态。对于活性炭上苯酚的吸附，当 $C_0=50\sim$1000mg/L 时，平衡吸附时间分别为 5h(97.2%)、5h(97.3%)、8h(97.2%)、5h(98.6%)和 5h(99.2%)。在初始 1h 内，活性炭对苯酚的去除速率较快，这主要是由于在初始阶段活性炭表面具有大量空缺位进行吸附，但是随着时间的延长，由于固体中的溶质分子和体相液相间存在排斥力，导致剩余的表面空缺位难以被占据。同时，吸附质要吸附于初始阶段几乎达到饱和的碳材料的介孔中，就必须进入更深更远的孔中，阻力更大，进而导致后期的吸附速率减慢。

据许多研究者报道，C_0是克服溶液和固相间所有传质阻力的一种重要的驱动力。C_0的升高能够增强吸附质分子和碳材料的空缺吸附位及表面官能团间的作用力，进而提高颗粒活性炭上苯酚的吸附量(Suresh 等，2011e)。

表 A.2 中为这些模型的拟合结果。与非线性回归分析得到的关联系数(R^2)相比，实验数据似乎与准 1 级和准 2 级方程拟合得较好，但仅根据 R^2的值难以确定哪种模型与实验数据更加吻合。Marquardt 的标准偏差百分比(MSPD)参数是寻找实验数据最佳模型的更好的标准。众所周知，MSPD 值越低，拟合效果越好。由表 A.2 中列出的 MSPD 值可以看出，准 2 级模型的 MSPD 值比准 1 级模型的 MSPD 值要小得多，因此我们得出结论：活性炭上苯酚的吸附动力学数据与准 2 级模型拟合得更好。对于各种类型活性炭上苯胺和 4-氯苯酚的去除，许多研究者得出了类似的结论(Suresh 等，2011e)。

2A.4.1.3 吸附扩散研究

Boyd 等(1947)和 Reichenberg(1953)提出的用以区分颗粒扩散和膜扩散的数学处理和质量作用控制的交换机理为吸附/离子交换动力学奠定了基础。在吸附体系中，溶质或吸附质向吸附剂颗粒或颗粒内的传质直接影响吸附速率。为了将固体颗粒的吸附作用用于工业用途，我们不仅要研究溶液中溶质的去除速率，还需确认控制吸附过程总去除速率的步骤，从而对实验数据进行解释。多孔吸附剂上有机/无机物种的吸附基本上分为以下 4 个阶段(McKay 等，2001)：

(1) 吸附质从体相溶液传递至吸附剂颗粒周围的外膜；

(2) 吸附质穿过外部液膜至吸附剂颗粒外表面的活性位(膜扩散)；

(3) 吸附质在吸附剂孔内通过颗粒内扩散迁移(孔扩散)；

(4) 吸附质吸附在内表面的活性位。

上述所有过程均在吸附剂孔内的总吸附过程中发挥作用。在快速搅拌、完全混合的间歇吸附过程中，从体相溶液至吸附剂外表面的传质速率通常很快。因此，吸附质从体相溶液传递至吸附剂周围外膜的阻力很小，可忽略不计。此外，吸附质在表面活性位的吸附(第 4 步)速率通常很快，与其他步骤如第 2 步和第 3 步相比，其阻力可忽略不计。因此，这些步骤并不是吸附过程的速率控制步骤。

在大多数情况下，第 2 步和第 3 步控制吸附。对于吸附质传递过程的其他两步，可能发生以下 3 种情况：情况 1，外部传递>内部传递；情况 2，外部传递<内部传递；情况 3，外部传递=内部传递。

在情况 1 和情况 2 中，速率分别取决于膜扩散和孔扩散。在情况 3 中，离子可能无法高速传递至边界，导致在吸附剂颗粒周围形成一个具有浓度梯度的液相膜层。

通常，在以下体系中，外部传递为速率控制步骤：(1)相混合不好；(2)吸附质浓度被稀释；(3)粒径小；(4)吸附剂对吸附质的吸引力强。相比之下，在以下体系中，内部传递为速率控制步骤：(1)吸附质浓度高；(2)相混合好；(3)吸附剂粒径大；(4)吸附剂对吸附质的吸引力小。

根据 Bangham 方程，可根据动力学数据进一步了解整个吸附过程阻力较大的步骤，Bangham 方程表达式为：

$$\lg\lg\left(\frac{C_0}{C_0-q_t m}\right)=\lg\left(\frac{k_{0B}m}{2.303V}\right)+\alpha\lg(t) \tag{A.19}$$

其中，C_0为溶液中吸附质的初始浓度，mg/L；V为溶液的体积，L；m为吸附剂的浓度，g/L；q_t为时间 t 时吸附剂上保留的吸附质的量，mg/g；$\alpha(<1)$和 k_{0B}为常数。如果以 $\lg\lg[C_0/(C_0-q_t m)]$对 $\lg(t)$作图得到非常完美的直线，那么吸附质扩散进入吸附剂孔内的过程被认为是动力学过程唯一的速率控制步骤(Tutem 等，1998)。

2A.4.1.4　颗粒内扩散研究

利用颗粒内扩散模型探索颗粒内扩散的可能性(Weber 等，1963)。

$$q_t = k_{id} t^{0.5} + I \tag{A.20}$$

其中，k_{id}为颗粒内扩散速率常数，I的值反映了边界层的厚度。

许多研究者采用直线表示 $q—t^{0.5}$的数据点，下面的直线部分代表大孔扩散，上面的部分则代表微孔扩散。将线性部分外推至原点可得到截距，截距用于测量边界层厚度。直线与原点的偏差是由吸附初始阶段和最后阶段传质速率间的差异引起的。进一步地，此偏差表明孔扩散并不是唯一的速率控制步骤。定义 Weber-Morris 曲线的斜率为速率参数 k_{id}，表征颗粒内扩散为速率控制步骤区域的吸附速率。k_{id}值越高，颗粒内扩散速率越高。

在本研究中，为了正确理解控制机理，我们在转速为 150r/min、苯酚浓度为 50～1000mg/L 的完全混合条件下进行实验。一般来说，外部传质的特点为：假设初始快速阶段内(本研究中，为初始 30min)的吸收是线性的，我们可以计算最初的溶质吸收量(Suresh 等，2011e)。对于活性炭上苯酚的吸附，计算得到的 k_S见表 A.2。

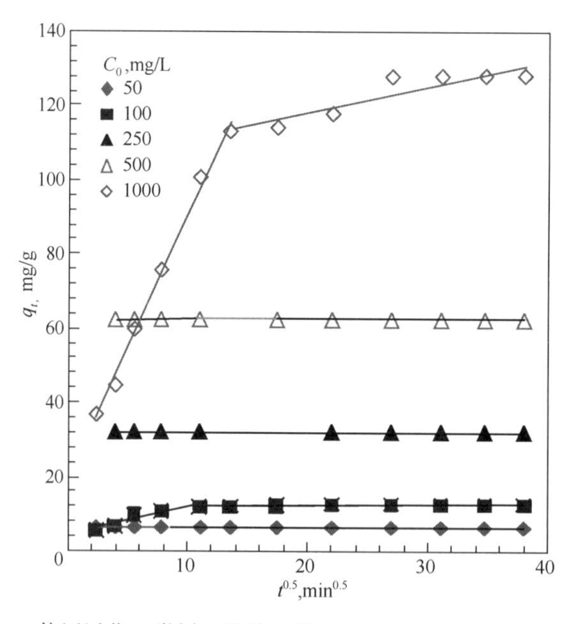

图 A.3　使用活化吸附剂吸收苯酚的 Weber-Morris 颗粒内扩散曲线
(T=303K，m=10g/L)

图 A.3 为所有吸附质的 Weber-Morris(1963) $q_t—t^{0.5}$曲线，参数值列于表 A.2。如果 $q_t—t^{0.5}$与实验数据满足线性关系，那么吸附过程仅由颗粒内扩散控制。但是，如果数据表现出多线性关系，那么有两个或两个以上步骤影响吸附过程。线性部分的斜率被定义为速率参数($k_{id,1}$和 $k_{id,2}$)，表示颗粒内扩散为速率控制步骤区域吸附速率的特征。在图 A.3 中，用两条直线对数据点进行关联，从原点到第一个直线部分的曲率(图中未显示)代表边界层扩散和外部传质的影响(Suresh 等，2011c)。第一个直线部分表示大孔扩散，代表与颗粒内扩散控制逐渐达到平衡的阶段。第二个直线部分表示介孔扩散，代表最后的平衡阶段，在此阶段，由于溶液中吸附质的浓度过低，颗粒内扩散开始减速。将曲线的直线部分外推至 y 轴可得截距，用于测量边界层或膜层的厚度。直线与原点的偏差表明孔扩散并不是唯一的速率控制步骤，因此，吸附过程遵循一种复杂的机理，包含表面吸附和碳材料孔内的颗粒内传递。曲线部分几乎平行[$k_{id,2}\approx0.00004\sim0.72\text{mg}/(\text{g}\cdot\text{min}^{0.5})$]，表明在所有 C_0 下，活性炭介孔吸附苯酚的速率相等。C_0 越高，苯酚吸附曲线第一部分的斜率($k_{id,1}$)越大，苯酚穿过大孔的扩散越强，这是因为 C_0 越高，推动力越大。

2A.4.1.5 扩散系数的确定

动力学数据可以通过 Boyd 等(1947)提出的方程进行处理，该方程在实验条件下是有效的。对于扩散速率控制的球形颗粒的吸附，解微分和代数方程组可得(Reichenberg，1953；Helfferich，1962)：

$$F(t)=1-\frac{6}{\pi^2}\sum_{z=1}^{\infty}\frac{1}{z^2}e^{\left(\frac{-z^2\pi^2D_et}{R_a^2}\right)} \tag{A.21}$$

或

$$F(t)=1-\frac{6}{\pi^2}\sum_{z=1}^{\infty}\frac{1}{z^2}e^{(-z^2Bt)} \tag{A.22}$$

其中，$F(t)=q_t/q_e$ 为时间 t 时的平衡分数；D_e 为吸附质在吸附剂相中的有效扩散系数，m^2/s。假设吸附剂颗粒为球形，R_a(m)为其半径，z 为整数，那么：

$$B=\frac{\pi^2D_e}{R_a^2} \tag{A.23}$$

对于每个观测的 $F(t)$ 值，可以从 Reichenberg 表(Reichenberg，1953)中得到 B_t 值。通过测试 B_t—t 的线性度可以区别膜扩散控制和颗粒扩散控制的吸附过程。如果 B_t—t(斜率为 B)为一条经过原点的直线，那么吸附速率取决于颗粒扩散机理；反之，吸附速率取决于膜扩散。对于柱状颗粒，假设只有径向发生扩散，角向和轴向扩散忽略不计，我们可以得到 Skelland 解析式(1974)，重新整理可得：

$$F(t)=1-\frac{4}{\pi^2}\sum_{z=1}^{\infty}\frac{1}{b_n^2}e^{(-D_eb_n^2t)} \tag{A.24}$$

其中，b_n 为 $J_0(bn_pR)=0$ 的根。

对于球形颗粒上的吸附，Vermeulen 对式(3.3.2)的近似(Vermeulen，1953)适用于整个范围：$0<F(t)<1$。Vermeulen 近似可表示为：

$$F(t)=\left[1-e^{\left(\frac{-\pi^2D_et}{R_a^2}\right)}\right]^{0.5} \tag{A.25}$$

进一步化简此式，使其覆盖大部分数据点，进而计算有效颗粒扩散系数，该式化简后为：

$$\ln\left[\frac{1}{1-F^2(t)}\right]=\frac{\pi^2D_et}{R_a^2} \tag{A.26}$$

根据 $\ln\{1/[1-F^2(t)]\}$—t 的斜率可计算得到 D_e。

颗粒内扩散曲线的多相性证实了表面扩散和孔扩散的存在。为了预测实际包含的慢速步骤，进一步采用 Boyd 动力学表达式分析动力学数据。式(A.22)用于计算不同时间 t 时的 B_t 值，B_t—t 曲线的线性关系用于区分是表面传递控制吸附速率还是颗粒内传递控制吸附速率。在所有浓度下，B_t 和 t 之间为非线性关系($R^2=0.900\sim0.892$)，这证实了表面扩散不是唯一的速率控制步骤。因此，表面扩散和孔扩散均为吸附过程的速率控制步骤，吸附遵循一种复杂的机理。根据式(A.26)计算得到有效扩散系数 D_e 的值。对于活性炭上苯酚的吸附，D_e 的平均值为 2.12×10^{-10}，对于活性炭上苯酚衍生物的吸附，Suresh 等(2011)报道称 D_e 的近似平均值为 0.388×10^{-10}。

2A.4.1.6 溶解和热解吸研究

对溶剂解吸的研究有助于发现吸附过程的机理。如果吸附质上吸附的吸附剂能够被水解吸，则说明吸附质通过弱键连接至吸附剂。如果强酸(如 HNO_3 和 HCl)，或强碱(如 NaOH)能够充分解吸吸附剂，则说明吸附质是通过离子交换连接至吸附剂上的。如果有机酸如 CH_3COOH 能够解吸吸附剂，则说明吸附质是通过化学吸附作用吸附至吸附剂上的。各种溶剂如乙醇、HNO_3、HCl、NaOH、CH_3COOH、丙酮和水都可用于颗粒活性炭上丙烯腈、苯酚、丙烯纤维素或壬基酚的洗脱(Suresh 等，2011f)。

在材料和方法部分，我们对待生颗粒活性炭的热解吸过程进行了描述。热解吸后的颗粒活性炭被重新用于吸附。从利益的角度出发，如果可能的话，我们必须正确处理或利用待生颗粒活性炭。干燥后的待生颗粒活性炭可以直接使用或在燃烧器/焚烧炉中进行加工以恢复热值。待生吸附剂会对待生颗粒活性炭的处理和管理造成问题，近来的研究强调将待生吸附剂用于一些有益的用途并使其对环境友好无害。废水处理使用的低成本吸附剂会产生大量固体废物，这些固体废物具有巨大的能量回收潜力。但是，通过沉降、过滤、离心、脱水和干燥将吸附剂从溶剂中分离非常重要，其他研究者在实验室对这些方面分别进行了研究。因此，本研究并未对上述方面进行研究。干燥的金属负载待生蔗渣粉煤灰、稻壳灰和活性炭可以直接使用或在燃烧器/焚烧炉中进行加工以恢复热值。采用热重(TG)仪研究非负载和金属负载吸附剂的热解特性，并用不同的动力学模型研究这些吸附剂的氧化动力学(Suresh 等，2011f)。

2A.4.2 合成分子筛吸附去除各种染料

材料：NaOH、HCl 和各种染料如甲基橙、亚甲基蓝和碱性藏红 T，均购自印度新德里的南新精细化学品有限公司。本研究中使用的合成分子筛的物理化学性质详细列于第 6 章。

2A.4.2.1 分子筛再生

将使用后的分子筛置于温度为 550℃ 左右的炉子中再生 5h，通过高温焙烧对催化剂进行再生，焙烧后催化剂的结构变得稳定。在高温下，水蒸气和其他挥发性物质逸出，同时吸附的化合物解吸，催化剂的整个表面可重新用于吸附。

2A.4.2.2 分子筛上不同染料的吸附

实验所用的吸附剂为粉煤灰合成的分子筛，以分析纯试剂和双重蒸馏水制备浓度为 1000mg/L 的染料溶液，采用批量平衡法对所有样品进行吸附动力学和等温实验。在不同温度下，将 0.1g 吸附剂添加至 100mL 初始浓度为 50~1000mg/L、转速为 150r/min 的染料溶液中，进行染料的吸附实验。使用分光光度计分别测定甲基橙、亚甲基蓝和碱性藏红 T 在 λ_{max} 为 464mm、630mm 和 560nm 处的吸光度，进而确定染料浓度。根据 Lambert-Beer 法则，吸光度随浓度的增加而线性增加，当吸光度超过 0.6 时，对溶液进行稀释。根据质量平衡关系，采用由吸附实验得到的数据计算吸附容量 q_t(mol/g)，即单位质量干吸附剂吸附的染料量。所有实验的温度为(28±2)℃。

2A.4.2.3　合成分子筛吸附剂在染料去除中的应用

本研究介绍了粉煤灰合成的分子筛(SZ)对亚甲基蓝(MB)、碱性藏红 T(S)和用于示踪研究的有机染料的吸附。研究发现：相比于 Langmuir 等温线，粉煤灰合成的分子筛对染料的吸附更符合 Freundlich 等温线(此处图表未显示)。利用下述方程，根据吸附过程中浓度的变化可以计算出吸附的染料量(q_t)随时间的变化。

溶液中染料的去除率和固相的吸附量(q_t)计算如下：

$$\text{去除率}=100(C_0-C_t)/C_0 \tag{A.27}$$

$$\text{分子筛的吸附量 } q_t=(C_0-C_t)V/w \tag{A.28}$$

其中，C_0为染料的初始浓度，g/L；C_t为任意时刻 t 时的染料浓度，mg/L；V 为溶液的体积，L；w 为吸附剂的质量，g；q_t为染料的吸附量，mg/g。

2A.4.2.4　吸附动力学研究

动力学和动态连续流研究提供了有关吸附速率和水动力参数的信息，对吸附过程的设计非常重要。

吸附平衡和动力学研究对于提供吸附设备设计和操作所需的基本信息必不可少。近年来，由于能够有效去除其他处理过程无法去除的水中微量有机污染物，吸附技术受到人们的青睐。此外，由于固体颗粒内扩散在催化、冶金、微电子学、材料科学和许多科技应用方面是一种重要的现象，因此，吸附和脱附动力学在技术上很重要。吸附过程中会发生传质，第 1 步是通过吸附剂外表面膜的溶质传递，其他为溶质流扩散进入孔道内和吸附分子沿孔道表面迁移。前者用外部传质系数表示，后者用孔内和表面扩散系数表示。液相吸附质的体相浓度和固相吸附溶质的浓度与时间相关，因此，通过绘制液相浓度的衰减曲线或固相吸附质浓度的增长曲线可以得出吸附速率的变化。

确定最佳模型。误差分析：在吸附研究中，采用不同的误差函数寻找能够代表实验数据的最佳等温模型，所用的误差函数见表 A.3。其中，最常用的误差函数的平方和有一个重要缺点：其等温参数更适用于高吸附质浓度。这是因为误差及其平方随着吸附质浓度的升高而升高。随着误差的升高，采用绝对误差总和法确定的等温参数的拟合效果更好，更适用于高浓度数据。平均相对误差函数则试图将整个浓度范围内的相对误差分布最小化。为了提高绝对误差总和法对低浓度数据的拟合精度，通过将测量值相除，我们建立了混合平均相对误差函数，其中的除数用于衡量体系的自由度数——数据点的数目(n)减去等温方程中参数的数目(p)。该领域的许多研究者都曾使用最大过程标准差误差函数(Marquardt，1963)，在许多方面上，该函数与根据体系自由度数修改的几何平均误差分布类似。许多研究者采用相关系数来确定实验数据的最佳动力学模型，并认为相关系数最接近 1 的模型比其他模型更适于表示动力学数据。然而，对比不同模型实验和预测值间的误差是一种更好的估计最佳动力学模型的方法。由于在线性分析过程中不同类型的方程对 R^2 值的影响更明显，因此，非线性分析是一种可能避免这些误差的方法。在本吸附动力学研究中，我们将最大过程标准差误差函数用于偏差的计算，表示如下：

$$\mathrm{MPSD} = 100\sqrt{\frac{1}{n-p}\sum_{i=1}^{n}\left(\frac{(q_{e,\,exp} - q_{e,\,cal})}{q_{e,\,exp}}\right)_i^2} \tag{A.29}$$

表 A.3　合成和商用分子筛去除各种染料的动力学参数(C_0=1000mg/L)

方程		合成分子筛，mg/L			商用分子筛，mg/L		
		甲基橙	亚甲基蓝	碱性藏红 T	甲基橙	亚甲基蓝	碱性藏红 T
准 1 级	k_f，1/min	0.4472	0.3398	0.4988	0.4472	0.3398	0.4988
	$q_{e,cal}$，mg/g	94.68	98.14	98.79	94.68	98.14	98.79
	$q_{e,exp}$，mg/g	92.81	97.26	98.99	92.51	96.26	97.99
	R^2(非线性)	0.9957	0.9879	0.9966	0.9972	0.9873	0.9963
	MPSD	18.46	19.58	8.93	17.35	24.83	14.27
准 2 级	k_s，g/(mg·min)	0.0168	0.0599	0.0263	0.0158	0.0459	0.0123
	h，mg/(g·min)	151.29	579.54	255.35	151.29	579.54	255.35
	$q_{e,cal}$，mg/g	94.82	98.35	98.55	94.81	98.35	98.55
	R^2(非线性)	0.9971	0.9973	0.9984	0.9980	0.9976	0.9980
	MPSD	15.86	17.78	6.31	14.77	23.44	10.81
Weber-Morris	K_{id1}，mg/(g·min$^{0.5}$)	0.385	0.388	0.416	0.488	0.347	0.416
	I_1	86.82	89.40	91.67	83.53	88.75	90.67
	R^2	0.779	0.930	0.960	0.824	0.921	0.960
	K_{id2}，mg/(g·min$^{0.5}$)	0.049	0.041	0.029	0.040	0.041	0.029
	I_2	90.56	95.69	97.92	90.78	94.69	96.92
	R^2	0.671	0.908	0.937	0.710	0.908	0.937

在许多方面上，最大过程标准差误差函数与根据体系自由度数修改的几何平均误差分布类似。

2A.4.2.5　分子筛上各种染料的动力学实验

在吸附实验中，将染料溶液加至含有不同数量吸附剂的磨砂口玻璃瓶中，接着将玻璃瓶置于(28±2)℃的振动器中 24h。从初始吸附剂浓度(g/L)和染料浓度(mg/L)开始，测定吸附剂的吸收量。合成分子筛上染料的去除率随接触时间的变化如图 A.4 所示。吸附量取决于染料的初始浓度和最终浓度间的差异，以每克吸附剂吸收染料的质量(mg)表示。在实验条件下，所有体系在接触时间为 15h 内均接近平衡。与商用分子筛相比，合成分子筛的孔径和比表面积更大，吸附量更高。甲基橙分子的尺寸更有利于吸附，因而其吸附量高于亚甲基蓝和碱性藏红T。由于分子无法穿透所有的内部孔结构且可用的表面减少，合成分子筛(SZ)的吸附能力降低。

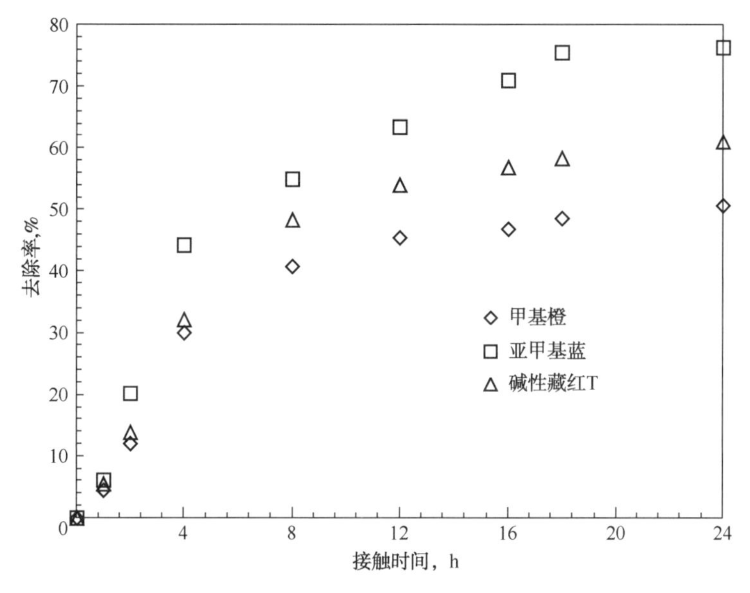

图 A.4　合成分子筛上染料的吸附示意图

图 A.5 所示为 $C_0=1000$mg/L、$m=1$g/L 和 $T=303$K 时，接触时间(0～24h)对 q_t 的影响。当接触时间为 24h 时，吸附过程已接近平衡。可以看出，在初始 1h 内，在所有 C_0 下合成分子筛和商业分子筛均快速吸附，此后，吸附速率逐渐降低并达到平衡。当 C_0 不大于250mg/L，接触时间为 5h 时，所有吸附质的剩余浓度均比接触时间为 24h 时的剩余浓度高，且最高可达 2%左右。因此，在接触 5h 后，假设近似稳态，当 C_0 不大于 250mg/L 时，可认为吸附达到了准平衡状态。

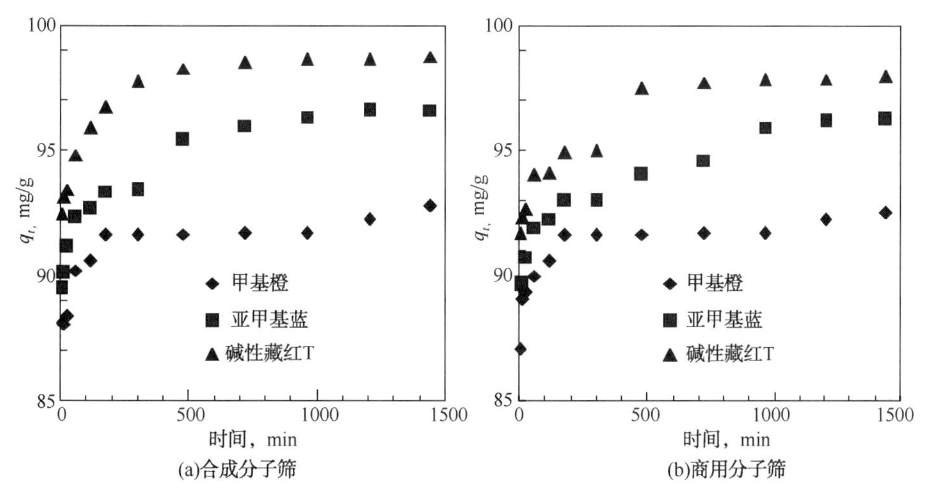

图 A.5　接触时间对合成分子筛和商用分子筛上染料吸附的影响

[图中符号代表数据点，由准 2 级动力学模型拟合得到线(图中未显示)，$T=303$K，$m=1$g/L]

图 A.4 表明 q_e 随 C_0 的升高而升高。C_0 为克服甲基橙、亚甲基蓝和碱性藏红 T 液相和固相间的传质阻力提供了推动力。提高 C_0，吸附质分子与合成分子筛表面空缺吸附位及表面功能团之间的相互作用力增强。因此，C_0 的升高增加了合成分子筛和商用分子筛对甲基橙、亚甲基蓝和碱性藏红 T 的吸附量。

控制机理。研究证明吸附剂从液相中吸附吸附质主要包括以下基本步骤：(1)吸附质从体相溶液传递至吸附剂颗粒周围液膜的外表面(外部传递)；(2)穿过膜传递至吸附剂的外表面(膜扩散)；(3)吸附质通过体相/孔扩散和表面扩散传递进入吸附剂；(4)吸附至吸附剂表面。整个吸附过程由一个或多个步骤控制。在快速搅拌的间歇吸附过程中，由于第 1 步和第 4 步的速率足够快(Weber，1972)，另外两步则成为控制反应速率的步骤，其中的一步或两步均有可能为速率控制步骤。吸收速率受吸附质、吸附剂和溶液相的若干特性(如吸附剂的粒径和功能团、吸附质的浓度及其在体相中的扩散系数、吸附剂孔道)的限制，其中吸附质对吸附剂的亲和力和混合程度是重要的影响因素(Suresh 等，2011c，2011d，2011e)。然而，对于混合好、吸附剂粒径大、吸附质浓度高和吸附质对吸附剂的亲和力差的体系，颗粒内扩散控制吸附过程；对于混合差、吸附质浓度低、吸附剂粒径小和吸附质对吸附剂的亲和力强的体系，外部传质控制吸附过程。

在本研究中，为了更好地认识控制机理，实验在良好的搅拌条件下进行，染料浓度为 1000mg/L。一般来说，外部传质的特征是初始溶质吸收(Suresh 等，2011c，2011d)，这可以通过计算 $C/C_0—t$ 的斜率得到。通过假设 C/C_0 和 t 存在多项式关系或假设 C/C_0 和 t 在初始快速吸附阶段(本研究中的最初 30min)为线性关系可以计算得到 $C/C_0—t$ 的斜率。采用第二种方法，可以得到初始吸附速率 k_S(1/min)为(C_{30min}/C_0)/30。对于合成分子筛上甲基橙、亚甲基蓝和碱性藏红 T 的吸附，当 C_0 = 1000mg/L 时，计算得到的 k_S 分别为 0.0168min、0.0599min 和 0.02631/min；对于商用分子筛上甲基橙、亚甲基蓝和碱性藏红 T 的吸附，计算得到的 k_S 则分别为 0.0158min、0.0459min 和 0.01231/min。

在完全混合条件下，颗粒内传递或表面传递控制吸附速率。Kumar 等(2003)发现：当 C_0 = 1000mg/L 时，颗粒内扩散是合成分子筛及商用分子筛上甲基橙、亚甲基蓝和碱性藏红 T 吸附的速率控制步骤。如果 $q_t—t^{0.5}$ 的 Weber-Morris 曲线与实验数据满足线性关系，那么吸附过程仅受颗粒内扩散控制。但是，如果数据表现为多相曲线，那么吸附过程受两个或两个以上步骤的影响。

图 A.6 所示为所有吸附质的 $q_t—t^{0.5}$ 曲线，参数值列于表 A.3。图中数据点由两条直线关联，从原点到第一个直线部分起点的曲率(图中未显示)代表边界层扩散和外部传质效应(Crank，1965)。第一个直线部分代表大孔扩散，第二个直线部分则代表介孔扩散，它们仅表示孔扩散数据。将直线部分外推至原点可得截距，用于测定边界/膜层的厚度。第一个直线部分代表逐步平衡阶段，颗粒内扩散占据主导地位；第二个直线部分则代表最后平衡阶段，由于溶液中吸附质浓度过低，颗粒内扩散开始减速(Suresh 等，2011e)。直线与原点的偏差表明孔扩散并不是唯一的速率控制步骤，因此，吸附遵循一种复杂的机理，该机理包括表面吸附和合成分子筛及商用分子筛孔内的颗粒内传递。

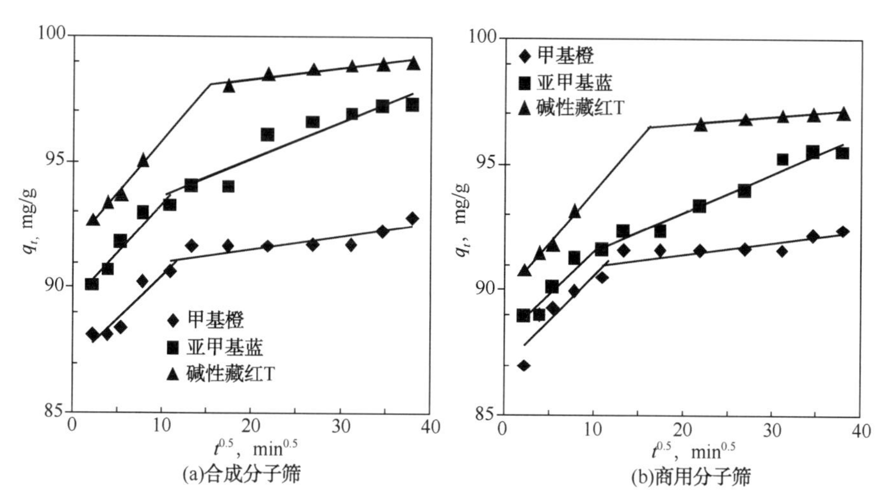

图 A.6　合成分子筛和商用分子筛去除染料的 Weber-Morris 颗粒内扩散曲线(T=303K，m=10g/L)

从图 A.6 可以推断出：吸附过程开始时，甲基橙、亚甲基蓝和碱性藏红 T 从体相至合成分子筛和商用分子筛外表面的扩散速度最快。定义线性部分的斜率为速率参数($k_{id,1}$ 和 $k_{id,2}$)，用以表征颗粒内扩散为速率控制步骤区域的吸附速率。甲基橙、亚甲基蓝和碱性藏红 T 通过颗粒内扩散进入介孔的过程(第二个直线部分)似乎是吸附过程的速率控制步骤，曲线部分几乎平行[$k_{id,2}\approx$0.029~0.049mg/(g·min$^{0.5}$)]，表明在所有 C_0下，合成分子筛和商用分子筛的介孔对甲基橙、亚甲基蓝和碱性藏红 T 的吸附速率相等。对于合成分子筛，C_0越高，第一个直线部分的斜率($k_{id,1}$)越高，这是因为 C_0越高，推动力越大，进而增强了合成分子筛中的大孔扩散。

颗粒内扩散曲线的多相性证实了表面扩散和孔扩散的存在。为了预测实际涉及的慢速步骤，采用 Boyd 动力学表达式进一步分析了动力学数据。式(A.22)用于计算 B_t值，B_t—t 的线性度则用于区别是膜传递还是颗粒传递控制吸附速率。研究发现：所有浓度下 B_t和 t 均为非线性关系(合成分子筛的 R^2=0.671~0.937，商用分子筛的 R^2=0.710~0.937)，证实表面扩散是速率控制步骤。因此，对于吸附过程，表面扩散和孔扩散似乎均为速率控制步骤，吸附遵循一种复杂的机理。

根据式(A.26)，计算得到使用合成分子筛和商用分子筛吸附甲基橙、亚甲基蓝和碱性藏红 T 的平均 D_e值分别为 2.92×10^{-13}m^2/s 和 2.44×10^{-13}m^2/s，表明合成分子筛整体孔扩散速率较高。

2A.4.2.6　吸附动力学

两种动力学模型即准 1 级动力学模型和准 2 级动力学模型均被用于研究合成分子筛和商用分子筛上甲基橙、亚甲基蓝和碱性藏红 T 的吸附过程。准 2 级动力学模型的动力学参数和相关系数见表 A.3。相比于准 1 级动力学模型，使用准 2 级动力学模型计算得到的相关系数更接近 1，因此，合成分子筛和商用分子筛上甲基橙、亚甲基蓝和碱性藏红 T 的吸附反应更符合准 2 级动力学模型。从表 A.3 中可以看出，准 2 级动力学模型的最大过程标准差误差函数值要低得多，进一步说明其适用性强。可以看出，初始吸附速率(h)随着 C_0的升高而逐渐增大，这是因为C_0的升高增大了推动力。

2A.4.2.7　再生吸附剂的吸附行为

将吸附剂在540℃下高温再生5h。再生后的合成分子筛重新用于甲基橙的吸附。图A.7所示为新鲜合成分子筛和再生合成分子筛对碱性藏红T吸附性能的差别。与新鲜样品相比，再生分子筛的吸附性能降低。吸附剂上吸附的染料通常会沉积在固体的表面和孔内，高温焙烧使得吸附的染料分解为气体，从表面和孔道释放，从而可重新用于吸附。

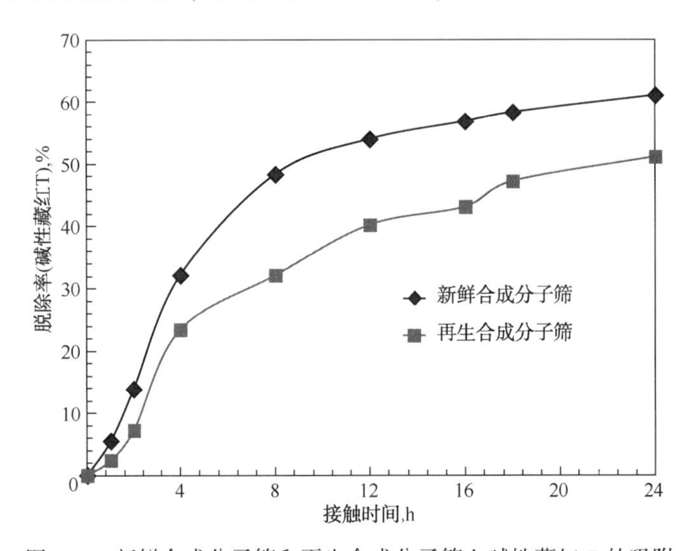

图A.7　新鲜合成分子筛和再生合成分子筛上碱性藏红T的吸附

分子筛的热稳定性。与无定型材料相比，结晶分子筛具有几何结构，因而更加耐热。但是，不可否认的是，硅铝比和离子交换水平会影响分子筛的热稳定性。硅铝比(SiO_2/Al_2O_3)高的商用分子筛更耐高温。目前，制备的分子筛在973K以上高温下会失去结晶度，当温度超过1073K时，分子筛的晶体结构几乎全部被破坏。

2A.5　结论

以粉煤灰为原料，经过碱熔和热处理，制备X型分子筛。在适宜的处理条件下，粉煤灰的主要晶相会转变为不同类型的纯分子筛，生成分子筛的性质很大程度上取决于处理条件和原料的组成。改变反应参数如老化时间、熔融温度和粉煤灰/NaOH比值可以获得具有不同比表面积、硅铝比和结晶度的分子筛。与市场上使用的商用分子筛相比，合成分子筛的成本很低，例如曾采用废粉煤灰制备合成分子筛。合成分子筛已成功应用于溶液中染料的去除，除此以外，合成分子筛也可以用于废水处理和离子交换。因此，此项工作对以低成本合成分子筛并将合成分子筛用于商业上的重要领域非常有用。研究发现，吸附动力学可用准2级方程描述，颗粒内扩散结果表明孔扩散并不是唯一的速率控制步骤，使用合成分子筛和商用分子筛吸附甲基橙、亚甲基蓝和碱性藏红T的有效扩散系数分别为$2.92\times10^{-13}m^2/s$和$2.44\times10^{-13}m^2/s$。当溶液pH值为8~10时，随着pH值的增加，染料去除率几乎不变。将吸附剂在540℃下高温再生5h后，再生催化剂的吸附量略低于新鲜催化剂。

附录 2B　回归法拟合实验数据与线性方程

2B.1　回归法拟合实验数据与线性方程的步骤

假设需将一系列 N 个实验数据(表 B.1)拟合成形式为 $y=a_1x+a_0$ 的线性方程。

表 B.1　一系列 N 个实验数据表

x	x_1	x_2	x_3	x_4	…	x_i	…	x_N
y	y_1	y_2	y_3	y_4	…	y_i	…	y_N

数据的最佳线性拟合为一条直线(图 B.1，y—x 数据的直线图)，在直线的周围，数据点均匀分散。

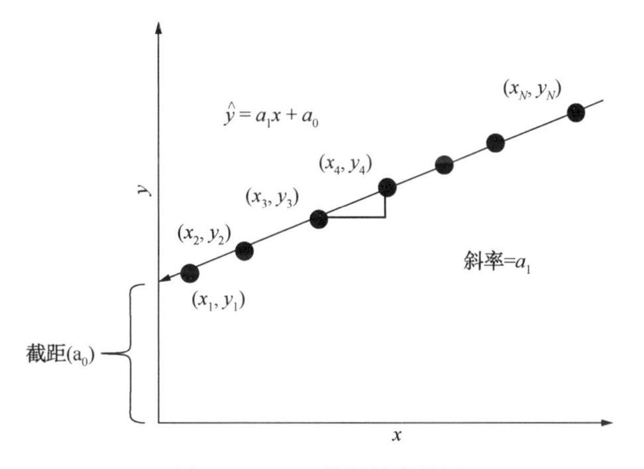

图 B.1　y—x 数据的直线图

寻找最佳拟合的过程涉及系数 a_0 和 a_1 的适宜值的计算，在这种情况下，观察到的 y 值和根据直线方程预测的 $\hat{y}$ 值之间的净误差最小。采用最小平方参数估计法估算系数 a_0 和 a_1 的值，这样便可使观察到的 y 和预测的 $\hat{y}$ 之间的误差平方和最小。因此，通过最小化误差平方和 J 来计算 a_0 和 a_1 的值，计算式如下：

$$J=\sum_{i=1}^{N}(\hat{y}_i-y_i)^2=\sum_{i=1}^{N}(a_1x_i+a_0-y_i)^2 \tag{B.1}$$

根据 J 最小化的必要条件，可得：

$$\frac{\partial J}{\partial a_0}=2\left(a_1\sum_{i=1}^{N}x_i+Na_0-\sum_{i=1}^{N}y_i\right)=0 \tag{B.2}$$

$$\frac{\partial J}{\partial a_1}=2\left(a_1\sum_{i=1}^{N}x_i^2+a_0-\sum_{i=1}^{N}x_i-\sum_{i=1}^{N}x_iy_i\right)=0 \tag{B.3}$$

式(B.2)和式(B.3)为线性方程组，写成矩阵形式为：

$$AX=b \tag{B.4}$$

其中

$$A=\begin{bmatrix} N & \sum_{i=1}^{N} x_i \\ \sum_{i=1}^{N} x_i & \sum_{i=1}^{N} x_i^2 \end{bmatrix};\ X=\begin{bmatrix} a_0 \\ a_1 \end{bmatrix};\ b=\begin{bmatrix} \sum_{i=1}^{N} y_i \\ \sum_{i=1}^{N} x_i y_i \end{bmatrix} \tag{B.5}$$

求解式(B.4)可得 a_0 和 a_1 的估算值。矩阵式 $AX=b$ 被称为标准方程。

如果问题是对经过原点的数据进行线性拟合，那么直线方程为 $\hat{y}_i=a_1x$，通过最小化 J 来计算系数 a_1，J 的表达式为：

$$J=\sum_{i=1}^{N}(\hat{y}_i-y_i)^2=\sum_{i=1}^{N}(a_1x_i-y_i)^2 \tag{B.6}$$

最小化的必要条件为：

$$\frac{\partial J}{\partial a_1}=2\left(a_1\sum_{i=1}^{N}x_i^2-\sum_{i=1}^{N}x_iy_i\right)=0$$

因此，可得：

$$a_1=\left(\frac{\sum_{i=1}^{N}x_iy_i}{\sum_{i=1}^{N}x_i^2}\right) \tag{B.7}$$

2B.2　$y=a_1x_1+a_2x_2+a_0$ 型线性方程拟合数据

将一系列 N 个实验数据(表 B.2)拟合成形式为 $y=a_1x_1+a_2x_2+a_0$ 的线性方程。

采用上节讨论的最小平方法，通过最小化误差平方和 J 来计算 a_0、a_1 和 a_2 的值，J 的表达式为：

$$J=\sum_{i=1}^{N}(\hat{y}_i-y_i)^2=\sum_{i=1}^{N}(a_1x_{1i}+a_2x_{2i}+a_0-y_i)^2 \tag{B.8}$$

表 B.2　一系列 N 个实验数据表

x_1	x_{11}	x_{12}	x_{13}	…	x_{1i}	…	x_{1N}	
x_2	x_{21}	x_{22}	x_{23}	…	x_{2i}	…	x_{2N}	
y	y_1	y_2	y_3	…	y_i	…	y_N	

根据 J 最小化的必要条件，可得：

$$\frac{\partial J}{\partial a_0} = 2\left(a_1 \sum_{i=1}^{N} x_{1i} + a_2 \sum_{i=1}^{N} x_{2i} + Na_0 - \sum_{i=1}^{N} y_i\right) = 0 \tag{B.9}$$

$$\frac{\partial J}{\partial a_1} = 2\left(a_1 \sum_{i=1}^{N} x_{1i}^2 + a_2 \sum_{i=1}^{N} x_{1i}x_{2i} + a_0 \sum_{i=1}^{N} x_{1i} - \sum_{i=1}^{N} y_i x_{1i}\right) = 0 \tag{B.10}$$

$$\frac{\partial J}{\partial a_2} = 2\left(a_1 \sum_{i=1}^{N} x_{1i}x_{2i} + a_2 \sum_{i=1}^{N} x_{2i}^2 + a_0 \sum_{i=1}^{N} x_{2i} - \sum_{i=1}^{N} y_i x_{2i}\right) = 0 \tag{B.11}$$

式(B.9)、式(B.10)和式(B.11)为线性方程组，写成矩阵形式为：

$$AX=b \tag{B.12}$$

其中

$$A = \begin{bmatrix} N & \sum_{i=1}^{N} x_{1i} & \sum_{i=1}^{N} x_{2i} \\ \sum_{i=1}^{N} x_{1i} & \sum_{i=1}^{N} x_{i1}^2 & \sum_{i=1}^{N} x_{1i}x_{2i} \\ \sum_{i=1}^{N} x_{2i} & \sum_{i=1}^{N} x_{1i}x_{2i} & \sum_{i=1}^{N} x_{i2}^2 \end{bmatrix};\ X = \begin{bmatrix} a_0 \\ a_1 \\ a_2 \end{bmatrix};\ b = \begin{bmatrix} \sum_{i=1}^{N} y_i \\ \sum_{i=1}^{N} x_{1i}y_i \\ \sum_{i=1}^{N} x_{2i}y_i \end{bmatrix} \tag{B.13}$$

求解式(B.13)可得 a_0、a_1和 a_2的值。

如果问题是将数据拟合成形式为 $y=a_1x_1+a_2x_2$ 的直线方程，那么通过最小化 J 来计算系数 J，J 的表达式为：

$$J = \sum_{i=1}^{N} (\hat{y}_i - y_i)^2 = \sum_{i=1}^{N} (a_1x_{1i} + a_2x_{2i} - y_i)^2 \tag{B.14}$$

根据 J 最小化的必要条件，可得：

$$\frac{\partial J}{\partial a_1} = 2\left(a_1 \sum_{i=1}^{N} x_{1i}^2 + a_2 \sum_{i=1}^{N} x_{1i}x_{2i} - \sum_{i=1}^{N} x_{1i}y_i\right) = 0 \tag{B.15}$$

$$\frac{\partial J}{\partial a_2} = 2\left(a_1 \sum_{i=1}^{N} x_{1i}x_{2i} + a_2 \sum_{i=1}^{N} x_{2i}^2 - \sum_{i=1}^{N} x_{2i}y_i\right) = 0 \tag{B.16}$$

将式(B.15)和式(B.16)写成矩阵形式为：

$$AX=b \tag{B.17}$$

$$A = \begin{bmatrix} \sum_{i=1}^{N} x_{1i}^2 & \sum_{i=1}^{N} x_{1i}x_{2i} \\ \sum_{i=1}^{N} x_{1i}x_{2i} & \sum_{i=1}^{N} x_{2i}^2 \end{bmatrix};\ X = \begin{bmatrix} a_1 \\ a_2 \end{bmatrix};\ b = \begin{bmatrix} \sum_{i=1}^{N} y_i x_{1i} \\ \sum_{i=1}^{N} y_i x_{2i} \end{bmatrix} \tag{B.18}$$

求解式(B. 18)可得 a_1 和 a_2 的值。

将一系列 N 个实验数据拟合为含 m 个变量的线性方程的标准方程 $Ax=b$ 的推导过程如下：

对于线性方程：

$$y=a_0+a_1x_1+a_2x_2+\cdots+a_mx_m$$

根据实验数据得到的数据矩阵 D 为：

$$D=\begin{bmatrix} 1 & x_{11} & x_{21} & x_{31} & \cdots & x_{m1} \\ 1 & x_{12} & x_{22} & x_{32} & \cdots & x_{m2} \\ 1 & x_{13} & x_{23} & x_{33} & \cdots & x_{m3} \\ . & . & . & . & \cdots & . \\ . & . & . & . & \cdots & . \\ . & . & . & . & \cdots & . \\ 1 & x_{1N} & x_{2N} & x_{3N} & \cdots & x_{mn} \end{bmatrix};\ y=\begin{bmatrix} y_1 \\ y_2 \\ y_3 \\ . \\ . \\ . \\ y_N \end{bmatrix}$$

其中，标准方程中的项 A 和 b 计算如下：

$$A=D^TD;\ b=D^Ty;\ x=[a_0 \quad a_1 \quad a_2\cdots\ a_m]^T$$

对于经过原点的线性方程：

$$y=a_1x_1+a_2x_2+\cdots+a_mx_m$$

根据实验数据得到的数据矩阵 D 为：

$$D=\begin{bmatrix} x_{11} & x_{21} & x_{31} & .. & x_{m1} \\ x_{12} & x_{22} & x_{32} & \cdots & x_{m2} \\ x_{13} & x_{23} & x_{33} & \cdots & x_{m3} \\ . & . & . & \cdots & . \\ . & . & . & \cdots & . \\ . & . & . & \cdots & . \\ x_{1N} & x_{2N} & x_{3N} & \cdots & x_{mn} \end{bmatrix}$$

$$x=[a_1 \quad a_2 \quad a_3 \cdots a_m]^T$$

参考本节讨论的线性回归的 MATLAB 程序 lin_ regres. m。

习题

1. 某一1级不可逆反应，温度 T 对动力学速率常数 k 影响的数据列于下表。

T，K	330	370	410	450
k，1/min	0.0362	0.616	6.04	39.67

假设阿伦尼乌斯定律适用，估算活化能 ΔE 和指前因子 k_0。

（答案：$\Delta E=72000$kJ/kmol；$k_0=9\times10^9$kJ/kmol）

2. 某一1级可逆放热反应，平衡转化率 x_{Ae} 随温度 T 的变化数据列于下表。

T，K	500	550	600	650
平衡转化率 x_{Ae}	0.959	0.907	0.819	0.703

估算反应热。

（答案：$\Delta H_R=-42000$kJ/kmol）

3. 在某一间歇反应器中进行的可逆液相反应 A →B，反应温度恒定，初始容器中 A 的浓度为 1kmol/m^3。在不同的时间间隔取样并测量 A 的浓度 C_A，测得的 C_A值列于下表。

时间 t，min	C_A，kmol/m^3	时间 t，min	C_A，kmol/m^3
0	1.000	20	0.333
1	0.909	30	0.250
2	0.833	40	0.200
3	0.769	50	0.166
4	0.714	70	0.125
5	0.666	90	0.100
10	0.500	100	0.091
15	0.400		

采用微分速率分析法估算反应级数 n 和速率常数 k。

（答案：$n=2$；$k=0.1$）

4. 采用半衰期法计算题3所给间歇反应器数据对应的动力学参数 k 和 n。

5. 在某一恒容间歇反应器中进行的2级不可逆反应 A+B →C+D，反应温度恒定，对应速率方程为 $(-r_A)=kC_AC_B$。反应开始时，反应器中A和B的浓度分别为 $1kmol/m^3$ 和 $2kmol/m^3$，测得A的浓度随时间变化的数据列于下表。

时间 t，h	C_A，$kmol/m^3$	时间 t，h	C_A，$kmol/m^3$
0	1.0	4.10	0.5
0.54	0.9	5.60	0.4
1.20	0.8	7.70	0.3
1.90	0.7	11.00	0.2
2.90	0.6	17.00	0.1

采用积分法估算速率常数 k。

（答案：$k=0.1$）

6. 验证非基元液相反应 A →B+C 是否遵循速率方程

$$(-r_A)=\frac{k_1C_A^2}{1+k_2C_A},\ kmol/(m^3\cdot s)$$

并估算速率常数 k_1 和 k_2 的值。在不同的时间间隔测得的A的浓度 C_A 列于下表。

时间 t，min	C_A，$kmol/m^3$	时间 t，min	C_A，$kmol/m^3$
0	1.0	119	0.5
16	0.9	166	0.4
35	0.8	237	0.3
57	0.7	361	0.2
84	0.6	680	0.1

（答案：$k_1=0.02$；$k_2=2$）

7. 某一间歇反应器中进行的1级平行反应 $A\begin{matrix}\nearrow B\\ \searrow C\end{matrix}$，反应温度恒定，反应开始时A的浓度为 $10kmol/m^3$。反应20min后停止测量化合物A、B和C的浓度，A和B的浓度分别为 $5kmol/m^3$ 和 $4.1667kmol/m^3$。估算速率常数 k_1 和 k_2 的值。

（答案：$k_1=2.89\times10^{-2}$；$k_2=5.78\times10^{-3}$）

8. 某一固体颗粒上进行的气相反应 A+B →C，反应压力为 5atm，实验数据列于下表。

p_A，atm	p_B，atm	p_C，atm	$(-r_A)$，kmol/(min·kg)
0.1	0.2	0.1	3.56×10^{-4}
0.2	0.1	0.2	3.13×10^{-4}
0.3	0.2	0.3	3.84×10^{-4}
0.4	0.3	0.3	5.00×10^{-4}
0.5	0.3	0.4	4.63×10^{-4}
0.6	0.5	0.5	4.61×10^{-4}
0.7	0.7	0.6	5.10×10^{-4}
0.8	0.6	0.6	5.33×10^{-4}
0.95	0.9	0.9	4.85×10^{-4}
0.25	0.35	0.7	1.98×10^{-4}
0.45	0.2	0.8	1.95×10^{-4}

验证实验数据是否符合 Langmuir-Hinshelwood 模型的速率方程

$$(-r_A)=\frac{kp_Ap_B}{(1+K_Ap_A+K_Bp_B+K_Cp_C)^2}$$

并估算参数 k、K_A、K_B 和 K_C。

（答案：$k=120$；$K_A=10$；$K_B=20$；$K_C=15$）

9. 某一固体颗粒上进行的气相反应 A+B →C，反应压力为 5atm，实验数据列于下表。

p_A，atm	p_B，atm	p_C，atm	$(-r_A)$，kmol/(min·kg)
0.1	0.2	0.1	0.4000
0.2	0.1	0.2	0.2286
0.3	0.2	0.3	0.7200

续表

p_A，atm	p_B，atm	p_C，atm	$(-r_A)$，kmol/(min·kg)
0.4	0.3	0.3	0.8000
0.5	0.3	0.4	0.8000
0.6	0.5	0.5	1.3333
0.7	0.7	0.6	1.8667
0.8	0.6	0.6	1.6696
0.95	0.9	0.9	2.3586
0.25	0.35	0.7	0.5385
0.45	0.2	0.8	0.4000

验证实验数据是否符合 Langmuir-Hinshelwood 模型的速率方程

$$(-r_A)=\frac{kp_Ap_B}{(1+K_Ap_A+K_Cp_C)}$$

并估算参数 k、K_A 和 K_C。

（答案：$k=80$；$K_A=20$；$K_C=10$）

10. 将 1kmol/m^{3}的基质 S 置于间歇反应器中，在酶的作用下进行反应。基质 S 的浓度随时间变化的数据列于下表。

时间 t，h	C_S，kmol/m^3	时间 t，h	C_S，kmol/m^3
0	1.0	8.47	0.5
1.53	0.9	10.58	0.4
3.12	0.8	13.02	0.3
4.78	0.7	16.05	0.2
6.55	0.6	20.51	0.1

验证所给数据是否符合 Michaelis-Menton 动力学速率方程 $r_P=\frac{kC_S}{K_M+C_S}$并估算动力学参数 k 和 K_M。

（答案：$k=0.1$；$K_M=0.5$）

MATLAB 程序

MATLAB 程序表

程序类型	程序名称	描述
化学反应动力学	cal_ active_ energy.	根据动力学数据计算活化能的程序
	diff_ anal_ kinet. m	微分分析动力学数据的程序
	half_ life_ kinet. m	采用动力学数据分析的半衰期法估算动力学参数的程序
	integral_ anal_ kinet. m	积分分析动力学数据的程序
	integral_ form_ rate. m	定义速率方程积分式的函数子程序
	integral_ anal_ kinet2. m	积分分析动力学数据的程序
	multiple_ reactions. m	绘制连串反应 A→B→C 和平行反应 A→B（A↓C） 浓度—时间曲线的程序
	kinet_ non_ elem. m	估算非基元反应 A→B+C 动力学参数的程序，反应速率为 $(-r_a)=(k_1 \times C_a^2)/(1+k_2 \times C_a)$
	kinet_ lang_ hins. m	估算固体催化反应 A+B→C Langmuir-Hinshelwood 模型动力学参数的程序，反应速率为 $(k \times p_a \times p_b)/(1+K_a \times p_a+K_c \times p_c)$
	kinet_ enzyme_ cat. m	估算酶催化反应 S→P Michaelis-Menton 速率方程动力学参数的程序，反应速率为 $(-r_a)=(k_1 \times C_S)/(K_M+C_S)$
通用程序	lin_ regres. m	采用多变量线性回归法将数据拟合为 $y=a_0+a_1 \times x_1+a_2 \times x_2+\cdots+a_m \times x_m$ 型线性方程和估算系数值的函数子程序
	lin_ plot. m	根据给定的 x—y 值绘制直线和估算系数的函数子程序
	polyn_ regres. m	将实验数据拟合为多项式 $y=a_0+a_1x+a_2x^2+\cdots$ 和估算系数的函数子程序
	polynom_ plot	根据给定的 x—y 值绘制多次曲线并估算系数的函数子程序

MATLAB 程序

程序： cal_active_energy.m

```
% program to calculate activation energy from the kinetic data
% INPUT DATA
%____________________________________________________________

k_data = [303   323   343   363 ;        % Temperature in K
          0.071 0.189 0.510 0.991] ;     % k 1/Sec

% CALCULATIONS
%____________________________________________________________

vec_size = size(k_data) ;
n = vec_size(1,2) ;% number of readings

for i = 1:n
   T_val = k_data(1,i) ;
   k_val = k_data(2,i) ;
   xy_data(i,1) = 1/T_val ;
```

```
   xy_data(i,2) = log(k_val) ;
end ;

x_label = '1/T' ;
y_label = 'ln k' ;
coef_vec = lin_plot(xy_data,1,x_label,y_label) ;

a0 = coef_vec(1) ;
a1 = coef_vec(2) ;

k0 = exp(a0) ;       % frequency factor 1/Sec
delE = -1*(a1)*(8.314) ; % activation energy KJ/Kgmoles

% DISPLAY RESULTS
%_______________________________________________________________

fprintf('_________________________________________________________\n') ;
fprintf('ACTIVATION ENERGY CALCULATION \n') ;
fprintf(' \n') ;
fprintf('Frequency factor        1/Sec          :  %10.4f \n',k0) ;
fprintf('Activation Energy       KJ/Kgmole      :  %10.4f \n',delE) ;
fprintf(' \n') ;
fprintf('_________________________________________________________\n') ;
```

程序：diff_anal_kinet.m

```
% program for differential analysis of kinetic data

clear all ;
% INPUT DATA
%_______________________________________________________________

% Ca Vs t Batch data

%             time    Ca
ca_t_data = [0        5   ;
             1.1      4.75 ;
             4.7      4.5 ;
             7.7      4.25 ;
             11.3     4.0 ;
             15.6     3.75 ;
             20.8     3.50 ;
             35.6     3.0 ;
             46.1     2.75 ;
             60.0     2.5 ;
             78.8     2.25 ;
             105      2.0 ;
             143      1.75 ;
             202      1.5 ;
             300      1.25 ;
             480      1.00] ;

% fitting the data to a polynomial of power n_p
```

```
n_p = 6 ;       % choose power of polynomial
fit_well = 1 ; % 0 - enter initial value 0
               % 1 - change to 1 after the choice of polynomial fits the
data well

n_trim = 3 ;  % number of last data points to be trimmed
              % for estimation of kinetic parameters

% CALCULATIONS
%_________________________________________________________________

vec_size = size(ca_t_data) ;
n = vec_size(1,1) ;% number of readings

for i = 1:n
   t_val = ca_t_data(i,1) ;
  Ca_val = ca_t_data(i,2) ;
   Ca(i) = Ca_val ;
    t(i) = t_val ;
end ;

% fitting the data to a polynomial of power n_p

xlabel_s = 't - time' ;
ylabel_s = 'Ca - Kgmoles/m3' ;

coef_vec = polynom_plot(ca_t_data,n_p,xlabel_s,ylabel_s) ;

if fit_well == 1

% Taking the polynomial fit, rate is calculated as derivative of the
% polynomial

for i = 1:n
   t_val = t(i) ;
   yt_val = coef_vec(2) ;
   for j = 2:n_p
     yt_val = yt_val + (j)*coef_vec(j+1)*t_val^(j-1) ;
   end ;
   ra(i) = yt_val ;
end ;

% estimation of kinetic parameters

count = 0 ;
for i = 1:(n-n_trim)
   Ca_val = Ca(i) ;
   ra_val = ra(i) ;
   if ra_val < 0
     count = count + 1;
     xy_data(count,1) = log(Ca_val) ;
     xy_data(count,2) = log(-1*ra_val) ;
   end ;
end ;
```

```
x_label = 'ln Ca' ;
y_label = 'ln (-ra)' ;
coef_vec = lin_plot(xy_data,1,x_label,y_label) ;

intercept = coef_vec(1) ;
slope = coef_vec(2) ;

n_order = slope ;
k = exp(intercept) ;

% DISPLAY RESULTS
%_________________________________________________________________

fprintf('_____________________________________________________________\n');
fprintf('DIFFERENTIAL METHOD OF ANALYSIS - KINETIC PARAMETERS k AND n \n');
fprintf(' \n') ;
fprintf('Reaction Order                n        : %10.4f \n',n_order) ;
fprintf('Reaction Rate Constant        k        : %10.4f \n',k) ;
fprintf(' \n') ;
fprintf('        Conc. Ca              Rate ra \n') ;
fprintf(' \n') ;
for i = 1:n
    fprintf('       %10.4f             %10.4f \n',Ca(i),ra(i)) ;
end ;
fprintf(' \n') ;
fprintf('_____________________________________________________________\n') ;
end ; % of fit_well
```

程序：half_life_kinet.m

```
% program for estimation of kinetic parameters using
% half life period method of kinetic data analysis
clear all ;
% INPUT DATA
%_________________________________________________________________

% Ca Vs t Batch data

%            time    Ca
ca_t_data = [0       5   ;
             1.1     4.75   ;
             4.7     4.5    ;
             7.7     4.25   ;
             11.3    4.0   ;
             15.6    3.75 ;
             20.8    3.50 ;
             35.6    3.0   ;
             46.1    2.75 ;
             60.0    2.5   ;
             78.8    2.25 ;
             105     2.0    ;
             143     1.75   ;
             202     1.5    ;
             300     1.25   ;
             480     1.00] ;
```

```
% fitting the data to a polynomial of power n_p

n_p = 6 ;       % choose power of polynomial
fit_well = 1 ; % 0 - enter initial value 0
               % 1 - change to 1 after the choice of polynomial fits the
data well

% CALCULATIONS
%_________________________________________________________________

vec_size = size(ca_t_data) ;
n = vec_size(1,1) ;% number of readings

for i = 1:n
   t_val = ca_t_data(i,1) ;
   Ca_val = ca_t_data(i,2) ;
   Ca(i) = Ca_val ;
   t(i) = t_val ;
end ;

% fitting the data to a polynomial of power n_p

xlabel_s = 't - time' ;
ylabel_s = 'Ca - Kgmoles/m3' ;

coef_vec = polynom_plot(ca_t_data,n_p,xlabel_s,ylabel_s) ;

if fit_well == 1

% Calculation of half life periods for different values of Ca

nh = 10 ; % number of concentrations for half life calculation

Ca0 = Ca(1); Caf = 0.5*(Ca0 - Ca(n));
t0 = t(1) ; tf = t(n) ;

for ii = 1:nh
    Ca_val = Ca0 + ((ii-1)/(nh-1))*(Caf - Ca0) ;
    Ca_vec(ii) = Ca_val ;
end ;

nj = 5000 ;
eps = 0.001 ;
for ii = 1:nh
   Ca0_val = Ca_vec(ii) ;
   Ca0_half = Ca0_val/2 ;
   count1 = 0 ; count2 = 0 ;
   t_Ca0 = 0 ; t_Ca0_h = 0 ;
   for jj = 1:nj
       t_val = t0 + ((jj-1)/(nj-1))*(tf - t0) ;
       Ca_val = coef_vec(1) ;
       for j = 1:n_p
          Ca_val = Ca_val + coef_vec(j+1)*t_val^j ;
        end ;
```

```
        if abs(Ca0_val - Ca_val) < eps*Ca0_val
            count1 = count1 + 1 ;
            t_Ca0 = t_Ca0 + t_val ;
        end ;
        if abs(Ca0_half - Ca_val) < eps*Ca0_half
            count2 = count2 + 1 ;
            t_Ca0_h = t_Ca0_h + t_val ;
        end ;
   end ;
   if ii == 1
        t_Ca0 = t0 ;
   else
        t_Ca0 = t_Ca0/count1 ;
   end ;
   t_Ca0_h = t_Ca0_h/count2 ;
   t_half = t_Ca0_h - t_Ca0 ;
   t_h_vec(ii) = t_half ;
end ;

% estimation of kinetic parameters

for ii = 1:nh
   Ca0_val = Ca_vec(ii) ;
   t_half = t_h_vec(ii) ;
   xy_data(ii,1) = log(Ca0_val) ;
   xy_data(ii,2) = log(t_half) ;
end ;

x_label = 'ln Ca0' ;
y_label = 'ln (t_half)' ;
coef_vec = lin_plot(xy_data,1,x_label,y_label) ;

intercept = coef_vec(1) ;
slope = coef_vec(2) ;

n_order = -1*slope + 1 ;
k = ((2)^(n_order-1) - 1)/((exp(intercept))*(n_order-1)) ;

% DISPLAY RESULTS
%___________________________________________________________________

fprintf('_____________________________________________________________\n') ;
fprintf('HALF LIFE PERIOD METHOD OF ANALYSIS - KINETIC PARAMETERS k AND n
\n') ;
fprintf(' \n') ;
fprintf('Reaction Order                  n         :  %10.4f \n',n_order) ;
fprintf('Reaction Rate Constant          k         :  %10.4f \n',k) ;
fprintf(' \n') ;
fprintf('         Ca0                    t_half \n') ;
fprintf(' \n') ;
for i = 1:nh
   fprintf('  %10.4f             %10.4f \n',Ca_vec(i),t_h_vec(i)) ;
end ;
```

```
fprintf(' \n') ;
fprintf('________________________________________________________________\n') ;
```

程序：integral_anal_kinet.m

```
% program for integral analysis of kinetic data

clear all ;

% INPUT DATA
%_________________________________________________________________

% Ca Vs t Batch data

%             time    Ca
ca_t_data = [0       5 ;
             1.1     4.75 ;
             4.7     4.5  ;
             7.7     4.25 ;
             11.3    4.0  ;
             15.6    3.75 ;
             20.8    3.50 ;
             35.6    3.0  ;
             46.1    2.75 ;
             60.0    2.5  ;
             78.8    2.25 ;
             105     2.0  ;
             143     1.75 ;
             202     1.5  ;
             300     1.25 ;
             480     1.00] ;

% define the integral form of the rate equation in integral_form_rate

reaction_type = 3 ; % 0 - zero order irreversible   - (-ra) = k
                    % 1 - first order irreversible  - (-ra) = k*Ca
                    % 2 - second order irreversible - (-ra) = k*Ca^2
                    % 3 - third order irreversible  - (-ra) = k*Ca^3
                    % 4 - second order irreversible - (-ra) = k*Ca*Cb
                    % 5 - first order reversible    - (-ra) = k'*(Ca-Cae)

% fitting the data to the reaction type

fit_well = 1 ;% 0 - enter 0 if the reaction type does not fit the data well
              % 1 - enter 1 if the reaction type fits the data well

% CALCULATIONS
%_________________________________________________________________

vec_size = size(ca_t_data) ;
n = vec_size(1,1) ; % number of readings

for i = 1:n
   t_val = ca_t_data(i,1) ;
```

```
    Ca_val = ca_t_data(i,2) ;
    Ca(i) = Ca_val ;
    t(i) = t_val ;
end ;

Ca0 = Ca(1) ;
for i = 1:n

      t_val = t(i) ;
      Ca_val = Ca(i) ;
      xa = 1 - (Ca_val/Ca0) ;
      kt = integral_form_rate(Ca0,xa,reaction_type);
      xy_data(i,1) = t_val ;
      xy_data(i,2) = kt ;

end ;

x_label = 't - Time' ;
y_label = 'kt - Integral Form of Rate Equation' ;
coef_vec = lin_plot(xy_data,0,x_label,y_label) ;

if fit_well == 1

k = coef_vec(1) ;

% DISPLAY RESULTS
% ________________________________________________________________

fprintf('____________________________________________________________\n') ;
fprintf('INTEGRAL METHOD OF ANALYSIS - KINETIC PARAMETERS k \n') ;
fprintf(' \n') ;
if reaction_type == 0
   fprintf('Reaction is zero order irreversible - (-ra) = k*\n') ;
end ;
if reaction_type == 1
   fprintf('Reaction is first order irreversible - (-ra) = k*Ca \n') ;
end ;
if reaction_type == 2
   fprintf('Reaction is second order irreversible - (-ra) = k*Ca^2 \n') ;
end ;
if reaction_type == 3
   fprintf('Reaction is third order irreversible - (-ra) = k*Ca^3 \n') ;
end ;
if reaction_type == 4
   fprintf('Reaction is second order irreversible - (-ra) = k*Ca*Cb \n') ;
end ;
if reaction_type == 5
   fprintf('Reaction is first order reversible - (-ra) = (k(1+K)/K)*(Ca-
Cae)' \n') ;
end
fprintf('  \n') ;
fprintf('Reaction Rate Constant       k          :  %10.4f \n',k) ;
fprintf(' \n') ;
```

```
fprintf('_____________________________________________________________\n') ;
end ;% of fit_well
```

函数子程序：integral_form_rate.m

```
% program subroutine to define integral form of rate equation

function kt = integral_form_rate(Ca0,xa,eqn_no)

if eqn_no == 0       % zero order irreversible reaction A ---> B
    kt = Ca0*xa ;
end ;

if eqn_no == 1       % first order irreversible reaction A ---> B
    kt = log(1/(1-xa)) ;
end ;

if eqn_no == 2       % second order irreversible reaction A ---> B
    kt = (1/Ca0)*(xa/(1-xa)) ;
end ;

if eqn_no == 3       % third order irreversible reaction A ---> B
    kt = (1/(2*Ca0^2))*(1/(1-xa)^2 - 1) ;
end ;

if eqn_no == 4       % second order irreversible reaction A + B ---> C
   M = 2 ; % M = Cb0/Ca0
   if M == 1
     kt = (1/Ca0)*(xa/(1-xa)) ;
   else
     kt = (1/(Ca0*(M-1)))*log((M-xa)/(M*(1-xa))) ;
   end ;
end ;

if eqn_no == 5       % first order reversible reaction A ⇔ B
   K = 1.667 ; % K = Cae/Cae - equilibrium constant
   Ca = Ca0*(1-xa) ;
   kt = (K/(K+1))*log((K*Ca0)/((1+K)*Ca - Ca0)) ;
end ;
```

程序：integral_anal_kinet2.m

```
% program for integral analysis of kinetic data

clear all ;

% INPUT DATA
%_________________________________________________________________

% Ca Vs t Batch data
%             time    Ca
ca_t_data = [0       4 ;
             1       3.6 ;
             2       3.4 ;
```

```
            3       3.0 ;
            4       2.8 ;
            5       2.6 ;
            6       2.4 ;
            7       2.3 ;
            8       2.2 ;
            9       2.1 ;
            10      2.0 ] ;

reaction_type = 5 ; % 0 - zero order irreversible   - (-ra) = k
                    % 1 - first order irreversible  - (-ra) = k*Ca
                    % 2 - second order irreversible - (-ra) = k*Ca^2
                    % 3 - third order irreversible  - (-ra) = k*Ca^3
                    % 4 - second order irreversible - (-ra) = k*Ca*Cb
                    % 5 - first order reversible    - (-ra) = k'*(Ca-Cae)

% fitting the data to the reaction type

fit_well = 1 ; % 0 - enter 0 if the reaction type does not fit the data well
               % 1 - enter 1 if the reaction type fits the data well

% CALCULATIONS
%_________________________________________________________________

vec_size = size(ca_t_data) ;
n = vec_size(1,1) ;% number of readings

for i = 1:n
   t_val = ca_t_data(i,1) ;
   Ca_val = ca_t_data(i,2) ;
   Ca(i) = Ca_val ;
   t(i) = t_val ;
end ;

Ca0 = Ca(1) ;
for i = 1:n

   t_val = t(i) ;
   Ca_val = Ca(i) ;
   xa = 1 - (Ca_val/Ca0) ;
   kt = integral_form_rate(Ca0,xa,reaction_type);
   xy_data(i,1) = t_val ;
   xy_data(i,2) = kt ;
end ;

x_label = 't - Time' ;
y_label = 'kt - Integral Form of Rate Equation' ;
coef_vec = lin_plot(xy_data,0,x_label,y_label) ;

if fit_well = = 1

k = coef_vec(1) ;

% DISPLAY RESULTS
%_________________________________________________________________
```

```
fprintf('________________________________________________________________\n') ;
fprintf('INTEGRAL METHOD OF ANALYSIS - KINETIC PARAMETERS k \n') ;
fprintf(' \n') ;
if reaction_type == 0
   fprintf('Reaction is zero order irreversible - (-ra) = k*\n') ;
end ;
if reaction_type == 1
   fprintf('Reaction is first order irreversible - (-ra) = k*Ca \n') ;
end ;
if reaction_type == 2
   fprintf('Reaction is second order irreversible - (-ra) = k*Ca^2 \n') ;
end ;
if reaction_type == 3
   fprintf('Reaction is third order irreversible - (-ra) = k*Ca^3 \n') ;
end ;
if reaction_type == 4
   fprintf('Reaction is second order irreversible - (-ra) = k*Ca*Cb \n') ;
end ;
if reaction_type == 5
   fprintf('Reaction is first order reversible - (-ra) = (k(1+K)/K)*(Ca-
Cae) \n') ;
end
fprintf(' \n') ;
fprintf('Reaction Rate Constant     k     : %10.4f \n',k) ;
fprintf(' \n') ;
fprintf('________________________________________________________________\n') ;
end ;% of fit_well
```

程序：multiple_reactions.m

```
% programdspf to plot concentration vs time plots for
% series reaction A--> B--> C and
% parallel reaction A--> B
%                    |
%                    C

% INPUT DATA
%_______________________________________________________________

reaction_type = 2 ; % 1 - Series Reaction
                    % 2 - Parallel Reaction

k1 = 0.1 ;
k2 = 0.05 ;

% CALCULATIONS
%_______________________________________________________________
tmax = 10*(1/k1) ;
n_p = 200 ;
if reaction_type == 1
  for i = 1:n_p
     t = ((i-1)/(n_p - 1))*tmax ;
     Ca = exp(-1*k1*t) ;
```

```
      Cb = (k1/(k1-k2))*(exp(-1*k2*t) - exp(-1*k1*t)) ;
      Cc = 1 - Ca - Cb ;
      t_vec(i) = t ;
      Ca_vec(i) = Ca ;
      Cb_vec(i) = Cb ;
      Cc_vec(i) = Cc ;
    end ;
    title('Series Reaction') ;
    plot(t_vec,Ca_vec,'-b',t_vec,Cb_vec,'-r',t_vec,Cc_vec,'-g') ;
    xlabel('t - time') ;
    ylabel('Concentration') ;
    legend('Ca','Cb','Cc') ;
end ;

if reaction_type == 2
  for i = 1:n_p
      t = ((i-1)/(n_p - 1))*tmax ;
      Ca = exp(-1*(k1+k2)*t) ;
      Cb = (k1/(k1+k2))*(1 - Ca) ;
      Cc = (k2/(k1+k2))*(1 - Ca) ;
      t_vec(i) = t ;
      Ca_vec(i) = Ca ;
      Cb_vec(i) = Cb ;
      Cc_vec(i) = Cc ;
    end ;
    title('Parallel Reaction') ;
    plot(t_vec,Ca_vec,'-b',t_vec,Cb_vec,'-r',t_vec,Cc_vec,'-g') ;
    xlabel('t - time') ;
    ylabel('Concentration') ;
    legend('Ca','Cb','Cc') ;
end ;
```

程序：kinet_non_elem.m

```
% Estimation of Kinetic parameters of non elementary reaction A--> B + C
% Reaction rate - (-ra) = (k1*Ca^2)/(1+K2*Ca)

clear all ;

% INPUT DATA
%_____________________________________________________________________

% Ca Vs t Batch data
%             time     Ca
ca_t_data = [0        2 ;
             7.5      1.9 ;
             16       1.8 ;
             35       1.6 ;
             60       1.4 ;
             85       1.2 ;
             120      1.0 ;
             170      0.8 ;
             240      0.6 ;
             360      0.4] ;
```

```
% CALCULATION
%____________________________________________________________________

vec_size = size(ca_t_data) ;
n = vec_size(1,1) ; % number of readings

for i = 1:n
   t_val = ca_t_data(i,1) ;
   Ca_val = ca_t_data(i,2) ;
   Ca(i) = Ca_val ;
   t(i) = t_val ;
end ;

Ca0 = Ca(1) ;

for i = 1:n
   t_val = t(i) ;
   Ca_val = Ca(i) ;
   xa = 1 - Ca_val/Ca0 ;
   x1 = xa/(Ca0*(1-xa)) ;
   x2 = log(1/(1-xa)) ;
   y = t_val ;
   xy_data(i,1) = x1 ;
   xy_data(i,2) = x2 ;
   xy_data(i,3) = y ;
end ;

coef_vec = lin_regres(xy_data,0) ;

a1 = coef_vec(1) ;
a2 = coef_vec(2) ;

k1 = 1/a1 ; K2 = a2/a1 ;

% DISPLAY RESULT
%____________________________________________________________________

fprintf('_______________________________________________________________\n') ;
fprintf('ESTIMATION OF KINETIC PARAMETERS k1 AND K2 FOR NON ELEMENTARY
REACTION \n') ;
fprintf('RATE EQUATION - (-ra) = (k1*Ca^2)/(1+K2*Ca) \n') ;

fprintf(' \n') ;
fprintf('Reaction Rate Constant    k1        : %10.4f \n',k1) ;
fprintf('Equilibrium Constant      K2        : %10.4f \n',K2) ;
fprintf(' \n') ;
fprintf(' \n') ;
fprintf('_________________________________________________________________
_____\n') ;
```

程序：kinet_lang_hins.m

```
% Estimation of Kinetic parameters of solid catalysed reaction
% Langmuir Hinselwood Model for A + B ----> C
```

```
% Reaction rate - (-ra) = (k*Pa*Pb)/(1+Ka*Pa+Kc*Pc)

clear all ;
% INPUT DATA
%_________________________________________________________________

% rate data
%              (-ra)        Pa(atm)    Pb(atm)     Pc(atm)
rate_data =    [0.04338      0.112      1.276       0.102 ;
                0.02037      0.212      0.555       0.205 ;
                0.01393      0.325      0.328       0.226 ;
                0.00809      0.450      0.193       0.352 ;
                0.00643      0.486      0.158       0.423 ;
                0.00487      0.546      0.122       0.510 ;
                0.00387      0.632      0.093       0.532 ;
                0.00305      0.738      0.073       0.629 ;
                0.00245      0.772      0.060       0.702 ;
                0.00213      0.823      0.052       0.754 ;
                0.00175      0.921      0.043       0.857 ] ;

% CALCULATION
%_________________________________________________________________

vec_size = size(rate_data) ;
n = vec_size(1,1) ;% number of readings

for i = 1:n
   ra_val = rate_data(i,1) ;
   Pa_val = rate_data(i,2) ;
   Pb_val = rate_data(i,3) ;
   Pc_val = rate_data(i,4) ;
   x1 = 1/(Pa_val*Pb_val) ;
   x2 = 1/Pb_val ;
   x3 = Pc_val/(Pa_val*Pb_val) ;
   y = (1/ra_val) ;
   xy_data(i,1) = x1 ;
   xy_data(i,2) = x2 ;
   xy_data(i,3) = x3 ;
   xy_data(i,4) = y ;
end ;

coef_vec = lin_regres(xy_data,0) ;

a1 = coef_vec(1) ;
a2 = coef_vec(2) ;
a3 = coef_vec(3) ;

k = 1/a1 ;
Ka = (a2/a1) ;
Kc = (a3/a1) ;

% DISPLAY RESULT
%_________________________________________________________________
```

```
fprintf('_____________________________________________________\n') ;
fprintf('ESTIMATION OF KINETIC PARAMETERS OF SOLID CATALYSED REACTION \n') ;
fprintf('LANGMUIR - HINELWOOD MODEL for A + B ----> \n') ;
fprintf('RATE EQUATION - (-ra) = (k*Pa*Pb)/(1+Ka*Pa+Kc*Pc) \n') ;
fprintf(' \n') ;
fprintf('Reaction Rate Constant                    k    : %10.4f \n',k) ;
fprintf('Adsorption Equilibrium Constant of A      Ka   : %10.4f \n',Ka) ;
fprintf('Adsorption Equilibrium Constant of C      Kc   : %10.4f \n',Kc) ;
fprintf(' \n') ;
fprintf(' \n') ;
fprintf('______________________________________________________\n') ;
```

程序：kinet_enzyme_cat.m

```
% Estimation of Kinetic parameters of Enzyme Catalysed Reaction S ---> P
% Michaelis - Menton rate equation
% Reaction rate - (-ra) = (k1*Cs)/(Km+Cs)

clear all ;

% INPUT DATA
%________________________________________________________________
% Cs Vs t Batch data

%            time   Cs
ca_t_data = [0      2 ;
             0.5    1.78 ;
             1.0    1.56 ;
             1.5    1.34 ;
             2.0    1.12 ;
             2.5    0.926 ;
             3.0    0.748 ;
             4.0    0.422 ;
             5.0    0.238 ;
             6.0    0.104 ;
             7.0    0.044 ;
             8.0    0.018 ;
             9.0    0.008 ;
             10.0    0.003] ;

% fitting the data to a polynomial of power n_p

n_p = 5 ;      % choose power of polynomial
fit_well = 1 ; % 0 - enter initial value 0
               % 1 - change to 1 after the choice of polynomial fits the
data well

n_trim = 3 ;  % number of last data points to be trimmed
              % for estimation of kinetic parameters

% CALCULATION
%________________________________________________________________
```

```
vec_size = size(ca_t_data) ;
n = vec_size(1,1) ; % number of readings

for i = 1:n
   t_val = ca_t_data(i,1) ;
   Cs_val = ca_t_data(i,2) ;
   Cs(i) = Cs_val ;
   t(i) = t_val ;
end ;

% fitting the data to a polynomial of power n_p

xlabel_s = 't - time' ;
ylabel_s = 'Cs - Kgmoles/m3' ;

coef_vec = polynom_plot(ca_t_data,n_p,xlabel_s,ylabel_s) ;

if fit_well == 1

% Taking the polynomial fit, rate is calculated as derivative of the
% polynomial

for i = 1:n
   t_val = t(i) ;
   yt_val = coef_vec(2) ;
   for j = 2:n_p
     yt_val = yt_val + (j)*coef_vec(j+1)*t_val^(j-1) ;
   end ;
   ra(i) = yt_val ;
end ;

% estimation of kinetic parameters


count = 0 ;
for i = 1:(n-n_trim)
   Cs_val = Cs(i) ;
   ra_val = ra(i) ;
   if ra_val \lt 0
    count = count + 1;
    xy_data(count,1) = 1/Cs_val ;
    xy_data(count,2) = 1/(-1*ra_val) ;
   end ;
end ;

x_label = '1/Cs' ;
y_label = '1/(-ra)' ;
coef_vec = lin_plot(xy_data,1,x_label,y_label) ;

intercept = coef_vec(1) ;
slope = coef_vec(2) ;

k = 1/intercept ;
Km = slope/intercept ;
```

```
% DISPLAY RESULT
%_________________________________________________________________

fprintf('_______________________________________________________________\n') ;
fprintf('ESTIMATION OF KINETIC PARAMETERS k AND KmFOR ENZYME CATALYSED
REACTION \n') ;
fprintf('MICHAELIS-MENTON RATE EQUATION \n') ;
fprintf('RATE EQUATION - (-ra) = (k*CS)/(Km+Cs) \n') ;
fprintf(' \n') ;
fprintf('Reaction Rate Constant     k         :  %10.4f \n',k) ;
fprintf('Equilibrium Constant       Km        :  %10.4f \n',Km) ;
fprintf(' \n') ;
fprintf(' \n') ;
fprintf('_______________________________________________________________\n') ;
end ;% of fit_well
```

函数子程序： lin_regres.m

```
function coef_vec = lin_regres(xy_data,type)

% multi variable linear regression programm y = a0 + a1*x1 + a2*x2…
am*xm
%
% m = number of variables ; n = number of data points
% type = 1 if not passing through origin
% type = 0 if passing through origin

vec_size = size(xy_data) ;
n = vec_size(1,1) ; % number of readings
m = vec_size(1,2) - 1 ; % number of input variables

if type == 1
   for i = 1:n
        D_mat(i,1) = 1 ;
        for j = 1:m
            x_val = xy_data(i,j) ;
            D_mat(i,j+1) = x_val ;
        end ;
        y_val = xy_data(i,m+1) ;
        y_vec(i,1) = y_val ;
   end ;
   a_mat = D_mat'*D_mat ;
   b_vec = D_mat'*y_vec ;
   coef_vec = inv(a_mat)*b_vec ;
end ;

if type == 0
   for i = 1:n
        for j = 1:m
            x_val = xy_data(i,j) ;
            D0_mat(i,j) = x_val ;
        end ;
        y_val = xy_data(i,m+1) ;
        y0_vec(i,1) = y_val ;
```

```
    end ;
    a0_mat = D0_mat'*D0_mat ;
    b0_vec = D0_mat'*y0_vec ;
    coef_vec = inv(a0_mat)*b0_vec ;
end ;
```

函数子程序：lin_plot.m

```
% subroutine to make a linear plot of the given x-y data

function coef_vec = lin_plot(xy_data,plot_type,xlabel_s,ylabel_s)

vec_size = size(xy_data) ;
n = vec_size(1,1) ; % number of readings

coef_vec = lin_regres(xy_data,plot_type) ;

if plot_type == 1
   a0 = coef_vec(1) ; a1 = coef_vec(2) ;
end ;

if plot_type == 0
   a0 = 0 ; a1 = coef_vec(1) ;
end ;

for i = 1:n
   x_val = xy_data(i,1) ;
   y_val = xy_data(i,2) ;
   yt_val = a0 + a1*x_val ;
   x(i) = x_val ;
   y(i) = y_val ;
   yt(i) = yt_val ;
end;

% graph

plot(x,y,'*',x,yt,'-r') ;
ylabel(ylabel_s) ;
xlabel(xlabel_s) ;
legend('Data Points','Straight Line Fit');
a0_s = num2str(a0) ; a1_s = num2str(a1) ;
va = axis ;
xs = va(2) - va(1) ; ys = va(4) - va(3) ;
text(va(1)+0.1*xs,va(3)+0.95*ys,strcat('Slope        = ',a1_s));
text(va(1)+0.1*xs,va(3)+0.88*ys,strcat('Intercept    = ',a0_s));
```

函数子程序：polyn_regres.m

```
% program to fit the experimental data to polynomial equation
% y = a0 + a1x + a2x^2 +...

function coef_vec = polyn_regres(xy_data,n_p)

% n_p - polynomial power
```

```
vec_size = size(xy_data) ;
n = vec_size(1,1) ; % number of readings

for i = 1:n
   x_val = xy_data(i,1) ;
   for j = 1:n_p
        xyp_data(i,j) = x_val^j ;
   end ;
   y_val = xy_data(i,2) ;
   xyp_data(i,n_p+1) = y_val ;
end ;

coef_vec = lin_regres(xyp_data,1) ;
```

函数子程序：polynom_plot.m

```
% subroutine to make a polynomial plot of the given x-y data and
calculate
% the coefficient values

function coef_vec = polynom_plot(xy_data,n_p,xlabel_s,ylabel_s)

% n_p - polynomial power

vec_size = size(xy_data) ;
n = vec_size(1,1) ; % number of readings

coef_vec = polyn_regres(xy_data,n_p) ;

a0 = coef_vec(1) ;

for i = 1:n
   x_val = xy_data(i,1) ;
   y_val = xy_data(i,2) ;
   yt_val = a0 ;
   for j = 1:n_p
        coef_val = coef_vec(j+1) ;
        yt_val = yt_val + coef_val*x_val^j ;
   end ;
   x(i) = x_val ;
   y(i) = y_val ;
   yt(i) = yt_val ;
end;

% graph

plot(x,y,'*',x,yt,'-r') ;
ylabel(ylabel_s) ;
xlabel(xlabel_s) ;
legend('Data Points','Polynomial Fit');
```

第 3 章　均相反应器

如第 2 章所述，化学反应器大体分为均相(单相)反应器和非均相(多相)反应器两种。本章介绍了设计均相反应器的不同方法，并详细讨论了理想、非理想和非等温反应器的设计。

3.1　理想均相反应器

均相反应器是指均一气相、液相和固相反应进行的简单停留容器(2.2.1 节)。根据反应器的形状，均相反应器可大致分为连续搅拌釜式反应器(CSTR)和管式反应器。反应器中流体的混合形式是影响转化程度的一个因素，流体混合遵循预定形式的反应器被称为理想反应器。因此，理想连续搅拌釜式反应器是指流体混合完美或完全的连续搅拌釜式反应器，反应器中化合物的浓度处处相等。理想平推流反应器(PFR)是指径向流体混合完全而轴向流体无混合的管式反应器。在实际反应器中，流体的混合形式与理想反应器中假设的并不相同，这样的反应器则被称为非理想反应器。但是，实际上，在设计均相反应器时，我们将反应器假设为“理想反应器”，并在后期设计中考虑其与理想状态的偏差对反应器性能的影响。本节将讨论理想反应器的设计和性能，非理想反应器的特征和性能分析将在 3.2 节进行讨论。

3.1.1　理想反应器的设计方程

连续流动反应器的设计包括计算在给定流体量(流速 q)和原料浓度(C_{A0})下原料达到指定转化率(x_{Af})所需的反应器体积(V)。通过限制反应物稳态下的物质的量平衡方程可得到设计方程(2.2.1 节)。理想连续搅拌釜式反应器和理想平推流反应器(图 3.1 和图 3.2)的设计方程如下：

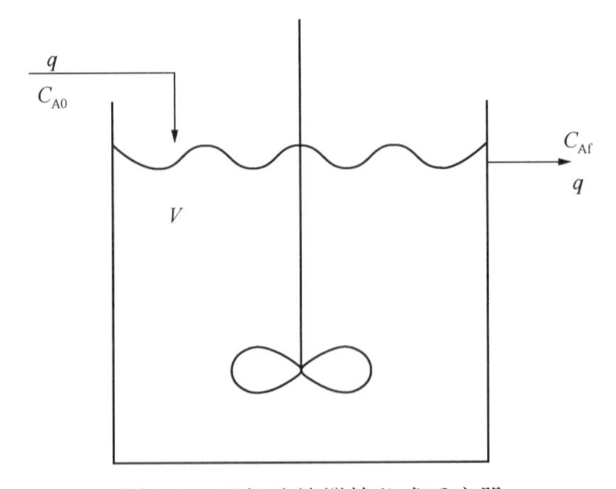

图 3.1　理想连续搅拌釜式反应器

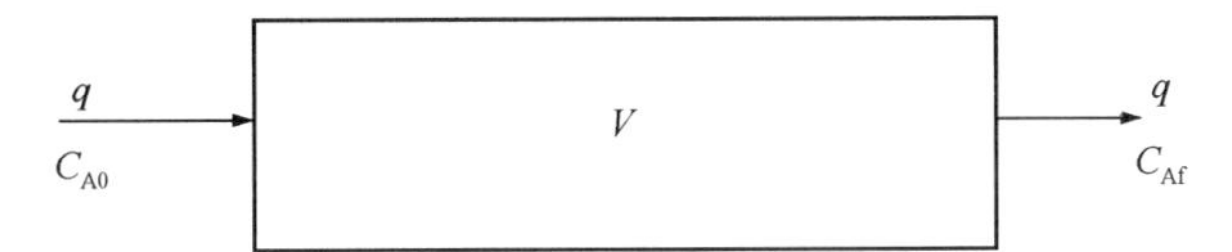

图 3.2 理想平推流反应器示意图

对于理想连续搅拌釜式反应器：

$$\tau=\frac{V}{q}=\frac{C_{A0}-C_{Af}}{(-r_A C_{Af})} \tag{3.1}$$

对于理想平推流反应器：

$$\tau=\frac{V}{q}=\int_{C_{Af}}^{C_{A0}}\frac{dC_A}{(-r_A C_A)} \tag{3.2}$$

式中 V——反应器体积，m^3；

q——体积流速，m^3/s；

C_{A0}——原料中反应物 A 的浓度，$kmol/m^3$；

C_{Af}——出口流体中反应物 A 的浓度，$kmol/m^3$；

$-r_A C_A$——动力学速率方程定义的比转化速率，$kmol/(m^3 \cdot s)$。

定义 τ 为空时，指流体在反应器中的平均停留时间，即流体在反应器中发生反应的时间量子。τ 越大，反应器中反应物达到的转化率越高($x_{Af}=1-C_{Af}/C_{A0}$)。对于在反应器中处理的一定量的流体(流速为 q)，反应器的体积 V 决定了空时 $\tau(\tau=V/q)$ 和反应能够达到的转化程度(x_{Af})。对于任一反应，根据速率方程$-r_A C_A$，利用式(3.1)和式(3.2)即可分别设计出理想连续搅拌釜式反应器和理想平推流反应器。根据阿伦尼乌斯定律，反应速率常数 k 为温度的函数且随着温度的升高而增大。

$$k=k_0 e^{-\Delta E/RT} \tag{3.3}$$

对于在等温条件下操作的反应器，k 为常数。如果反应热 ΔH_R 可以忽略不计，那么等温条件的假设是合理的。在下面几节中我们将对等温操作反应器的设计进行介绍。非等温反应器的设计将在 3.1.5 节进行讨论。

3.1.1.1　1 级不可逆反应的设计方程

对于在恒容等温均匀反应器中进行的 1 级不可逆反应 $A \xrightarrow{k} B$，$-r_A=kC_A$，将 1 级速率方程代入设计方程。

对于理想连续搅拌釜式反应器，可得：

$$\tau=\frac{V}{q}=\frac{C_{A0}-C_{Af}}{kC_{Af}}=\frac{1}{k}\left(\frac{x_{Af}}{1-x_{Af}}\right) \tag{3.4}$$

对于理想平推流反应器，可得：

$$\tau=\frac{V}{q}=\int_{C_{Af}}^{C_{A0}}\frac{dC_A}{kC_A}=\frac{1}{k}\ln\left(\frac{C_{A0}}{C_{Af}}\right)=\frac{1}{k}\ln\left(\frac{1}{1-x_{Af}}\right) \tag{3.5}$$

利用式(3.4)和式(3.5)分别计算在理想连续搅拌釜式反应器和理想平推流反应器中反应物达到给定转化率所需的空时 τ。重新整理式(3.4)和式(3.5)，可得在指定空时 τ 下反应物所达到转化率的计算式。

对于理想连续搅拌釜式反应器：

$$x_{Af}=\frac{k\tau}{1+k\tau} \tag{3.6}$$

对于理想平推流反应器：

$$x_{Af}=1-e^{k\tau} \tag{3.7}$$

3.1.1.2 2级不可逆反应的设计方程

对于在恒容等温均匀反应器中进行的2级不可逆反应 $A\xrightarrow{k}B$，速率方程为 $-r_A=kC_A^2$，设计方程如下：

对于理想连续搅拌釜式反应器：

$$\tau=\frac{V}{q}=\frac{C_{A0}-C_{Af}}{kC_{Af}^2}=\frac{1}{kC_{A0}}\left[\frac{x_{Af}}{(1-x_{Af})^2}\right] \tag{3.8}$$

对于理想平推流反应器：

$$\tau=\frac{V}{q}=\int_{C_{Af}}^{C_{A0}}\frac{dC_A}{kC_A^2}=\frac{1}{k}\left(\frac{1}{C_{Af}}-\frac{1}{C_{A0}}\right)=\frac{1}{kC_{A0}}\left(\frac{x_{Af}}{1-x_{Af}}\right) \tag{3.9}$$

式(3.8)和式(3.9)用于计算达到指定转化率 x_{Af} 所需的空时 τ，重新整理理想连续搅拌釜式反应器的设计方程式(3.8)，可得 x_{Af} 的一元二次方程，表示如下：

$$(k\tau C_{A0})x_{Af}^2-(1+2k\tau C_{A0})x_{Af}+k\tau C_{A0}=0 \tag{3.10}$$

求解可得：

$$x_{Af}=\frac{1+2k\tau C_{A0}-\sqrt{1+4k\tau C_{A0}}}{2k\tau C_{A0}} \tag{3.11}$$

类似地，重新整理理想平推流反应器的设计方程式(3.9)可得：

$$x_{Af}=\frac{k\tau C_{A0}}{1+k\tau C_{A0}} \tag{3.12}$$

式(3.11)和式(3.12)分别用于计算在给定空时 τ 下，理想连续搅拌釜式反应器和理想平推流反应器中反应物能够达到的转化率 x_{Af}。

3.1.1.3 一级可逆反应的设计方程

对于在恒容等温均匀反应器中进行的1级可逆反应 $A\underset{k_2}{\overset{k_1}{\rightleftharpoons}}B$，速率方程为(2.1.7.5节)：

$$-r_A=\frac{k_1(1+K)}{K}(C_A-C_{Ae}) \tag{3.13}$$

其中

$$平衡常数\ K=\frac{k_1}{k_2} \tag{3.14}$$

$$平衡转化率\ C_{Ae}=\frac{C_{A0}}{1+K} \tag{3.15}$$

设计方程如下：

对于理想连续搅拌釜式反应器：

$$\tau=\frac{V}{q}=\frac{C_{A0}-C_{Af}}{[k_1(1+K)/K(C_{Af}-C_{Ae})]} \tag{3.16}$$

定义 x_{Ae}为平衡转化率，可得：

$$C_{Ae}=C_{A0}(1-x_{Ae}) \tag{3.17}$$

$$x_{Ae}=1-\frac{C_{Ae}}{C_{A0}}=\frac{K}{1+K} \tag{3.18}$$

将式(3.17)和式(3.18)代入式(3.16)可得：

$$\tau=\frac{V}{q}=\frac{K}{k_1(1+K)}\left(\frac{x_{Af}}{x_{Ae}-x_{Af}}\right) \tag{3.19}$$

对于理想平推流反应器：

$$\tau=\frac{V}{q}=\int_{C_{Af}}^{C_{A0}}\frac{dC_A}{[k_1(1+K)]/[K(C_{Af}-C_{Ae})]} \tag{3.20}$$

$$=\frac{K}{k_1(1+K)}\ln\left(\frac{C_{A0}-C_{Ae}}{C_{Af}-C_{Ae}}\right) \tag{3.21}$$

最终可得：

$$\tau=\frac{K}{k_1(1+K)}\ln\left(\frac{x_{Ae}}{x_{Ae}-x_{Af}}\right) \tag{3.22}$$

重新整理式(3.19)和式(3.22)可得计算转化率 x_{Af}和空时 τ 的表达式如下：

对于理想连续搅拌釜式反应器：

$$x_{Af}=x_{Ae}\left(\frac{\tilde{k}\tau}{1+\tilde{k}\tau}\right) \tag{3.23}$$

对于理想平推流反应器：

$$x_{Af}=x_{Ae}(1-e^{-\tilde{k}\tau}) \tag{3.24}$$

其中

$$\tilde{k}=\frac{k_1(1+K)}{K}$$

对于一些典型反应，理想连续搅拌釜式反应器和理想平推流反应器的设计方程总结列于表 3.1。

表 3.1 理想连续搅拌釜式反应器和理想平推流反应器的设计方程表

反应类型	理想连续搅拌釜式反应器		理想平推流反应器	
	τ 的方程	x_{Af}的方程	τ 的方程	x_{Af}的方程
1 级不可逆反应 $A \xrightarrow{k} B$ $-r_A=kC_A$	$\tau=\frac{1}{k}\left(\frac{x_{Af}}{1-x_{Af}}\right)$	$x_{Af}=\frac{k\tau}{1+k\tau}$	$\tau=\frac{1}{k}\ln\left(\frac{1}{1-x_{Af}}\right)$	$x_{Af}=1-e^{-k\tau}$
2 级不可逆反应 $A \xrightarrow{k} B$ $-r_A=kC_A^2$	$\tau=\frac{1}{kC_{A0}}\left[\frac{x_{Af}}{(1-x_{Af})^2}\right]$	$x_{Af}=\frac{1+2k\tau C_{A0}-\sqrt{1+4k\tau C_{A0}}}{2k\tau C_{A0}}$	$\tau=\frac{1}{kC_{A0}}\left(\frac{x_{Af}}{1-x_{Af}}\right)$	$x_{Af}=\frac{k\tau C_{A0}}{1+k\tau C_{A0}}$
n 级不可逆反应 $A \xrightarrow{k} B$ $-r_A=kC_A^n$	$\tau=\frac{1}{kC_{A0}^{n-1}}\left[\frac{x_{Af}}{(1-x_{Af})^n}\right]$	—	$\tau=\frac{1}{(n-1)kC_{A0}^{n-1}}\ln\left[\frac{1}{(1-x_{Af})^{n-1}}-1\right]$	—
1 级可逆反应 $A \underset{k_2}{\overset{k_1}{\rightleftharpoons}} B$ $-r_A=k_1C_A-k_2C_B$	$\tau=\frac{K}{k_1(1+K)}\ln\left(\frac{x_{Af}}{x_{Ae}-x_{Af}}\right)$ $\tilde{k}=\frac{k_1(1+K)}{K}$ $K=\frac{k_1}{k_2}$	$x_{Af}=x_{Ae}\left(\frac{\tilde{k}\tau}{1+\tilde{k}\tau}\right)$ $x_{Ae}=\frac{K}{1+K}$	$\tau=\frac{k_1(1+K)}{K}\ln\left(\frac{C_{A0}-C_{Ae}}{C_{Af}-C_{Ae}}\right)$	$x_{Af}=x_{Ae}(1-e^{-\tilde{k}\tau})$

题 3.1

假设一个反应在理想平推流反应器中转化率达到80%所需的空时为10min，那么在理想连续搅拌釜式反应器中该反应达到相同转化率所需的空时为多少？反应为2级不可逆反应，反应物的浓度为4kmol/m^3。如果空时加倍，反应物在理想平推流反应器中和在理想连续搅拌釜式反应器中达到的转化率为多少？

解：

对于2级不可逆反应：

$$\tau_{PFR}=\frac{1}{kC_{A0}}\left(\frac{x_{Af}}{1-x_{Af}}\right)$$

$$\Rightarrow k=\frac{1}{\tau_{PFR}C_{A0}}\left(\frac{x_{Af}}{1-x_{Af}}\right)$$

将 $\tau_{PFR}=10$，$C_{A0}=4$ 和 $x_{Af}=0.8$ 代入方程可得：

$$k=\frac{1}{10\times 4}\times\left(\frac{0.8}{1-0.8}\right)=0.1\text{m}^3/(\text{kmol}\cdot\text{min})$$

对于理想连续搅拌釜式反应器，空时为：

$$\tau_{CSTR}=\frac{x_{Af}}{kC_{A0}(1-x_{Af})^2}$$

$$\tau_{CSTR}=\frac{0.8}{0.1\times 4\times(1-0.8)^2}$$

$$\tau_{CSTR}=50\text{min}$$

如果空时加倍，那么：

$$\tau_{PFR}=20\text{min};\ \tau_{CSTR}=100\text{min}$$

反应物在平推流反应器中的转化率为：

$$x_{Af}=\frac{k\tau C_{A0}}{1+k\tau C_{A0}}=\frac{0.1\times 20\times 4}{1+0.1\times 20\times 4}=88.9\%$$

反应物在连续搅拌釜式反应器中的转化率为：

$$x_{Af}=\frac{(1+2k\tau C_{A0})-\sqrt{1+4k\tau C_{A0}}}{2k\tau C_{A0}}$$

$$x_{Af}=\frac{(1+2\times 0.1\times 100\times 4)-\sqrt{1+4\times 0.1\times 100\times 4}}{2\times 0.1\times 100\times 4}$$

$$x_{Af}=85.4\%$$

题 3.2

对于在理想连续搅拌釜式反应器中进行的 1 级可逆反应 $A \overset{k_1}{\rightleftharpoons} B$，当空时为 10min 时，反应器中的转化率为 40%。将原料流速加倍，转化率降至 30%。计算速率常数 k 和平衡常数 K。

解：

对于 1 级可逆反应：

$$\frac{x_{Af}}{x_{Ae}}=\frac{\tilde{k}\tau}{1+\tilde{k}\tau}$$

其中

$$\tilde{k}=\frac{k_1(1+K)}{K}$$

$$x_{Af}=\frac{K}{1+K}$$

由已知条件可知：当 $\tau_1=10\text{min}$ 时，$x_{Af}^1=0.4$。

当流速加倍时，空时 $\tau_2=5\text{min}$，此时转化率 $x_{Af}^2=0.3$，由此可得：

$$\frac{x_{Af}^1}{x_{Af}^2}=\left(\frac{\tau_1}{\tau_2}\right)\left(\frac{1+\tilde{k}\tau_2}{1+\tilde{k}\tau_1}\right)$$

$$\left(\frac{1+\tilde{k}\tau_2}{1+\tilde{k}\tau_1}\right)=\frac{x_{Af}^1}{x_{Af}^2}\left(\frac{\tau_2}{\tau_1}\right)=\frac{0.4}{0.3}\times\frac{5}{10}=0.667=\frac{2}{3}$$

$$3(1+\tilde{k}\tau_2)=2(1+\tilde{k}\tau_1)$$

$$\tilde{k}=\frac{3-2}{2\tau_1-3\tau_2}=\frac{1}{2\times10-3\times5}=0.2$$

$$x_{Ae}=\frac{x_{Af}(1+\tilde{k}\tau)}{\tilde{k}\tau}$$

$$=\frac{0.4\times(1+0.2\times10)}{0.2\times10}=0.60$$

由平衡转化率为 60%可得：

$$x_{Ae}=\frac{K}{1+K}\Rightarrow K=1.5$$

$$\tilde{k}=\frac{k_1(1+K)}{K}=k_1=\frac{\tilde{k}K}{1+K}=\frac{0.2\times0.5}{1+1.5}=0.12$$

因此，速率常数 $k_1=0.12\text{min}^{-1}$，平衡常数 $K=1.5$。

3.1.2 用于均相反应器设计的图解法

对于所有类型的反应，不可能总是推导出均相反应器设计的解析表达式。在这种情况下，本节提出的图解法非常有用。

(1)理想连续搅拌釜式反应器。理想连续搅拌釜式反应器的设计方程可用限制反应物 A 的最终浓度 C_{Af}或 A 达到的最终转化率 x_{Af}表示，为：

$$\tau=\frac{V}{q}=\frac{C_{A0}-C_{Af}}{(-r_A C_{Af})}=\frac{C_{A0}-x_{Af}}{(-r_A x_{Af})} \tag{3.25}$$

利用给定反应的速率方程$(-r_A C_A)$可绘制 $1/(-r_A C_A)$—C_A(图 3.3)或 $1/(-r_A x_A)$—x_A 曲线(图 3.3)，并在曲线上构造矩形 *ABCD*。根据连续搅拌釜式反应器的设计方程式(3.25)，$1/(-r_A C_A)$—C_A 曲线上矩形 *ABCD* 的面积为空时 τ，$1/(-r_A x_A)$—x_A 曲线上矩形 *ABCD* 的面积为 τ/C_{A0}。因此，通过测量 *ABCD* 的面积可得空时 τ。

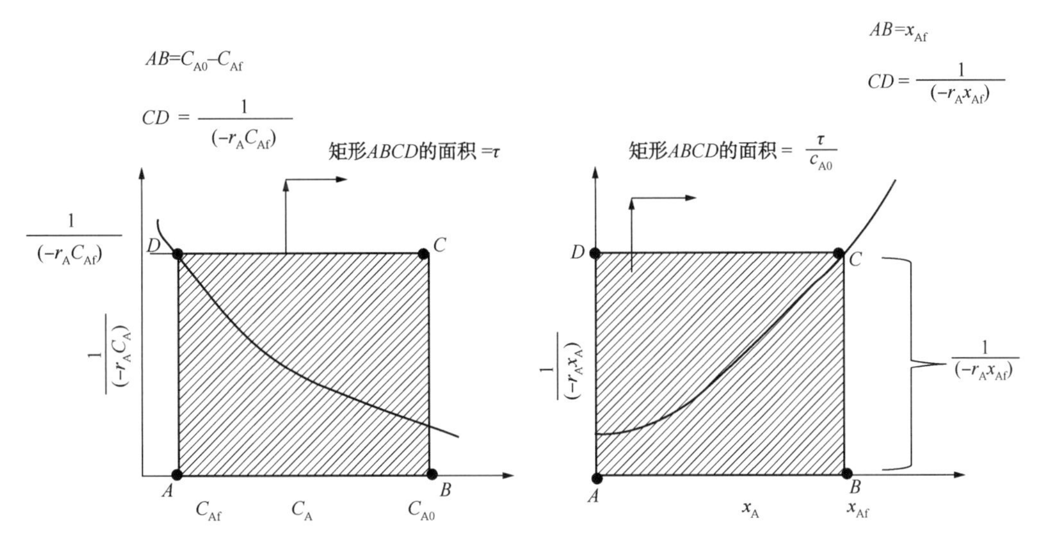

图 3.3 用于连续搅拌釜式反应器设计的图解法示意图

(2)理想平推流反应器。类似地，理想平推流反应器的设计方程可用限制反应物 A 的最终浓度 C_{Af}或 A 达到的最终转化率 x_{Af}表示，为：

$$\tau=\int_{C_{Af}}^{C_{A0}}\frac{dC_A}{(-r_A C_A)}=C_{A0}\int_0^{x_{Af}}\frac{dx_A}{(-r_A x_A)} \tag{3.26}$$

利用给定反应的速率方程$(-r_A C_A)$，绘制 $1/(-r_A C_A)$—C_A(图 3.4)或 $1/(-r_A x_A)$—x_A 曲线(图 3.4)，计算可得曲线下 *ABEF* 部分的面积。根据平推流反应器的设计方程式(3.26)，$1/(-r_A C_A)$—C_A上 *ABEF* 部分的面积为空时 τ，$1/(-r_A x_A)$—x_A 曲线上的面积为 τ/C_{A0}。

因此，对于任意反应(反应级数不小于 1)，要达到某一特定转化率，连续搅拌釜式反应器所需的体积(或空时)大于平推流反应器(图 3.5)。

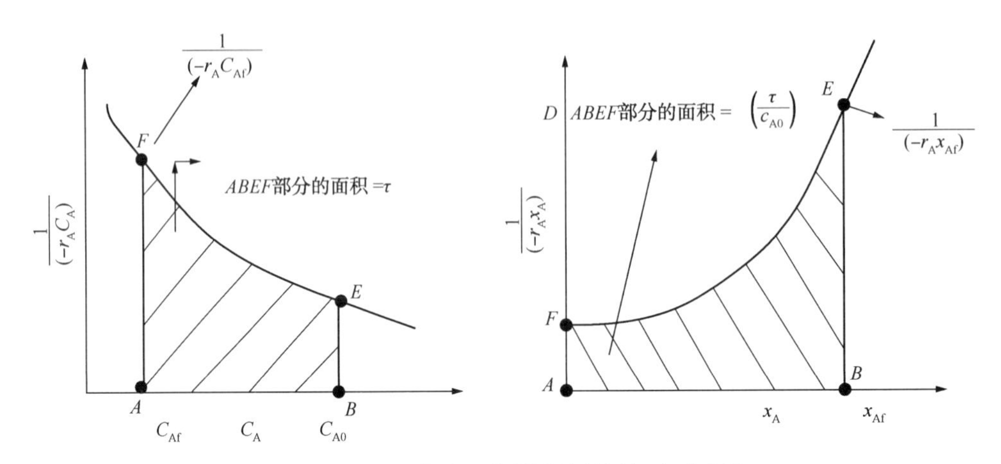

图 3.4　用于平推流反应器设计的图解法示意图

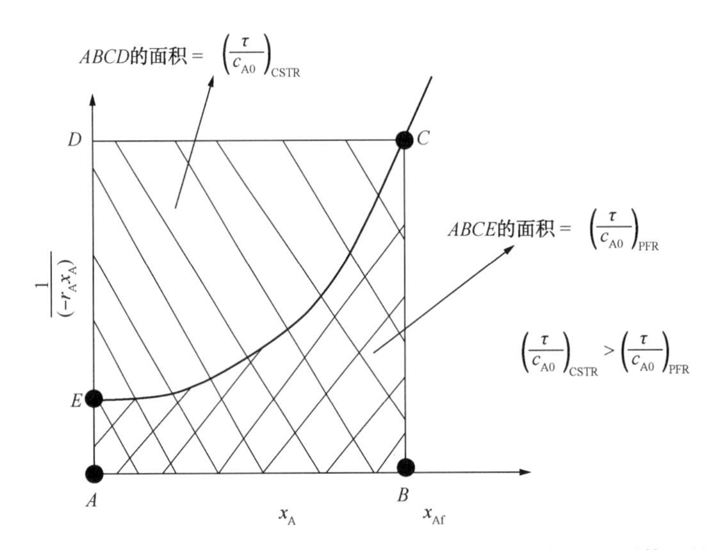

图 3.5　连续搅拌釜式反应器和平推流反应器达到给定转化率 x_{Af} 所需体积的对比图

连续搅拌釜式反应器中反应物浓度 C_A 的空间变化图(图 3.6)表明：在反应器入口处，C_A 从 C_{A0} 明显降至 C_{Af}。而对于平推流反应器，C_A 从入口处的 C_{A0} 逐渐降至出口处的 C_{Af}。因此，平推流反应器中 A 的浓度 C_A 总是高于连续搅拌釜式反应器中 A 的浓度，即平推流反应器的净反应速率总是高于连续搅拌釜式反应器的净反应速率。相比于连续搅拌釜式反应器，在平推流反应器中反应达到指定转化率 x_{Af} 所需的空时更小。

题 3.3

设计一个连续流动反应器进行 2 级可逆反应 $A \underset{k_2}{\overset{k_1}{\rightleftharpoons}} B$，并要求平衡转化率达到 90%，反应的速率方程为 $(-r_A) = k_1 C_A^2 - k_2 C_B^2$。原料中 A 的浓度为 5 kmol/m^3，反应速率常数 $k_1 = 0.1 m^3/(kmol \cdot min)$，平衡常数 $K=9$。求在理想连续搅拌釜式反应器和理想平推流反应器中反应达到指定转化率所需的空时分别为多少？采用图解法。

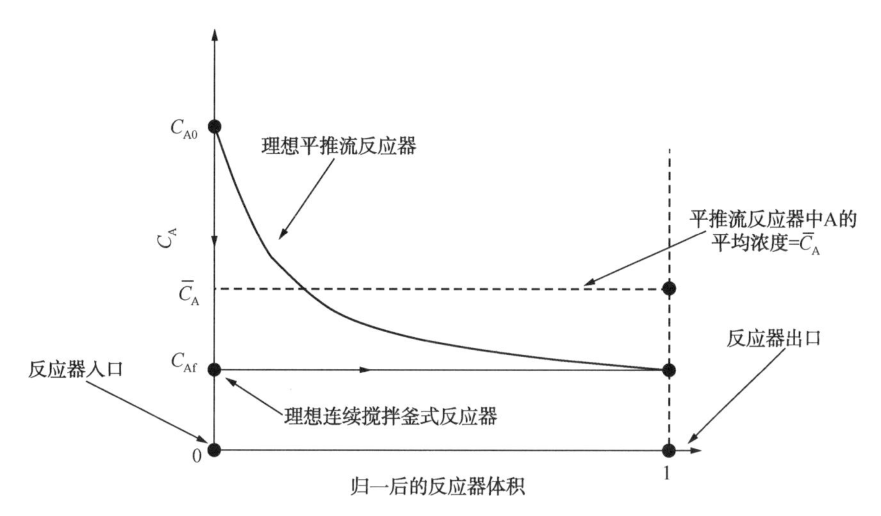

图 3.6　连续搅拌釜式反应器和平推流反应器中 C_A 的空间变化示意图

解：

理想连续搅拌釜式反应器空时的计算式为：

$$\tau=\frac{C_{A0}-C_{Af}}{(-r_A C_{Af})}=\frac{C_{A0}x_{Af}}{(-r_A x_{Af})}$$

理想平推流反应器空时的计算式为：

$$\tau=\int_{C_{Af}}^{C_{A0}}\frac{dC_A}{(-r_A C_A)}=C_{A0}\int_0^{x_{Af}}\frac{dx_A}{(-r_A x_A)}$$

速率方程可以用反应物浓度 C_A 和转化率 x_A 表示为：

$$-r_A C_A=k_1 C_A^2-k_2 C_B^2$$

$$C_B=C_{A0}-C_A；\ K=\frac{k_1}{k_2}$$

因此

$$-r_A C_A=k_1\left[C_A^2-\frac{(C_{A0}-C_A)^2}{K}\right]$$

写成转化率 x_A 的形式为：

$$-r_A x_A=k_1 C_{A0}^2\left((1-x_A)^2-\frac{x_A^2}{K}\right)$$

平衡常数 K 为：

$$K=\frac{C_{Be}^2}{C_{Ae}^2}=\frac{(C_{A0}x_{Ae})^2}{[C_{A0}(1-x_{Ae})]^2}=\left(\frac{x_{Ae}}{1-x_{Ae}}\right)^2$$

根据已知数据 $K=9$ 可得，$x_{Ae}/(1-x_{Ae})=3$，进而得到 $x_{Ae}=0.75$(平衡转化率为75%)。最终转化率 $x_{Af}=0.9$，$x_{Ae}=0.675$，$C_{Af}=C_{A0}(1-x_{Af})=5(1-0.675)=1.625\text{kmol/m}^3$。计算得到不同 x_A(或 C_A)下的速率并列于下表。

x_A	$C_A=C_{A0}(1-x_{Af})$	$-r_A$	$\frac{1}{-r_A}$
0	5	2.5	0.40
0.0675	4.663	2.173	0.462
0.135	4.325	1.866	0.536
0.2025	3.988	1.579	0.633
0.270	3.650	1.257	0.796
0.3375	3.313	1.066	0.938
0.405	2.975	0.8395	1.191
0.4725	2.638	0.6336	1.578
0.540	2.30	0.4480	2.232
0.6075	1.963	0.2826	3.539
0.6750	1.625	0.1375	7.273
0.7425	1.2875	0.0051	198.00

绘制 $1/(r_A)—C_A$ 和 $1/(r_A)—x_A$ 曲线(图P3.3a和图P3.3b)。

对于理想连续搅拌釜式反应器：

$$\tau=\frac{C_{A0}-C_{Af}}{(-r_A C_{Af})}=7.273\times(5-1.625)=24.5\text{min}$$

对于理想平推流反应器：

$$\tau=C_{A0}\int_0^{x_{Af}}\frac{dx_A}{(-r_A x_A)}$$

根据数值积分的梯形法则可得：

$$\tau=C_{A0}\int_0^{x_{Af}}\frac{dx_A}{(-r_A x_A)}=\frac{0.0675}{2}\times[(0.4+7.273)+2\times(0.462+0.536+\cdots+3.539]$$

$$=0.03375\times(7.273+2\times11.905)=1.0626$$

$$\tau_{PFR}=5\times1.0626=5.31\text{min}$$

注：参考MATLAB程序react_ dsn_ cstr_ pfr. m。

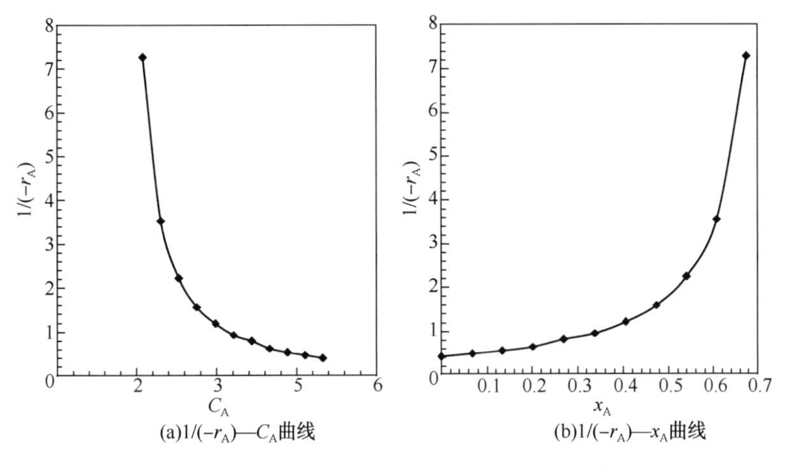

图 P3.3　1/(−r_A)—C_A曲线和 1/(−r_A)—x_A曲线

3.1.3　多重反应器：串联反应器

串联反应器体系的设计和性能分析见本节。

3.1.3.1　N 个理想连续搅拌釜式反应器串联的体系

对于 N 个理想连续搅拌釜式反应器串联的体系(图 3.7)，q 为流体经过反应器组的体积流速，V_1、V_2、V_i、…、V_N为反应器的体积，空时为 τ_1、τ_2、τ_i、…、τ_N，其中 $\tau_i=V_i/q$，为第 i 个反应器的空时。令 C_{A0}为原料中反应物 A 的浓度，C_{A1}、C_{A2}、C_{Ai}、…、C_{AN}为反应器中反应物 A 的浓度。$C_{Af}=C_{AN}$为第 N 个反应器中 A 的最终浓度，$x_{Af}=1-(C_{Af}/C_{A0})$为 A 达到的净转化率。计算反应器体系中 A 的转化率 x_{Af}。

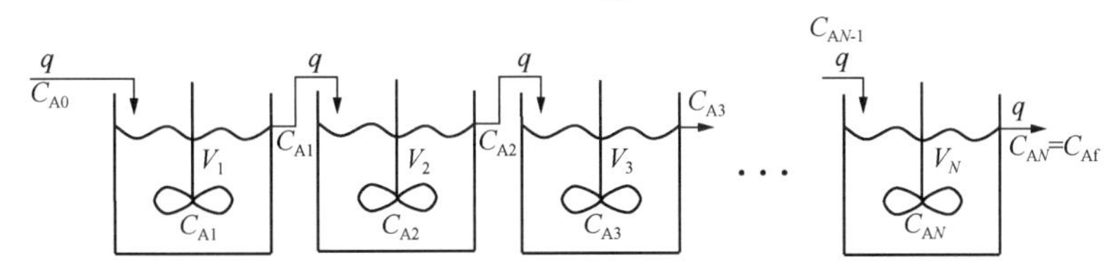

图 3.7　N 个理想连续搅拌釜式反应器串联示意图

(1) 1 级反应。对于此 N 个反应器体系中发生的 1 级反应 A $\xrightarrow{k}$B，速率方程为 $(-r_A)=kC_A$，将理想连续搅拌釜式反应器的设计方程用于系列反应器 1，2，3，…，N 可得：

$$\left.\begin{aligned}\tau_1&=\frac{C_{A0}-C_{A1}}{kC_{A1}}\Rightarrow C_{A1}=\frac{C_{A0}}{1+k\tau_1}\\ \tau_2&=\frac{C_{A1}-C_{A2}}{kC_{A2}}\Rightarrow C_{A2}=\frac{C_{A1}}{1+k\tau_2}\\ &\vdots\\ \tau_N&=\frac{C_{AN-1}-C_{AN}}{kC_{AN}}\Rightarrow C_{AN}=\frac{C_{AN-1}}{1+k\tau_N}\end{aligned}\right\}\tag{3.27}$$

因此，转化率 $x_{Af}=1-(C_{Af}/C_{A0})$ 为：

$$x_{Af}=1-\frac{1}{(1+k\tau_1)(1+k\tau_2)\cdots(1+k\tau_N)} \tag{3.28}$$

在特殊情况下，假设所有反应器的大小一致，具有相同的空时 $\tau_i=V/q$，可得：

$$x_{Af}=1-\frac{1}{(1+k\tau)^N} \tag{3.29}$$

题 3.4

某一速率常数 $k=0.1\text{min}^{-1}$ 的 1 级反应在串联的 3 个等容的连续搅拌釜式反应器中进行，反应器的空时分别为 $\tau_1=1\text{min}$，$\tau_2=2\text{min}$，$\tau_3=4\text{min}$，那么反应的净转化率是多少？将此转化率与反应在体积相当于此 3 个反应器总和的单一连续搅拌釜式反应器中达到的转化率进行比较。

解：

串联的 3 个连续搅拌釜式反应器中反应的转化率为：

$$x_{Af}=1-\frac{1}{(1+k\tau_1)(1+k\tau_2)(1+k\tau_3)}$$

$$x_{Af}=1-\frac{1}{(1+0.1\times1)\times(1+0.1\times2)\times(1+0.1\times4)}$$

$$x_{Af}=0.4589(\text{转化率为 }45.89\%)$$

单一连续搅拌釜式反应器的空时 τ 为：

$$\tau=\tau_1+\tau_2+\tau_3=1+2+4=7\text{min}$$

其转化率为：

$$x_{Af}=1-\frac{1}{(1+k\tau)}$$

$$x_{Af}=1-\frac{1}{(1+0.1\times7)}=0.4117(\text{转化率为 }41.17\%)$$

(2)2 级反应。对于此 N 个串联反应器体系中进行的 2 级反应 $A\xrightarrow{k}B$，速率方程为 $(-r_A)=k_1C_A^2$。

N 个反应器中第 i 个反应器的设计方程为：

$$\tau_i=\frac{C_{Ai-1}-C_{Ai}}{kC_{Ai}^2} \tag{3.30}$$

将式(3.30)重新整理可得 C_{Ai} 表示的二次方程，为：

$$(k\tau_i)C_{Ai}^2+C_{Ai}-C_{Ai-1}=0 \tag{3.31}$$

解二次方程可得：

$$C_{Ai}=\frac{\sqrt{1+4k\tau_i C_{Ai-1}}-1}{2k\tau_i} \tag{3.32}$$

将 $i=1,2,3,\cdots,N$ 分别代入式(3.32)可得：

$$\left.\begin{aligned}C_{A1}&=\frac{\sqrt{1+4k\tau_1 C_{A0}}-1}{2k\tau_1}\\C_{A2}&=\frac{\sqrt{1+4k\tau_2 C_{A1}}-1}{2k\tau_2}\\C_{A3}&=\frac{\sqrt{1+4k\tau_3 C_{A2}}-1}{2k\tau_3}\\&\vdots\\C_{Af}=C_{AN}&=\frac{\sqrt{1+4k\tau_N C_{AN-1}}-1}{2k\tau_N}\end{aligned}\right\} \tag{3.33}$$

根据 C_{Af}可计算得到最终转化率 $x_{Af}=1-(C_{Af}/C_{A0})$。

题 3.5

某一速率常数 $k=0.05\mathrm{m^3/(kmol\cdot min)}$ 的 2 级反应在串联的 3 个等容的连续搅拌釜式反应器中进行，反应器的空时分别为 $\tau_1=1\mathrm{min}$，$\tau_2=2\mathrm{min}$，$\tau_3=4\mathrm{min}$。原料中反应物 A 的浓度为 $C_{A0}=2\mathrm{kmol/m^3}$，那么其净转化率为多少？将反应器顺序颠倒，A 的转化率为多少？(如 $\tau_1=4\mathrm{min}$，$\tau_2=2\mathrm{min}$，$\tau_3=1\mathrm{min}$)

解：

正向进料时：

$\tau_1=1\mathrm{min}$；$\tau_2=2\mathrm{min}$；$\tau_3=4\mathrm{min}$；$k=0.05\mathrm{m^3/(kmol\cdot min)}$；$C_{A0}=2\mathrm{kmol/m^3}$

将数据代入式(3.33)可得：

$$C_{A1}=\frac{\sqrt{1+4k\tau_1 C_{A0}}-1}{2k\tau_1}=\frac{\sqrt{1+4\times0.05\times1\times2}-1}{2\times0.05\times1}$$

$$C_{A1}=1.832\mathrm{kmol/m^3}$$

$$C_{A2}=\frac{\sqrt{1+4k\tau_2 C_{A1}}-1}{2k\tau_2}=\frac{\sqrt{1+4\times0.05\times1.832\times2}-1}{2\times0.05\times2}$$

$$C_{A2}=1.582\mathrm{kmol/m^3}$$

$$C_{A3}=\frac{\sqrt{1+4k\tau_3 C_{A2}}-1}{2k\tau_3}=\frac{\sqrt{1+4\times0.05\times4\times1.582}-1}{2\times0.05\times4}$$

$$C_{A3}=1.263\mathrm{kmol/m^3}$$

净转化率 $x_{Af}=1-(C_{Af}/C_{A0})=1-(1.263/2)=0.3685$。

反向进料时：

$$\tau_1=4\text{min};\ \tau_2=2\text{min};\ \tau_3=1\text{min}$$

$$C_{A1}=\frac{\sqrt{1+4k\tau_1 C_{A0}}-1}{2k\tau_1}=\frac{\sqrt{1+4\times0.05\times4\times2}-1}{2\times0.05\times4}$$

$$C_{A1}=1.531\text{kmol/m}^3$$

$$C_{A2}=\frac{\sqrt{1+4k\tau_2 C_{A1}}-1}{2k\tau_2}=\frac{\sqrt{1+4\times0.05\times1.531\times2}-1}{2\times0.05\times2}$$

$$C_{A2}=1.349\text{kmol/m}^3$$

$$C_{A3}=\frac{\sqrt{1+4k\tau_3 C_{A2}}-1}{2k\tau_3}=\frac{\sqrt{1+4\times0.05\times1\times1.349}-1}{2\times0.05\times1}$$

$$C_{A3}=1.269\text{kmol/m}^3$$

净转化率 $x_{Af}=1-(C_{A3}/C_{A0})=1-(1.269/2)=0.3655$。

（3）高阶反应的图解法。对于反应级数高于 2 的反应，不可能获得计算转化率 x_{Af} 的解析表达式。本节介绍的图解法即用于此类计算，N 个反应器中第 i 个反应器的设计方程为：

$$\tau_i=\frac{C_{Ai-1}-C_{Ai}}{(-r_A C_{Ai})} \tag{3.34}$$

整理可写为：

$$-\left(\frac{1}{\tau_i}\right)=\frac{(-r_A C_{Ai})}{C_{Ai-1}-C_{Ai}} \tag{3.35}$$

根据给定反应的速率方程绘制 $(-r_A C_A)$—C_A 曲线（图 3.8）。由式（3.35）可知，斜率为 $(-1/\tau_i)$、经过点 $C_A=C_{Ai-1}$ 的直线会与曲线相交于点 $(C_{Ai},\ -r_A C_{Ai})$。因此，以 $A_0(C_A=C_{A0})$ 为起点，画一条斜率为 $(-1/\tau_i)$ 的直线，直线将与曲线交于点 $B_0(C_{A1},\ -r_A C_{A1})$，$B_0$ 投影在 C_A 轴上的点 A_1 对应的 $C_A=C_{A1}$。重复此过程 N 次可得 $C_{AN}=C_{Af}$，转化率 $x_{Af}=1-(C_{Af}/C_{A0})$。

题 3.6

采用图解法计算串联的 3 个等容的连续搅拌釜式反应器中 2 级可逆反应（题 3.3）的转化率，各反应器的空时均为 1min。

解：

绘制 $(-r_A C_A)$—C_A 曲线（图 P3.6），以点 $(C_{A0},\ 0)$ 为起点绘制斜率 $m=-(1/\tau_1)=-1$ 的直线，与 $(-r_A C_A)$—C_A 曲线交于一点，对应的 C_{A1} 即为第一个反应器中 A 的浓度，$C_{A1}=3.7\text{kmol/m}^3$。以 $(C_{A1},\ 0)$ 为起点，重复上述过程可得 $C_{A2}=2.9\text{kmol/m}^3$。再次重复上述过程可得最终浓度 $C_{A3}=2.4\text{kmol/m}^3$。因此，串联的 3 个连续搅拌釜式反应器中反应达到的净转化率 $x_{Af}=1-(C_{A3}/C_{A0})=1-(2.4/5)=52\%$。

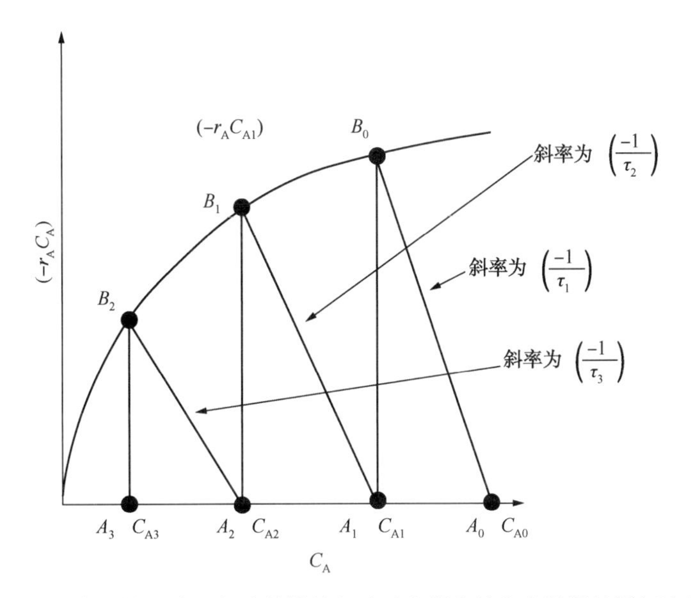

图 3.8 用于串联的 N 个理想连续搅拌釜式反应器中转化率计算的图解法示意图

注：参考 MATLAB 程序 n_ cstr_ series2. m。

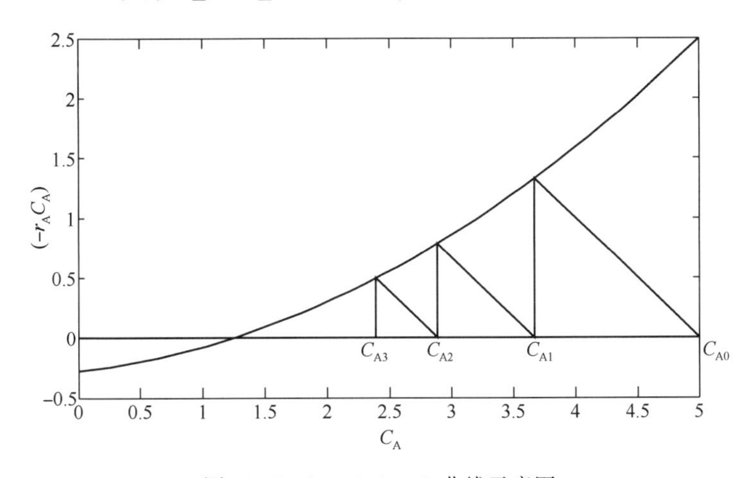

图 P3.6 $(-r_A C_A)$—C_A 曲线示意图

（4）计算达到指定转化率 x_{Af} 所需等容连续搅拌釜式反应器个数的图解法。本部分介绍了 Eldridge 和 Piret 提出的图解法，用于计算达到指定转化率 x_{Af} 所需等容理想连续搅拌釜式反应器的个数。令 $\tau=V/q$，代表某一反应器的空时。N 个反应器中第 i 个反应器的设计方程为：

$$\left(\frac{\tau}{C_{A0}}\right)=\frac{(x_{Ai}-x_{Ai-1})}{(-r_A x_{Ai})} \tag{3.36}$$

其中，x_{Ai} 和 x_{Ai-1} 分别为第 i 个和 $(i-1)$ 个反应器中 A 的转化率，将式(3.36)重新整理可得：

$$x_{Ai-1}=x_{Ai}-\left(\frac{\tau}{C_{A0}}\right)(-r_A x_{Ai}) \tag{3.37}$$

利用给定反应器的速率方程，绘制 $y—x_A$ 曲线(图 3.9)。

$$y=x_{Ai}-\left(\frac{\tau}{C_{A0}}\right)(-r_A x_{Ai}) \tag{3.38}$$

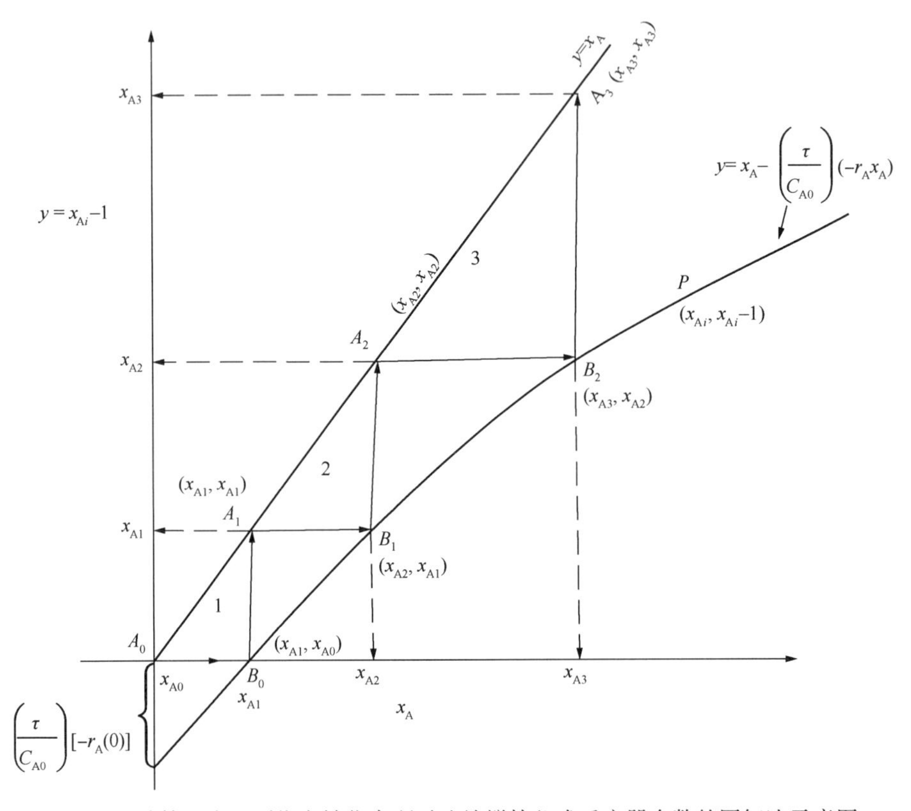

图 3.9　计算反应达到指定转化率所需连续搅拌釜式反应器个数的图解法示意图

根据表示 $y—x_A$ 曲线的式(3.38)可知，该曲线经过点(x_{A1}，x_{A0})，(x_{A2}，x_{A1})，(x_{A3}，x_{A2})，…，(x_{Ai}，x_{Ai-1})等。绘制直线 $y=x_A$，直线分别经过点(x_{A0}，x_{A0})，(x_{A1}，x_{A1})，(x_{A2}，x_{A2})，(x_{A3}，x_{A3})，…，(x_{Ai}，x_{Ai})。点 A_0(x_{A0}，x_{A0})即直线 $y=x_A$ 上的点(0，0)，投影到 $y—x_A$ 曲线上的点为 B_0(x_{A1}，x_{A0})，$y—x_A$ 曲线上的点 B_0(x_{A1}，x_{A0})投影到 $y=x_A$ 线上的点 A_1(x_{A1}，x_{A1})。接着，将直线 $y=x_A$ 上的点 A_1(x_{A1}，x_{A1})投影到 $y—x_A$ 曲线上的点为 B_1(x_{A2}，x_{A1})。重复此过程 N 次直至 x_{AN} 不小于 x_{Af}(指定转化率)。N 即为 N 个等容理想连续搅拌釜式反应器串联的体系达到指定转化率所需的连续搅拌釜式反应器的数目。

题 3.7

拟在等容理想连续搅拌釜式反应器串联的体系中进行 2 级可逆反应(题 3.3)，每个反应器的空时均为 1min。采用图解法计算反应物 A 的净转化率达到 62%所需连续搅拌釜式反应器的数目。

解：

绘制 $y=x_A-(\tau/C_{A0})(-r_A x_A)—x_A$ 曲线(图 P3.7)。由 $\tau=1\text{min}$，$C_{A0}=5\text{kmol/m}^3$，$k_1=0.1\text{m}^3/(\text{kmol}\cdot\text{min})$ 和 $K=9$ 可得：

$$(-r_A x_A)=k_1 C_{A0}^2\left[(1-x_A)^2-\frac{x_A^2}{K}\right]$$

$$=2.5\left[(1-x_A)^2-\frac{x_A^2}{9}\right]$$

$$y=x_A-0.5\left[(1-x_A)^2-\frac{x_A^2}{9}\right]$$

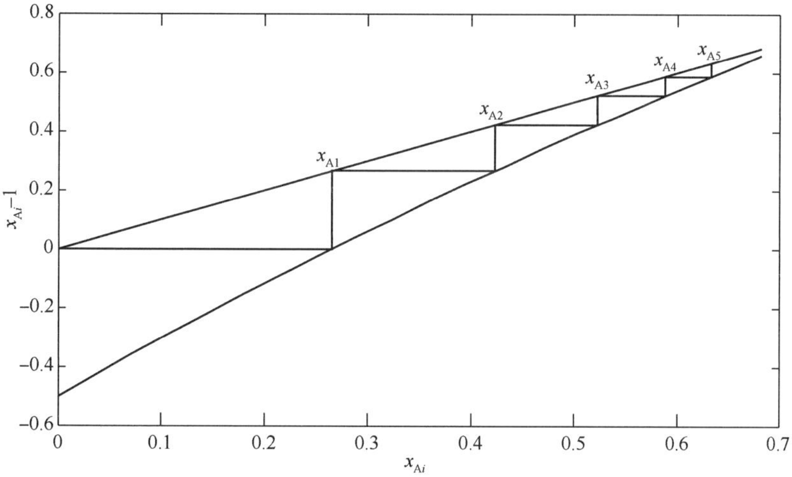

图 P3.7　x_{Ai-1}—x_{Ai}图

x_A	0	0.05	0.10	0.15	0.20	0.25	0.30
y	-0.5	-0.40	-0.30	-0.20	-0.11	-0.017	0.072
x_A	0.35	0.40	0.45	0.50	0.55	0.60	0.65
y	0.158	0.242	0.324	0.402	0.479	0.553	0.625

由曲线可知，反应物 A 达到指定转化率 62%需要 6 个连续搅拌釜式反应器。

注：参考 MATLAB 程序 n_ cstr_ series1. m。

3.1.3.2　两个串联连续搅拌釜式反应器的尺寸优化

以在连续搅拌釜式反应器串联体系中进行的反应为例(图 3.10)。

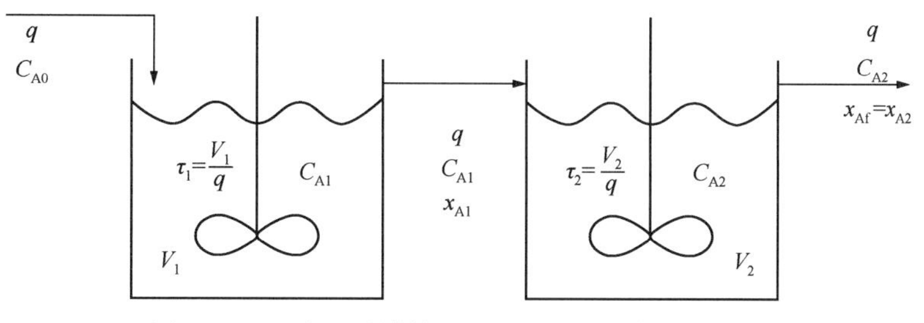

图 3.10　两个连续搅拌釜式反应器串联体系示意图

为了达到指定的最终转化率($x_{Af}=x_{A2}$)，我们将对这两个连续搅拌釜式反应器的尺寸进行优化。令τ_1和τ_2分别为两个反应器的空时，x_{A1}为第一个反应器的转化率。这两个连续搅拌釜式反应器的设计方程为：

$$\tau_1=\frac{C_{A0}x_{A1}}{(-r_Ax_{A1})} \tag{3.39}$$

$$\tau_2=\frac{C_{A0}(x_{A2}-x_{A1})}{(-r_Ax_{A2})} \tag{3.40}$$

对于固定值$x_{A2}=x_{Af}$(指定最终转化率)，计算x_{A1}以使$\tau=\tau_1+\tau_2$最小。应用最小化的必要条件可得：

$$\frac{d\tau}{dx_{A1}}=\frac{d}{dx_{A1}}\left[\frac{C_{A0}x_{A1}}{(-r_Ax_{A1})}+\frac{C_{A0}(x_{Af}-x_{A1})}{(-r_Ax_{Af})}\right]=0 \tag{3.41}$$

$$\Rightarrow C_{A0}\left[x_{A1}\frac{d}{dx_{A1}}\left(\frac{1}{-r_Ax_{A1}}\right)+\left(\frac{1}{-r_Ax_{A1}}\right)-\left(\frac{1}{-r_Ax_{Af}}\right)\right]=0 \tag{3.42}$$

$$\Rightarrow\frac{d}{dx_{A1}}\left(\frac{1}{-r_Ax_{A1}}\right)=\frac{1/(-r_Ax_{Af})-1/(-r_Ax_{A1})}{x_{A1}} \tag{3.43}$$

定义

$$\frac{1}{r_{A1}}=\frac{1}{(-r_Ax_{A1})};\quad \frac{1}{r_{Af}}=\frac{1}{(-r_Ax_{Af})} \tag{3.44}$$

那么

$$\frac{d}{dx_{A1}}\left(\frac{1}{r_{A1}}\right)=\frac{1/r_{Af}-1/r_{A1}}{x_{A1}} \tag{3.45}$$

计算满足式(3.45)的值$x_{A1}=x_{A1}^*$。将$x_{A1}=x_{A1}^*$代入式(3.39)和式(3.40)可计算得到最佳反应器尺寸。在$1/(-r_Ax_A)$—x_A曲线上(图3.11)，$x_{A1}=x_{A1}^*$代表点R，此点处的切线平行于PQ。以上便是计算x_{A1}^*(图3.11)的图解过程。

利用最优条件[式(3.45)]可得1级反应x_{A1}^*的分析方程，表示如下：

$$(-r_A)=kC_{A0}(1-x_A) \tag{3.46}$$

当$x_A=x_{A1}$时，$(-r_Ax_{A1})=kC_{A0}(1-x_{A1})$；当$x_A=x_{Af}$时，$(-r_Ax_{Af})=kC_{A0}(1-x_{Af})$。将上式代入最优条件可得：

$$\frac{d}{dx_{A1}}\left[\frac{1}{kC_{A0}(1-x_{A1})}\right]=\frac{1/[kC_{A0}(1-x_{Af})]-1/[kC_{A0}(1-x_{A1})]}{x_{A1}} \tag{3.47}$$

$$\frac{1}{(1-x_{A1})^2}=\frac{(x_{Af}-x_{A1})}{x_{A1}(1-x_{Af})(1-x_{A1})} \tag{3.48}$$

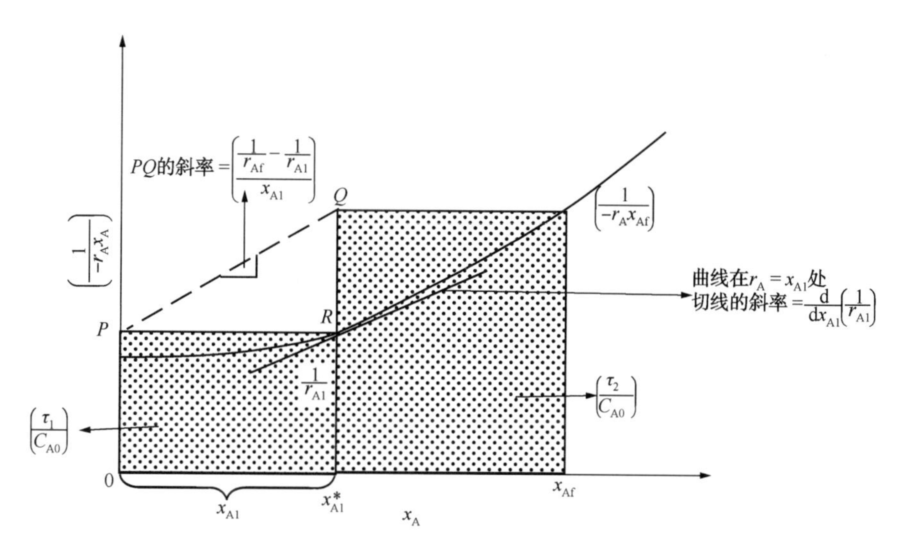

图 3.11 两个串联连续搅拌釜式反应器尺寸优化的图解法示意图

$$x_{A1}(1-x_{Af})=(1-x_{A1})(x_{Af}-x_{A1}) \tag{3.49}$$

化简成关于 x_{A1}的一元二次方程为：

$$x_{A1}^2-2x_{A1}+x_{Af}=0 \tag{3.50}$$

其可行根为：

$$x_{A1}^*=1-\sqrt{1-x_{Af}} \tag{3.51}$$

两个反应器的最佳空时为：

$$\tau_1=\frac{1}{k}\left(\frac{x_{A1}^*}{1-x_{A1}^*}\right) \tag{3.52}$$

$$\tau_2=\frac{1}{k}\left(\frac{x_{Af}-x_{A1}^*}{1-x_{Af}^*}\right) \tag{3.53}$$

注意：

$$\frac{x_{Af}-x_{A1}^*}{1-x_{Af}^*}=\frac{x_{Af}-(1-\sqrt{1-x_{Af}})}{1-x_{Af}}=\frac{\sqrt{1-x_{Af}}-(1-x_{Af})}{1-x_{Af}}$$

$$=\frac{1-\sqrt{1-x_{Af}}}{\sqrt{1-x_{Af}}}=\frac{x_{A1}^*}{1-x_{Af}^*}$$

这表明 $\tau_1=\tau_2$。因此，对于 1 级反应，当其达到任意指定转化率时，等容连续搅拌釜式反应器所需的总体积最小。

3.1.3.3 串联的连续搅拌釜式反应器和平推流反应器

对于由一个连续搅拌釜式反应器和一个平推流反应器串联组成的体系(图 3.12 和图 3.13)，假设两个反应器的尺寸和空时均相同，计算以下情况下连续搅拌釜式反应器或平推流反应器达到指定最终转化率 x_{Af}所需的空时 τ。

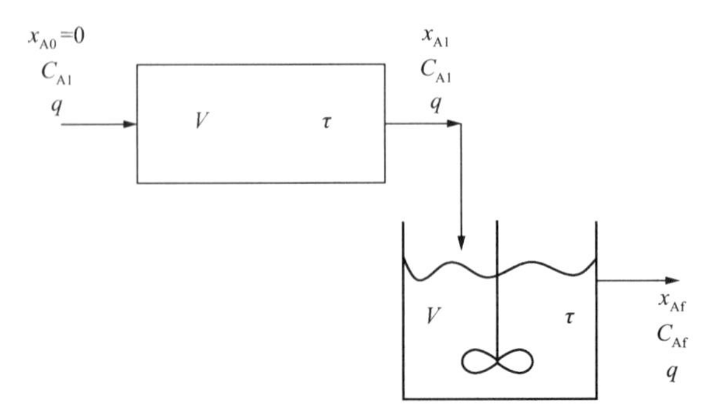

图 3.12　平推流反应器和连续搅拌釜式反应器串联示意图

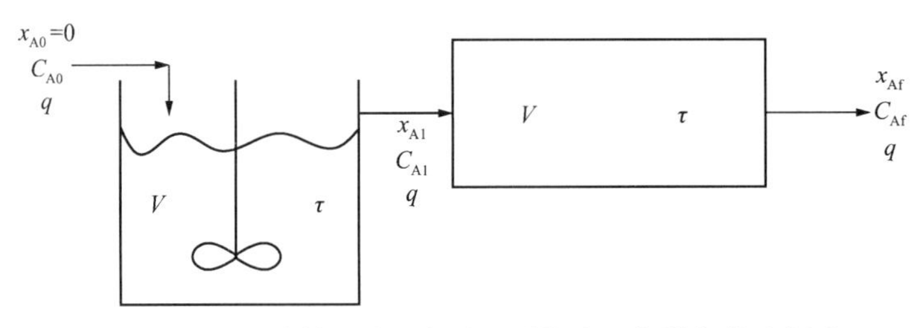

图 3.13　连续搅拌釜式反应器和平推流反应器串联示意图

（1）平推流反应器和连续搅拌釜式反应器串联。平推流反应器的设计方程为：

$$\tau = C_{A0}\int_0^{x_{A1}} \frac{dx_A}{(-r_A x_A)} \tag{3.54}$$

连续搅拌釜式反应器的设计方程为：

$$\tau = \frac{C_{A0}(x_{Af}-x_{A1})}{(-r_A x_{Af})} \tag{3.55}$$

对于指定的最终转化率 x_{Af}，计算平推流反应器中反应达到的转化率 x_{A1}，两个反应器的空时相等，则：

$$C_{A0}\int_0^{x_{A1}} \frac{dx_A}{(-r_A x_A)} = \frac{C_{A0}(x_{Af}-x_{A1})}{(-r_A x_{Af})} \tag{3.56}$$

将计算得到的 x_{A1}代入连续搅拌釜式反应器的设计方程式(3.55)可得空时 τ，计算 τ 的图解过程如图 3.14 所示。根据给定反应的速率方程绘制 $1/(-r_A x_A)$—x_A曲线，通过试错法确定 A 点，其 $x_A=x_{A1}$，并使($OAEF$ 的面积)=($ABCD$ 的面积)。空时 $\tau=C_{A0}\times$($ABCD$ 的面积)。

（2）连续搅拌釜式反应器和平推流反应器串联。连续搅拌釜式反应器的设计方程为：

$$\tau = \frac{C_{A0}(x_{A1})}{(-r_A x_{A1})} \tag{3.57}$$

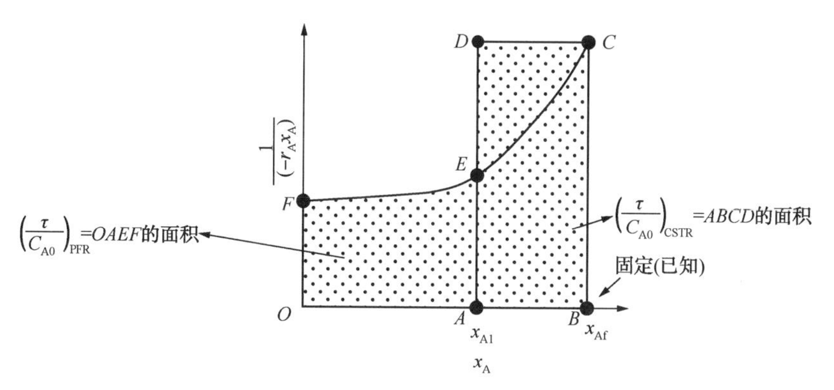

图 3.14　计算平推流反应器和连续搅拌釜式反应器串联体系空时 τ 的图解法示意图

平推流反应器的设计方程为：

$$\tau = C_{A0}\int_{x_{A1}}^{x_{Af}} \frac{dx_A}{(-r_A x_{A1})} \tag{3.58}$$

对于指定的最终转化率 x_{Af}，计算连续搅拌釜反应器中达到的转化率 x_{A1}，两个反应器的空时相等，则：

$$\frac{C_{A0}x_{A1}}{(-r_A x_{A1})} = C_{A0}\int_{x_{A1}}^{x_{Af}} \frac{dx_A}{(-r_A x_A)} \tag{3.59}$$

将计算得到的 x_{A1} 代入连续搅拌釜式反应器的设计方程式(3.57)可得空时 τ，计算 τ 的图解过程如图 3.15 所示。通过试错法确定 A 点，其 $x_A = x_{A1}$，并使($OADE$ 的面积) = ($ABCD$ 的面积)。空时 $\tau = C_{A0}\times$($ABDE$ 的面积)。

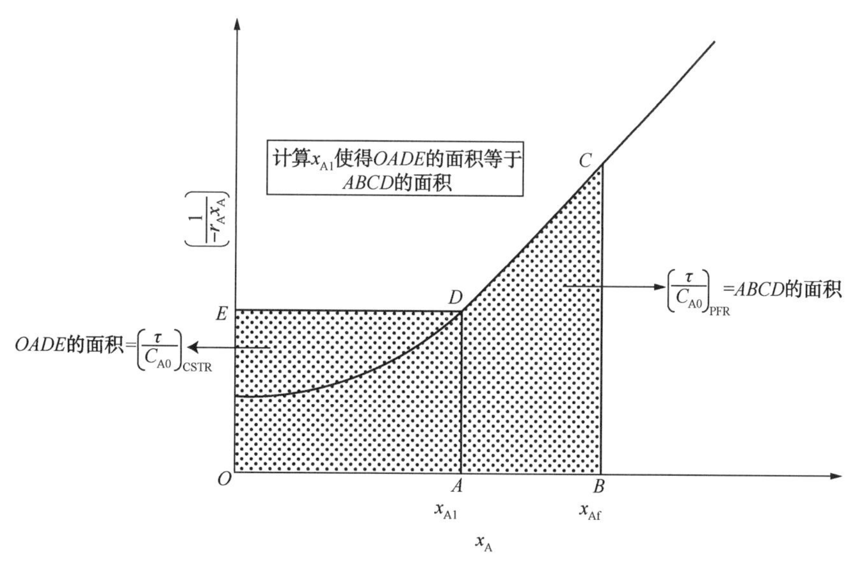

图 3.15　计算连续搅拌釜式反应器和平推流反应器串联体系空时 τ 的图解法示意图

题 3.8

对于在连续搅拌釜式反应器和平推流反应器串联体系中进行的 1 级不可逆反应 $A \xrightarrow{k} B$，请说明当两个反应器体积相等时，总转化率与反应器顺序无关。

解：

当平推流反应器在前，连续搅拌釜式反应器在后时，1 级反应的速率方程为：

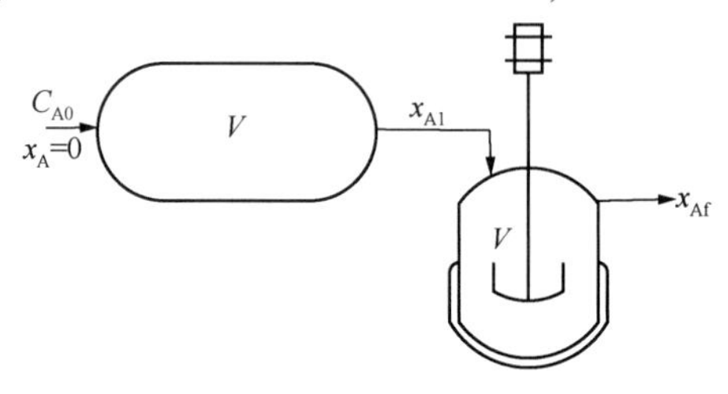

$$A \xrightarrow{k} B$$

$$(-r_A) = kC_{A0}(1-x_A)$$

平推流反应器的空时 τ 为：

$$\tau = C_{A0}\int_0^{x_{A1}} \frac{dx_A}{(-r_A x_A)} = \frac{1}{k}\ln(1-x_{A1})$$

$$x_{A1} = 1-e^{-k\tau}$$

连续搅拌釜式反应器空时 τ 为：

$$\tau = \frac{C_{A0}(x_{Af}-x_{A1})}{(-r_A x_{Af})} = \frac{(x_{Af}-x_{A1})}{k(1-x_{Af})}$$

$$k\tau(1-x_{Af}) = x_{Af}-x_{A1}$$

重新整理上述方程可得：

$$x_{Af} = \frac{k\tau+x_{A1}}{(1+k\tau)} = \frac{k\tau+(1-e^{-k\tau})}{(1+k\tau)}$$

$$x_{Af} = 1-\frac{e^{-k\tau}}{(1+k\tau)}$$

当连续搅拌釜式反应器在前，平推流反应器在后时：

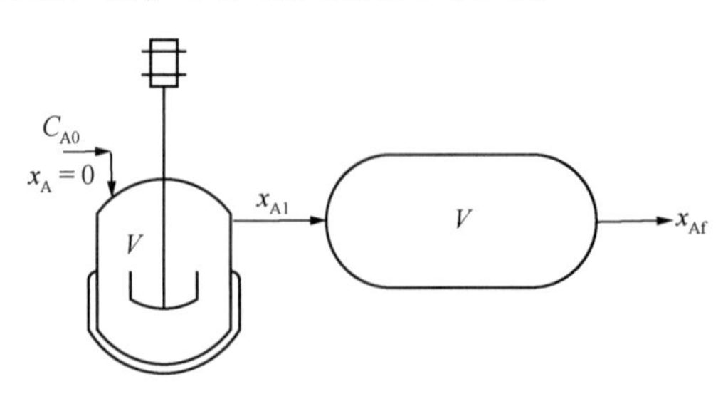

连续搅拌釜式反应器的空时 τ 为：

$$\tau=\frac{C_{A0}x_{A1}}{(-r_A x_{A1})}=\frac{x_{A1}}{k(1-x_{A1})}$$

$$x_{A1}=\frac{k\tau}{1+k\tau}$$

平推流反应器的空时 τ 为：

$$\tau=C_{A0}\int_{x_{A1}}^{x_{Af}}\frac{dx_A}{(-r_A x_A)}=-\frac{1}{k}\ln\left(\frac{1-x_{Af}}{1-x_{A1}}\right)$$

$$\left(\frac{1-x_{Af}}{1-x_{A1}}\right)=-e^{-k\tau}$$

$$x_{Af}=1-(1-x_{A1})e^{-k\tau}$$

$$x_{Af}=1-\left(1-\frac{k\tau}{1+k\tau}\right)e^{-k\tau}$$

$$x_{Af}=1-\frac{e^{-k\tau}}{1+k\tau}$$

因此，两种情况下的 x_{Af} 相等，即转化率与反应器顺序无关。

对于不可逆自催化反应(2.1.9节)A+B →B+B，其速率方程为：

$$(-r_A)=kC_A(C_0-C_A) \tag{3.60}$$

其中，$C_0=C_{A0}+C_{B0}$。

$1/(-r_A C_A)$—C_A图(图3.16)表明：当连续搅拌釜式反应器在前，平推流反应器在后时，反应达到指定转化率 x_{Af} 所需的空时最小。

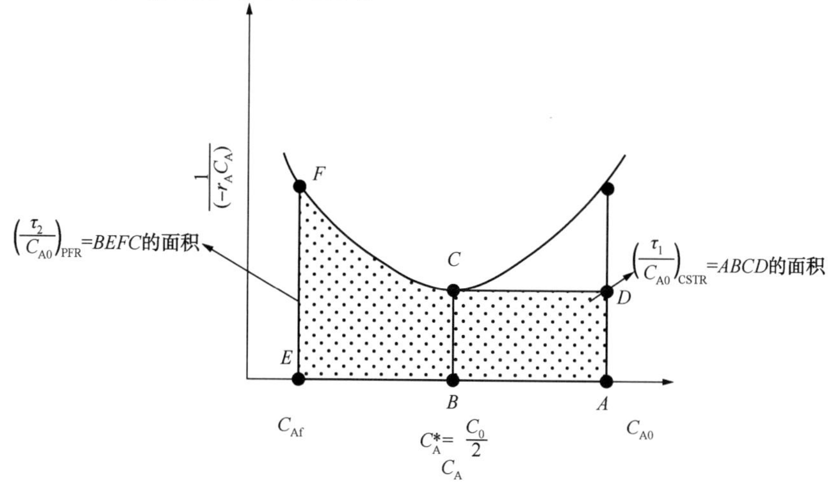

图3.16 自催化反应连续搅拌釜式反应器和平推流反应器串联计算的示意图

反应物 A 浓度为 C_{A0}的原料首先进入空时为 τ_1的连续搅拌釜式反应器中，其浓度降至 C_A^*，接着进入空时为 τ_2的平推流反应器中，其浓度从 C_A^* 降至 C_{Af}，根据连续搅拌釜式反应器和平推流反应器的设计方程，分别计算得到 τ_1和 τ_2的值，设计方程如下：

$$\tau_1=\frac{C_{A0}-C_A^*}{(-r_A C_A)} \tag{3.61}$$

$$\tau_1=\int_{C_{Af}}^{C_A^*}\frac{dC_A}{(-r_A C_A)} \tag{3.62}$$

将式(3.60)代入式(3.61)和式(3.62)可得：

$$\tau_1=\frac{1}{k}\left[\frac{C_{A0}-C_A^*}{C_A^*(C_0-C_A^*)}\right] \tag{3.63}$$

$$\tau_2=\frac{1}{kC_0}\ln\left[\frac{(C_0-C_{Af})C_A^*}{(C_0-C_A^*)C_{Af}}\right] \tag{3.64}$$

B 的初始浓度 C_{B0}忽略不计，那么 $C_0\approx C_{A0}$，$C_A^*\approx C_{A0}/2$，τ_1和 τ_2的方程化简成最终形式为：

$$\tau_1=\frac{2}{kC_{A0}} \tag{3.65}$$

$$\tau_2=\frac{1}{kC_0}\ln\left(\frac{x_{Af}}{1-x_{Af}}\right) \tag{3.66}$$

题 3.9

对于不可逆自催化反应 $A+B\xrightarrow{k}B+B$，与在单一的连续搅拌釜式反应器或平推流反应器中反应相比，当 A 达到指定的转化率时，连续搅拌釜式反应器和平推流反应器串联体系需要的空时最小。计算 $C_{A0}=5\text{kmol/m}^3$，速率常数 $k=0.02\text{m}^3/(\text{kmol}\cdot\text{min})$，最终转化率 $x_{Af}=0.8$时连续搅拌釜式反应器和平推流反应器串联体系所需的空时。

解：

由 $k=0.02$，$C_{A0}=5$ 和 $x_{Af}=0.8$ 可得：

$$\tau_{CSTR}=\frac{2}{kC_{A0}}=\frac{2}{0.02\times5}=20\text{min}$$

$$\tau_{PFR}=\frac{1}{kC_{A0}}\ln\left(\frac{x_{Af}}{1-x_{Af}}\right)=\frac{1}{0.02\times5}\ln\left(\frac{0.8}{1-0.8}\right)=13.9\text{min}$$

3.1.4 多重反应反应器的设计

设计多重反应(串联或平行反应)的反应器以获得最大的目标产物收率或选择性(2.18 节)。对于在某一连续搅拌釜式反应器中进行的串联反应 $A\xrightarrow{k_1}B\xrightarrow{k_2}C$(图 3.17)，

令 C_{A0}为原料中 A 的浓度($C_{B0}=C_{C0}=0$)，τ 为空时，那么 A、B 和 C 的速率方程分别为：

$$(-r_A)=-\frac{dC_A}{dt}=k_1C_A \tag{3.67}$$

$$r_B=\frac{dC_B}{dt}=k_1C_A-k_2C_B \tag{3.68}$$

$$r_C=\frac{dC_C}{dt}=k_2C_B \tag{3.69}$$

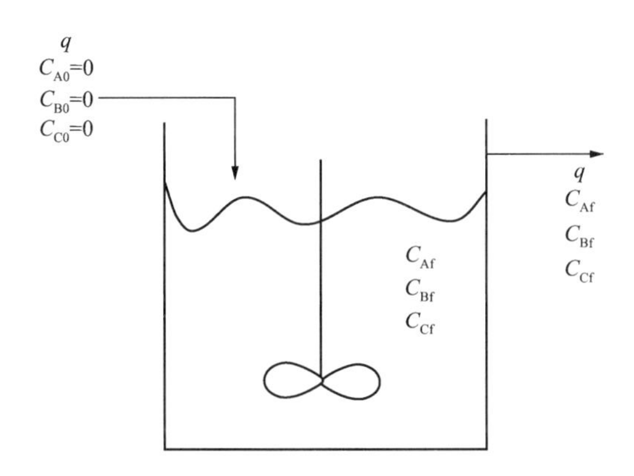

图 3.17 连续搅拌釜式反应器中的串联反应示意图

C_{Af}、C_{Bf}和 C_{Cf}分别为流出流体中 A、B 和 C 的最终浓度，对连续搅拌釜式反应器中处于稳态的 A、B 和 C 进行物料平衡计算可得：

对于产物 A：

$$qC_{A0}=qC_{Af}+V(-r_A)$$

即

$$qC_{A0}=qC_{Af}+V(k_1C_{Af})$$

$$C_{Af}=\frac{C_{A0}}{1+k_1\tau} \tag{3.70}$$

对于产物 B：

$$qC_{B0}=qC_{Bf}-V(r_B)$$

即

$$0=qC_{Bf}-V(k_1C_{Af}-k_2C_{Bf})$$

$$C_{Bf}=\frac{k_1\tau C_{Af}}{1+k_2\tau} \tag{3.71}$$

对于产物 C：

$$qC_{C0}=qC_{Cf}-V(r_C)$$

即

$$0=qC_{Cf}-Vk_2C_{Bf}$$

$$C_{Cf}=k_2\tau C_{Bf} \tag{3.72}$$

B(目标产物)的总选择性 $\overline{\Phi}_B$ 表示为：

$$\overline{\Phi}_B=\left(\frac{C_{Bf}}{C_{Cf}}\right)=\left(\frac{1}{k_2\tau}\right) \tag{3.73}$$

随着空时 τ 的增加，选择性 $\overline{\Phi}_B$ 降低，A 的转化率 $x_{Af}=1-(C_{Af}/C_{A0})$ 升高，x_{Af}表示为：

$$x_{Af}=\frac{k_1\tau}{1+k_1\tau} \tag{3.74}$$

联立式(3.73)和式(3.74)可得以 x_{Af}表示的总选择性 $\overline{\Phi}_B$ 为：

$$\overline{\Phi}_B=\left(\frac{k_1}{k_2}\right)\frac{1-x_{Af}}{x_{Af}} \tag{3.75}$$

因此，选择性 $\overline{\Phi}$ 随转化率 x_{Af}升高而降低。

对于平推流反应器中进行的串联反应 A $\xrightarrow{k_1}$ B $\xrightarrow{k_2}$ C，将间歇反应器总选择性方程(2.1.8 节)中的 t(间歇时间)用空时 τ 代替，所得方程可用于平推流反应器，表示如下：

$$\left.\begin{aligned}C_{Af}&=C_{A0}e^{-k_1\tau}\\C_{Bf}&=\frac{C_{A0}k_1}{(k_1-k_2)}(e^{-k_2\tau}-e^{-k_1\tau})\\C_{Cf}&=C_{A0}\left[1-\frac{1}{(k_1-k_2)}(k_1e^{-k_2\tau}-k_2e^{-k_1\tau})\right]\end{aligned}\right\} \tag{3.76}$$

因此，平推流反应器中目标产物的总选择性 $\overline{\Phi}$ 为：

$$\overline{\Phi}_B=\frac{C_{Bf}}{C_{Cf}}=\frac{k_1[(e^{-k_2\tau}-e^{-k_1\tau})]}{k_1(1-e^{-k_2\tau})-k_2(1-e^{-k_1\tau})} \tag{3.77}$$

转化率 $x_{Af}=1-e^{-k_1\tau}$。

联立 $\overline{\Phi}_B$ 和 x_{Af}的方程并消去空时 τ，可得到用 x_{Af}表示的 $\overline{\Phi}_B$ 的表达式为：

$$\overline{\Phi}_B=\frac{[(1-x_{Af})-(1-x_{Af})^{(k_2/k_1)}]}{\{(1-x_{Af})^{(k_2/k_1)}-[1-(k_2/k_1)x_{Af}]\}} \tag{3.78}$$

对于在连续搅拌釜式反应器和平推流反应器中进行的反应，目标产物总选择性随总转化率 x_{Af}的升高而降低。对于任一指定转化率 x_{Af}，平推流反应器中目标产物的总选择性 $\overline{\Phi}_B$ 总是高于连续搅拌釜式反应器(图 3.18)。因此，多重反应反应器的设计实际上为转化率和选择性之间的权衡。

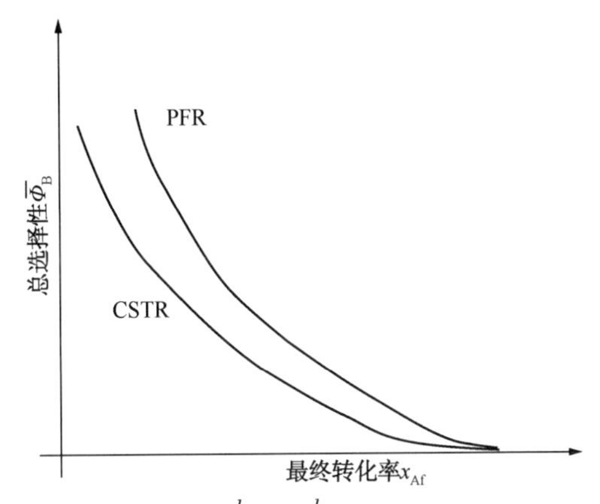

图 3.18 串联反应 $A \xrightarrow{k_1} B \xrightarrow{k_2} C$ 选择性随转化率变化图

对于在某一连续搅拌釜式反应器中进行的平行反应 $A \begin{cases} \xrightarrow{k_1} B(\text{目标产物}) \\ \xrightarrow{k_2} C \end{cases}$，$C_{A0}$为原料中 A 的浓度($C_{B0}=C_{C0}=0$)，$C_{Af}$、$C_{Bf}$和 C_{Cf}为流出流体中 A、B 和 C 的最终浓度，τ 为空时，那么 A、B 和 C 的速率方程为：

$$\left.\begin{aligned} (-r_A) &= (k_1+k_2)C_A \\ r_B &= k_1C_A \\ r_C &= k_2C_A \end{aligned}\right\} \tag{3.79}$$

对连续搅拌釜式反应器中处于稳态的 A、B 和 C 进行物料平衡计算可得以下方程：

对于反应物 A：

$$qC_{A0}=qC_{Af}+V(-r_A)$$

$$qC_{A0}=qC_{Af}+V(k_1+k_2)C_{Af}$$

$$C_{Af}=\frac{C_{A0}}{1+(k_1+k_2)\tau} \tag{3.80}$$

对于产物 B：

$$qC_{B0}=qC_{Bf}-V(r_B)$$

即

$$0=qC_{Bf}-V(k_1C_{Af})$$

$$C_{\mathrm{Bf}}=k_1\tau C_{\mathrm{Af}} \tag{3.81}$$

对于产物C：

$$qC_{\mathrm{C0}}=qC_{\mathrm{Cf}}-V(r_{\mathrm{C}})$$

即

$$0=qC_{\mathrm{Cf}}-Vk_2C_{\mathrm{Af}}$$

$$C_{\mathrm{Cf}}=k_2\tau C_{\mathrm{Af}} \tag{3.82}$$

因此，B(目标产物)的总选择性 $\overline{\Phi}_{\mathrm{B}}$ 为：

$$\overline{\Phi}_{\mathrm{B}}=\left(\frac{C_{\mathrm{Bf}}}{C_{\mathrm{Cf}}}\right)\left(\frac{k_1}{k_2}\right) \tag{3.83}$$

平行反应目标产物的总选择性与转化率 x_{Af} 和空时 τ 无关，对于在间歇反应器中进行的平行反应，我们得到了相同的结果(2.1.8.2节)。因此，总选择性与使用的反应器的类型无关。

题 3.10

在理想连续搅拌釜式反应器中进行1级不可逆串联反应 $\mathrm{A}\xrightarrow{k_1}\mathrm{B}\xrightarrow{k_2}\mathrm{C}$，以使产物B的产量最高。证明B产量最高时对应的空时 τ 为 $\tau_{\max}=1/\sqrt{k_1k_2}$，最大浓度 $C_{\mathrm{B,max}}=(\sqrt{k_1C_{\mathrm{A0}}}/\sqrt{k_1}+\sqrt{k_2})$。

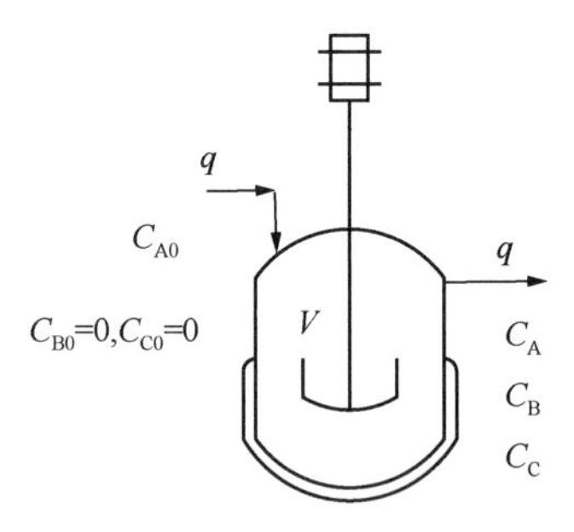

解：

速率方程为：

$$(-r_{\mathrm{A}})=k_1C_{\mathrm{A}}$$

$$r_{\mathrm{B}}=k_1C_{\mathrm{A}}-k_2C_{\mathrm{B}}$$

$$r_{\mathrm{C}}=k_2C_{\mathrm{B}}$$

对处于稳态的A、B和C进行物料平衡计算可得：

$$C_{\mathrm{A0}}=k_1C_{\mathrm{A}}+\tau(k_1C_{\mathrm{A}})$$

$$C_{\mathrm{B0}}=C_{\mathrm{B}}-\tau(k_1C_{\mathrm{A}}-k_2C_{\mathrm{B}})$$

$$C_{C0}=C_C-\tau(k_2C_B)$$

重新整理上述方程可得：

$$C_A=\frac{C_{A0}}{(1+k_1\tau)}$$

$$C_B=\frac{k_1C_{A0}\tau}{(1+k_1\tau)(1+k_2\tau)}$$

$$C_C=\frac{k_1k_2C_{A0}\tau^2}{(1+k_1\tau)(1+k_2\tau)}$$

当 C_B最大时，$dC_B/d\tau=0$：

$$\frac{dC_B}{d\tau}=\frac{(1+k_1\tau)(1+k_2\tau)k_1C_{A0}-(k_1C_{A0}\tau)[(1+k_1\tau)k_2+(1+k_2\tau)k_1]}{[(1+k_1\tau)(1+k_2\tau)]^2}$$

则

$$(1+k_1\tau)(1+k_2\tau)=\tau[(1+k_1\tau)k_2+(1+k_2\tau)k_1]$$

消去方程两边的共同项可得：

$$\tau_{max}=\frac{1}{\sqrt{k_1k_2}}$$

将 $\tau=1/\sqrt{k_1k_2}$代入 C_B的方程可得：

$$C_{B,max}=\frac{k_1C_{A0}\left(1/\sqrt{k_1k_2}\right)}{\left[1+k_1\left(1/\sqrt{k_1k_2}\right)\right]\left[1+k_2\left(1/\sqrt{k_1k_2}\right)\right]}$$

$$C_{B,max}=\frac{C_{A0}\sqrt{k_1/k_2}}{\left[\left(1+\sqrt{k_1/k_2}\right)\left(1+\sqrt{k_2/k_1}\right)\right]}$$

$$C_{B,max}=\frac{C_{A0}k_1}{\left(\sqrt{k_1}+\sqrt{k_2}\right)^2}=\frac{C_{A0}\sqrt{k_1}}{\sqrt{k_1}+\sqrt{k_2}}$$

链聚合反应是一种特殊的多重反应，它通过一系列同时发生的反应生成不同链长度的聚合物。链引发反应是指单体分子 M 与另一单体分子反应生成含有两个单体的聚合物链 P_2，反应式如下：

$$M+M\xrightarrow{k}P_2$$

接着，发生一连串反应，一个单体分子 M 与含有 r 个单体的聚合物链 P_r反应生成含有 $r+1$个单体的聚合物链 P_{r+1}，反应式如下：

$$M+P_2\xrightarrow{k}P_3$$

$$M+P_3 \xrightarrow{k} P_4$$

…

…

…

$$M+P_r \xrightarrow{k} P_{r+1}$$

假设每一步反应为2级基元反应，所有反应具有相同的速率常数k，那么，各步反应的速率方程为：

$$\left.\begin{aligned} r_{P_2} &= kC_M^2 \\ r_{P_3} &= kC_M C_{P_2} \\ r_{P_4} &= kC_M C_{P_2} \\ &\vdots \\ r_{P_{r+1}} &= kC_M C_{P_r} \end{aligned}\right\} \tag{3.84}$$

式中 C_M——单体M的浓度；

C_{P_r}——链长度为r(含有r个单体)的聚合物链的浓度；

r_{P_r}——聚合物P_r的生成速率。

在本节中，我们将建立用于此种聚合反应的连续搅拌釜式反应器(图3.19)的设计方程。

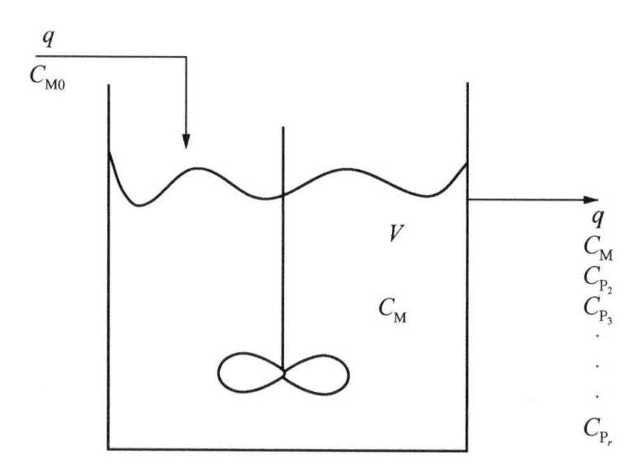

图3.19　链聚合反应的连续搅拌釜式反应器示意图

定义：空时$\tau=V/q$；单体M的转化率$x_M=1-C_M/C_{M0}$；C_M为反应器流出流体中未转化单体的最终浓度；C_{P_2}，C_{P_3}，…，C_{P_r}为反应器流出流体中P_2，…，P_r的浓度。因此，产物为不同链长度的聚合物的混合物。

对该连续搅拌釜式反应器中的单体进行稳态平衡计算，可得：

$$\{流入单体的速率\}=\{流出单体的速率\}+\{单体的转化速率\} \tag{3.85}$$

$$qC_{M0}=qC_M+V(2kC_M^2+kC_MC_{P_2}+kC_MC_{P_3}+\cdots) \tag{3.86}$$

方程可化简为：

$$C_{M0}=C_M+k\tau C_M\left(2C_M+\sum_{r=2}^{\infty}C_{P_r}\right) \tag{3.87}$$

对连续搅拌釜式反应器中处于稳态的聚合物链 P_2，…，P_r进行物料平衡计算可得：

{聚合物 P_r的流入速率} = {聚合物 P_r的流出速率} − {反应器中聚合物 P_r的净生成速率}

(3.88)

聚合物链 P_2的方程为：

$$0=qC_{P_2}-V(kC_M^2-kC_MC_{P_2}) \tag{3.89}$$

聚合物链 P_{r+1}(r=2，3，…)的方程为：

$$0=qC_{P_{r+1}}-V(kC_MC_{P_r}-kC_MC_{P_{r+1}}) \tag{3.90}$$

当 r=2，3，…，∞时，式(3.89)和式(3.90)可写为：

$$\left.\begin{aligned}C_{P_2}&=k\tau C_M(C_M-C_{P_2})\\C_{P_3}&=k\tau C_M(C_{P_2}-C_{P_3})\\C_{P_4}&=k\tau C_M(C_{P_3}-C_{P_4})\\&\vdots\\C_{P_{r+1}}&=k\tau C_M(C_{P_r}-C_{P_{r+1}})\end{aligned}\right\} \tag{3.91}$$

将式(3.91)的左边和右边项分别相加可得：

$$\sum_{r=2}^{\infty}C_{P_r}=k\tau C_M^2 \tag{3.92}$$

将式(3.92)代入式(3.87)可得关于 C_M的三次方程为：

$$(k^2\tau^2)C_M^3+(2k\tau)C_M^2+C_M-C_{M0}=0 \tag{3.93}$$

解三次方程(3.93)，我们可得到指定速率常数 k 和空时 τ 时的 C_M。利用此 C_M值，我们可以计算转化率 $x_M=1-C_M/C_{M0}$。反过来，对于给定的 x_M，计算 $C_M=C_{M0}(1-x_M)$并将 C_M代入式(3.93)，通过解关于变量 τ 的二次方程，我们可以计算得到空时 τ。空时的方程为：

$$\tau=\left(\frac{\sqrt{C_{M0}}-\sqrt{C_M}}{kC_M^{3/2}}\right) \tag{3.94}$$

由于反应产物为不同链长度聚合物的混合物，产物质量明显由聚合物的质量分布决定。定义 W_r 为产物中聚合物 P_r(链长度为 r)的质量分数，如果 M_w 为单体 M 的相对分子质量，则 W_r 可表示为：

$$W_r=\frac{(VC_{P_r})(rM_w)}{V(C_{M0}-C_M)M_w}=\frac{\text{产物中 }P_r\text{的质量}}{\text{产物中所有聚合物的质量}}$$

$$W_r=\frac{rC_{P_r}}{(C_{M0}-C_M)} \tag{3.95}$$

解方程(3.89)和方程(3.90)可得关于 C_{P_2}，C_{P_3}，C_{P_4}…的表达式如下：

$$\left.\begin{aligned}C_{P_2}&=\frac{k\tau C_M^2}{1+k\tau C_M}\\C_{P_3}&=\frac{k\tau C_M C_{P_2}}{1+k\tau C_M}=\left(\frac{k\tau C_M}{1+k\tau C_M}\right)^2 C_M\\C_{P_4}&=\frac{k\tau C_M C_{P_3}}{1+k\tau C_M}=\left(\frac{k\tau C_M}{1+k\tau C_M}\right)^3 C_M\\&\vdots\\C_{P_r}&=\left(\frac{k\tau C_M}{1+k\tau C_M}\right)^{r-1} C_M\end{aligned}\right\} \tag{3.96}$$

将式(3.96)代入式(3.95)可得质量分布 W_r 的方程为：

$$W_r=\frac{rC_M}{(C_{M0}-C_M)}\left(\frac{k\tau C_M}{1+k\tau C_M}\right)^{r-1} \tag{3.97}$$

重新整理式(3.94)可得：

$$k\tau C_M=\left(\frac{\sqrt{C_{M0}}}{\sqrt{C_M}}-1\right) \tag{3.98}$$

将式(3.98)代入式(3.97)可得：

$$W_r=\frac{r(1-x_M)}{x_M}\left(1-\sqrt{1-x_M}\right)^{r-1} \tag{3.99}$$

利用式(3.99)可得到任意指定转化率 x_M 下的产物分布 W_r—r 曲线(图 3.20)。产物中聚合物链的分布是决定生成聚合物质量的重要性质。聚合反应器通常用于生产具有指定聚合物链分布的产物。

题 3.11

某一链聚合反应(3.1.4.1 节中讨论的类型)在一个连续搅拌釜式反应器中进行，原料中单体浓度 $C_{M0}=10\text{kmol/m}^3$，速率常数 $k=0.05\text{m}^3/(\text{kmol}\cdot\text{min})$，计算单体转化率为 80%时所需的空时。绘制反应器中产物的分布曲线。

解：

原料浓度 $C_{M0}=10\text{kmol/m}^3$。

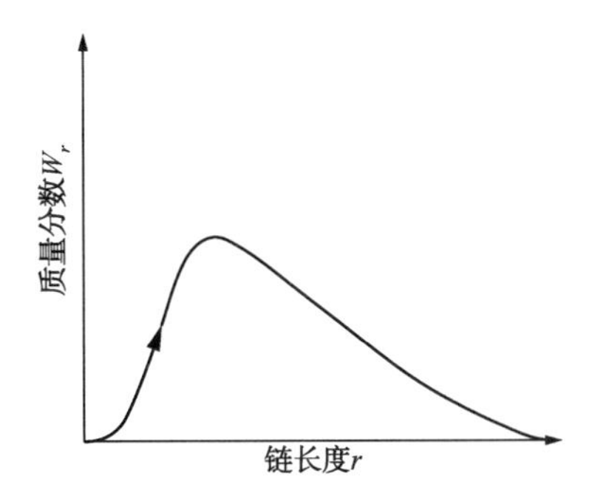

图 3.20 连续搅拌釜式反应器中链聚合反应的产物分布曲线

转化率 $x_{Af}=0.8$。
最终产物浓度为：

$$C_M = C_{M0}(1-x_{Af}) = 2\text{kmol/m}^3$$

速率常数 $k=0.05\text{m}^3/(\text{kmol}\cdot\text{min})$。
空时 τ 为：

$$\tau=\frac{\sqrt{C_{M0}}-\sqrt{C_M}}{kC_M^{3/2}}=\frac{\sqrt{10}-\sqrt{2}}{0.05\times2^{3/2}}=12.36\text{min}$$

产物分布为：

$$W_r=\frac{r(1-x_{Af})}{x_{Af}}\left(1-\sqrt{1-0.8}\right)^{r-1}$$

$$W_r=\frac{r(1-0.8)}{0.8}\left(1-\sqrt{1-0.8}\right)^{r-1}$$

$$W_r=0.25r(0.5528)^{r-1}$$

r	0	1	2	3	4	5
W_r	0	0.25	0.2764	0.229	0.169	0.117
r	6	7	8	9	10	20
W_r	0.077	0.05	0.032	0.02	0.012	0.00006

产物分布曲线如图 P3.11 所示。

3.1.5 非等温反应器

非等温反应器是指受反应热(ΔH_R)影响，容器中流体温度发生明显变化的反应器。对于放热反应(ΔH_R为负值)，间歇反应器中反应流体的温度逐渐升高，而对于吸热反应(ΔH_R为正值)，间歇反应器中反应流体温度则逐渐降低(图 3.21)。

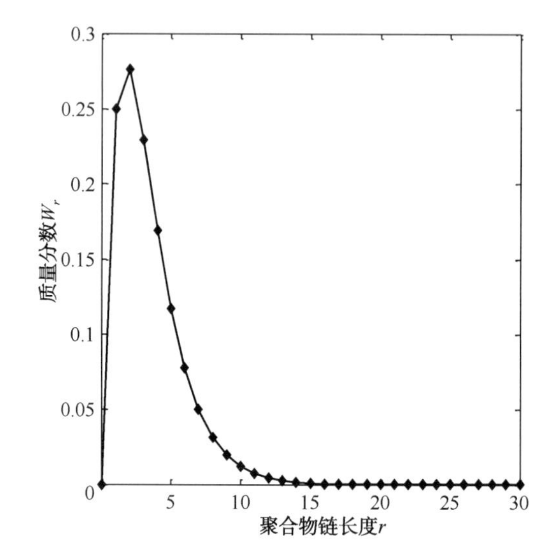

图 P3.11　聚合物链的产物分布示意图

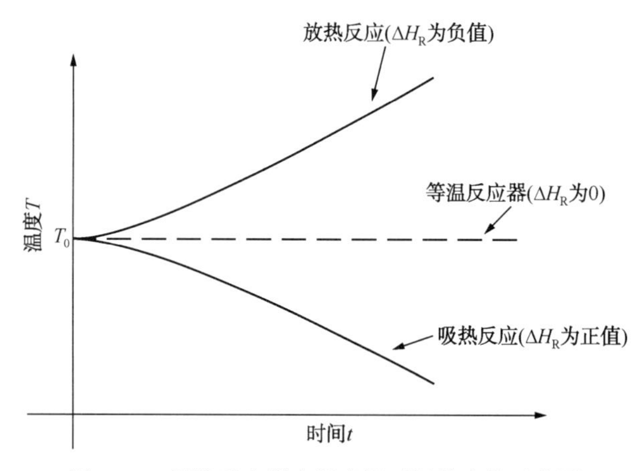

图 3.21　间歇反应器中温度随时间的变化示意图

如果反应热可忽略不计(ΔH_R约等于 0)，反应器中的温度则保持不变(等温反应器)。通过移除放热反应产生的热量或提供吸热反应消耗的热量可以维持等温反应。任意反应的速率均取决于温度。对于间歇反应器中进行的速率方程为$(-r_A)=kC_A^n$的 n 级反应 $A \xrightarrow{k} B$，将阿伦尼乌斯定律代入速率方程，得到速率随转化率 x_A和温度 T 的变化式为：

$$[-r_A(x_A,\ T)]=(k_0 e^{-\Delta E/RT})[C_{A0}(1-x_A)]^n \tag{3.100}$$

速率随温度的升高而升高，但是，随着 A 的转化率 x_A 的升高，A 的浓度降低，导致反应速率降低。间歇反应器中放热和吸热反应的速率随时间的变化如图 3.22 所示。对于吸热反应，随着时间的延长，转化率 x_A升高而温度降低，因此，速率随时间的延长而降低。对于放热反应，转化率 x_A 和温度 T 均随时间的延长而升高。最初，温度的上升导致了反应速率的升高。然而，由于转化率一直随时间的延长而升高，导致可利用的反应物明显减少，尽管温度持续升高，反应速率却受到限制。因此，在初始阶段逐渐升高的速率，最终会在达到峰值(点 B)后开始下降。

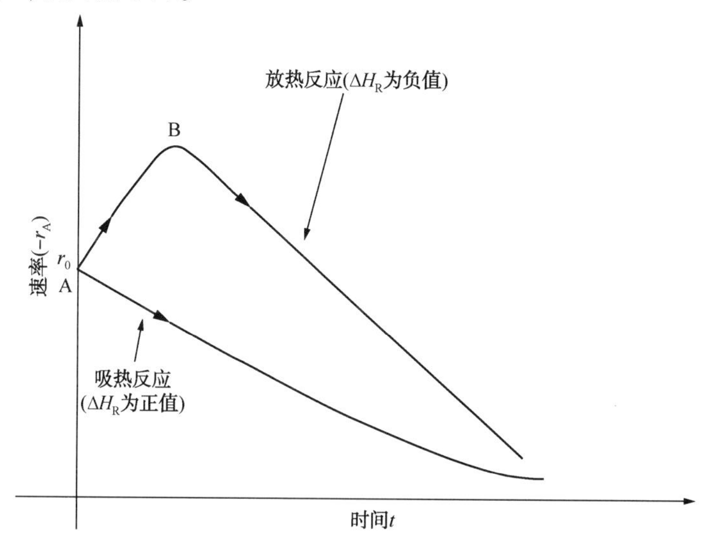

图 3.22　间歇反应器中速率随时间的变化示意图

3.1.5.1　非等温反应器设计方程

非等温反应器的设计计算需考虑温度对速率的影响。因此，在设计计算中使用的速率方程被视为转化率 x_A 和温度 T 的函数，$-r_A=-r_A(x_A,\ T)$。

(1) 间歇反应器的设计方程(图 3.23)：

$$\theta_B = C_{A0}\int_0^{x_{Af}} \frac{dx_A}{-r_A(x_A,\ T)} \tag{3.101}$$

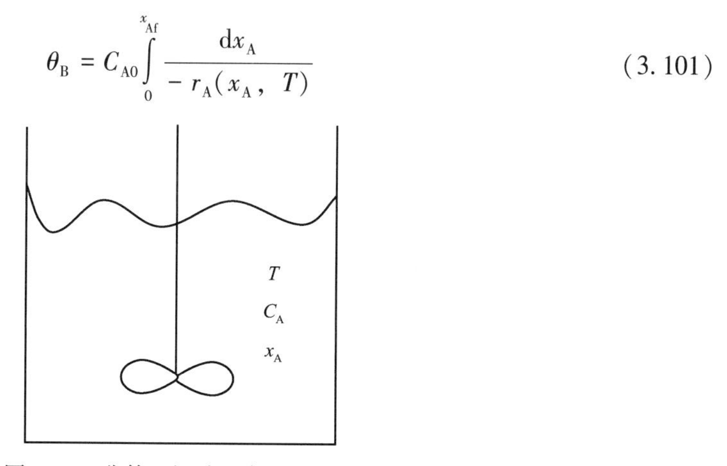

图 3.23　非等温间歇反应器示意图

式中　θ_B——间歇反应时间；

x_{Af}——A 的最终转化率；

T——反应器中的流体温度。

(2) 连续搅拌釜式反应器的设计方程(图 3.24)如下:

$$\tau=\frac{V}{q}=\frac{C_{A0}x_{Af}}{-r_A(x_{Af},\ T_f)} \tag{3.102}$$

式中 τ——空时;

x_{Af}——A 的最终转化率;

T_f——反应器中流体温度;

C_{A0}——原料中 A 的浓度;

T_0——原料温度。

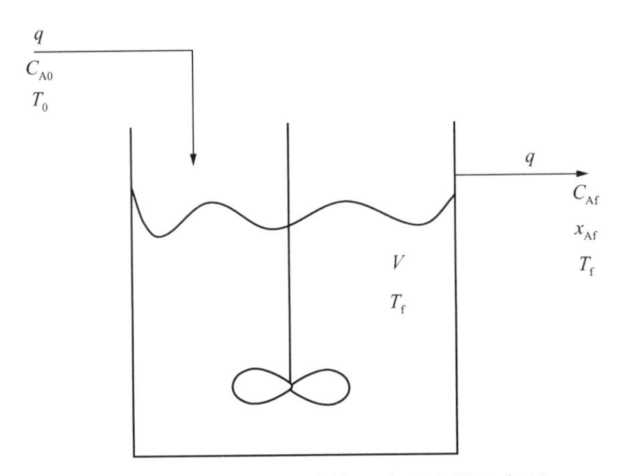

图 3.24 非等温连续搅拌釜式反应器示意图

(3) 平推流反应器(图 3.25)设计方程:

$$\tau=\frac{V}{q}=C_{A0}\int_0^{x_{Af}}\frac{dx_A}{-r_A(x_A,\ T)} \tag{3.103}$$

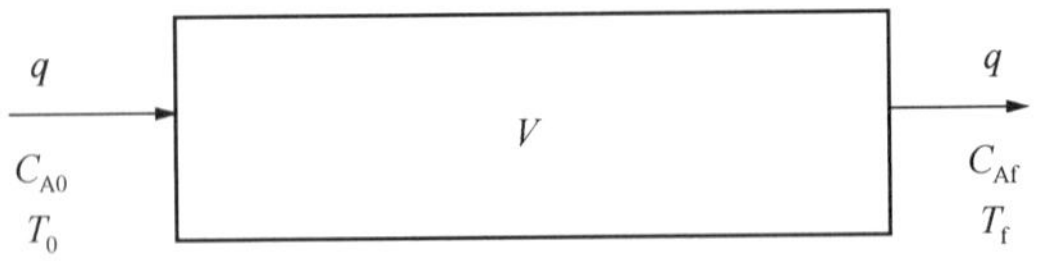

q
C_{A0}
T_0
V
q
C_{Af}
T_f

图 3.25 非等温平推流反应器示意图

非等温反应器的设计需要一个关联温度 T 和转化率 x_A 的方程,通过建立反应器中的热平衡可得到温度 T 和转化率 x_A 之间的关系式(3.1.5.3 节)。在某些情况下,调节反应器的供热或取热可使反应器温度 T 随转化率 x_A 的变化而发生变化。此类例子之一是在非等温反应器中进行的可逆放热反应。对于可逆放热反应,每个转化率 x_A 均存在一个最佳温度 T^*,在此温度下反应的速率最高。如果反应器温度保持在最佳水平,那么对于连续搅拌釜式反应器和平推流反应器,可用最小的体积达到指定转化率 x_{Af};对于间歇反应器,可在最短的反应时间达到指定转化率 x_{Af}。

3.1.5.2 可逆放热反应的最佳温度进程

对于某一可逆 1 级反应 $A \underset{k_2}{\overset{k_1}{\rightleftharpoons}} B$，其速率方程为：

$$(-r_A)=k_1C_{A0}(1-x_A)-k_2C_{A0}x_A \tag{3.104}$$

其中，x_A为 A 的转化率；C_{A0}为 A 的初始浓度；k_1和 k_2分别为正、逆反应的速率常数，根据阿伦尼乌斯方程，k_1和 k_2表示如下：

$$k_1=k_{10}e^{-\Delta E_1/RT} \tag{3.105}$$

$$k_2=k_{20}e^{-\Delta E_2/RT} \tag{3.106}$$

其中，k_{10}和 k_{20}为指前因子，ΔE_1和 ΔE_2分别为正、逆反应的活化能。

平衡时，净反应速率为 0，即$(-r_A)=0$且 $x_A=x_{Ae}$，将 $x_A=x_{Ae}$和$(-r_A)=0$代入式(3.104)并解方程可得平衡转化率 x_{Ae}的表达式为：

$$x_{Ae}=\frac{1}{1+k_2/k_1} \tag{3.107}$$

由式(3.105)和式(3.106)可得：

$$\frac{k_2}{k_1}=\frac{k_{20}}{k_{10}}e^{(\Delta E_1-\Delta E_2)/RT} \tag{3.108}$$

将 k_2/k_1表示为反应热 $\Delta H_R=(\Delta E_1-\Delta E_2)$的形式为：

$$\frac{k_2}{k_1}=\frac{k_{20}}{k_{10}}e^{\Delta H_R/RT} \tag{3.109}$$

对于吸热反应，ΔH_R为正值，因此，k_2/k_1随温度的升高而降低[式(3.109)]，同时平衡转化率 x_{Ae}随 k_2/k_1的降低而升高[式(3.107)]。而对于放热反应，ΔH_R为负值，因此，k_2/k_1随温度的升高而升高，同时平衡转化率 x_{Ae}随 k_2/k_1的升高而降低，即对于放热反应，平衡转化率 x_{Ae}随温度的升高而降低。温度对平衡转化率 x_{Ae}的影响如图 3.26 所示。

对于吸热反应，高温有利于平衡转化率 x_{Ae}的升高，而对于放热反应，低温更有利于平衡转化率 x_{Ae}的升高。但是，对于吸热反应和放热反应，高温更有利于净反应速率的升高。对于吸热反应，在最高的可行温度下操作反应器有利于平衡转化率和反应速率的升高。但是，对于放热反应，在低温下，较慢的速率有利于获得较高的平衡转化率，反之，在高温下，较快的速率会使平衡转化率较低。因此，对于放热反应，通过维持反应器温度在一个不高也不低的最佳值，可获得平衡转化率和速率之间较好的折中。

图 3.27 所示为可逆放热反应在固定转化率 x_A下反应速率$-r_A(x_A, T)$随温度的变化曲线，从图中可以看出，对于每个转化率 x_A，速率在特定温度下均可达到一个最大值。在指定转化率 x_A下，温度为最佳温度 $T=T_{opt}$时的净反应速率$(-r_A)$最大。

将$(-r_A)$对 T 求导并令其为 0，可得最佳温度的计算表达式如下：

$$\frac{d}{dT}[-r_A(x_A, T)]\Big|_{x_A}=0 \tag{3.110}$$

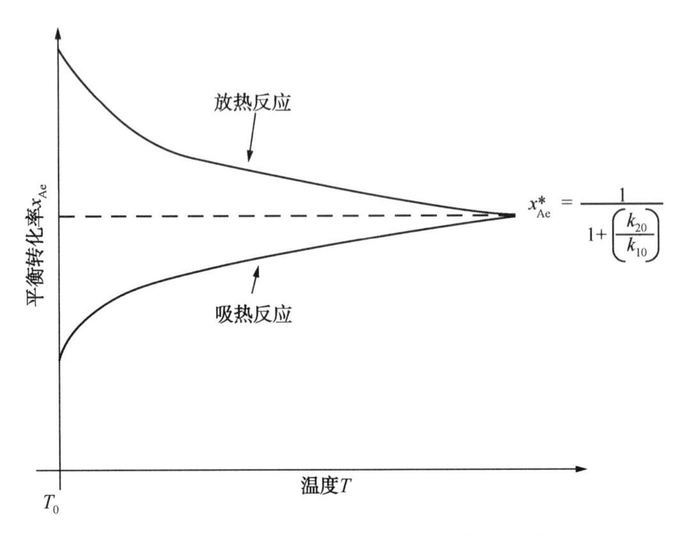

图 3.26　温度对平衡转化率 x_{Ae} 的影响示意图

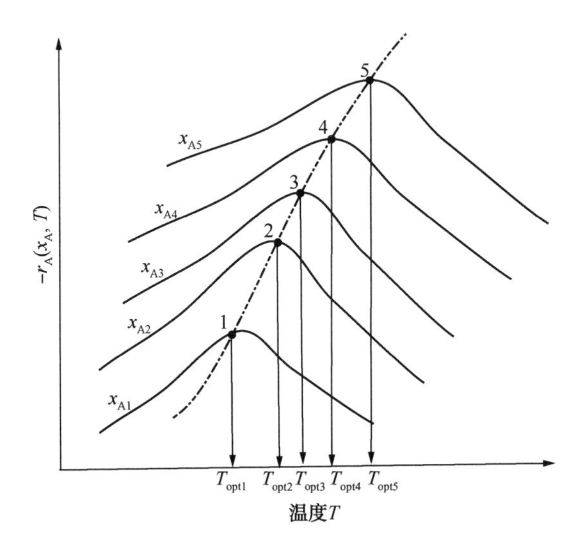

图 3.27　可逆放热反应的最佳温度进程示意图

将式(3.104)代入式(3.110)可得：

$$\frac{\mathrm{d}}{\mathrm{d}T}[k_1C_{A0}(1-x_A)-k_1C_{A0}x_A]\big|_{x_A}=0 \tag{3.111}$$

重新整理式(3.111)可得：

$$(1-x_A)\frac{\mathrm{d}k_1}{\mathrm{d}T}=x_A\frac{\mathrm{d}k_2}{\mathrm{d}T} \tag{3.112}$$

将 k_1 和 k_2 的阿伦尼乌斯方程代入式(3.112)并对 T 求导可得：

$$(1-x_A)k_{10}\mathrm{e}^{-\Delta E_1/RT}\left(\frac{\Delta E_1}{RT^2}\right)=x_Ak_{20}\mathrm{e}^{-\Delta E_2/RT}\left(\frac{\Delta E_2}{RT^2}\right) \tag{3.113}$$

解上述方程可得最佳温度 T_{opt} 的表达式为：

$$T_{opt}=\frac{(-\Delta H_R)}{R\ln\left(\frac{k_{20}}{k_{10}}\cdot\frac{\Delta E_2}{\Delta E_1}\cdot\frac{x_A}{1-x_A}\right)} \tag{3.114}$$

此式定义了可逆放热反应的最佳操作温度。

接下来，我们将对放热反应反应器的设计进行讨论，反应式如下：

$$A \underset{k_2}{\overset{k_1}{\rightleftharpoons}} B$$

速率表达式如下：

$$\left.\begin{aligned}[-r_A(x_A,\ T)]&=k_1C_{A0}(1-x_A)-k_2C_{A0}x_A\\ k_1&=k_{10}e^{-\Delta E_1/RT}\\ k_2&=k_{20}e^{-\Delta E_2/RT}\end{aligned}\right\} \tag{3.115}$$

且反应器温度遵循下式定义的最佳温度进程：

$$T_{opt}=\frac{-\Delta H_R}{R\ln\left(\frac{k_{20}}{k_{10}}\cdot\frac{\Delta E_2}{\Delta E_1}\cdot\frac{x_A}{1-x_A}\right)} \tag{3.116}$$

(1) 间歇反应器的设计。采用间歇反应器设计方程(3.101)计算达到指定转化率 x_{Af} 时所需的反应时间 θ_B，表达式如下：

$$\theta_B = C_{A0}\int_0^{x_{Af}}\frac{dx_A}{[-r_A(x_A,\ T)]} \tag{3.117}$$

采用数值方法(如梯形法则)估算式(3.117)中的积分项，在积分区间 $0\leqslant x_A\leqslant x_{Af}$ 内以相同的时间间隔 Δx 取 N 个值 $x_A=x_{A1}$，x_{A2}，x_{A3}，…，x_{AN}。对于每一个 x_A 值，利用式(3.116)计算对应的最佳温度 T_{opt}，并利用式(3.115)计算速率$[-r_A(x_A,\ T)]$。计算过程见表3.2。

表3.2 间歇反应器设计实例

x_A	x_{A1}	x_{A2}	x_{A3}	…	x_{Af}
T_{opt}	T_1	T_2	T_3	…	T_N
$[-r_A(x_A,\ T)]$	r_1	r_2	r_3	…	r_N
$\frac{1}{[-r_A(x_A,\ T)]}$	$y_1=\frac{1}{r_1}$	$y_2=\frac{1}{r_2}$	$y_3=\frac{1}{r_3}$	…	$y_N=\frac{1}{r_N}$

根据积分的梯形法则可得：

$$\int_0^{x_{Af}} \frac{dx_A}{[-r_A(x_A, T)]} = \Delta x\left[\frac{(y_1 + y_N)}{2} + (y_2 + y_3 + y_4 + \cdots + y_{N-1})\right] \tag{3.118}$$

将此积分值代入设计方程(3.117)可计算得到反应时间 θ_B。

(2) 连续搅拌釜式反应器的设计。根据连续搅拌釜式反应器的设计方程(3.102)可计算达到指定转化率 x_{Af}时所需的空时 τ，表达式如下：

$$\tau = \frac{C_{A0}x_{Af}}{[-r_A(T_f, x_{Af})]} \tag{3.119}$$

对于每一个特定的转化率 x_{Af}，利用式(3.116)计算对应的最佳温度 T_{opt}。将 $x_A = x_{Af}$和 $T = T_{opt}$代入式(3.115)可得反应速率，再使用式(3.119)计算得到空时 τ。

(3) 平推流反应器的设计。采用平推流反应器设计方程(3.103)计算反应达到指定转化率所需的空时 τ，表达式如下：

$$\tau = C_{A0}\int_0^{x_{Af}} \frac{dx_A}{[-r_A(T, x_A)]} \tag{3.120}$$

由于设计方程类似，平推流反应器空时的计算过程与间歇反应器反应时间的计算过程类似。

题 3.12

某一可逆放热反应 $A \underset{k_2}{\overset{k_1}{\rightleftharpoons}} B$，其速率方程及动力学参数如下：

$$(-r_A) = k_1 C_{A0}(1-x_A) - k_2 C_{A0} x_A$$

$$k_1 = k_{10}e^{-\Delta E_1/RT};\ k_{10} = 21s^{-1};\ \Delta E_1 = 32200kJ/kmol$$

$$k_2 = k_{20}e^{-\Delta E_2/RT};\ k_{20} = 4200s^{-1};\ \Delta E_2 = 64400kJ/kmol$$

此反应在保持最佳温度的连续流动反应器中进行。原料中 A 的浓度 $C_{A0} = 0.8kmol/m^3$，反应器温度限制在 900K 以下，计算 A 的转化率达到 80%时所需的空时。说明(1) 理想平推流反应器和(2) 理想连续搅拌釜式反应器的计算过程。

解：

最佳温度的计算过程如下：

$$T_{opt} = \frac{-\Delta H_R}{R\ln\left(\frac{k_{20}}{k_{10}} \cdot \frac{\Delta E_2}{\Delta E_1} \cdot \frac{x_A}{1-x_A}\right)}$$

$$\Delta H_R = \Delta E_1 - \Delta E_2 = 32200 - 64400 = -32200kJ/kmol$$

$$-\Delta H_R = 32200kJ/kmol;\ R = 8314kJ/(kmol \cdot K)$$

$$\frac{k_{20}}{k_{10}} = \frac{4200}{21} = 200$$

$$\frac{\Delta E_2}{\Delta E_1} = \frac{64400}{32200} = 2$$

$$T_{opt}=\frac{32200}{8.314\times\ln\left[400\times\frac{x_A}{1-x_A}\right]}$$

$$(-r_A)=k_1C_{A0}(1-x_A)-k_2C_{A0}x_A$$

$$k_1=k_{10}e^{-\Delta E_1/RT}$$

$$k_2=k_{20}e^{-\Delta E_2/RT}$$

（1）平推流反应器空时 τ 的表达式为：

$$\tau=C_{A0}\int_0^{x_{Af}}\frac{dx_A}{[-r_A(x_A,\ T)]}$$

根据梯形法则计算方程中的积分项，计算过程如下：

x_A	T_{opt}，K	k_1	k_2	$(-r_A)$	$\frac{1}{(-r_A)}$
0	900	0.284	0.768	0.2272	4.4
0.1	900	0.284	0.768	0.1430	7.0
0.2	841	0.210	0.420	0.0672	14.9
0.3	753	0.123	0.143	0.0342	29.2
0.4	693	0.0785	0.0586	0.0189	52.9
0.5	646	0.0521	0.0261	0.0105	95.2
0.6	605	0.0348	0.0116	0.0056	178.6
0.7	566	0.0224	0.0048	0.0027	370
0.8	525	0.0131	0.0017	1.05×10^{-3}	952.4

$$\int_0^{x_{Af}}\frac{dx_A}{[-r_A(x_A,\ T)]}=\frac{0.1}{2}\times[(4.4+952.4)+2\times(7.0+14.9+28.9+\cdots+370)]$$

$$\int_0^{x_{Af}}\frac{dx_A}{(-r_A)(x_A,\ T)}=0.05\times(956.8+2\times747.8)=122.62$$

$$\tau=0.8\times122.62=98.1\text{s}$$

（2）理想连续搅拌釜式反应器空时 τ 的表达式为：

$$\tau=\frac{C_{A0}x_{Af}}{[-r_A(T_f,\ x_{Af})]}$$

当 $x_{Af}=0.8$，$T_{opt}=525K$，$(-r_A)=1.05\times10^{-3}$时，可得：

$$\tau=\frac{0.8\times0.8}{1.05\times10^{-3}}=609.5\text{s}$$

因此，连续搅拌釜式反应器的空时为平推流反应器空时的 6.2 倍。

注：参考 MATLAB 程序 react_ dsm_ opt_ temp. m。

3.1.5.3　有/无热交换 Q 的非等温反应器的设计

在本节中，基于反应器供给或移出的反应热 ΔH_R 和热量 Q 根据反应器的总热量平衡方程，我们推导出关于反应温度 T 和转化率 x_A 的方程。反应器(或反应器的一部分)的总热量平衡方程如图 3.28 所示。

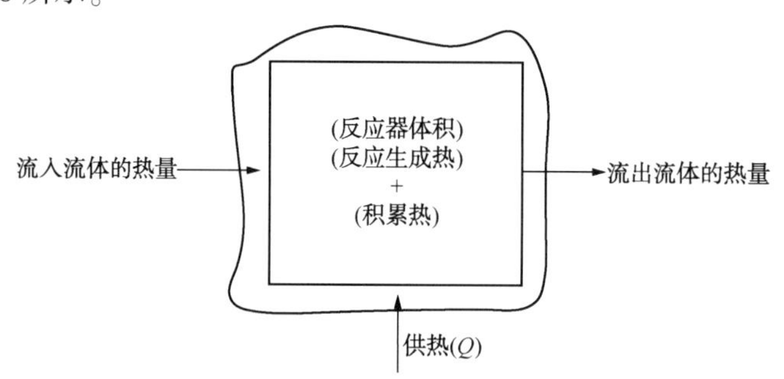

图 3.28　与反应器部分相关的各种热量示意图

$$\begin{Bmatrix}\text{反应器中热量}\\\text{的流入速率}\end{Bmatrix}+\begin{Bmatrix}\text{反应器中热量 }Q\\\text{的供给速率}\end{Bmatrix}+\begin{Bmatrix}\text{反应器中反应生成}\\\text{热量 }Q_G\text{的速率}\end{Bmatrix}$$
$$=\begin{Bmatrix}\text{反应器中热量}\\\text{的积累速率}\end{Bmatrix}+\begin{Bmatrix}\text{反应器中热量}\\\text{的流出速率}\end{Bmatrix}\tag{3.121}$$

供热时，Q 为正值；取热时，Q 为负值。在以下部分中，我们将对非等温间歇或流动反应器设计中热平衡方程的应用进行说明。

(1) 非等温间歇反应器的设计。对于在体积为 V 的间歇反应器中进行的 n 级反应 $A\xrightarrow{k}B$(图 3.29)，C_{A0}为 A 的初始浓度，T_0为初始温度，ΔH_R为反应热，x_A为反应开始后 t 时刻 A 的转化率。

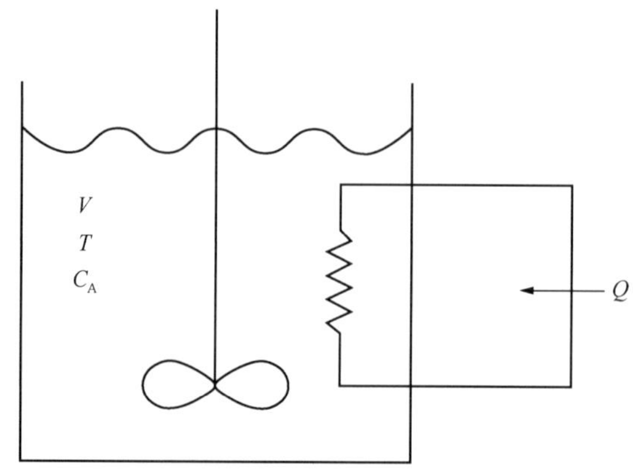

图 3.29　非等温间歇反应器示意图

速率方程为$[-r_A(x_A, T)]=kC_A^n$。其中，$k=k_0e^{-\Delta E/RT}$，$C_A=C_{A0}(1-x_A)$。

将对应项代入式(3.121)可得：

$$\{0\}+\{Q\}+\{(-\Delta H_R)V[-r_A(x_A, T)]\}=\frac{d}{dt}[M\bar{C}_pT]+\{0\} \tag{3.122}$$

式中 M——反应器的质量，kg；

$\bar{C}_p$——平均比热容，kJ/(kg·℃)。

重新整理式(3.122)可得：

$$\frac{dT}{dt}=\left(\frac{-\Delta H_R}{\rho\bar{C}_p}\right)[-r_A(x_A, T)]+\frac{Q}{M\bar{C}_p} \tag{3.123}$$

间歇反应器的物料平衡方程(或设计方程)为：

$$-\frac{dC_A}{dt}=[-r_A(x_A, T)]$$

写成以x_A表示的形式为：

$$\frac{dx_A}{dt}=\frac{[-r_A(x_A, T)]}{C_{A0}} \tag{3.124}$$

同时求解一级微分方程(3.123)和(3.124)，可得间歇反应器中转化率x_A和温度T随时间的变化(图3.30)。

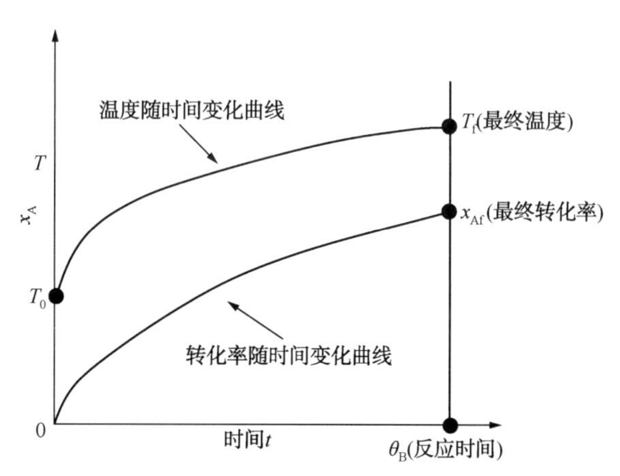

图3.30 间歇反应器中转化率x_A和温度T随时间的变化图

绝热操作时，$Q=0$。将$Q=0$代入式(3.123)并除以式(3.124)可得：

$$\frac{dT}{dx_A}=\frac{(-\Delta H_R)C_{A0}}{\rho\bar{C}_p} \tag{3.125}$$

定义

$$(\Delta T)_{AD}=\frac{(-\Delta H_R)C_{A0}}{p\,\overline{C}_p} \tag{3.126}$$

对式(3.125)进行积分，代入初始条件(当 $x_A=0$ 时，$T=T_0$)可得温度 T 随转化率 x_A 的变化，表示如下：

$$T=T_0+(\Delta T)_{AD}x_A \tag{3.127}$$

可以看出，对于放热反应(ΔH_R为负值)，温度 T 随转化率 x_A 的升高而线性升高；对于吸热反应(ΔH_R为正值)，温度 T 随转化率 x_A 的升高而线性降低。当反应物完全转化($x_A=1$)时，温度的净变化值(升高或降低)最大，等于$(\Delta T)_{AD}$。因此，$(\Delta T)_{AD}$被定义为绝热反应器中温度的最大变化量。利用设计方程计算绝热反应器的反应时间 θ_B，计算式如下：

$$\theta_B = C_{A0}\int_0^{x_{Af}}\frac{dx_A}{[-r_A(x_A,\ T)]} \tag{3.128}$$

对于在 $0\leqslant x_A\leqslant x_{Af}$范围内的任一 x_A 值，利用式(3.127)计算其对应的温度 T，将得到的温度 T 代入速率方程可估算速率$-r_A(x_A,\ T)$。如 3.2.5.1 节所讨论的内容，对式(3.128)进行数值积分，计算反应时间 θ_B。

题 3.13

在某一间歇反应器中进行的 2 级不可逆吸热反应 $2A\xrightarrow{k}B$，将反应物加热至初始温度 450℃，反应过程绝热。计算反应物转化率达到 80%时所需的时间。A 的初始浓度 $C_{A0}=5kmol/m^3$，流体密度 $\rho=995kg/m^3$，平均比热容 $\overline{C}_p=2.5kJ/(kg\cdot K)$，反应热 ΔH_R 为 98470kJ/(kg·mol)，速率常数 k 用阿伦尼乌斯方程表示如下：

$$k=1.2e^{-14000/RT},\ m^3/(kmol\cdot min)$$

解：

反应时间的表达式为：

$$\theta_B = C_{A0}\int_0^{x_{Af}}\frac{dx_A}{[-r_A(x_A,\ T)]}$$

对于 2 级不可逆反应：

$$-r_A(x_A,\ T)=kC_{A0}^2(1-x_A)^2;\ k=1.2e^{-14000/RT}$$

绝热反应温度为：

$$T=T_0+(\Delta T)_{AD}x_A$$

$$(\Delta T)_{AD}=\frac{(-\Delta H_R)C_{A0}}{\rho\,\overline{C}_p}$$

$$(\Delta T)_{AD}=\frac{-98470\times5}{995\times2.5}=-197.9K$$

$$T=450+273=723K$$

$$T=723-197.9x_A$$

利用梯形法则估算积分项：

x_A	T，K	k	$(-r_A)$	$1/(-r_A)$
0	723.0	0.1168	2.92	0.3425
0.1	703.2	0.1100	2.23	0.4484
0.2	683.4	0.1025	1.64	0.6098
0.3	663.6	0.0946	1.16	0.8621
0.4	643.8	0.0874	0.787	1.271
0.5	624.1	0.0806	0.504	1.984
0.6	604.3	0.0737	0.295	3.390
0.7	584.7	0.0674	0.152	6.580
0.8	564.7	0.0610	0.061	16.393

$$\int_0^{0.8}\frac{dx_A}{(-r_A)}=\frac{0.1}{2}\times[(0.3425+16.393)+2\times(0.4484+0.6098+\cdots+6.580)]=2.351$$

$$\theta_B=5\times2.351=11.76\text{min}$$

注：参考 MATLAB 程序 react_ dsn_ adiab1. m。

(2) 非等温平推流反应器的设计。图 3.31 为非等温平推流反应器的示意图。热流体流经套管对反应器供热 Q。对体积为 dV 的反应器部分进行热量平衡计算，方程为：

$$\{\rho q\overline{C}_pT\}+\{dQ\}+\{(-\Delta H_R)[-r_A(x_A,\ T)dV]\}=\{0\}+\{\rho q\overline{C}_p(T+dT)\}\qquad(3.129)$$

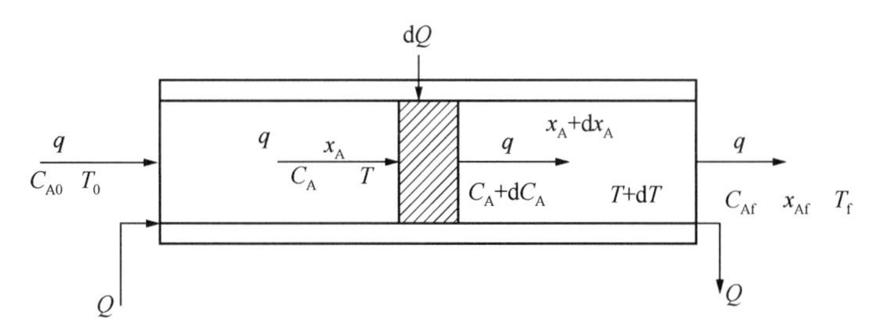

图 3.31 非等温平推流反应器示意图

重新整理式(3.129)可得：

$$\frac{dT}{dV}=\left(\frac{-\Delta H_R}{\rho q\bar{C}_P}\right)[-r_A(x_A, T)]+\left(\frac{1}{\rho q\bar{C}_p}\right)\frac{dQ}{dV} \tag{3.130}$$

dQ 为热量通过面积为 dA 的套管传递进入体积为 dV 的反应器部分的速率，表示如下：

$$dQ=U(T_J-T)dA_J \tag{3.131}$$

式中 U——总传热系数，$kW/(m^2 \cdot ℃)$；

T_J——套管中加热流体的温度。

假设 dL 为反应器部分的长度，D 为反应管直径，那么：

$$\left.\begin{aligned} dA_J&=\pi D dL \\ dV&=\frac{\pi}{4}D^2 dL \end{aligned}\right\} \tag{3.132}$$

将式(3.132)和式(3.131)代入式(3.130)可得：

$$\frac{dT}{dV}=\left(\frac{-\Delta H_R}{\rho q\bar{C}_p}\right)[-r_A(x_A, T)]+\left(\frac{4U}{D\rho q\bar{C}_p}\right)(T_J-T) \tag{3.133}$$

对体积为 dV 的反应器部分进行物料平衡计算可得：

$$\frac{dx_A}{dV}=\left(\frac{1}{qC_{A0}}\right)[-r_A(x_A, T)] \tag{3.134}$$

同时求解一级微分方程(3.133)和(3.134)，可得转化率 x_A 和温度 T 随反应器体积 V 的变化，如图 3.32 所示。

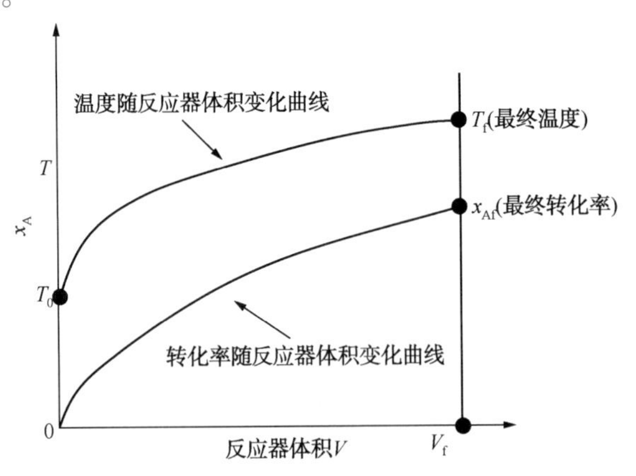

图 3.32 平推流反应器中 T 和 x_A 的空间变化图

对于绝热操作的平推流反应器，$dQ=0$，将 $dQ=0$ 代入式(3.130)并除以式(3.134)可得：

$$\frac{dT}{dx_A}=\frac{(-\Delta H_R)C_{A0}}{\rho\bar{C}_p} \tag{3.135}$$

式(3.135)和绝热间歇反应器的式(3.125)相同。因此，绝热操作的平推流反应器中温度 T 随转化率 x_A 的变化式表示如下：

$$T=T_0+(\Delta T)_{ad}x_A \tag{3.136}$$

其中

$$(\Delta T)_{ad}=\left[\frac{(-\Delta H_R)C_{A0}}{\rho\,\overline{C}_p}\right] \tag{3.137}$$

$(\Delta T)_{ad}$ 为绝热平推流反应器中温度的最大变化(升高或降低)，利用由式(3.120)推导出的平推流反应器的设计方程计算达到指定转化率 x_A 时所需的空时 τ，计算式如下：

$$\tau = C_{A0}\int_0^{x_{Af}}\frac{dx_A}{[-r_A(x_A,\ T)]} \tag{3.138}$$

对于在 $0\leqslant x_A\leqslant x_{Af}$ 范围内的任一 x_A 值，利用式(3.136)计算温度 T，再根据 x_A 和 T，利用速率方程计算反应速率 $[-r_A(x_A,\ T)]$。根据式(3.138)，采用数值积分法计算空时 τ。

(3) 非等温连续搅拌釜式反应器的设计。图 3.33 为非等温连续搅拌釜式反应器的示意图。

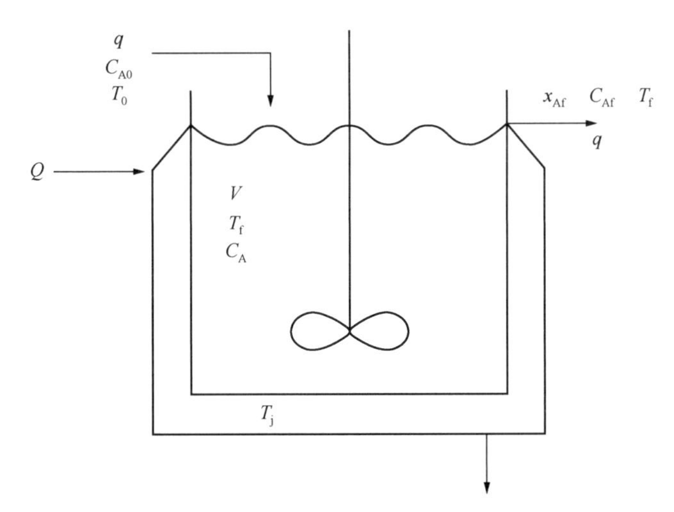

图 3.33 非等温连续搅拌釜式反应器示意图

通过使热流体流经套管对反应器以速率 Q 加热，T_j 为套管中热流体的温度，A_j 为热量传递的套管面积，则连续搅拌釜式反应器的净热量平衡方程为：

$$\{\rho q\,\overline{C}_p T_0\}+\{Q\}+\{(-\Delta H_R)(qC_{A0}x_{Af})\}=\{0\}+\{\rho q\,\overline{C}_p T_f\} \tag{3.139}$$

重新整理方程可得：

$$T_f=T_0+\left(\frac{-\Delta H_R C_{A0}}{\rho\,\overline{C}_p}\right)x_{Af}+\left(\frac{Q}{\rho q\,\overline{C}_p}\right) \tag{3.140}$$

热量传递进入反应器的净速率 Q 为：

$$Q=UA_{j}(T_{j}-T_{f}) \tag{3.141}$$

其中，U 为总热传递系数。

解方程(3.140)和(3.141)可得指定最终转化率 x_{Af} 对应的反应器温度 T_f。将 x_{Af} 和 T_f 代入速率方程，计算得到反应速率，将速率$[-r_A(x_{Af},\ T_f)]$代入连续搅拌釜式反应器的设计方程可得：

$$\tau=\frac{v}{q}=\frac{(C_{A0}x_{Af})}{[-r_{A}(x_{Af},\ T_{f})]} \tag{3.142}$$

计算可得达到指定转化率所需的空时 τ。对于绝热操作的连续搅拌釜式反应器，$Q=0$。将 $Q=0$ 代入式(3.140)，可得 T_f 的方程为：

$$T_{f}=T_{0}+(\Delta T)_{ad}x_{Af} \tag{3.143}$$

其中

$$(\Delta T)_{ad}=\frac{(-\Delta H_{R})C_{A0}}{\rho\,\overline{C}_{p}} \tag{3.144}$$

式(3.144)与由平推流反应器在绝热条件下推导得到的式(3.135)和由间歇反应器在绝热条件下推导得到的式(3.125)类似。

题 3.14

某一1级放热反应在连续流动反应器中进行，其速率方程为$(-r_A)=kC_A$，速率常数 k 的阿伦尼乌斯表达式为 $k=35e^{-9000/RT}h^{-1}$。原料中 A 的浓度 $C_{A0}=1kmol/m^3$，流体的密度和平均比热容分别为$\rho=998kg/m^3$，$\overline{C}_p=4.2kJ/(kg\cdot K)$，反应热 $\Delta H_R=-210000kJ/(kg\cdot mol)$，原料温度 $T_0=400K$。为使最终转化率达到80%，计算：

(1) 绝热操作的平推流反应器的空时 τ；

(2) 绝热操作的连续搅拌釜式反应器的空时 τ；

(3) 等温($T_f=400K$)操作的连续搅拌釜式反应器的空时 τ，并计算等温操作时需交换的热量。假设原料速率为100L/min。

解：

1级反应的速率方程为：

$$(-r_{A})=kC_{A0}(1-x_{A})$$

其中，$k=35e^{-9000/RT}h^{-1}$。

等温操作的反应器温度为：

$$T=T_{0}+(\Delta T)_{AD}x_{A}$$

$$(\Delta T)_{AD}=\frac{(-\Delta H_{R})C_{A0}}{\rho\,\overline{C}_{p}}=\frac{210000\times1}{998\times4.2}K=50.1K$$

$$T=400+50.1x_{A}$$

(1) 绝热平推流反应器。根据梯形法则计算设计方程中的积分项：

x_A	T, K	k	$(-r_A)$	$\frac{1}{(-r_A)}$
0	400	2.33	2.33	0.429
0.1	405	2.42	2.178	0.459
0.2	410	2.50	2.00	0.500
0.3	415	2.57	1.80	0.556
0.4	420	2.65	1.59	0.629
0.5	425	2.73	1.365	0.723
0.6	430	2.81	1.124	0.890
0.7	435.1	2.90	0.870	1.149
0.8	440.1	2.99	0.598	1.672

用于计算空时 τ 的平推流反应器的设计方程为：

$$\tau = C_{A0}\int_0^{x_{Af}} \frac{dx_A}{[-r_A(x_A, T)]}$$

$$\int_0^{x_{Af}} \frac{dx_A}{[-r_A(x_A, T)]} = \frac{0.1}{2} \times [(0.429 + 1.672) + 2 \times (0.459 + 0.500 + \cdots + 1.149)]$$

$$= 0.05 \times (2.101 + 2 \times 4.906) = 0.596\text{h}$$

(2) 绝热连续搅拌釜式反应器。连续搅拌釜式反应器空时 τ 的设计方程为：

$$\tau = \frac{C_{A0}x_{Af}}{[-r_A(T_f, x_{Af})]}$$

其中

$$T_f = T_0 + (\Delta T)_{AD}x_{Af}$$

$$x_{Af} = 0.8$$

$$T_f = 400 + 50.1 \times 0.8 = 440.1$$

相应的$-r_A$为 0.598，则：

$$\tau = \frac{1 \times 0.8}{0.598} = 1.34\text{h}$$

(3) 等温绝热连续搅拌釜式反应器。反应器在等温状态下操作，维持恒定的温度

$T_f=400K$。当 $T_f=400K$，$k=2.33h^{-1}$时：

$$[-r_A(T_f, x_{Af})]=kC_{A0}(1-x_{Af})$$
$$=2.33\times1\times(1-0.8)=0.466kmol/(m^3\cdot h)$$

$$\tau=\frac{C_{A0}x_{Af}}{[-r_A(T_f, x_{Af})]}=\frac{1\times0.8}{0.466}=1.72h$$

为了保持反应器处于等温状态，放热反应放出的热量需不断进行交换，热交换速率 Q 为：

$$Q=(\Delta H_R)(qC_{A0}x_{Af})$$

$$Q=-210000\times1\times0.8\times q=-168000q$$

已知原料速率为 100L/min，即：

$$q=\frac{100\times10^{-3}}{60}=1.667\times10^{-3}m^3/s$$

则散热速率 Q 为：

$$Q=280kW$$

注：参考 MATLAB 程序 react_ dsn_ adiab2. m。

3.1.5.4　非等温连续搅拌釜式反应器操作：多稳态及稳定性

在某一连续搅拌釜式反应器中进行的 1 级不可逆放热反应 A $\xrightarrow{k}$ B(图 3.34)，其速率方程为：

$$[-r_A(x_A, T)]=k_0e^{-\Delta E/RT}C_{A0}(1-x_A) \tag{3.145}$$

其中，C_{A0}和 T_0分别为原料中 A 的浓度和原料温度，x_{Af}和 T_f分别为稳态操作的连续搅拌釜式反应器达到的最终转化率和最终温度，ΔH_R 为反应热。放热反应产生的热量通过套管中流过的冷却流体移除，T_c为套管中冷却流体达到的温度。

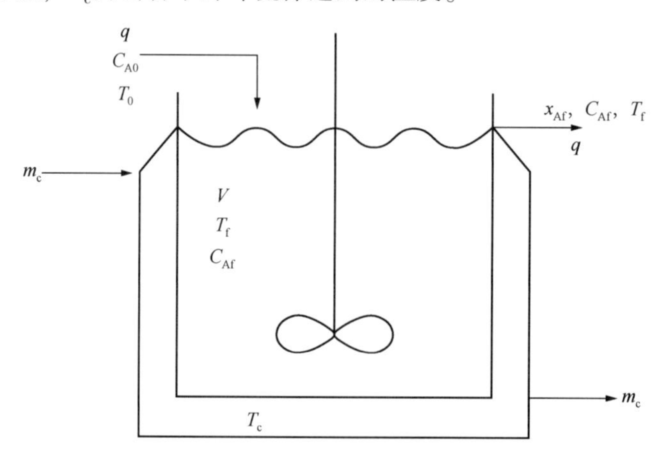

图 3.34　非等温连续搅拌釜式反应器操作示意图

在稳态下，连续搅拌釜式反应器的净转化率 x_{Af} 为温度 T_f 的函数，表示如下：

$$x_{Af}=\frac{k_0 e^{-\Delta E/RT_f}\tau}{1+k_0 e^{-\Delta E/RT_f}\tau} \tag{3.146}$$

在式(3.146)中，τ 为空时。在给定空时下，转化率 x_{Af} 随温度 T_f 的升高而升高。当净产热速率 Q_G 与净散热速率 Q_R 相等时，连续搅拌釜式反应器的温度 T_f 达到稳定值。净产热速率 Q_G 为反应热 $-\Delta H_R$ 与每秒转化的 A 的物质的量(kmol)的乘积，表示如下：

$$Q_G=-\Delta H_R(qC_{A0}x_{Af})$$

将式(3.146)代入上述方程，可得产热速率 Q_G 与反应器在稳态下达到的温度 T_f 之间的关系式如下：

$$Q_G(T_f)=\frac{(-\Delta H_R)qC_{A0}k_0\tau e^{-\Delta E/RT_f}}{1+k_0\tau e^{-\Delta E/RT_f}} \tag{3.147}$$

Q_G—T_f 为一条 S 曲线(S 形曲线)，如图 3.35 所示。

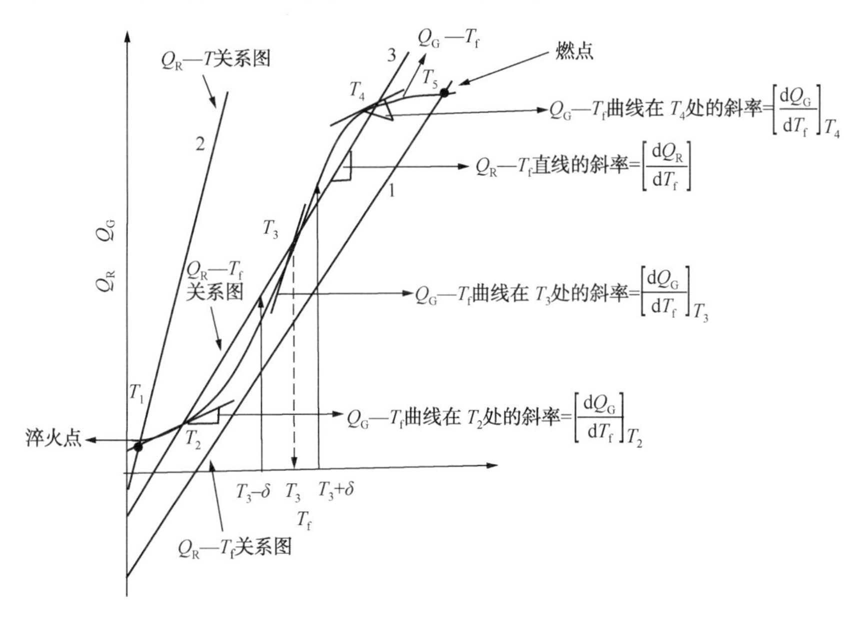

图 3.35 非等温连续搅拌釜式反应器多稳态示意图

净散热速率 Q_R 表示如下：

$$Q_R=\rho q\overline{C}_p(T_f-T_0)+UA_c(T_f-T_c) \tag{3.148}$$

式中 U——总热传递系数；

A_c——冷却套管面积，m^2。

对于给定的冷却剂流动速率(固定值 U)和冷却剂温度 T_c，散热速率 Q_R 为反应器温度 T_f 的线性函数，表示如下：

$$Q_R(T_f)=(\rho q\bar{C}_p+UA_c)T_f-(\rho q\bar{C}_pT_0+UA_cT_c) \tag{3.149}$$

因此，Q_R—T_f为一条直线，正斜率$=(\rho q\bar{C}_p+UA_c)$，负截距$=(\rho q\bar{C}_pT_0+UA_cT_c)$。

当处于稳态$Q_G=Q_R$时，Q_R—T_f曲线和S形曲线Q_G—T_f的交点对应于给定冷却剂流速下稳态反应器达到的温度。根据Q_R—T_f曲线的斜率和截距，以下列出的3个条件中的一个可适用：

(1) 直线Q_R—T_f和曲线Q_G—T_f交于一点，该点对应低冷却剂流速时的高稳态温度T_5和高转化率x_{Af}。由于温度过高，反应器被称为在燃点下操作。

(2) 直线Q_R—T_f和曲线Q_G—T_f交于一点，该点对应冷却剂流速过高时的低稳态温度T_1和高转化率x_{Af}。由于温度过低，反应器被称为在淬火状态下操作。

(3) 直线Q_R—T_f和曲线Q_G—T_f交于3点，这3点对应冷却剂流速不高也不低时的3个稳态温度T_2、T_3和T_4。在这种情况下，连续搅拌釜式反应器会达到以下的某个稳态：高温T_4和高转化率对应的点火状态，低温T_2和低转化率对应的淬火态，中等温度T_3和中等转化率对应的中间态。

对于温度为T_3的连续搅拌釜式反应器，假设稳态被瞬时的扰动打破，并使反应器温度从T_3上升至$(T_3+\delta)$(图3.35)。当反应器温度为$(T_3+\delta)$时，反应产热速率Q_G比散热速率Q_R高。因此，温度会继续升高直至达到新的平衡态温度T_4。另一方面，如果扰动使反应器温度从T_3降至$(T_3-\delta)$，由于反应器温度为$(T_3-\delta)$时的反应产热速率Q_G小于散热速率Q_R，反应器温度会继续下降直至达到新的稳态温度T_2或T_4。因此，温度为T_3时的稳态是一个不稳定状态，相反，温度T_2和T_4所对应稳态下的扰动会迫使连续搅拌釜式反应器暂时离开稳定状态并最终回到原状。因此，温度T_2和T_4所对应的稳态为稳定状态。

如果反应产物具有高热敏性且易在高温下分解，那么点火状态(T_4对应的状态)是不可取的，即使在该状态下转化率较高。淬火状态(T_2对应的状态)也是不可取的，因为在该状态下转化率较低。因此，中等温度对应的不稳定中间态是最有利的操作状态。但是，我们需将反馈控制器放置到位以保证连续搅拌釜式反应器处于不稳定状态。

从图3.35中可以看出：Q_G—T_f的斜率dQ_G/dT_f高于非稳态下直线Q_R—T_f的斜率dQ_G/dT_f，但低于稳态下直线Q_R—T_f的斜率dQ_G/dT_f。因此，非等温连续搅拌釜式反应器的稳定性条件为：

$$\left(\frac{dQ_G}{dT_f}\right)<\left(\frac{dQ_R}{dT_f}\right) \tag{3.150}$$

此稳定性条件被为Van Heedran稳定性判据。

对于有吸热反应进行的供热非等温连续搅拌釜式反应器，多稳态情况不会出现，在这种情况下，Q_R—T_f为一条直线，负斜率$=-(\rho q\bar{C}_p+UA_c)$，正截距$=\rho q\bar{C}_pT_c+UA_cT_c$。

$$Q_R(T_f)=-(\rho q\bar{C}_p+UA_c)T_f+(\rho q\bar{C}_pT_c+UA_cT_c) \tag{3.151}$$

如图3.36所示，直线Q_R—T_f与曲线Q_G—T_f交于一点。

注：参考MATLAB程序cstr_ multiplicity. m关于非等温连续搅拌釜式反应器的说明。

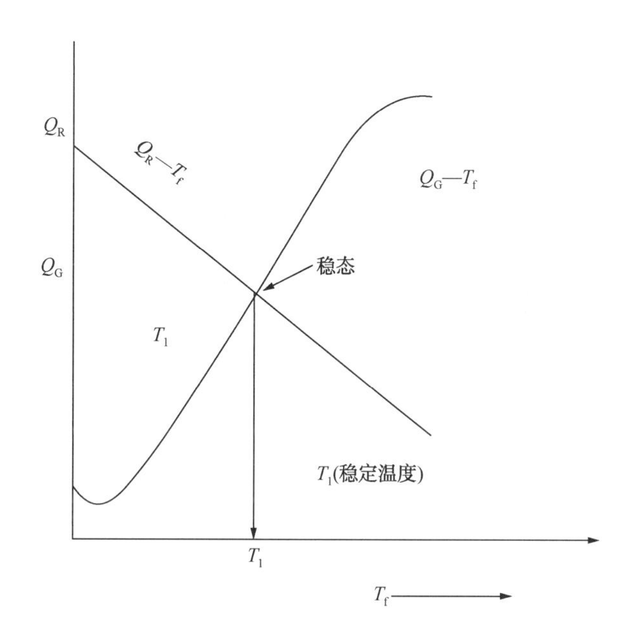

图 3.36　吸热反应进行的连续搅拌釜式反应器单稳态示意图

3.2　非理想均相反应器

3.2.1　非理想反应器与理想反应器

均相反应器为简单的停留容器，根据反应器的形状可分为釜式反应器和管式反应器。反应器中流体的滞留体积 V 决定了给定流体体积流速 $q(\tau=V/q)$ 下的空时 τ。空时为流体在反应器中的平均停留时间，亦代表流体在反应器中进行反应的平均时间。因此，空时 τ 是决定一个反应在反应器中达到的转化程度(转化率 x_{Af})的关键因素之一。均相反应器的设计包括计算给定流速下，给定反应达到指定转化率 x_{Af} 所需的空时或反应器体积。设计计算需要给定反应的动力学速率方程。除了速率表达式，设计计算亦需要反应器中流体混合形式的详细信息及其对转化率的影响。作为简化设计计算的第一步，我们需要假设一些简单的流体混合形式，具有这些简单流体混合形式的反应器被称为理想反应器。因此，理想连续搅拌釜式反应器为理想釜式反应器，理想平推流反应器为理想管式反应器。在理想连续搅拌釜式反应器中，借助搅拌器实现釜中流体的混合且假定流体完全混合，完全混合使得整个反应器中化合物的浓度相等。管式反应器中反应物的浓度与流出流体中反应物的最终浓度相等。在理想平推流反应器中，假定流体在径向完全混合而在轴向无混合。由于在径向完全混合，径向反应物的浓度处处相等。由于轴向无混合，所有流体元在反应器中的停留时间相同。基于上述流体混合形式的简化假设，推导得出理想连续搅拌釜式反应器和理想平推流反应器的简单设计方程(2.2.1 节)，如下：

对于理想连续搅拌釜式反应器：

$$\tau=\frac{V}{q}=\frac{(C_{A0}-C_{Af})}{(-r_A C_{Af})} \tag{3.152}$$

对于理想平推流反应器：

$$\tau=\frac{V}{q}=\int_{C_{A0}}^{C_{A0}}\frac{dC_A}{(-r_A C_A)} \tag{3.153}$$

利用上述设计方程我们可以计算反应器中反应物 A 达到指定转化率 x_{Af}[$x_{Af}=1-(C_{Af}/C_{A0})$]所需的反应器体积 V。在这里，q 为体积流速，$(-r_A C_A)$为反应物 A 消耗速率的动力学表达式。

那么实际上，利用上述方程设计的反应器是否能够达到指定的转化率 x_{Af}呢？当然不能，这是因为这里采用的设计方程适用于理想反应器，而实际的反应器并非理想反应器。在实际反应器中，流体混合形式与理想反应器中假设的不同。不是理想反应器的反应器被称为非理想反应器。定义非理想反应器为流体混合形式与理想反应器中假设不同的反应器。实际上，所有反应器均为非理想反应器。理想反应器本质上为不实际的理论反应器。

与其设计一个不切实际的理想反应器，我们是否能够设计一个性能(转化率 x_{Af}可作为一个性能指标)与理想反应器相近的反应器呢？这种设计方法需要我们事先对反应器流体混合形式有一个认识。由于容器中流体的混合受多种设计因素的影响，我们不可能在设计之前预测流体混合形式。因此，在实际的流体混合形式未知的情况下，设计一个描述容器中实际流体混合形式的反应器是不可能的。解决该问题的一个实际方法是在设计反应器时假设反应器为理想反应器，并在设计计算中提出一个安全系数来描述实际反应器和理想反应器间的差异。例如：为使转化率达到 80%，利用理想连续搅拌釜式反应器的设计方程计算得到的所需连续搅拌釜式反应器的体积为 $1m^3$，但是实际上我们采用的反应器体积比计算值高 15%，即 $1.15m^3$。即使在设计中采用了安全系数，在实际中，我们也不能确定反应器是否能够使反应物转化率达到 80%。为了确定上述问题，我们需要在设计、制造和安装实际反应器后进行一些研究。这些研究的主要目的是评价作为非理想反应器的实际反应器的性能。本节主要涉及非理想反应器的研究。值得一提的是，对非理想反应器的研究主要是针对反应器的性能评估，而不是反应器的设计。

3.2.2 非理想混合形式

实际反应器中的流体混合形式与理想反应器中的流体混合形式不同，被称为非理想混合形式或只被简称为非理想性。任何与理想的偏差均被视为非理想性。此处，我们将讨论一些常见的非理想混合形式。

(1) 连续搅拌釜式反应器的死区。在连续搅拌釜式反应器中，如果混合不当，一些靠近反应器尖角和边缘区域的流体不会与完全混合区域的流体很好地混合。完全混合体积外的流体体积被称为死区或死体积(图 3.37)。死区中流体无混合，反应仅在完全混合区域进行。完全混合区域的体积被称为有效体积，记为 V_a，V_d为死体积。死体积 V_d为对反应无贡献的隐藏体积。图 3.38 为死区的示意图。

(2) 连续搅拌釜式反应器的旁路或短路。在连续搅拌釜式反应器中，如果流体入口和

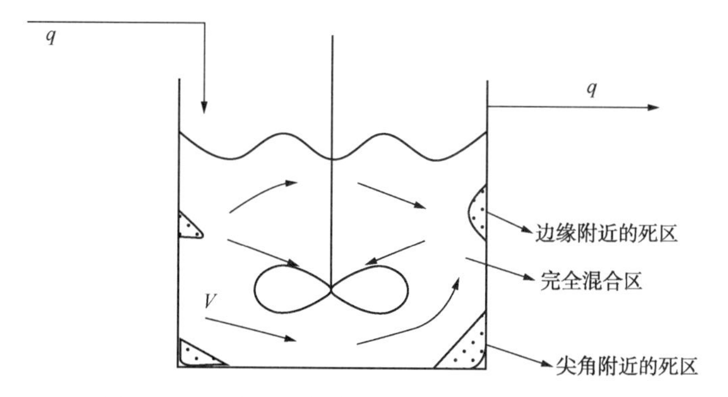

图 3.37 具有死区的连续搅拌釜式反应器示意图

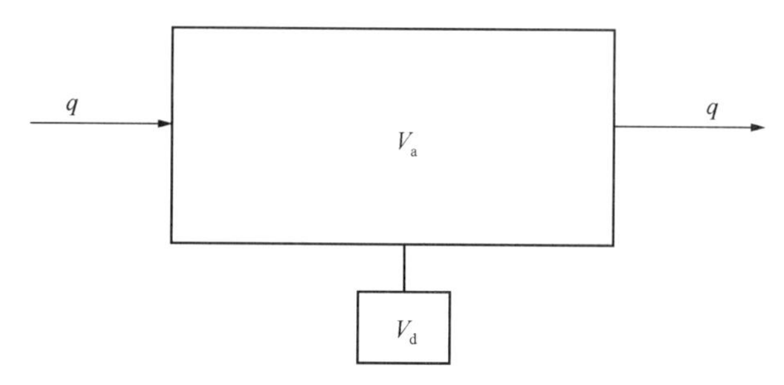

图 3.38 死区示意图

出口部分的间隔不够宽，部分原料会绕开完全混合区域或使反应器的完全混合区域短路并从出口流出（图 3.39）。由于旁路流中的流体无混合，因而不会发生反应。图 3.40 为连续搅拌釜式反应器旁路的示意图，q_b为旁路流的体积流速，q_a为流体通过完全混合区的流速。

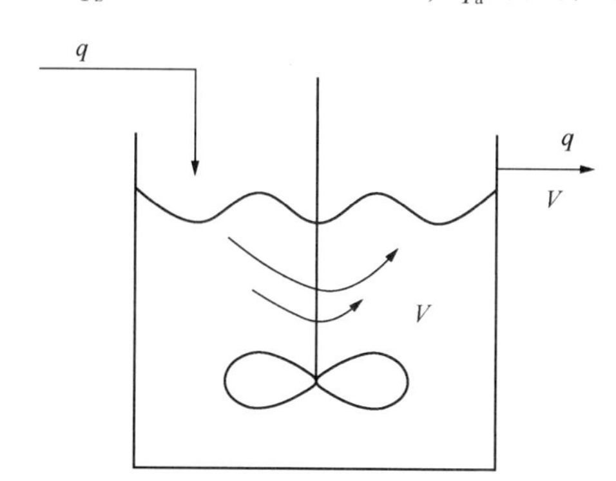

图 3.39 具有旁路的连续搅拌釜式反应器示意图

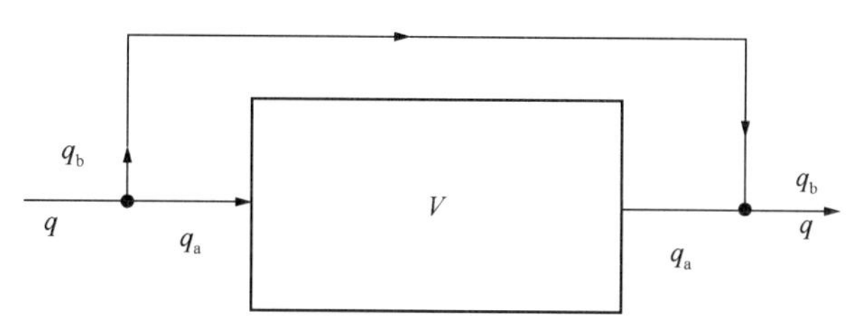

图 3.40 连续搅拌釜式反应器旁路示意图

(3) 管式反应器的轴向混合。在管式反应器(被认为是理想平推流反应器)中，入口和出口部分附近旋涡的存在会引起轴向混合，这会造成与理想平推流反应器中假设的混合形式(无轴向混合)的一个偏差(图 3.41)。

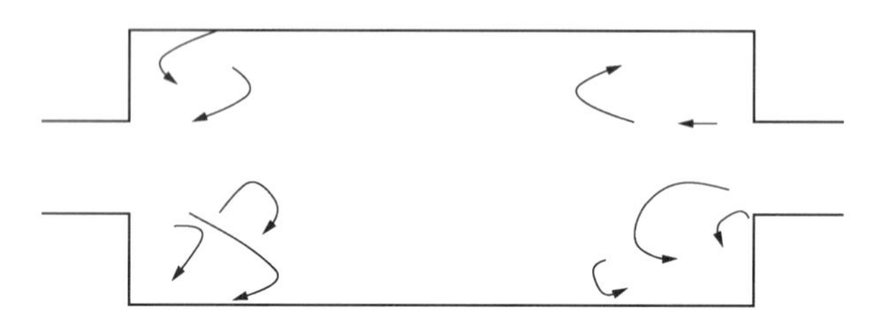

图 3.41　管式反应器轴向混合示意图

(4) 层流反应器。一个管式反应器，其中流体流动为层流，代表了与理想平推流反应器中假设的平推流的总偏差。层流是指流体的流线型流动(图 3.42)，流体元既不在径向混合也不在轴向混合。但是在理想平推流反应器中，流体在径向完全混合，在轴向无混合。

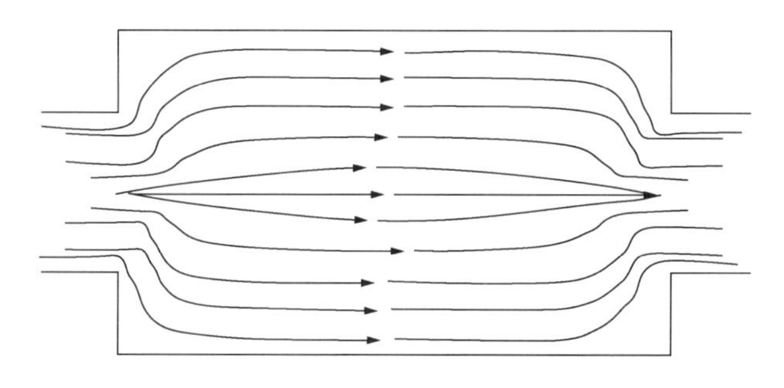

图 3.42　层流反应器示意图

3.2.3　停留时间分布——分析流体混合形式的工具

均相反应器的非理想性是指与理想反应器(理想连续搅拌釜式反应器和理想平推流反应器)定义的流体混合形式的偏差。实际上，所有的反应器均为非理想反应器。为了评价任一反应器的性能(如反应器中反应物达到的转化率)，我们有必要判断反应器的非理想性。

非理想性的判断包括非理想流体混合形式的识别和非理想性等级的评估(与理想偏差程度的定量测量)。为了判断给定反应器的非理想性，对反应器进行诊断实验，该实验被称为示踪实验，并由此诊断实验生成报告，即停留时间分布(RTD)报告。

假定流体以体积流速 q 流经体积为 V 的反应器(图 3.43)。

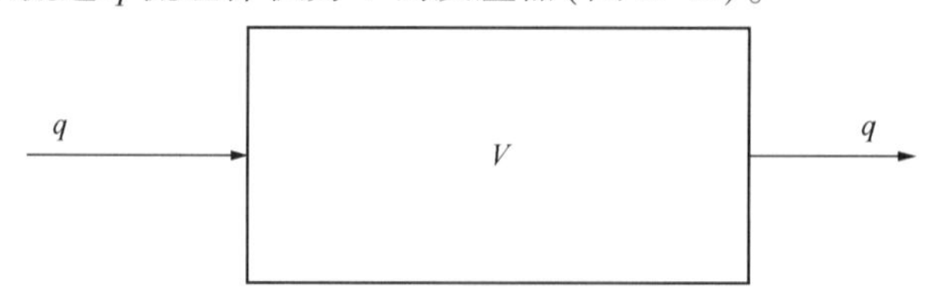

图 3.43　反应器示意图

流体元的停留时间 θ 是指流体元从进入反应器至离开反应器间持续停留的时间。假设流体由离散的流体元组成，在任意给定时间，固定数目的流体元进入反应器。一旦进入反应器，流体元会分散在反应器中，遵循不同的流动路线并在反应器中停留不同的时间。流体元遵循的流动路线及其对应的停留时间取决于反应器中普遍存在的流体混合形式。因此，在任意时刻离开反应器的固定数目的流体元中，不同流体元的停留时间不同，从而在反应器中形成一种停留时间分布。由于反应器中流体元的停留时间分布取决于普遍存在的流体混合形式，因此我们可以将有关停留时间分布的信息用于反应器非理想性的判断。

容器中流体元的停留时间分布可用一个函数表示，称为停留时间分布函数，记为 $F(\theta)$。定义 $F(\theta)$ 为停留时间不大于 θ 的流体元（任一时间离开容器）的分数。当无流体元时，停留时间为0，即当 $\theta=0$ 时，$F(\theta)=0$；由于所有流体元在容器中的停留时间有限，因此当 $\theta\to\infty$ 时，$F(\theta)=1$。而且，当 $\theta+\Delta\theta>\theta$ 时，$F(\theta+\Delta\theta)\geqslant F(\theta)$，即 $F(\theta)$ 是 θ 的单调递增函数。图3.44为典型的停留时间分布函数图。

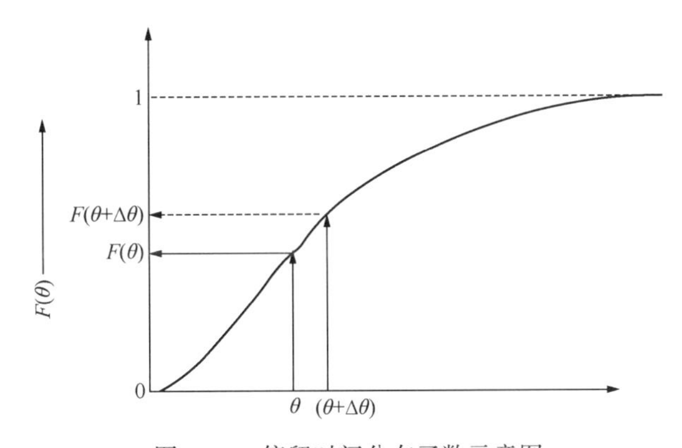

图3.44 停留时间分布函数示意图

$\Delta F(\theta)=F(\theta+\Delta\theta)-F(\theta)$ 是指在任一时刻离开反应器且停留时间在 $\theta\sim\theta+\Delta\theta$ 的流体元所占的分数。以 $\Delta\theta\to 0$ 为极限，我们定义 θ 的另一个分布函数 $E(\theta)$，表达式如下：

$$E(\theta)=\underset{\Delta\theta\to 0}{Lt}\frac{\Delta F(\theta)}{\Delta\theta}=\frac{\mathrm{d}F(\theta)}{\mathrm{d}\theta} \tag{3.154}$$

$E(\theta)$ 被称为液龄分布函数。定义任意时刻流体元在反应器中的时间为该时刻流体元在容器中的停留时间。液龄指流体元从进入到离开反应器间在反应器中的停留时间。因此，流体元的液龄亦被称为停留时间。$E(\theta)\,\mathrm{d}\theta=\mathrm{d}F(\theta)$ 是指停留时间在 $\theta\sim\theta+\Delta\theta$ 之间的流体元（任一时刻离开反应器）所占的分数，当 $\mathrm{d}\theta\to 0$ 时，所占分数等于 θ。由于流体元的停留时间有限且大于0，当 $\theta=0$ 和 $\theta\to\infty$ 时，$E(\theta)=0$。图3.45所示为典型的液龄分布函数。

值得注意的是，$\int_0^{\infty}E(\theta)\,\mathrm{d}\theta=\int_0^1\mathrm{d}F(\theta)=1$。

3.2.3.1 示踪实验

通过对反应器进行示踪实验得到停留时间分布函数（图3.46）。

将惰性流体（非反应物）以稳定的体积流速 q 泵入体积为 V 的反应器中。在某一参考时

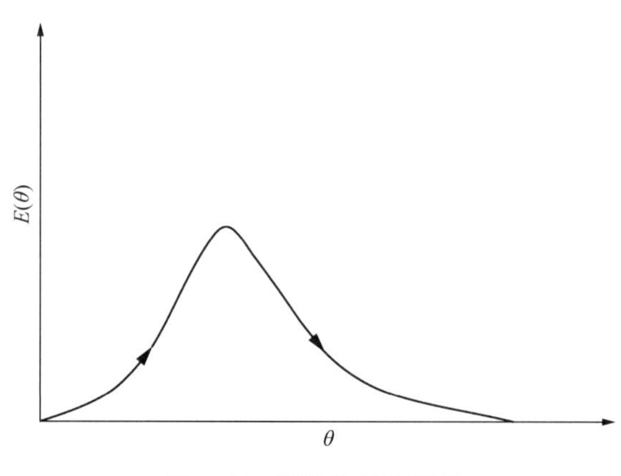

图 3.45　液龄分布示意图

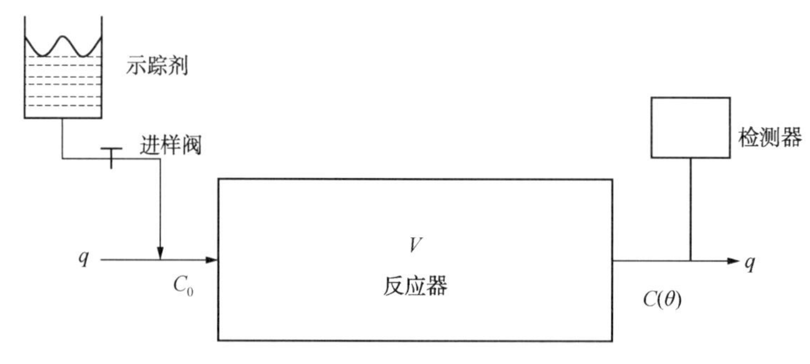

图 3.46　示踪实验示意图

间 $\theta=0$，在反应器入口处将少量的示踪剂与流体一同注入反应器中，以标记 $\theta=0$ 时进入反应器的流体，并将它们与在 $\theta=0$ 前进入反应器的流体区分。令 C_0 为入口处示踪剂的浓度，检测器用于测量反应器出口处示踪剂的浓度 C。由于某些标记流体元在容器中的停留时间比其他流体元长，因此，容器出口处示踪剂的浓度 C_θ 随时间 θ 的变化而变化。通过记录出口处示踪剂浓度 C_θ 随时间 θ 的变化，可以得到反应器的停留时间分布函数。

根据入口示踪剂的注入方式，示踪实验可分为阶跃实验和脉冲实验。在阶跃实验中，示踪剂的注入是一个阶跃函数，从参考时间 $\theta=0$ 起，示踪剂被连续注入原料中。出口处示踪剂的浓度被记录为时间的函数，示踪剂注入和输出的浓度如图 3.47 所示。

示踪实验的输出响应曲线被称为 C 曲线。由于示踪剂是从 $\theta=0$ 时连续加入的，当 $\theta\geqslant0$ 时，入口处示踪剂浓度 $C_i(\theta)=C_0$。用示踪剂对 $\theta=0$ 时刻及此后进入反应器的所有流体元进行标记。在任意 $\theta>0$ 的时刻，qC_0 为进入容器的流体元的数量，与离开容器的流体元的数量相等。在 $\theta>0$ 的任一时刻，离开容器的总数为 qC_0 的流体元中，只有 $qC(\theta)$ 的流体元用示踪剂进行标记。$qC(\theta)$ 代表不大于 θ 的时间间隔内容器中停留的流体元。定义停留时间分布函数 $F(\theta)$ 为停留时间不大于 θ 的流体元所占的分数，可得：

$$F(\theta)=\left[\frac{qC(\theta)}{qC_0}\right]=\left(\frac{C(\theta)}{C_0}\right)_{\text{step}} \tag{3.155}$$

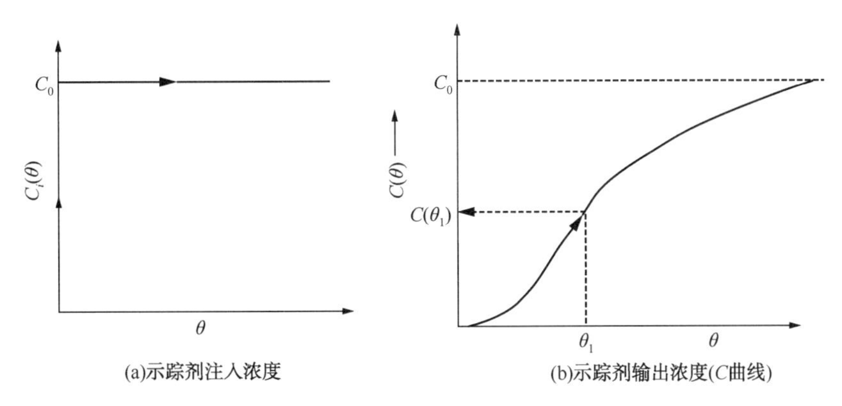

图 3.47 阶跃实验的示踪剂浓度示意图

利用此方程，由阶跃实验的 C 曲线可得停留时间分布函数 $F(\theta)$（称为 F 曲线），如图 3.48 所示。

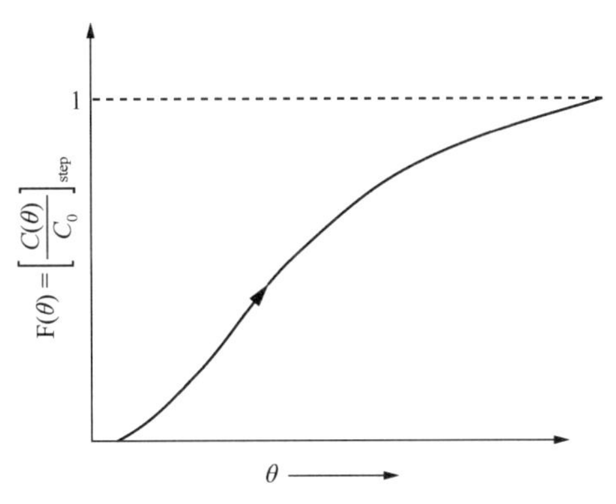

图 3.48 由 C 曲线得到的 F 曲线图

在脉冲示踪实验中，示踪剂的注入是一个脉冲函数。在某一参考时刻 $\theta=0$，将固定数量的脉冲剂一次性注入流体中。理论上，示踪剂的注入时间非常短且在注入时示踪剂的浓度无限大。但是，实际上，在示踪剂注入的时间 $\Delta\theta_0$ 内，原料中示踪剂的浓度为一个有限值 C_0。图 3.49 所示为示踪剂注入和输出的浓度。

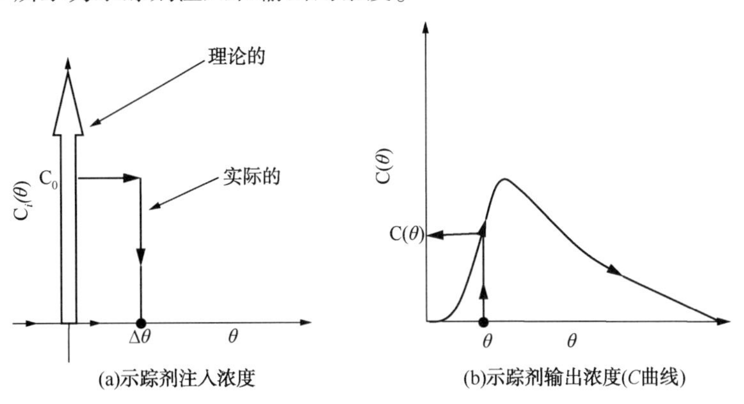

图 3.49 脉冲实验的示踪剂浓度示意图

在入口处注入的示踪剂的总量为 $M=qC_0\Delta\theta$。由于示踪剂是一次性注入入口流体中的，所有的示踪剂会在有限的时间内被逐渐冲洗出容器，因此，当 $\theta\to\infty$ 时，$C(\theta)\to 0$。$\theta\sim\theta+\mathrm{d}\theta$时间内流出流体中示踪剂的总量为 $qC_0\Delta\theta$，这也是 $\theta\sim\theta+\mathrm{d}\theta$ 时间内流出流体中含有的在容器中停留过的流体元的数量。根据定义，$E(\theta)\mathrm{d}\theta$ 为任一时刻 θ 时流出流体中出现的曾在 $\theta\sim\theta+\mathrm{d}\theta$ 时间内在容器中停留过的流体元所占的分数。因此，

$$E(\theta)\mathrm{d}\theta=\frac{qC(\theta)\mathrm{d}\theta}{M} \tag{3.156}$$

原料中注入的示踪剂的总量 M 与从容器中冲洗出的进入流出流体中的示踪剂的量相等，即：

$$M=q\int_0^\infty C(\theta)\mathrm{d}\theta \tag{3.157}$$

联立式(3.156)和式(3.157)可得：

$$E(\theta)=\left(\frac{C(\theta)}{\int_0^\infty C(\theta)\mathrm{d}\theta}\right)_{\text{脉冲}} \tag{3.158}$$

利用上述方程，由脉冲实验的 C 曲线可得液龄分布函数 $E(\theta)$，如图 3.50 所示。因此，分别由阶跃实验和脉冲实验可得停留时间分布函数 $F(\theta)$ 和 $E(\theta)$。$F(\theta)$ 和 $E(\theta)$ 可通过下述方程相互关联：

$$E(\theta)=\frac{\mathrm{d}F(\theta)}{\mathrm{d}\theta} \tag{3.159}$$

$$F(\theta)=\int_0^\theta E(\theta)\mathrm{d}\theta \tag{3.160}$$

已知两个分布函数中的任意一个，利用上述方程可求得另一个。

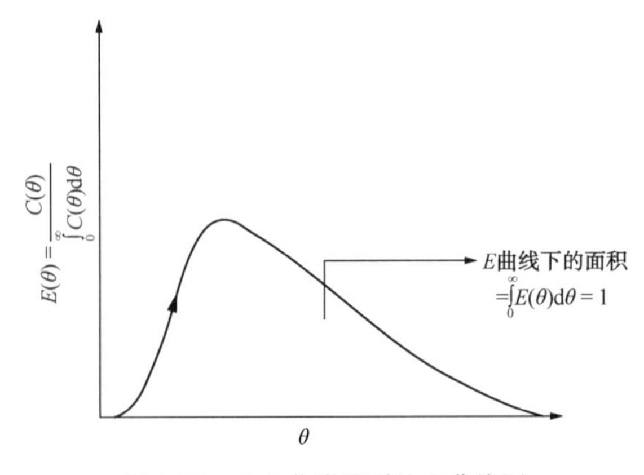

图 3.50 由 C 曲线得到的 E 曲线图

3.2.3.2 停留时间分布的平均值 $\bar{\theta}$ 和方差 σ^2

任意给定分布的平均值和方差都是表征分布的统计性质的参数。因此，对于函数 $F(\theta)$ [或 $E(\theta)$]定义的停留时间分布，由以下方程可得平均停留时间 $\bar{\theta}$ 和方差 σ^2：

$$\bar{\theta} = \int_0^\infty \theta E(\theta)\,\mathrm{d}\theta \tag{3.161}$$

$$\sigma^2 = \int_0^\infty (\theta - \bar{\theta})^2 E(\theta)\,\mathrm{d}\theta \tag{3.162}$$

表示方差 σ^2 的式(3.162)可改写为：

$$\sigma^2 = \int_0^\infty (\theta^2 - 2\theta\bar{\theta} + \bar{\theta}^2) E(\theta)\,\mathrm{d}\theta \tag{3.163}$$

$$\sigma^2 = \int_0^\infty E(\theta)\,\mathrm{d}\theta - 2\bar{\theta}\int_0^\infty \theta E(\theta)\,\mathrm{d}\theta + \bar{\theta}^2\int_0^\infty E(\theta)\,\mathrm{d}\theta \tag{3.164}$$

$$\sigma^2 = \int_0^\infty \theta^2 E(\theta)\,\mathrm{d}\theta - \bar{\theta}^2 \tag{3.165}$$

值得一提的是，平均停留时间可用 V 和 q 表示如下：

$$\bar{\theta} = V/q \tag{3.166}$$

后面我们将看到参数 $\bar{\theta}$ 和 σ^2 在表征反应器的非理想性方面起着至关重要的作用。

3.2.3.3 理想反应器的停留时间分布

由于容器的流体混合形式对停留时间分布具有重大的影响，因此，由反应器的示踪实验得到的停留时间分布函数 $F(\theta)$ 或 $E(\theta)$ 可用来表征非理想性。给定反应器的停留时间，我们首先想知道反应器的混合形式是否与理想反应器(理想连续搅拌釜式反应器或理想平推流反应器)假设的混合形式相符，这可以通过对比给定反应器与理想连续搅拌釜式反应器或理想平推流反应器的停留时间分布函数(F 曲线或 E 曲线)得到。为此，我们需要知道理想反应器的停留时间分布函数。理想连续搅拌釜式反应器和理想平推流反应器均为理论反应器，因此这些反应器的停留时间分布函数方程是从理论上推导出的。

(1) 理想连续搅拌釜式反应器的停留时间分布。将惰性流体以流速 q 泵入体积为 V 的理想连续搅拌釜式反应器中(图 3.51)。

假设从参考时刻 $\theta=0$ 起，通过在入口处连续注入示踪剂的方式对理想连续搅拌釜式反应器进行阶跃实验。入口示踪剂的浓度 $C_i(\theta) = C_0$。当 $\theta \geqslant 0$ 时，出口示踪剂的浓度为 $C(\theta)$。由于该连续搅拌釜式反应器为理想反应器，容器中流体混合均匀，示踪剂的浓度处处相等，等于出口浓度 $C(\theta)$。

对反应器中示踪剂进行非稳态平衡计算可得：

$$\begin{Bmatrix}\text{示踪剂进入}\\\text{容器的速率}\end{Bmatrix} = \begin{Bmatrix}\text{示踪剂流出}\\\text{容器的速率}\end{Bmatrix} + \begin{Bmatrix}\text{容器中示踪剂的}\\\text{积累速率}\end{Bmatrix}$$

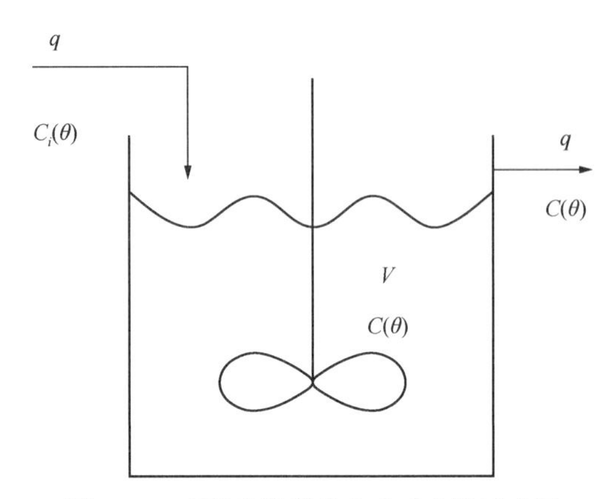

图 3.51　理想连续搅拌釜式反应器示意图

即

$$qC_0 = qC(\theta) + V\frac{\mathrm{d}C(\theta)}{\mathrm{d}\theta} \tag{3.167}$$

将上述方程的所有项除以 q，并定义平均停留时间 $\bar{\theta}=V/q$，可得：

$$C_0 = C(\theta) + \bar{\theta}\frac{\mathrm{d}C(\theta)}{\mathrm{d}\theta} \tag{3.168}$$

重新整理上述方程并对两边进行积分得：

$$\int_0^{\theta}\frac{\mathrm{d}\theta}{\bar{\theta}} = \int_0^{C(\theta)}\frac{\mathrm{d}C(\theta)}{C_0 - C(\theta)} \tag{3.169}$$

$$\frac{\theta}{\bar{\theta}} = -\ln\left[\frac{C_0 - C(\theta)}{C_0}\right] \tag{3.170}$$

可得：

$$F(\theta) = \left[\frac{C(\theta)}{C_0}\right]_{\mathrm{step}} = 1 - \mathrm{e}^{-\theta/\bar{\theta}} \tag{3.171}$$

$$E(\theta) = \frac{\mathrm{d}F(\theta)}{\mathrm{d}\theta} = \frac{1}{\bar{\theta}}\mathrm{e}^{-\theta/\bar{\theta}} \tag{3.172}$$

式(3.171)和式(3.172)定义了理想连续搅拌釜式反应器 $F(\theta)$ 和 $E(\theta)$ 的理论表达式。图 3.52 和图 3.53 分别为理想连续搅拌釜式反应器 $F(\theta)$ 和 $E(\theta)$ 的示意图。

(2) 理想平推流反应器的停留时间分布。将惰性流体以流速 q 泵入体积为 V 的理想平推流反应器中(图 3.54)。

在参考时刻 $\theta=0$ 时，将示踪剂从入口注入。$C_i(\theta)$ 和 $C(\theta)$ 分别为入口处和出口处的示踪剂浓度。在理想平推流反应器中，流体径向完全混合而轴向无混合。所以，当 $\theta=0$ 时，从入口处注入的示踪剂在径向均匀扩散(由于完全混合)并且所有的示踪元在轴向以相同的

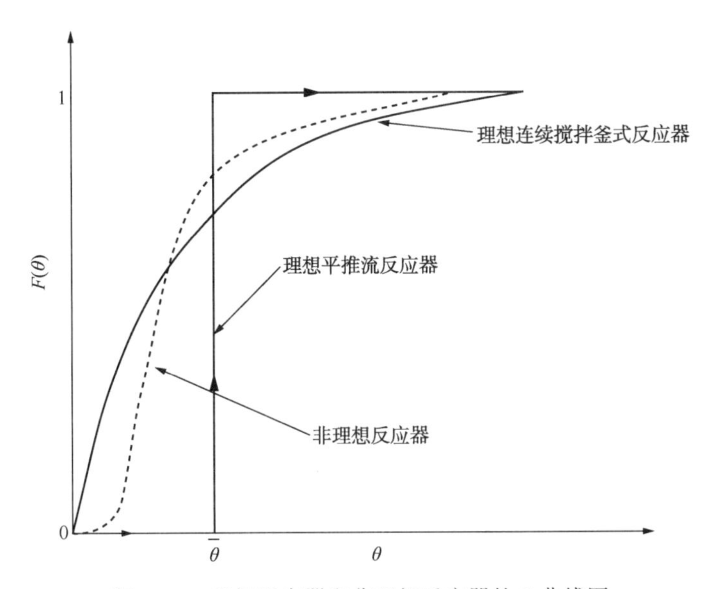

图 3.52 理想反应器和非理想反应器的 F 曲线图

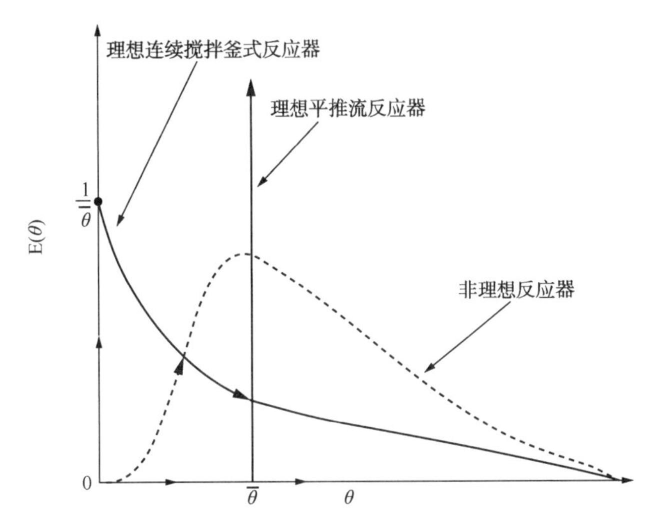

图 3.53 理想反应器和非理想反应器的 E 曲线图

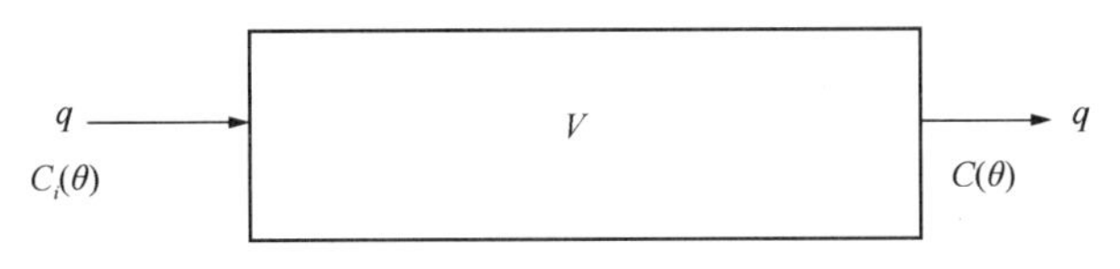

图 3.54 理想平推流反应器示意图

速度移动(无轴向混合且速度分布均匀)。因此，所有流体元具有相同的停留时间，与平均停留时间 $\bar{\theta}=V/q$ 相等。将 $C_i(\theta)$ 沿时间轴移动 θ 后，其值与 $C(\theta)$ 相等，表示如下：

$$C(\theta)=C_i(\theta-\bar{\theta}) \tag{3.173}$$

因此，$F(\theta)$为沿时间轴移动θ的单位阶跃函数，$E(\theta)$为沿时间轴移动θ的单位脉冲函数。理想平推流反应器的$F(\theta)$和$E(\theta)$分别如图3.52和图3.53所示。

对于理想平推流反应器，可得：

$$F(\theta)=\begin{cases}0, & \theta<\bar{\theta} \\ 1, & \theta\geqslant\bar{\theta}\end{cases} \tag{3.174}$$

和

$$E(\theta)=\begin{cases}0, & \theta<\bar{\theta} \\ \infty, & \theta=\bar{\theta} \\ 0, & \theta>\bar{\theta}\end{cases} \tag{3.175}$$

尽管当$\theta=0$时$E(\theta)$无限大，E曲线下的面积为有限值，等于1，即：

$$\int_0^{\infty} E(\theta)\,\mathrm{d}\theta = \int_{\bar{\theta}^-}^{\bar{\theta}^+} E(\theta)\,\mathrm{d}\theta = 1 \tag{3.176}$$

3.2.3.4 停留时间分布作为一种诊断工具

理想连续搅拌釜式反应器和理想平推流反应器的停留时间分布函数(F曲线或E曲线)可作为与任意反应器的停留时间分布进行对比的工具，进而了解实际反应器与理想反应器偏差的程度。例如，图3.52和图3.53中一些反应器的F曲线和E曲线示意图(虚线)表明这些反应器与理想连续搅拌釜式反应器和理想平推流反应器的停留时间分布曲线具有明显的偏差，这清楚地表明反应器具有高度非理想性。因此，停留时间分布是弄清反应器是否是理想反应器的一种简单的诊断工具。

对非理想性的诊断会一直进行，直到弄清反应器是否是理想反应器。在已知反应器是非理想反应器后，我们有必要预测非理想性对反应器性能即反应器可达到的转化率的影响。为此，我们首先需要量化反应器的非理想性。非理想性的量化包括设定一些度量标准或措施以测量与理想性偏差的程度。通过对比反应器与理想反应器的停留时间分布，能够对实际反应器和理想反应器间的差距或偏差有一个定性的了解。但是，我们必须想出一种合适的方法量化差距，这样有利于预测反应器可能达到的转化率。

量化非理想性的一般方法是提出一种表征非理想性的数学模型并采用脉冲实验得到的停留时间分布估算模型参数。估算的模型参数即为对非理想性的一种量化。我们将在后续内容中介绍一些非理想反应器模型。

3.2.4 串联釜式反应器模型

在理想连续搅拌釜式反应器中，流体的完全混合使得反应器中化学物种的浓度均一。在理想平推流反应器中，流体在径向完全混合而在轴向无混合，使得化学物种的浓度仅在轴向变化，而在径向无变化。假设一个理想平推流反应器在轴向被分割成无数个薄带，由于流体在径向完全混合，因此每个薄带中化学物种的浓度均一，每个薄带可被看作一个体积无限小的理想连续搅拌釜式反应器。因此，一个理想平推流反应器相当于无数个串联的体积无限小的理想连续搅拌釜式反应器。由上述结果可以得到一个有趣的概念：一个给定体积的非理想反应器可被看作 N 个串联的体积为 V/N 的理想连续搅拌釜式反应器。非理想反应器的这种表示形式被称为串联釜式反应器模型。在这个模型中，理想连续搅拌釜式反应器的 N 值取 1，理想平推流反应器的 N 值则取∞。因此，N 为串联模型中釜式反应器的参数，实际反应器的 N 值取 1 至无穷大间的某一个数值。图 3.55 为串联釜式反应器模型的示意图。

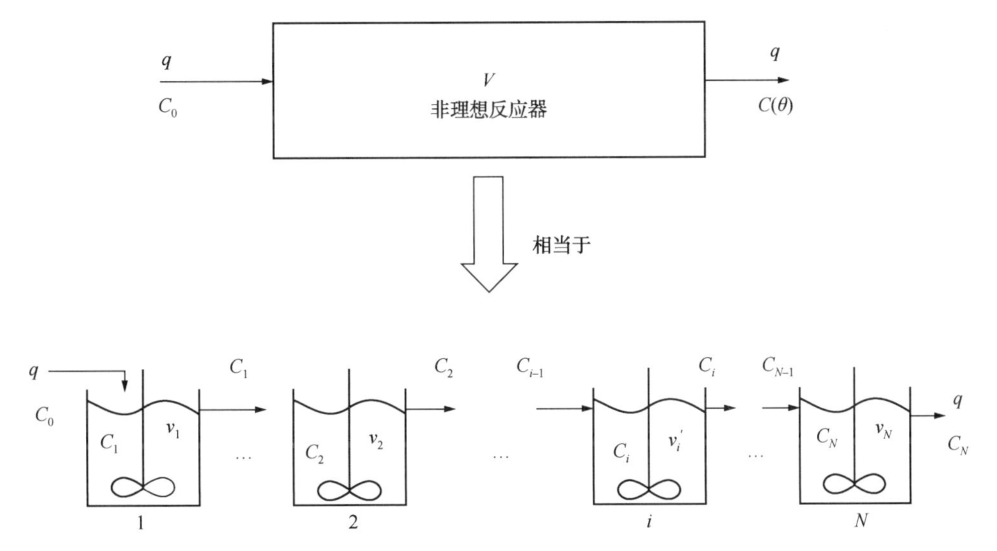

图 3.55　串联釜式反应器模型示意图

惰性流体以流速 q 流经体积为 V 的非理想反应器，平均停留时间 $\bar{\theta}$ 表示如下：

$$\bar{\theta}=\frac{V}{q} \tag{3.177}$$

假设对反应器进行阶跃示踪实验。C_0 为 $\theta=0$ 时入口示踪剂的浓度，$C(\theta)$ 为 $\theta=0$ 时出口示踪剂的浓度。根据串联釜式反应器模型，非理想反应器可被看作 N 个串联的等容理想连续搅拌釜式反应器(图 3.55)。每个理想连续搅拌釜式反应器中流体的停留时间为：

$$\tilde{\theta}=\frac{(V/N)}{q}=\frac{\bar{\theta}}{N} \tag{3.178}$$

C_1，C_2，…，C_N 分别为 N 个理想连续搅拌釜式反应器中示踪剂的浓度。第 N 个理想连续搅拌釜式反应器出口示踪剂的浓度为非理想反应器流出流体中示踪剂的浓度。

$$C(\theta)=C_N(\theta) \tag{3.179}$$

对第 i 个连续搅拌釜式反应器中的示踪剂进行非稳态平衡计算可得：

$$qC_{i-1}(\theta)=qC_i(\theta)+\left(\frac{V}{N}\right)\frac{\mathrm{d}C_i(\theta)}{\mathrm{d}\theta} \tag{3.180}$$

将上述方程的所有项除以 q 可得：

$$C_{i-1}(\theta)=C_i+\tilde{\theta}\frac{\mathrm{d}C_i(\theta)}{\mathrm{d}\theta} \tag{3.181}$$

将方程写为标准1级微分方程[$(\mathrm{d}y/\mathrm{d}x)+P(x)y=Q(x)$]的形式可得：

$$\frac{\mathrm{d}C_i(\theta)}{\mathrm{d}\theta}+\frac{1}{\tilde{\theta}}C_i(\theta)=\frac{1}{\tilde{\theta}}C_{i-1}(\theta) \tag{3.182}$$

上述方程的解为：

$$\frac{\mathrm{d}}{\mathrm{d}\theta}[C_i(\theta)I\cdot F]=\frac{1}{\tilde{\theta}}C_{i-1}(\theta)I\cdot F \tag{3.183}$$

其中，积分因子 $I\cdot F$ 为：

$$I\cdot F=\mathrm{e}^{\int\frac{1}{\tilde{\theta}}\mathrm{d}\theta}=\mathrm{e}^{\frac{\theta}{\tilde{\theta}}} \tag{3.184}$$

将式(3.184)代入式(3.183)并进行积分可得：

$$C_i(\theta)\mathrm{e}^{\frac{\theta}{\tilde{\theta}}}=\frac{1}{\tilde{\theta}}\int C_{i-1}(\theta)\cdot\mathrm{e}^{\frac{\theta}{\tilde{\theta}}}\mathrm{d}\theta+I \tag{3.185}$$

其中，I 为积分常数。依次取 $i=1$，2，3，…，N，解方程(3.185)，计算可得 $C_N(\theta)$。

取 $i=1$，解方程(3.185)可得：

$$C_1(\theta)\mathrm{e}^{\frac{\theta}{\tilde{\theta}}}=\frac{C_0}{\tilde{\theta}}(\tilde{\theta}\mathrm{e}^{\frac{\theta}{\tilde{\theta}}})+I \tag{3.186}$$

$$C_1(\theta)=C_0+I\mathrm{e}^{-\frac{\theta}{\tilde{\theta}}} \tag{3.187}$$

将 $\theta=0$ 时，$C_1(\theta)=0$ 代入上述方程，可得积分常数 $I=-C_0$，$C_1(\theta)$ 的表达式为：

$$C_1(\theta)=C_0(1-\mathrm{e}^{-\frac{\theta}{\tilde{\theta}}}) \tag{3.188}$$

取 $i=2$，将式(3.188)代入式(3.185)可得：

$$C_2(\theta)\mathrm{e}^{\frac{\theta}{\tilde{\theta}}}=\frac{1}{\tilde{\theta}}\int C_1(\theta)\mathrm{e}^{\frac{\theta}{\tilde{\theta}}}\mathrm{d}\theta-C_0 \tag{3.189}$$

$$C_2(\theta)\mathrm{e}^{\frac{\theta}{\tilde{\theta}}}=\frac{C_0}{\tilde{\theta}}\int(1-\mathrm{e}^{\frac{\theta}{\tilde{\theta}}})\mathrm{e}^{\frac{\theta}{\tilde{\theta}}}\mathrm{d}\theta-C_0 \tag{3.190}$$

$$C_2(\theta)\mathrm{e}^{\frac{\theta}{\tilde{\theta}}}=\frac{C_0}{\tilde{\theta}}(\tilde{\theta}\mathrm{e}^{\frac{\theta}{\tilde{\theta}}}-\theta)-C_0 \tag{3.191}$$

重新整理上述方程可得：

$$C_2(\theta) = C_0\left[1 - \left(1 + \frac{\theta}{\tilde{\theta}}\right)e^{-\frac{\theta}{\tilde{\theta}}}\right] \tag{3.192}$$

类似地，取 $i=3$，将式(3.192)代入式(3.185)可得 $C_3(\theta)$ 的表达式为：

$$C_3(\theta) = C_0\left\{1 - \left[1 + \frac{\theta}{\tilde{\theta}} + \frac{1}{2!}\left(\frac{\theta}{\tilde{\theta}}\right)^2\right]e^{-\frac{\theta}{\tilde{\theta}}}\right\} \tag{3.193}$$

依次取 $i=4, 5, \cdots, N$，继续计算可得 $C_N(\theta)$ 的方程为：

$$C_N(\theta) = C_0\left\{1 - \left[1 + \frac{\theta}{\tilde{\theta}} + \frac{1}{2!}\left(\frac{\theta}{\tilde{\theta}}\right)^2 + \cdots + \frac{1}{(N-1)!}\left(\frac{\theta}{\tilde{\theta}}\right)^{N-1}\right]e^{-\frac{\theta}{\tilde{\theta}}}\right\} \tag{3.194}$$

根据定义，停留时间分布函数 $F(\theta)$ 表示如下：

$$F(\theta) = \left[\frac{C(\theta)}{C_0}\right]_{\text{step}} = \frac{C_N(\theta)}{C_0} \tag{3.195}$$

因此：

$$F(\theta) = 1 - \left[1 + \frac{\theta}{\tilde{\theta}} + \frac{1}{2!}\left(\frac{\theta}{\tilde{\theta}}\right)^2 + \cdots + \frac{1}{(N-1)!}\left(\frac{\theta}{\tilde{\theta}}\right)^{N-1}\right]e^{-\frac{\theta}{\tilde{\theta}}} \tag{3.196}$$

将 $F(\theta)$ 对 θ 求导，计算得到液龄分布函数 $E(\theta)$，$E(\theta) = \mathrm{d}F(\theta)/\mathrm{d}\theta$。因此，可得 $E(\theta)$ 的表达式为：

$$E(\theta) = \frac{1}{(N-1)!}\left(\frac{\theta}{\tilde{\theta}}\right)^{N-1} \cdot \frac{e^{-(\theta/\tilde{\theta})}}{\tilde{\theta}} \tag{3.197}$$

将 $\tilde{\theta} = \bar{\theta}/N$ 代入式(3.197)可得 $E(\theta)$ 的最终表达式为：

$$E(\theta) = \frac{N}{(N-1)!}\left(\frac{N\theta}{\bar{\theta}}\right)^{N-1} \cdot \frac{e^{-(\theta/\bar{\theta})}}{\bar{\theta}} \tag{3.198}$$

当 $N=1$ 时，式(3.198)可简化为 $E(\theta) = e^{-(\theta/\tilde{\theta})}/\tilde{\theta}$，即理想连续搅拌釜式反应器的液龄分布方程。不同 N(大于1)值所对应的 $E(\theta)$—θ 曲线如图3.56所示(运行MATLAB程序e_curve_tismodel.m.可得曲线)。可以看出：随着 N 的增大，$E(\theta)$—θ 曲线从理想连续搅拌釜式反应器的曲线转变为理想平推流反应器的曲线。

给定反应器脉冲实验的 $E(\theta)$—θ 曲线(图3.56)，该实验曲线可与利用式(3.198)得到的不同 N 值所对应的 $E(\theta)$—θ 曲线相匹配。模型参数 N 的值可以作为衡量实际反应器非理想性的一种标准。

理想连续搅拌釜式反应器和理想平推流反应器代表液龄流体间混合的两个极端。液龄流体间混合是指反应器中不同液龄流体元间的混合。在理想平推流反应器中，相同液龄的流体元完全混合(径向混合)而不同液龄的两个流体元间无混合(无轴向混合)。因此，理想平推流反应器中无液龄流体间混合，但是，在理想连续搅拌釜式反应器中，所有液龄的流体元完全混合。在跨区流体混合尺度上(图 3.57)，理想连续搅拌釜式反应器和理想平推流反应器分别对应无限混合和零混合。在非理想反应器中，不同液龄流体间的混合程度在 0~∞ 变化。因此，模型参数 N 的值可以作为非理想反应器中不同液龄流体混合程度的一种衡量标准。

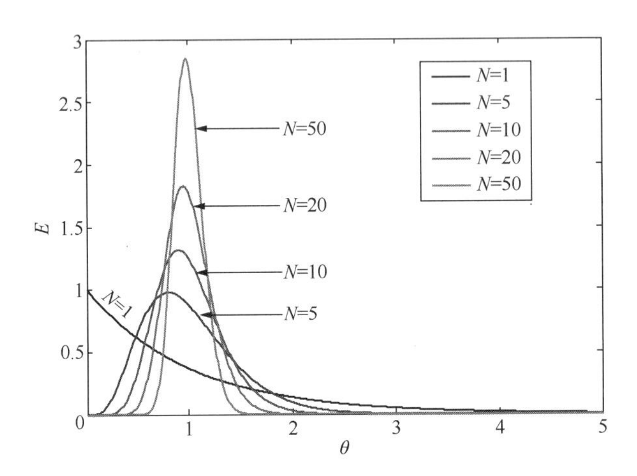

图 3.56　串联釜式反应器模型取不同 N 值时的 $E(\theta)$—θ 曲线

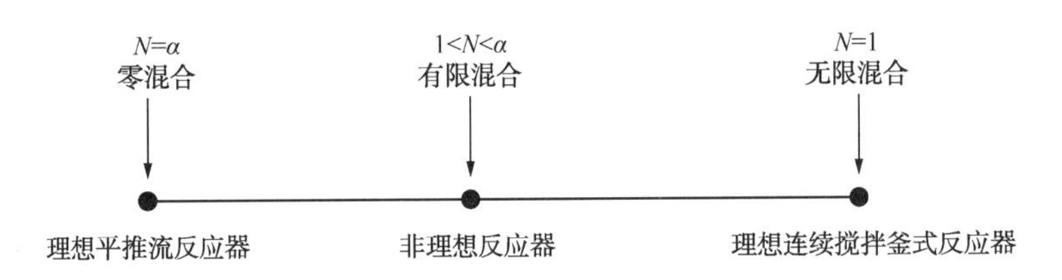

图 3.57　不同液龄流体间混合的模型示意图

3.2.4.1　参数 N 的估算

给定反应器脉冲实验的 E 曲线[$E(\theta)$—θ]，我们需利用 E 曲线估算模型参数 N(图 3.58)。

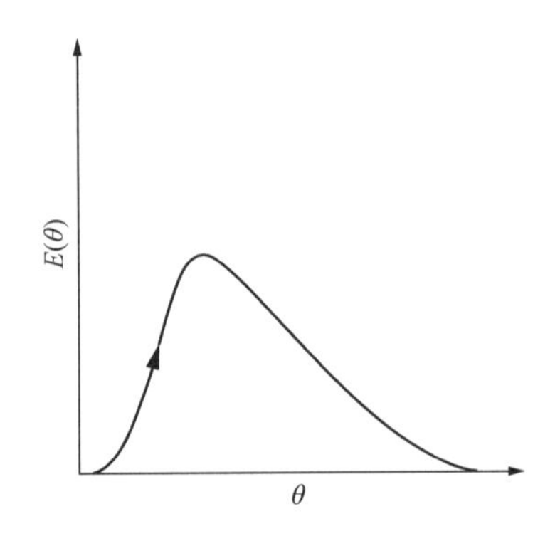

图 3.58　由脉冲实验得到的非理想反应器的 E 曲线

首先，根据给出的 E 曲线数据，使用下述方程通过数值或图解积分计算得到停留时间分布的平均值 $\bar{\theta}$ 和方差 σ^2：

$$\bar{\theta} = \int_0^\infty \theta E(\theta)\,\mathrm{d}\theta \tag{3.199}$$

和

$$\sigma^2 = \int_0^\infty \theta^2 E(\theta)\,\mathrm{d}\theta - \bar{\theta}^2 \tag{3.200}$$

将式(3.198)代入式(3.200)中的 $E(\theta)$，我们可以推导出 σ^2 的理论方程，表示如下：

$$\sigma^2 = \int_0^\infty \theta^2 \left[\frac{N}{(N-1)!}\left(\frac{N\theta}{\bar{\theta}}\right)^{N-1} \cdot \frac{(\mathrm{e}^{-\frac{N\theta}{\bar{\theta}}})}{\bar{\theta}}\right]\mathrm{d}\theta - \bar{\theta}^2 \tag{3.201}$$

$$\sigma^2 = \frac{1}{(N-1)!}\left(\frac{N}{\bar{\theta}}\right)^N \int_0^\infty \theta^{N+1}\mathrm{e}^{-\frac{N\theta}{\bar{\theta}}}\mathrm{d}\theta - \bar{\theta}^2 \tag{3.202}$$

采用部分积分法，计算得到上述方程的积分项，为：

$$\int_0^\infty \theta^{N+1}\mathrm{e}^{-\frac{N\theta}{\bar{\theta}}}\mathrm{d}\theta = \frac{(N+1)\bar{\theta}}{N}\int_0^\infty \theta^N \mathrm{e}^{-\frac{N\theta}{\bar{\theta}}}\mathrm{d}\theta \tag{3.203}$$

重复积分步骤，可得：

$$\int_0^\infty \theta^N \mathrm{e}^{-\frac{N\theta}{\bar{\theta}}}\mathrm{d}\theta = N\left(\frac{\bar{\theta}}{N}\right)\int_0^\infty \theta^{N-1}\mathrm{e}^{-\frac{N\theta}{\bar{\theta}}}\mathrm{d}\theta$$

$$\int_0^\infty \theta^{N-1}\mathrm{e}^{-\frac{N\theta}{\bar{\theta}}}\mathrm{d}\theta = (N-1)\left(\frac{\bar{\theta}}{N}\right)\int_0^\infty \theta^{N-2}\mathrm{e}^{-\frac{N\theta}{\bar{\theta}}}\mathrm{d}\theta \tag{3.204}$$

联立式(3.203)和式(3.204)可得：

$$\int_0^\infty \theta^{N+1}\mathrm{e}^{-\frac{N\theta}{\bar{\theta}}}\mathrm{d}\theta = (N-1)!\left(\frac{\bar{\theta}}{N}\right)^{N+1}\int_0^\infty \mathrm{e}^{-\frac{N\theta}{\bar{\theta}}}\mathrm{d}\theta \tag{3.205}$$

最后可得：

$$\int_0^\infty \theta^{N+1}\mathrm{e}^{-\frac{N\theta}{\bar{\theta}}}\mathrm{d}\theta = (N-1)!\left(\frac{\bar{\theta}}{N}\right)^{N+2} \tag{3.206}$$

将式(3.206)代入式(3.202)可得：

$$\sigma^2 = \frac{(N+1)!}{(N-1)!}\left(\frac{\bar{\theta}}{N}\right)^2 - \bar{\theta}^2 \tag{3.207}$$

最终，式(3.207)可化简为：

$$\frac{\sigma^2}{\bar{\theta}^2}=\frac{1}{N} \tag{3.208}$$

利用式(3.208)和由 E 曲线数据计算得到的平均值和方差，估算得到给定反应器的模型参数 N 的值。从式(3.208)中可以看出：理想平推流反应器($N=\infty$)的方差($\sigma^2=0$)最小，理想连续搅拌釜式反应器($N=1$)的方差($\sigma^2=\bar{\theta}^2$)最大。尽管 N 被定义为一个整数，实际上 N 亦可取分数。

3.2.4.2 由串联釜式反应器模型得到的转化率

了解反应器中流体混合形式的主要目的是利用这些知识，从反应器达到的转化率的角度来评估反应器性能。假设某一不可逆反应 A →B 在体积为 V 的反应器中进行，令 q 为体积流速，C_{A0}为原料中 A 的浓度，$(-r_A)=kC_A^n$ 为反应动力学速率方程，C_{Af}为流出流体中 A 的浓度。根据串联釜式反应器模型，反应器可用 N 个等容理想连续搅拌釜式反应器表示(图 3.59)。

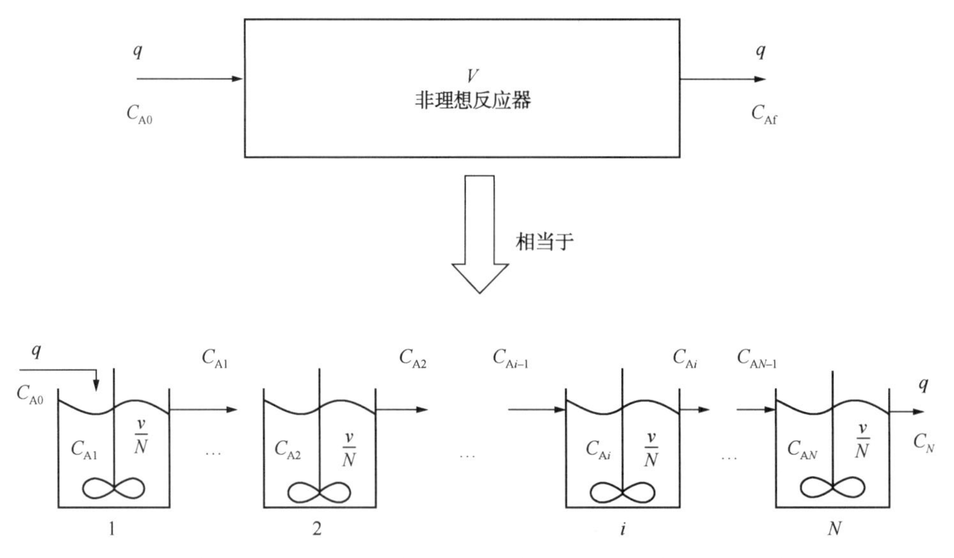

图 3.59　使用串联釜式反应器模型表示的非理想反应器中进行的反应示意图

对第 i 个连续搅拌釜式反应器中的反应物 A 做稳态平衡计算可得：

$$qC_{Ai-1}=qC_{Ai}+[-r_A(C_{Ai})]V/N \tag{3.209}$$

将式(3.209)写成 $\tau=V/q$ 的形式为：

$$C_{Ai-1}=C_{Ai}+C_{Ai}^n\left(\frac{k\tau}{N}\right) \tag{3.210}$$

对 $i=1，2，3，\cdots，N$，式(3.210)可表示为：

$$C_{A0}=C_{A1}+\left(\frac{k\tau}{N}\right)C_{A1}^n$$

$$C_{A1}=C_{A2}+\left(\frac{k\tau}{N}\right)C_{A2}^{n}$$

$$\vdots$$

$$C_{AN-1}=C_{AN}+\left(\frac{k\tau}{N}\right)C_{AN}^{n} \tag{3.211}$$

从 C_{A0}开始，依次求解方程(3.211)，可得 C_{A1}，C_{A2}，…，C_{AN}。

反应器中 A 的转化率 x_{Af}表示为：

$$x_{Af}=1-\frac{C_{Af}}{C_{A0}}=1-\frac{C_{AN}}{C_{A0}} \tag{3.212}$$

在此式中，理想连续搅拌釜式反应器的数目 N 为串联釜式反应器模型的参数。利用反应器脉冲实验得到的 E 曲线可估算参数 N。作为特例，以 1 级反应为例，将 $n=1$ 代入式(3.211)，依次将 $i=1$，2，3，…，N 代入求解方程可得：

$$C_{AN}=\frac{C_{A0}}{[1+(k\tau/N)]^{N}} \tag{3.213}$$

转化率 x_{Af}可表示为：

$$x_{Af}=1-\frac{1}{[1+(k\tau/N)]^{N}} \tag{3.214}$$

对于理想连续搅拌釜式反应器，当 $N=1$ 时，式(3.214)可化简为：

$$x_{Af}=\frac{k\tau}{1+k\tau} \tag{3.215}$$

对于理想平推流反应器，当 $N=\infty$ 时，式(3.214)可化简为：

$$x_{Af}=1-e^{-k\tau} \tag{3.216}$$

这是因为

$$\lim_{N\to\infty}\left(1+\frac{k\tau}{N}\right)^{N}=e^{k\tau}$$

式(3.215)和式(3.216)分别定义了串联釜式反应器模型代表的非理想反应器能够达到的转化率 x_{Af}的下限和上限，即串联釜式反应器模型表示的非理想反应器中 1 级反应的转化率总是高于理想连续搅拌釜式反应器中 1 级反应所达到的转化率，而低于理想平推流反应器中 1 级反应所达到的转化率，上述所有反应器的空时均为 τ。

对于 2 级反应($n=2$)，将 $n=2$ 代入式(3.210)，可得二次方程如下：

$$\left(\frac{k\tau}{N}\right)C_{Ai}^{2}+C_{Ai}-C_{Ai-1}=0 \tag{3.217}$$

当 $i=1,2,3,\cdots,N$ 时，分别求解此二次方程可得：

$$C_{A1}=\frac{-1+\sqrt{1+(4k\tau C_{A0}/N)}}{(2k\tau/N)}$$

$$C_{A2}=\frac{-1+\sqrt{1+(4k\tau C_{A1}/N)}}{(2k\tau/N)} \tag{3.218}$$

$$\vdots$$

$$C_{AN}=\frac{-1+\sqrt{1+(4k\tau C_{AN-1}/N)}}{(2k\tau/N)}$$

最终的转化率 x_{Af} 为：

$$x_{Af}=1-\frac{C_{AN}}{C_{A0}} \tag{3.219}$$

3.2.5 轴向扩散模型

在理想平推流反应器中，流体元在轴向(如流动方向)无混合。但是在实际管式反应器中，由于很多原因(如管入口处涡流的形成)，流体元可能会发生一些轴向混合。P. V. Danckwarts 提出了一种称为轴向扩散模型的数学模型来解释管式(平推流)反应器中流体元的轴向混合。

具有轴向混合的平推流反应器中示踪剂的分散与理想平推流反应器中示踪剂的分散的对比如图 3.60 所示。在流体元轴向混合的平推流反应器中，在主体流体的作用下，反应器入口处注入的示踪剂在流动方向漂流，同时发生轴向扩散。而在理想平推流反应器中，虽然示踪剂由流速为 $\bar{u}$ 的主体流体携带，但其在轴向无扩散。在具有轴向混合特征的平推流反应器中，示踪剂从被注入起至时间间隔 θ_1、θ_2 和 θ_3($\theta_3>\theta_2>\theta_1$)后在轴向的逐渐扩散(扩散)如图 3.60 所示。示踪剂的扩散通量 J[kmol/(m^2 · s)]可表示为：

$$J=-D\frac{dC}{dz} \tag{3.220}$$

式中，dC/dz 为示踪剂的浓度梯度；D 为扩散系数，m^2/s。对于理想平推流反应器，由于流体在轴向无混合(扩散)，$D=0$；对于理想连续搅拌釜式反应器，由于流体在所有方向(如轴向和径向)完全混合，$D=\infty$。对于具有轴向混合的非理想平推流反应器，假设 D 为大于 0 的有限值。

对于长度为 L，横截面积为 A 的管式反应器(图 3.61)，q 为流体流经容器的体积流速，$\bar{u}=q/A$ 为流体的平均速度，$\bar{\theta}=L/\bar{u}$ 为流体的平均停留时间。在入口处注入示踪剂，对反应器进行脉冲实验。$C(Z,\theta)$ 为在注入示踪剂后 θ 时，距离入口 Z 处的流体中示踪剂的浓度，对距离入口 Z 处厚度为 ΔZ 的反应器周围的示踪剂做非稳态平衡计算可得：

$$\left\{\begin{matrix}\text{主体流体中示踪剂的流动速率}\\+\\\text{示踪剂的扩散速率}\end{matrix}\right\}_{Z处}=\left\{\begin{matrix}\text{主体流体中示踪剂的流动速率}\\+\\\text{示踪剂的扩散速率}\end{matrix}\right\}_{Z+\Delta Z处}+\{\Delta Z\ \text{部分示踪剂的积累速率}\}\tag{3.221}$$

$$\{A\bar{u}C(Z,\ \theta)+AJ(Z,\ \theta)\}_{Z}$$

$$=\{A\bar{u}C(Z+\Delta Z,\ \theta)+AJ(Z+\Delta Z,\ \theta)\}_{Z+\Delta Z}+\frac{\partial}{\partial\theta}[A\Delta ZC(Z,\ \theta)]\tag{3.222}$$

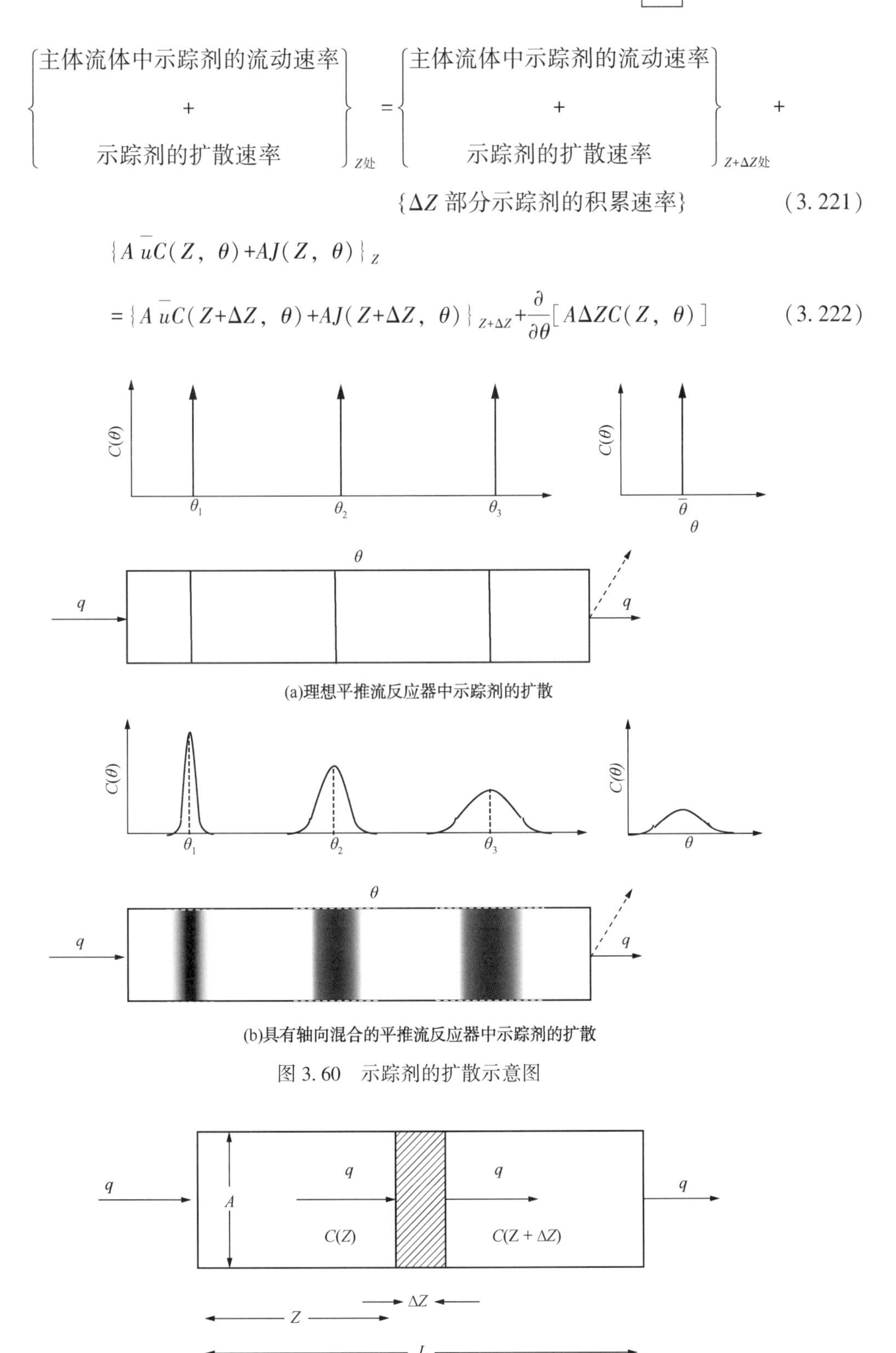

(a)理想平推流反应器中示踪剂的扩散

(b)具有轴向混合的平推流反应器中示踪剂的扩散

图 3.60　示踪剂的扩散示意图

图 3.61　具有轴向混合的非理想平推流反应器示意图

将式(3.220)代入式(3.222)，取代 J 可得：

$$\left\{A\bar{u}C(Z,\ \theta)-AD\left.\frac{\partial C}{\partial Z}\right|_{Z}\right\}=\left\{A\bar{u}C(Z+\Delta Z,\ \theta)-AD\left.\frac{\partial C}{\partial Z}\right|_{Z+\Delta Z}\right\}+A\Delta Z\frac{\partial C}{\partial\theta} \tag{3.223}$$

消去式(3.223)中的 A 可得：

$$\left\{\bar{u}C(Z,\ \theta)-D\left.\frac{\partial C}{\partial Z}\right|_{Z}\right\}=\left\{\bar{u}C(Z+\Delta Z,\ \theta)-D\left.\frac{\partial C}{\partial Z}\right|_{Z+\Delta Z}\right\}+\Delta Z\frac{\partial C}{\partial\theta} \tag{3.224}$$

定义入口的无量纲距离 $\mathfrak{Z}=Z/L$，无量纲时间 $\tilde{\theta}=\theta\bar{u}/L=(\theta/\bar{\theta})$，将式(3.224)中的所有项除以 ΔZ，当 $\Delta Z\rightarrow 0$ 时，取极限可得：

$$D\frac{\partial^2 C}{\partial z^2}-\bar{u}\frac{\partial C}{\partial z}-\frac{\partial C}{\partial\theta}=0 \tag{3.225}$$

改写式(3.225)为 $\mathfrak{Z}$ 和 $\tilde{\theta}$ 的形式：

$$\left(\frac{D}{L^2}\right)\frac{\partial^2 C}{\partial\mathfrak{Z}^2}-\left(\frac{\bar{u}}{L}\right)\frac{\partial C}{\partial\mathfrak{Z}}-\left(\frac{\bar{u}}{L}\right)\left(\frac{\partial C}{\partial\tilde{\theta}}\right)=0 \tag{3.226}$$

将上式除以 $(\bar{u}/L)$ 可得：

$$\left(\frac{D}{\bar{u}L^2}\right)\frac{\partial^2 C}{\partial\mathfrak{Z}^2}-\frac{\partial C}{\partial\mathfrak{Z}}-\frac{\partial C}{\partial\tilde{\theta}}=0 \tag{3.227}$$

定义无量纲数佩克莱数 Pe 为：

$$Pe=\frac{\bar{u}L}{D} \tag{3.228}$$

式(3.227)可改写为：

$$\frac{1}{Pe}\frac{\partial^2 C}{\partial\mathfrak{Z}^2}-\frac{\partial C}{\partial\mathfrak{Z}}-\frac{\partial C}{\partial\tilde{\theta}}=0 \tag{3.229}$$

式(3.229)为轴向扩散模型方程，佩克莱数 Pe 为模型参数。对于理想平推流反应器，$Pe=\infty$；对于理想连续搅拌釜式反应器，$Pe=0$；对于具有轴向混合的任意非理想平推流反应器，Pe 为大于 0 的有限值。

模型方程(3.229)的解取决于 $\mathfrak{Z}=0$（容器入口）和 $\mathfrak{Z}=1$（容器出口）处定义的边界条件。如果在边界处开始（入口处）或终止（出口处）扩散（轴向混合）且边界外无扩散，容器的边界（入口或出口）则被定义为闭合的。反之，如果扩散在边界外某个地方开始或终止，边界则被定义为开放的。因此，存在 4 种可能的边界条件，即：开放（入口）—开放（出口），开放（入口）—闭合（出口），闭合（入口）—开放（出口）和闭合（入口）—闭合（出口）。在这 4 种边界条件中，闭合—闭合边界条件（称为 Danckwarts 边界条件）被认为是实际条件最适合的一种表示方法。这里谈论的即为 Danckwarts 闭合—闭合边界条件。

对于平衡方程(3.224)，通过设定 $Z=0^-$（容器入口）、$Z+\Delta Z=0^+$（容器入口内）和 $\Delta Z=0$

(入口边界的厚度)，可推导得到入口的边界条件，表示如下：

$$\bar{u}C(0^-)-D\left.\frac{\mathrm{d}C}{\mathrm{d}Z}\right|_{0^-}=\bar{u}C(0^+)-D\left.\frac{\mathrm{d}C}{\mathrm{d}Z}\right|_{0^+} \tag{3.230}$$

容器入口为闭合边界。由于容器入口外无扩散，因此 $D\left.\frac{\mathrm{d}C}{\mathrm{d}Z}\right|_{0^-}=0$。容器入口外示踪剂注入点的示踪剂浓度为 C_0，则 $C(0^-)=C_0$。因此，式(3.230)可简化为：

$$C_0=C(0^+)-\left.\frac{1}{Pe}\frac{\partial C}{\partial \mathfrak{Z}}\right|_{\mathfrak{Z}=0^+} \tag{3.231}$$

类似地，对于平衡方程(3.224)，通过设定 $Z=L^-$(容器出口内)、$Z+\Delta Z=L^+$(容器出口外)和 $\Delta Z=0$(出口边界的厚度)，可推导得到出口的边界条件，表示如下：

$$\bar{u}C(L^-)-D\left.\frac{\mathrm{d}C}{\mathrm{d}Z}\right|_{L^-}=\bar{u}C(L^+)-D\left.\frac{\mathrm{d}C}{\mathrm{d}Z}\right|_{L^+} \tag{3.232}$$

容器出口为闭合边界且容器出口外无扩散，所以 $D(\mathrm{d}C/\mathrm{d}Z)_{L^+}=0$。因此，式(3.232)可简化为：

$$\bar{u}C(L^-)-D\left.\frac{\mathrm{d}C}{\mathrm{d}Z}\right|_{L^-}=\bar{u}C(L^+) \tag{3.233}$$

因为容器出口没有特殊情况(例如示踪剂的添加或消除)引起示踪剂浓度的突然变化，所以容器出口($Z=L$)处示踪剂的浓度 $C(Z)$ 是 Z 的连续函数。因此，$C(L^-)=C(L^+)$。在 $Z=L$处，根据 $C(Z)$的连续条件，式(3.233)可化简为：

$$\left.\frac{\mathrm{d}C}{\mathrm{d}\mathfrak{Z}}\right|_{\mathfrak{Z}=1}=0 \tag{3.234}$$

式(3.231)和式(3.234)定义了 Danckwarts 闭合—闭合边界条件。如果 $\tilde{C}(\mathfrak{Z},\tilde{\theta})$表示具有边界条件式(3.231)和式(3.234)的 Danckwarts 模型方程(3.229)的解，那么轴向扩散模型的停留时间分布函数为：

$$F(\tilde{\theta})=\frac{\tilde{C}(1,\tilde{\theta})}{C_0} \tag{3.235}$$

和

$$E(\tilde{\theta})=\frac{\mathrm{d}F(\tilde{\theta})}{\mathrm{d}\tilde{\theta}} \tag{3.236}$$

$E(\theta)$—θ 曲线随佩克莱数 Pe 的变化如图 3.62 所示。

从图 3.62 中可以看出：随着 Pe 的升高，$E(\theta)$—θ 曲线由理想连续搅拌釜式反应器的曲线逐渐接近理想平推流反应器的曲线。由示踪实验得到的 $E(\theta)$—θ 曲线，估算参数 Pe 的值，使得图 3.62 所示的实验曲线与理论曲线相符。由于不可能得到具有 Danckwarts 边界条

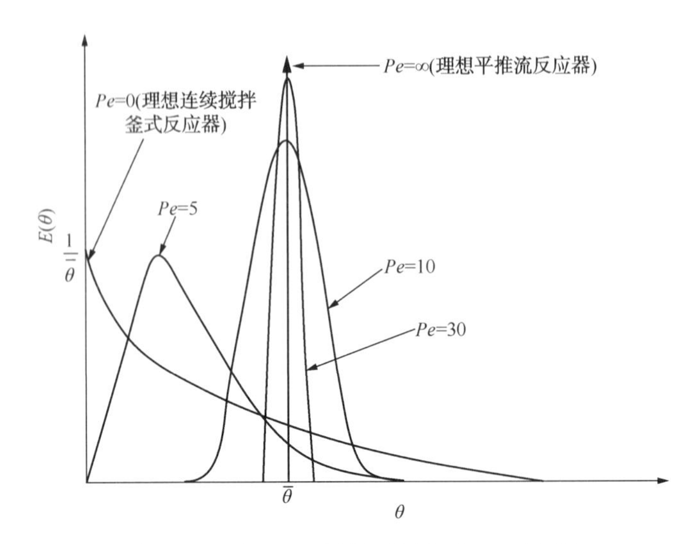

图 3.62　$E(\theta)$—θ 曲线为佩克莱数 Pe 的函数

件式(3.231)和式(3.234)的模型方程(3.229)的分析解，所以我们无法推导得到 $E(\theta)$ 的理论表达式。但是，不需要实际求解模型方程，我们利用矩量法即可推导出关联停留时间分布方差 σ^2、平均值 $\bar{\theta}$ 和佩克莱数 Pe 的显式方程，表示如下：

$$\frac{\sigma^2}{\bar{\theta}^2}=\frac{2}{Pe}-\frac{2}{Pe^2}(1-e^{-Pe}) \tag{3.237}$$

给定停留时间分布函数 $E(\theta)$(脉冲实验得到的 E 曲线)的方差 σ^2 和平均值 $\bar{\theta}$，利用上式可估算 Pe。式(3.237)的推导见附录 3A。

3.2.5.1　轴向扩散模型的转化率

图 3.63 所示为在轴向混合的非理想平推流反应器中进行的 1 级不可逆反应 $A \xrightarrow{k} B$。

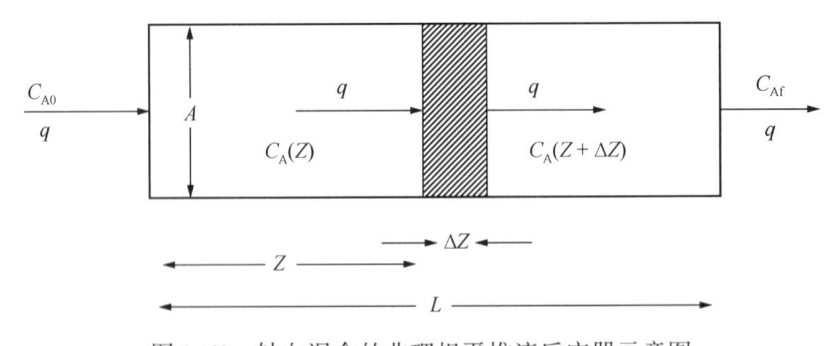

图 3.63　轴向混合的非理想平推流反应器示意图

L 为管式反应器的长度，A 为横截面积，q 为流体的体积流速，$\bar{u}=q/A$ 为流体的平均速度，C_{A0}和 C_{Af}为原料 A 在入口和出口的浓度，$C_A(Z)$ 为距入口 Z 处的流体中 A 的浓度，$(-r_A)=kC_A$ 为比反应速率，k 为比反应速率常数。

对距离入口 Z 处厚度为 ΔZ 的容器部分进行稳态平衡计算可得：

$$\begin{Bmatrix}\text{主体流体中 A 的流动速率}\\ +\\ \text{A 的扩散速率}\end{Bmatrix}_{Z\text{处}}=\begin{Bmatrix}\text{主体流体中 A 的流动速率}\\ +\\ \text{A 的扩散速率}\end{Bmatrix}_{Z+\Delta Z\text{处}}+$$

$$\{\Delta Z\text{ 部分 A 的反应消耗速率}\} \tag{3.238}$$

$$\left\{A\bar{u}C_A(Z)-AD\frac{\mathrm{d}C_A(Z)}{\mathrm{d}Z}\bigg|_Z\right\}=\left\{A\bar{u}C_A(Z+\Delta Z)-AD\frac{\mathrm{d}C_A(Z)}{\mathrm{d}Z}\bigg|_{Z+\Delta Z}\right\}+A\Delta Z[kC_A(Z)] \tag{3.239}$$

将式(3.238)除以 ΔZ，当 $\Delta Z\to 0$ 时取极限可得：

$$D\frac{\mathrm{d}^2C_A}{\mathrm{d}Z^2}-\bar{u}\frac{\mathrm{d}C_A}{\mathrm{d}Z}-kC_A=0 \tag{3.240}$$

式(3.240)中，D 为扩散系数。定义距离入口的无量纲距离$\mathfrak{z}=Z/L$，空时 $\tau=L/u$，式(3.240)可改写为：

$$\frac{1}{Pe}\frac{\mathrm{d}^2\tilde{C}_A}{\mathrm{d}\mathfrak{z}^2}-\frac{\mathrm{d}\tilde{C}_A}{\mathrm{d}\mathfrak{z}}-(k\tau)\tilde{C}_A=0 \tag{3.241}$$

式(3.241)中，佩克莱数 $Pe=D/uL$，A 的无量纲浓度 $C_A=C_A/C_{A0}$，Danckwarts 边界条件为：

$\mathfrak{z}=0$(反应器入口)时：

$$\tilde{C}_A(0^+)-\frac{1}{Pe}\frac{\mathrm{d}\tilde{C}_A(0^+)}{\mathrm{d}\mathfrak{z}}=1 \tag{3.242}$$

$\mathfrak{z}=1$(反应器出口)时：

$$\frac{\mathrm{d}\tilde{C}_A}{\mathrm{d}\mathfrak{z}}\bigg|_{\mathfrak{z}=1}=0 \tag{3.243}$$

二级微分方程(3.240)的解为：

$$\tilde{C}_A(\mathfrak{z})=A_1\mathrm{e}^{m_1\mathfrak{z}}+A_2\mathrm{e}^{m_2\mathfrak{z}} \tag{3.244}$$

其中

$$\left.\begin{aligned}m_1&=\frac{Pe(1+\alpha)}{2}\\ m_2&=\frac{Pe(1-\alpha)}{2}\end{aligned}\right\} \tag{3.245}$$

式(3.245)为特征方程$(1/Pe)m^2-m-k\tau=0$ 的根。

$$\alpha=\sqrt{1+\frac{4k\tau}{Pe}} \tag{3.246}$$

利用边界条件式(3.242)和式(3.243)计算得到积分常数 A_1 和 A_2。估算$\frac{\mathrm{d}\tilde{C}_A}{\mathrm{d}\zeta}$在$\mathfrak{z}=0$ 和 $\mathfrak{z}=1$时的导数可得：

$$\left.\frac{\mathrm{d}\tilde{C}_A}{\mathrm{d}\mathfrak{z}}\right|_{\mathfrak{z}=0}=\frac{A_1 Pe(1+\alpha)}{2}+\frac{A_2 Pe(1-\alpha)}{2} \tag{3.247}$$

$$\left.\frac{\mathrm{d}\tilde{C}_A}{\mathrm{d}\zeta}\right|_{\mathfrak{z}=1}=\frac{A_1 Pe(1+\alpha)}{2}\mathrm{e}^{\frac{Pe}{2}(1+\alpha)}+\frac{A_2 Pe(1-\alpha)}{2}\mathrm{e}^{\frac{Pe}{2}(1-\alpha)} \tag{3.248}$$

将式(3.247)和式(3.248)代入边界条件式(3.242)和式(3.243)中，求解 A_1 和 A_2 可得：

$$A_1=\frac{2(1-\alpha)\mathrm{e}^{-(Pe/2)\alpha}}{(1-\alpha)^2\mathrm{e}^{-(Pe/2)\alpha}-(1+\alpha)^2\mathrm{e}^{+(Pe/2)\alpha}} \tag{3.249}$$

$$A_2=\frac{2(1+\alpha)\mathrm{e}^{+(Pe/2)\alpha}}{(1-\alpha)^2\mathrm{e}^{-(Pe/2)\alpha}-(1+\alpha)^2\mathrm{e}^{+(Pe/2)\alpha}} \tag{3.250}$$

A 的转化率 x_{Af} 为：

$$x_{Af}=1-\tilde{C}_A(1) \tag{3.251}$$

且

$$\tilde{C}_A(1)=A_1\mathrm{e}^{\frac{Pe}{2}(1+\alpha)}+A_2\mathrm{e}^{\frac{Pe}{2}(1-\alpha)} \tag{3.252}$$

$$\tilde{C}_A(1)=\left(A_1\mathrm{e}^{\frac{Pe}{2}\alpha}+A_2\mathrm{e}^{-\frac{Pe}{2}\alpha}\right)\mathrm{e}^{\frac{Pe}{2}} \tag{3.253}$$

联立式(3.249)，式(3.250)，式(3.251)和式(3.253)可得：

$$x_{Af}=1-\frac{4\alpha\mathrm{e}^{(Pe/2)}}{(1+\alpha)^2\mathrm{e}^{+(Pe/2)\alpha}-(1-\alpha)^2\mathrm{e}^{-(Pe/2)\alpha}} \tag{3.254}$$

将非理想平推流反应器估算得到的 Pe 值用于上述方程，预测 1 级反应的转化率。

题 3.15

对两个不同的反应器进行示踪实验，这两个反应器脉冲实验的响应见下表。

时间 θ	0	1	2	3	4	5	6	7	8	9	10	11	12	13	14
反应器 I 中的示踪剂浓度 $C(\theta)$，g/L	0	1.3	4.0	5.0	4.5	3.5	2.5	1.7	1.1	0.5	0.2	0	0	0	0

续表

时间 θ	0	1	2	3	4	5	6	7	8	9	10	11	12	13	14
反应器Ⅱ中的示踪剂浓度 $C(\theta)$，g/L	0	0.4	1.3	2.4	3.8	5.1	5.5	4.5	3.1	1.9	1.1	0.5	0.2	0	0

（1）计算平均值 $\bar{\theta}$ 和方差 σ^2；

（2）假设反应器符合串联釜式反应器模型，计算速率常数 $k=0.421\text{min}^{-1}$ 时 1 级反应在反应器中达到的转化率；

（3）如果轴向扩散模型适用，反应器中的转化率为多少？

解：

（1）根据题中给出的脉冲响应数据，绘制两个反应器的 $C(\theta)$—θ 曲线(图 P3.15)。

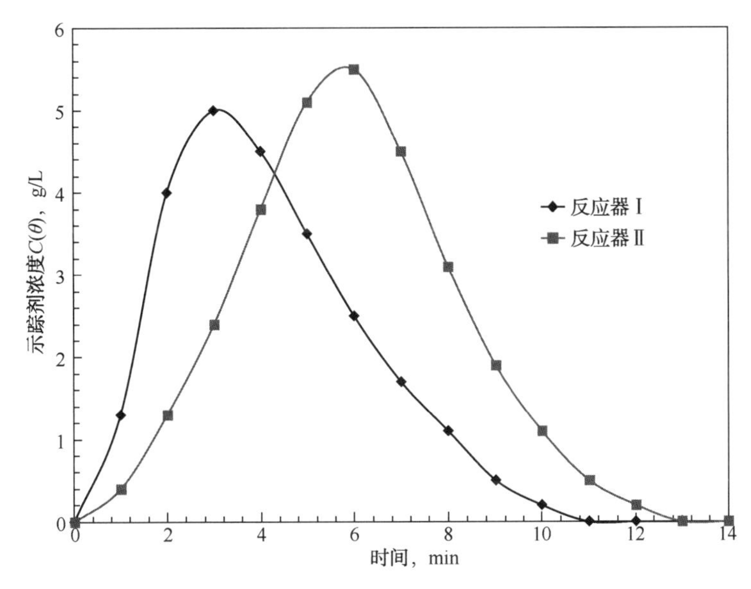

图 P3.15 脉冲实验响应图

利用下式计算 $E(\theta)$：

$$E(\theta)=\frac{C(\theta)}{\int_0^{\infty}C(\theta)\,\mathrm{d}\theta}$$

利用下述方程计算平均值 $\bar{\theta}$ 和方差 σ^2：

$$\bar{\theta}=\int_0^{\infty}\theta E(\theta)\,\mathrm{d}\theta$$

$$\sigma^2=\int_0^{\infty}\theta^2 E(\theta)\,\mathrm{d}\theta-\bar{\theta}^2$$

根据梯形法则，利用下式计算方程中出现的积分项：

$$\int_{y_1}^{y_N} y\mathrm{d}x = \frac{\Delta x}{2}[(y_1 + y_N) + 2(y_2 + y_3 + y_4 + \cdots + y_{N-1})]$$

其中，y_1，y_2，…，y_N 为 x 等于 x_1，x_2，…，x_N 时所对应的 y 值，其中 $\Delta x = x_2 - x_1 = x_3 - x_2 = \cdots$采用数值积分法计算得到的积分值见下表。

对于反应器Ⅰ：

θ	$C(\theta)$	$E(\theta)$	$\theta E(\theta)$	$\theta^2 E(\theta)$
0	0	0	0	0
1	1.3	0.0535	0.0535	0.0535
2	4.0	0.1646	0.3292	0.6584
3	5.0	0.2058	0.6174	1.8522
4	4.5	0.1852	0.7408	2.9632
5	3.5	0.1440	0.7200	3.6000
6	2.5	0.1029	0.6174	3.7044
7	1.7	0.0700	0.4900	3.4300
8	1.1	0.0453	0.3624	2.8992
9	0.5	0.0206	0.1854	1.6686
10	0.2	0.0082	0.082	0.8200
11	0	0	0	0
积分值	$\int_0^\infty C(\theta)\mathrm{d}\theta = 24.3$	$\int_0^\infty E(\theta)\mathrm{d}\theta = 1.0$	$\int_0^\infty \theta E(\theta)\mathrm{d}\theta = 4.198$	$\int_0^\infty \theta^2 E(\theta)\mathrm{d}\theta = 21.65$

$$\bar{\theta} = \int_0^\infty \theta E(\theta)\mathrm{d}\theta = 4.198\mathrm{min}$$

$$\sigma^2 = \int_0^\infty \theta^2 E(\theta)\mathrm{d}\theta - \bar{\theta}^2 = 2.165 - 4.198^2 = 4.03$$

对于反应器Ⅱ：

θ	$C(\theta)$	$E(\theta)$	$\theta E(\theta)$	$\theta^2 E(\theta)$
0	0	0	0	0
1	0.4	0.0134	0.0134	0.0134

续表

θ	$C(\theta)$	$E(\theta)$	$\theta E(\theta)$	$\theta^2 E(\theta)$
2	1.3	0.0436	0.0872	0.1744
3	2.4	0.0805	0.02415	0.7245
4	3.8	0.1275	0.5100	2.0400
5	5.1	0.1711	0.8555	4.2775
6	5.5	0.1846	1.1076	6.6456
7	4.5	0.1510	1.057	7.3990
8	3.1	0.1040	0.8320	6.6560
9	1.9	0.0638	0.5742	5.1678
10	1.1	0.0369	0.3690	3.6900
11	0.5	0.0168	0.1848	2.0328
12	0.2	0.0067	0.0804	0.9648
13	0	0	0	0
积分值	$\int_0^\infty C(\theta)\mathrm{d}\theta = 29.8$	$\int_0^\infty E(\theta)\mathrm{d}\theta = 1.0$	$\int_0^\infty \theta E(\theta)\mathrm{d}\theta = 5.913$	$\int_0^\infty \theta^2 E(\theta)\mathrm{d}\theta = 39.79$

$$\bar{\theta} = \int_0^\infty \theta E(\theta)\mathrm{d}\theta = 5.913\text{min}$$

$$\sigma^2 = \int_0^\infty \theta^2 E(\theta)\mathrm{d}\theta - \bar{\theta}^2 = 39.79 - 5.913^2 = 4.83$$

(2) 反应器符合串联釜式反应器模型，所以：

$$\frac{1}{N} = \frac{\sigma^2}{\bar{\theta}^2}$$

对于反应器Ⅰ：

$$N = \frac{\bar{\theta}^2}{\sigma^2} = \frac{4.198^2}{4.03} = 4.37$$

对于反应器Ⅱ：

$$N = \frac{\bar{\theta}^2}{\sigma^2} = \frac{5.193^2}{4.83} = 7.24$$

对于反应速率常数为 k 的1级反应，转化率 x_{Af} 为：

$$x_{\mathrm{Af}} = 1 - \frac{1}{(1 - k\tau/N)^N}$$

空时 $\tau=\bar{\theta}$。

对于反应器Ⅰ：

$$x_{\mathrm{Af}}=1-\frac{1}{[1-(0.421\times4.198)/4.37]^{4.37}}=0.773$$

$$x_{\mathrm{Af}}=77.3\%$$

注意，对于理想连续搅拌釜式反应器：

$$x_{\mathrm{Af}}=\frac{k\tau}{1+k\tau}=\frac{0.421\times4.198}{1+0.421\times4.198}=63.8\%$$

对于理想平推流反应器：

$$x_{\mathrm{Af}}=1-\mathrm{e}^{-k\tau}=82.92\%$$

因此，非理想反应器中反应达到的转化率介于理想连续搅拌釜式反应器中反应达到转化率和理想平推流反应器中反应达到的转化率之间。

对于反应器Ⅱ：

$$x_{\mathrm{Af}}=1-\frac{1}{[1-(0.421\times5.913)/7.24]^{7.24}}=88.23\%$$

将其与理想连续搅拌釜式反应器中反应达到的转化率相比，

$$x_{\mathrm{Af}}=\frac{k\tau}{1+k\tau}=\frac{0.421\times5.913}{1+0.421\times5.913}=71.3\%$$

理想平推流反应器中反应达到的转化率为：

$$x_{\mathrm{Af}}=1-\mathrm{e}^{-k\tau}=91.7\%$$

（3）反应器符合轴向扩散模型，则：

$$\frac{\sigma^2}{\bar{\theta}^2}=\frac{2}{Pe}-\frac{2}{Pe^2}(1-\mathrm{e}^{-Pe})$$

对于反应器Ⅰ：

$$\frac{\sigma^2}{\bar{\theta}^2}=\frac{4.03}{4.198^2}=0.2287$$

通过试差法，计算得到佩克莱数为：

$$Pe=76$$

对于反应器Ⅱ：

$$\frac{\sigma^2}{\bar{\theta}^2}=\frac{4.83}{5.913^2}=0.1381$$

通过试差法，计算得到佩克莱数为：

$$Pe=13.40$$

对于反应速率常数为 k 的 1 级反应，转化率 x_{Af} 为：

$$x_{Af}=1-\frac{4\alpha e^{(Pe/2)}}{(1+\alpha)^2 e^{(Pe/2)\alpha}-(1-\alpha)^2 e^{(-Pe/2)\alpha}}$$

其中

$$\alpha=\sqrt{1+\frac{4k\tau}{Pe}};\ \ \tau=\bar{\theta}$$

对于反应器Ⅰ：

$$k\tau=0.421\times4.198=1.767$$

$$\alpha=\sqrt{1+\frac{4\times1.767}{7.6}}=1.389$$

且 $x_{Af}=77.8\%$。

对于反应器Ⅱ：

$$k\tau=0.421\times5.913=2.489$$

$$\alpha=\sqrt{1+\frac{4\times2.489}{13.4}}=1.320$$

且 $x_{Af}=88.5\%$。

值得一提的是，使用串联釜式反应器模型和轴向扩散模型所预测的转化率相同。

注：参考 MATLAB 程序 non_ id_ conversion. m。

3.2.6 层流反应器

流体流动为层流的管式反应器被认为是非理想反应器，如 3.2.2 节所述。层流是指流体元以有序的流线形式移动且以不同流线移动的两个流体元不会相互混合的一种流动形式。因此，流体元在轴向和径向均不会混合。这种流体流动形式称为全分层流。管式反应器中流体的层流如图 3.64 所示。

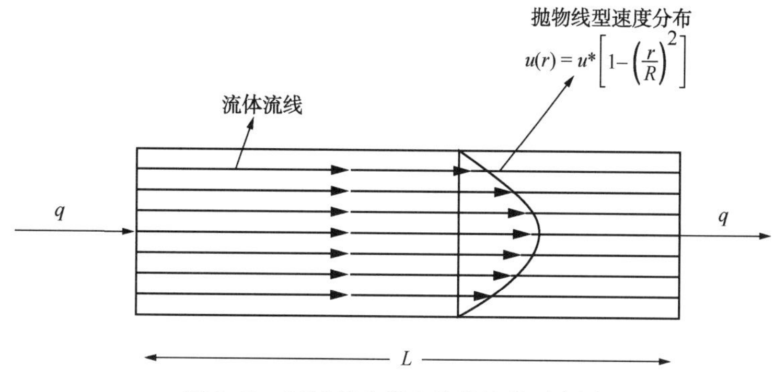

图 3.64 层流反应器中流体流线示意图

所有在径向距离 r 处以流线移动的流体元在轴向的移动速度为 $u(r)$，表示如下：

$$u(r)=u^*\left[1-\left(\frac{r}{R}\right)^2\right] \tag{3.255}$$

上式中，u^* 为最大流动速度，即流体在中心轴($r=0$)处的移动速度，R 为管径。$\theta(r)$ 为在径向距离 r 处以流线形式移动的流体元的停留时间，表示如下：

$$\theta(r)=\frac{L}{u(r)}=\frac{L}{u^*[1-(r/R)^2]} \tag{3.256}$$

由于层流的最大流动速度 u^* 是平均速度 $\bar{u}$ 的两倍，即 $u^*=2\bar{u}$，可得：

$$\theta(r)=\frac{\bar{\theta}}{2[1-(r/R)^2]} \tag{3.257}$$

式(3.257)表明流体元的停留时间具有空间分布(在径向上)的特点，在中心轴处移动的流体元的停留时间最长，为 $\bar{\theta}^2$。流经 r—$r+\mathrm{d}r$ 间径向截面的流体的停留时间介于 θ 和 $\theta+\mathrm{d}\theta$ 之间。流经径向截面的流体 $\mathrm{d}q$ 的体积流速为：

$$\mathrm{d}q=u(r)(2\pi r)\mathrm{d}r \tag{3.258}$$

将 d_q 除以总体积流速 $q=(\pi R^2)\bar{u}$，根据 $E(\theta)\mathrm{d}\theta$ 的定义，可得停留时间介于 θ 和 $\theta+\mathrm{d}\theta$ 之间的流体元所占的分数为：

$$\frac{\mathrm{d}q}{q}=E(\theta)\mathrm{d}\theta=\frac{u(r)(2\pi r)\mathrm{d}r}{\bar{u}(\pi R^2)} \tag{3.259}$$

即

$$E(\theta)\mathrm{d}\theta=\frac{2u(r)r\mathrm{d}r}{\bar{u}R^2} \tag{3.260}$$

联立式(3.255)和式(3.257)可得：

$$\frac{u(r)}{2\bar{u}}=\left(1-\frac{r}{R}\right)^2=\frac{\bar{\theta}}{2\theta} \tag{3.261}$$

对方程$[1-(r/R)^2]=(\bar{\theta}/2\theta)$的两边求导可得：

$$\mathrm{d}\left[1-\left(\frac{r}{R}\right)^2\right]=\mathrm{d}\left(\frac{\bar{\theta}}{2\theta}\right) \tag{3.262}$$

即

$$\frac{2r\mathrm{d}r}{R^2}=\frac{\bar{\theta}\mathrm{d}\theta}{2\theta^2} \tag{3.263}$$

将式(3.263)和式(3.261)代入式(3.260)可得 $E(\theta)$ 的表达式如下：

$$E(\theta)=\frac{\bar{\theta}^2}{2\theta^3} \tag{3.264}$$

只有当 $\theta \geqslant \bar{\theta}/2$，即进入容器的流体元在 $\theta=\bar{\theta}/2$ 前未离开时，方程(3.264)有效。因此，

$$E(\theta)=\begin{cases}0, & \theta<\dfrac{\bar{\theta}}{2}\\[2ex] \dfrac{\bar{\theta}^2}{2\theta^3}, & \theta \geqslant \dfrac{\bar{\theta}}{2}\end{cases} \tag{3.265}$$

当 $\theta=\dfrac{\bar{\theta}}{2}$ 时，$E(\theta)=\dfrac{4}{\bar{\theta}}$。

图 3.65 为层流反应器的 $E(\theta)$—θ 曲线。

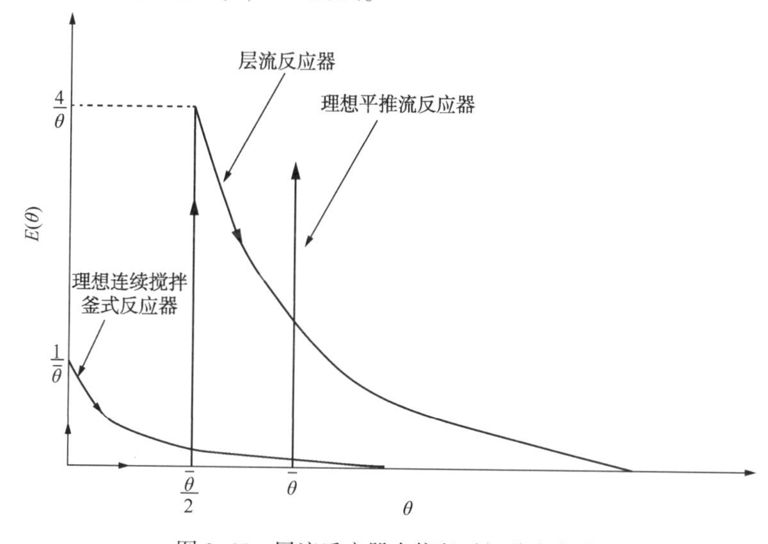

图 3.65　层流反应器中停留时间分布曲线

3.2.6.1　层流反应器中反应的转化率

由于层流反应器中的流体元在轴向和径向均无混合，因此这种流动形式被称为全分层流。我们可以将一个流体元想象为一个聚集体或从反应器入口移动至出口的一组流体分子。每个聚集体中的流体分子完全混合，使反应物转化为产物。但是，在该混合形式下，一个聚集体中的分子不与另一聚集体中的分子混合，二者完全隔离。层流反应器中一条流线的流体元的分层流动如图 3.66 所示。

每个流体元即流体分子的完全隔离聚集体，可被看作一个微型间歇反应器。流体元的停留时间 θ 是指决定流体元达到的转化率的间歇反应时间。对于在层流反应器中进行的 1 级反应 $A \xrightarrow{k} B$，$(-r_A)=kC_A$ 为反应的动力学速率方程。单一流体元(看作间歇反应器)中反应物浓度 C_A 的变化速率表示如下：

$$\frac{dC_A}{dt}=-kC_A \tag{3.266}$$

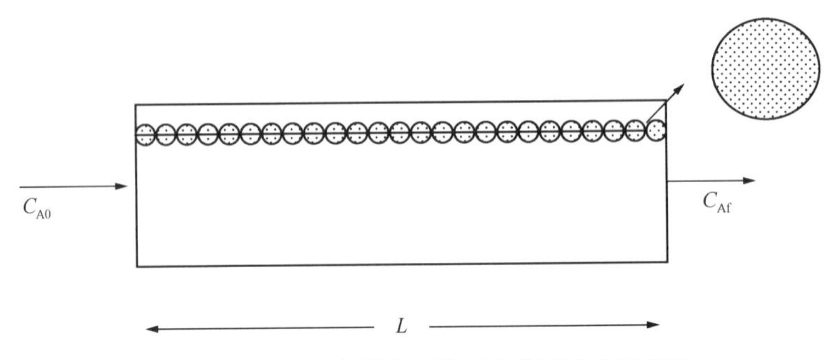

图 3.66　层流反应器中流体元的分层流动示意图

对此方程从 $t=0$ 至 $t=\theta$(θ 为流体元的停留时间)进行积分，同时流体元中 A 的浓度 C_A 从入口浓度 C_{A0}变化至出口浓度 C_{Ab}，积分式表示如下：

$$\int_{C_{A0}}^{C_{Ab}} \frac{dC_A}{C_A} = -\int_0^{\theta} k dt \tag{3.267}$$

可得：

$$\frac{C_{Ab}}{C_{A0}} = e^{-k\theta} \tag{3.268}$$

反应器中停留时间为 θ 的流体元达到的转化率 $x_{Ab}(\theta)$ 为：

$$x_{Ab}(\theta) = 1 - \frac{C_{Ab}}{C_{A0}} = 1 - e^{-k\theta} \tag{3.269}$$

因此，反应器中流体元达到的转化率是其停留时间 θ 的函数。给定停留时间分布函数 $E(\theta)$，可计算任意时间离开反应器的所有流体元达到的平均转化率，即最终转化率 x_{Af}。因此，

$$x_{Af} = \int_0^{\infty} x_{Ab}(\theta) E(\theta) d\theta \tag{3.270}$$

此式为任一层流反应器中转化率计算的通式。对于一个模型化为隔离流反应器的层流反应器，将式(3.269)和式(3.265)代入式(3.270)可得 x_{Af}的表达式为：

$$x_{Af} = \int_{\bar{\theta}/2}^{\infty} (1 - e^{-k\theta}) \left(\frac{\bar{\theta}^2}{2\theta^3}\right) d\theta \tag{3.271}$$

即

$$x_{Af} = 1 - \frac{\bar{\theta}^2}{2} \int_{\bar{\theta}/2}^{\infty} \frac{e^{-k\theta}}{\theta^3} d\theta \tag{3.272}$$

类似地，对于 2 级反应，从 $t=0$ 至 $t=\theta$ 对 $dC_A/dt=-kC_A$ 进行积分可得单一流体元达到的转化率 $x_{Ab}(\theta)$：

$$x_{Ab}(\theta)=\frac{kC_{A0}\theta}{1+kC_{A0}\theta} \tag{3.273}$$

将式(3.265)和式(3.273)代入式(3.270)中，可得层流反应器中2级反应转化率x_{Af}的表达式如下：

$$x_{Af}=\int_{\bar{\theta}/2}^{\infty}\left(\frac{kC_{A0}\theta}{1+kC_{A0}\theta}\right)\left(\frac{\bar{\theta}^2}{2\theta^3}\right)d\theta \tag{3.274}$$

上式可化简为：

$$x_{Af}=\frac{kC_{A0}\bar{\theta}^2}{2}\int_{\bar{\theta}/2}^{\infty}\frac{d\theta}{\theta^2(1+kC_{A0}\theta)} \tag{3.275}$$

题 3.16

速率常数$k=0.15\text{min}^{-1}$的1级反应在管式流动反应器中进行，假设反应器符合理想平推流条件，反应物转化率预计可达80%。然而，通过计算雷诺数发现流动形式为层流，那么反应器的转化率预计可达多少？

解：对于速率常数为k的1级反应，理想平推流反应器中反应物的转化率表示如下：

$$x_{Af}=1-e^{-k\tau};\quad \tau=\frac{1}{k}\ln\frac{1}{1-x_{Af}}$$

当$k=0.15$，$x_{Af}=0.8$时，空时$\tau=\frac{1}{0.15}\ln\left(\frac{1}{1-0.8}\right)=10.73\text{min}$。

对于管式反应器，平均停留时间$\bar{\theta}=\tau=10.73$，层流反应器中1级反应的转化率为：

$$x_{Af}=1-\frac{\bar{\theta}^2}{2}\int_{\bar{\theta}/2}^{\infty}\left(\frac{e^{-k\theta}}{\theta^3}\right)d\theta$$

利用梯形法则，通过数值计算方程中的积分项，计算过程见下表。

θ	$e^{-k\theta}$	$\left(\frac{e^{-k\theta}}{\theta^3}\right)\times10^{-3}$
$\frac{\bar{\theta}}{2}=5.363$	0.4472	2.898
5.765	0.4212	2.198
6.165	0.3966	1.693
6.565	0.3735	1.320
6.965	0.3518	1.041
7.365	0.3313	0.829
7.765	0.3120	0.666

续表

θ	$e^{-k\theta}$	$\left(\frac{e^{-k\theta}}{\theta^3}\right)\times10^{-3}$
8.165	0.2938	0.539
8.565	0.2767	0.440
8.965	0.2606	0.322
9.365	0.2454	0.299
9.765	0.2311	0.248
10.165	0.2176	0.207
10.565	0.2050	0.174
10.965	0.1931	0.146
11.365	0.1818	0.124
11.765	0.1712	0.105
12.165	0.1613	0.0896
12.565	0.1519	0.0766
12.965	0.1430	0.0656
13.365	0.1347	0.0564
13.765	0.1268	0.0486
14.165	0.1195	0.0420
14.565	0.1125	0.0364
14.965	0.1059	0.0316
15.365	0.0998	0.0275
15.765	0.0940	0.0240
16.165	0.0885	0.0210

根据梯形法则 $\int_{y_1}^{y_N} y\mathrm{d}x = \frac{\Delta x}{2}[(y_1 + y_N) + 2(y_2 + y_3 + y_4 + \cdots + y_{N-1})]$，计算过程如下：

$$\int_{\bar{\theta}/2}^{\infty}\left(\frac{e^{-k\theta}}{\theta^3}\right)\mathrm{d}\theta = \frac{0.4}{2}[(2.898 + 0.0210) + 2(2.198 + 1.693 + 1.320 + \cdots + 0.0240)]\times10^{-3}$$

$$\int_{\bar{\theta}/2}^{\infty}\left(\frac{e^{-k\theta}}{\theta^3}\right)\mathrm{d}\theta = 0.2\times10^{-3}\times(2.919 + 2\times10.849)$$

$$\int_{\bar{\theta}/2}^{\infty}\left(\frac{e^{-k\theta}}{\theta^3}\right)d\theta = 4.924\times10^{-3}$$

将积分项的值代入转化率 x_{Af} 的计算方程可得：

$$x_{Af}=1-\frac{10.73^2}{2}\times(4.924\times10^{-3})$$

$$x_{Af}=71.65\%$$

因此，层流反应器中反应的转化率低于相同尺寸的理想平推流反应器中反应的转化率(80%)。

注：参考 MATLAB 程序 non_ id_ conversion. m。

3.2.7 具有死区和旁路的非理想连续搅拌釜式反应器

非理想特性如连续搅拌釜式反应器中的死区和旁路是由反应器中流体混合不当引起的。具有死区和旁路的非理想连续搅拌釜式反应器的典型 E 曲线如图 3.67 所示。

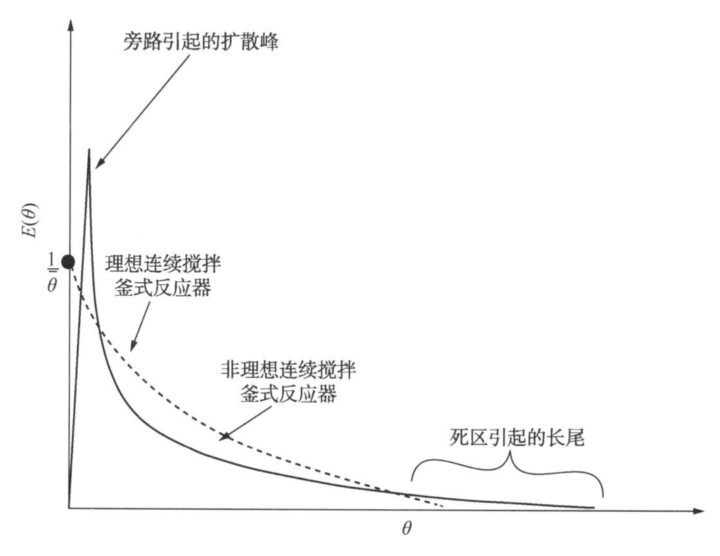

图 3.67 具有死区和旁路的非理想连续搅拌釜式反应器的 E 曲线示意图

连续搅拌釜式反应器死区中的示踪剂慢慢释放至流出流体中，对应于 E 曲线的长尾段。在短时间内，注入旁路流体中的示踪剂使有效体积短路并出现在流出流体中，对应于 E 曲线中 $t=0$ 附近的扩展峰。本节则介绍了一种同时考虑连续搅拌釜式反应器死区和旁路的数学模型。流体以体积速率 q 流经体积为 V 的连续搅拌釜式反应器，在反应器的总体积 V 中，死区占据的体积为 V_d，剩余体积 $V_a=V-V_d$ 为流体完全混合的实际有效体积。在单位时间流经连续搅拌釜式反应器的总流体 q 中，只有 q_a 流经有效容积，$q_b=q-q_a$ 则从有效容积绕过或使有效体积短路。图 3.68 为具有死区和旁路的连续搅拌釜式反应器的示意图。

定义 β 为总体积 V 中有效区域所占的分数，可得：

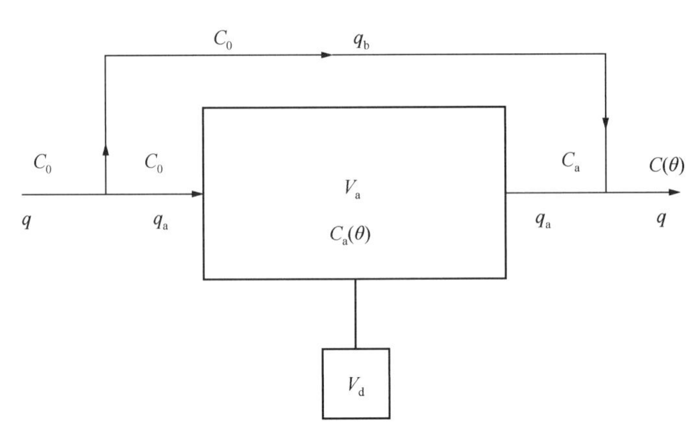

图 3.68　具有死区和旁路的非理想连续搅拌釜式反应器的示意图

$$V_a = \beta V \tag{3.276}$$

γ 为总流速 q 中流经有效区域的流速所占的分数，则：

$$q_a = \gamma q \tag{3.277}$$

上式中，β 和 γ 为模型参数。对于理想连续搅拌釜式反应器，$\beta=1$，$\gamma=1$；对于任意具有死区和旁路的非理想连续搅拌釜式反应器，β 和 γ 的假设值均小于 1。因此，$(1-\beta)$ 和 $(1-\gamma)$ 可作为非理想连续搅拌釜式反应器死区和旁路的衡量标准。

对反应器进行脉冲实验以获得停留时间分布函数 $F(\theta)$ 或 $E(\theta)$，并进一步将其用于模型参数的估算。假设进行一次阶跃实验，C_0为原料中示踪剂的浓度，$C(\theta)$ 为流出流体中示踪剂的浓度，$C_a(\theta)$ 为有效容积中示踪剂的浓度，旁路流中示踪剂的浓度与原料中示踪剂的浓度 C_0相同。对有效容积周围的示踪剂进行非稳态平衡计算可得：

$$q_a C_0 = q_a C_a(\theta) + V_a \frac{dC_a(\theta)}{d\theta} \tag{3.278}$$

除以 q_a可得：

$$C_0 = C_a(\theta) + \frac{V_a}{q_a}\left[\frac{dC_a(\theta)}{d\theta}\right] \tag{3.279}$$

定义

$$\frac{V_a}{q_a} = \frac{\beta V}{\gamma q} = \left(\frac{\beta}{\gamma}\right)\bar{\theta} \tag{3.280}$$

其中，$\bar{\theta}$ 为平均停留时间。

解 1 级微分方程(3.278)可得：

$$C_a(\theta) = C_0\left(1-e^{\frac{-\gamma\theta}{\beta\bar{\theta}}}\right) \tag{3.281}$$

对出口连测点处的溶液进行稳态平衡计算可得：

$$qC(\theta)=q_aC_a(\theta)+q_bC_0 \tag{3.282}$$

将式(3.280)代入式(3.281)并除以 qC_0 可得：

$$\frac{C(\theta)}{C_0}=\gamma(1-\mathrm{e}^{\frac{-\gamma\theta}{\beta\bar{\theta}}})+(1-\gamma) \tag{3.283}$$

重新整理式(3.283)可得 $F(\theta)$ 的表达式如下：

$$F(\theta)=1-\gamma\mathrm{e}^{\frac{-\gamma\theta}{\beta\bar{\theta}}} \tag{3.284}$$

将 $F(\theta)$ 对 θ 取微分可得 $E(\theta)$ 表达式如下：

$$E(\theta)=\left(\frac{\gamma^2}{\beta\bar{\theta}}\right)\mathrm{e}^{\frac{-\gamma\theta}{\beta\bar{\theta}}} \tag{3.285}$$

对方程两边取对数可得：

$$\ln E(\theta)=\ln\left(\frac{\gamma^2}{\beta\bar{\theta}}\right)-\left(\frac{\gamma}{\beta\bar{\theta}}\right)\theta \tag{3.286}$$

因此，$\ln E(\theta)$—θ 为一条直线，斜率 $s=-\gamma/\beta\bar{\theta}$，截距 $I=\ln(\gamma^2/\beta\bar{\theta})$（图 3.69）。作 $\ln E(\theta)$—θ图，估算模型参数 β 和 γ 的值，并测量直线的斜率 $s=(-\gamma/\beta\bar{\theta})$ 和截距 $I=\ln(\gamma^2/\beta\bar{\theta})$。

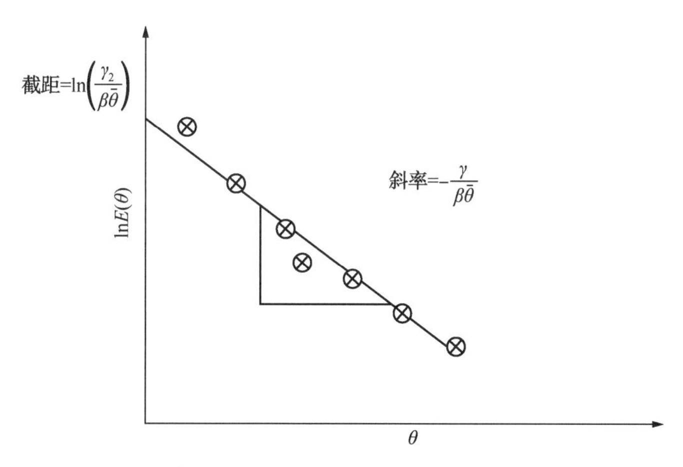

图 3.69　具有死区和旁路的非理想连续搅拌釜式反应器的 lnE(θ)—θ 示意图

3.2.7.1　具有死区和旁路的非理想连续搅拌釜式反应器中反应的转化率

对于在具有死区和旁路的非理想连续搅拌釜式反应器中进行的 1 级反应 $A\xrightarrow{k}B$（图 3.70），$(-r_A)=kC_A$ 为反应的动力学速率方程，C_{A0} 和 C_{Af} 为原料和流出流体中 A 的浓度，C_{Aa} 为有效容积中 A 的浓度，旁路流中 A 的浓度与原料浓度 C_{A0} 相同。有效容积可看作一个理想连续搅拌釜式反应器。

对有效容积周围的反应物 A 进行稳态平衡计算可得：

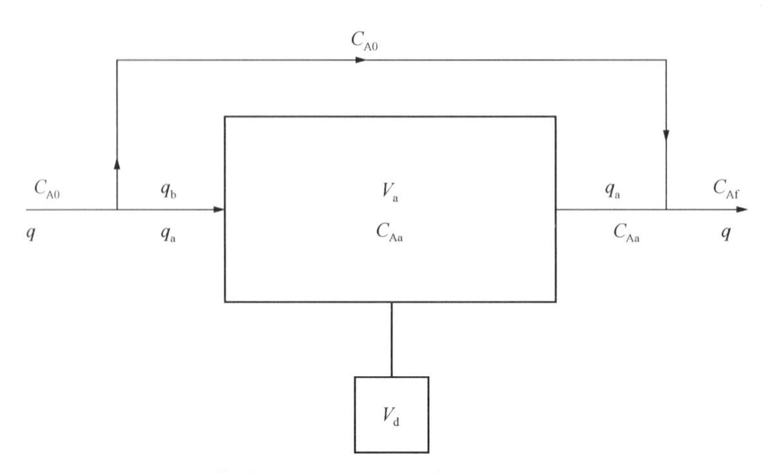

图 3.70　在具有死区和旁路的非理想连续搅拌釜式反应器中进行的反应的示意图

$$q_a C_{A0} = q_a C_{Aa} = V_a (k C_{Aa}) \tag{3.287}$$

除以 q_a 可得：

$$C_{A0} = C_{Aa} + \left(\frac{V_a}{q_a}\right) k C_{Aa} \tag{3.288}$$

和

$$\frac{V_a}{q_a} = \frac{\beta V}{\gamma q} = \frac{\beta}{\gamma}\tau \tag{3.289}$$

其中，$\tau = \dfrac{V}{q}$ 为空时。重新整理式(3.288)可得：

$$C_{Aa} = \frac{C_{A0}}{1+(\beta/\gamma)k\tau} \tag{3.290}$$

对出口连测点处的 A 进行稳态平衡计算可得：

$$q C_{Af} = q_a C_{Aa} + q_b C_{A0} \tag{3.291}$$

将式(3.290)代入式(3.291)并除以 qC_{A0} 可得：

$$\frac{C_{Af}}{C_{A0}} = \frac{\gamma}{1+(\beta/\gamma)k\tau} + (1-\gamma) \tag{3.292}$$

即

$$\frac{C_{Af}}{C_{A0}} = 1 - \frac{\beta k\tau}{1+(\beta/\gamma)k\tau} \tag{3.293}$$

非理想连续搅拌釜式反应器中反应达到的转化率 $x_{Af} = 1 - \left(\dfrac{C_{Af}}{C_{A0}}\right)$ 为：

$$x_{Af}=\frac{\beta k\tau}{1+(\beta/\gamma)k\tau} \tag{3.294}$$

将利用停留时间分布数据（E 曲线）估算的 β 和 γ 值代入式（3.294），计算转化率 x_{Af}。

题 3.17

在连续搅拌釜式反应器中进行脉冲示踪实验，脉冲输入信号见下表。

时间 θ，min	0	0.05	0.1	0.2	0.3	0.4	0.5	0.8	1.0	2.0	3.0	4.0	5.0
示踪剂浓度 $C(\theta)$，g/L	0	3.38	3.34	3.30	3.20	3.13	3.05	3.0	2.74	2.61	2.0	1.54	1.20
时间 θ，min	6.0	7.0	8.0	9.0	10.0	12.0	14.0	16.0	18.0	20.0	22.0	24.0	26.0
示踪剂浓度 $C(\theta)$，g/L	0.91	0.71	0.54	0.42	0.32	0.25	0.15	0.09	0.052	0.031	0.02	0.01	0

检测连续搅拌釜式反应器是否具有死区或旁路，如果有，对其进行量化。如果速率常数 $k=0.64\text{min}^{-1}$ 的 1 级反应在该反应器中进行，预计转化率为多少？与反应在理想连续搅拌釜式反应器中进行相比，转化率降低了多少？

解：

利用题中所给的脉冲实验数据可得下表。

θ	$C(\theta)$	$E(\theta)$	$\theta E(\theta)$	$\ln E(\theta)$
0	0	0	0	—
0.05	3.38	0.2112	0.0106	−1.5549
0.1	3.34	0.2087	0.0209	−1.5668
0.2	3.30	0.2062	0.0412	−1.5788
0.3	3.20	0.20	0.060	−1.6096
0.4	3.13	0.1956	0.0782	−1.6317
0.5	3.05	0.1906	0.0953	−1.6576
0.8	3.0	0.1875	0.1500	−1.6741
1.0	2.74	0.1712	0.1712	−1.7648
2.0	2.61	0.1631	0.3262	−1.8134
3.0	2.0	0.1250	0.375	−2.0796
4.0	1.54	0.0962	0.3848	−2.341

续表

θ	$C(\theta)$	$E(\theta)$	$\theta E(\theta)$	$\ln E(\theta)$
5.0	1.20	0.0750	0.375	-2.5904
6.0	0.91	0.0569	0.3414	-2.8671
7.0	0.71	0.0444	0.3108	-3.1152
8.0	0.54	0.0337	0.2696	-3.3889
9.0	0.42	0.0262	0.2358	-3.6402
10.0	0.32	0.020	0.200	-3.9122
12.0	0.25	0.0156	0.1872	-4.159
14.0	0.15	0.0094	0.1316	-4.6699
16.0	0.09	0.0056	0.0896	-5.1807
18.0	0.052	0.0032	0.0576	-5.7293
20.0	0.031	0.0019	0.0380	-6.2465
22.0	0.02	0.0012	0.0264	-6.6848
24.0	0.01	0.0006	0.0144	-7.3779
26.0	0	0	0	—
积分值	$\int_0^\infty C(\theta)\mathrm{d}\theta = 16.0$	$\int_0^\infty E(\theta)\mathrm{d}\theta = 1.0$	$\int_0^\infty \theta E(\theta)\mathrm{d}\theta = 4.20$	—

作直线 $\ln E(\theta)$—θ(图 P3.17)。

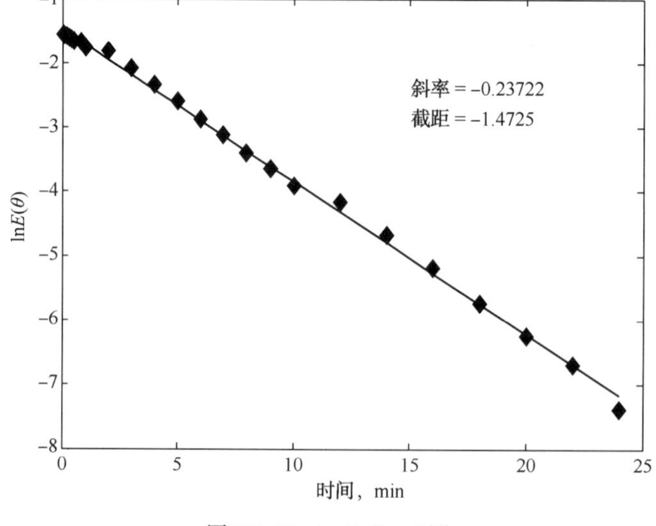

图 P3.17 $\ln E(\theta)$—θ 图

根据直线计算：

$$斜率\ S=-\left(\frac{\gamma}{\beta\bar{\theta}}\right)=-0.2372$$

$$截距\ I=\ln\left(\frac{\gamma^2}{\beta\bar{\theta}}\right)=-1.4725$$

$$平均停留时间\ \bar{\theta}=\int_0^\infty \theta E(\theta)\,\mathrm{d}\theta=4.2\mathrm{min}$$

解上述方程可得：

$$\gamma=0.9668$$

$$\beta=0.9715$$

因此，死区$(1-\beta)=0.0285$或2.85%，旁路$(1-\gamma)=0.0332$或3.32%。

反应速率常数$k=0.64\mathrm{min}^{-1}$，因此转化率x_{Af}为：

$$x_{\mathrm{Af}}=\frac{\beta k\tau}{1+(\beta/\gamma)k\tau}=\frac{0.9715\times0.64\times4.2}{1+\frac{0.9715}{0.9668}\times0.64\times4.2}=0.7054(或\ 70.54\%)$$

理想连续搅拌釜式反应器中反应的转化率为：

$$\tilde{x}_{\mathrm{Af}}=\frac{k\tau}{1+k\tau}=\frac{0.64\times4.2}{1+0.64\times4.2}=72.86\%$$

因此，与理想连续搅拌釜式反应器相比，在该反应器中进行的反应的转化率下降了2.32%。

注：参考MATLAB程序 non_ id_ dead_ bypass. m。

3.2.8 微观混合和分层流

在讨论反应器中的流体混合时，会遇到一个问题：流体元的混合达到了什么程度？流体是否在分子水平上发生混合？流体在分子水平上发生混合的情况被称为全微观混合。此处的流体元为一个流体分子。另一方面，如果假设流体由离散的流体元组成，每个流体元为分子的聚集体，并以独立群体的形式从反应器入口移动至出口，此时的流动模式则被称为全分层流。在全分层流的情况下，一个流体元中的分子不会与另一流体元的分子混合，尽管每个流体元内的流体分子亲密混合。在微观混合尺度上(图3.71)，全微观混合和全分层流代表了两个极端。

在这两个极端间，存在不同的微观混合水平，流体混合发生在分层流体元的混合物和以不同比例存在的单一流体分子中。假设表示微观混合程度的参数λ在0(全分层流)至1(完全微观混合)之间变化。

由于流体元在分子水平的混合会导致分子间的反应，因此反应器的微观混合水平决定

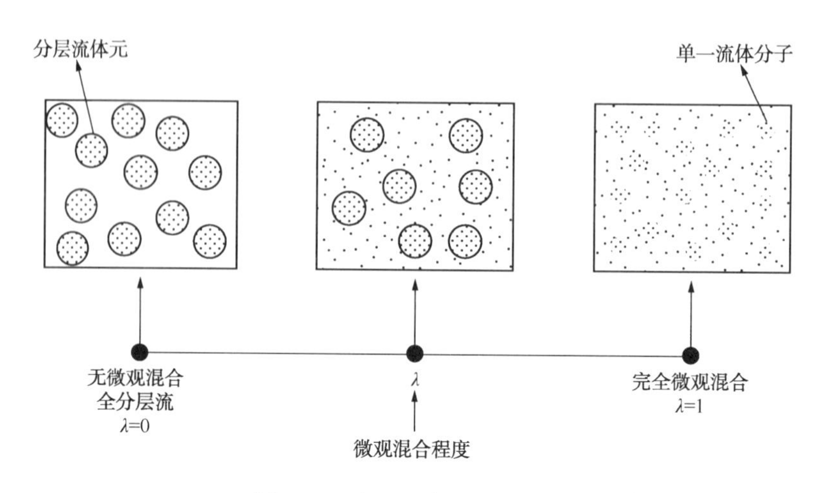

图 3.71　微观混合尺度示意图

了反应器中反应达到的转化率。由于停留时间分布分析未对分层流体元和单一流体分子进行区分，所以用于分析流体混合形式的停留时间分布不提供任何关于微观混合的信息。但是，停留时间分布信息对于计算在无微观混合的分层流反应器中进行的反应的转化率是有用的。在分层流模型中，反应器中流体元的停留时间 θ 决定了流体元的转化率。这里，全分层流体元被看作微型间歇反应器。在反应时间 θ 内间歇反应器中反应达到的转化率 $x_{Ab}(\theta)$ 被认为是反应器中停留时间为 θ 的流体元的转化率。例如：

对于速率方程为 $(-r_A)=kC_A$ 的 1 级反应 $A\xrightarrow{k}B$：

$$x_{Ab}(\theta)=1-e^{-k(\theta)} \tag{3.295}$$

对于速率方程为 $(-r_A)=kC_A^2$ 的 2 级反应 $A\xrightarrow{k}B$：

$$x_{Ab}(\theta)=\frac{kC_{A0}\theta}{1+kC_{A0}\theta} \tag{3.296}$$

已知由脉冲实验得到的反应器的停留时间分布 $E(\theta)$，则分层流反应器的转化率 x_{As} 为任一特定时刻离开反应器的所有流体元转化率的平均值，即：

$$x_{As}=\int_0^{\infty}x_{Ab}(\theta)E(\theta)\mathrm{d}(\theta) \tag{3.297}$$

此方程用于计算无微观混合的分层流反应器中进行的反应的转化率 x_{As}，如果假设 x_{Am} 为完全微观混合的反应器中进行的反应的转化率，x_{As} 为全分层流的反应器中进行的反应的转化率，λ 为反应器中流体微观混合的程度，那么反应器中反应的实际转化率可表示为：

$$x_{Af}=\lambda x_{Am}+(1-\lambda)x_{As} \tag{3.298}$$

题 3.18

计算题 3.15 反应器中进行的速率常数 $k=0.421\text{min}^{-1}$ 的 1 级反应的转化率，假设反应器为全分层流反应器。

解：

利用下式计算全分层流中反应物的转化率：

$$x_{As} = \int_0^\infty x_{Ab} E(\theta)\,d\theta$$

对于 1 级反应，在间歇反应器中转化率的方程为：

$$x_{Ab} = (1 - e^{-k\theta})$$

利用反应器 I(题 3.15)的 $E(\theta)$—θ 数据，通过数值积分计算转化率并列于下表。

θ	$E(\theta)$	$x_{Ab} = (1-e^{-k\theta})$	$x_{Ab}E(\theta)$
1	0.0535	0.3436	0.0184
2	0.1646	0.5691	0.0937
3	0.2058	0.7172	0.1476
4	0.1852	0.8144	0.1508
5	0.1440	0.8782	0.1265
6	0.1029	0.9200	0.0947
7	0.0700	0.9475	0.0663
8	0.0453	0.9655	0.0437
9	0.0206	0.9774	0.0201
10	0.0082	0.9852	0.0081
11	0	0.9903	0
—	—	—	$x_{As} = \int_0^\infty x_{Ab}E(\theta)\,d\theta = 0.7699$

因此，转化率为 77%。

题 3.19

速率方程为$(-r_A) = kC_A^2$ 的 2 级反应 $A \xrightarrow{k} B$ 在完全微观混合的理想连续搅拌釜式反应器中的转化率为 80%。假设反应器符合全分层流条件，那么反应达到的转化率为多少？

解：

对于在完全微观混合的理想连续搅拌釜式反应器中进行的 2 级反应，空时的设计方程为：

$$\tau = \frac{x_{Af}}{kC_{A0}(1 - x_{Af})^2}$$

$$x_{Af}=0.8$$

$$k\tau C_{A0}=\frac{x_{Af}}{(1-x_{Af})^2}=\frac{0.8}{(1-0.8)^2}=20$$

由于平均停留时间 $\bar{\theta}=\tau$，可得：

$$k\bar{\theta}C_{A0}=20$$

全分层流反应器中反应的转化率 x_{As} 为：

$$x_{As}=\int_0^{\infty}x_{Ab}E(\theta)\mathrm{d}\theta$$

对于 2 级反应，间歇反应器中反应的转化率 $x_{Ab}(\theta)$ 为：

$$x_{Ab}(\theta)=\frac{kC_{A0}\theta}{1+kC_{A0}\theta}=\frac{20(\theta/\bar{\theta})}{1+20(\theta/\bar{\theta})}$$

对于理想连续搅拌釜式反应器：

$$E(\theta)=\frac{\mathrm{e}^{-\theta/\bar{\theta}}}{\bar{\theta}}$$

将 $x_{Ab}(\theta)$ 和 $E(\theta)$ 的方程代入 x_{As} 的方程可得：

$$x_{As}=\int_0^{\infty}\frac{20(\theta/\bar{\theta})}{1+20(\theta/\bar{\theta})}\mathrm{e}^{-\theta/\bar{\theta}}\mathrm{d}(\theta/\bar{\theta})$$

定义 $\tilde{\theta}=\theta/\bar{\theta}$，可将上述方程写为：

$$x_{As}=\int_0^{\infty}\frac{20\tilde{\theta}}{1+20\tilde{\theta}}\mathrm{e}^{-\tilde{\theta}}\mathrm{d}\tilde{\theta}$$

利用梯形法则，通过数值积分计算转化率 x_{As}，见下表。

$\tilde{\theta}$	$\left(\frac{20\tilde{\theta}}{1+20\tilde{\theta}}\right)\mathrm{e}^{-\tilde{\theta}}$
0	0
0.1	0.6032
0.2	0.6550
0.3	0.6350
0.4	0.5958
0.5	0.5514
0.6	0.5066

续表

$\tilde{\theta}$	$\left(\frac{20\tilde{\theta}}{1+20\tilde{\theta}}\right)e^{-\tilde{\theta}}$
0.7	0.4635
0.8	0.4229
0.9	0.3852
1.0	0.3504
1.2	0.2891
1.4	0.2381
1.6	0.1958
1.8	0.1608
2.0	0.1320
2.2	0.1083
2.4	0.0889
2.6	0.0729
2.8	0.0597
3.0	0.0490
4.0	0.0181
5.0	0.0067
10.0	0.00005

$$\int_0^{1.0}\left(\frac{20\tilde{\theta}}{1+20\tilde{\theta}}\right)e^{-\tilde{\theta}}d\tilde{\theta}=\frac{0.1}{2}[(0+0.3504)+2(0.6032+\cdots+0.3852)]$$

$$\int_0^{10}\left(\frac{20\tilde{\theta}}{1+20\tilde{\theta}}\right)e^{-\tilde{\theta}}d\tilde{\theta}=0.05[0.3504+2(4.8186)]=0.5$$

$$\int_{1.0}^{3.0}\left(\frac{20\tilde{\theta}}{1+20\tilde{\theta}}\right)e^{-\tilde{\theta}}d\tilde{\theta}=\frac{0.2}{2}[(0.3504+0.0490)+2(0.2891+\cdots+0.0597)]$$

$$=0.1[0.3994+2(1.3456)]$$

$$=0.309$$

$$\int_{3.0}^{5.0}\left(\frac{20\tilde{\theta}}{1+20\tilde{\theta}}\right)e^{-\tilde{\theta}}d\tilde{\theta}=\frac{1.0}{2}[(0.0490+0.0067)+2(0.0181)]$$

$$=0.5(0.0557+0.0362)$$

$$= 0.0460$$

$$\int_{3.0}^{5.0}\left(\frac{20\tilde{\theta}}{1+20\tilde{\theta}}\right)\mathrm{e}^{-\tilde{\theta}}\mathrm{d}\tilde{\theta} = \frac{5}{2}(0.0067 + 0.00005) = 0.0169$$

$$x_{\mathrm{As}} = 0.5+0.309+0.0460+0.0169 = 0.8719$$

转化率为 87.19%。

因此，对于 2 级反应($n>1$)，在分层流反应器中的转化率高于在相同体积的完全微观混合反应器中的转化率。

注：参考 MATLAB 程序 seg_ flow_ II_ order.m。

3.2.8.1 微观混合和反应级数

对于在反应器中进行的动力学速率方程为$(-r_{\mathrm{A}})=kC_{\mathrm{A}}^{n}$的 n 级反应 $\mathrm{A} \xrightarrow{k} \mathrm{B}$，选取增量体积 ΔV，两个具有相同体积($\Delta V/2$)的流体元穿过该增量体积 ΔV。令 C_{A1} 和 C_{A2} 分别为两个流体元中 A 的浓度(图 3.72)。

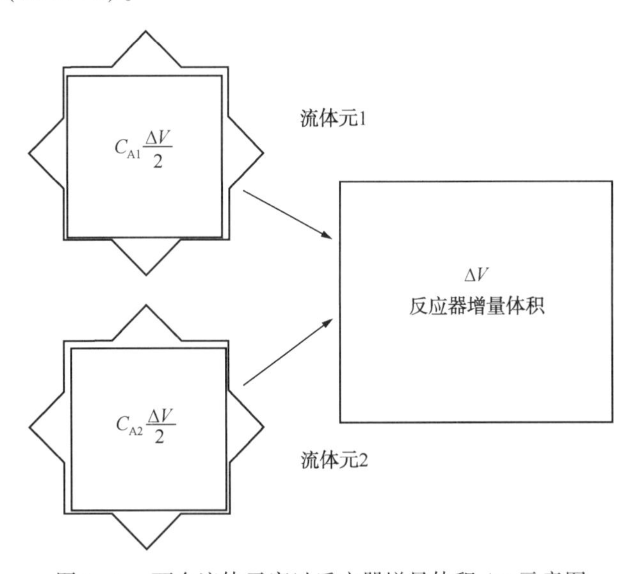

图 3.72　两个流体元穿过反应器增量体积 ΔV 示意图

分析微观混合的两种极端情况，即完全微观混合和全分层流。在完全微观混合的情况下，两个流体元在入口混合并穿过单位体积的增量体积 ΔV，分子在增量体积中发生完全混合(微观混合)。混合流体单位体积 ΔV 中 A 的浓度为 C_{A1} 和 C_{A2} 的平均值，即 $C_{\mathrm{A}}=C_{\mathrm{A1}}+C_{\mathrm{A2}}/2$(忽略通过增量体积 ΔV 的净浓度变化)。如果 ΔV 为流经增量体积的混合流体单元的停留时间，那么流经增量体积时 A 的转化率变化 Δx_{Am} 表示如下：

$$\Delta x_{\mathrm{Am}}=\frac{\Delta\theta \cdot r_{\mathrm{A}}(C_{\mathrm{A}})}{(C_{\mathrm{A1}}+C_{\mathrm{A2}}/2)}=\frac{k\Delta\theta[(C_{\mathrm{A1}}+C_{\mathrm{A2}})/2]^{n}}{(C_{\mathrm{A1}}+C_{\mathrm{A2}}/2)} \tag{3.299}$$

在全分层流的情况下，作为相互间无混合的独立单元，两个流体元穿过增量体积。两个流体元中 A 的转化率变化 Δx_{As}^1 和 Δx_{As}^2 表示如下：

$$\Delta x_{As}^1 = \frac{\Delta\theta r_A(C_{A1})}{C_{A1}} = \frac{\Delta\theta k(C_{A1})^n}{C_{A1}} \tag{3.300}$$

$$\Delta x_{As}^2 = \frac{\Delta\theta r_A(C_{A2})}{C_{A2}} = \frac{\Delta\theta k(C_{A2})^n}{C_{A2}} \tag{3.301}$$

A 经过增量体积 ΔV 的转化率的净变化 Δx_{As} 为：

$$\Delta x_{As} = \frac{C_{A1}\Delta x_{As}^1 + C_{A2}\Delta x_{As}^2}{C_{A1}+C_{A2}} \tag{3.302}$$

即

$$\Delta x_{As} = \frac{\Delta\theta k(C_{A1}^n + C_{A2}^n)}{C_{A1}+C_{A2}} \tag{3.303}$$

因此

$$\frac{\Delta x_{Am}}{\Delta x_{As}} = \frac{[(C_{A1}+C_{A2})/2]^n}{(C_{A1}^n+C_{A2}^n/2)} \tag{3.304}$$

不同 n 值所对应的方程为：

$$\frac{\Delta x_{Am}}{\Delta x_{As}} = \begin{cases} 1, & n=1 \\ >1, & n<1 \\ <1, & n>1 \end{cases} \tag{3.305}$$

对于 1 级反应，无论微观混合的程度如何，转化率是相同的。分层流有利于高阶反应，微观混合有利于分数阶反应。因此，分层流反应器中 2 级反应的转化率高于完全微观混合的反应器中 2 级反应的转化率。

3.2.8.2 全分层流理想反应器中 1 级反应的转化率

（1）全分层流理想连续搅拌釜式反应器。

对于在全分层流理想连续搅拌釜式反应器中进行的动力学速率方程为 $(-r_A) = kC_A$ 的 1 级反应 $A \xrightarrow{k} B$（图 3.73），$\tau = v/q$ 为空时。

理想连续搅拌釜式反应器的液龄分布函数 $E(\theta)$ 表示如下：

$$E(\theta) = \frac{1}{\bar{\theta}} e^{-\frac{\theta}{\bar{\theta}}}$$

其中，$\bar{\theta} = v/q$ 为平均停留时间，与空时 τ 相同。

对于全分层流，反应器中的转化率 x_{As} 表示如下：

$$x_{As} = \int_0^{\infty} x_{Ab}(\theta) E(\theta)\, d\theta \tag{3.306}$$

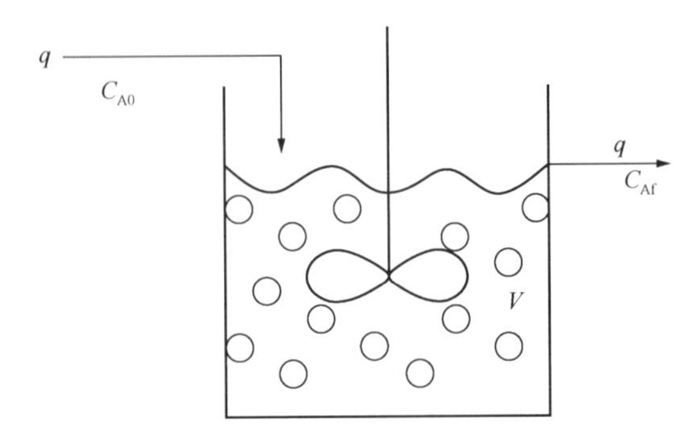

图 3.73　全分层流理想连续搅拌釜式反应器示意图

其中 1 级反应的 $x_{Ab}(\theta)$ 为：

$$x_{Ab}(\theta)=1-e^{-k\theta} \tag{3.307}$$

因此

$$\begin{aligned} x_{As} &= \int_0^\infty (1-e^{-k\theta})\left(\frac{e^{-\theta/\bar{\theta}}}{\bar{\theta}}\right)d\theta \\ &= \frac{1}{\bar{\theta}}\int_0^\infty [e^{\frac{-\theta}{\bar{\theta}}}-e^{-\left(k-\frac{1}{\bar{\theta}}\right)\theta}]\,d\theta \\ &= \frac{1}{\bar{\theta}}\left[-\bar{\theta}e^{\frac{-\theta}{\bar{\theta}}}+\left(\frac{\bar{\theta}}{1+K\bar{\theta}}\right)e^{-\left(k+\frac{1}{\bar{\theta}}\right)\theta}\right]_0^\infty \\ &= \frac{k\bar{\theta}}{1+k\bar{\theta}} \end{aligned} \tag{3.308}$$

当 $\bar{\theta}=\tau$ 时，可得：

$$x_{As}=\frac{k\tau}{1+k\tau} \tag{3.309}$$

该值与完全微观混合的理想连续搅拌釜式反应器中进行的 1 级反应的转化率相同。这证明了无论微观混合程度如何，在理想连续搅拌釜式反应器中进行的 1 级反应的转化率均相同。

(2) 全分层流理想平推流反应器。

对于全分层流理想平推流反应器(图 3.74)，$\tau=v/q$ 为空时，与平均停留时间 $\bar{\theta}$ 相同。

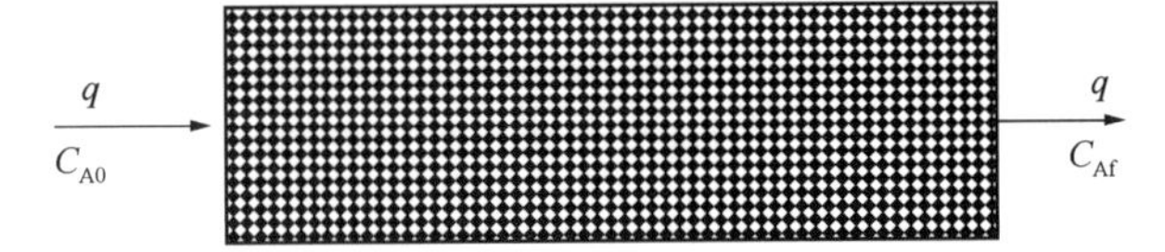

图 3.74　全分层流理想平推流反应器示意图

理想平推流反应器的液龄分布函数 $E(\theta)$ 表示如下：

$$E(\theta)=\begin{cases}0, & \theta<\bar{\theta} \\ \infty, & \theta=\bar{\theta} \\ 0, & \theta>\bar{\theta}\end{cases} \tag{3.310}$$

对于全分层流，转化率 x_{As} 表示如下：

$$\begin{aligned}
x_{As} &= \int_0^{\infty} x_{Ab}(\theta)E(\theta)\mathrm{d}\theta \\
&= \int_0^{\infty}(1-\mathrm{e}^{-k\theta})E(\theta)\mathrm{d}\theta \\
&= \int_0^{\bar{\theta}^-}(1-\mathrm{e}^{-k\theta})E(\theta)\mathrm{d}\theta + \int_{\bar{\theta}^-}^{\bar{\theta}^+}(1-\mathrm{e}^{-k\theta})E(\theta)\mathrm{d}\theta + \int_{\bar{\theta}^+}^{\bar{\theta}^+}(1-\mathrm{e}^{-k\theta})E(\theta)\mathrm{d}\theta \\
&= 0 + (1-\mathrm{e}^{-k\bar{\theta}})\int_{\bar{\theta}^-}^{\bar{\theta}^+}E(\theta)\mathrm{d}\theta + 0
\end{aligned}$$

因此

$$x_{As}=(1-\mathrm{e}^{-k\bar{\theta}}) \tag{3.311}$$

当 $\bar{\theta}=\tau$ 时，可得：

$$x_{As}=(1-\mathrm{e}^{-k\tau}) \tag{3.312}$$

这与完全微观混合的理想平推流反应器中进行的反应的转化率 x_{Am} 相同，再次证明微观混合的程度对 1 级反应的转化率无影响。

分析表明：反应器可用的停留时间分布 $E(\theta)$ 的信息完全足以计算 1 级反应的转化率。但是，对于任一高阶反应，我们需要关于微观混合的额外信息。文献中提出了许多描述微观混合的模型。

3.2.8.3 微观混合和理想平推流反应器

定义 $x_{Am}(\tau)$ 为空时为 τ 的完全微观混合的理想平推流反应器中反应物 A 达到的转化率，求解理想平推流反应器的性能方程，从而计算得到比反应速率为 $[-r_A(x_A)]$ 的任一反应的转化率 $x_{Am}(\theta)$，反应可能为任意级数 n。

$$\tau = C_{A0}\int_0^{x_{Am}(\tau)}\frac{\mathrm{d}x_A}{[-r_A(x_A)]} \tag{3.313}$$

定义 $x_{Ab}(\theta)$ 为间歇反应器中反应时间为 θ 时 A 达到的转化率，解下述方程可得 $x_{Ab}(\theta)$：

$$\theta = C_{A0}\int_{0}^{x_{Am}(\tau)} \frac{dx_A}{[-r_A(x_A)]} \tag{3.314}$$

值得注意的是，

$$x_{Am}(\tau) = x_{Ab}(\tau) \tag{3.315}$$

即反应物空时为 τ 的完全微观混合的理想平推流反应器中达到的转化率与在间歇反应器中反应时间为 τ 时达到的转化率相同。

定义 $x_{As}(\tau)$ 为空时为 τ 的全分层流理想平推流反应器中反应物达到的转化率，表示如下：

$$x_{As}(\tau) = \int_{0}^{\infty} x_{Ab}(\theta)E(\theta)d\theta \tag{3.316}$$

理想平推流反应器的液龄分布 $E(\theta)$ 表示如下：

$$E(\theta) = \begin{cases} 0, & \theta<\bar{\theta} \\ \infty, & \theta=\bar{\theta} \\ 0, & \theta>\bar{\theta} \end{cases} \tag{3.317}$$

其中，$\bar{\theta}$ 为平均停留时间，与空时 τ 相等。

因此

$$\begin{aligned} x_{As}(\tau) &= \int_{0}^{\bar{\theta}^-} x_{Ab}(\theta)E(\theta)d\theta + \int_{\bar{\theta}^+}^{\bar{\theta}^-} x_{Ab}(\theta)E(\theta)d\theta + \int_{\bar{\theta}^+}^{\infty} x_{Ab}(\theta)E(\theta)d\theta \\ &= 0 + x_{Ab}(\bar{\theta})\int_{\bar{\theta}^-}^{\bar{\theta}^+} E(\theta)d\theta + 0 \\ &= x_{Ab}(\bar{\theta})\int_{0}^{\infty} E(\theta)d\theta \\ &= x_{Ab}(\bar{\theta}) \end{aligned} \tag{3.318}$$

当 $\bar{\theta}=\tau$ 时：

$$x_{As}(\tau) = x_{Ab}(\tau) \tag{3.319}$$

对比式(3.315)和式(3.319)，可得：

$$x_{Am}(\tau) = x_{Ab}(\tau) \tag{3.320}$$

这表明对任意级数的反应，在完全微观混合的理想平推流反应器中所达到的转化率与在全分层流理想平推流反应器中达到的转化率相同。因此，微观混合程度对理想平推流反应器中任意级数反应的转化率无影响。

附录3A 佩克莱数的估算——矩量法推导方程

具有轴向扩散的管式容器的Danckwarts模型方程表示如下：

$$\frac{1}{Pe}\frac{\partial^2 C(\mathfrak{z},\ \tilde{\theta})}{\partial \mathfrak{z}^2}-\frac{\partial C(\mathfrak{z},\ \tilde{\theta})}{\partial \mathfrak{z}}-\frac{\partial C(\mathfrak{z},\ \tilde{\theta})}{\partial \tilde{\theta}}=0 \tag{C.1}$$

式中 Pe——佩克莱数$=\bar{u}L/D$；

$\mathfrak{z}$——距入口的无量纲距离$=z/L$；

$\tilde{\theta}$——无量纲时间$=\theta/\bar{\theta}$；

$\bar{\theta}$——平均停留时间$=L/U$；

$C(\mathfrak{z},\ \tilde{\theta})$——距离为$\mathfrak{z}$和时间为$\tilde{\theta}$时示踪剂的浓度。

Danckwarts闭合—闭合边界条件表示如下：

在$\mathfrak{z}=0$(容器入口)处：

$$C_0(\tilde{\theta})=C(0^+,\ \tilde{\theta})-\frac{1}{Pe}\frac{\mathrm{d}C(\mathfrak{z},\ \tilde{\theta})}{\mathrm{d}\mathfrak{z}}\bigg|_{\mathfrak{z}=0} \tag{C.2}$$

在$\mathfrak{z}=1$(容器出口)处：

$$\frac{1}{Pe}\frac{\mathrm{d}C(\mathfrak{z},\ \tilde{\theta})}{\mathrm{d}\mathfrak{z}}\bigg|_{\mathfrak{z}=0}=0 \tag{C.3}$$

假设对容器进行脉冲示踪实验。对于一个单位脉冲输入，容器入口处示踪剂的浓度$C_0(\tilde{\theta})$为：

$$C_0(\tilde{\theta})=\delta(\tilde{\theta}) \tag{C.4}$$

上式中，$\delta(\tilde{\theta})$为单位脉冲函数(狄拉克脉冲函数)。容器出口处示踪剂的浓度$C(1,\ \tilde{\theta})$变化曲线为标准化的E曲线$E(\tilde{\theta})$(图C.1)，即：

$$E(\tilde{\theta})=C(1,\ \tilde{\theta}) \tag{C.5}$$

无量纲平均停留时间$\bar{\tilde{\theta}}$和方差$\tilde{\sigma}^2$表示如下：

$$\bar{\tilde{\theta}}=\int_0^\infty \tilde{\theta}E(\tilde{\theta})\,\mathrm{d}\tilde{\theta}=\frac{\bar{\theta}}{\bar{\theta}}=1 \tag{C.6}$$

和

$$(\tilde{\sigma}^2)=\int_0^\infty \tilde{\theta}E(\tilde{\theta})\,\mathrm{d}\tilde{\theta}-1 \tag{C.7}$$

定义$C(\mathfrak{z},\ \tilde{\theta})$的拉普拉斯变换如下：

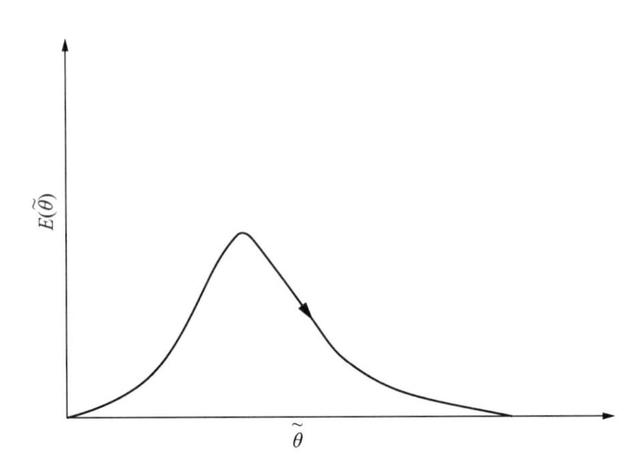

图 C.1　标准化 E 曲线

$$C(\mathfrak{z},\ s)=L[C(\mathfrak{z},\ \tilde{\theta})]=\int_0^{\infty}C(\mathfrak{z},\ \tilde{\theta})\mathrm{e}^{-s\tilde{\theta}}\mathrm{d}\tilde{\theta} \tag{C.8}$$

那么

$$E(s)=L\{E(\tilde{\theta})\}=C(1,\ s) \tag{C.9}$$

对 Danckwarts 模型方程(C.1)进行拉普拉斯变换可以得到以$\mathfrak{z}$表示的 2 级常微分方程，表示如下：

$$\frac{1}{Pe}\frac{\mathrm{d}^2C(\mathfrak{z},\ s)}{\mathrm{d}\mathfrak{z}^2}-\frac{\mathrm{d}C(\mathfrak{z},\ s)}{\mathrm{d}\mathfrak{z}}-sC(\mathfrak{z},\ s)=0 \tag{C.10}$$

对 Danckwarts 模型式(C.2)和式(C.3)进行拉普拉斯变换可得：

$$C(0,\ s)-\frac{1}{Pe}\frac{\mathrm{d}C(\mathfrak{z},\ s)}{\mathrm{d}\mathfrak{z}}\bigg|_{\mathfrak{z}=0}=1 \tag{C.11}$$

$$\frac{\mathrm{d}C(\mathfrak{z},\ s)}{\mathrm{d}\mathfrak{z}}\bigg|_{\mathfrak{z}=1}=0 \tag{C.12}$$

2 级微分方程(C.10)的特征方程为$(1/Pe)m^2-m-s=0$，对应的根为：

$$m_1=\frac{Pe}{2}(1+\alpha) \tag{C.13}$$

$$m_2=\frac{Pe}{2}(1-\alpha) \tag{C.14}$$

其中

$$\alpha=\sqrt{1+\left(\frac{4s}{Pe}\right)} \tag{C.15}$$

根据特征方程的根可得微分方程(C.10)的解如下：

$$C(\mathfrak{z},\ s)=A_1\mathrm{e}^{m_1\mathfrak{z}}+A_2\mathrm{e}^{m_2\mathfrak{z}} \tag{C.16}$$

将式(C.16)代入边界条件(C.11)和(C.12)，求解 A_1和 A_2可得：

$$A_1=\frac{2(1-\alpha)\mathrm{e}^{-\alpha Pe/2}}{(1-\alpha)^2\mathrm{e}^{-\alpha Pe/2}-(1+\alpha)^2\mathrm{e}^{\alpha Pe/2}} \tag{C.17}$$

$$A_2=\frac{-2(1+\alpha)\mathrm{e}^{\alpha Pe/2}}{(1-\alpha)^2\mathrm{e}^{-\alpha Pe/2}-(1+\alpha)^2\mathrm{e}^{\alpha Pe/2}} \tag{C.18}$$

将式(C.17)和式(C.18)代入式(C.16)中的 A_1和 A_2可得 $C(\mathfrak{z},\ s)$的最终方程如下：

$$C(\mathfrak{z},\ s)=A_1\frac{2\mathrm{e}^{\mathfrak{z}Pe/2}[(1+\alpha)\mathrm{e}^{\alpha Pe/2(1-\mathfrak{z})}-(1-\alpha)\mathrm{e}^{-\alpha Pe/2(1-\mathfrak{z})}]}{(1+\alpha)^2\mathrm{e}^{\alpha Pe/2}-(1-\alpha)^2\mathrm{e}^{-\alpha Pe/2}} \tag{C.19}$$

当$\mathfrak{z}=1$时，式(C.19)可化简为：

$$E(s)=C(1,\ s)=\frac{4\alpha\mathrm{e}^{pe/2}}{(1+\alpha)^2\mathrm{e}^{\alpha pe/2}-(1-\alpha)^2\mathrm{e}^{-\alpha pe/2}} \tag{C.20}$$

在 $E(s)=\int_0^\infty E(\tilde{\theta})\mathrm{e}^{-s\tilde{\theta}}\mathrm{d}\tilde{\theta}$ 中利用麦克劳林级数展开 $\mathrm{e}^{-s\tilde{\theta}}$：

$$\mathrm{e}^{-s\tilde{\theta}}=1-s\,\tilde{\theta}+\frac{s^2\,\tilde{\theta}^2}{2!}-\cdots$$

可得：

$$E(s)=\int_0^\infty E(\tilde{\theta})\left[1-s\tilde{\theta}+\frac{s^2\tilde{\theta}^2}{2!}-\cdots\right]\mathrm{d}\tilde{\theta}$$

$$E(s)=\int_0^\infty E(\tilde{\theta})\mathrm{d}\tilde{\theta}-s\int_0^\infty\tilde{\theta}E(\tilde{\theta})\mathrm{d}\tilde{\theta}+\frac{s^2}{2!}\int_0^\infty\tilde{\theta}^2E(\tilde{\theta})\mathrm{d}\tilde{\theta}-\cdots \tag{C.21}$$

最终化简为：

$$E(s)=1-s+\frac{s^2}{2!}\int_0^\infty\tilde{\theta}^2E(\tilde{\theta})\mathrm{d}\tilde{\theta}-\frac{s^3}{3!}\int_0^\infty\tilde{\theta}^3E(\tilde{\theta})\mathrm{d}\tilde{\theta}+\cdots \tag{C.22}$$

根据式(C.22)，可得：

$$\int_0^\infty\tilde{\theta}^2E(\tilde{\theta})\mathrm{d}\tilde{\theta}\left(\frac{\mathrm{d}^2E(s)}{\mathrm{d}s^2}\right)_{s=0} \tag{C.23}$$

将式(C.23)代入式(C.7)中的 $\int_0^\infty\tilde{\theta}^2E(\tilde{\theta})\mathrm{d}\tilde{\theta}$，可得方差 $\tilde{\sigma}^2$ 的计算表达式如下：

$$\tilde{\sigma}^2=\left(\frac{\mathrm{d}^2E(s)}{\mathrm{d}s^2}\right)_{s=0}-1 \tag{C.24}$$

对 $E(s)$ 进行一阶求导和二阶求导等计算后，可得：

$$\tilde{\sigma}^2=\frac{2}{Pe}-\frac{2}{Pe^2}(1-\mathrm{e}^{-Pe}) \tag{C.25}$$

标准 E 曲线 $E(\theta)$ 的方差 σ^2 定义如下：

$$\sigma^2=\int_0^\infty \theta^2E(\theta)\mathrm{d}\theta-\bar{\theta}^2 \tag{C.26}$$

和

$$E(\tilde{\theta})=\bar{\theta}E(\theta) \tag{C.27}$$

联立式(C.26)和式(C.27)可得：

$$\left(\frac{\sigma^2}{\bar{\theta}^2}\right)=\int_0^\infty \tilde{\theta}^2E(\tilde{\theta})\mathrm{d}\tilde{\theta}-1=\tilde{\sigma}^2 \tag{C.28}$$

由式(C.25)和式(C.28)最终可得：

$$\frac{\sigma^2}{\bar{\theta}^2}=\frac{2}{Pe}-\frac{2}{Pe^2}(1-\mathrm{e}^{-Pe}) \tag{C.29}$$

习题

1. 设计一个连续流动反应器 A 以进行液相 2 级不可逆反应 A+B →C+D，反应的速率方程为$(-r_A)=kC_AC_B$。原料中 A 和 B 的浓度分别为 $5\mathrm{kmol/m^3}$和 $10\mathrm{kmol/m^3}$，反应速率常数 $k=0.1\mathrm{m^3/(kmol \cdot min)}$，计算在(1)理想连续搅拌釜式反应器和(2)理想平推流反应器中，A 的转化率达到 80%所需的空时。

[答案：(1)6.67min；(2)2.20min]

2. 速率方程为$(-r_A)=kC_A^n$ 的不可逆反应 A →B 在空时为 200s 的理想连续搅拌釜式反应器中进行，A 的转化率为 80%。原料流速增加一倍，A 的转化率降至 73%，估算反应级数 n 和速率常数 k。

(答案：$n=2$；$k=0.1$)

3. 设计一个连续流动反应器以进行非基元液相反应 A →B+C，反应的速率方程为

$$(-r_A)=\frac{k_1C_A^2}{1+k_2C_A},\ \mathrm{kmol/(m^3s)}$$

其中，动力学速率常数 $k_1=0.02$，$k_2=2$。原料中 A 的浓度为 $1\mathrm{kmol/m^3}$。计算在(1)理想连续搅拌釜式反应器和(2)理想平推流反应器中，A 的转化率达到 80%所需的空时。

[答案：(1)1400s；(2)361.3s]

4. 计算理想平推流反应器中1级可逆反应 A⇌B 的平衡转化率达到95%所需的空时。原料中A的浓度为 $1kmol/m^3$，正反应的速率常数 $k_1=0.1s^{-1}$，平衡常数 $k=5$。

（答案：32.65s）

5. 速率方程为 $(-r_A)=kC_A^2$ 的3级不可逆反应 A→B 在串联的6个等容理想连续搅拌釜式反应器中进行，反应速率常数 $k=0.1m^6/(kmol^2 \cdot min)$，原料中A的浓度为 $2kmol/m^3$，每个理想连续搅拌釜式反应器的空时为2min。(1)串联连续搅拌釜式反应器中A达到的净转化率为多少？(2)若反应在与6个连续搅拌釜式反应器空时总和相等的单一连续搅拌釜式反应器中进行，那么转化率为多少？

[答案：(1)65.58%；(2)52.25%]

6. 速率方程为 $(-r_A)=kC_AC_B$ 的2级不可逆反应 A+B→C+D 在串联的6个等容理想连续搅拌釜式反应器中进行，反应速率常数 $k=0.1m^3/(kmol \cdot min)$，原料中A和B的浓度分别为 $1kmol/m^3$ 和 $2kmol/m^3$，每个理想连续搅拌釜式反应器的空时为2min。计算A的转化率达到80%需要多少个连续搅拌釜式反应器？

（答案：7个连续搅拌釜式反应器，最终转化率 $x_{Af}=82.1\%$）

7. 速率方程为 $(-r_A)=kC_A^2$，速率常数 $k=0.1m^6/(kmol^2 \cdot min)$ 的3级不可逆反应 A→B 在串联的3个等容理想连续搅拌釜式反应器中进行，3个连续搅拌釜式反应器的空时分别为2min、4min和6min，进入第一个连续搅拌釜式反应器的原料中A的浓度为 $2kmol/m^3$。最终A达到的净转化率为多少？如果进料方向相反，转化率为多少？

[答案：(1)62.3%；(2)61.2%]

8. 速率方程为 $(-r_A)=kC_A^2$，速率常数 $k=0.1m^6/(kmol^2 \cdot min)$ 的3级不可逆反应 A→B 在串联的1个连续搅拌釜式反应器和1个平推流反应器中进行，连续搅拌釜式反应器和平推流反应器的尺寸相等，空时均为6min，原料中A的浓度为 $2kmol/m^3$。(1)如果原料先进入连续搅拌釜式反应器，转化率为多少？(2)如果原料先进入平推流反应器，转化率为多少？

[答案：(1)64.5%；(2)67.1%]

9. 速率方程为 $(-r_A)=kC_AC_B$，速率常数 $k=0.1m^3/(kmol \cdot min)$ 的2级不可逆反应 A+B→C+D 在串联的5个反应器中进行。反应器的参数如下：

反应器编号	反应器类型	空时，min
1	PFR	4
2	CSTR	3
3	CSTR	3
4	PFR	4
5	CSTR	3

原料中 A 和 B 的浓度分别为 1kmol/m^3 和 2kmol/m^3，计算 A 的最终转化率。

（答案：A 的最终转化率为 88%）

10. 计算在串联的两个连续搅拌釜式反应器中进行的速率方程为 $(-r_A)=kC_A^2$，速率常数 $k=0.1\text{m}^3/(\text{kmol}\cdot\text{min})$ 的 2 级不可逆反应 A→B 的最佳空时。原料中 A 的浓度为 1kmol/m^3，经过两个连续搅拌釜式反应器后 A 达到的最终转化率为 80%，对应于最佳空时的第一个连续搅拌釜式反应器中 A 的转化率为多少？

（答案：最佳空时为 37.5min 和 50min；第一个连续搅拌釜式反应器中 A 的转化率为 60%）

11. 计算在空时为 5min 的连续搅拌釜式反应器和平推流反应器中进行的 1 级串联反应 A→B→C 中 A 的转化率 x_{Af} 和 B 的总选择性 ϕ，反应的动力学速率常数 $k_1=0.5\text{min}^{-1}$，$k_2=0.1\text{min}^{-1}$。

（答案：在连续搅拌釜式反应器中，$x_{Af}=71.4\%$，$\phi=2$；在平推流反应器中，$x_{Af}=91.8\%$，$\phi=2.5$）

12. 计算连续搅拌釜式反应器中进行的恒温链聚合反应中单体的转化率达到 90% 所需的空时。原料中单体的浓度 $C_{m0}=5\text{kmol/m}^3$，速率常数 $k=0.1\text{m}^3/(\text{kmol}\cdot\text{min})$，简述反应器中聚合链的产物分布情况。

（答案：空时为 43.2min）

13. 速率方程为 $(-r_A)=k_1C_{A0}(1-x_A)-k_2C_{A0}x_A$，动力学速率常数为

$$k_1=k_{10}\text{e}^{-\Delta E_1/RT},\ k_{10}=50s^{-1},\ \Delta E_1=64000\text{kJ/kmol}$$

$$k_2=k_{20}\text{e}^{-\Delta E_1/RT},\ k_{20}=500s^{-1},\ \Delta E_2=90000\text{kJ/kmol}$$

的放热可逆反应 A⇌B 在维持最佳温度的理想平推流反应器中进行，反应器的最高温度限制在 900K。计算 A 的转化率达到 70% 所需的空时。原料中 A 的浓度为 0.5kmol/m^3。

（答案：空时为 207.7s）

14. 速率常数 $k=400\text{e}^{-10000/RT}\text{h}^{-1}$ 的 1 级放热不可逆反应 A→B 在绝热连续流动反应器中进行，原料中 A 的浓度为 1kmol/m^3，原料温度为 300K。原料溶液的密度和比热容分别为 $\rho=1000\text{kg/m}^3$ 和 $C_p=4.17\text{kJ/(kg}\cdot\text{K)}$，反应热 $\Delta H_R=-100000\text{kJ/kmol}$，计算在(1)平推流反应器和(2)连续搅拌釜式反应器中 A 的转化率达到 80% 所需的空时。

[答案：(1)0.265h；(2)0.947h]

15. 速率常数 $k=10^6\text{e}^{-72000/RT}\text{m}^6/(\text{kmol}^2\cdot\text{min})$ 的 3 级吸热不可逆反应 A→B 在绝热连续流动反应器中进行，原料中 A 的浓度为 2kmol/m^3，原料温度为 973K。原料溶液的密度和比热容分别为 $\rho=1000\text{kg/m}^3$ 和 $\bar{C}_p=4.17\text{kJ/(kg}\cdot\text{K)}$，反应热 $\Delta H_R=1200000\text{kJ/kmol}$。计算在(1)连续搅拌釜式反应器和(2)平推流反应器中 A 的转化率达到 70% 所需的空时。

[答案：(1)25.62min；(2)1.624min]

16. 速率常数 $k=2\times10^{13}\text{e}^{-12000/T}\text{s}^{-1}$ 的 1 级放热不可逆反应 A→B 在连续搅拌釜式反应器中进行，反应器具有冷却盘管以移除放热反应产生的热量。原料中 A 的浓度为 7kmol/m^3，

冷却剂的温度维持在 295K，反应热 $\Delta H_R=-2.5\times10^7$J/kmol，原料的密度和比热容为 $\rho=$ 900kg/m^3 和 $\overline{C}_p=2400$J/(kg·K)。$UA=10000$W/K，其中，U 为总传热系数，A 为传热面积。反应器的空时为 500s。计算原料温度为(1)275K、(2)290K 和(3)310K 时稳态反应器的温度和原料的转化率。

[答案：(1)$T=277.8$K，$x_{Af}=0.17\%$；(2)$T=291.6$K、325.7K、358.5K，$x_{Af}=1.32\%$、49.9%、96.7%；(3)$T=377.7$K，$x_{Af}=99.4\%$]

17. 将下表中示踪剂数据用于反应器体系。

时间，min	示踪剂浓度，g/L	时间，min	示踪剂浓度，g/L
0	0	8	5.5
1	0.2	9	4.5
2	0.6	10	3.0
3	1.2	11	2.1
4	2.6	12	1.2
5	4.5	13	0.5
6	5.5	14	0.2
7	6.5	15	0

(1) 计算平均值和方差；

(2) 假设反应器符合串联釜式反应器模型，估算参数 N 的值并计算速率常数 $k=0.25\text{min}^{-1}$ 的 1 级反应的转化率；

(3) 假设反应器符合轴向扩散模型，估算佩克莱数的值并计算速率常数 $k=0.25\text{min}^{-1}$ 的 1 级反应的转化率；

(4) 假设反应器符合分层流模型，计算速率常数 $k=0.25\text{min}^{-1}$ 的 1 级反应的转化率。

[答案：(1)平均值=7.3min，方差=5.96；(2)$N=8.92$，$x_{Af}=80.95\%$；(3)$Pe=16.8$，$x_{Af}=81.11\%$；(4)$x_{Af}=80.65\%$]

18. 计算层流管式反应器中 1 级反应的转化率。反应速率常数 $k=0.25\text{min}^{-1}$，反应器中流体的平均停留时间为 7.3min。

(答案：74.3%)

19. 速率方程为$(-r_A)=kC_A^2$，速率常数 $k=0.1\text{m}^3/(\text{kmol}\cdot\text{min})$的 2 级不可逆反应在层流反应器中进行，原料中 A 的浓度为 5kmol/m^3，反应器中流体的平均停留时间为 5.9min，计算 A 的转化率。

(答案：70.5%)

MATLAB 程序

MATLAB 程序表

程序名称	描述
(均相理想反应器) react_ dsn_ cstr_ pfr. m	连续搅拌釜式反应器/平推流反应器的设计程序
cal_ rate. m	定义速率方程的子程序
n_ cstrs_ series1. m	计算达到指定转化率所需串联连续搅拌釜式反应器数目的程序
n_ cstrs_ series2. m	计算指定数目的串联连续搅拌釜式反应器中反应达到的转化率的程序
reactor_ sequence. m	计算系列反应器(连续搅拌釜式反应器和平推流反应器)中反应转化率的程序
react_ polymer. m	用于链聚合反应的聚合反应器的设计程序
react_ dsn_ opt_ tmp. m	1 级放热可逆反应进行的遵循最佳温度进程的间歇反应器、连续搅拌釜式反应器、平推流反应器的设计程序
react_ dsn_ adiab1. m	2 级吸热不可逆反应进行的绝热操作的间歇反应器、连续搅拌釜式反应器、平推流反应器的设计程序
react_ dsn_ adiab2. m	1 级放热不可逆反应进行的绝热操作的间歇反应器、连续搅拌釜式反应器、平推流反应器的设计程序
cstr_ multiplicity2. m	1 级放热反应进行的非等温连续搅拌釜式反应器多重稳态的计算程序

MATLAB 程序

程序: react_dsn_cstr_pfr.m

```
% program for the design of ideal CSTR / PFR

clear all

% INPUT DATA
%______________________________________________________________
eqn_no = 6 ;     % define the rate equation and rate constant in cal_rate
Ca0 = 5 ;        % feed concentration of A Kgmoles/m3
xaf = 0.675 ;    % final conversion

% CALCULATIONS
%______________________________________________________________

np = 50 ;
for i = 1:np
    xa = ((i-1)/(np-1))*xaf ;
    ra = cal_rate(Ca0,xa,eqn_no) ;
    xy_data(1,i) = xa ;
    xy_data(2,i) = (1/ra) ;
end ;

int_val = trapez_integral(xy_data) ;
tau_pfr = Ca0*int_val ;
```

```
raf = cal_rate(Ca0,xaf,eqn_no) ;
tau_cstr = (Ca0*xaf)/raf ;

% DISPLAY RESULTS
%_____________________________________________________________________

fprintf('------------------------------------------------------------ \n');
fprintf('DESIGN OF IDEAL REACTORS \n') ;
fprintf('  \n') ;
fprintf('  \n') ;
fprintf('IDEAL CSTR              - Space time     :  %10.4f \n',tau_cstr) ;
fprintf('IDEAL PFR               - Space time     :  %10.4f \n',tau_pfr) ;
fprintf('  \n') ;
fprintf('------------------------------------------------------------ \n');
```

函数子程序：cal_rate.m

```
% program subroutine to define the rate equation

function ra = cal_rate(Ca0,xa,eqn_no)

Ca = Ca0*(1-xa) ;

if eqn_no == 0          % zero order irreversible reaction A ---> B
    k = 0.1 ;
    ra = k  ;
end ;

if eqn_no == 1          % first order irreversible reaction A ---> B
    k = 0.1 ;
    ra = k*Ca ;
end ;

if eqn_no == 2          % second order irreversible reaction A ---> B
    k = 0.05 ;
    ra = k*Ca^2 ;
end ;

if eqn_no == 3          % third order irreversible reaction A ---> B
    k = 0.1 ;
    ra = k*Ca^3 ;
end ;

if eqn_no == 4          % second order irreversible reaction A + B ---> C
    k = 0.1 ;
    M = 2 ;  % M = Cb0/Ca0
    ra = k*Ca*(Ca0*(M-1) + Ca) ;
end ;

if eqn_no == 5          % first order reversible reaction A <=> B
    k = 0.1 ;
    K = 2 ;  % K = Cae/Cae - equilibrium constant
    Cb = Ca0 - Ca ;
    ra = k*(Ca - Cb/K) ;
end ;
```

```
if eqn_no == 6          % second order reversible reaction A <=> B
    k = 0.1 ;
    K = 9 ;  % K = Cae/Cae - equilibrium constant
    Cb = Ca0 - Ca ;
    ra = k*(Ca^2 - (Cb^2)/K) ;
end ;
```

程序：n_cstrs_series1.m

```
% program to calculate number of CSTRs in series required to achieve
% specified conversion

clear all
% INPUT DATA
%_________________________________________________________________

eqn_no = 6 ;     % define the rate equation and rate constant in cal_rate
Ca0 = 5 ;        % feed concentration of A Kgmoles/m3
xaf = 0.62 ;     % final conversion
tau = 0.5  ;     % space time

% CALCULATIONS
%_________________________________________________________________

n_p = 20 ;
xf = 1.1*xaf ;
for i = 1:n_p
    xa = ((i-1)/(n_p-1))*xf ;
    ra = cal_rate(Ca0,xa,eqn_no);
    y_val = xa - (tau/Ca0)*ra ;
    x1(i) = xa ;
    y1(i) = y_val ;
    x2(i) = xa ;
    y2(i) = xa ;
end ;

ys = 0 ;
n = 1 ;
ys_vec(1) = ys ;

while ys <xaf

  xs = 0 ;
  n_t = 1000 ;
  eps = 0.01 ;
  count = 0 ;
  for j = 1:n_t
    x = ((j-1)/(n_t-1))*xf ;
    rax = cal_rate(Ca0,x,eqn_no);
    y_x = x - (tau/Ca0)*rax ;
    if abs(y_x - ys) <eps
       xs = xs + x ;
       count = count + 1 ;
    end ;
```

```
  end ;
  if count ~= 0
       xs = xs/count ;
       n = n+1 ;
       ys_vec(n) = xs ;
       ys = xs ;
  end ;
end ;

for jn = 1:(2*(n-1)+1)
    if rem(jn,2) == 1 % jn is odd
       x_val = ys_vec((jn+1)/2)  ;
       x3(jn) = x_val ;
       y3(jn) = x_val ;
    else                 % jn is even
       x_val = ys_vec((jn/2) + 1)  ;
       y_val = ys_vec(jn/2) ;
       x3(jn) = x_val ;
       y3(jn) = y_val ;
    end ;
end ;

% DISPLAY RESULTS
%_________________________________________________________________

% graph

plot(x1,y1,'-r',x2,y2,'-b',x3,y3,'-c') ;
xlabel('Xai') ;
ylabel('Xai-1') ;

% display

fprintf('------------------------------------------------------------ \n');
fprintf('NUMBER OF CSTRS IN SERIES  \n') ;
fprintf('  \n') ;
fprintf('Space time of one CSTR      min              :  %10.4f \n',tau) ;
fprintf('Fractional Conversion                         :  %10.4f \n',xaf) ;
fprintf('Number of CSTRs                               :  %5i \n',(n-1)) ;
fprintf('  \n') ;
fprintf('    Reactor No.          Conversion \n') ;
fprintf('  \n') ;
for ii = 2:n
    fprintf('  %5i          %10.4f  \n',(ii-1),ys_vec(ii)) ;
end ;
fprintf('  \n') ;
fprintf('------------------------------------------------------------ \n');
```

程序：n_cstrs_series2.m

```
% program to calculate conversion achieved in a specified number of CSTRs
% connected in series

clear all
```

```
% INPUT DATA
%_______________________________________________________________________

eqn_no = 6 ;      % define the rate equation and rate constant in cal_rate
Ca0 = 5 ;         % feed concentration of A Kgmoles/m3
n = 9 ;           % number of CSTRs connected in series
tau = 0.5 ;       % space time

% CALCULATIONS
%_______________________________________________________________________

n_p = 40 ;
for i = 1:n_p
    Ca = ((i-1)/(n_p-1))*Ca0 ;
    xa = 1 - (Ca/Ca0) ;
    ra = cal_rate(Ca0,xa,eqn_no);
    x1(i) = Ca ;
    y1(i) = ra ;
end ;

x2 = [0 Ca0] ; y2 = [0 0] ;

Cas = Ca0 ;
Cas_vec(1) = Cas ;

for ii = 1:n % calculation for each one of n CSTRs
  xs = 0 ;
  n_t = 5000 ;
  eps = 0.01 ;
  count = 0 ;
  for j = 1:n_t
    Ca = Cas - ((j-1)/(n_t-1))*Cas ;
    x = 1 - (Ca/Ca0) ;
    rax = cal_rate(Ca0,x,eqn_no);
    y_x = (Cas - Ca)/tau ;
    if abs(y_x - rax) <eps*abs(rax) ;
       xs = xs + Ca ;
       count = count + 1 ;
    end ;
  end ;
  if count ~= 0
       xs = xs/count ;
       Cas_vec(ii+1) = xs ;
       Cas = xs ;
       x = 1 - (Cas/Ca0) ;
       ras = cal_rate(Ca0,x,eqn_no);
       ras_vec(ii) = ras ;
       xas(ii) = x ;
  end ;

end ;

for jn = 1:(2*n+1)
    if rem(jn,2) == 1 % jn is odd
```

```
        Cas_val = Cas_vec((jn+1)/2)  ;
        x3(jn) = Cas_val ;
        y3(jn) = 0 ;
     else              % jn is even
        x_val = Cas_vec((jn/2) + 1)  ;
        y_val = ras_vec(jn/2) ;
        x3(jn) = x_val ;
        y3(jn) = y_val ;
     end ;
end ;

xaf = 1 - Cas_vec(n+1)/Ca0 ;
% DISPLAY RESULTS
%_________________________________________________________________

% graph

plot(x1,y1,'-r',x2,y2,'-b',x3,y3,'-c') ;
xlabel('Ca - Concentration of A') ;
ylabel('ra - Rate ') ;

% display

fprintf('----------------------------------- \n') ;
fprintf('NUMBER OF CSTRS IN SERIES  \n') ;
fprintf('  \n') ;
fprintf('Space time of one CSTR      min              :  %10.4f \n',tau) ;
fprintf('Number of CSTRs                              :  %5i \n',n) ;
fprintf('Fractional Conversion                        :  %10.4f \n',xaf) ;
fprintf('  \n') ;
fprintf('  \n') ;
fprintf('    Reactor No.     Conversion \n') ;
fprintf('  \n') ;
for ii = 1:n
    fprintf(' %5i          %10.4f  \n',ii,xas(ii)) ;
end ;
fprintf('  \n') ;
fprintf('----------------------------------- \n') ;
```

程序：reactor_sequence.m

```
% Program to calculate conversion in a sequence of reactors

clear all

% INPUT DATA
%_________________________________________________________________

eqn_no = 2 ;       % define the rate equation and rate constant in cal_rate
Ca0 = 2 ;          % feed concentration of A Kgmoles/m3

% enter the type and space time of reactors connected in series

% reactor no  1  2  3  4
```

```
r_seq_mat = [ 2  1  2  1   ;    % reactor type 1 - CSTR, 2 - PFR
              4  4  2  1 ] ;    % space time

% CALCULATIONS
%___________________________________________________________________

vec_size = size(r_seq_mat) ;
n_data = vec_size(1,2)    ;

for i = 1:n_data
    r_type_val = r_seq_mat(1,i) ;
    tau_val = r_seq_mat(2,i) ;
    r_type(i) = r_type_val ;
    tau(i) = tau_val ;
end ;

x0 = 0 ;
delx = 0.0001 ;
nx = 50 ;

for i = 1:n_data
    r_type_val = r_type(i) ;
    tau_val = tau(i) ;

    if r_type_val == 1  % CSTR
          x = x0 + delx ;
          ra = cal_rate(Ca0,x,eqn_no) ;
          f_val = ((x - x0) - (tau_val/Ca0)*ra) ;
          if f_val <0
               flag = 0 ;
               while flag == 0
                 x = x + delx ;
                 ra = cal_rate(Ca0,x,eqn_no) ;
                 f_val = ((x - x0) - (tau_val/Ca0)*ra) ;
                 if f_val>0
                      flag = 1 ;
                      xf = x -0.5*delx ;
                 end ;
               end ;
          else
               flag = 1 ;
               while flag == 1
                 x = x + delx ;
                 ra = cal_rate(Ca0,x,eqn_no) ;
                 f_val = ((x - x0) - (tau_val/Ca0)*ra) ;
                 if f_val <0
                      flag = 0 ;
                      xf = x -0.5*delx ;
                 end ;
               end ;
          end ;
          xaf_vec(i) = xf ;
          x0 = xf ;
    end ;
```

```
    if r_type_val == 2  % PFR
          x = x0 + delx ;
          for j = 1:nx
              xj = x0 + ((j-1)/(nx-1))*(x-x0) ;
              raj = cal_rate(Ca0,xj,eqn_no) ;
              xy_data(1,j) = xj ;
              xy_data(2,j) = (1/raj) ;
          end ;
          integ_val = trapez_integral(xy_data) ;
          f_val = (1-(Ca0/tau_val)*integ_val) ;
          if f_val<0
              flag = 0 ;
              while flag == 0
                x = x + delx ;
                for j = 1:nx
                    xj = x0 + ((j-1)/(nx-1))*(x-x0) ;
                    raj = cal_rate(Ca0,xj,eqn_no) ;
                    xy_data(1,j) = xj ;
                    xy_data(2,j) = (1/raj) ;
                end ;
                integ_val = trapez_integral(xy_data) ;
                f_val = (1-(Ca0/tau_val)*integ_val) ;
                if f_val>0
                    flag = 1 ;
                    xf = x -0.5*delx ;
                end ;
              end ;
          else
              flag = 1 ;
              while flag == 1
                x = x + delx ;
                for j = 1:nx
                    xj = x0 + ((j-1)/(nx-1))*(x-x0) ;
                    raj = cal_rate(Ca0,xj,eqn_no) ;
                    xy_data(1,j) = xj ;
                    xy_data(2,j) = (1/raj) ;
                end ;
                integ_val = trapez_integral(xy_data) ;
                f_val = (1-(Ca0/tau_val)*integ_val) ;
                if f_val<0
                    flag = 0 ;
                    xf = x -0.5*delx ;
                end ;
              end ;
          end ;
          xaf_vec(i) = xf ;
          x0 = xf ;
    end ;

end ;

xaf = xaf_vec(n_data) ;

% DISPLAY RESULTS
%_______________________________________________________________________
```

```
fprintf('-------------------------------------------------------------- \n');
fprintf('CONVERSION IN A REACTOR SEQUENCE  \n') ;
fprintf('  \n') ;
fprintf('Initial Concentration  Ca0             :  %10.4f \n',Ca0) ;
fprintf('Final Conversion       xaf             :  %10.4f \n',xaf) ;
fprintf('Number of Reactors     n               :  %5i \n',n_data) ;
fprintf('  \n') ;
fprintf('    Reactor No.   Type     Conversion \n') ;
fprintf('  \n') ;
for i = 1:n_data
    fprintf(' %5i          %5i      %10.4f   \n',i,r_type(i),xaf_vec(i)) ;
end ;
fprintf('  \n') ;
fprintf('  Reactor Type 1 - CSTR    Reactor Type 2 - PFR \n') ;
fprintf('  \n') ;
fprintf('-------------------------------------------------------------- \n');
```

程序: **react_polymer.m**

```
% Program to design Polymerization Reactor used for chain polymerization
% reaction

clear all ;
% INPUT DATA
%________________________________________________________________

m0  = 10   ; % monomer concentration in Kgmoles/m3
xaf = 0.8   ; % fractional conversion
k   = 0.05  ; % Second order rate constant m3/Kgmoles Min

% CALCULATIONS
%________________________________________________________________
m = m0*(1-xaf) ; % final monomer concentration
tau = (sqrt(m0) - sqrt(m))/(k*m^(3/2)) ; % space time

% polymer product distribution

wr_vec(1) = 0 ; r_vec(1) = 0 ;
r_length = 30 ; % chain length
for r = 1:r_length
    r_vec(r+1) = r ;
    wr = (r*(1-xaf)/xaf)*(1-sqrt(1-xaf))^(r-1) ; % weight fraction
    wr_vec(r+1) = wr ;
end ;

% plot of product distribution

plot(r_vec,wr_vec,'-r') ;
xlabel('r - chain length') ;
ylabel('wr - weight fraction') ;

% DISPLAY RESULTS
%________________________________________________________________

fprintf('-------------------------------------------------------------- \n');
```

```
fprintf('DESIGN OF CHAIN POLYMERIZATION REACTOR  \n') ;
fprintf('  \n') ;
fprintf('Initial monomer concentration       m0    :  %10.4f \n',m0) ;
fprintf('Final Conversion                    xaf   :  %10.4f \n',xaf) ;
fprintf('Space time                          tau   :  %10.4f \n',tau) ;
fprintf('  \n') ;
fprintf('---------------------------------------------------------- \n');
```

程序：**react_dsn_opt_tmp.m**

```
% Program to design Batch Reactor / CSTR / PFR for first order
% exothermic reversible reaction following optimal
% temperature progression policy

clear all

% INPUT DATA
%_________________________________________________________________
k10 = 21      ;   % frequency factor for forward reaction 1/Sec
k20 = 4200    ;   % frequency factor for forward reaction 1/Sec
del_E1 = 32200 ;  % activation energy of forward reaction Kj/Kgmoles
del_E2 = 64400 ;  % activation energy of forward reaction Kj/Kgmoles
Ca0 = 0.8 ;       % feed concentration/intial concentration of A Kgmoles/m3
xaf = 0.88 ;      % final fractional conversion
Tmax = 900 ;      % maximum permissable temperature K

% CALCULATIONS
%_________________________________________________________________

% Batch Reactor / PFR calculations

del_Hr = del_E1 - del_E2 ; % heat of reaction in Kj/Kgmoles
R = 8.314 ;                % gas law constant in Kj/Kgmoles K

n_int_p = 9 ; % number of intehration points

for i = 1:n_int_p
    xa = ((i-1)/(n_int_p - 1))*xaf ;
    if xa == 0
       Topt = Tmax ;
    else
       Topt =  (-1*del_Hr)/(R*log((k20/k10)*(del_E2/del_E1)*(xa/(1-xa)))) ;
       if Topt > Tmax
           Topt = Tmax ;
       end ;
    end ;
    k1 = k10*exp(-1*del_E1/(R*Topt)) ;
    k2 = k20*exp(-1*del_E2/(R*Topt)) ;
    ra = k1*Ca0*(1-xa) - k2*Ca0*xa ;
    int_mat(1,i) = xa ;
    int_mat(2,i) = (1/ra) ;
end ;

integral_val = trapez_integral(int_mat) ;
```

```
t_batch = Ca0*integral_val ; % batch time / space time of PFR

% CSTR calculations

Topt =  (-1*del_Hr)/(R*log((k20/k10)*(del_E2/del_E1)*(xaf/(1-xaf)))) ;
k1  = k10*exp(-1*del_E1/(R*Topt)) ;
k2  = k20*exp(-1*del_E2/(R*Topt)) ;
raf = k1*Ca0*(1-xaf) - k2*Ca0*xaf ;

tau_cstr = (Ca0*xaf)/raf ;
fprintf('------------------------------------------------------------ \n');
fprintf('DESIGN OF BATCH REACTOR/CSTR/PFR - OPTIMAL TEMPERATURE POLICY \n') ;
fprintf('  \n') ;
fprintf('Feed Concentration Ca0  Kgmoles/m3        :  %10.4f \n',Ca0) ;
fprintf('Fractional Conversion                     :  %10.4f \n',xaf) ;
fprintf('Maximum Temperature       K               :  %10.4f \n',Tmax) ;
fprintf('  \n') ;
fprintf('IDEAL CSTR             - Space Time       :  %10.4f \n',tau_cstr) ;
fprintf('PFR / BATCH REACTOR    - Batch Time       :  %10.4f \n',t_batch) ;
fprintf('Exit / Final Temperature   - K            :  %10.4f \n',Topt) ;
fprintf('  \n') ;
fprintf('------------------------------------------------------------ \n');
```

程序: react_dsn_adiab1.m

```
% Program to design Batch Reactor / CSTR / PFR for second order
% endothermic irreversible reaction operating at adiabatic condition

clear all

% INPUT DATA
%_____________________________________________________________________

k0 = 1.2    ;    % frequency factor  m3/kgmole min
del_E = 14000;   % activation energy of forward reaction Kj/Kgmoles
Ca0 = 5 ;        % feed concentration/intial concentration of A Kgmoles/m3
T0 = (450+273);  % feed temperature/initial temperature K
xaf = 0.8 ;      % final fractional conversion
del_Hr = 98470;  % heat of reaction Kj/Kgmole
ro = 995 ;       % density  Kg/m3
cp = 2.5 ;       % specific capacity Kj/Kg K

% CALCULATIONS
%_____________________________________________________________________

% Batch Reactor / PFR calculations

R = 8.314 ;               % gas law constant in Kj/Kgmoles K
delt_ad = (-1*del_Hr*Ca0)/(ro*cp) ;

n_int_p = 50 ; % number of intehration points

for i = 1:n_int_p
    xa = ((i-1)/(n_int_p - 1))*xaf ;
    T = T0 + delt_ad*xa ;
```

```
    k = k0*exp(-1*del_E/(R*T)) ;
    ra = k*(Ca0*(1-xa))^2 ;
    int_mat(1,i) = xa ;
    int_mat(2,i) = (1/ra) ;
end ;

integral_val = trapez_integral(int_mat) ;

t_batch = Ca0*integral_val ; % batch time / space time of PFR

% CSTR calculations
T = T0 + delt_ad*xaf ;
k = k0*exp(-1*del_E/(R*T)) ;
raf = k*(Ca0*(1-xaf))^2 ;
tau_cstr = (Ca0*xaf)/(raf) ;

tau_cstr = (Ca0*xaf)/(raf) ;

% DISPLAY RESULTS
%_________________________________________________________________

fprintf('--------------------------------------------------------- \n');
fprintf('DESIGN OF BATCH REACTOR / CSTR / PFR - ADIABATIC OPERATION \n') ;
fprintf('  \n') ;
fprintf('Feed Concentration Ca0  Kgmoles/m3    :  %10.4f \n',Ca0) ;
fprintf('Fractional Conversion                 :  %10.4f \n',xaf) ;
fprintf('Feed  Temperature       K             :  %10.4f \n',T0) ;
fprintf('  \n') ;
fprintf('IDEAL CSTR                - Space Time :  %10.4f \n',tau_cstr) ;
fprintf('PFR / BATCH REACTOR       - Batch Time :  %10.4f \n',t_batch) ;
fprintf('Exit / Final Temperature - K           :  %10.4f \n',T) ;
fprintf('  \n') ;
fprintf('--------------------------------------------------------- \n');
```

程序：**react_dsn_adiab2.m**

```
% Program to design Batch Reactor / CSTR / PFR for first order exothermic
% irreversible reaction operating at adiabatic condition

clear all
% INPUT DATA
%_________________________________________________________________

k0 =  35     ;     % frequency factor  1/Hr
del_E = 9000 ;     % activation energy of forward reaction Kj/Kgmoles
Ca0 = 1  ;         % feed concentration/intial concentration of A Kgmoles/m3
T0 = 400 ;         % feed temperature / initial temperature K
xaf = 0.8 ;        % final fractional conversion
del_Hr = -210000;  % heat of reaction Kj/Kgmole
ro = 998 ;         % density  Kg/m3
cp = 4.2 ;         % specific capacity Kj/Kg K

% CALCULATIONS
%_________________________________________________________________
```

```
% Batch Reactor / PFR calculations

R = 8.314 ;               % gas law constant in Kj/Kgmoles K
delt_ad = (-1*del_Hr*Ca0)/(ro*cp) ;

n_int_p = 50 ; % number of intehration points

for i = 1:n_int_p
    xa = ((i-1)/(n_int_p - 1))*xaf ;
    T = T0 + delt_ad*xa ;
    k = k0*exp(-1*del_E/(R*T)) ;
    ra = k*Ca0*(1-xa) ;
    int_mat(1,i) = xa ;
    int_mat(2,i) = (1/ra) ;
end ;

integral_val = trapez_integral(int_mat) ;

t_batch = Ca0*integral_val ; % batch time / space time of PFR

% CSTR calculations

T = T0 + delt_ad*xaf ;
k = k0*exp(-1*del_E/(R*T)) ;
raf = k*Ca0*(1-xaf) ;
tau_cstr = (Ca0*xaf)/(raf) ;

tau_cstr = (Ca0*xaf)/(raf) ;

% DISPLAY RESULTS
%_____________________________________________________________________

fprintf('--------------------------------------------------------- \n');
fprintf('DESIGN OF BATCH REACTOR/CSTR/PFR - ADIABATIC OPERATION \n') ;
fprintf('  \n') ;
fprintf('Feed Concentration Ca0  Kgmoles/m3      :  %10.4f \n',Ca0) ;
fprintf('Fractional Conversion                   :  %10.4f \n',xaf) ;
fprintf('Feed  Temperature       K               :  %10.4f \n',T0) ;
fprintf('  \n') ;
fprintf('IDEAL CSTR                - Space Time  :  %10.4f \n',tau_cstr) ;
fprintf('PFR / BATCH REACTOR       - Batch Time  :  %10.4f \n',t_batch) ;
fprintf('Exit / Final Temperature  - K           :  %10.4f \n',T) ;
fprintf('  \n') ;
fprintf('--------------------------------------------------------- \n');
```

程序：cstr_multiplicity.m

```
% Multiplicity and Stability of Non Isothermal CSTR
% I Order Exothermic Reaction

clear all

% INPUT DATA
%_____________________________________________________________________
```

```
Ca0 = 7 ;               % feed concentration Kgmoles/m3
k0 = 2*10^13 ;          % frequency factor 1/Sec
E0_by_R = 12000 ;       % activation energy / R  K
delHr = -2.5*10^7 ;     % heat of reaction J/Kgmole
cp = 2400 ;             % mean specific heat  J/Kg K
ro = 900  ;             % density Kg/m3

V = 15 ;                % reactor volume m3
q = 0.03 ;              % volumetric flow rate m3/s
Tc = 295  ;             % coolant temperature K
T0 = [275 290 310] ;    % define 3 feed temperatures K

UA = 10000  ;           % value of UA in W/K

T_min  = 270 ;          % Minimum Temperature
T_max  = 390 ;          % Maximum Temperature

% CALCULATIONS
%_________________________________________________________________

T01 = T0(1) ; T02 = T0(2) ; T03 = T0(3) ;
tau = V/q ;
nt = 10000 ;

delt = (T_max - T_min)/(nt -1) ;

for i = 1:nt
    T = T_min + ((i-1)/(nt-1))*(T_max - T_min) ;
    k = k0*exp(-E0_by_R/T) ;
    Qg = ((-1*delHr)*q*Ca0*k*tau)/(1+k*tau) ;  % heat generation
    Qr1 = (ro*q*cp+UA)*T - (ro*q*cp*T01+UA*Tc) ; % heat removal at T01
    Qr2 = (ro*q*cp+UA)*T - (ro*q*cp*T02+UA*Tc) ; % heat removal at T02
    Qr3 = (ro*q*cp+UA)*T - (ro*q*cp*T03+UA*Tc) ; % heat removal at T03
    T_vec(i) = T ;
    Qg_vec(i)  = Qg ;
    Qr1_vec(i) = Qr1 ;
    Qr2_vec(i) = Qr2 ;
    Qr3_vec(i) = Qr3 ;
end ;

% calculate the steady state temperature and conversion

count1 = 0 ;
count2 = 0 ;
count3 = 0 ;

Qg  = Qg_vec(1) ;
Qr1 = Qr1_vec(1) ;
Qr2 = Qr2_vec(1) ;
Qr3 = Qr3_vec(1) ;
f1 = Qg - Qr1 ;
f2 = Qg - Qr2 ;
f3 = Qg - Qr3 ;
```

```
if f1<0
        flag1_old = 0 ;
    else
        flag1_old = 1 ;
end ;

if f2<0
        flag2_old = 0 ;
    else
        flag2_old = 1 ;
end ;

if f3<0
        flag3_old = 0 ;
    else
        flag3_old = 1 ;
end ;

for i = 2:nt
    T = T_min + ((i-1)/(nt-1))*(T_max - T_min) ;
    Qg  = Qg_vec(i) ;
    Qr1 = Qr1_vec(i) ;
    Qr2 = Qr2_vec(i) ;
    Qr3 = Qr3_vec(i) ;
    f1 = Qg - Qr1 ;
    f2 = Qg - Qr2 ;
    f3 = Qg - Qr3 ;

    if f1<0
        flag1_new = 0 ;
    else
        flag1_new = 1 ;
    end ;
    if (flag1_old == 0) && (flag1_new == 1)
        count1 = count1 + 1 ;
        Ts_1(count1) = T - delt/2 ;
    end ;
    if (flag1_old == 1) && (flag1_new == 0)
        count1 = count1 + 1 ;
        Ts_1(count1) = T - delt/2 ;
    end ;
    flag1_old = flag1_new ;

    if f2<0
        flag2_new = 0 ;
    else
        flag2_new = 1 ;
    end ;
    if (flag2_old == 0) && (flag2_new == 1)
        count2 = count2 + 1 ;
        Ts_2(count2) = T - delt/2 ;
    end ;
    if (flag2_old == 1) && (flag2_new == 0)
        count2 = count2 + 1 ;
```

```
            Ts_2(count2) = T - delt/2 ;
        end ;
        flag2_old = flag2_new ;

        if f3<0
            flag3_new = 0 ;
        else
            flag3_new = 1 ;
        end ;
        if (flag3_old == 0) && (flag3_new == 1)
            count3 = count3 + 1 ;
            Ts_3(count3) = T - delt/2 ;
        end ;
        if (flag3_old == 1) && (flag3_new == 0)
            count3 = count3 + 1 ;
            Ts_3(count3) = T - delt/2 ;
        end ;
        flag3_old = flag3_new ;
    end ;

    % calculate conversion

    for j = 1:3
        if j == 1
            if count1 ~= 0
              for js = 1:count1
                  Ts_val = Ts_1(js) ;
                  k = k0*exp(-E0_by_R/Ts_val) ;
                  xaf = (k*tau)/(1+k*tau) ;
                  xas_1(js)= xaf ;
              end ;
            end ;
        end ;
        if j == 2
            if count2 ~= 0
              for js = 1:count2
                  Ts_val = Ts_2(js) ;
                  k = k0*exp(-E0_by_R/Ts_val) ;
                  xaf = (k*tau)/(1+k*tau) ;
                  xas_2(js)= xaf ;
              end ;
            end ;
        end ;
        if j == 3
            if count3 ~= 0
              for js = 1:count3
                  Ts_val = Ts_3(js) ;
                  k = k0*exp(-E0_by_R/Ts_val) ;
                  xaf = (k*tau)/(1+k*tau) ;
                  xas_3(js)= xaf ;
              end ;
            end ;
        end ;

    end ;
```

```
% DISPLAY GRAPH
%_________________________________________________________________
plot(T_vec,Qg_vec,'r',T_vec,Qr1_vec,'g',T_vec,Qr2_vec,'b',T_vec,Qr3_vec,'c') ;
title('MULTIPLICITY IN NON ISOTHERMAL CSTR');
xlabel('TEMP K') ;
ylabel('HEAT GENERATED/REMOVED W ') ;
legend('Qg - HEAT GENERATED',strcat('Qr1 - HEAT REMOVAL : T0 =',num2str
(T01)),strcat('Qr2 - HEAT REMOVAL : T0 =',num2str(T02)),strcat('Qr3 - HEAT
REMOVAL : T0 =',num2str(T03)));

% DISPLAY RESULTS
%_________________________________________________________________

fprintf('----------------------------------------------------------- \n');
fprintf('MULTIPLICITY IN NON ISOTHERMAL CSTR  \n') ;
fprintf('  \n') ;
fprintf('Feed Concentration Ca0     Kgmoles/m3  :  %10.4f \n',Ca0) ;
fprintf('Coolant Temperature        K           :  %10.4f \n',Tc) ;
fprintf('Space Time                 Sec         :  %10.4f \n',tau) ;
fprintf('  \n') ;
fprintf('----------------------------------------------------------- \n');
fprintf('Feed Temp(K)       Temp(K)       Conversion(xa)   \n') ;
fprintf('----------------------------------------------------------- \n');
for j = 1:3
  if  j == 1
      if count1 ~= 0
           for js = 1:count1
               fprintf(' %10.4f    %10.4f    %10.4f
\n',T0(j),Ts_1(js),xas_1(js)) ;
           end ;
           fprintf('--------------------------------------------- \n') ;
       end ;
  end ;


  if  j == 2
      if count2 ~= 0
           for js = 1:count2
           fprintf(' %10.4f  %10.4f  %10.4f \n',T0(j),Ts_2(js),xas_2(js)) ;
           end ;
           fprintf('--------------------------------------------- \n') ;
       end ;
  end ;
  if  j == 3
       if count3 ~= 0
           for js = 1:count3
           fprintf(' %10.4f  %10.4f  %10.4f \n',T0(j),Ts_3(js),xas_3(js));
           end ;
           fprintf('--------------------------------------------- \n') ;
       end ;
  end ;
end ;
fprintf('  \n') ;
fprintf('----------------------------------------------------------- \n');
```

MATLAB 程序表

程序名称	描述
(均相非理想反应器) E_ curve_ tismodel. m	串联釜式反应器模型无量纲 E 曲线的绘制程序
factorial. m	计算阶乘 n 的子程序函数
E_ curve_ lfr. m	层流反应器无量纲 E 曲线的绘制程序
non_ id_ conversion. m	利用各种模型计算非理想反应器中 1 级反应转化率的程序
cal_ E_ theta. m	由脉冲示踪实验数据计算 $E—\theta$ 的子程序
trapez_ integral	利用梯形方法估算积分值的子程序
cal_ mean_ var. m	根据脉冲示踪实验数据计算平均值和方差的子程序
cal_ n_ tank. m	计算串联釜式反应器模型中反应器数目 n 的子程序
cal_ pe. m	计算佩克莱数 Pe 的子程序
non_ id_ dead_ bypass. m	检测非理想连续搅拌釜式反应器中死区和旁路及估算 1 级反应转化率的程序
seg_ flow_ II_ order. m	计算非理想反应器——分层流反应器和层流反应器中 2 级反应转化率的程序

MATLAB 程序

程序：**E_curve_tismodel.m**

```
% Program to plot dimensionless E-curve for Tanks in Series Model

clear all ;
n_val = [1 5 10 20 50] ; % define 5 values of n
thetahat_max = 5 ; % define range of thetahat

for i = 1:5
    n = n_val(i) ;

    theta_hat(1) = 0 ;
    if n == 1
         Ethetahat0 = 1 ;
    else
         Ethetahat0 = 0 ;
    end ;

    if i == 1
         n1 = n ;
         E_thetahat1(1) = Ethetahat0 ;
    end ;
    if i == 2
         n2 = n ;
         E_thetahat2(1) = Ethetahat0 ;
    end ;
    if i == 3
         n3 = n ;
         E_thetahat3(1) = Ethetahat0 ;
    end ;
```

```
    if i == 4
         n4 = n ;
         E_thetahat4(1) = Ethetahat0 ;
    end ;
    if i == 5
         n5 = n ;
         E_thetahat5(1) = Ethetahat0 ;
    end ;

    for j = 1:500
         thetahat = j*(thetahat_max/500) ;
         theta_hat(j+1) = thetahat ;
         Ethetahat = (n/factorial(n-1))*((n*thetahat)^(n-1))*exp
(-n*thetahat) ;
         if i == 1
           E_thetahat1(j+1) = Ethetahat ;
         end ;
         if i == 2
           E_thetahat2(j+1) = Ethetahat ;
         end ;
         if i == 3
           E_thetahat3(j+1) = Ethetahat ;
         end ;
         if i == 4
           E_thetahat4(j+1) = Ethetahat ;
         end ;
         if i == 5
           E_thetahat5(j+1) = Ethetahat ;
         end ;
     end ;

end ;

plot(theta_hat,E_thetahat1,'g',theta_hat,E_thetahat2,'r',theta_hat,
E_thetahat3,'c',theta_hat,E_thetahat4,'b',theta_hat,E_thetahat5,'y') ;
    title('E CURVE - TANKS IN SERIES MODEL');
    xlabel('Theta') ;
    ylabel('E') ;
    legend(strcat('n = ', num2str(n1)),strcat('n = ', num2str(n2)),strcat
('n = ', num2str(n3)),strcat('n = ', num2str(n4)),strcat('n = ', num2str(n5)));
```

函数子程序： factorial.m

```
% function subroutine to calculate factorial of n

function n_factorial = factorial(n)

if n == 0
    n_factorial = 1 ;
end ;

if n == 1
    n_factorial = 1 ;
```

```
end ;

if n>1
    n_factorial = 1 ;
    for nf = n:-1:1
        n_factorial = n_factorial*nf ;
    end ;
end ;
```

程序：E_curve_lfr.m

```
% Program to Plot dimensionless E-curve for Laminar Flow Reactor

clear all ;

thetahat_max = 4 ; % define range of thetahat

theta_hat(1) = 0 ;
E_thetahat_cstr(1) = 1 ;
E_thetahat_lfr(1) = 0 ;

for j = 1:10000
    thetahat = j*(thetahat_max/10000) ;
    theta_hat(j+1) = thetahat ;
    if thetahat<0.5
        E_thetahat_lfr(j+1) = 0 ;
    else
        E_thetahat_lfr(j+1) = 1/(2*thetahat^2) ;
    end ;
    E_thetahat_cstr(j+1) = exp(-1*thetahat) ;
end ;

x1 = [1 1] ; y1 = [0 5] ;

plot(theta_hat,E_thetahat_cstr,'g',theta_hat,E_thetahat_lfr,'-r',x1,y1,'-b') ;
title('E CURVE - Laminar Flow Reactor');
xlabel('Theta') ;
ylabel('E') ;
legend('Ideal CSTR','Laminar Flow Reactor','Ideal PFR');
```

程序：non_id_conversion.m

```
% Program to calculate conversion of first order reaction in nonideal
% reactor using various models

% Tracer data
imp_tracer_data = [ 0  1  2  3  4  5   6   7  8  9  10  11  12  13 14 ;
                                                  % t - time in minutes

         0  0.4 1.3 2.4 3.8 5.1  5.5  4.5 3.1 1.9 1.1 0.5 0.2  0  0  ] ;
                                                  % C - Concentration

k = 0.421 ;  % kinetic rate constant of first order reaction in 1/MIN
```

```
vec_size = size(imp_tracer_data) ;
n_data = vec_size(1,2)   ;

[theta_bar sigma_sqr] = cal_mean_var(imp_tracer_data) ;

tau = theta_bar ; % space time

% Ideal PFR

xaf_pfr = 1 - exp(-1*k*tau) ;

%Ideal CSTR
xaf_cstr = (k*tau)/(1+k*tau) ;

% Tanks in series model

n_t = cal_n_tank(theta_bar,sigma_sqr)   ;

xaf_tis = 1 - 1/((1+(k*tau/n_t))^n_t) ;

% Axial dispersion model

pe = cal_pe(theta_bar,sigma_sqr)   ;

beta = sqrt(1+(4*k*tau/pe)) ;

xaf_adm = 1 - ((4*beta*exp(pe/2)))/((1+beta)^2*exp(pe*beta/2) -
(1-beta)^2*exp(-1*pe*beta/2)) ;

% completely segregated flow model

E = cal_E_theta(imp_tracer_data) ;

for i = 1:n_data
    t = E(1,i) ;
    x_batch = 1 - exp(-k*t) ;
    x_E(1,i) = t ;
    x_E(2,i) = x_batch*E(2,i) ;
end;

xaf_sfm = trapez_integral(x_E) ;

% Laminar flow reactor of same size

t_min = theta_bar / 2 ;
t_max = 10*theta_bar ;

for j = 1:100 ;
    t = t_min + (j-1)*(t_max - t_min)/99 ;
    xl_E(1,j) = t ;
    xl_E(2,j) = (exp(-1*k*t))/(t^3) ;
end ;

integral_xl_E = trapez_integral(xl_E) ;
```

```
xaf_lfr = 1 - ((theta_bar^2)/2)*integral_xl_E ;

% display of results

fprintf('------------------------------------------------------- \n');
fprintf('CONVERSION OF I ORDER REACTION IN NON IDEAL REACTOR \n') ;
fprintf('  \n') ;
fprintf('Rate Constant              1/MIN   :  %12.8f \n',k) ;
fprintf('Space Time                 MIN     :  %12.8f \n',tau) ;
fprintf('  \n') ;
fprintf('  \n') ;
fprintf('IDEAL CSTR               - Fracational conersion : %10.4f \n',xaf_
cstr) ;
fprintf('IDEAL PFR                - Fractional conversion : %10.4f \n',xaf_
pfr) ;
fprintf('TANKS IN SERIES MODEL - Parameter N              : %10.4f \n',n_t) ;
fprintf('                         - Fractional conversion : %10.4f \n',xaf_
tis) ;
fprintf('AXIAL DISPERSION MODEL - Parameter Pe            : %10.4f \n',pe) ;
fprintf('                         - Fractional conversion : %10.4f \n',xaf_
adm) ;
fprintf('SEGREGATED FLOW MODEL - Fractional conversion : %10.4f \n',xaf_
sfm) ;
fprintf('LAMINAR FLOW MODEL      - Fractional conversion :  %10.4f \n',xaf_
lfr) ;
fprintf('  \n') ;
fprintf('------------------------------------------------------- \n');
```

函数子程序：**cal_E_theta.m**

```
% Subroutine to calculate E versus theta from the impulse tracer test
data

function E = cal_E_theta(imp_tracer_data)

vec_size = size(imp_tracer_data) ;
n_data = vec_size(1,2)   ;

integ_c  = trapez_integral(imp_tracer_data) ;

for i = 1:n_data
    time = imp_tracer_data(1,i) ;
    conc = imp_tracer_data(2,i) ;
    E(1,i) = time ;
    E(2,i) = conc/integ_c ; % E vs t data
end ;
```

函数子程序：**trapez_integral.m**

```
% Subroutine to evaluate the integral value by Trapezoidal Method

function int_val = trapez_integral(xy_data)
```

```
vec_size = size(xy_data) ;
n_data = vec_size(1,2)   ;

for i = 1:n_data
    x_val = xy_data(1,i) ;
    y_val = xy_data(2,i) ;
    x(i) = x_val ; y(i) = y_val ;
end ;

int_val = 0 ;
for i = 2:n_data
    x1 = x(i-1) ; x2 = x(i) ;
    y1 = y(i-1) ; y2 = y(i) ;
    int_val = int_val + 0.5*(x2 -x1)*(y1+y2) ;
end ;
```

函数子程序：cal_mean_var.m

```
% Subroutine to calculate mean and variance from impulse tracer test data

function [theta_bar sigma_sqr] = cal_mean_var(imp_tracer_data)

vec_size = size(imp_tracer_data) ;
n_data = vec_size(1,2)   ;

integ_c  = trapez_integral(imp_tracer_data) ;

for i = 1:n_data
    time = imp_tracer_data(1,i) ;
    conc = imp_tracer_data(2,i) ;
    thetaE(1,i) = time ; theta2E(1,i) = time ; E(1,i) = time ;
    E(2,i) = conc/integ_c ; % E vs t data
    thetaE(2,i) = time*E(2,i) ; % (t*E) vs t data
    theta2E(2,i) = (time^2)*E(2,i) ; % (t^2*E) vs t data
end ;

integral_E = trapez_integral(E) ;
theta_bar  = trapez_integral(thetaE) ;
integral_tsqr_E = trapez_integral(theta2E) ;
sigma_sqr = integral_tsqr_E - (theta_bar)^2 ;
```

函数子程序：cal_n_tank.m

```
% program to calculate Number of Tanks N of Tanks in Series Model

function n_tanks = cal_n_tank(theta_bar,sigma_sqr)

n_tanks = (theta_bar^2)/sigma_sqr ;
```

函数子程序：cal_pe.m

```
% program to calculate Peclet Number Pe
```

```
function pe = cal_pe(theta_bar,sigma_sqr)

r = sigma_sqr/(theta_bar^2) ;

pe_o = 2/r ;
pe_n = 2/(r + (2/pe_o^2)*(1-exp(-pe_o))) ;

while abs(pe_n - pe_o) >= 0.0001*pe_o
    pe_o = pe_n ;
    pe_n = 2/(r + (2/pe_o^2)*(1-exp(-pe_o))) ;
end

pe = pe_n ;
r_cal = (2/pe) - (2/pe^2)*(1-exp(-pe)) ;
```

程序: non_id_dead_bypass.m

```
% Program to detect dead space and bypass in nonideal cstr and estimate
% conversion of I order reaction

clear all ;

% impluse tracer test data

imp_tr_data = [ 0 0.05 0.1 0.2 0.3 0.4 0.5 0.8 1.0 2.0 3.0 4.0 5.0 6.0
7.0 8.0 9.0 10.0 12.0 14.0 16.0 18.0 20.0 22.0 24.0 26.0 ;
      0 3.38 3.34 3.3 3.2 3.13 3.05 3.00 2.74 2.61 2.0 1.54 1.2 0.91 0.71
0.54 0.42 0.32 0.25 0.15 0.09 0.052 0.031 0.02 0.01 0.0] ;

k = 0.64 ; % kinetic rate constant in 1/MIN

vec_size = size(imp_tr_data) ;
n = vec_size(1,2)   ; % number of readings

[t_b s_s] = cal_mean_var(imp_tr_data);

tau = t_b ;

E = cal_E_theta(imp_tr_data) ;

count = 0 ;
for i = 1:n
    t_val = E(1,i) ;
    c_val = E(2,i) ;
    if (t_val ~= 0) && (c_val ~= 0)
        count = count+1 ;
        xy_data(count,1) = t_val ;
        xy_data(count,2) = log(c_val) ;
    end ;
end ;

xlabel_s = 'Time - MINS' ; ylabel_s = 'ln(E)' ;
plot_type = 1 ;
coef_vec = lin_plot(xy_data,plot_type,xlabel_s,ylabel_s);
```

```
s = coef_vec(2) ; I = coef_vec(1) ;

gama = exp(I)/(-s) ;
beta = gama/((-s)*(t_b)) ;

xaf_nideal = (beta*k*tau)/(1+(beta/gama)*k*tau) ;
xaf_cstr = (k*tau)/(1+k*tau) ;

% display of results

fprintf('------------------------------------------------------------ \n');
fprintf('CONVERSION OF I ORDER REACTION IN NON IDEAL REACTOR \n') ;
fprintf('  \n') ;
fprintf('Rate Constant     1/MIN                          :  %10.4f \n',k) ;
fprintf('Space Time   MIN                                 :  %10.4f \n',tau) ;
fprintf('  \n') ;
fprintf('IDEAL CSTR  - Fracational conersion              :  %10.4f \n',xaf_cstr) ;
fprintf('  \n') ;
fprintf('CSTR WITH DEAD SPACE AND BYPASS - Parameter gama  :  %10.4f
\n',gama) ;
fprintf('                             - Parameter beta  :  %10.4f \n',beta);
fprintf('                             - Fract.conversion:  %10.4f \n',xaf_
nideal) ;
fprintf('  \n') ;
fprintf('------------------------------------------------------------ \n');
```

程序: seg_flow_II_order.m

```
% Program to calculate conversion of second order reaction in nonideal
% reactor - Segregated Flow Reactor & Laminar Flow Reactor

clear all

% Tracer data

imp_tracer_data = [ 0  1  2  3  4  5   6   7  8  9  10  11  12  13 14 ;
                                                  % t - time in minutes

       0  0.4 1.3 2.4 3.8 5.1  5.5  4.5 3.1 1.9 1.1 0.5 0.2 0  0  ] ;
                                                  % C - Concentration

k = 0.05 ; % kinetic rate constant of second order reaction in (M3/
kg.moles)/Min
Ca0 = 20 ;  % Feed concentration Kg.Moles / M3 ;

vec_size = size(imp_tracer_data) ;
n_data = vec_size(1,2)  ;

[theta_bar sigma_sqr] = cal_mean_var(imp_tracer_data) ;

tau = theta_bar ; % space time

% Ideal PFR
```

```
xaf_pfr = (k*tau*Ca0) /(1+k*tau*Ca0) ;

%Ideal CSTR

xaf_cstr = 1 - (sqrt(1+4*k*tau*Ca0)-1)/(2*k*tau*Ca0) ;

% completely segregated flow model

E = cal_E_theta(imp_tracer_data) ;
for i = 1:n_data
    t = E(1,i) ;
    x_batch = (k*t*Ca0)/(1+k*t*Ca0);
    x_E(1,i) = t ;
    x_E(2,i) = x_batch*E(2,i) ;
end;

xaf_sfm = trapez_integral(x_E) ;

% Laminar flow reactor of same size

t_min = theta_bar / 2 ;
t_max = 10*theta_bar ;

for j = 1:100 ;
    t = t_min + (j-1)*(t_max - t_min)/99 ;
    x_batch = (k*t*Ca0)/(1+k*t*Ca0);
    xl_E(1,j) = t ;
    xl_E(2,j) = x_batch/(t^3) ;
end ;

integral_xl_E = trapez_integral(xl_E) ;

xaf_lfr = ((theta_bar^2)/2)*integral_xl_E ;

 % display of results

fprintf('------------------------------------------------------------- \n');
fprintf('CONVERSION OF II ORDER REACTION IN NON IDEAL REACTOR \n') ;
fprintf('  \n') ;
fprintf('Rate Constant      (Kg.Moles/M3)/MIN          :  %12.4f \n',k) ;
fprintf('Space Time          MIN                       :  %12.4f \n',tau) ;
fprintf('  \n') ;
fprintf('  \n') ;
fprintf('IDEAL CSTR             - Fracational conersion      :  %10.4f
\n',xaf_cstr) ;
fprintf('IDEAL PFR              - Fractional conversion      :  %10.4f
\n',xaf_pfr) ;
fprintf('SEGREGATED FLOW MODEL - Fractional conversion      :  %10.4f
\n',xaf_sfm) ;
fprintf('LAMINAR FLOW MODEL     - Fractional conversion      :  %10.4f
\n',xaf_lfr) ;
fprintf('  \n') ;
fprintf('------------------------------------------------------------- \n');
```

第4章　多相反应器

非均相反应器是指反应介质为多相介质的多相反应器。多相反应器大致分为非催化反应进行的多相反应器和催化反应进行的多相反应器。本章主要讨论多相反应动力学和多相反应器的设计原则。

4.1　多相非催化反应器

在多相非催化反应器中，反应介质为两相介质。对于气相反应物和固相反应物之间的反应，两相反应介质由气相和固相组成；对于气相反应物和液相反应物之间的反应，反应相为气—液两相介质。本节将对气—固反应和气—液反应进行的多相非催化反应器的设计进行讨论。

4.1.1　多相气—固反应

对于气相反应物A和固相反应物B之间的多相非催化反应，反应式如下：

$$A(g)+bB(s)\rightarrow 产物$$

著名的例子有：

（1）碳的燃烧。

$$C(s)+O_2(g)\rightarrow CO_2$$

（2）锌的生产中硫化锌的氧化。

$$2ZnS(s)+3O_2(g)\rightarrow 2ZnO+2SO_2$$

（3）高炉中氧化铁的还原。

$$Fe_2O_3(s)+3CO(g)\rightleftharpoons 2Fe+3CO_2$$

在反应中，固体B为消耗的非催化反应物，产物为转化的固体、气体或固体和气体。用于此类反应的反应器被称为气固接触设备(如流化床)。固体反应物B通常为限制反应物，气相反应物A则过量。反应器中B达到的转化率 x_B 决定了反应器的性能。如图4.1所示，在反应器的任一部分中，固体颗粒悬浮在含有反应物A的气相流中。

每个固体颗粒为隔离元，反应时间为 θ 时固体颗粒B达到的转化率 $x_B(\theta)$ 取决于：

（1）A从气相主体传递至固体表面(外部传质)的速率；

（2）A扩散通过固体孔道的速率(内部传质)；

（3）固体颗粒中A的反应速率(动力学速率)。

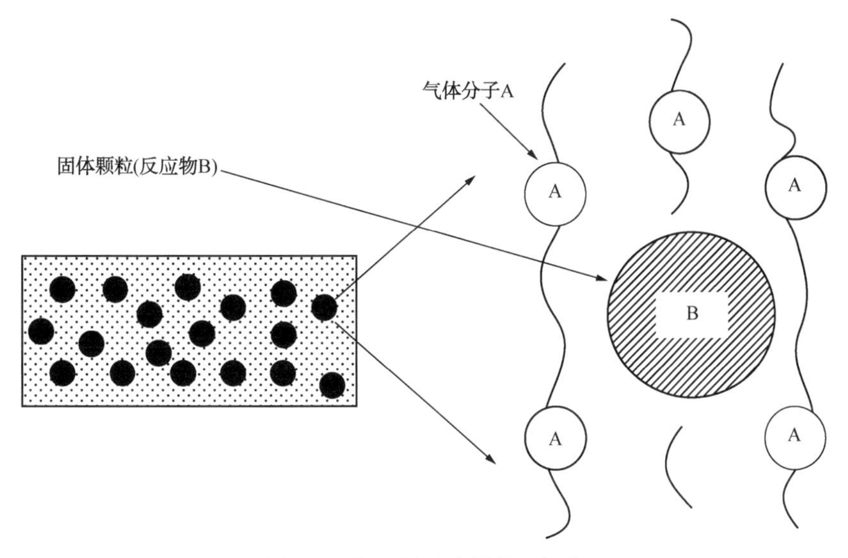

图 4.1 气—固反应器的一部分

总速率是指同时考虑传质(外部传质和内部传质)速率和动力学速率推导出的速率方程，其决定了单一颗粒中 B 达到的转化率 $x_B(\theta)$。根据适用于多孔固体颗粒的渐进转化模型(PCM)，气体分子 A 扩散通过孔道并与存在于颗粒内表面的 B 反应。这里，反应同时发生在固体颗粒的每一点上。固体颗粒内任一点的反应速率取决于此点 A 的浓度。单一固体颗粒中 B 的渐进转化如图 4.2 所示。

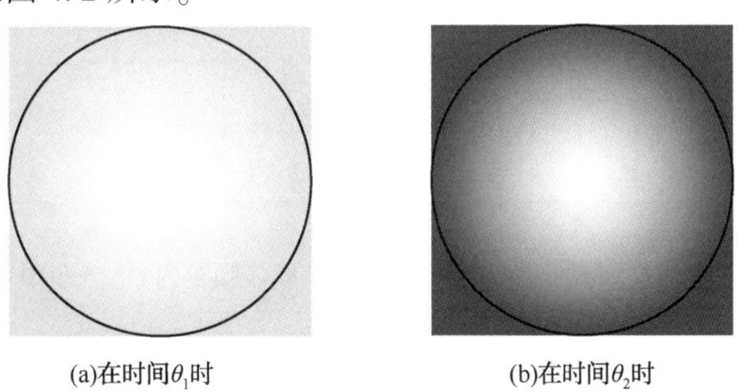

图 4.2 根据渐进转化模型所得到的时间 θ_1 和 $\theta_2(\theta_2>\theta_1)$时单一固体颗粒中 B 的转化率

如果固体无孔，反应仅在固体颗粒的外表面发生且 A 无法渗透进入固体。适用于无孔固体颗粒的一种被称为缩核模型(SCM)的模型被广泛用于气—固反应器的设计。我们将在下一节中对缩核模型进行详细讨论。

4.1.1.1 缩核模型

包含反应物 B 的半径为 R 的球形固体颗粒与包含反应物 A 浓度为 C_{Ag}的气体流接触。A 和 B 间反应的计量方程为：

$$\mathrm{A(g)}+b\mathrm{B(s)}\rightarrow 产物$$

由于反应物 A 过量，则假设气相反应物 A 的主体浓度 C_{Ag}不随时间改变。因此，固体向产物的转化发生在恒定的气体环境中。固体颗粒无孔，因而，反应只发生在固体颗粒的外表面。但是，若假设转化后的固体颗粒是多孔的，一旦固体颗粒外层的 B 完全转化，会形成多孔的产物层。反应物 A 扩散穿过此多孔产物层(灰层)并与位于产物层下方未反应的球核表面的反应物 B 反应。因此，在任一时刻，球形颗粒均具有一个半径为 r_c 的未反应核，其周围是一个产物层，如图 4.3 所示。

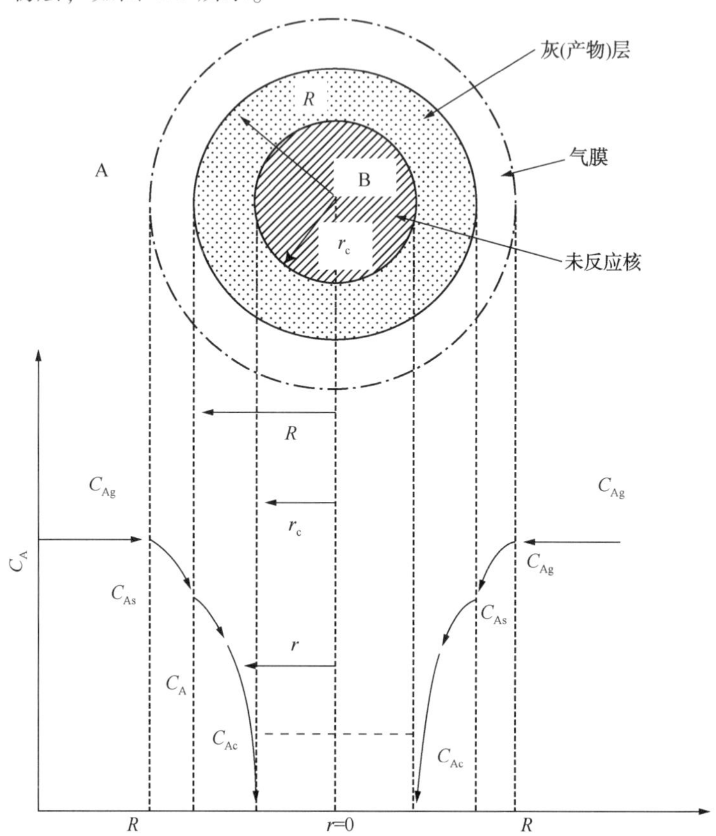

图 4.3　根据缩核模型得到的单一固体颗粒内 C_A 分布图

随着反应的进行，中心未反应的核会变小，因此该模型被称为缩核模型。C_{As}为固体颗粒表面 A 的浓度，C_{Ac}为未反应核表面 A 的浓度。根据 3 个速率方程可推导出总速率方程，这 3 个速率方程分别为：

(1) A 通过气膜阻力 R_g 从气相主体传递至颗粒表面的速率(r_1)：

$$r_1 = k_g(C_{Ag} - C_{As})(4\pi R^2)\text{, kmol/s} \tag{4.1}$$

其中，k_g 为气膜传质系数。

(2) A 从颗粒表面扩散通过灰层阻力 R_A 至未反应核表面的速率(r_2)：

$$r_2 = D_A \left.\frac{\mathrm{d}C_A}{\mathrm{d}r}\right|_{r=r_c}(4\pi r_c^2) \tag{4.2}$$

其中，D_A 为 A 穿过多孔灰层的有效扩散系数。

(3) 未反应核表面的反应引起的 A 的消失速率(r_3)：

$$r_3 = kC_{Ac}(4\pi r_c^2) \tag{4.3}$$

其中，k 为 1 级反应的动力学速率常数，R_r 为反应阻力。

3 个速率步骤中的每一步均与一个阻力和一个推动力相关(阻力两端浓度 C_A 的差异)。A 的总传递速率(总速率)r_A 被认为是 A 流动通过三个串联阻力的速率。

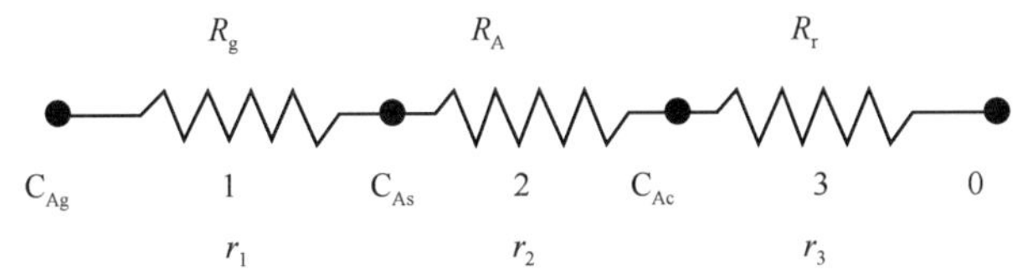

假设任一时刻固体颗粒均处于稳态，则认为 3 个速率相等，即：

$$r_A = r_1 = r_2 = r_3 \tag{4.4}$$

总阻力 R_0 为 3 个阻力之和，可得：

$$R_0 = R_g + R_A + R_r \tag{4.5}$$

作为特例，我们认为 3 个阻力中只有一个是主要的，其对应的速率步骤控制着总速率。相应地，我们考虑 3 种情况，分别为：

(1) 气膜阻力为速率控制步骤：

$$\begin{gathered} r_A = r_1 \\ R_0 = R_g \\ C_{As} = C_{Ac} = 0 \end{gathered} \tag{4.6}$$

(2) 灰层扩散为速率控制步骤：

$$\begin{gathered} r_A = r_2 \\ R_0 = R_A \\ C_{Ag} = C_{As}\text{；}\ C_{Ac} = 0 \end{gathered} \tag{4.7}$$

(3) 反应为速率控制步骤：

$$\begin{gathered} r_A = r_3 \\ R_0 = R_r\text{；}\ C_{Ag} = C_{As} = C_{Ac} \end{gathered} \tag{4.8}$$

A 的消耗速率 r_A 和 B 的消耗速率 r_B 通过下式相互关联：

$$r_A = \frac{r_B}{b} \tag{4.9}$$

定义 ρ_B(kmol/m^3)为固体颗粒中 B 的密度，n_B 为任一时刻固体颗粒中未反应的 B 的物质的量，那么：

$$n_{\mathrm{B}}=\frac{4}{3}\rho_{\mathrm{B}}^{*}\pi r_{\mathrm{c}}^{3} \tag{4.10}$$

$$r_{\mathrm{B}}=\frac{\mathrm{d}n_{\mathrm{B}}}{\mathrm{d}\theta}=-(4\pi r_{\mathrm{c}}^{2})\rho_{\mathrm{B}}\frac{\mathrm{d}r_{\mathrm{c}}}{\mathrm{d}\theta} \tag{4.11}$$

$$r_{\mathrm{A}}=-4\pi r_{\mathrm{c}}^{2}\frac{\rho_{\mathrm{B}}}{b}\frac{\mathrm{d}r_{\mathrm{c}}}{\mathrm{d}\theta} \tag{4.12}$$

在任一时刻 θ，固体颗粒中 B 的转化率 $x_{\mathrm{B}}(\theta)$ 为：

$$x_{\mathrm{B}}(\theta)=1-\frac{n_{\mathrm{B}}}{n_{\mathrm{B0}}} \tag{4.13}$$

其中，n_{B0} 为反应开始时固体颗粒中 B 的初始物质的量，表示如下：

$$n_{\mathrm{B0}}=\rho_{\mathrm{B}}\left(\frac{4}{3}\pi R^{3}\right) \tag{4.14}$$

由式(4.10)、式(4.13)和式(4.14)可得：

$$x_{\mathrm{B}}=1-\left(\frac{r_{\mathrm{c}}}{R}\right)^{3} \text{ 或 } \frac{r_{\mathrm{c}}}{R}=(1-x_{\mathrm{B}})^{1/3} \tag{4.15}$$

式(4.15)将转化率 x_{B} 与未反应核的半径 r_{c} 关联，推导可得任一速率控制步骤转化率 $x_{\mathrm{B}}(\theta)$ 的计算方程。

(1) 气膜阻力为速率控制步骤。

联立式(4.12)、式(4.1)和式(4.6)可得：

$$r_{\mathrm{A}}=-\frac{(4\pi r_{\mathrm{c}}^{2})\rho_{\mathrm{B}}}{b}\frac{\mathrm{d}r_{\mathrm{c}}}{\mathrm{d}\theta}=k_{\mathrm{g}}C_{\mathrm{Ag}}(4\pi R^{2})$$

重新整理上式并进行积分可得：

$$\int_{0}^{\theta}\mathrm{d}\theta=\frac{-\rho_{\mathrm{B}}}{bR^{2}k_{\mathrm{g}}C_{\mathrm{Ag}}}\int_{R}^{r_{\mathrm{c}}}r_{\mathrm{c}}^{2}\mathrm{d}r_{\mathrm{c}} \tag{4.16}$$

和

$$\theta=\frac{\rho_{\mathrm{B}}}{3bk_{\mathrm{g}}C_{\mathrm{Ag}}}R\left[1-\left(\frac{r_{\mathrm{c}}}{R}\right)^{3}\right] \tag{4.17}$$

将式(4.15)中的 x_{B} 代入式(4.17)中可得：

$$\theta=\frac{\rho_{\mathrm{B}}x_{\mathrm{B}}}{3bk_{\mathrm{g}}C_{\mathrm{Ag}}}R \tag{4.18}$$

代入 $x_{\mathrm{B}}=1$，可得固体颗粒完全转化所需的时间 τ 为：

$$\tau = \frac{\rho_B}{3bk_g C_{Ag}} R \tag{4.19}$$

值得注意的是，当气膜阻力控制总速率时，τ 正比于 R。由式(4.18)和式(4.19)可得：

$$\frac{\theta}{\tau} = x_B \tag{4.20}$$

(2) 灰层扩散为速率控制步骤。

联立式(4.2)、式(4.7)和式(4.12)可得：

$$r_A = 4\pi r_c^2 D_A \left.\frac{dC_A}{dr}\right|_{r=r_c} = -\left(\frac{4\pi r_c^2 \rho_B}{b}\right)\frac{dr_c}{d\theta} \tag{4.21}$$

拟稳态假设表明 A 扩散通过灰层的速率是一个常数，与 r 无关，即在所有 r 值下：

$$r_A = D_A 4\pi r^2 \frac{dC_A}{dr} = 常数 \tag{4.22}$$

重新整理上式，从 $r=R$ 至 $r=r_c$ 积分可得：

$$\int_{C_{Ag}}^{0} dC_A = \frac{r_A}{4\pi D_A}\int_R^{r_c}\frac{dr}{r^2}$$

$$D_A C_{Ag} = \frac{r_A}{4\pi}\left(\frac{1}{r_c} - \frac{1}{R}\right) \tag{4.23}$$

和

$$r_A = \frac{4\pi D_A C_{Ag}}{\left(\frac{1}{r_c} - \frac{1}{R}\right)} \tag{4.24}$$

由式(4.21)和式(4.24)可得：

$$-\rho_B\left(\frac{4\pi r_c^2}{b}\right)\frac{dr_c}{d\theta} = \frac{4\pi D_A C_{Ag}}{\left(\frac{1}{r_c} - \frac{1}{R}\right)} \tag{4.25}$$

重新整理上式并进行积分，可得：

$$\int_0^{\theta} d\theta = \frac{-\rho_B}{D_A C_{Ag} b}\int_R^{r_c} r_c^2\left(\frac{1}{r_c} - \frac{1}{R}\right) dr_c \tag{4.26}$$

$$\theta = \frac{\rho_B R^2}{6bD_A C_{Ag}}\left[1 - 3\left(\frac{r_c}{R}\right)^2 + 2\left(\frac{r_c}{R}\right)^3\right] \tag{4.27}$$

将上式写成 x_B 的形式为：

$$\theta=\frac{\rho_{\mathrm{B}}R^{2}}{6bD_{\mathrm{A}}C_{\mathrm{Ag}}}[1+2\ (1-x_{\mathrm{B}})-3(1-x_{\mathrm{B}})^{2/3}] \tag{4.28}$$

或

$$\theta=\frac{\rho_{\mathrm{B}}R^{2}}{6bD_{\mathrm{A}}C_{\mathrm{Ag}}}\{3\,[1-(1-x_{\mathrm{B}})^{2/3}]-2x_{\mathrm{B}}\} \tag{4.29}$$

将 $x_{\mathrm{B}}=1$ 代入上式可得 B 完全转化所需的时间 τ 为：

$$\tau=\frac{\rho_{\mathrm{B}}R^{2}}{6bD_{\mathrm{A}}C_{\mathrm{Ag}}} \tag{4.30}$$

注意：当灰层阻力控制总速率时，完全转化的时间 τ 正比于 R^2。联立式(4.30)和式(4.29)可得：

$$\frac{\theta}{\tau}=3\,[1-(1-x_{\mathrm{B}})^{2/3}]-2x_{\mathrm{B}} \tag{4.31}$$

(3) 反应为速率控制步骤。

联立式(4.3)、式(4.8)和式(4.12)可得：

$$r_{\mathrm{A}}=4\pi r_{\mathrm{c}}^{2}kC_{\mathrm{Ag}}=-\rho_{\mathrm{B}}\left(\frac{4\pi r_{\mathrm{c}}^{2}}{b}\right)\frac{\mathrm{d}r_{\mathrm{c}}}{\mathrm{d}\theta} \tag{4.32}$$

重新整理上式并积分可得：

$$\frac{-\rho_{\mathrm{B}}}{b}\int_{R}^{r_{\mathrm{c}}}\mathrm{d}r_{\mathrm{c}}=kC_{\mathrm{Ag}}\int_{0}^{\theta}\mathrm{d}\theta$$

和

$$\theta=\frac{\rho_{\mathrm{B}}}{bkC_{\mathrm{Ag}}}R\left[1-\left(\frac{r_{\mathrm{c}}}{R}\right)\right] \tag{4.33}$$

将上式写成 x_{B} 的形式为：

$$\theta=\frac{\rho_{\mathrm{B}}R}{bkC_{\mathrm{Ag}}}[1-(1-x_{\mathrm{B}})^{1/3}] \tag{4.34}$$

将 $x_{\mathrm{B}}=1$ 代入上式可得 B 完全转化所需的时间 τ 为：

$$\tau=\frac{\rho_{\mathrm{B}}}{bkC_{\mathrm{Ag}}}R \tag{4.35}$$

可得完全转化的时间 τ 正比于 R，且：

$$\frac{\theta}{\tau}=1-(1-x_{\mathrm{B}})^{1/3} \tag{4.36}$$

利用 3 种速率控制机理的缩核模型得到的结果见表 4.1。这些方程被广泛用于气—固反应器的设计。

表 4.1 缩核模型结果表

速率控制机理	完全转化的时间	$\frac{\theta}{\tau}$	$x_B(\theta)$
气膜阻力	$\frac{\rho_B}{3bk_g C_{Ag}}R$	x_B	$x_B=\frac{\theta}{\tau}$
灰层扩散	$\frac{\rho_B R^2}{6bD_A C_{Ag}}$	$3[1-(1-x_B)^{2/3}]-2x_B$	$x_B(\theta)$的无显式方程
反应	$\frac{\rho_B R}{bkC_{Ag}}$	$1-(1-x_B)^{1/3}$	$x_B=1-\left(1-\frac{\theta}{\tau}\right)^3$

不同速率控制机理下的 x_B—θ/τ 曲线如图 4.4 所示。

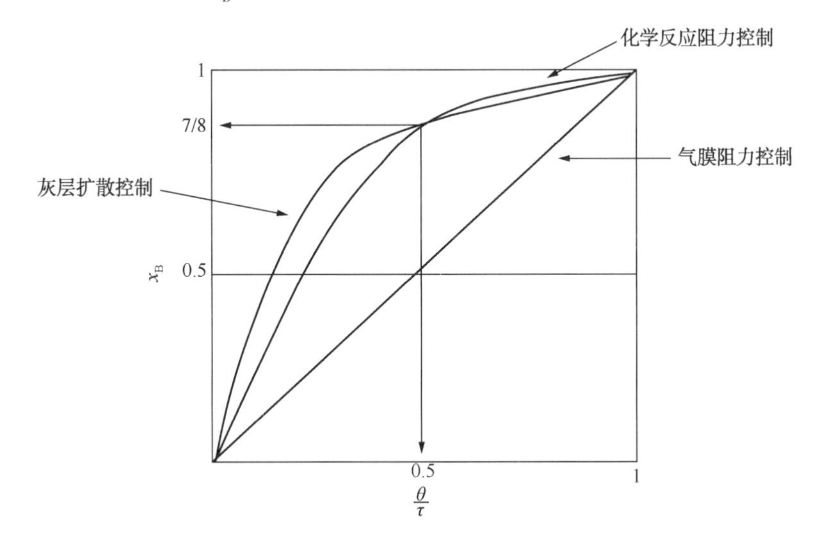

图 4.4 不同速率控制机理下的 x_B—θ/τ 图

由图可以看出：当气膜阻力控制总速率时，固体转化率 x_B 最小。这是由于气膜阻力限制了固体颗粒内的反应位点上可用于 B 转化的 A 的量。灰层扩散控制机理和化学反应速率控制机理的 x_B—θ/τ 曲线相交于($\theta/\tau=0.5$，$x_B=7/8$)处。当灰层扩散控制总速率时，$\theta/\tau<0.5$时的转化率较高。当化学反应阻力控制总速率时，$\theta/\tau>0.5$ 时的转化率较高。

题 4.1

将含有 3 种不同大小(4mm，2mm 和 1mm)固体颗粒的某一混合物样品置于恒温炉中 2h。在此条件下，4mm 颗粒转化了 24.9%，2mm 颗粒转化了 46.7%，1mm 颗粒转化了 80%。

(1) 速率控制采用哪种机理?

(2) 样品中所有固体颗粒完全转化需要多长时间?

解:

(1) 对于气膜阻力控制机理，达到转化率 x_B 所需的时间 θ 可表示为:

$$\theta=k_1Rx_B(\text{此时 } \tau\propto R)$$

类似地，对于灰层扩散控制机理：

$$\theta=k_2R^2\{3[1-(1-x_B)^{2/3}]-2x_B\}(\text{此时 } \tau\propto R^2)$$

对于反应速率控制机理：

$$\theta=k_3R[1-(1-x_B)^{1/3}](\text{此时 } \tau\propto R^2)$$

利用题目所给数据，计算系数 k_1、k_2 和 k_3 的值并检验其一致性，这些值示于下表。

数据	气膜阻力系数	灰层扩散系数	反应速率系数
$\theta=2$h $R=4$mm $x_B=0.249$	2	5.353	5.492
$\theta=2$h $R=2$mm $x_B=0.467$	2.14	5.328	5.285
$\theta=2$h $R=1$mm $x_B=0.80$	2.5	5.348	4.817

所有 3 个点的 k_2 值一致，可以推断灰层扩散是速率控制步骤。

(2) 样品为 3 种不同大小颗粒(4mm，2mm 和 1mm)的混合物。如果在给定时间内，4mm 颗粒完全转化，那么小于 4mm 的颗粒亦完全转化。因为灰层扩散为速率控制步骤，所以 4mm 颗粒完全转化所需的时间为：

$$\tau=k_2R^2$$

k_2 的平均值为 5.343，可得：

$$\tau=5.343\times4^2=85.5\text{h}$$

因此，要想使样品中所有颗粒完全转化，恒温炉需运行 85.5h。

4.1.1.2 气—固反应反应器

气—固反应在间歇反应器或连续流动反应器中进行。间歇反应器主要用于研究气—固反应动力学，极少用于大规模工业化生产。在间歇反应器中，气流通过反应器中处于恒定环境的固体颗粒并维持一段时间，直至达到指定的固体转化率。对于特定的速率控制机理，利用表 4.1 列出的合适方程可计算达到指定固体转化率 x_B 时所需的反应时间 θ_B。如果所有颗粒大小相等，给定特定尺寸固体颗粒完全转化的时间 τ(由间歇实验获得)，那么计算达到指定转化率 x_B 所需的反应时间 θ_B 就变得很简单。如果固体原料为不同大小颗粒的混合物，那么所有颗粒在给定时间内达到的转化率不同，不同大小颗粒的转化率也不相同。已知粒度分布和特定尺寸 R_0 颗粒完全转化的时间 τ_0，可计算得到颗粒的平均转化率 x_B(给定反应时间 θ_B)。计算实例见表 4.2。

表 4.2 不同大小颗粒组成原料的平均转化率 $\bar{x}_B$

样品编号	粒径	质量分数	完全转化的时间		$\frac{\theta}{\tau}$	x_b^d
			机理 $\left[\frac{\mathrm{I}^a}{\mathrm{III}^c}\right]$	机理 Ⅱ[b]		
1	R_1	ω_1	$\tau_1=\tau_0\left(\frac{R_1}{R_0}\right)$	$\tau_1=\tau_0\left(\frac{R_1}{R_0}\right)^2$	$\frac{\theta_B}{\tau_1}$	x_{B1}
2	R_2	ω_2	$\tau_2=\tau_0\left(\frac{R_2}{R_0}\right)$	$\tau_2=\tau_0\left(\frac{R_2}{R_0}\right)^2$	$\frac{\theta_B}{\tau_2}$	x_{B2}
3	R_3	ω_3	$\tau_3=\tau_0\left(\frac{R_3}{R_0}\right)$	$\tau_3=\tau_0\left(\frac{R_3}{R_0}\right)^2$	$\frac{\theta_B}{\tau_3}$	x_{B3}
4	R_4	ω_4	$\tau_4=\tau_0\left(\frac{R_4}{R_0}\right)$	$\tau_4=\tau_0\left(\frac{R_4}{R_0}\right)^2$	$\frac{\theta_B}{\tau_4}$	x_{B4}
5	R_5	ω_5	$\tau_5=\tau_0\left(\frac{R_5}{R_0}\right)$	$\tau_5=\tau_0\left(\frac{R_5}{R_0}\right)^2$	$\frac{\theta_B}{\tau_5}$	x_{B5}
…	…	…	…	…	…	…
m	R_m	ω_m	$\tau_m=\tau_0\left(\frac{R_m}{R_0}\right)$	$\tau_m=\tau_0\left(\frac{R_m}{R_0}\right)^2$	$\frac{\theta_B}{\tau_m}$	x_{Bm}

注：a 机理Ⅰ：气膜阻力控制。

b 机理Ⅱ：灰层扩散控制。

c 机理Ⅲ：化学反应控制。

d 利用表 4.1 列出的合适方程计算 x_B 以求 θ_B/τ。

$$\text{平均转化率 } \bar{x}_B=\sum_{i=1}^{n}\omega_i x_{Bi} \tag{4.37}$$

用于气—固反应的连续流动反应器本质上为气固接触设备，固体颗粒和气流以逆流或错流的方式通过。

4.1.1.2.1 交叉流传送带式反应器

在交叉流传送带式反应器中(图 4.5)，连续不断地将固体颗粒从料斗中加料至传送带上，同时气体以交叉流方式通过。此种反应器用于冶金工业中金属矿的氧化反应。

所有固体颗粒均在恒定的环境中经过相同时间 $\bar{\theta}$，$\bar{\theta}$ 为固体颗粒在反应器中的停留时间，也是传输带从第一个轮移动至第二个轮的时间，表达式如下：

$$\bar{\theta}=\frac{L}{\pi DN} \tag{4.38}$$

式(4.38)中，L 为两轮之间的距离；D 为轮的直径；N 为轮的转速，r/min。给定 $\bar{\theta}$ 下转化率 x_B 的计算与在间歇反应器中给定反应时间 $\bar{\theta}$ 时转化率的计算相同。相反地，对于给定的转化率 x_B，可计算达到转化率所需的时间 $\bar{\theta}$。

题 4.2

某一移动格栅履带式反应器用于空气中铁矿颗粒的煅烧。在进入反应器的原料中，

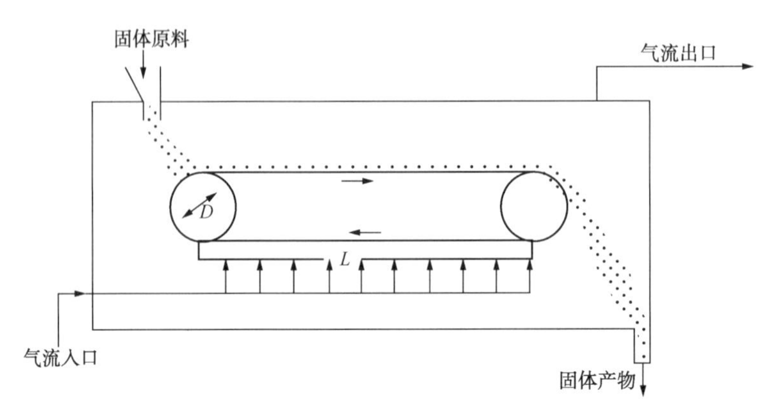

图 4.5 交叉流传送带式反应器示意图

1mm 颗粒占 20%(质量分数)，2mm 颗粒占 30%(质量分数)，4mm 颗粒占 30%(质量分数)，6mm 颗粒占 20%(质量分数)，调整传送带速度使固体颗粒在反应器中的停留时间为 10min。该过程符合缩核模型且反应为速率控制步骤，4mm 颗粒完全转化所需的时间为 4h。计算：

(1) 固体的平均转化率。

(2) 传送带速率减半时固体的平均转化率。

解：

(1) 由题可知，固体颗粒的停留时间 θ=10min=0.1677h。

由于反应为速率控制步骤，完全转化的时间 τ 正比于 R，即 $\tau \propto R$，且：

$$\frac{\bar{\theta}}{\tau}=1-(1-x_B)^{1/3} \text{或} x_B=1-\left(1-\frac{\bar{\theta}}{\tau}\right)^3$$

建立下表。

样品编号	粒径 R_i，mm	质量分数 ω_i	完全转化的时间 $\tau_i=\left(\frac{R_i}{R_0}\right)\tau_0$，h	$\left(\frac{\bar{\theta}}{\tau}\right)$	转化率
1	$R_1=1$	$\omega_1=0.2$	$\tau_1=1$	0.1667	$x_{B1}=0.428$
2	$R_2=2$	$\omega_2=0.3$	$\tau_2=2$	0.0834	$x_{B2}=0.230$
3	$R_3=4$	$\omega_3=0.3$	$\tau_3=4$	0.0417	$x_{B3}=0.120$
4	$R_4=6$	$\omega_4=0.2$	$\tau_4=6$	0.0278	$x_{B4}=0.081$

平均转化率为：

$$\bar{x}_B=\sum_{i=1}^{4}x_{Bi}\omega_i$$

$$=\omega_1x_{B1}+\omega_2x_{B2}+\omega_3x_{B3}+\omega_4x_{B4}$$

$$=0.2054$$

$$= 20.54\%$$

（2）如果传输带速率减半，那么反应器中固体颗粒的停留时间加倍，即 $\bar{\theta} = 20\text{min} = 0.3333\text{h}$，当 $\bar{\theta} = 0.3333\text{h}$ 时，建立下表。

样品编号	粒径 R_i，mm	质量分数 ω_i	完全转化的时间 $\tau_i = \left(\frac{R_i}{R_0}\right)\tau_0$，h	$\left(\frac{\bar{\theta}}{\tau}\right)$	转化率
1	$R_1 = 1$	$\omega_1 = 0.2$	$\tau_1 = 1$	0.333	$x_{B1} = 0.703$
2	$R_2 = 2$	$\omega_2 = 0.3$	$\tau_2 = 2$	0.1667	$x_{B2} = 0.421$
3	$R_3 = 4$	$\omega_3 = 0.3$	$\tau_3 = 4$	0.0834	$x_{B3} = 0.230$
4	$R_4 = 6$	$\omega_4 = 0.2$	$\tau_4 = 6$	0.0556	$x_{B4} = 0.158$

平均转化率为：

$$\bar{x}_B = \sum_{i=1}^{4} x_{Bi}\omega_i$$
$$= 0.3675$$
$$= 36.75\%$$

注：参考 MATLAB 程序 cal_ xb_ mean. m。

4.1.1.2.2　旋转管式反应器

旋转管式反应器与干燥自由流动固体颗粒所用的旋转干燥器类似（图 4.6），反应器有一个长的管式桶，管式桶以恒定的速度旋转。

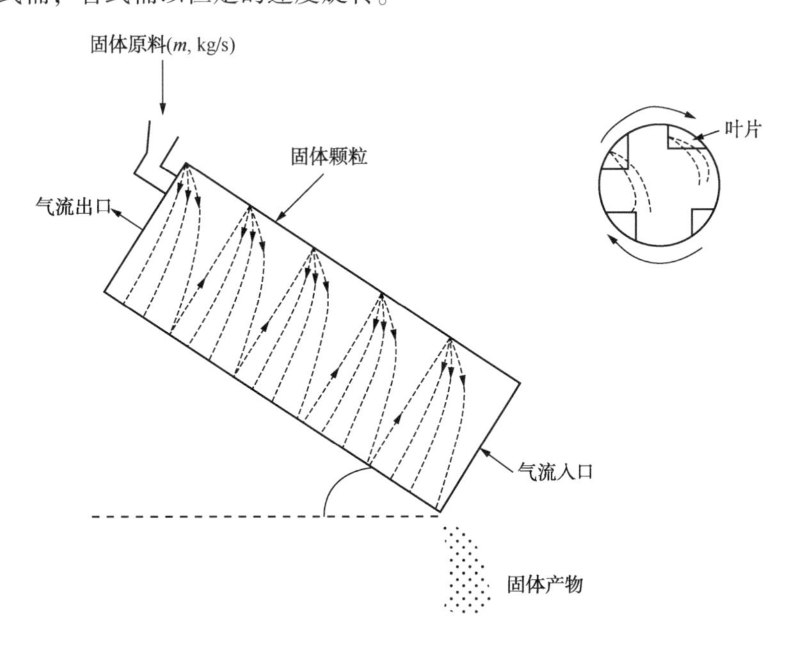

图 4.6　旋转管式反应器示意图

将管式桶安装在稍微倾斜的位置，固体从(管的)顶端加入，气流逆流通过底端。由于桶的转动，固定在管内部的叶片携带固体颗粒向上运动并将它们洒到气流中，促进气体和固体间的完全接触。假设反应在恒定的气体环境中进行，固体颗粒和气体间的反应时间 θ 为固体颗粒在反应器中的停留时间。在固体颗粒中 B 达到的转化率 $x_B(\theta)$ 为 θ 的函数，采用表 4.1 中列出的适当方程计算 $x_B(\theta)$。如果所有颗粒大小一致且在反应器中停留相同的时间 $\bar{\theta}$，那么固体的净转化率为 $x_B(\bar{\theta})$。如果所有固体在没有混合的情况下通过反应器，情况也是如此。但是，固体颗粒很可能混合甚至绕过主体流体，导致反应器中固体颗粒的停留时间分布不均匀。如果 $E(\theta)$ 为通过反应器的示踪实验得到的固体颗粒的液龄分布，那么固体中 B 的平均转化率 $\bar{x}_B$ 的计算式如下：

$$\bar{x}_B = \int_0^\infty x_B(\theta)E(\theta)\mathrm{d}\theta \tag{4.39}$$

题 4.3

直径为 2mm 的自由流动固体颗粒和气流间的反应在处于恒定气相环境的旋转管式反应器(与旋转干燥器类似)中进行，过程符合缩核模型且反应为速率控制步骤。在此条件下，2mm 颗粒完全转化需要 1h。通过示踪实验得到反应器中固体颗粒的停留时间分布，实验过程如下：在反应器入口加入固定数量标记的固体颗粒(示踪剂)，记录不同时间间隔时离开反应器的标记固体颗粒的数量，记录的数值列于下表。

时间 θ，min	0	4	8	12	16	20	24	28	32	36	40	44
示踪剂颗粒的数量 $n(\theta)$	0	1	8	20	50	100	50	24	10	5	1	0

计算反应器中固体的平均转化率。

解：

2mm 颗粒完全转化的时间 $\tau = 1\mathrm{h} = 60\mathrm{min}$。

固体颗粒的平均转化率 $\bar{x}_B$ 表示如下：

$$\bar{x}_B = \int_0^\infty x_B(\theta)E(\theta)\mathrm{d}\theta$$

对于反应速率控制机理，可得：

$$x_B(\theta) = 1 - \left(1 - \frac{\theta}{\tau}\right)^3$$

和

$$E(\theta) = \frac{n(\theta)}{\int_0^\infty n(\theta)\mathrm{d}\theta}$$

图 P4.3 为 $n(\theta)$—θ 曲线。

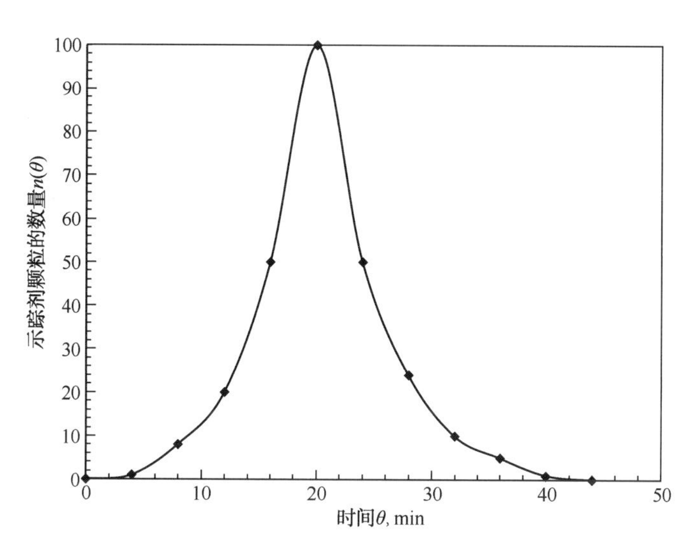

图 P4.3　旋转管式反应器中流动固体脉冲示踪实验响应示意图

计算值见下表。

θ	$n(\theta)$	$E(\theta)$	$\theta E(\theta)$	$\frac{\theta}{\tau}$	$x_B(\theta)$	$x_B(\theta)E(\theta)\mathrm{d}\theta$
0	0	0	0	0	0	0
4	1	0.930×10^{-3}	0.00372	0.0667	0.187	0.174×10^{-3}
8	8	7.43×10^{-3}	0.05944	0.1333	0.349	2.593×10^{-3}
12	20	18.59×10^{-3}	0.2231	0.20	0.488	9.072×10^{-3}
16	50	46.47×10^{-3}	0.7435	0.2667	0.606	28.16×10^{-3}
20	100	93.19×10^{-3}	1.864	0.3333	0.704	65.60×10^{-3}
24	50	46.47×10^{-3}	1.115	0.40	0.784	36.43×10^{-3}
28	24	22.30×10^{-3}	0.6244	0.4667	0.848	18.91×10^{-3}
32	10	9.29×10^{-3}	0.2973	0.5333	0.898	8.34×10^{-3}
36	5	4.65×10^{-3}	0.1674	0.60	0.936	4.35×10^{-3}
40	1	0.930×10^{-3}	0.0372	0.6666	0.963	0.8956×10^{-3}
44	0	0	0	0.7333	0.981	0
积分值	$\int_0^\infty n(\theta)\mathrm{d}\theta = 1076$	—	$\bar{\theta} = \int_0^\infty \theta E(\theta)\mathrm{d}\theta = 20.54$	—	—	$\bar{x}_B = \int_0^\infty x_B(\theta)E(\theta) = 3.28$

根据梯形法则，方程中积分项的计算如下：

$$\int_0^\infty n(\theta)\mathrm{d}\theta = \frac{4}{2}[(0+0)+2(1+8+20+50+100+50+24+10+5+1)]$$

$$=1076$$

$$\theta = \int_0^\infty \theta E(\theta)\mathrm{d}\theta = \frac{4}{2}[(0+0)+2(0.00372+0.05944+\cdots+0.0372)]$$

$$=20.54\mathrm{min}$$

$$\bar{x}_B = \int_0^\infty x_B(\theta)E(\theta)\mathrm{d}\theta = \frac{4}{2}[(0+0)+2(0.174+2.593+\cdots+0.8956)\times 10^{-3}]$$

$$=0.698$$

$$=69.8\%$$

注：参考 MATLAB 程序 cal _ xb _ mean2. m。

4.1.1.2.3　流化床反应器

图 4.7 所示的流化床反应器用于粒径小于 1000μm 的固体和气体间的反应。固体颗粒以速率 m_s(kg/s)连续进入流化床中，在连续通过床层的表观速度高于最小流化速度的气流的作用下流化，假设固体和气体在恒定环境中进行反应。床层中固体颗粒的平均停留时间 $\bar{\theta}$ 表示如下：

$$\bar{\theta} = \frac{M_s}{m_s} \tag{4.40}$$

其中，M_s 为床层中滞留固体颗粒的质量，kg。假设固体颗粒处于完全混合状态，固体颗粒的液龄分布 $E(\theta)$ 表示如下：

$$E(\theta) = \frac{e^{-(\theta/\bar{\theta})}}{\bar{\theta}} \tag{4.41}$$

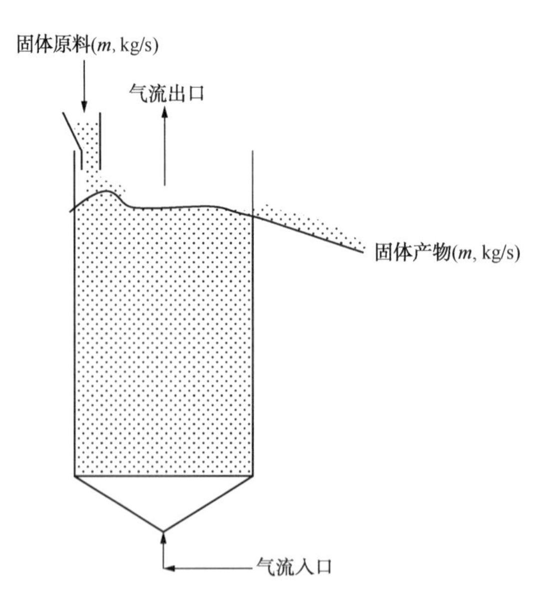

图 4.7　流化床反应器示意图

与假设流体处于完全混合状态的理想连续搅拌釜式反应器的 $E(\theta)$ 相同。反应器中 B 的

平均转化率 $\bar{x}_B$ 为：

$$\bar{x}_B = \int_0^{\infty} x_B(\theta) E(\theta) d\theta = \int_0^{\infty} x_B(\theta) \left[\frac{e^{-(\theta/\bar{\theta})}}{\bar{\theta}}\right] d\theta \tag{4.42}$$

将表4.1列出的 $x_B(\theta)$ 的恰当方程代入式(4.42)计算 $\bar{x}_B$。由于当 $\theta \geqslant \tau$(完全转化的时间)时，$x_B(\theta)=1$，式(4.42)可改写为：

$$\bar{x}_B = \int_0^{\tau} x_B(\theta) \left[\frac{e^{-(\theta/\bar{\theta})}}{\bar{\theta}}\right] d\theta + \int_0^{\infty} x_B(\theta) \left[\frac{e^{-(\theta/\bar{\theta})}}{\bar{\theta}}\right] d\theta$$

$$= \frac{1}{\bar{\theta}} \int_0^{\tau} x_B(\theta) e^{-(\theta/\bar{\theta})} d\theta + \int_0^{\infty} \frac{e^{-(\theta/\bar{\theta})}}{\bar{\theta}} d\theta \tag{4.43}$$

最终可得：

$$\bar{x}_B = \frac{1}{\bar{\theta}} \int_0^{\tau} x_B(\theta) e^{-(\theta/\bar{\theta})} d\theta + e^{-(\tau/\bar{\theta})} \tag{4.44}$$

下一节中，我们将对气膜阻力为速率控制步骤和反应为速率控制步骤的气—固反应机理的 $\bar{x}_B$ 的分析方程进行推导。

(1)气膜阻力为速率控制步骤。

在这种情况下，$x_B(\theta)=\theta/\tau$ 且

$$\int_0^{\tau} x_B(\theta) e^{-(\theta/\bar{\theta})} d\theta = \int_0^{\tau} \left(\frac{\theta}{\tau}\right) e^{-(\theta/\bar{\theta})} d\theta \tag{4.45}$$

$$= \frac{1}{\tau} \int_0^{\tau} \theta [e^{-(\theta/\bar{\theta})}] d\theta \tag{4.46}$$

$$= \frac{\bar{\theta}}{\tau} [\bar{\theta} - e^{-(\tau/\bar{\theta})} (\tau + \bar{\theta})] \tag{4.47}$$

将式(4.47)代入式(4.44)可得：

$$\bar{x}_B = \frac{\bar{\theta}}{\tau} [1 - e^{(\tau/\bar{\theta})}] \tag{4.48}$$

(2)反应为速率控制步骤。

在这种情况下：

$$x_B(\theta) = 1 - \left(1 - \frac{\theta}{\tau}\right)^3$$

$$x_B(\theta) = 3\left(\frac{\theta}{\tau}\right) - 3\left(\frac{\theta}{\tau}\right)^2 + \left(\frac{\theta}{\tau}\right)^3 \tag{4.49}$$

且

$$\int_0^\tau x_B(\theta)e^{-(\theta/\bar{\theta})}d\theta=\frac{3}{\tau}\int_0^\tau \theta e^{-(\theta/\bar{\theta})}d\theta-\frac{3}{\tau^2}\int_0^\tau \theta^2 e^{-(\theta/\bar{\theta})}d\theta+\frac{1}{\tau^3}\int_0^\tau \theta^3 e^{-(\theta/\bar{\theta})}d\theta \tag{4.50}$$

估算式(4.50)中的积分项可得：

$$\int_0^\tau \theta e^{-(\theta/\bar{\theta})}d\theta=\bar{\theta}[\bar{\theta}-e^{-(\tau/\bar{\theta})}(\tau+\bar{\theta})] \tag{4.51}$$

$$\int_0^\tau \theta^2 e^{-(\theta/\bar{\theta})}d\theta=\bar{\theta}[2\bar{\theta}^2-e^{-(\tau/\bar{\theta})}(\tau^2+2\overline{\tau\theta}+2\bar{\theta}^2)] \tag{4.52}$$

$$\int_0^\tau \theta^3 e^{-(\theta/\bar{\theta})}d\theta=\bar{\theta}[6\bar{\theta}^3-e^{-(\tau/\bar{\theta})}(\tau^3+3\tau^2\bar{\theta}+6\tau\bar{\theta}^2+6\bar{\theta}^3)] \tag{4.53}$$

联立方程(4.51)，方程(4.52)，方程(4.53)，方程(4.44)和方程(4.50)可得：

$$\bar{x}_B=3\left(\frac{\bar{\theta}}{\tau}\right)-6\left(\frac{\bar{\theta}}{\tau}\right)^2+6\left(\frac{\bar{\theta}}{\tau}\right)^3[1-e^{-(\tau/\bar{\theta})}] \tag{4.54}$$

本节推导得出的 $\bar{x}_B$ 的分析方程总结见表 4.3。

表 4.3　气—固流化床反应器中固体的转化率 $\bar{x}_B$

速率控制机理	固体转化率 $\bar{x}_B$
气膜阻力	$\bar{x}_B=\frac{\bar{\theta}}{\tau}[1-e^{-(\tau/\theta)}]$
灰层扩散	通过数值积分得到 $\bar{x}_B=e^{-(\tau/\theta)}+\frac{1}{\bar{\theta}}\int x_B(\theta)e^{-(\theta/\bar{\theta})}d\theta$
反应	$\bar{x}_B=3\left(\frac{\bar{\theta}}{\tau}\right)-6\left(\frac{\bar{\theta}}{\tau}\right)^2+6\left(\frac{\bar{\theta}}{\tau}\right)^3[1-e^{-(\tau/\theta)}]$

注：$\bar{\theta}$ 为固体颗粒的平均停留时间；τ 为完全转化的时间。

4.1.1.2.4　移动床反应器

逆流移动床反应器是一种气—固反应器，其中的固体颗粒从床层顶部向下移动至底部，气流则从底部向上流动至顶部，立窑反应器和输送床反应器均为移动床反应器。图 4.8 为移动床反应器的示意图。

固体和气体均为平推流，所有固体的移动速率相等。令 $d\theta$ 为固体颗粒通过反应器中距离 dz 的时间，那么：

$$d\theta=\frac{\varepsilon_s\rho_s Sdz}{m_s}=\frac{dz\text{ 段中的固体含量}}{\text{固体的流速}} \tag{4.55}$$

式中　S——床层的横截面积；

ε_s——床层的固含率；

ρ_s——固体颗粒的密度；

m_s——固体的质量流速，kg/s。

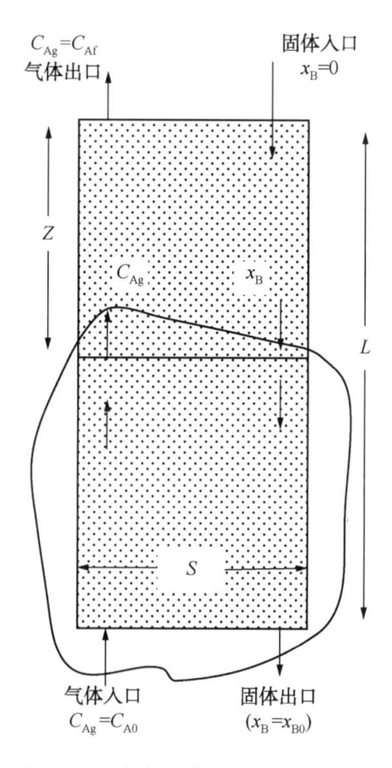

图 4.8　逆流移动床反应器示意图

由式(4.55)可得：

$$\frac{\mathrm{d}\theta}{\mathrm{d}z}=\frac{\varepsilon_s\rho_s S}{m_s} \tag{4.56}$$

新鲜未反应的固体颗粒进入反应器，x_{B0}为离开床层的固体颗粒中 B 的最终转化率，C_{A0}和 C_{Af}分别为入口和出口气流中 A 的浓度，在距离固体入口任意距离 Z 处，假设气体和固体瞬间达到平衡状态，因此，气流中 A 的浓度 C_{Ag}和固体中 B 的转化率 x_B 并不随时间改变。对位置 Z 和固体出口间的 A 和 B 的物质的量进行稳态平衡计算可得：

$$(v_g S)(C_{A0}-C_{Ag})=\frac{1}{b}\left(\frac{m_s}{\rho_s}\right)\rho_B(x_{B0}-x_B) \tag{4.57}$$

其中，v_g 为气体的表观速度；固体中反应物 B 的浓度 $\rho_B=\rho_s/M_B$；M_B 为反应物 B 的相对分子质量；b 为计量系数。

重新整理式(4.57)可得：

$$C_{Ag}=C_{A0}-\frac{m_s}{bSv_gM_B}(x_{B0}-x_B) \tag{4.58}$$

令 $\mathrm{d}x_B$ 为固体移动通过反应器 $\mathrm{d}z$ 距离引起的 B 的转化率的变化量，那么：

$$\frac{\mathrm{d}x_B}{\mathrm{d}z}=\frac{\mathrm{d}x_B}{\mathrm{d}\theta}\frac{\mathrm{d}\theta}{\mathrm{d}z} \tag{4.59}$$

利用表 4.1 列出的方程计算 3 种速率控制机理的 dx_B/dz 如下：

(1)当气膜阻力控制速率时：

$$\frac{dx_B}{d\theta}=\frac{1}{\tau}=\frac{3bk_gC_{Ag}}{\rho_BR} \tag{4.60}$$

和

$$\frac{dx_B}{dz}=\frac{3bM_B\varepsilon_sSk_gC_{Ag}}{m_sR} \tag{4.61}$$

(2)当灰层扩散控制速率时：

$$\frac{dx_B}{d\theta}=\frac{(1-x_B)^{1/3}}{2\tau[1-(1-x_B)^{1/3}]}=\frac{3bC_{Ag}D_A}{\rho_BR^2}\frac{(1-x_B)^{1/3}}{[1-(1-x_B)^{1/3}]} \tag{4.62}$$

且

$$\frac{dx_B}{dz}=\left\{\frac{3bM_B\varepsilon_sS}{R^2m_s}\left[\frac{(1-x_B)^{1/3}}{1-(1-x_B)^{1/3}}\right]\right\}C_{Ag}D_A \tag{4.63}$$

(3)当反应控制速率时：

$$\frac{dx_B}{dz}=\frac{3(1-x_B)^{(2/3)}}{\tau}=\frac{3bkC_{Ag}(1-x_B)^{2/3}}{\rho_BR} \tag{4.64}$$

且

$$\frac{dx_B}{dz}=\left[\frac{3bM_B\varepsilon_sS}{Rm_s}(1-x_B)^{(2/3)}\right]kC_{Ag} \tag{4.65}$$

3 种速率控制机理得到的 dx_B/dz 的倒数 dz/dx_B 的方程见表 4.4。

表 4.4　移动床反应器的 dz/dx_B

速率控制机理	$\frac{dz}{dx_B}=f(x_B)$
气膜阻力控制	$f(x_B)=\frac{KR}{k_gC_{Ag}}$
灰层扩散控制	$f(x_B)=\frac{kR^2}{D_AC_{Ag}}\left\{\frac{[1-(1-x_B)^{1/3}]}{(1-x_B)^{1/3}}\right\}$
反应控制	$f(x_B)=\frac{KR}{kC_{Ag}}\left[\frac{1}{(1-x_B)^{2/3}}\right]$

注：$k=m_s/3bM_B\varepsilon_sS$。

表 4.4 列出的方程 dz/dx_B 用于计算达到指定转化率 x_{B0} 所需的床层长度 L。

$$\frac{dz}{dx_B}=f(x_B) \tag{4.66}$$

对方程积分可得：

$$\int_0^L \mathrm{d}z = \int_0^{x_{B0}} f(x_B)\,\mathrm{d}x_B \tag{4.67}$$

最后可得计算移动床长度 L 的设计方程为：

$$L = \int_0^{x_{B0}} f(x_B)\,\mathrm{d}x_B \tag{4.68}$$

对式(4.68)进行数值积分可求得 L。对于任意满足 $0 < x_B < x_{B0}$ 的 x_B，利用式(4.58)计算得到 C_{Ag}，将 C_{Ag} 代入表4.4所列 $f(x_B)$ 的近似方程，可计算得到 $f(x_B)$ 的值。

题 4.4

在某一间歇实验中，将含有反应物B的粒径大小为5mm的固体颗粒置于炉中，反应在恒定气相环境中进行，反应物A的分压为0.2atm，反应温度为250℃。颗粒完全转化需要8h。反应符合缩核模型且灰层扩散为速率控制步骤，反应式如下：

$$A(g) + B(s) \rightarrow 产物$$

设计一个逆流移动床反应器进行此反应，粒径大小为10mm的颗粒以速度50kg/min从顶部进入，气体则从底部以200m³/min流动。反应器直径为1m，原料中A的分压为0.2atm，反应器在压力为1atm、温度为250℃的条件下操作，固体密度为4700kg/m³，B的相对分子质量为120，计算转化率达到60%所需的床层高度。

解：

由于灰层扩散为速率控制步骤，因此，完全转化率 τ 为：

$$\tau = \frac{\rho_B R^2}{6bD_A C_{Ag}}$$

由间歇反应数据可得：

$$\tau = 8h = 28800s$$

$$R = 2.5mm = 2.5 \times 10^{-3}m$$

$$b = 1$$

$$\rho_B = \frac{\rho_s}{M_B} = \frac{4700}{120} = 39.17kmol/m^3$$

$$C_{Ag} = \frac{p_A}{RT} = \frac{0.2 \times (1.013 \times 10^5)}{8314 \times (273 + 250)} kmol/m^3$$

$$C_{Ag} = 4.659 \times 10^{-3} kmol/m^3$$

$$D_A = \frac{\rho_B R^2}{6bC_{Ag}\tau} = \frac{39.17 \times (2.5 \times 10^{-3})^2}{6 \times 1 \times (4.659 \times 10^{-3}) \times 28800}$$

$$D_A = 3.041 \times 10^{-7} m^2/s$$

移动床反应器的高度 z 表示如下：

$$z = \int_0^{x_{B0}} f(x_B)\,dx_B$$

其中

$$f(x_B) = \frac{kR^2}{D_A C_{Ag}}\left[\frac{1-(1-x_B)^{1/3}}{(1-x_B)^{1/3}}\right]$$

$$k = \frac{m_s}{3bS\varepsilon_s M_B}$$

$$C_{Ag} = C_{A0} - \frac{m_s}{bSv_g M_B}(x_{B0} - x_B)$$

$$气速\ v_g = \frac{q}{A} = \frac{气体体积流量}{横截面积}$$

$$S = \frac{\pi}{4}D^2 = \frac{\pi}{4} \times 1^2 = 0.78532 m^2$$

$$q = 200 m^3/min = 3.33 m^3/s$$

$$v_g = \frac{3.33}{0.7853} = 4.245 m/s$$

$$m_s = 50\text{kg/min} = 0.8333\text{kg/s}$$

$$k = \frac{m_s}{3bS\varepsilon_s M_B} = \frac{0.8333}{3 \times 1 \times 120 \times 0.6 \times 0.7853} = 4.913 \times 10^{-3}$$

$$f(x_B) = \frac{kR^2}{D_A C_{Ag}}\left[\frac{1-(1-x_B)^{1/3}}{(1-x_B)^{1/3}}\right]$$

$$f(x_B) = \frac{(4.913 \times 10^{-3})(5.0 \times 10^{-3})^2}{(3.041 \times 10^{-7})C_{Ag}}\left[\frac{1-(1-x_B)^{1/3}}{(1-x_B)^{1/3}}\right] = \frac{0.4039}{C_{Ag}}\left[\frac{1-(1-x_B)^{1/3}}{(1-x_B)^{1/3}}\right]$$

$$C_{Ag} = C_{A0} - \frac{m_s}{bSv_g M_B}(x_{B0} - x_B)$$

$$C_{A0} = \frac{p_{A0}}{RT} = \frac{0.2 \times (1.013 \times 10^5)}{8314 \times (273 + 250)} = 4.659 \times 10^{-3}\text{kmol/m}^3$$

$$\frac{m_s}{bSv_g M_B} = \frac{0.8333}{1 \times 0.7853 \times 4.245 \times 120} = 2.083 \times 10^{-3}$$

$$C_{Ag} = 4.659 \times 10^{-3} - (2.083 \times 10^{-3})(0.6 - x_B)$$

$$C_{Ag} = (3.409 + 2.083x_B) \times 10^{-3}$$

将 C_{Ag}的方程代入$f(x_B)$可得：

$$f(x_B) = \frac{403.9}{(3.409 + 2.083x_B)}\left[\frac{1-(1-x_B)^{1/3}}{(1-x_B)^{1/3}}\right]$$

对 $z = \int_0^{x_{B0}} f(x_B)\,dx_B$ 进行数值积分可计算得到移动床反应器的高度，见下表。

x_B	$f(x_B)$	x_B	$f(x_B)$
0	0	0.35	15.077
0.05	1.982	0.40	17.677
0.1	3.992	0.45	20.496
0.15	6.043	0.50	23.595
0.20	8.154	0.55	27.051
0.25	10.346	0.60	30.974
0.30	12.643	—	—

根据梯形法则可得：

$$z = \int_0^{0.6} f(x_B)\,dx_B = \frac{0.05}{2}[(0 + 30.974) + 2(1.982 + 3.992 + \cdots + 27.051)]$$

$$= 0.025 \times (30.974 + 2 \times 147.06)$$

因此，移动床反应器的高度为8.13m。

注：参考MATLAB程序mbr _ dsgn.m。

题4.5

假设反应为速率控制步骤，再次进行移动床反应器的设计（题4.4）。

解：

由于反应为速率控制步骤，因此：

$$\tau = \frac{\rho_B R}{bkC_{Ag}}$$

由间歇实验数据可得：

$$\tau = 8h = 28800s$$

$$R = 2.5mm = 2.5 \times 10^{-3}m$$

$$\rho_B = 39.17kmol/m^3$$

$$C_{Ag} = 4.659 \times 10^{-3}kmol/m^3$$

$$b = 1$$

$$k = \frac{\rho_B R}{b\tau C_{Ag}} = \frac{39.17 \times (2.5 \times 10^{-3})}{1 \times (4.659 \times 10^{-3}) \times 28800}$$

$$k = 7.30 \times 10^{-4}s^{-1}$$

移动床反应器的高度z表示如下：

$$z = \int_0^{0.6} f(x_B)\,dx_B$$

其中

$$k = \frac{m_s}{3bM_B\varepsilon_s S} = 4.913 \times 10^{-3}$$

$$C_{Ag} = C_{A0} - \frac{m_s}{bSv_gM_B}(x_{B0} - x_B)$$

$$C_{Ag} = (3.409 + 2.083x_B) \times 10^{-3}$$

$$f(x_B) = \frac{(4.913 \times 10^{-3}) \times (5.0 \times 10^{-3})}{(7.30 \times 10^{-4}) \times (3.409 + 2.083x_B)}\left[\frac{1}{(1 - x_B)^{2/3}}\right]$$

$$f(x_B) = \frac{33.65}{(3.409 + 2.083x_B)}\left[\frac{1}{(1 - x_B)^{2/3}}\right]$$

对$z = \int_0^{x_{B0}} f(x_B)\,dx_B$进行数值积分可计算得到移动床反应器的高度，见下表。

x_B	$f(x_B)$	x_B	$f(x_B)$
0	9.871	0.35	10.836
0.05	9.912	0.40	11.150
0.1	9.980	0.45	11.534
0.15	10.077	0.50	12.00
0.20	10.207	0.55	12.580
0.25	10.372	0.60	13.304
0.30	10.580	—	—

根据梯形法则可得：

$$z = \int_0^{0.6} f(x_B)\mathrm{d}x_B = \frac{0.05}{2}[(9.871 + 13.304) + 2(9.912 + 9.980 + \cdots + 12.580)]$$

$$= 0.025 \times (23.175 + 2 \times 119.23)$$

因此，移动床反应器的高度为6.54m。

4.1.2　气—液多相反应

对于气相反应物A和液相反应物B间的非催化多相反应，反应式如下：

$$A(g) + bB(l) \rightarrow 产物$$

气—液反应的典型实例如下：

$$CO_2(g) + 2NaOH(l) \rightarrow Na_2CO_3(l) + H_2O(l)$$

$$2NH_3(g) + H_2SO_4(l) \rightarrow (NH_4)_2SO_4(l)$$

$$NO_2(g) + H_2O(l) \rightarrow HNO_3(l)$$

气—液接触设备(如填充塔)用于进行气—液反应。图4.9为填充床反应器的示意图，该反应器与用于气—液吸附的填充床类似。含有反应物B的液体自上而下通过填充陶瓷拉西环或贝尔鞍环等填料的床层，含有反应物A的气流自下而上通过反应器。在反应器中的任意位置，气体和液体互相接触并假设瞬时达到稳态，这意味着在填充床反应器的任意位置，气相中A的分压 p_A 和液相中B的浓度 C_{Bb} 不随时间变化。反应器中某一位置气液界面处A和B的浓度分布如图4.10所示。

气相主体中分压为 p_A 的反应物A克服邻近界面厚度为 y_G 的气膜产生的阻力进入气液界面。气相中A的通量表示如下：

$$N_{AG} = k_G(p_A - p_{Ai}) \tag{4.69}$$

其中，k_G 为气相侧传质系数，p_{Ai} 为界面处气体中A的分压，根据薄膜理论可得：

$$k_G = \frac{D_{AG}}{y_G} \tag{4.70}$$

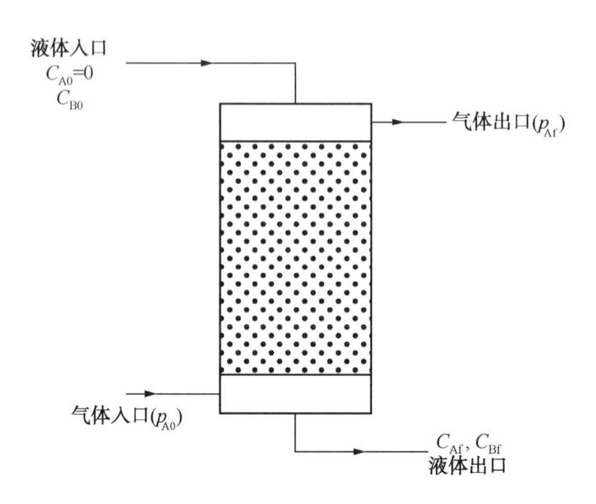

图 4.9　填充床气—液反应器

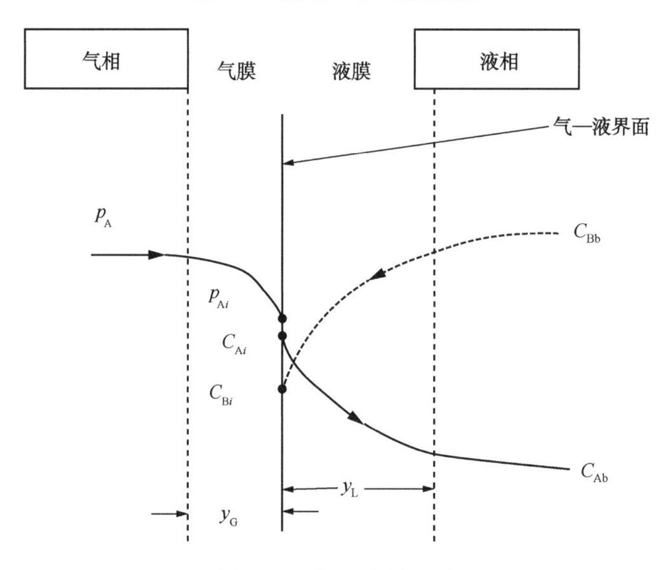

图 4.10　气—液界面图

其中，D_{Ag}为气体中 A 的扩散系数。

一旦到达界面，反应物 A 将溶解在液相中并在界面处达到浓度 C_{Ai}，与 p_{Ai}所对应的平衡浓度相等。假设符合亨利定律，可得：

$$p_{Ai}=H_A C_{Ai} \tag{4.71}$$

其中，H_A 为亨利定律常数。

类似地，处于液相主体中浓度为 C_{Bb}的反应物 B 通过厚度为 y_L 的液膜进入界面并在界面处达到浓度 C_{Bi}，液相中 B 的通量表示如下：

$$N_{BL}=k_{BL}(C_{Bb}-C_{Bi}) \tag{4.72}$$

其中，k_{BL}为液相侧 B 的传质系数，表示如下：

$$k_{BL}=\frac{D_{BL}}{y_L} \tag{4.73}$$

其中，D_{BL}为液相中 B 的扩散系数。

溶解在界面处液体中的反应物 A 将扩散通过液膜，液膜中 A 的通量 N_{AL}符合费克定律，表示如下：

$$N_{AL} = -D_{AL}\frac{dC_A}{dy} \tag{4.74}$$

式中 D_{AL}——液相中 A 的扩散系数；

C_A——距离界面 y 处液膜中 A 的浓度。

根据薄膜理论，液相中 A 的传质系数 k_{AL}为：

$$k_{AL} = \frac{D_{AL}}{y_L} \tag{4.75}$$

当反应物 A 扩散通过液膜时，同时与液膜中的 B 反应。假设相比于溶解在液相中的 A 的物质的量，液相中 B 的物质的量过量，反应可被视为拟 1 级反应，反应中 A 的消耗速率$(-r_A)$表示如下：

$$(-r_A) = kC_A,\ \text{kmol/(s·m}^3\text{)} \tag{4.76}$$

其中，k 为速率常数。

A 流动通过液膜的净速率由传质(扩散)速率和反应速率决定。由于传质(扩散)和反应同时(而非顺序)发生，传质阻力 R_1 和反应阻力 R_2 相互平行作用，如图 4.11 所示。

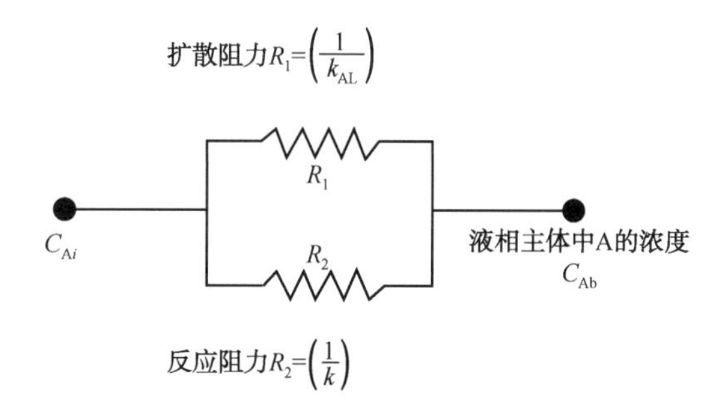

图 4.11 液相平行阻力示意图

由于两种阻力相互平行，因此，数值最小的阻力决定总速率。那么，对于慢反应($k \to 0$)，传质速率决定总反应速率(总速率)；对于快速反应($k_{AL} \to 0$)，反应速率决定总速率。根据两种阻力的相对大小，存在下列 3 种情况：

(1)反应缓慢(总速率由传质速率决定)；

(2)反应迅速(总速率由反应速率决定)；

(3)反应瞬时。

在下节中，我们将对上述 3 种情况的总速率方程(或通量方程)进行推导。

4.1.2.1 总速率方程的推导

4.1.2.1.1 慢反应

A 和 B 间的反应发生在液膜中。由于反应缓慢，液膜中的 A 无法完全转化，液相主体中未反应的 A 的浓度为 $C_{Ab}(C_{Ab}\neq 0)$。对液体部分中距离界面 y 至 $y+\Delta y$ 间的液膜中的反应物 A 进行稳态物质的量平衡计算可得(图 4.12)：

$$A_i N_{AL}\big|_y = A_i N_{AL}\big|_{y+\Delta y} + (kC_A)A_i\Delta y \tag{4.77}$$

其中，A 为界面面积。将表示 N_{AL}的式(4.74)代入式(4.77)可得：

$$-D_{AL}\left(\frac{dC_A}{dy}\right)_y = -D_{AL}\left(\frac{dC_A}{dy}\right)_{y+\Delta y} + (kC_A)\Delta y \tag{4.78}$$

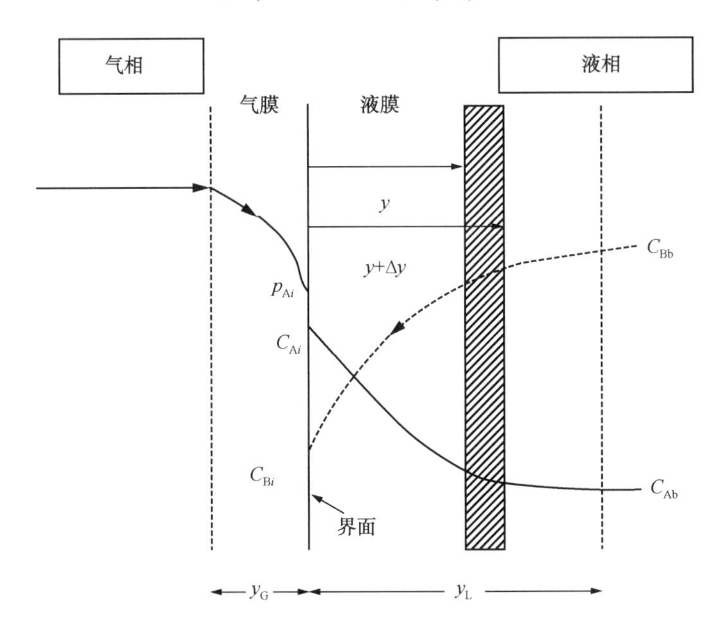

图 4.12　慢反应气—液界面示意图

将上式除以 Δy 并取 $\Delta y\to 0$，可得 2 阶微分方程如下：

$$D_{AL}\frac{d^2C_A}{dy^2} - kC_A = 0 \tag{4.79}$$

方程(4.79)的解为：

$$C_A = A_1 e^{\gamma y/y_L} + A_2 e^{-\gamma y/y_L} \tag{4.80}$$

其中

$$\gamma = y_L\sqrt{\frac{k}{D_{AL}}} \tag{4.81}$$

γ 为无量纲准数，又称为 Hatta 准数。Hatta 准数为传质阻力与反应阻力的比值。由于快速反应的反应阻力低于传质阻力，故其 Hatta 准数高于慢反应的 Hatta 准数。联立式(4.75)和式(4.81)，可将 Hatta 准数方程改写为：

$$\gamma = \frac{\sqrt{kD_{AL}}}{k_{AL}} \tag{4.82}$$

一般来说，对于慢反应，$\gamma<3$；对于快速反应，$\gamma>3$；对于瞬时反应，γ 值则非常高。将边界条件：

$$\text{当 } y=0 \text{ 时，} C_A=C_{Ai}\text{；当 } y=y_L \text{ 时，} C_A=C_{Ab} \tag{4.83}$$

代入式(4.80)可得：

$$\left.\begin{aligned} A_1+A_2&=C_{Ai} \\ A_1e^{\gamma}+A_2^{-\gamma}&=C_{Ab} \end{aligned}\right\} \tag{4.84}$$

解关于 A_1 和 A_2 的方程(4.84)可得：

$$\left.\begin{aligned} A_1&=\frac{C_{Ab}-C_{Ai}e^{-\gamma}}{e^{\gamma}-e^{-\gamma}} \\ A_2&=\frac{C_{Ab}-C_{Ai}e^{\gamma}}{e^{\gamma}-e^{-\gamma}} \end{aligned}\right\} \tag{4.85}$$

将式(4.85)代入式(4.80)中的 A_1 和 A_2 可得：

$$C_A=\frac{C_{Ab}\sinh\left(\frac{\gamma y}{y_L}\right)+C_{Ai}\sinh\left(1-\frac{y}{y_L}\right)\gamma}{\sinh\gamma} \tag{4.86}$$

通过估算 $y=0$ 时的 dC_A/dy 并将 $\left.\frac{dC_A}{dy}\right|_{y=0}$ 代入式(4.74)可计算液膜中 A 的通量 N_{AL}。因此，将 C_A 对 y 求导数并将 $y=0$ 代入导数项可得：

$$\left.\left(\frac{dC_A}{dy}\right)\right|_{y=0}=\frac{\gamma}{y_L\sinh\gamma}(C_{Ab}-C_{Ai}\cosh\gamma) \tag{4.87}$$

将式(4.87)代入式(4.74)中的 $(dC_A/dy)_{y=0}$ 可得：

$$N_{AL}=\frac{\gamma k_{AL}}{\sinh\gamma}(C_{Ai}\cosh\gamma-C_{Ab}) \tag{4.88}$$

重新整理式(4.88)，可改写为：

$$N_{AL}=\frac{\gamma k_{AL}}{\tanh\gamma}\left(C_{Ai}-\frac{C_{Ab}}{\cosh\gamma}\right) \tag{4.89}$$

将亨利定律方程(4.71)代入式(4.89)可得：

$$N_{AL}=\frac{\gamma k_{AL}}{H_A\tanh\gamma}\left(p_{Ai}-\frac{H_AC_{Ab}}{\cosh\gamma}\right) \tag{4.90}$$

假设反应器各个位置均处于稳态，气相中 A 的通量 N_{AG} 等于液膜中 A 的通量 N_{AL}，且等于总通量 N_A，即：

$$N_A=N_{AG}=N_{AL} \tag{4.91}$$

令式(4.69)中的N_{AG}和式(4.90)中的N_{AL}相等可得：

$$k_G(p_A - p_{Ai}) = \frac{\gamma k_{AL}}{H_A \tanh\gamma}\left[p_{Ai} - \frac{H_A C_{Ab}}{\cosh\gamma}\right] \tag{4.92}$$

解方程(4.92)可得p_{Ai}如下：

$$p_{Ai} = \frac{k_g p_A + (\gamma k_{AL}/H_A \tanh\gamma)(H_A C_{Ab}/\cosh\gamma)}{k_g + (\gamma k_{AL}/H_A \tanh\gamma)} \tag{4.93}$$

将式(4.93)代入式(4.69)中的p_{Ai}，可得通量N_A的最终方程为：

$$N_A = \frac{p_A - (H_A C_{Ab}/\cosh\gamma)}{1/k_g + (H_A \tanh\gamma/\gamma k_{AL})} \tag{4.94}$$

当$\gamma=0$即无化学反应发生时，式(4.94)可简化为：

$$N_A = \frac{p_A - H_A C_{Ab}}{(1/k_g) + (H_A/k_{AL})} \tag{4.95}$$

上式即为任意气—液传质操作(如吸附过程)的通量方程。

4.1.2.1.2　快速反应

快速反应的反应速度很快以至于反应物A在液膜中完全转化为产物且液相主体中不存在未反应的A，即$C_{Ab}=0$。将$C_{Ab}=0$代入式(4.94)，可得快速反应总通量(N_A)的方程如下：

$$N_A = \frac{p_A}{(1/k_g) + (H_A \tanh\gamma/\gamma k_{AL})} \tag{4.96}$$

将$C_{Ab}=0$代入式(4.89)，可得通过化学反应液膜的通量(N_{AL})的方程如下：

$$N_{AL} = \frac{\gamma k_{AL} C_{Ai}}{\tanh\gamma} \tag{4.97}$$

如果液膜中无化学反应发生，通过液膜的A的通量为：

$$N_{AL}^0 = k_{AL} C_{Ai} \tag{4.98}$$

发生化学反应的A的通量总是高于未发生化学反应的A的通量，反应引起的通量的升高可用增强因子E表示，定义E为化学反应的通量与未发生反应的通量的比值，表示如下：

$$E = \frac{N_{AL}}{N_{AL}^0} = \frac{\gamma}{\tanh\gamma} \tag{4.99}$$

快速反应通量N_A的方程写成增强因子E的形式如下：

$$N_A = \frac{p_A}{(1/k_g) + (H_A/E k_{AL})} \tag{4.100}$$

4.1.2.1.3　瞬时反应

瞬时反应为无限快速反应，A的反应速率远高于其扩散通过液膜的速率。一旦分子A

遇到液膜中的 B，就会瞬时反应并完全转化为产物。假设从界面进入液相主体的 A 的通量 N_{AL}与从液相主体进入界面的 B 的通量 N_{BL}存在计量比关系，即：

$$N_{AL} = \frac{N_{BL}}{b} \tag{4.101}$$

那么，A 和 B 间的反应将发生在距界面 y_1 处液膜中的一个平面上，如气—液界面图（图 4.13）所示。

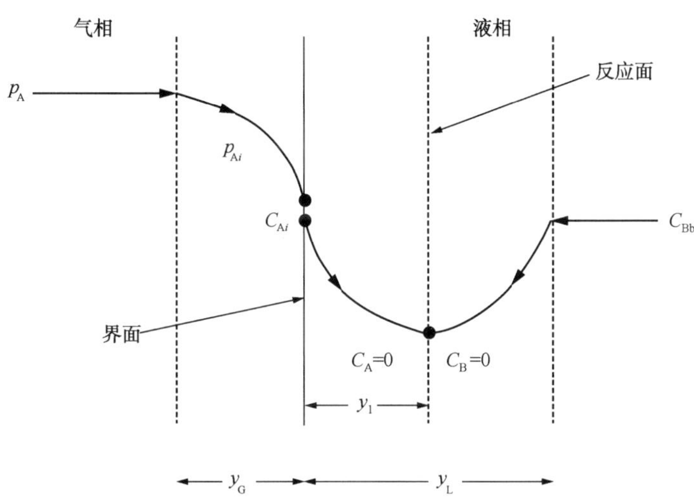

图 4.13　瞬时反应气—液界面示意图

由于反应时 A 和 B 均以精确的计量摩尔比存在于反应面上，因此，A 和 B 将在反应面上完全转化。但是，由于完全转化瞬时发生，故在反应后不久，反应面上不存在未反应的 A 和 B，即：

$$当\ y = y_1\ 时，C_A = 0\ 且\ C_B = 0 \tag{4.102}$$

由于 A 和 B 通过液膜的过程遵循扩散机理，根据扩散的费克定律，可得通量 N_{AL}和 N_{BL}的方程如下：

$$N_{AL} = \frac{D_{AL} C_{Ai}}{y_1} \tag{4.103}$$

$$N_{BL} = \frac{D_{BL} C_{Bb}}{y_L - y_1} \tag{4.104}$$

将式(4.103)和式(4.104)中的 N_{AL}和 N_{BL}代入式(4.101)，可得：

$$\frac{D_{AL} C_{Ai}}{y_1} = \frac{D_{BL} C_{Bb}}{b(y_L - y_1)} \tag{4.105}$$

解上述方程可求得 y_1：

$$y_1 = \frac{y_L}{1 + \frac{1}{b}(D_{BL}/D_{AL})(C_{Bb}/C_{Ai})} \tag{4.106}$$

将式(4.106)中的 y_1 代入式(4.103)中，结合 $k_{AL} = D_{AL}/y_1$ 可得通量 N_{AL}的方程为：

$$N_{AL}=k_{AL}C_{Ai}\left[1+\frac{1}{b}\left(\frac{D_{BL}}{D_{AL}}\right)\frac{C_{Bb}}{C_{Ai}}\right] \tag{4.107}$$

假设处于稳态，气相中 A 的通量 N_{AG} 与液相中 A 的通量 N_{AL} 相等，可得：

$$N_{AG}=N_{AL}=N_{A} \tag{4.108}$$

其中，N_A 为 A 的总通量。令式(4.69)中的 N_{AG} 与式(4.107)中的 N_{AG} 相等，根据亨利方程 $C_{Ai}=p_{Ai}/H_A$ 可得：

$$k_g(p_A-p_{Ai})=\frac{k_{AL}p_{Ai}}{H_A}+\frac{k_{AL}}{b}\left(\frac{D_{BL}}{D_{AL}}\right)C_{Bb} \tag{4.109}$$

解上述方程可得 p_{Ai}：

$$p_{Ai}=\frac{k_gp_A-(k_{AL}/b)(D_{BL}/D_{AL})C_{Bb}}{k_g+(k_{AL}/H_A)} \tag{4.110}$$

将式(4.110)中的 p_{Ai} 代入式(4.69)可得总通量 N_A 的最终表达式为：

$$N_A=\frac{p_A+(H_A/b)(D_{BL}/D_{AL})C_{Bb}}{(1/k_g)+(H_A/k_{AL})} \tag{4.111}$$

气—液界面的瞬时反应如下：

反应面 y_1 相对于界面的位置取决于 D_{BL} 和 D_{AL} 的值以及液相主体中 B 的浓度 C_{Bb} [式(4.106)]。如果液相中 B 的扩散比 A 快，那么反应面将趋近界面，即 $D_{BL}>D_{AL}$。通过提高液相中 B 的主体浓度 C_{Bb} 可使反应面更加靠近界面。如果 C_{Bb} 超过临界值 C_{Bb}^*，那么反应面将会与界面合并，同时反应在界面发生。由于 A 和 B 在界面完全转化，因此，界面处 A 和 B 的浓度为 0(图 4.14)，即：

$$当\ y=0\ 时，C_{Ai}=0\ 且\ C_{Bi}=0 \tag{4.112}$$

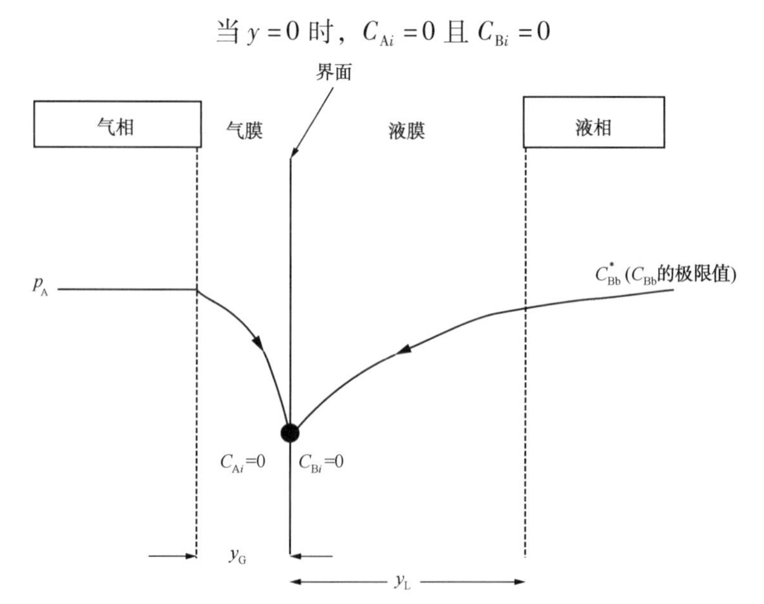

图 4.14　在界面处的瞬时反应的气—液界面示意图

因此，当 $C_{Bb} > C_{Bb}^*$时，总通量 N_A 的方程可简化为：

$$N_A = k_g p_A \tag{4.113}$$

总速率完全由 A 的气相传质决定。C_{Bb}^*的极限值计算式如下：

$$当\ C_{Bb} = C_{Bb}^* 时，N_{BL} = \frac{D_{BL} C_{Bb}^*}{y_L} \tag{4.114}$$

利用式(4.75)，将 y_L 写成 k_{AL}的形式如下：

$$N_{BL} = \frac{D_{BL}}{D_{AL}} k_{AL} C_{Bb}^* \tag{4.115}$$

通量 N_A 和 N_{BL}存在计量比关系，即：

$$N_A = \frac{N_{BL}}{b} \tag{4.116}$$

联立式(4.113)、式(4.115)和式(4.116)可得：

$$C_{Bb}^* = b\left(\frac{D_{AL}}{D_{BL}}\right)\left(\frac{k_G}{k_{AL}}\right) p_A \tag{4.117}$$

因此，如果 $C_{Bb} \geqslant C_{Bb}^*$，那么反应在界面进行且通量 N_A 满足式(4.113)；如果 $C_{Bb} < C_{Bb}^*$，那么反应在远离界面的平面进行且通量 N_A 满足式(4.111)。

由上述 3 种情况推导得到的通量 N_A 的方程列于表 4.5，用于下一节将要讨论的气—液反应器的设计。

表 4.5 气—液反应的通量 N_A 表

反应类型		通量 N_A 的方程
慢反应($\gamma < 3$)		$N_A = \dfrac{p_A - (H_A C_{Ab}/\cosh\gamma)}{(1/k_g) - (H_A/E k_{AL})}$
快速反应($\gamma > 3$)		$N_A = \dfrac{p_A}{1/k_g + H_A/E k_{AL}}$
瞬时反应(γ 值较高)	远离界面的平面处的反应($C_{Bb} < C_{Bb}^*$)	$N_A = \dfrac{p_A + (H_A/b)(D_{BL}/D_{AL}) C_{Bb}}{1/k_g + H_A/k_{AL}}$
	界面处的反应($C_{Bb} > C_{Bb}^*$)	$N_A = k_g p_A$

注：$\gamma = \dfrac{\sqrt{k D_{AL}}}{k_{AL}}$；$E = \dfrac{\gamma}{\tanh\gamma}$，$C_{Bb}^* = b\left(\dfrac{D_{AL}}{D_{BL}}\right)\left(\dfrac{k_G}{k_{AL}}\right) p_A$。

4.1.2.2 气—液反应填充床反应器的设计

对于在填充床反应器中进行的气—液反应(图 4.15)：

$$A(g) + bB(l) \rightarrow \text{产物}$$

定义 v——气相体积流速，m^3/s；

L——液相体积流速，m^3/s；

S——填充床的横截面积，m^2；

p_{A0}，p_{Af}——反应器入口气相和出口气相中 A 的分压，N/m^2；

C_{A0}，C_{Af}——反应器入口液相和出口液相中 A 的浓度，$kmol/m^3$；

C_{B0}，C_{Bf}——反应器入口液相和出口液相中 B 的浓度，$kmol/m^3$；

s_P——填充材料的比表面积，m^2/m^3；

E——床层孔隙率；

Z——填充床高度；

x_{Af}——反应器中 A 的转化率。

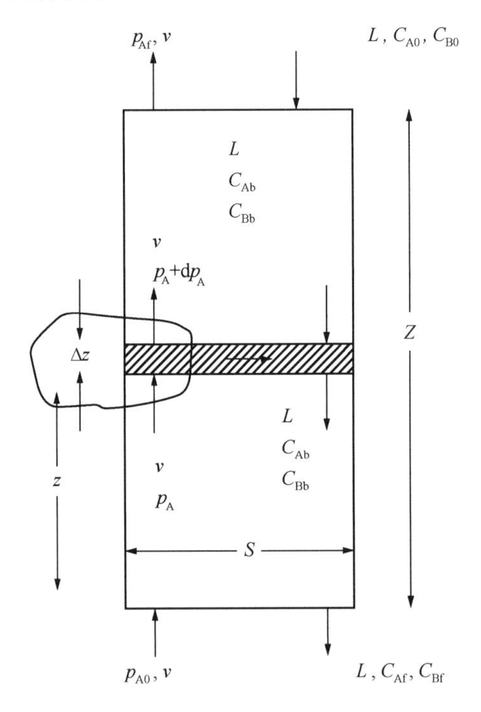

图 4.15　填充床反应器中气—液反应示意图

填充床反应器的设计涉及 A 达到指定转化率所需床层高度 Z 的计算。

$$x_{Af} = 1 - \frac{p_{Af}}{p_{A0}} \tag{4.118}$$

取距离气相入口 z 处的厚度为 dz 的部分，令：p_A 为 z 处气相中 A 的分压，C_{Ab}为 z 处液相中 A 的浓度，C_{Bb}为 z 处液相中 B 的浓度，dp_A 为 dz 部分气相中 A 分压的变化，dC_{AL}为 dz 部分液相中 A 浓度的变化，dC_{Bb}为 dz 部分液相中 B 浓度的变化。

假设气体和液体的体积流速恒定且床层的温度恒定为 T，对床层部分的 A 进行稳态平衡计算可得：

$$\left\{\begin{array}{l}\mathrm{d}z\text{ 部分气相中 A 的}\\\text{消耗速率 }r_{\mathrm{A}}^{\mathrm{L}}\text{，kmol/s}\end{array}\right\}=\left\{\begin{array}{c}\mathrm{d}z\text{ 部分 A 从气相扩散至液相的}\\\text{速率 }r_{\mathrm{A}}^{\mathrm{G}\to\mathrm{L}}\text{，kmol/s}\end{array}\right\} \tag{4.119}$$

将上述表达式两边写成方程为：

$$-\frac{v}{RT}\mathrm{d}p_{\mathrm{A}}=N_{\mathrm{A}}[S\mathrm{d}z(1-\varepsilon)]s_{\mathrm{P}} \tag{4.120}$$

其中，R 为气体常数，N_A 为 A 的通量，其方程列于表 4.5。重新整理式(4.120)并从 $z=0$ 至 $z=Z$ 进行积分可得：

$$\int_0^Z \mathrm{d}z=\frac{v}{RTS(1-\varepsilon)s_{\mathrm{P}}}\int_{p_{\mathrm{Af}}}^{p_{\mathrm{A0}}}\frac{\mathrm{d}p_{\mathrm{A}}}{N_{\mathrm{A}}} \tag{4.121}$$

最终可得填充床气—液反应器的设计方程为：

$$Z=\left[\frac{v}{RTS(1-\varepsilon)s_{\mathrm{P}}}\right]\int_{p_{\mathrm{Af}}}^{p_{\mathrm{A0}}}\frac{\mathrm{d}p_{\mathrm{A}}}{N_{\mathrm{A}}} \tag{4.122}$$

将表 4.5 所列通量 N_A 的适宜方程代入上述方程以计算反应器高度 Z。设计慢反应的反应器没有实际价值，因此，此处我们不考虑慢反应。我们将建立另外两种情况即快速反应和瞬时反应的设计方程。

4.1.2.2.1　快速反应

将快速反应 N_A 的方程代入设计方程(4.122)，可得 Z 的分析方程如下：

$$Z=\frac{v}{RTS(1-\varepsilon)s_{\mathrm{P}}}\left(\frac{1}{k_{\mathrm{G}}}+\frac{H_{\mathrm{A}}}{Ek_{\mathrm{AL}}}\right)\ln\left(\frac{1}{1-x_{\mathrm{Af}}}\right) \tag{4.123}$$

题 4.6

Deleye 和 Froment(1986)曾经报道了填充床反应器中单乙醇胺(MEA)溶液吸收 CO_2 的数据。将 CO_2 分压为2atm 的气体通过填充直径为 5cm 钢环的填充床中的 MEA 溶液，通过 MEA 溶液的吸收作用对气体进行净化。假设溶液中 MEA 浓度过剩，CO_2 和 MEA 间的反应被看作准 1 级反应，速率常数 $k=7.194\times10^4\mathrm{s}^{-1}$，用 $1000\mathrm{m}^3/\mathrm{h}$ 的 MEA 溶液处理 $6500\mathrm{m}^3/\mathrm{h}$ 的气体。CO_2 的分压降至 0.02bar。反应器的直径为 2m，操作压力为 14.3bar，温度为 315K，计算床层高度。报道的数据如下：

$$k_{\mathrm{G}}=2.639\times10^{-9}\mathrm{kmol/(m^2\cdot s\cdot Pa)}$$

$$k_{\mathrm{AL}}=3.889\times10^{-4}\mathrm{m/s}$$

$$D_{\mathrm{AL}}=2.39\times10^{-9}\mathrm{m^2/s}$$

床层孔隙度 $\varepsilon=0.45$

比表面积 $s_{\mathrm{P}}=105\mathrm{m^2/m^3}$

亨利定律常数 $H_{\mathrm{A}}=4.89\times10^6(\mathrm{m^3\cdot Pa})/\mathrm{kmol}$

解：

$$\text{Hatta 准数 } \gamma = \frac{\sqrt{kD_{AL}}}{k_{AL}}$$

$$= \frac{\sqrt{(7.194 \times 10^4) \times (2.39 \times 10^{-9})}}{3.889 \times 10^{-4}}$$

$$= 33.72$$

因此，该反应为快速反应。

增强因子 $E = \gamma/\tanh\gamma = 33.72$。

反应器高度 Z 的计算方程为：

$$Z = \frac{v}{RTS(1-\varepsilon)s_P}\left(\frac{1}{k_G} + \frac{H}{Ek_{AL}}\right)\ln\left(\frac{1}{1-x_{Af}}\right)$$

体积流速 $v = 6500/3600 = 1.806\text{m}^3/\text{s}$；横截面积 $S = (\pi/4)D^2 = (\pi/4) \times 2^2 = 3.14\text{m}^2$；转化率 $x_{Af} = 0.99$。

将上述数值代入方程可得：

$$Z = \left(\frac{1.806}{8314 \times 3.14 \times 0.55 \times 105}\right) \times \left[\frac{1}{2.639 \times 10^{-9}} + \frac{4.89 \times 10^6}{33.72 \times (3.889 \times 10^{-4})}\right] \times \ln\left(\frac{1}{1-0.99}\right)$$

$$Z = (3.803 \times 10^{-9}) \times (3.789 \times 10^8 + 3.729 \times 10^8) \times 4.605$$

因此，反应器高度为 13.2m。

注：参考 MATLAB 程序 react _ dsn _ pckbed1. m。

4.1.2.2.2　瞬时反应

对于计算 Z 的设计方程(4.122)，通量 N_A 方程的选择取决于反应是在气—液界面发生还是在远离界面的平面发生，这需要通过计算每个 $p_A(p_{Af} \leqslant p_A \leqslant p_{A0})$ 值的 C_{Bb}^* 和检验 $C_{Bb} < C_{Bb}^*$ 还是 $C_{Bb} \geqslant C_{Bb}^*$ 进行确定。通过对床层任一位置 z 处和气体出口或液体入口间的 A 和 B 进行物质的量平衡计算，我们可以得到 C_{Bb} 和 p_A 间的关系式如下：

$$[\text{A 转化的物质的量}] = \frac{1}{b}[\text{B 转化的物质的量}] \tag{4.124}$$

即

$$\frac{v}{RT}(p_A - p_{Af}) = \left(\frac{1}{b}\right)[L(C_{B0} - C_{Bb})] \tag{4.125}$$

重新整理方程可得：

$$C_{Bb} = C_{B0} - \frac{b}{RT}\left(\frac{v}{L}\right)(p_A - p_{Af}) \tag{4.126}$$

通过对 $\int_{p_{Af}}^{p_{A0}}(\mathrm{d}p_A/N_A)$ 进行数值积分可计算得到填充床的高度。在 p_{Af} 和 p_{A0} 间以相同的间

隔取 m 个 p_A 值（p_{A1}，p_{A2}，…，p_{Am}）；对于 p_{Af} 和 p_{A0} 间的每个 p_A，分别利用式(4.126)和式(4.117)计算 C_{Bb} 和 C_{Bb}^*，核对 $C_{Bb} < C_{Bb}^*$ 还是 $C_{Bb} \geqslant C_{Bb}^*$。如果 $C_{Bb} \geqslant C_{Bb}^*$，利用式(4.117)计算通量 N_A，如果 $C_{Bb} \geqslant C_{Bb}^*$，则利用式(4.113)进行计算通量 N_A。

题 4.7

NaOH 溶液吸收 HCl 蒸气的过程实际上是 H^+ 和 OH^- 的瞬时不可逆反应过程，表示如下：

$$HCl(g) + NaOH(l) \longrightarrow NaCl + H_2O$$

在类似题 4.6 讨论的填充床反应器中，HCl 蒸气分压为 0.2bar 的气流与 NaOH 浓度为 0.08kmol/m^3 的液流反应。气流以 6500m^3/h 的速度通过，液体则以 1000m^3/h 的速度逆流通过，反应器在压力为 3bar 和温度为 300K 的条件下操作，HCl 和 NaOH 在溶液中的分子扩散系数几乎相等。计算 HCl 转化率达到 80% 所需的反应器高度。反应器直径为 2m，数据如下：

$$k_G = 2.1 \times 10^{-9} \text{kmol/(m}^2 \cdot \text{s} \cdot \text{Pa)}$$

$$k_{AL} = 4.2 \times 10^{-4} \text{m/s}$$

$$\text{床层孔隙率 } \varepsilon = 0.45$$

$$\text{比表面积 } s_P = 105 \text{m}^2/\text{m}^3$$

$$\text{亨利定律常数 } H_A = 2.2 \times 10^5 (\text{m}^3 \cdot \text{Pa})/\text{kmol}$$

解：

反应器高度的设计方程如下：

$$Z = \frac{v}{RTS(1-\varepsilon)s_P} \int_{p_{Af}}^{p_{A0}} \frac{dp_A}{N_A}$$

其中，当 $C_{Bb} < C_{Bb}^*$ 时：

$$N_A = \frac{p_A + (H_A/b)(D_{BL}/D_{AL})C_{Bb}}{H_A/k_{AL} + 1/k_G}$$

当 $C_{Bb} > C_{Bb}^*$ 时：

$$N_A = k_G p_A$$

$$C_{Bb}^* = \left(\frac{k_G b D_{AL}}{k_{AL} D_{BL}}\right) p_A$$

当 $D_{AL} = D_{BL}$ 时：

$$C_{Bb}^* = \left(\frac{2.1 \times 10^{-9}}{4.2 \times 10^{-4}}\right) p_A = 0.5 \times 10^{-5} p_A \text{Pa} = 0.5 p_A \text{bar}$$

$$C_{Bb} = C_{B0} - \frac{b}{RT}\left(\frac{v}{L}\right)(p_A - p_{Af})$$

由于转化率 $x_{Af} = 0.8$，可得 $p_{Af} = p_{A0}(1 - x_{Af}) = 0.04\text{bar}$，进而：

$$C_{Bb} = 0.08 - \frac{1}{8314 \times 300}\left(\frac{1.806}{0.278}\right)(p_A - 0.04) \times 10^5$$

$$C_{Bb} = 0.08 - 0.2605(p_A - 0.04)$$

$$Z = \left(\frac{1.806}{8314 \times 300 \times 0.785 \times 0.55 \times 105}\right)\int_{0.04}^{0.2} \frac{dp_A}{N_A}$$

$$= (1.608 \times 10^{-8})\int_{0.04}^{0.2} \frac{dp_A}{N_A}$$

在反应器顶部，可得：

$$C_{Bb}^* = 0.5 p_A = 0.5 \times 0.04 = 0.02$$

$$C_{B0} = 0.08$$

因此，$C_{Bb} > C_{Bb}^*$。

在反应器底部，可得：

$$C_{Bb} = 0.08 - 0.2605(0.2 - 0.04) = 0.0383$$

$$C_{Bb}^* = 0.5 p_A = 0.5 \times 0.2 = 0.1$$

因此，$C_{Bb} < C_{Bb}^*$。

对于某一高度 Z^*，在 $C_{Bb} = C_{Bb}^*$，$p_A = p_A^*$ 处发生转化，可得：

$$0.08 - 0.2605(p_A^* - 0.04) = 0.5 p_A^*$$

$$0.09042 = 0.7605 p_A^*$$

$$p_A^* = \frac{0.09042}{0.7605} = 0.12$$

因此，

$$\int_{0.04}^{0.2} \frac{dp_A}{N_A} = \underbrace{\int_{0.04}^{0.12} \frac{dp_A}{N_A}}_{C_{Bb} > C_{Bb}^*} + \underbrace{\int_{0.12}^{0.2} \frac{dp_A}{N_A}}_{C_{Bb} < C_{Bb}^*}$$

$$= \frac{1}{k_G}\ln\left(\frac{0.12}{0.04}\right) + \left(\frac{1}{k_G} + \frac{H_A}{k_{AL}}\right)\int_{0.12}^{0.2} \frac{dp_A}{p_A + (H_A/b)(D_{BL}/D_{AL})C_{Bb}}$$

$$= (0.523 \times 10^9) + (1 \times 10^9)\int_{0.12}^{0.2} \frac{dp_A}{p_A + (H_A/b)(D_{BL}/D_{AL})C_{Bb}}$$

$$p_A + \frac{H_A}{b}\left(\frac{D_{BL}}{D_{AL}}\right)C_{Bb} = p_A + 2.2C_{Bb}$$

且 $C_{Bb} = (0.0904 - 0.2605p_A)$，则：

$$p_A + \frac{H_A}{b}\left(\frac{D_{BL}}{D_{AL}}\right)C_{Bb} = p_A + 2.2(0.0904 - 0.2605p_A)$$

$$= 0.20 + 0.427p_A$$

$$\int_{0.12}^{0.2} \frac{dp_A}{0.20 + 0.427p_A} = \frac{1}{0.427}[\ln(0.20 + 0.427p_A)]_{0.12}^{0.2}$$

$$\int_{0.12}^{0.2} \frac{dp_A}{0.20 + 0.427p_A} = \frac{1}{0.427}\ln\left(\frac{0.20 + 0.427 \times 0.20}{0.20 + 0.427 \times 0.20}\right) = \frac{1}{0.427}\ln\left(\frac{0.2854}{0.2512}\right)$$

$$= 0.30$$

$$\int_{0.04}^{0.2} \frac{dp_A}{N_A} = (0.523 \times 10^9) + (0.30 \times 10^9)$$

$$\int_{0.04}^{0.2} \frac{dp_A}{N_A} = 0.823 \times 10^9$$

反应器高度 $Z = 1.60 \times 10^{-8} \times 0.823 \times 10^9 = 13.2\text{m}$

注：参考 MATLAB 程序 react _ dsn _ pckbed2. m。

4.2 多相催化反应和反应器

催化反应是指使用催化剂加快反应速率的反应。通过降低活化能，催化剂可加快反应速率。在 2.1.11 节中，我们对催化反应机理和动力学进行了讨论。多相催化反应是指催化剂为固体，反应物和产物为流体(气体/液体)的反应。催化反应大致可分为两相反应和三相反应。两相催化反应是指在固体催化剂的作用，单一流体相(气相或液相)的反应物间发生的反应。两相催化反应的一个例子为在 Ni-Al_2O_3 催化剂存在的条件下正氢(o-H_2)转化为仲氢(p-H_2)的反应，表示如下：

$$o\text{-}H_2 \xrightleftharpoons{Ni\text{-}Al_2O_3(X)} p\text{-}H_2$$

三相催化反应是指发生在气相反应物和液相反应物间的固体催化反应，如在 Ni 催化剂存在的条件下植物油的加氢反应，表示如下：

$$\text{植物油(l)} + H_2(g) \xrightarrow{Ni(X)} \text{加氢油(l)(生物柴油)}$$

催化剂仅参与反应而在反应中无消耗，故只需少量即可。根据固体催化反应的 Langmuir－Hinshelwood 机理，在每个反应循环中，化学吸附在催化剂表面的反应物转化为产物，并依次从催化剂表面脱附，释放催化物质。因此，在每个涉及反应物转化为产物过程的反应循环中，催化剂被反复使用。催化反应器本质上为流体—固体接触设备，包含反应物的流体相(气体/液体)连续通过固定量的催化剂颗粒。为了实现流体和催化剂间的有效接触，将固体催化剂研磨成细小颗粒。在流化床催化反应器中，催化剂的使用形式为细小的固体颗粒。如果催化剂为便宜的金属如 Ni 或 MnO，即为上述情况。但是有很多反应使用的催化剂为贵金属如铂(Pt)、银(Ag)和金(Au)，不能大量使用。在这些情况下，则将催化材料浸渍分散在多孔载体材料(如 Al_2O_3)内的许多点(称为活性位)上。此时，制备的催化剂为不同形状(球形、圆柱、矩形板)、不同大小的小球。每个小球为含有催化物质的多孔载体材料(如 Al_2O_3)，催化材料存在于孔道内表面分散的大量活性位上，如图 4.16 所示。在填充床催化反应器中，含有反应物的流体通过床层(催化剂填充而成)的催化剂颗粒。

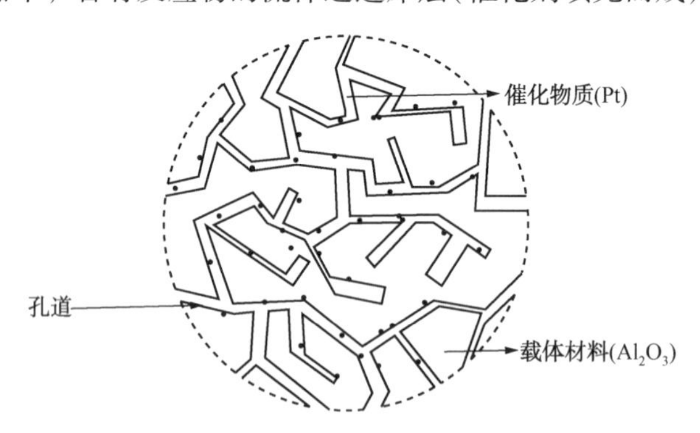

图 4.16　单一催化剂颗粒示意图

4.2.1　单一催化剂颗粒中的反应

对于在催化剂 X 的作用下发生的气相反应 $A \xrightarrow{X} B$，假设反应在填充床反应器中进行，含有反应物 A 的气流通过固体催化剂颗粒床层。选取某一固体颗粒(床层某一位置)，含有反应物 A 且 A 的浓度为 C_{Ag} 的气流通过此颗粒，假设任一时刻与固体催化剂颗粒接触的气体均处于稳态且床层任意位置的气体中 A 的浓度 C_{Ag} 不变。催化剂颗粒的单一孔道如图

4.17 所示。

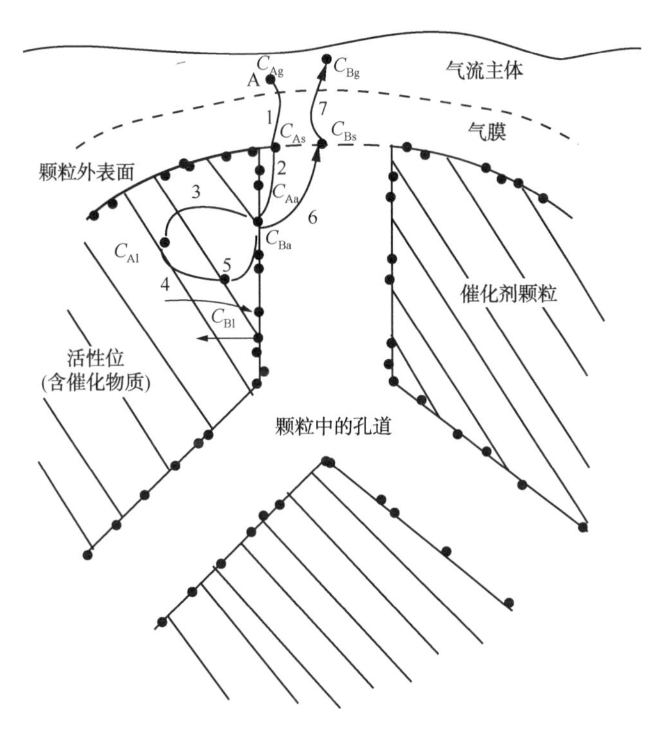

图 4.17 与流体接触的催化剂颗粒中单一孔道的示意图

在与固体催化剂颗粒接触的气流中，A 的反应包括以下步骤：

(1) A 穿过气膜阻力从气相主体转移至催化剂表面的孔口，该过程速率为 r_1，推动力为 $(C_{Ag}-C_{As})$，其中 C_{As}为催化剂表面 A 的浓度。

(2) A 通过扩散从孔口(催化剂表面)转移至孔道内表面的活性位，速率为 r_2，推动力为 $(C_{As}-C_{Aa})$，其中 C_{Aa}为活性位表面 A 的浓度。

(3) A 吸附至活性位 l。活性位表面浓度为 C_{Aa}的 A 的物质的量与吸附在活性位的 A 的物质的量达到平衡，C_{Al}为吸附在活性位上的 A 的浓度。

(4) 吸附在活性位的 A 以速率 r_4 转化为产物 B，C_{Bl}为生成的吸附于活性位的产物 B 的浓度。

(5) B 从活性位 l 脱附。吸附在活性位的 B 的物质的量与从活性位脱附的 B 的物质的量达到平衡，且活性位表面 B 的浓度为 C_{Ba}。

(6) B 通过孔道从活性位表面扩散至孔口，速率为 r_6，推动力为 $(C_{Ba}-C_{Bs})$，其中 C_{Bs}为催化剂表面孔口处 B 的浓度。

(7) B 穿过气膜阻力从催化剂表面转移至气相主体，速率为 r_7，推动力为 $(C_{Bs}-C_{Bg})$，其中 C_{Bg}为气相主体中 B 的浓度。

除上面列出的 7 步外，步骤 3(吸附)、步骤 4(表面反应)和步骤 5(脱附)构成了 Langmuir - Hinshelwood 模型描述的固体催化反应机理(2.1.11.1 节)。结合上述 3 步，通过适当的假设可推导得出固体催化反应动力学的单一速率方程。对于不可逆反应 A→B，结合上述 3 步推导得到的速率方程可表示如下(2.1.11.1 节)：

$$r_r = \frac{k' C_{Aa}}{1 + K_A C_{Aa} + K_B C_{Ba}} \tag{4.127}$$

式中　k'——动力学速率常数；

K_A——A 的吸附平衡常数；

K_B——B 的吸附平衡常数。

固体催化剂活性位上 A 的转化速率为活性位上 A 和 B 的浓度(C_{Aa}和 C_{Ba})的函数，假设活性位上 A 和 B 的浓度非常小($C_{Aa}\to 0$，$C_{Ba}\to 0$)，那么固体催化反应的动力学速率方程为 1 级动力学方程，表示如下：

$$r_r = kC_{Ar} \tag{4.128}$$

其中，k 为 1 级动力学方程的动力学速率常数。

联立下面列出的 3 个速率方程可以得到 A 从气相主体向催化剂颗粒转移的总速率 r_A：

(1)外部传质速率 r_1 为 A 从气相主体转移至催化剂颗粒表面的速率，表示如下：

$$r_1 = k_g (C_{Ag} - C_{As})(4\pi R^2) \tag{4.129}$$

其中，R 为球形催化剂颗粒的半径，k_g 为气膜传质系数。

(2)内部传质速率 r_2 为 A 从催化剂颗粒表面扩散至孔道的速率，表示如下：

$$r_2 = D_A \left.\frac{\mathrm{d}C_A}{\mathrm{d}r}\right|_{r=R} (4\pi R^2) \tag{4.130}$$

其中，D_A 为 A 通过多孔固体的有效扩散系数。

(3)动力学反应速率 r_r 为 A 在反应位上的转化速率，表示如下：

$$r_r = kC_{Aa} \tag{4.131}$$

由于固体颗粒与气流的接触处于稳态，那么：

$$r_A = r_r = r_1 = r_2 \tag{4.132}$$

令 r_1、r_2 和 r_r 的速率表达式相等，从速率方程消去浓度项 C_{Aa}和 C_{As}可推导得出总速率方程 r_A，r_A 为气相主体浓度 C_{Ag}的函数。对于总速率表达式，我们将 A 通过串联的 3 种阻力的转移过程考虑在内。

外部气膜传质阻力R_g　内部孔道扩散阻力R_Γ　反应阻力R_r

C_{Ag}　C_{As}　C_{Aa}　0

r_1　r_2　r_k

为得到总速率方程 r_A，在第一步中，我们将通过催化剂内部孔道的扩散速率和活性位的反应速率(r_2 和 r_r)考虑在内，从而推导得到速率方程。片状催化剂颗粒和球形催化剂颗粒的速率方程的推导将在以下几节中介绍。

4.2.1.1　片状催化剂颗粒的内部孔道扩散和反应

假设一个片状多孔催化剂颗粒(图 4.18)与含有反应物 A 且 A 的浓度为 C_{Ag}的气流接触。A 从气相主体转移至片状催化剂的表面，C_{As}为催化剂表面 A 的浓度。

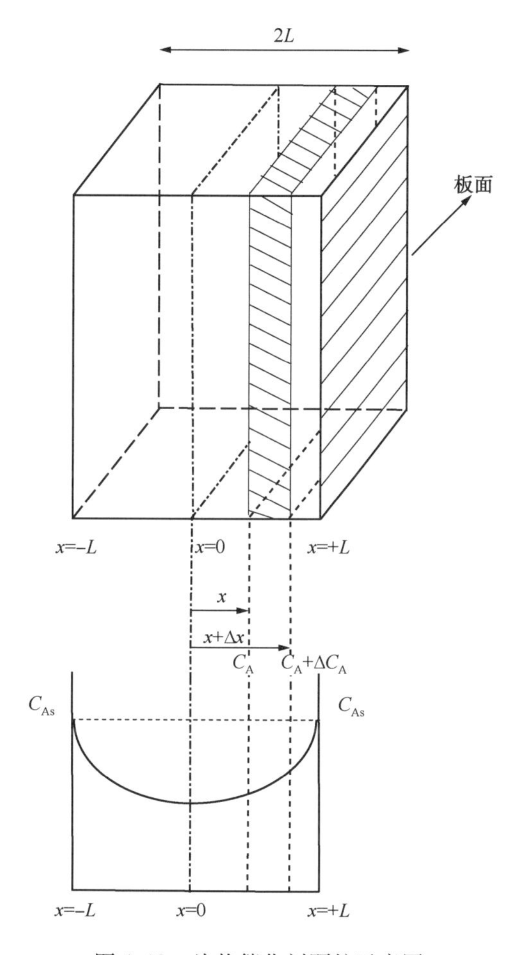

图 4.18　片状催化剂颗粒示意图

假设片状催化剂的四个面密封且反应物 A 仅能在 x 方向通过未密封的两个面扩散进入，令 S 为未密封面的横截面积，$2L$ 为片的宽度，孔道内活性位上的催化物质均匀分布在孔容中。定义催化剂密度 ρ_P 为单位体积颗粒中存在的催化剂质量，单位为 kg/m^3。

距离中心轴($x=0$)x 处催化剂颗粒内 A 的转化速率表示如下：

$$(-r'_A)=kC_A,\ \mathrm{kmol/(s\cdot kg)} \tag{4.133}$$

式中　k——反应速率常数，m^3/(kg · s)；

　　C_A——距离中心轴 x 处 A 的浓度，kmol/m^3。

距离中心轴($x=0$)x 处通过颗粒的 A 的扩散通量为：

$$N_A=D_A\frac{\mathrm{d}C_A}{\mathrm{d}x} \tag{4.134}$$

其中，D_A 为 A 通过固体平板的有效扩散系数。

考虑距离中心轴($x=0$)x 处催化剂颗粒厚度为 Δx 的部分。对该部分的 A 进行稳态平衡计算可得：

(A 转移进入该部分的速率)$|_{x+\Delta x}$ =(A 离开该部分的速率)$|_{x}$ +

(A 在该部分的转化速率)　(4.135)

$$S \cdot D_{\mathrm{A}} \frac{\mathrm{d}C_{\mathrm{A}}}{\mathrm{d}x}\bigg|_{x+\Delta x} = S \cdot D_{\mathrm{A}} \frac{\mathrm{d}C_{\mathrm{A}}}{\mathrm{d}x}\bigg|_{x} + kC_{\mathrm{A}} S \Delta x \rho_{\mathrm{P}} \tag{4.136}$$

将上式中的各项除以 $\Delta x \cdot D_{\mathrm{A}}$ 并取极限 $\Delta x \to 0$ 可得 2 级微分方程如下:

$$\frac{\mathrm{d}^2 C_{\mathrm{A}}}{\mathrm{d}x^2} - \frac{\rho_{\mathrm{P}} k C_{\mathrm{A}}}{D_{\mathrm{A}}} = 0 \tag{4.137}$$

$x = \pm L$ 和 $x = 0$ 处的边界条件为:

$$\begin{aligned} &\text{当 } x = \pm L \text{ 时,} \quad C_{\mathrm{A}} = C_{\mathrm{As}}; \\ &\text{当 } x = 0 \text{ 时,} \quad \frac{\mathrm{d}C_{\mathrm{A}}}{\mathrm{d}x} = 0 \end{aligned} \tag{4.138}$$

边界条件(4.138)源于催化剂颗粒的对称性。

特征方程为

$$m^2 - \frac{\rho_{\mathrm{P}} k}{D_{\mathrm{A}}} = 0 \tag{4.139}$$

的均相 2 级微分方程(4.137)的通解为:

$$C_{\mathrm{A}} = A_1 \mathrm{e}^{\sqrt{(\rho_{\mathrm{P}} k / D_{\mathrm{A}})} L (x/L)} + A_2 \mathrm{e}^{-\sqrt{(\rho_{\mathrm{P}} k / D_{\mathrm{A}})} L (x/L)} \tag{4.140}$$

定义

$$\Phi = L \sqrt{\frac{\rho_{\mathrm{P}} k}{D_{\mathrm{A}}}} \tag{4.141}$$

其中,Φ 为无量纲数,称为 Thiele 模数,为 A 的内部孔道扩散阻力与反应阻力的比值。

$$\Phi = \frac{\text{A 的内部孔道扩散阻力}}{\text{A 的反应阻力}} \tag{4.142}$$

Φ 值随内部孔道扩散阻力的增大而增大。而且,催化剂颗粒越大,Φ 值越大。对于小粒径催化剂颗粒,Φ 值可忽略不计。

将式(4.140)写成 Φ 的形式为:

$$C_{\mathrm{A}} = A_1 \mathrm{e}^{\Phi (x/L)} + A_2 \mathrm{e}^{-\Phi (x/L)}$$

将边界条件代入该式可得:

$$\left.\begin{aligned} &\text{在 } x = L \text{ 处,} \quad C_{\mathrm{As}} = A_1 \mathrm{e}^{\Phi} + A_2 \mathrm{e}^{-\Phi} \\ &\text{在 } x = -L \text{ 处,} \quad C_{\mathrm{As}} = A_1 \mathrm{e}^{-\Phi} + A_2 \mathrm{e}^{\Phi} \end{aligned}\right\} \tag{4.143}$$

解方程(4.143)中的 A_1 和 A_2 可得:

$$A_1 = A_2 \tag{4.144}$$

且

$$A_1 = \frac{C_{As}}{e^{\Phi} + e^{-\Phi}} \tag{4.145}$$

将式(4.144)和式(4.145)中的 A_1 和 A_2 代入式(4.140)可得 C_A 的方程为:

$$C_A = \frac{C_{As}\cosh\Phi(x/L)}{\cosh\Phi} \tag{4.146}$$

将 C_A 对 x 求导并估算 $x=0$ 时的 dC_A/dx，发现式(4.146)满足 $x=0$ 处的边界条件[式(4.138)]。

当 $x=L$ 时,

$$\left.\frac{dC_A}{dx}\right|_{x=L} = \frac{\Phi}{L}C_{As}\tanh\Phi \tag{4.147}$$

此时，通量 N_A 为:

$$N_A = D_A\left.\frac{dC_A}{dx}\right|_{x=L}$$

即

$$N_A = \frac{D_A\Phi C_{As}}{L}\tanh\Phi \tag{4.148}$$

催化剂表面 A 的净转移速率 r_A 为:

$$r_A = N_A\big|_{x=L}(2S)$$

即

$$r_A = \frac{2SD_A\Phi C_{As}}{L}\tanh\Phi \tag{4.149}$$

令 r_A^0 为 A 转移进入内部孔道扩散阻力可忽略的催化剂颗粒的速率。如果内部孔道扩散阻力可忽略不计，那么催化剂颗粒内部孔道内的所有活性位上 A 的浓度与催化剂颗粒表面 A 的浓度相等，即：对于所有 $-L<x<+L$，$C_A=C_{As}$。因此，催化剂颗粒内所有位置处 A 的比反应速率相等，为$(-r'_A)=kC_{As}$，那么:

$$r_A^0 = (kC_{As})(\rho_p 2LS) \tag{4.150}$$

定义效率因子:

$$\eta = \frac{\text{考虑内部孔道扩散阻力的 A 的速率}}{\text{忽略内部孔道扩散阻力的 A 的速率}}$$

即

$$\eta = \frac{r_A}{r_A^0}$$

将式(4.149)中的 r_A 和式(4.150)中的 r_A^0 代入效率因子方程可得：

$$\eta = \frac{\tanh \Phi}{\Phi} \tag{4.151}$$

随着内部孔道扩散阻力的升高，蒂勒模数 Φ 不断升高，同时效率因子 η 升高。当 $\Phi \to 0$ 时，$\eta \to 1$；当 $\Phi \to \infty$ 时，$\eta \to 1/\Phi$。图 4.19 为 $\eta—\Phi$ 的对数曲线。$\eta—\Phi$ 曲线渐近于 $\Phi \to \infty$ 时的 $\eta = 1/\Phi$ 曲线。

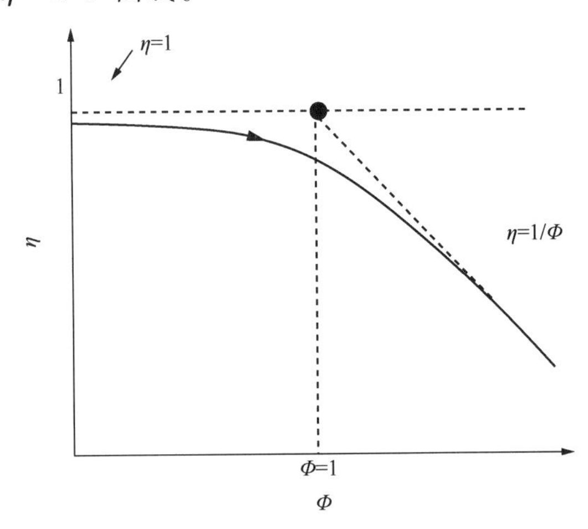

图 4.19 η—Φ 的对数曲线图

通过催化剂颗粒的 A 的通量用 η 表示如下：

$$N_A = \frac{\eta r_A^0}{2S} = \eta(k\rho_P L)C_{As}$$

4.2.1.2 球形催化剂颗粒的内部孔道扩散和反应

一个半径为 R 的球形催化剂颗粒(图 4.20)与气流接触，气流中含有反应物 A 且反应物

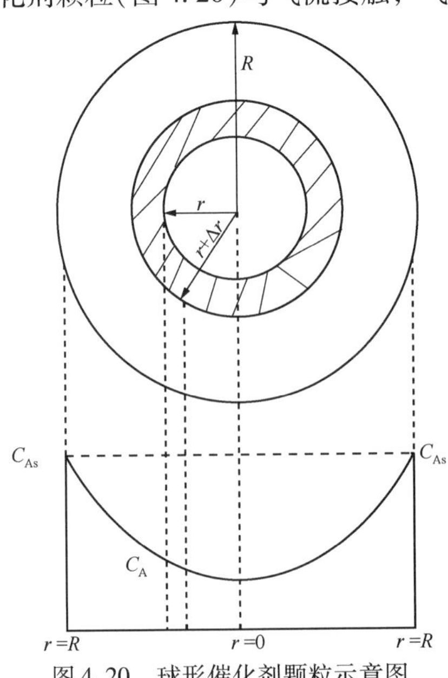

图 4.20 球形催化剂颗粒示意图

A 的浓度为 C_{Ag}。颗粒表面 A 的浓度为 C_{As}。

C_A 为颗粒内径向 r 处 A 的浓度，r 处 A 的比反应速率为：

$$(-r'_A)=kC_A,\ \text{kmol}/(\text{kg}\cdot\text{s}) \tag{4.152}$$

其中，k 为反应速率常数，$m^3/(kg\cdot s)$。

r 处 A 的扩散通量为：

$$N_A=D_A\frac{dC_A}{dr} \tag{4.153}$$

其中，D_A 为 A 通过球形颗粒的有效扩散系数。

取径向 r 处厚度为 Δr 的部分，对该部分的 A 进行稳态平衡计算可得：

$$(\text{A 转移进入该部分的速率})\big|_{r+\Delta r}=(\text{A 离开该部分的速率})\big|_r+(\text{A 在该部分的转化速率}) \tag{4.154}$$

将式(4.154)中的每项用合适的方程代替可得：

$$(4\pi r^2)D_A\frac{dC_A}{dr}\bigg|_{r+\Delta r}=(4\pi r^2)D_A\frac{dC_A}{dx}\bigg|_r+kC_A(4\pi r^2)\Delta r\rho_P \tag{4.155}$$

其中，ρ_P 为颗粒中催化剂的密度，kg/m^3。

将式(4.155)中的各项除以 $D_A4\pi r^2\Delta r$ 并取极限 $\Delta r\to 0$ 可得：

$$\frac{1}{r^2}\frac{d}{dr}\left(r^2\frac{dC_A}{dr}\right)-\frac{\rho_P kC_A}{D_A}=0 \tag{4.156}$$

将式(4.156)写成标准 2 级微分方程的形式为：

$$\left.\begin{aligned}&\frac{d^2C_A}{dr^2}+\frac{2}{r}\frac{dC_A}{dr}-\alpha C_A=0\\&\alpha=\frac{\rho_P k}{D_A}\end{aligned}\right\} \tag{4.157}$$

$r=\pm R$ 和 $r=0$ 处的边界条件为：

$$\begin{aligned}&\text{在 } r=\pm R \text{ 处，} C_A=C_{As};\\&\text{在 } r=0 \text{ 处，} \frac{dC_A}{dr}=0\end{aligned} \tag{4.158}$$

上述边界条件源于球形颗粒的对称性。假设式(4.157)的通解为：

$$C_A=\frac{e^{mr}}{r} \tag{4.159}$$

将 C_A 对 r 取一次和二次导数可得：

$$\frac{dC_A}{dr}=e^{mr}\left(\frac{m}{r}-\frac{1}{r^2}\right) \tag{4.160}$$

$$\frac{d^2C_A}{dr^2}=e^{mr}\left[\frac{m^2}{r}-\frac{2m}{r^2}+\frac{2}{r^3}\right] \tag{4.161}$$

将式(4.159)、式(4.160)和式(4.161)中的 C_A、dC_A/dr 和 d^2C_A/dr^2 分别代入式(4.157)可得：

$$e^{mr}\left(\frac{m^2}{r}-\frac{2m}{r^2}+\frac{2}{r^3}\right)+\frac{2}{r}e^{mr}\left(\frac{m}{r}-\frac{1}{r^2}\right)-\frac{\alpha e^{mr}}{r}=0$$

消项化简可得：

$$\frac{e^{mr}}{r}(m^2-\alpha)=0$$

因此，式(4.159)为2级微分方程(4.157)的一个解，$m=\pm\sqrt{\alpha}$。式(4.157)的通解可写为：

$$C_A=\frac{A_1}{r}e^{\sqrt{(\rho_P k/D_A)}R(r/R)}+\frac{A_2}{r}e^{-\sqrt{(\rho_P k/D_A)}R(r/R)} \tag{4.162}$$

定义蒂勒模数 $\Phi=R\sqrt{\rho_P k/D_A}$，式(4.162)用 Φ 表示的形式如下：

$$C_A=A_1\frac{e^{\Phi(r/R)}}{r}+A_2\frac{e^{-\Phi(r/R)}}{r} \tag{4.163}$$

球形催化剂的蒂勒模数 Φ 的定义与片状催化剂 Φ 的定义类似[式(4.141)]，以 R 取代式(4.141)中的 L 即可。

将边界条件式(4.158)代入式(4.163)可得：

$$\begin{aligned}&\text{当 } r=R \text{ 时，} C_{As}=\frac{A_1}{R}e^{\Phi}+\frac{A_2}{R}e^{-\Phi};\\&\text{当 } r=-R \text{ 时，} C_{As}=-\frac{A_1}{R}e^{-\Phi}-\frac{A_2}{R}e^{\Phi}\end{aligned} \tag{4.164}$$

解方程(4.164)的积分常数 A_1 和 A_2 可得：

$$A_1=-A_2 \tag{4.165}$$

$$A_1=\frac{RC_{As}}{e^{\Phi}-e^{-\Phi}} \tag{4.166}$$

将式(4.165)和式(4.166)中的 A_1 和 A_2 代入式(4.163)可得：

$$C_A = C_{As}\left(\frac{R}{r}\right)\frac{\sinh\Phi\left(\frac{r}{R}\right)}{\sinh\Phi} \tag{4.167}$$

将 C_A 对 r 取导数并估算 $r=R$ 处的 dC_A/dr 可得：

$$\frac{dC_A}{dr} = \frac{C_{As}R}{\sinh\Phi}\left[\left(\frac{\Phi}{R}\cosh\frac{\Phi r}{R}\right)\frac{1}{r} - \left(\sinh\frac{\Phi r}{R}\right)\frac{1}{r^2}\right]$$

$$\left.\frac{dC_A}{dr}\right|_{r=R} = \frac{C_{As}}{R}(\Phi\coth\Phi - 1) \tag{4.168}$$

A 从气相主体至催化剂颗粒外表面的通量为：

$$N_A = D_A\left.\frac{dC_A}{dr}\right|_{r=R}$$

$$N_A = D_A\frac{C_{As}}{R}(\Phi\coth\Phi - 1) \tag{4.169}$$

A 从气相主体至催化剂颗粒的转移速率为：

$$r_A = (N_A)(4\pi R^2)$$

$$r_A = 4\pi RD_A C_{As}(\Phi\coth\Phi - 1) \tag{4.170}$$

如果内部孔道扩散阻力可忽略不计，A 转移至催化剂颗粒的速率则记为 r_A^0。在这种情况下，催化剂颗粒内所有位点（活性位）处 A 的浓度 C_A 完全相同且等于外表面的浓度（C_{As}），即：对于所有 $-R<r<+R$，$C_A = C_{As}$。那么，r_A^0 与催化剂颗粒内所有活性位达到的 A 的总转化速率相等，即：

$$r_A^0 = (kC_{As})(\rho_P)\left(\frac{4}{3}\pi R^3\right) \tag{4.171}$$

效率因子 η 表示如下：

$$\eta = \frac{r_A}{r_A^0}$$

将式(4.170)和式(4.171)中的 r_A 和 r_A^0 代入上述 η 的方程可得：

$$\eta = \frac{4\pi RD_A C_{As}(\Phi\coth\Phi - 1)}{(4/3)\pi R^3 \times \rho_P \times kC_{As}} \tag{4.172}$$

η 的方程最终化简为：

$$\eta = \frac{3}{\Phi^2}(\Phi\coth\Phi - 1) \tag{4.173}$$

当 $\Phi\to0$ 时，$\eta\to1$；当 $\Phi\to\infty$ 时，$\eta\to3/\Phi$。图4.21 为 η—Φ 的对数曲线。当 $\Phi\to0$ 时，

该曲线趋近于 $\eta=1$；当 $\Phi\to\infty$ 时，该曲线趋近于 $\eta=3/\Phi$。

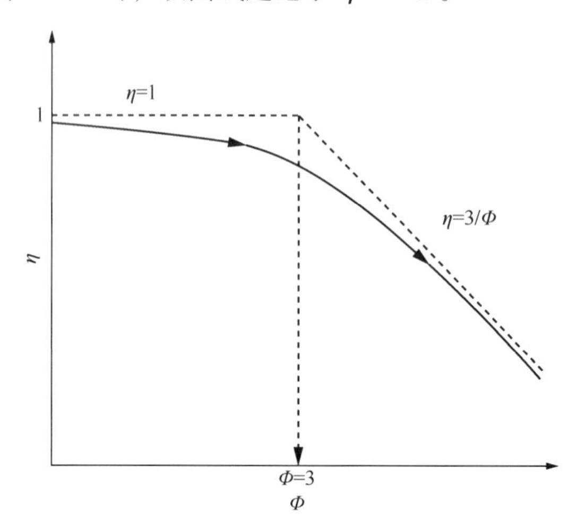

图 4.21　球形催化剂颗粒 η—Φ 的对数曲线

通量 N_A 表示如下：

$$N_A=\frac{\eta r_A^0}{4\pi R^2} \tag{4.174}$$

将式(4.171)中的 r_A^0 代入式(4.174)可得：

$$N_A=\eta\left(\frac{k\rho_P R}{3}\right)C_{As} \tag{4.175}$$

4.2.1.3　改进蒂勒模数 Φ

片状颗粒、圆柱形颗粒和球形催化剂颗粒的 η—Φ 对数曲线如图 4.22 所示。当 Φ 值较大时，对于片状颗粒、圆柱形颗粒和球形催化剂颗粒，η—Φ 曲线分别趋近于 $\eta=1/\Phi$、$\eta=2/\Phi$ 和 $\eta=3/\Phi$。将效率因子 η 表达为改进蒂勒模数 Φ′的函数，我们可以将上述三条线合并为一条，定义如下：

$$\Phi'=L_0\sqrt{\frac{\rho_P k}{D_A}} \tag{4.176}$$

其中，L_0 为催化剂颗粒的等效长度，定义如下：

$$L_0=\frac{\text{颗粒体积}}{\text{表面积}} \tag{4.177}$$

对于片状催化剂颗粒：

$$\left.\begin{aligned}L_0&=\frac{2LS}{2S}=L\\ \Phi'&=\Phi\end{aligned}\right\} \tag{4.178}$$

对于圆柱形催化剂颗粒：

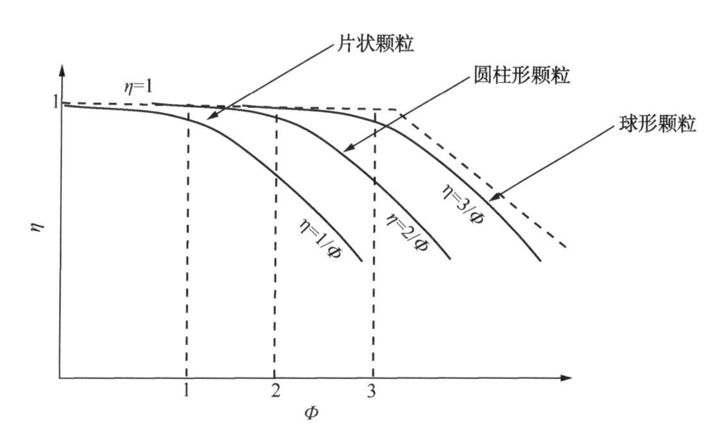

图 4.22 片状颗粒、圆柱形颗粒和球形催化剂颗粒的 $\eta—\Phi$ 对数曲线图

$$\left.\begin{aligned} L_0 &= \frac{\pi R^2 L}{2\pi RL} = \frac{R}{2} \\ \Phi' &= \frac{\Phi}{2} \end{aligned}\right\} \tag{4.179}$$

对于球形催化剂颗粒：

$$\left.\begin{aligned} L_0 &= \frac{(4/3)\pi R^3}{4\pi R^2} = \frac{R}{3} \\ \Phi' &= \frac{\Phi}{3} \end{aligned}\right\} \tag{4.180}$$

因此，在 $\eta—\Phi$ 曲线(图 4.23)中，分别对应于片状颗粒、圆柱形颗粒和球形催化剂颗粒的三条渐近线 $\eta=1/\Phi$、$\eta=2/\Phi$ 和 $\eta=3/\Phi$ 合并为一条渐近线 $\eta=1/\Phi'$。

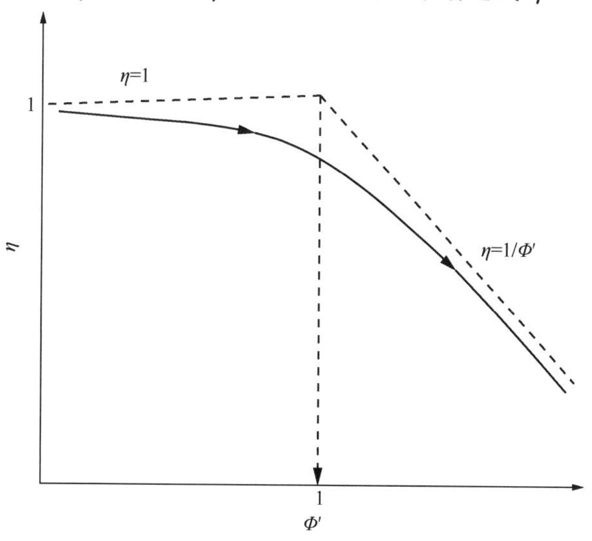

图 4.23 $\eta—\Phi'$(改进蒂勒模数)曲线

根据改进蒂勒模数 Φ'，效率因子 η 的表达式如下：

$$\eta = \frac{\tanh\Phi'}{\Phi'} \tag{4.181}$$

该方程适用于所有规则形状的催化剂颗粒。

进一步可得等效长度为 L_0 的任意规则形状的催化剂颗粒的通量 N_A 的方程如下：

$$N_A = \eta k \rho_P L_0 C_{As} \tag{4.182}$$

4.2.1.4 可逆反应蒂勒模数的修正

对于在半径为 R 的球形颗粒中进行的 1 级可逆反应 $A \underset{k_2}{\overset{k_1}{\rightleftharpoons}} B$，A 的比反应速率表示如下：

$$(-r_A) = k_1 C_A - k_2 C_B \tag{4.183}$$

其中，k_1 和 k_2 分别为正、逆反应的反应速率常数，定义平衡常数 K 如下：

$$K = \frac{k_1}{k_2} = \frac{C_{Be}}{C_{Ae}} \tag{4.184}$$

其中，C_{Ae}和 C_{Be}分别为 A 和 B 的平衡浓度。将式(4.183)写成平衡常数 K 的形式如下：

$$(-r_A) = k_1\left(C_A - \frac{C_B}{K}\right) \tag{4.185}$$

A 和 B 的总浓度为常数，每反应 1mol A，则生成 1mol B，因此可得：

$$C_B = C_{Ae} + C_{Be} - C_A \tag{4.186}$$

$$C_B = (1+K)C_{Ae} - C_A \tag{4.187}$$

将式(4.187)中的 C_B 代入式(4.185)可得：

$$(-r_A) = \frac{k_1(1+K)}{K}(C_A - C_{Ae}) \tag{4.188}$$

将比反应速率方程(4.188)代入球形催化剂颗粒的物质的量平衡方程可得：

$$\frac{d^2C_A}{dr^2} + \frac{2}{r}\frac{dC_A}{dr} - \frac{\rho_P k_1}{D_A}\left(\frac{1+K}{K}\right)(C_A - C_{Ae}) = 0 \tag{4.189}$$

将平衡浓度 $C_A = C_{Ae}$代入方程(4.189)可得：

$$\frac{d^2C_{Ae}}{dr^2} + \frac{2}{r}\frac{dC_{Ae}}{dr} = 0 \tag{4.190}$$

将式(4.189)减去式(4.190)可得：

$$\frac{d^2C'_A}{dr^2} + \frac{2}{r}\frac{dC'_A}{dr} - \frac{\rho_P k_1}{D_A}\left(\frac{1+K}{K}\right)C'_A = 0 \tag{4.191}$$

其中

$$C'_A = C_A - C_{Ae} \tag{4.192}$$

边界条件为：

当 $r = \pm R$ 时

$$C'_{\mathrm{A}} = C'_{\mathrm{As}} = C_{\mathrm{As}} - C_{\mathrm{Ae}} \tag{4.193}$$

当 $r = 0$ 时

$$\frac{\mathrm{d}C'_{\mathrm{A}}}{\mathrm{d}r} = 0 \tag{4.194}$$

因此，我们发现式(4.191)和式(4.193)与由对应球形催化剂颗粒内的不可逆反应推导得到的式(4.157)和式(4.158)类似，除 C_{A} 被 C'_{A} 代替外，速率常数 k 被 $k_1(1+K)/K$ 取代。当 Φ 表达式中的速率常数 k 被 $k_1(1+K)/K$ 取代时，不可逆反应蒂勒模数的方程适用于可逆反应。由此可得球形催化剂颗粒中可逆反应蒂勒模数 Φ 的表达式为：

$$\Phi = R\sqrt{\frac{\rho_{\mathrm{p}} k_1 (1+K)}{K D_{\mathrm{A}}}} \tag{4.195}$$

一般来说，任意规则形状的颗粒中可逆反应的修正蒂勒模数 Φ' 表示如下：

$$\Phi' = L_0\sqrt{\frac{\rho_{\mathrm{p}} k_1 (1+K)}{K D_{\mathrm{A}}}} \tag{4.196}$$

其中，L_0 为颗粒的等效长度。

催化剂颗粒中可逆反应的效率因子 η 为：

$$\eta = \frac{\tanh \Phi'}{\Phi'} \tag{4.197}$$

4.2.1.5　催化剂颗粒圆柱形孔道内的扩散和反应

如果一个催化剂颗粒(任意形状)具有结构良好的孔道，孔道的直径均为 d，长度为 L，孔道均匀分布于颗粒的整个孔容中，那么根据催化剂颗粒内单一孔道的扩散速率和反应速率可推导得到总速率方程。催化剂颗粒中直径为 d、长度为 L 的圆柱形孔道(图4.24)

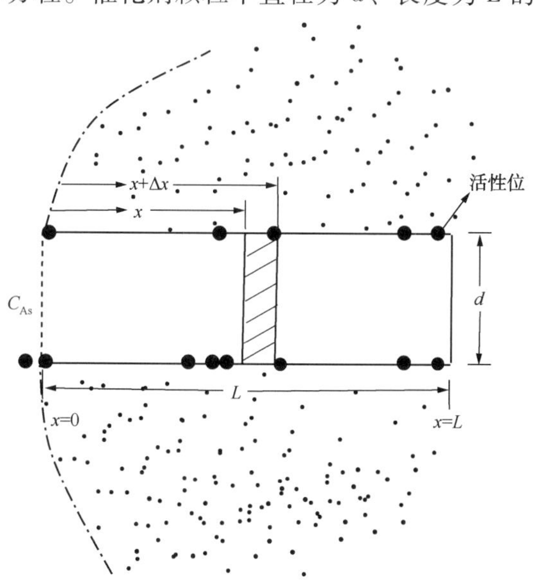

图4.24　催化剂颗粒单一孔道内的扩散和反应

与含有反应物 A 且 A 的浓度为 C_{Ag}的气流接触。C_{As}为催化剂颗粒外表面孔口气相中 A 的浓度。

取距离孔口 x 处厚度为 Δx 的孔容的一部分，A 扩散进入孔道，当 A 穿过孔道时，与孔道内表面活性位上的催化物质接触并进行反应。A 穿过孔道的通量表示如下：

$$N_A = -D_A \frac{dC_A}{dx} \tag{4.198}$$

式中　D_A——A 穿过孔道的扩散系数；

C_A——孔道内位置 x 处气相中 A 的浓度。

A 的比反应速率为：

$$(-r'_A) = kC_A,\ \text{kmol/(kg·s)} \tag{4.199}$$

定义 ρ_P 为催化剂密度，kg/m^3；a 为比表面积，m^2/m^3。

对该部分孔容的 A 进行稳态平衡计算可得：

$$(\text{A 转移进入该部分的速率})\big|_x = (\text{A 离开该部分的速率})\big|_{x+\Delta x} + (\text{A 在该部分的转化速率}) \tag{4.200}$$

$$\left(\frac{\pi}{4}\right)d^2\left(-D_A\frac{dC_A}{dx}\right)\bigg|_x = \left(\frac{\pi}{4}\right)d^2\left(-D_A\frac{dC_A}{dx}\right)\bigg|_{x+\Delta x} + (kC_A)\left(\frac{\rho_P}{a}\right)(\pi d\Delta x) \tag{4.201}$$

将式(4.201)中的各项除以$(\pi/4)d^2D_A\Delta x$并取极限$\Delta x\to 0$，可得 2 级微分方程如下：

$$\frac{d^2C_A}{dx^2} - \left(\frac{4k\rho_P}{aD_Ad}\right)C_A = 0 \tag{4.202}$$

边界条件为：

$$\begin{aligned}&\text{当 } x=0 \text{ 时，} C_A = C_{As};\\ &\text{当 } x=L(\text{孔壁处})\text{时，} \frac{dC_A}{dx}=0\text{，通量 } N_A=0\end{aligned} \tag{4.203}$$

2 级微分方程(4.202)的通解为：

$$C_A = A_1 e^{\sqrt{(4k\rho_P/aD_A)}L(x/L)} + A_2 e^{-\sqrt{4k\rho_P/aD_A}L(x/L)} \tag{4.204}$$

定义：

$$\text{蒂勒模数 } \Phi = L\sqrt{\frac{4k\rho_P}{aD_A}} \tag{4.205}$$

可以注意到蒂勒模数 Φ 取决于孔道尺寸，即孔道长度 L 和孔径 d，与颗粒形状和颗粒大小无关。

将式(4.205)写成蒂勒模数 Φ 的形式为:

$$C_A = A_1 e^{\Phi x/L} + A_2 e^{-(\Phi x/L)} \tag{4.206}$$

将 $x=0$ 处的边界条件[式(4.203)]用于式(4.206)可得:

$$C_{As} = A_1 + A_2 \tag{4.207}$$

将 C_A 对 x 求导并令 $x=L$ 处的 $dC_A/dx=0$ 可得:

$$\left.\frac{dC_A}{dx}\right|_{x=L} = \left[\frac{A_1\Phi}{L}e^{\Phi(x/L)} - \frac{A_2\Phi}{L}e^{-\Phi(x/L)}\right]_{x=L} = 0$$

化简可得:

$$A_2 e^{-\Phi} = A_1 e^{\Phi} \tag{4.208}$$

解方程(4.207)和方程(4.208)可得积分常数 A_1 和 A_2 如下:

$$A_1 = \frac{C_{As}e^{-\Phi}}{e^{\Phi}+e^{-\Phi}} \tag{4.209}$$

$$A_2 = \frac{C_{As}e^{\Phi}}{e^{\Phi}+e^{-\Phi}} \tag{4.210}$$

将式(4.209)和式(4.210)中的积分常数 A_1 和 A_2 代入式(4.206)可得:

$$C_A = \frac{C_{As}}{e^{\Phi}+e^{-\Phi}}\left[e^{-\Phi}e^{\Phi(x/L)} + e^{\Phi}e^{-\Phi(x/L)}\right]$$

最终化简为:

$$C_A = \frac{C_{As}\cosh\Phi[1-(x/L)]}{\cosh\Phi} \tag{4.211}$$

将 C_A 对 x 取导数并估算 $x=0$ 处的 dC_A/dx 可得:

$$\left.\frac{dC_A}{dx}\right|_{x=0} = \left[\frac{C_{As}}{\cosh\Phi}\sinh\Phi\left(1-\frac{x}{L}\right)\left(\frac{-\Phi}{L}\right)\right]_{x=0}$$

$$\left.\frac{dC_A}{dx}\right|_{x=0} = -\left(\frac{C_{As}\Phi\tanh\Phi}{L}\right) \tag{4.212}$$

孔口($x=0$)处 A 的通量 N_A 为:

$$N_A = -D_A\left.\frac{dC_A}{dx}\right|_{x=0}$$

$$N_A = D_A\frac{C_{As}\Phi}{L}\tanh\Phi$$

A 从气相主体至孔道的转移速率为:

$$r_{A}=N_{A}\left(\frac{\pi}{4}d^{2}\right)=\left(\frac{D_{A}C_{As}\Phi}{L}\tanh\Phi\right)\left(\frac{\pi}{4}d^{2}\right) \tag{4.213}$$

如果孔道扩散阻力可忽略不计，定义 r_A^0 为 A 转移进入孔道的速率。在这种情况下，对于所有 $0\leqslant x\leqslant L$，$C_A=C_{As}$。

$$r_{A}^{0}=(kC_{As})\frac{\rho_{P}}{a}(\pi dL) \tag{4.214}$$

根据定义，效率因子 η 表示如下：

$$\eta=\frac{r_{A}}{r_{A}^{0}}$$

将式(4.213)和式(4.214)中的 r_A 和 r_A^0 代入上式可得 η 的最终表达式如下：

$$\eta=\frac{\tanh\Phi}{\Phi} \tag{4.215}$$

4.2.1.6 总速率方程

根据内部孔道扩散速率方程和反应速率方程(4.2.1.1 节和4.2.1.2 节)，我们推导得到不同形状(片状、椭圆形)催化剂颗粒的速率方程。该速率方程(或通量方程)为催化剂颗粒外表面 A 的浓度 C_{As}的函数，表示如下：

$$N_{A}=\eta k\rho_{P}L_{0}C_{As} \tag{4.216}$$

其中，L_0 为催化剂颗粒的等效长度，对于片状颗粒，$L_0=L$；对于圆柱形颗粒，$L_0\leqslant R/2$；对于椭圆形颗粒，$L_0\leqslant R/3$。某种规则形状的催化剂颗粒与含有反应物 A 且 A 的浓度为 C_{Ag} 的气流接触(图 4.25)。

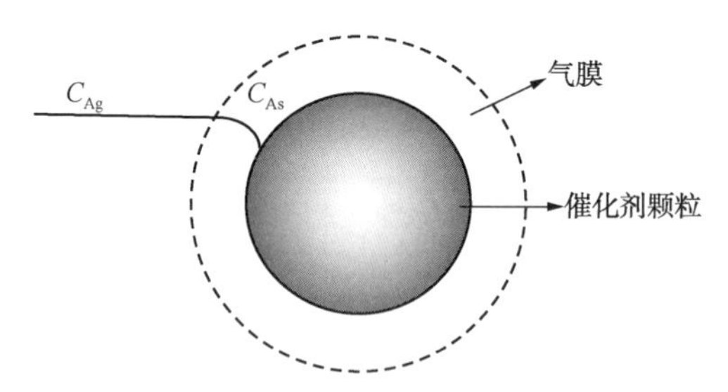

图 4.25　单一催化剂颗粒示意图

从气相主体至颗粒表面的 A 的通量为：

$$N_{A}=k_{g}(C_{Ag}-C_{As}) \tag{4.217}$$

其中，k_g 为气膜传质系数。

令式(4.216)和式(4.217)相等可得：

$$N_{A}=k_{g}(C_{Ag}-C_{As})=\eta k\rho_{P}L_{0}C_{As} \tag{4.218}$$

解方程(4.218)，可得 C_{As}表达式如下：

$$C_{As}=\frac{k_g}{k_g+\eta k\rho_P L_0}C_{Ag} \tag{4.219}$$

将式(4.219)中的 C_{As} 代入式(4.216)可得总速率方程(或通量方程)如下:

$$N_A=\frac{C_{Ag}}{(1/k_g)+(1/\eta k\rho_P L_0)} \tag{4.220}$$

该方程适用于催化反应器的设计，将在以下几节中进行讨论。

4.2.2 催化反应器

催化反应器可大致分为两种：两相反应器和三相反应器。在两相反应器中，含有气相反应物或液相反应物的单相流体通过反应器中固定量的固体催化剂或固体颗粒。在三相反应器中，含有一种气相反应物和一种液相反应物的多相流体通过反应器中的固体催化剂。在本节中，我们建立了一些常见催化反应器的简单设计方程。

4.2.2.1 两相催化反应器

液—固接触反应器如填充床或流化床被用于两相催化反应。如果催化剂为固体小球，则使用填充床反应器；如果催化剂为固体颗粒，则使用流化床反应器。

4.2.2.1.1 填充床催化反应器

反应 A→B 在填充床催化反应器(图4.26)中进行。含有反应物 A 且 A 的浓度为 C_{A0} 的流体通过具有某种规则形状和大小的催化剂小球床层。C_{Af} 为 A 在出口处的浓度，反应器中 A 达到的转化率 $x_{Af}=1-C_{Af}/C_{A0}$。

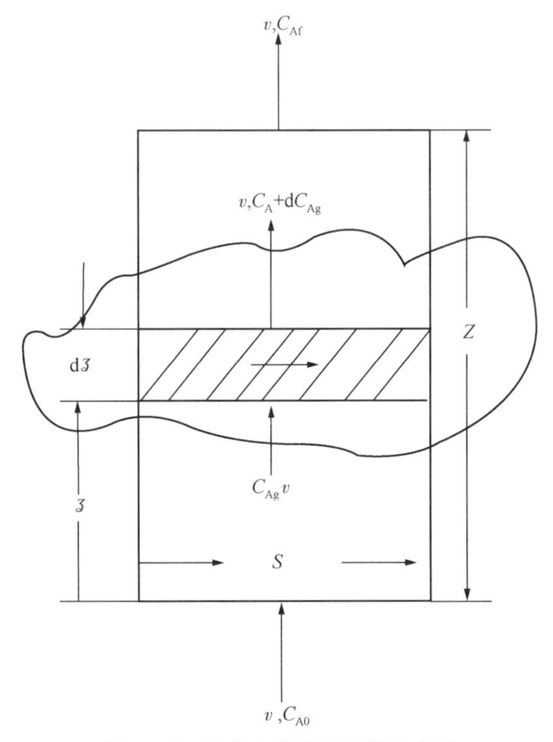

图4.26 填充床催化反应器示意图

取距离流体入口 z 处长度为 dz 的部分，C_{Ag} 为进入该部分的气体中 A 的浓度，dC_{Ag} 为通过该部分的气体中 A 的浓度的变化。通过方程(4.220)得到气相至催化剂小球间 A 的通量方程如下：

$$N_A = \frac{C_{Ag}}{(1/k_g) + (1/\eta k \rho_p L_0)} \tag{4.221}$$

对通过该部分的 A 进行稳态平衡计算可得：

$$\begin{aligned}(\text{A 流入该部分的速率})\big|_z = (\text{A 流出该部分的速率})\big|_{z+\Delta z} + \\ (\text{该部分中 A 从气相转移至催化剂的速率})\end{aligned} \tag{4.222}$$

$$vC_{Ag} = [v(C_{Ag} + dC_{Ag})] + (N_A)[(a\Delta z)(1-\varepsilon_B)S] \tag{4.223}$$

其中　v——流体的体积流速，m^3/s；

ε_B——床层孔隙率；

a——床层中催化剂小球的比表面积，等于 $1/L_0$，m^2/m^3；

S——床层横截面积。

重新整理式(4.223)并在 $z=0$ 和 $z=Z$ 两极限间对其积分可得：

$$\int_0^Z dz = -\int_{C_{A0}}^{C_{Af}} \frac{v dC_{Ag}}{aS(1-\varepsilon_B)N_A} \tag{4.224}$$

由于颗粒的比表面积 $a=1/L_0$，反应器高度的计算方程可简化为：

$$Z = \frac{vL_0}{S(1-\varepsilon_B)} \int_{C_{Af}}^{C_{A0}} \frac{dC_{Ag}}{N_A} \tag{4.225}$$

将式(4.221)中的通量 N_A 代入式(4.225)，可得反应器高度 Z 的最终计算方程如下：

$$Z = \frac{vL_0}{S(1-\varepsilon_B)}\left(\frac{1}{k_g} + \frac{1}{\eta k \rho_p L_0}\right)\ln\frac{1}{1-x_{Af}} \tag{4.226}$$

上式为填充床设计方程，用于计算反应物 A 达到指定转化率 x_{Af} 所需的填充床高度。

题 4.8

Wahao 等(1962)曾报道了在温度为 −196℃、表压为 40psi 的条件下，使用实验室级别的固定床催化反应器将 o-H_2 转化生成 p-H_2 的实验结果。将 Ni 负载于 Al_2O_3 上形成催化剂，为 1/8in × 1/8in 的圆柱形颗粒(表面积为 $150m^2/g$)。床层孔隙率 $\varepsilon_B=0.33$，反应为 1 级可逆反应 $o\text{-}H_2 \rightleftharpoons p\text{-}H_2$ 且速率方程为：

$$(-r_A) = k\left(C_A - \frac{C_B}{k}\right),\ \text{kmol/(kg·s)}$$

其中，$k=1.1\times10^{-3}m^3/(kg\cdot s)$。

在指定的温度和压力下 o-H_2 的平衡转化率为 50.26%，报道的数据如下：催化剂小球的密度 $\rho_p=1910kg/m^3$；在温度为 −196℃、表压为 40psi 的条件下 H_2 的密度 $\rho_{H_2}=1.187kg/m^2$；

H_2 的扩散系数 $D_{H_2}=3.76\times10^{-6}m^2/s$；黏度 $\mu=3.48\times10^{-6}kg/(m\cdot s)$。

将反应器放大以处理流速为600m³/h的流体，反应温度为 -196℃，压力为表压40psi。流体中 o-H_2 的摩尔分数为95%，且其平衡转化率达到95%。反应器直径为50cm，将1/2in×1/2in的圆柱形催化剂小球用于填充床，床层孔隙率 $\varepsilon_B=0.45$。计算填充床反应器的高度。以下修正适用于填充床：

$$j_D=\frac{0.458}{\varepsilon_B}\left(\frac{\rho d_p\overline{U}}{\mu}\right)^{-0.407}$$

$$j_D=\frac{k_g}{U}\left(\frac{\mu}{\rho D_A}\right)^{2/3}$$

解：

可逆反应速率方程如下：

$$(-r_A)=\frac{k_1(1+K)}{K}(C_A-C_{Ae})$$

其中，C_{Ae} 为平衡浓度。改进蒂勒模数 Φ' 为：

$$\Phi'=L_0\sqrt{\frac{k_1(1+k)}{k}\frac{\rho_P}{D_A}}=L_0\sqrt{\frac{k'\rho_P}{D_A}}$$

效率因子 η 为：

$$\eta=\frac{\tanh\Phi'}{\Phi'}$$

对于圆柱，$L_0=R/2$。

总通量方程表示如下：

$$N_A=\frac{\tilde{C}_{Ag}}{(1/k_g)+(1/\eta k'\rho_p L_0)}$$

其中，$\tilde{C}_{Ag}=C_{Ag}-C_{Ae}$。

填充床反应器高度的计算方程如下：

$$Z=\frac{vL_0}{S(1-\varepsilon_B)}\int_{\tilde{C}_{Af}}^{\tilde{C}_{A0}}\frac{d\tilde{C}_{Ag}}{N_A}$$

$$Z=\frac{vL_0}{S(1-\varepsilon_B)}\left(\frac{1}{k_g}+\frac{1}{\eta k'\rho_p L_0}\right)\ln\left(\frac{\tilde{C}_{A0}}{\tilde{C}_{Af}}\right)$$

$$\frac{\tilde{C}_{A0}}{\tilde{C}_{Af}}=\frac{C_{A0}-C_{Ae}}{C_{Af}-C_{Ae}}=\frac{x_{Ae}}{x_{Ae}-x_{Af}}$$

$$Z=\frac{vL_0}{S(1-\varepsilon_B)}\left(\frac{1}{k_g}+\frac{1}{\eta k'\rho_p L_0}\right)\ln\left(\frac{x_{Ae}}{x_{Ae}-x_{Af}}\right)$$

平衡转化率 $x_{Ae}=0.5026$，平衡常数 K 为：

$$K=\frac{x_{Ae}}{1-x_{Ae}}=\frac{0.5026}{1-0.5026}=1.01$$

$$k'=\frac{k(1+K)}{k}=\frac{(1.1\times10^{-3})\times2.01}{1.01}=2.19\times10^{-3}$$

颗粒直径 $d_p=1''/2=1.27\times10^{-2}\text{m}$。

对于圆柱：

$$L_0=\frac{R}{2}=\frac{1.27\times10^{-2}}{4}=3.175\times10^{-3}\text{m}$$

$$\Phi'=L_0\sqrt{\frac{k'\rho_P}{D_A}}=(3.175\times10^{-3})\times\sqrt{\frac{(2.19\times10^{-3})\times1910}{3.76\times10^{-6}}}=3.348$$

$$\eta=\frac{\tanh\Phi'}{\Phi'}=0.298$$

传质系数 k_g 的计算过程如下：

$$v=\frac{600}{3600}=0.1667\text{m}^3/\text{s}$$

$$S=\frac{\pi D^2}{4}=\frac{\pi\times0.5^2}{4}=0.196\text{m}^2$$

$$\bar{\nu}=\frac{v}{S}=\frac{0.1667}{0.196}=0.85\text{m/s}$$

$$Re_P=\frac{\rho d_P\bar{U}}{\mu}=\frac{1.187\times(1.27\times10^{-2})\times0.85}{3.48\times10^{-6}}=3682$$

$$Sc=\frac{\mu}{\rho D_A}=\frac{3.48\times10^{-6}}{1.187\times(3.76\times10^{-6})}=0.78$$

$$j_D=\frac{0.458}{\varepsilon_B}(Re_P)^{-0.407}=\frac{0.458}{0.45}\times3682^{-0.407}=0.036$$

$$k_g=\frac{j_D\bar{U}}{(Sc)^{2/3}}=\frac{0.036\times0.85}{0.78^{2/3}}=0.0361\text{m/s}$$

$$Z=\frac{vL_0}{S(1-\varepsilon_B)}\left(\frac{1}{k_g}+\frac{1}{\eta k'\rho_P L_0}\right)\ln\left(\frac{x_{Ae}}{x_{Ae}-x_{Af}}\right)$$

$x_{Af}=0.95x_{Ae}$，则：

$$\left(\frac{x_{Ae}}{x_{Ae}-x_{Af}}\right)=\frac{1}{1-0.95}=20$$

$$Z=\frac{0.1667\times(3.175\times10^{-3})}{0.196\times(1-0.45)}\times\left[\frac{1}{0.0361}+\frac{1}{0.298\times(2.19\times10^{-3})\times1910\times(3.175\times10^{-3})}\right]\times\ln20$$

$=4.13\mathrm{m}$

注：参考 MATLAB 程序 catreact _ dsn _ pckbed. m。

4.2.2.1.2 流化床催化反应器

在流化床催化反应器中，含有反应物 A 且 A 的浓度为 C_{A0} 的流体通过小的催化剂固体颗粒(<1000μm)并使催化剂流化。如果流体均匀分布于整个床层且床层中不形成任何气泡，那么这种固体流化形式被称为颗粒流化。相反地，对于聚式流化，也称为鼓泡流化，流体移动通过床层更加剧烈，导致流体(气体)—固体气泡的形成。

图 4.27 为流化床催化反应器示意图，其中催化剂为颗粒流化。4.2.2.1.1 节定义的所有关于填充床催化反应器的术语和符号在此亦适用。

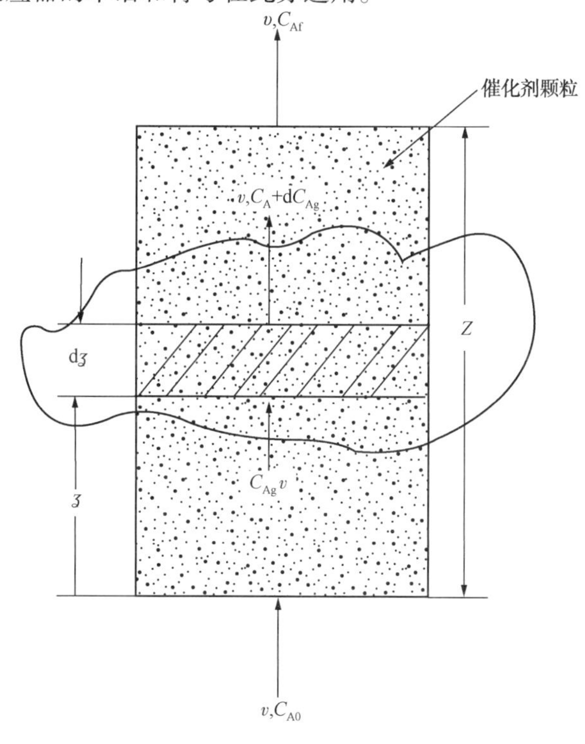

图 4.27 流化床催化反应器示意图(颗粒流化床)

在这种情况下，对该方程中的某些术语进行适当修改后，由填充床催化反应器推导得到的式(4.226)亦适用。由于催化剂颗粒非常小且内部孔道扩散阻力可忽略不计，效率因子 $\eta=1$。将催化剂颗粒看作半径为 R、$L_0=R/3$ 的椭圆颗粒，床层高度 Z 的方程可简化为：

$$Z=\frac{\nu}{S(1-\varepsilon_B)}\left(\frac{R}{3k_g}+\frac{1}{k\rho_P}\right)\ln\frac{1}{1-x_{Af}} \tag{4.227}$$

由于催化剂颗粒的粒径非常小，即 $R\to0$，床层高度 Z 的方程可简化为：

$$Z=\frac{\nu}{S(1-\varepsilon_B)k\rho_P}\ln\frac{1}{1-x_{Af}} \tag{4.228}$$

题 4.9

溶于水中的试剂 A 在含有椭圆形树脂颗粒(催化剂)的流化床中发生反应。液体通过直径为50cm的反应管的体积流速为$55m^3/h$，催化剂直径为1mm，密度$\rho_s=1200kg/m^3$，计算反应物A的转化率达到95%所需的流化床高度。给出的数据如下：液体密度$\rho=998kg/m^3$；液体黏度$\mu=10^{-3}N\cdot s/m^2$；试剂在水中的扩散系数$D_A=1.62\times10^{-9}m^2/s$；1级反应速率常数$k=1.3\times10^{-4}m^3/(kg\cdot s)$。

下述传质关联式亦适用于流化床反应器：

$$Sh=\frac{k_m d_P}{D_A}=\frac{0.81}{\varepsilon}Re_P^{1/2}Sc^{1/3}$$

$$\varepsilon=\left(\frac{u}{u_t}\right)^{1/n}$$

$$n=4.45Re_P^{-0.1}$$

$$临界沉降速度\ u_t=\frac{(\rho_s-\rho)d_P^2g}{18\mu}$$

其中，$Re_P=\rho d_P u/\mu$，$Sc=\mu/\rho D_A$。

解：

床层高度Z的计算方程如下：

$$Z=\frac{v}{S(1-\varepsilon_B)}\left(\frac{R}{3k_g}+\frac{1}{k\rho_P}\right)\ln\left(\frac{1}{1-x_{Af}}\right)$$

$$d_P=1mm=1\times10^{-3}m$$

$$R=0.5\times10^{-3}m=5\times10^{-4}m$$

$$v=\frac{55}{3600}=1.528\times10^{-2}m^3/s$$

$$S=\frac{\pi(0.5)^2}{4}=0.196m^2$$

$$u=\frac{v}{S}=\frac{1.528\times10^{-2}}{0.196}=0.078m/s$$

$$Re_P=\left(\frac{\rho d_P u}{\mu}\right)=\frac{998\times(1\times10^{-3})\times0.078}{10^{-3}}=77.8$$

$$Sc=\frac{\mu}{\rho D_A}=\frac{10^{-3}}{998\times(1.62\times10^{-9})}=619$$

$$n=4.45Re_P^{-0.1}=4.45\times77.8^{-0.1}=2.88$$

$$u_t=\frac{(\rho_s-\rho)d_P^2g}{18\mu}=\frac{(1200-998)\times(1\times10^{-3})^2\times9.81}{18\times10^{-3}}=0.11m/s$$

$$\varepsilon_B=\left(\frac{u}{u_t}\right)^{1/n}=\left(\frac{0.078}{0.11}\right)^{1/2.88}=0.89$$

$$Sh=\frac{0.81}{\varepsilon}Re_{p}^{1/2}Sc^{1/3}$$

$$Sh=\frac{0.81}{0.89}\times 77.8^{1/2}\times 619^{1/3}=68.4$$

$$k_{m}=\frac{Sh\cdot D_{A}}{d_{P}}=\frac{68.4\times(1.62\times 10^{-9})}{1\times 10^{-3}}=1.11\times 10^{-4}\text{m/s}$$

床层高度 Z 为：

$$Z=\frac{v}{S(1-\varepsilon_{B})}\left(\frac{R}{3k_{g}}+\frac{1}{k\rho_{P}}\right)\ln\left(\frac{1}{1-x_{Af}}\right)$$

$$Z=\frac{1.528\times 10^{-2}}{0.196\times(1-0.89)}\times\left[\frac{5\times 10^{-4}}{3\times(1.11\times 10^{-4})}+\frac{1}{(1.3\times 10^{-4})\times 1200}\right]\times\ln 20$$

$$=0.708\times(1.5+6.41)\times 3$$

$$=16.8\text{m}$$

由于孔隙率非常大，因此该反应器较高。通过增加反应器直径，可对设计进行修订。令反应器直径为80cm，则：

$$S=\frac{\pi(0.8)^{2}}{4}=0.502\text{m}^{2}$$

$$u=\frac{v}{S}=\frac{1.528\times 10^{-2}}{0.502}=0.0304\text{m/s}$$

$$Re_{P}=\left(\frac{\rho d_{P}u}{\mu}\right)=\frac{998\times(1\times 10^{-3})\times 0.0304}{10^{-3}}=30.3$$

$$n=4.45Re_{P}^{-0.1}=4.45\times 30.3^{-0.1}=3.16$$

$$\varepsilon_{B}=\left(\frac{u}{u_{t}}\right)^{1/n}=\left(\frac{0.0304}{0.11}\right)^{1/3.16}=0.67$$

$$Sh=\frac{0.81}{0.67}\times 30.3^{1/2}\times 619^{1/3}=56.7$$

$$k_{m}=\frac{ShD_{A}}{d_{P}}=\frac{56.7\times(1.62\times 10^{-9})}{1\times 10^{-3}}=9.18\times 10^{-5}\text{m/s}$$

床层高度 Z 为：

$$Z=\frac{v}{S(1-\varepsilon_{B})}\left(\frac{R}{3k_{g}}+\frac{1}{k\rho_{P}}\right)\ln\left(\frac{1}{1-x_{Af}}\right)$$

$$=\frac{1.528\times 10^{-2}}{0.502\times(1-0.67)}\times\left[\frac{5\times 10^{-4}}{3\times(9.18\times 10^{-5})}+\frac{1}{(1.3\times 10^{-4})\times 1200}\right]\times\ln 20$$

$$=0.0922\times(1.82+6.41)\times 3$$

$=2.3\mathrm{m}$

注：参考 MATLAB 程序 catreact _ dsn _ fluidbed1. m。

Kunni - Levenspiel 为发生聚式流化并形成气—固气泡的流化床催化反应器(图 4.28)建立了一个数学模型（K - L 模型）。

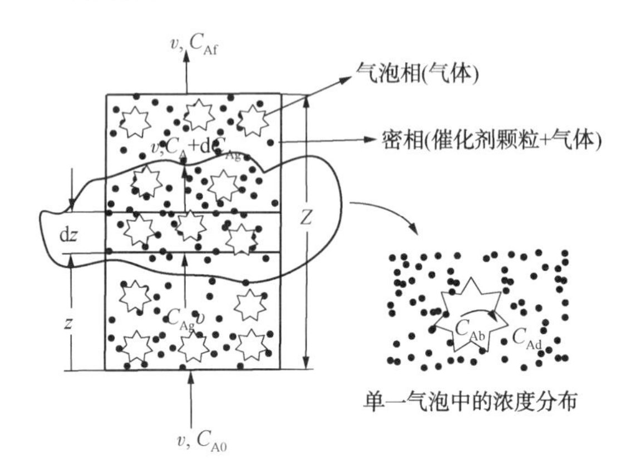

图 4.28　流化床催化反应器(聚式流化床)示意图

含有反应物 A 且 A 的浓度为 C_{Ab}的气体以气泡(气泡相)的形式通过气流中的固体催化剂颗粒密相而上升。C_{Ad}为与气泡接触的密相中 A 的浓度。当气泡从床层升起时，反应物 A 将从气泡相转移至密相，一旦 A 与催化剂颗粒接触，即发生反应。取流化床反应器距流体入口 z 处长度为 dz 的一部分，C_{Ab}为从 z 处进入该部分的气泡中 A 的浓度，dC_{Ab}为通过该部分的气泡中 A 浓度的变化。

催化剂颗粒的比反应速率$(-r'_A)$表示如下：

$$(-r'_A)=kC_{Ad},\ \mathrm{kmol/(kg\cdot s)}$$

其中，k 为比反应速率常数。

在选取的流化床部分，A 从气泡相转移至密相的净速率为：

$$r_A^b=k_g(C_{Ab}-C_{Ad})(a_bS\Delta z) \tag{4.229}$$

式中　k_g——气相侧传质系数，kmol/m^2；

a_b——气泡的比表面积，m^2/m^3；

S——床层的横截面积，m^2。

密相中 A 的净转化速率为：

$$r_A^d=kC_{Ad}(\rho_d\varepsilon_dS\Delta z) \tag{4.230}$$

其中，ε_d 为密相的体积分数；ρ_d 为密相中催化剂的密度，kg/m^3。

假设与气泡相接触的密相已达到稳态，即：

$$\gamma_A^b=\gamma_A^d$$

令式(4.229)和式(4.230)相等可得：

$$k_g a_b(C_{Ab}-C_{Ad})=(k\rho_d\varepsilon_d)C_{Ad} \tag{4.231}$$

解方程(4.231)可得 C_{Ad} 方程如下：

$$C_{Ad}=\frac{k_g a_b C_{Ab}}{k_g a_b+k\rho_d\varepsilon_d} \tag{4.232}$$

将式(4.232)中的 C_{Ad} 代入式(4.230)可得 A 从气泡相转移至该部分密相的总速率为：

$$r_A=\frac{C_{Ab}}{(1/k_g a_b)+(1/k\rho_d\varepsilon_d)}(S\mathrm{d}z) \tag{4.233}$$

对该部分气泡相中的 A 进行物质的量平衡计算可得：

（该部分气泡相中 A 的损失速率）=（A 从气泡相转移至该部分密相的速率）

$$(-v\mathrm{d}C_{Ab})=\frac{C_{Ab}}{(1/k_g a_b)+(1/k\rho_d\varepsilon_d)}(S\mathrm{d}z) \tag{4.234}$$

其中，ν 为原料的体积流速，m^3/s。

重新整理式(4.234)中各项并从 $z=0$ 至 $z=Z$ 进行积分可得：

$$\int_0^Z \mathrm{d}z=-\left(\frac{v}{S}\right)\left(\frac{1}{k_g a_b}+\frac{1}{k\rho_d\varepsilon_d}\right)\int_{C_{A0}}^{C_{Af}}\frac{\mathrm{d}C_{Ab}}{C_{Ab}} \tag{4.235}$$

最终，床层高度 Z 的计算方程可化简为：

$$Z=\left(\frac{v}{S}\right)\left(\frac{1}{k_g a_b}+\frac{1}{k\rho_d\varepsilon_d}\right)\ln\left(\frac{1}{1-x_{Af}}\right) \tag{4.236}$$

题 4.10

含有化学反应物 A 的气流通过一个鼓泡流化床催化反应器，气流的体积流速为 $350m^3/h$。反应器的密相中存在催化剂微粒，占床层容积的 74%。密相中催化剂的密度为 $89kg/m^3$，反应为 1 级反应，速率常数 $k=5\times10^{-3}m^3/(kg\cdot s)$。气相侧传质系数 $k_g a_b=1.1s^{-1}$，反应管的直径为 50cm，计算 A 的转化率达到 90% 所需的流化床反应器的高度。

解：

床层高度 Z 的设计方程为：

$$Z=\frac{v}{S}\left(\frac{1}{k_g a_b}+\frac{1}{k\rho_d\varepsilon_d}\right)\ln\left(\frac{1}{1-x_{Af}}\right)$$

$$v=\frac{350}{3600}=0.0972m/s$$

$$S=\frac{\pi}{4}D^2=\frac{\pi}{4}\times0.5^2=0.1963m^2$$

$$x_{Af}=0.9$$

$$k_g a_b=1.1s^{-1}$$

$$k = 5 \times 10^{-3} \mathrm{m^3/(kg \cdot s)}$$

$$\rho_d = 89 \mathrm{kg/m^3}$$

$$\varepsilon_d = 0.74$$

$$Z = \frac{0.0972}{0.1963} \times \left[\frac{1}{1.1} + \frac{1}{(5 \times 10^{-3}) \times 89 \times 0.74}\right] \times \ln\left(\frac{1}{1 - 0.9}\right)$$

$$= 0.496 \times (0.91 + 3.04) \times 2.303$$

$$= 4.5\mathrm{m}$$

注：参考 MATLAB 程序 catreact _ dsn _ fluidbed2. m。

4.2.2.2 三相催化反应器

三相催化反应通常在滴流床反应器或浆态床反应器中进行。在滴流床反应器(图 4.29)中，催化剂小球置于填充床中，气相中的反应物 A 从底部通过床层，液相中的另一种反应物 B 则从床层的顶部通过。

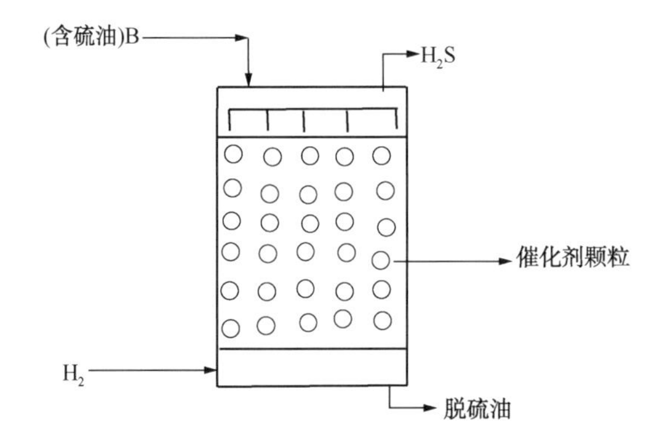

图 4.29 滴流床反应器示意图

例如，在滴流床反应器中，石油(柴油)在催化剂 V_2O_5 的作用下进行加氢脱硫反应，反应式如下：

$$H_2(g) + 含硫油\ S(l) \xrightarrow{V_2O_5(X)} H_2S + 脱硫油$$

在浆态床反应器(图 4.30)中，含有反应物 A 的液态浆体与固体催化剂颗粒混合流动通过反应器，同时，反应器中含有反应物 A 的气体鼓泡通过浆体。浆态床反应器可用于在 Ni

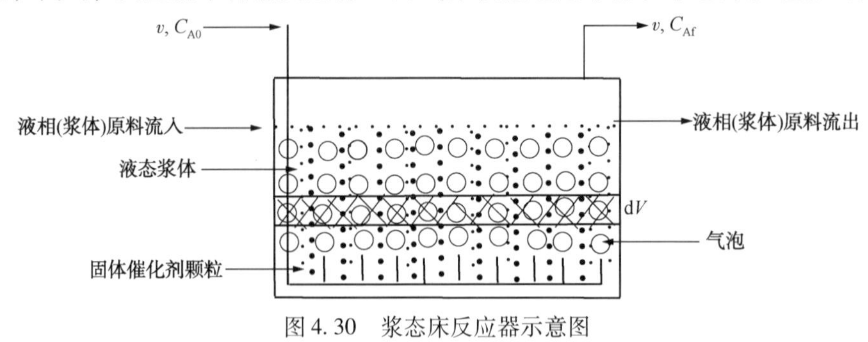

图 4.30 浆态床反应器示意图

催化剂颗粒存在的条件下植物油的加氢反应。反应式如下：

$$H_2(g) + 植物油(l) \xrightarrow{Ni_5(X)} 生物柴油$$

在浆态床反应器内任一特定位置，含有反应物 A 的气泡和固体催化剂颗粒与含有反应物 B 的液相接触，如图 4.31 所示。其中，C_{Ag}为气泡内气相主体中 A 的浓度，C_{Ag}^i为气—液界面处气相中 A 的浓度，C_{Al}^i为气—液界面处液相中 A 的浓度，C_{Al}为液相主体中 A 的浓度，C_{Ac}为催化剂颗粒表面处 A 的浓度。

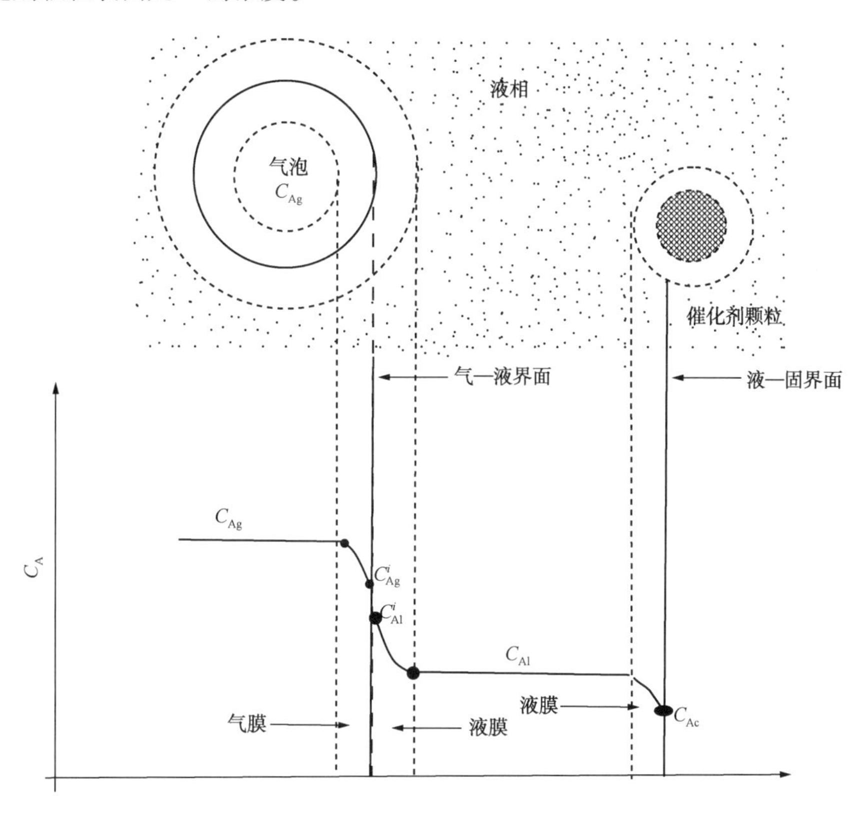

图 4.31 浆态床反应器中气相、液相和固相界面的浓度分布

假设反应物 A 为反应位置(催化剂颗粒)处的限制反应物，A 的反应包括以下步骤：

(1) A 从气泡内的气相主体转移至气—液界面，速率为 r_1：

$$r_1 = k_g a_b (C_{Ag} - C_{Ag}^i) \tag{4.237}$$

其中，k_g 为气膜传质系数，m/s；a_b 为单位反应器体积中气泡的表面积，m^2/m^3。

(2) A 溶于气—液界面处的液相并达到浓度 C_{Al}^i。由于气相和液相在界面处于平衡状态，符合亨利定律，可得：

$$C_{Ag}^i = H_A C_{Al}^i \tag{4.238}$$

其中，H_A 为亨利定律常数。

(3) A 从气—液界面转移至液相主体，速率为 r_2：

$$r_2 = k_1 a_b (C_{Al}^i - C_{Al}) \tag{4.239}$$

其中，k_1 为气—液界面处液膜传质系数，m/s。

(4) A 从液相主体转移至催化剂颗粒表面，速率为 r_3：

$$r_3 = k_c a_c (C_{Al} - C_{Ac}) \tag{4.240}$$

其中，a_c 为单位反应器体积中催化剂的表面积，m^2/m^3；k_c 为液—固界面处液膜传质系数，m/s。

(5) A 在催化剂颗粒表面转化为产物，速率为 r_4：

$$r_4 = k\rho_d C_{Ac} \tag{4.241}$$

其中，ρ_d 为单位反应器体积中催化剂颗粒的质量。

由于反应器在稳态下操作，所有速率(r_1，r_2，r_3，r_4)相等，即：

$$r_1 = r_2 = r_3 = r_4 \tag{4.242}$$

联立所有速率方程[式(4.237)、式(4.239)、式(4.240)和式(4.241)]并从速率方程中消除中间浓度项，得到随 C_{Ag}(气相中 A 的体相浓度)变化的总速率方程。总速率 r_A 的最终方程为：

$$r_A = \frac{C_{Ag}}{H_A(1/H_A k_g a_b + 1/k_L a_b + 1/k_c a_c + 1/k\rho_d)}, \text{ kmol/(m}^3 \cdot \text{s)} \tag{4.243}$$

对浆态床反应器基元体积 dV 气相侧的反应物 A 进行平衡计算可得：

$$-v\mathrm{d}C_{Ag} = r_A \mathrm{d}V \tag{4.244}$$

其中，v 为气体的体积流速，单位为 m^3/s；dC_{Ag}为反应器基元体积 dV 的气相中 A 浓度的变化。

将式(4.243)中的 r_A 代入式(4.244)并从 $C_{Ag} = C_{A0}$ 至 $C_{Ag} = C_{Af}$进行积分，可得浆态床反应器的设计方程如下：

$$V = vH_A\left(\frac{1}{H_A k_g a_b} + \frac{1}{k_1 a_b} + \frac{1}{k_c a_c} + \frac{1}{k\rho_d}\right)\ln\frac{1}{1 - x_{Af}} \tag{4.245}$$

式(4.245)可用于计算反应物 A 达到指定转化率 x_{Af}所需的浆态床反应器的体积 V。

题 4.11

化合物 A 和化合物 B 间的催化反应在一个浆态床反应器中进行，反应式如下：

$$A(g) + B(l) \rightarrow \text{产物}$$

将直径为 0.05mm 的催化剂颗粒与含有反应物 B 的溶液混合制备成浆体，浆体连续流动通过一个搅拌釜，同时含有反应物 A 的气流鼓泡通入浆体，气流的体积流速为 $1000m^3/h$。反应器中的浆体混合均匀。气泡在平推流中不断上升且分布均匀，每个气泡的直径为 3mm。V_g 为反应器中单位体积液体中含有的气体体积，$V_g = 0.09m^3/m^3$。催化剂颗粒浆体的密度 $\rho_P = 1100kg/m^3$，催化剂浆体的密度 $\rho_d = 80kg/m^3$。对化合物 A 来说，总反应为 1 级反应，速率常数 $k = 1.2 \times 10^{-2} m^3/(kg \cdot s)$。计算 A 的转化率达到 80% 所需的反应器体积。

已知数据如下：亨利定律常数 $H_A=42$；气相侧传质系数 $k_g=2.1\times10^{-3}$m/s；液相侧传质系数 $k_l=1.1\times10^{-2}$m/s；液相到颗粒的传递系数 $k_c=4.1\times10^{-3}$m/s。

解：

体积 V 的设计方程为：

$$V=vH_A\left(\frac{1}{H_Ak_ga_b}+\frac{1}{k_la_b}+\frac{1}{k_ca_c}+\frac{1}{k\rho_d}\right)\ln\left(\frac{1}{1-x_{Af}}\right)$$

$$\text{颗粒直径 } d_p=5\times10^{-5}\text{m}$$

$$\text{气泡直径 } d_b=3\times10^{-3}\text{m}$$

$$a_c=\left(\frac{\rho_d}{\rho_P}\right)\frac{6}{d_P}\text{m}^2/\text{m}^3$$

$$=\frac{80}{1100}\times\frac{6}{5\times10^{-5}}=8727\text{m}^2/\text{m}^3$$

$$a_b=\frac{6V_g}{d_b}=\frac{6\times0.09}{3\times10^{-3}}=180\text{m}^2/\text{m}^3$$

$$v=\frac{1000}{3600}=0.2778\text{m}^3/\text{s}$$

$$x_{Af}=0.8\Rightarrow\ln\left(\frac{1}{1-x_{Af}}\right)=1.61$$

反应器体积 V 为：

$$V=0.2778\times42\times\left[\frac{1}{4.2\times(2.1\times10^{-3})\times180}+\frac{1}{(1.1\times10^{-2})\times180}+\frac{1}{(4.1\times10^{-3})\times8727}\right]\times$$

$$1.61+\frac{1}{(1.2\times10^2)\times80}$$

$$=18.78\times(0.063+0.505+0.028+1.042)$$

$$=30.8\text{m}^3$$

习题

1. 将含有 3 种粒径(5mm，3mm 和 1mm)固体颗粒混合物的样品置于恒温炉中 1h。在该条件下，5mm 颗粒转化了 35%，3mm 颗粒转化了 53%，1mm 颗粒转化了 70%，假设缩核模型适用，那么：

(1)速率控制的机理是什么?

(2)所有固体颗粒完全转化需要多少时间?

[答案：(1)反应控制速率；(2)7.47h]

2. 含有反应物 B 的固体颗粒与含有反应物 A 的气流在一个恒定气体环境的移动格栅履带式反应器中进行反应。进入反应器的原料为 4 种不同大小固体颗粒的混合物，固体颗粒的粒径分布如下：

粒径，mm	质量分数	粒径，mm	质量分数
2	0.3	6	0.2
4	0.2	8	0.3

所有颗粒在反应器中的停留时间为20min，反应符合缩核模型且灰层扩散控制速率，2mm 颗粒完全转化需要1h。那么，反应器中固体颗粒的平均转化率为多少？

（答案：45.2%）

3. 4种不同大小固体颗粒的混合物进入流化床反应器并在恒定环境中与气流反应。固体的进料速率为10kg/min，反应器中的固体质量为100kg，固体颗粒的粒径分布如下：

粒径，mm	质量分数	粒径，mm	质量分数
0.5	0.2	1.5	0.3
1.0	0.4	2.0	0.1

反应符合缩核模型且灰层扩散控制速率，2mm 颗粒完全转化需要1h。那么，反应器中固体颗粒的平均转化率为多少？

（答案：73.6%）

4. 设计一个流化床反应器进行含有反应物B的固体和含有反应物A的气流间的反应。原料为4种不同大小固体颗粒的混合物，固体颗粒的粒径分布如下：

粒径，mm	质量分数	粒径，mm	质量分数
0.5	0.2	1.5	0.3
1.0	0.4	2.0	0.1

反应符合缩核模型且反应控制速率，2mm 颗粒完全转化需要1h。反应器中固体颗粒的平均转化率达到80%所需的平均停留时间为多少？

（答案：0.584h）

5. 设计一个逆流移动床反应器进行含有反应物A的固体和含有反应物B的气流间的反应：

$$A(g)+B(s)\rightarrow \text{产物}$$

均匀粒径（10mm）的固体颗粒以速率100kg/min从床层顶部与体积流速为400m^3/min的气流逆流反应。床层直径为1m，固含率为0.7。原料中A的分压为0.3atm。反应器的操作压力为1atm，温度为200℃。固体密度为4700kg/m^3，B的相对分子质量为120，计算B的转化率达到70%所需的床层高度。在恒定的气体环境中进行的间歇炉实验结果表明，5 mm 颗粒完全转化需要5h。反应符合缩核模型且反应控制速率。

（答案：8.4m）

6. 设计一个填充床反应器进行气相反应物A和液相反应物B间的非催化反应，反应式如下：

$$A(g)+B(l)\rightarrow 产物$$

反应为快速反应，气体体积流速为5000m^3/h，液体体积流速为1000m^3/h，二者逆流。入口气流中A的分压为1atm。反应器的操作压力为5atm，温度为300K。床层孔隙率为0.6，填充材料的比表面积为105m^2/m^3，床层直径为1.5m，计算A的转化率达到98%所需的床层高度。已知数据如下：反应速率常数$k=5\times10^3 s^{-1}$；液相侧传质系数$k_{Al}=2\times10^{-3}m/s$；气相侧传质系数$k_g=1.5\times10^{-8}kmol/(m^2\cdot s\cdot Pa)$；液相中A的扩散系数$D_{Al}=2\times10^{-8}m^2/s$；亨利定律常数$H_A=2\times10^6 Pa/kmol$。

（答案：7.83m）

7. 试剂A的水溶液在流化床中发生反应，流化床中催化剂为直径为1.5mm的球形树脂颗粒。流体以100m^3/h的速率通过直径为75cm的反应管。树脂颗粒的密度为1200kg/m^3，水的密度为1000kg/m^3。流体黏度为$10^{-3}Pa\cdot s$，试剂在水中的扩散系数为$1.62\times10^{-9}m^2/s$，催化反应为1级反应，反应速率常数为$3\times10^{-4}m^3/(kg\cdot s)$。计算试剂A的转化率达到90%所需的流化床高度。

（答案：1.86m）

MATLAB 程序

MATLAB程序表

程序名称	描述
（多相非催化反应） plot_xb_vs_theta_by_tau.m	绘制气—固反应缩核模型转化率 xb—theta_by_tau 的程序
cal_xb_mean.m	已知粒径分布（间歇反应器/移动格栅履带式反应器），计算固体平均转化率 xb_bar 的程序
cal_xb.m	已知气—固反应 theta_by_tau，计算转化率 xb 的子程序
cal_xb_mean2.m	已知固体颗粒停留时间分布（旋转管式反应器），计算固体平均转化率 xb_bar 的程序
cal_xb_mean3.m	已知粒径分布（流化床反应器），计算固体平均转化率 xb_bar 的程序
cal_xb_fbr.m	计算流化床反应器转化率 xb 的子程序
fbr_mgr_dsgn.m	计算指定平均转化率 xb_bar 对应平均停留时间（设计问题）的子程序 （1）移动格栅履带式反应器； （2）流化床反应器
func_xb_mgr.m	计算移动格栅履带式反应器中固体转化率 xb_bar 的子函数
func_xb_fbr.m	计算流化床反应器中固体转化率 xb_bar 的子函数
mbr_dsgn.m	气—固非催化反应移动床反应器的设计
react_dsn_pckbed1.m	气—液快速反应——CO_2 和 MEA 溶液反应进行的填充床非催化反应器的设计程序
react_dsn_pckbed2.m	气—液瞬时反应——HCl 蒸气和 NaOH 溶液反应进行的填充床非催化反应器的设计程序

MATLAB 程序

程序：plot_xb_vs_theta_by_tau.m

```
% Program to plot fractional conversion xb vs theta_by_tau
% for gas solid reactions - shrinking core model

clear all ;

t_b_t(1)=0 ;
xb1(1)=0 ; xb2(1)=0 ; xb3(1)=0 ;

for i=1:100 ;
   tbt=i*(1/100) ; t_b_t(i+1)=tbt ;
   xb_1=cal_xb(tbt,1) ;
   xb_2=cal_xb(tbt,2) ;
   xb_3=cal_xb(tbt,3) ;
   xb1(i+1)=xb_1 ; xb2(i+1)=xb_2 ; xb3(i+1)=xb_3 ;
end ;

plot(t_b_t,xb1,'g',t_b_t,xb2,'r',t_b_t,xb3,'c') ;
title('SHRINKING CORE MODEL');
xlabel('Theta/Tau') ;
ylabel('Fractional Conversion xb') ;
legend('Gas film resistance controlling','Ash layer diffusion
controlling','Reaction rate controlling');
```

程序：cal_xb_mean.m

```
% program to calculate mean conversion of solids xb_bar given the size
% distribution (BATCH REACTOR/MOVING GRATE CONVEYER TYPE REACTOR)

clear all

% PROBLEM DATA
%________________________________________________________________

% size distribution
%              dia (mm)    weight fraction
size_dist=    [1              0.2 ;
               2              0.3 ;
               4              0.3 ;
               6              0.2 ] ;

mechanism=2 ; % 1 - gas-film resistance controlling
              % 2 - ash-layer diffusion controlling
              % 3 - reaction rate controlling

theta_bar=0.1667 ;% mean residence time or batch reaction time

% batch data
```

```
tau0 = 4 ;% time taken for complete conversion in HRS for
r0 = 4 ;% particle of size diameter mm

% CALCULATION
%___________________________________________________________

vec_size = size(size_dist) ;
n_data = vec_size(1,1) ;

xb_bar = 0 ;
ws = 0 ;
for i = 1:n_data
    r = size_dist(i,1) ; % particle size
    w = size_dist(i,2) ; % weight fraction
    if ((mechanism == 1) || (mechanism == 3))
      tau = tau0*(r/r0);
    end ;
      if mechanism == 2
      tau = tau0*(r/r0)^2;
    end ;
    theta_by_tau = theta_bar/tau ;
    xb = cal_xb(theta_by_tau,mechanism) ;
    xb_bar = xb_bar + xb*w ;
    ws = ws + w ;
end ;

xb_bar = xb_bar/ws ;

% DISPLAY RESULTS
%___________________________________________________________

fprintf('------------------------------------------------------------\n')
;
fprintf('BATCH REACTOR/MOVING GRATE CONVEYER TYPE REACTOR \n') ;
fprintf('------------------------------------------------------------\n')
;
fprintf('MEAN CONVERSION OF SOLIDS - SHRINKING CORE MODEL \n') ;
fprintf(' \n') ;
if mechanism == 1
  fprintf('GAS FILM RESISTANCE IS RATE CONTROLLING \n') ;
end ;
if mechanism == 2
  fprintf('ASH LAYER DIFFUSION IS RATE CONTROLLING \n') ;
end ;
if mechanism == 3
  fprintf('REACTION IS RATE CONTROLLING \n') ;
end ;
fprintf(' \n') ;
fprintf('MEAN RESIDENCE TIME/BATCH REACTION TIME : %10.4f \n',theta_bar) ;
fprintf('MEAN FRACTIONAL CONVERSION OF SOLIDS :   %10.4f \n',xb_bar) ;
fprintf(' \n') ;
fprintf('------------------------------------------------------------\n')
;
```

函数子程序：cal_xb.m

```
% Program subroutine to calculate fractional conversion xb
% for the given theta_by_tau - gas solid reaction

function xb = cal_xb(theta_by_tau,mechanism)

if mechanism == 1        % gas - film resistance controlling
    xb = theta_by_tau ;
end;

if mechanism == 2        % ash layer resistance controlling
    xb_o = 0.5 ;
    xb_n = 1 - ((1-((2*xb_o + theta_by_tau)/3))^1.5) ;
    while abs(xb_o - xb_n) > 0.00001*xb_o
       xb_o = xb_n ;
       xb_n = 1 - ((1-((2*xb_o + theta_by_tau)/3))^1.5) ;
  end ;
    xb = xb_n ;
end;

if mechanism == 3        % reaction rate controlling
    xb = 1 - (1-theta_by_tau)^3 ;
end;
```

程序：cal_xb_mean2.m

```
% program to calculate mean conversion of solids xb_bar given the
residence
% time distribution of solid particles (ROTARY TUBULAR REACTOR)

clear all

% PROBLEM DATA
%_____________________________________________________________________

% residence time distribution of solid particles
%
imp_tracer_data = [0 4 8 12 16 20 24 28 32 36 40 44 ; % t - time in MINS
                  0 1 8 20 50 100 50 24 10 5 1 0 ] ; % n - No. of tracer
                  particles

mechanism = 1 ; % 1 - gas-film resistance controlling
                % 2 - ash-layer diffusion controlling
                % 3 - reaction rate controlling

% batch data

tau0 = 1 ;        % time taken for complete conversion in HRS for
r0 = 2 ;          % particle of size diameter mm
tau0 = tau0*60 ;  % conversion to minutes
```

```
% CALCULATION
%_____________________________________________________________________

vec_size=size(imp_tracer_data) ;
n_data=vec_size(1,2) ;

[theta_bar sigma_sqr]=cal_mean_var(imp_tracer_data) ;

E=cal_E_theta(imp_tracer_data) ;

for i=1:n_data
    t=E(1,i) ;
    theta_by_tau=t/tau0 ;
    xb=cal_xb(theta_by_tau,mechanism) ;
    x_E(1,i)=t ;
    x_E(2,i)=xb*E(2,i) ;
end;

xb_bar=trapez_integral(x_E) ; % conversion in rotary tubular reactor

% DISPLAY RESULTS
%_____________________________________________________________________
fprintf('-------------------------------------------------------------\n')
;
fprintf('ROTARY TUBULAR REACTOR \n') ;
fprintf('-------------------------------------------------------------\n')
;
fprintf('MEAN CONVERSION OF SOLIDS - SHRINKING CORE MODEL \n') ;
fprintf(' \n') ;
if mechanism== 1
    fprintf('GAS FILM RESISTANCE IS RATE CONTROLLING \n') ;
end ;
if mechanism== 2
    fprintf('ASH LAYER DIFFUSION IS RATE CONTROLLING \n') ;
end ;
if mechanism== 3
    fprintf('REACTION IS RATE CONTROLLING \n') ;
end ;
fprintf(' \n') ;
fprintf('MEAN RESIDENCE TIME/BATCH REACTION TIME : %10.4f \n',theta_bar)
;
fprintf('MEAN FRACTIONAL CONVERSION OF SOLIDS :    %10.4f \n',xb_bar) ;
fprintf(' \n') ;
fprintf('-------------------------------------------------------------\n')
;
```

程序：cal_xb_mean3.m

```
% program to calculate mean conversion of solids xb_bar given the size
% distribution (FLUIDIZED BED REACTOR)

clear all
```

```
% PROBLEM DATA
%_______________________________________________________________

% size distribution
%       dia (mm) weight fraction
size_dist = [1     0.2 ;
             1.5   0.3 ;
             2     0.3 ;
             3     0.2 ] ;

mechanism = 3 ;  % 1 - gas-film resistance controlling
                 % 2 - ash-layer diffusion controlling
                 % 3 - reaction rate controlling
Ms = 300             ;% mass hold up Kgs
ms = 30              ;% mass flow rate Kgs/min
theta_bar = Ms/ms    ;% mean residence time of solid in the FBR in MINS
theta_bar = theta_bar/60 ;% convert mims to hours


% batch data

tau0 = 3 ; % time taken for complete conversion in HRS for
r0 = 3 ;   % particle of size diameter mm

% CALCULATION
%_______________________________________________________________

vec_size = size(size_dist) ;
n_data = vec_size(1,1) ;

xb_bar = 0 ;

ws = 0 ;
for i = 1:n_data
    r = size_dist(i,1) ;% particle size
    w = size_dist(i,2) ;% weight fraction
    if ((mechanism == 1) || (mechanism == 3))
       tau = tau0*(r/r0);
    end ;
    if mechanism == 2
       tau = tau0*(r/r0)^2;
    end ;
    xb = cal_xb_fbr(theta_bar,tau,mechanism) ;
    xb_bar = xb_bar + xb*w ;
    ws = ws + w ;
end ;

xb_bar = xb_bar/ws ;

% DISPLAY RESULTS
%_______________________________________________________________

fprintf('-------------------------------------------------------\n')
;
fprintf('GAS SOLID FLUIDIZED BED REACTOR \n') ;
```

```
fprintf('------------------------------------------------------------\n')
;
fprintf('MEAN CONVERSION OF SOLIDS - SHRINKING CORE MODEL \n') ;
fprintf(' \n') ;
if mechanism== 1
    fprintf('GAS FILM RESISTANCE IS RATE CONTROLLING \n') ;
end ;
if mechanism== 2
    fprintf('ASH LAYER DIFFUSION IS RATE CONTROLLING \n') ;
end ;
if mechanism== 3
    fprintf('REACTION IS RATE CONTROLLING \n') ;
end ;
fprintf(' \n') ;
fprintf('MEAN RESIDENCE TIME IN HOURS    : %10.4f \n',theta_bar) ;
fprintf('MEAN FRACTIONAL CONVERSION OF SOLIDS : %10.4f \n',xb_bar) ;
fprintf(' \n') ;
fprintf('------------------------------------------------------------\n')
;
```

函数子程序：cal_xb_fbr.m

```
% program subroutine to calculate fractional conversion xb for fluidized
% bed reactor

function xb=cal_xb_fbr(theta_bar,tau,mechanism)

if mechanism== 1 % 1 - gas-film resistance controlling
    xb=(theta_bar/tau)*(1-exp(-1*tau/theta_bar)) ;
end ;
if mechanism== 2 % 2 - ash-layer diffusion controlling
    theta_max=tau ;
    xb_exp(1,1)=0 ;
    theta_by_tau=0 ;
    xb0=cal_xb(theta_by_tau,mechanism) ;
    xb_exp(2,1)=xb0 ;
    for j=1:100 ;
       theta=(j-1)*theta_max/99 ;
       theta_by_tau=theta/tau ;
       xb0=cal_xb(theta_by_tau,mechanism) ;
       xb_exp(1,j+1)=theta ;
       xb_exp(2,j+1)=xb0*exp(-1*theta/theta_bar);
end ;
integral_xb_exp=trapez_integral(xb_exp);
    xb=exp(-1*tau/theta_bar)+integral_xb_exp/theta_bar ;
end ;

if mechanism== 3 % 3 - reaction rate controlling
    xb=3*(theta_bar/tau) - 6*(theta_bar/tau)^2+6*((theta_bar/
tau)^3)*(1-exp(-1*tau/theta_bar)) ;
end ;
```

程序：fbr_mgr_dsgn.m

```
% program to calculate mean residence time (Design Problem)for specified
% mean fractional conversion xb_bar
% 1 - Moving Grate Conveyer Type Reactor
% 2 - Fluidized Bed Reactor

clear all

global size_dist mechanism tau0 r0

% DESIGN DATA
%_______________________________________________________________

reactor_type=2 ; % 1 - moving grate conveyer type reactor
                 % 2 - fluidized bed reactor

% size distribution
%            dia (mm)   weight fraction
size_dist=    [1            0.2 ;
               2            0.3 ;
               4            0.3 ;
               6            0.2 ] ;

mechanism=3 ;% 1 - gas-film resistance controlling
             % 2 - ash-layer diffusion controlling
             % 3 - reaction rate controlling

% batch data

tau0=4 ;% time taken for complete conversion in HRS for
r0  =4 ;% particle of size diameter mm

xb_bar_f=0.80 ;% mean conversion of solids specified

% CALCULATIONS
%_______________________________________________________________

y0=xb_bar_f ;
x1=0.1 ; % theta_bar1 - initial guess value
x2=0.3 ; % theta_bar2 - initial guess value

if reactor_type== 1 % moving grate conveyer type reactor

    if x1>x2
      x_big=x1 ;
      x1=x2 ;
      x2=x_big ;
    end

    y1=func_xb_mgr(x1);% xb_bar1
    y2=func_xb_mgr(x2);% xb_bar2

    x3=x1+(y0 - y1)*((x2 - x1)/(y2 - y1)) ;% theta_bar3 - by linear
interapolation
```

```
    y3=func_xb_mgr(x3);% xb_bar3
    x3_new=x3+0.1 ; % theta_bar3_new

    % pick up new x1 x2

    while (abs(x3 - x3_new)>0.001*x3)

     x3_new=x3 ;

     if x3 <= x1
        type=1 ;
     end ;

     if (x3 >= x1) && (x3 <= x2)
        type=2 ;
     end ;
     if (x3 >= x2)
        type=3 ;
     end ;

     if type == 1
        x2=x1 ; x1=x3 ;
     end ;

     if type == 2
        x2=x3 ;
     end ;

     if type == 3
        x1=x2 ; x2=x3 ;
     end ;

     y1=func_xb_mgr(x1);% xb_bar1
     y2=func_xb_mgr(x2);% xb_bar2

     x3=x1+(y0 - y1)*((x2 - x1)/(y2 - y1)) ;% theta_bar3

     y3=func_xb_mgr(x3);% xb_bar3

     end ;

     theta_bar_f=x3 ;

end   % of reactor_type=1

if reactor_type == 2% fluidized bed reactor

    if x1>x2
       x_big=x1 ;
       x1=x2 ;
       x2=x_big ;
    end
```

```
      y1 = func_xb_fbr(x1);% xb_bar1
      y2 = func_xb_fbr(x2);% xb_bar2

      x3 = x1 + (y0 - y1)*((x2 - x1)/(y2 - y1)) ;%theta_bar3 - by linear
interapolation

      y3 = func_xb_fbr(x3);% xb_bar3
      x3_new = x3 + 0.1 ; % theta_bar3_new

      % pick up new x1 x2

      while (abs(x3 - x3_new) > 0.001*x3)

      x3_new = x3 ;

      if x3 <= x1
         type = 1 ;
      end ;
      if (x3 >= x1) && (x3 <= x2)
         type = 2 ;
      end ;
      if (x3 >= x2)
         type = 3 ;
      end ;

      if type == 1
         x2 = x1 ; x1 = x3 ;
      end ;

      if type == 2
         x2 = x3 ;
      end ;

      if type == 3
         x1 = x2 ; x2 = x3 ;
      end ;

      y1 = func_xb_fbr(x1);% xb_bar1
      y2 = func_xb_fbr(x2);% xb_bar2

      x3 = x1 + (y0 - y1)*((x2 - x1)/(y2 - y1)) ;% theta_bar3
      y3 = func_xb_fbr(x3);% xb_bar3

      end ;

      theta_bar_f = x3 ;

end % of reactor type = 2

% DISPLAY RESULTS
%___________________________________________________________________

if reactor_type == 1
```

```
  fprintf('------------------------------------------------------------
\n') ;
fprintf('DESIGN OF MOVING GRATE CONVEYER TYPE REACTOR/BATCH \n') ;
  fprintf('------------------------------------------------------------
\n') ;
end ;
if reactor_type== 2
  fprintf('------------------------------------------------------------
\n') ;
fprintf('DESIGN OF FLUIDIZED BED REACTOR \n') ;
  fprintf('------------------------------------------------------------
\n') ;
end ;
fprintf('CALCULATION OF MEAN RESIDENCE TIME - SHRINKING CORE MODEL \n') ;
fprintf(' \n') ;
if mechanism== 1
   fprintf('GAS FILM RESISTANCE IS RATE CONTROLLING \n') ;
end ;
if mechanism== 2
   fprintf('ASH LAYER DIFFUSION IS RATE CONTROLLING \n') ;
end ;
if mechanism== 3
   fprintf('REACTION IS RATE CONTROLLING \n') ;
end ;
fprintf(' \n') ;
fprintf('MEAN FRACTIONAL CONVERSION OF SOLIDS :    %10.4f \n',xb_bar_f) ;
fprintf('MEAN RESIDENCE TIME/BATCH REACTION TIME : %10.4f \n',theta_
bar_f) ;
fprintf(' \n') ;
fprintf('---------------------------------------------------------- \n')
;
```

函数子程序：func_xb_mgr.m

```
% function subroutine to calculate fractional conversion of solids xb_bar
% for moving grate reactor

function xb_bar=func_xb_mgr(theta_bar)

global size_dist mechanism tau0 r0

vec_size=size(size_dist) ;
n_data=vec_size(1,1) ;

xb_bar=0 ;
ws=0 ;
for i=1:n_data
    r=size_dist(i,1) ;% particle size
    w=size_dist(i,2) ;% weight fraction
    if ((mechanism== 1) || (mechanism== 3))
       tau=tau0*(r/r0);
    end ;
```

```
    if mechanism == 2
       tau = tau0*(r/r0)^2;
    end ;
    theta_by_tau = theta_bar/tau ;
    xb = cal_xb(theta_by_tau,mechanism) ;
    xb_bar = xb_bar + xb*w ;
    ws = ws + w ;
end ;

xb_bar = xb_bar/ws ;
```

函数子程序：func_xb_fbr.m

```
% function subroutine to calculate fractional conversion of solids xb_bar
% for fluidized bed reactor

function xb_bar = func_xb_fbr(theta_bar)

global size_dist mechanism tau0 r0

vec_size = size(size_dist) ;
n_data = vec_size(1,1) ;

xb_bar = 0 ;
ws = 0 ;
for i = 1:n_data
    r = size_dist(i,1) ;% particle size
    w = size_dist(i,2) ;% weight fraction
    if ((mechanism == 1) || (mechanism == 3))
       tau = tau0*(r/r0);
    end ;
    if mechanism == 2
       tau = tau0*(r/r0)^2;
    end ;
    xb = cal_xb_fbr(theta_bar,tau,mechanism) ;
    xb_bar = xb_bar + xb*w ;
    ws = ws + w ;
end ;

xb_bar = xb_bar/ws ;
```

程序：mbr_dsgn.m

```
% DESIGN OF MOVING BED REACTOR FOR GAS SOLID NONCATALYTIC REACTORS

% DESIGN DATA
%______________________________________________________________________

dp = 10   ; % solid particle diameter in mm
```

```
ms = 50    ; % solids flow rate Kgs/min
vg = 200   ; % volumetric flow rate of gas m3/min
rs = 4700  ; % density of soild Kg/m3
Mb = 120   ; % molecular weight of solid reactant B
eps = 0.6  ; % solids fraction in the bed
P = 1      ; % reactor pressure in ATM
T = 250    ; % reactor temperature in deg C
D = 1      ; % tower diameter in m
Pa0 = 0.2  ; % partial pressure of reactant A at the inlet
xb0 = 0.6  ; % fractional conversion of B to be acheived
b = 1      ; % stoichiometric coefficient

% Batch data

tau0 = 8 ; % time in HRS for complete conversion of
dp0 = 5 ;  % particle of specified diameter in mm

mechanism = 3 ; % 1 - gas film resistance rate controlling
                % 2 - ash layer diffusion rate controlling
                % 3 - reaction rate controlling

% CALCULATIONS
%__________________________________________________________________
% Estimation of controlling step rate constant from batch data

tau0 = (tau0*3600) ;% conversion of Hrs to seconds
rb = rs/Mb;          % molal density Kgmoles/m3
Cag = (Pa0*1.013e+5)/(8314*(T+273)) ;% concentration of A in Kgmoles/m3
r0 = (dp0/2)/1000 ;                   % particle radius in m
kg = (rb*r0)/(3*b*Cag*tau0) ; % mass transfer coefficient - gas film
resistance controlling
Da = (rb*r0^2)/(6*b*Cag*tau0);% diffsion coefficient - ash layer diffusion
controlling
k = (rb*r0)/(b*Cag*tau0) ;    % reaction rate constant - reaction rate
controlling

% Calculation of bed height

S = (3.14/4)*(D^2) ;  % bed cross sectional area m2
u_bar = ((vg/60)/S) ; % superficial gas velocity m/s
ms = ms/60 ;          % solids flow rate in Kg/s
r = (dp/2)/1000 ;     % particle radius in m

Ca0 = (Pa0*1.013e+5)/(8314*(T+273));% concentration of A (Kgmoles/m3) in
reactor inlet
K = ms/(3*b*Mb*eps*S) ;

for i = 1:51
    xb = ((i-1)/50)*xb0 ;
    Cag = Ca0 - (ms/(b*S*u_bar*Mb))*(xb0 - xb) ;
    if mechanism == 1
       f_xb = (K*r)/(kg*Cag) ;
    end ;
    if mechanism == 2
```

```
        f_xb=((K*r^2)/(Da*Cag))*((1-(1-xb)^(1/3))/((1-xb)^(1/3))) ;
    end ;
    if mechanism== 3
        f_xb=((K*r)/(k*Cag))*(1/((1-xb)^(2/3))) ;
    end ;
    mat_f_xb(1,i)=xb ;
    mat_f_xb(2,i)=f_xb ;
end ;

z=trapez_integral(mat_f_xb) ;% tower height

% DISPLAY RESULTS
%___________________________________________________________________

fprintf('--------------------------------------------------------- \n')
;
fprintf('DESIGN OF MOVING BED REACTOR FOR GAS SOLID REACTION \n') ;
fprintf('--------------------------------------------------------- \n')
;
fprintf(' \n') ;
if mechanism== 1
   fprintf('GAS FILM RESISTANCE IS RATE CONTROLLING \n') ;
end ;
if mechanism== 2
   fprintf('ASH LAYER DIFFUSION IS RATE CONTROLLING \n') ;
end ;
if mechanism== 3
   fprintf('REACTION IS RATE CONTROLLING \n') ;
end ;
fprintf(' \n') ;
fprintf('BED HEIGHT in m                       : %10.4f \n',z) ;
fprintf('FRACTIONAL CONVERSION OF SOLIDS    : %10.4f \n',xb0) ;
fprintf(' \n') ;
fprintf('--------------------------------------------------------- \n')
;
```

程序：react_dsn_pckbed1.m

```
% Program for design of packed bed non catalytic reactor for
% gas liquid reaction fast reaction - reaction
% between CO2 and MEA solution

clear all

% INPUT DATA
%___________________________________________________________________

kg=2.639*10^-9 ;   % gas side mass transfer coefficient kgmoles/m3 sec Pa
                     1/Hr
kal=3.889*10^-4 ; % liquid side mass transfer coefficient m/s
Dal=2.39*10^-9 ;   % liquid side diffusivity of A m2/s
k=7.194*10^4 ;     % reaction rate constant 1/Sec
eps=0.45 ;         % bed porosity
sp=105 ;           % specific surface area m2/m3
```

```
Ha=4.89*10^6 ;     % Henry's law constant m3 Pa/Kgmoles
vg=6500 ;          % volumetric flow rate of gas m3/hr
vl=1000 ;          % volumetric flow rate of liquid m3/hr
Pa0=2 ;            % inlet partial pressure of A bar
Paf=0.02 ;         % exit partial pressure of A bar
P=14.3 ;           % bed pressure 14.3 bar
T=315 ;            % temperature K
D=2 ;              % tower diameter m

% CALCULATIONS
%___________________________________________________________________

R=8314 ;                 % gas law constant in J/Kgmoles K
xaf=1 - Paf/Pa0 ;        % fractional conversion of A
gama=sqrt(k*Dal)/kal ; % Hatta number
E=gama/tanh(gama) ;      % Enhancement factor
vg=vg/3600 ;             % gas flow rate in m3/sec
S=(3.14/4)*D^2 ;         % tower cross sectional area
z=(vg/(R*T*S*(1-eps)*sp))*(1/kg+Ha/(E*kal))*log(1/(1-xaf)) ;% tower
height

% DISPLAY RESULTS
%___________________________________________________________________

fprintf('----------------------------------------------------------- \n')
;
fprintf('DESIGN OF PACKED BED NON CATALYTIC GAS LIQUID REACTOR - FAST
REACTION \n') ;
fprintf(' \n') ;
fprintf('Volumetric gas flow rate vg m3/s     : %10.4f \n',vg) ;
fprintf('Fractional Conversion                : %10.4f \n',xaf) ;
fprintf('Reactor temperature           K      : %10.4f \n',T) ;
fprintf('Bed Diameter                  m      : %10.4f \n',D) ;
fprintf(' \n') ;
fprintf('Bed Height                    m      : %10.4f \n',z) ;
fprintf(' \n') ;
fprintf('----------------------------------------------------------- \n')
;
```

程序：react_dsn_pckbed2.m

```
% Program for design of packed bed non catalytic reactor for gas liquid
% instantaneous reaction - reaction between HCL vapour and NaOH solution

clear all

% INPUT DATA
%___________________________________________________________________

kg=2.1*10^-9 ;  % gas side mass transfer coefficient kgmoles/m3 sec Pa 1/Hr
kal=4.2*10^-4 ;% liquid side mass transfer coefficient m/s stant
Dal_by_Dbl=1 ;  % Dal=Dbl
eps=0.45 ;      % bed porosity
sp=105 ;        % specific surface area m2/m3
```

```
Ha=2.2*10^5 ;      % Henry's law constant m3 Pa/Kgmoles
vg=6500 ;          % volumetric flow rate of gas m3/hr
vl=1000 ;          % volumetric flow rate of liquid m3/hr
Pa0=0.2 ;          % inlet partial pressure of A bar
Cb0=0.08 ;         % inlet concentration of B in liquid Kgmoles/m3
xaf=0.8 ;          % fractional conversion of A
P=3 ;              % bed pressure 14.3 bar
T=300 ;            % temperature K
D=1 ;              % tower diameter m
b=1 ;              % stoichiometric coefficient

% CALCULATIONS
%_______________________________________________________________

R=8314 ;              % gas law constant in J/Kgmoles K
Paf=Pa0*(1-xaf) ;     % exit partial pressure of A bar
vg=vg/3600 ;          % gas flow rate in m3/sec
vl=vl/3600 ;          % liquid flow rate in m3/sec
Pa0=Pa0*10^5 ;        % inlet partial pressure of A Pascals
Paf=Paf*10^5 ;        % exit partial pressure of A Pascals
S=(3.14/4)*D^2 ;      % tower cross sectional area

dummy=vg ;
dummy=dummy/R ;
dummy=dummy/T ;
dummy=dummy/(1-eps) ;
dummy=dummy/S ;
dummy=dummy/sp ;

int_constant=dummy ;

n_int_p=100 ;% number of intehration points

for i=1:n_int_p
    Pa=Paf+((i-1)/(n_int_p-1))*(Pa0 - Paf) ;
    Cbb=Cb0 - (b/(R*T))*(vg/vl)*(Pa - Paf) ;
    Cbb_star=b*Dal_by_Dbl*(kg/kal)*Pa ;
    if Cbb>= Cbb_star
      Na=kg*Pa ;% flux of A
    else
      Na=(Pa+Ha*Cbb/(b*Dal_by_Dbl))/((1/kg)+(Ha/kal)) ;
    end ;
    int_mat(1,i)=Pa ;
    int_mat(2,i)=(1/Na) ;
end ;

integral_val=trapez_integral(int_mat) ;

z=int_constant*integral_val ;% tower height

% DISPLAY RESULTS
%_______________________________________________________________
```

```
fprintf('------------------------------------------------------------- \n')
;
fprintf('DESIGN OF PACKED BED NON CATALYTIC GAS LIQUID REACTOR INSTANTANEOUS
REACTION\n') ;
fprintf(' \n') ;
fprintf('Volumetric gas flow rate          vg m3/s          : %10.4f \n',vg) ;
fprintf('Volumetric liquid flow rate       vl m3/s          : %10.4f \n',vl) ;
fprintf('Concentration of B in liquid inlet Cb0 Kgmoles/m3 : %10.4f \n',vl) ;
fprintf('Fractional Conversion                              : %10.4f \n',xaf) ;
fprintf('Reactor temperature        K                       : %10.4f \n',T) ;
fprintf('Bed Diameter               m                       : %10.4f \n',D) ;
fprintf(' \n') ;
fprintf('Bed Height                 m                       : %10.4f \n',z) ;
fprintf(' \n') ;
fprintf('------------------------------------------------------------- \n')
;
```

MATLAB程序表

程序名称	说明
(多相催化反应) catreact_ dsn_ pckbed. m	Ni/ Al_2O_3 催化剂上 o- H_2 转化为 p- H_2 的填充床两相催化反应器的设计程序 速率方程 $(-r_A)=k(C_A-C_B/K)$
catreact_ dsn_ fluidbed1. m	流化床两相催化反应器颗粒流化(液固流态化)的设计程序
catreact_ dsn_ fluidbed2. m	流化床两相催化反应器聚式鼓泡流化(气固流态化)的设计程序
cat_ slurry_ react_ dsn. m	催化浆态床(三相)反应器的设计程序 A——气相反应物; B——液相反应物

MATLAB 程序

程序: catreact_dsn_pckbed.m

```
% Program for design of packed bed two phase catalytic reactor
% o-Hydrogen to p-Hydrogen in Ni on Al2O3 catalyst
% rate equation (-ra)=k(Ca - Cb/K)

clear all

% INPUT DATA
%_______________________________________________________________

% laboratory data

dp0=1/8 ;           % cylinderical pellet diameter in inches
epsb0=0.33 ;        % bed porosity
k=1.1*10^(-3) ;     % reaction rate constant m3/Kg.cat S
xae=0.5026 ;        % equilibrium conversion at -196 C and P=40 PSIG
ro_p=1910 ;         % pellet density Kg/m3
ro_a=1.187 ;        % density of H2 (A) - Kg/m3 at -196 C and P=40 PSIG
```

```
Da=3.76*10^(-6) ; % diffusivity of H2 (A) - m2/s
mu=3.48*10^(-6) ; % viscosity Kg/m s

% scale up data

vg=600 ;            % gas flow rate m3/hr
xa0=0.95 ;          % mole fraction of H2 (A) at inlet
xaf=0.95 ;          % final conversion as percentage of equilibrium conversion
D=0.5 ;             % reactor diamameter m
dp=1/2 ;            % cyliderical pellet diameter in inches
epsb=0.45 ;         % bed porosity

% CALCULATIONS
%_________________________________________________________________

% using equilibrium conversion data

K=(xae/(1-xae)) ;   % equilibrium constant
k_dash=k*(1+K)/K ;  % modified rate constant
                    % rate equation (-ra)=k_dash(Ca - Cae)

dp=dp*(2.54*10^-2) ;                  % pellet diameter in m
L0=dp/4 ;                             % equilent length of cylinder L0=R/2
phi_dash=L0*sqrt(k_dash*ro_p/Da) ;    % modified thiele modulus
eeta=tanh(phi_dash)/phi_dash ;        % effectiveness factor
vg=vg/3600 ;                          % gas flow rate m3/s
S=(3.14/4)*D^2 ;                      % cross sectional area
u_bar=vg/S ;                          % superfacial velocity

Rep=(ro_a*dp*u_bar)/mu ;              % Reynolds number
Sc=(mu/(ro_a*Da)) ;                   % Schmidt number
jd=(0.458/epsb)*(Rep)^(-0.407) ;      % correlation jd=(0.458/
                                        epsb)*(Rep)^-0.407
kg=(jd*u_bar)/(Sc^(2/3)) ;            % mass transfer coefficient m/s

xaf=xaf*xae ;

constant=(vg*L0)/(S*(1-epsb)) ;

z=constant*((1/kg)+(1/(eeta*k_dash*ro_p*L0)))*log(xae/(xae-xaf)) ;

% DISPLAY RESULTS
%_________________________________________________________________

fprintf('----------------------------------------------------------- \n')
;
fprintf('DESIGN OF PACKED BED CATALYTIC REACTOR \n') ;
fprintf(' \n') ;
fprintf('Volumetric gas flow rate    vg m3/s          : %10.4f \n',vg) ;
fprintf('Fractional Conversion                        : %10.4f \n',xaf) ;
fprintf('Bed Diameter                     m           : %10.4f \n',D) ;
fprintf(' \n') ;
fprintf('Bed Height                       m           : %10.4f \n',z) ;
fprintf(' \n') ;
fprintf('----------------------------------------------------------- \n')
;
```

程序：catreact_dsn_fluidbed1.m

```
% Program for design of fluidized bed two phase catalytic reactor
% particulate fluidization (liquid solid fluidization)

clear all

% INPUT DATA
%_______________________________________________________________

k=1.3*10^(-4) ;     % reaction rate constant m3/Kg.cat S
ro_s=1200 ;         % density of solid - Kg/m3
ro_f=998 ;          % density of fluid - Kg/m3
Da=1.62*10^(-9) ;   % diffusivity of H2 (A) - m2/s
mu=1*10^-3 ;        % fluid viscosity Kg/m s
vl=55 ;             % liquid flow rate m3/hr
xaf=0.95 ;          % final conversion of A
D=0.8 ;             % reactor diamameter m
dp=1 ;              % particle diameter in mm

% CALCULATIONS
%_______________________________________________________________

% using equilibrium conversion data
g=9.81 ;                                % acceleration due to gravity m2/s
dp=dp*(1*10^-3) ;                       % particle diameter in m
R=dp/2 ;                                % particle radius in m
vl=vl/3600 ;                            % liquid flow rate m3/s
S=(3.14/4)*D^2 ;                        % cross sectional area
u_bar=vl/S ;                            % superfacial velocity

ut=((ro_s - ro_f)*(dp^2)*g)/(18*mu) ;   % terminal settling velocity
Rep=(ro_f*dp*u_bar)/mu ;                % Reynolds number
Sc=(mu/(ro_f*Da)) ;                     % Schmidt number
n=4.45*Rep^(-0.1) ;
eps=(u_bar/ut)^(1/n) ;                  % bed porosity
Sh=(0.81/eps)*(Rep^0.5)*(Sc^0.3333);    % sherwood number
km=(Sh*Da/dp) ;                         % mass transfer coefficient

constant=vl/(S*(1-eps)) ;

z=constant*((R/(3*km))+(1/(k*ro_s)))*log(1/(1-xaf)) ;

% DISPLAY RESULTS
%_______________________________________________________________
fprintf('-----------------------------------------------------------  \n')
;
fprintf('DESIGN OF FLUIDIZED BED CATALYTIC REACTOR - PARTICULATE
FLUIDIZATION \n') ;
fprintf(' \n') ;
fprintf('Volumetric liquid flow rate   vl m3/s      : %10.4f \n',vl) ;
fprintf('Fractional Conversion                      : %10.4f \n',xaf) ;
fprintf('Bed Diameter                    m          : %10.4f \n',D) ;
```

```
fprintf(' \n') ;
fprintf('Bed Height                              m          : %10.4f \n',z) ;
fprintf(' \n') ;
fprintf('--------------------------------------------------------- \n')
;
```

程序: catreact_dsn_fluidbed2.m

```
% Program for design of fluidized bed two phase catalytic reactor
% Aggregate bubbling fluidization (gas solid fluidization)

clear all

% INPUT DATA
%_______________________________________________________________

k=5*10^(-3) ; % reaction rate constant m3/Kg.Cat sec
ro_d=89 ;     % catalyst density in the bed - Kg. cat/m3
epsd=0.74 ;   % volume fraction of catalyst particle in dense phase
vg=350 ;      % liquid flow rate m3/hr
xaf=0.90 ;    % final conversion of A
D=0.5 ;       % reactor diamameter m
kg_ab=1.1 ;   % bubble side mass transfer coefficient 1/sec

% CALCULATIONS
%_______________________________________________________________

vg=vg/3600 ;       % gas flow rate m3/s
S=(3.14/4)*D^2 ;   % cross sectional area
u_bar=vg/S ;       % superfacial velocity

z=u_bar*((1/kg_ab)+(1/(k*ro_d*epsd)))*log(1/(1-xaf)) ;

% DISPLAY RESULTS
%_______________________________________________________________

fprintf('--------------------------------------------------------- \n')
;
fprintf('DESIGN OF FLUIDIZED BED CATALYTIC REACTOR - BUBBLING
FLUIDIZATION \n') ;
fprintf(' \n') ;
fprintf('Volumetric liquid flow rate   vg m3/s      : %10.4f \n',vg) ;
fprintf('Fractional Conversion                      : %10.4f \n',xaf) ;
fprintf('Bed Diameter                     m         : %10.4f \n',D) ;
fprintf(' \n') ;
fprintf('Bed Height                       m         : %10.4f \n',z) ;
fprintf(' \n') ;
fprintf('--------------------------------------------------------- \n')
;
```

程序: cat_slurry_react_dsn.m

```
% Program for design of catalytic slurry (three phase) reactor
```

```
% A - reactant in gas phase
% B - reactant in liquid phase

clear all

% INPUT DATA
%_______________________________________________________________

dp=0.05 ;         % diameter of catalyst particle in mm
vg=1000 ;         % gas flow rate m3/hr
db=3 ;            % gas bubble diameter in mm
VG=0.09 ;         % gas hold up in the vessel m3 gas/m3 liquid
ro_p=1100 ;       % density of catalyst particle Kg/m3
ro_d=80 ;         % slurry density of catalyst particle Kg cat/m3 liquid
k=1.2*10^-2 ;     % reaction rate constant m3/Kg.Cat sec
xaf=0.80 ;        % final conversion of A
Ha=42 ;           % Henry's law constant (Kgmoles/m3 of gas)/(Kgmoles/m3 of
liquid)
kg=2.1*10^-3 ;    % gas side mass transfer coefficient m/s
kl=1.1*10^-2 ;    % liquid side mass transfer coefficient m/s
kc=4.1*10^-3 ;    % liquid to particle transfer coefficient m/s

% CALCULATIONS
%_______________________________________________________________

vg=vg/3600 ;        % gas flow rate m3/s

dp=dp*(10^-3) ;
db=db*(10^-3) ;

ac=(ro_d/ro_p)*(6/dp) ; % specific surface area of catalyst m2/m3 liquid
ab=(6*VG/db) ;          % specific surface area of gas bubble m2/m3
liquid

V=vg*Ha)*((1/(Ha*kg*ab))+(1/(kl*ab))+(1/(kc*ac))+(1/(k*ro_d)))*log(1/
(1-xaf));

% reactor volume

% DISPLAY RESULTS
%_______________________________________________________________

fprintf('------------------------------------------------------------ \n')
;
fprintf('DESIGN OF SLURRY CATALYTIC REACTOR \n') ;
fprintf(' \n') ;
fprintf('Volumetric gas flow rate   vg m3/s        : %10.4f \n',vg) ;
fprintf('Fractional Conversion                     : %10.4f \n',xaf) ;
fprintf(' \n') ;
fprintf('Bed volume                      m         : %10.4f \n',V) ;
fprintf(' \n') ;
fprintf('------------------------------------------------------------ \n')
;
```

第5章　绿色反应器的模型化

从20世纪90年代至今，人们研究的重点为新型催化反应器的设计。微反应工程是一个快速发展的新兴领域。近年来，研究者开发了几种不同的微通道催化反应器。高比表面积(表面积/体积)、高效的传热传质特性和明显改善的流体混合性质实现了工艺参数的有效控制，进而提高了目标产物的选择性和收率。反应器的许多其他参数也得到了应用，并获得了相当大的成功。

本章包括新型反应器技术的基本原理和一些绿色反应器的设计软件及其应用，主要介绍了利用ASPEN Plus对连续搅拌釜式反应器模型进行模拟和对通过计算流体力学获得的搅拌釜式反应器流动形态的基本认识。

在这十年里，严格执行最优策略以获得最大转化率和控制策略的集成化得到了人们的重视。利用计算流体力学(CFD)—流动模型来增强性能受到了工业界和学术界的广泛重视。通过超高速计算设备可将详细的流体力学和动力学描述结合起来。但是，现象描述水平的提高需要我们对大量的系统参数进行准确评估，这个过程相当麻烦和困难。为了克服这些困难，研究人员开始关注机器学习和涉及数据驱动模型的人工智能的进步。神经网络和遗传算法与传统的第一原理模型越来越多地被应用于催化剂的合理设计，它们的动力学被广泛用于化工过程。这主要是因为它们具有近似任意复杂函数关系的固有能力。人工神经网络则被用来为生物化学反应器和常规化学反应器建立近似的动力学模型。遗传算法辅助的简单神经网络已被成功用于优化二甲基醚催化合成温度梯度反应器的温度分布。

5.1　新型反应器技术

5.1.1　微反应器

微反应器通常被定义为一种由许多互相连接的微通道组成的设备，在这些微通道中，我们可以操作、混合少量试剂并使其在特定时期内发生反应(Ehrfeld 等，2000；Wirth，2008)。在微反应器内，可以通过多种方式实现流体的运动，最常见的方式是机械微量泵和电渗流，其中可能包括电泳分离。这些微通道横截面的典型尺寸在10~500μm，且通常是在基底如玻璃、聚合物、陶瓷和金属的表面制造。根据选择的材料，一系列的制造方法可用于微通道的生产，包括光刻、湿法蚀刻、粉末爆破、热模压、注射成型和激光微加工。基于所谓的“芯片实验室”技术，最近的一些综述描述了微反应器的发展并概述了这些技术与有机合成领域的相关性(Jahnisch 等，2004)。微反应器技术相关的基本优势和实际优势与化学工业的当前需求有关，化学工业一直在寻找可控、信息化、高通量、环境友好并保持高度化学选择性的过程。

与传统的间歇反应器相比，微反应器具有以下独特的操作特点：高比表面积（表面积/体积），强化传热，扩散控制传质，试剂和产物的时空控制，具有浓度梯度且能够自动实现过程和测量体系的集成。

（1）高比表面积（表面积/体积）。

当我们将一个传统的厘米级反应器缩小到微米级时，其比表面积（表面积/体积）会明显升高，直至器壁成为流体通道中发生反应或过程的一个积极或具有影响力的部分。很明显，我们可以有效地利用微反应器的这种特性，研究其与表面相关的性能。一个相对简单但重要的例子是毛细管的表面电荷被其所含的溶液中和并形成一个带电的双层，在外电场的作用下，溶液发生电渗移动。在其他的化学应用中，表面可以代表试剂、催化剂甚至是物理分子印迹结构。

（2）强化传热。

高比表面积（表面积/体积）能够通过两种方式明显改善微通道中的传热条件：一是通过增加单位体积的传热面积来改善固体/流体界面处的对流传热；二是少量流体内的传热发生在相对较短的时间内，因而能够快速达到热均匀状态。传热的改善必然会影响总反应速率，在某些情况下，还会影响产物选择性。微反应器高效传热特性的一个更深远的影响可能是：由于微反应器蓄热少且散热快，因此能够在安全的条件下进行潜在的爆炸性或高度放热反应。

（3）扩散控制的传质。

众所周知，微通道内的流动仅限于层流条件下的扩散混合。根据费克定律，分子的扩散距离（L）和时间（t）的关系可以简化为 $L=(2D\cdot t)^{1/2}$，其中 D 是扩散系数。

由上述方程可以看出：当缩小扩散混合发生的尺寸时，达到完全混合需要的时间会明显减少。例如，一个水分子需要200s的时间扩散通过1mm宽的通道，但仅需500ms扩散通过50μm宽的通道。混合时间的显著降低有利于我们以一种可控的方法控制反应过程特别是引发或中止反应，进而改善产物选择性。

（4）反应的时空变化。

在上述扩散层流条件下，微反应器的这种能够在特定位置或时间添加试剂的能力使得我们能够控制和监测化学动态过程的时空域。该特性与生物化学中对活细胞的微米级结构的控制有一定的相似性。利用该特性使反应在关键中间体局部浓度较高的位置进行是控制反应的收率和选择性的一种潜在的有价值的方法。

（5）系统集成和自动化。

我们不必独立研究上述微反应器的每一个特性，可以将特性组合以提供微反应器的复合功能。这样，多步过程和一系列的物理化学步骤可以通过可控和可再生的方式进行。此外，采用微反应器技术能够有效实现原位、实时或末端的在线分析，从而形成快速自动化方法学。这两种特性的组合显然将为制药和精细化工产业创造新的工具，不断为反应序列的快速评价寻求高通量和信息丰富的技术。

（6）微反应器高比表面积（表面积/体积）性质的利用。

尽管微反应器技术的快速发展使得许多常见的合成反应从间歇反应转变为“芯片式”反

应，然而对于这些反应产物的连续纯化所带来的问题，人们却关注很少。为了解决这一问题，人们将固体负载型催化剂加入微型流动反应器，进而合成分析纯化合物，促进高效多步过程的发展。

Christensen 等(1998)介绍了硼硅玻璃毛细管[500mm(内径)×3.0cm(长度)]中负载型催化剂的应用，在电渗流条件下用泵输送溶剂和试剂。将干燥后的负载型催化剂装入反应器并用微孔二氧化硅熔块固定。在填充毛细管中装填乙腈以排除空气，确保电路的形成；采用聚四氟乙烯密封带实现毛细管和试剂储层间的密封连接。为了使试剂在电渗流作用下移动(从储层 A 通过填充床至储层 B)，将铂电极置于储层内，使用高压电源(DC 0～1000V)提供电压，并采用 167～333V/cm 和 0V/cm 的典型外加场。利用碱催化的 8 种 α,β-不饱和化合物的凝胶缩合反应对比该技术与传统搅拌/振动反应器的基准。接着是 15 种醛的酸催化保护(Wiles 等，2005)。在所有情况下，该技术高的运行重现性($<0.9\%$)、优异的产品纯度和收率($>94.7\%$)均被证明。作为研究的延续，将多种负载型催化剂(聚合物负载酸和二氧化硅负载碱)加入上述反应器并演示 20 种 α，β-不饱和化合物的两步合成；所有产物再次获得高收率($>99.1\%$)和高分析纯度($>99.1\%$)。此外，在上述两步反应过程中，Amberlyst－15 循环使用超过 200 次，二氧化硅负载哌嗪循环使用超过 1000 次均未见失活(Wiles 等，2005)。通过将负载型催化剂装入微型流动反应器，使系统适于分析纯化合物的流动法合成，证实了该技术是一种简单有效的方法。与传统的间歇技术相比，微型流动反应器的应用更加有利，一是不需延长反应时间即可高收率、高纯度地合成化合物（最小>24h)；此外，负载型催化剂回收利用的简易性提供了传统搅拌/振动反应器无可比拟的反应再现性。因此，无论是生物评价(单一反应器)所需的毫克级化合物，还是精细化学品生产(多个反应器)所需的吨级化合物，微反应技术的灵活性轻松弥补了规模上的差异。

自动生成大量化学反应信息的能力是微反应器系统的重要性能。有鉴于此，下述例子对改进高效液相色谱系统在试剂自动选择、微反应和色谱分析中的应用进行了说明。将前台显示的两个注射器泵间的多阀系统和高效液相色谱自动采样器结合使用，可将多种试剂引入微反应器。由于该系统的扩散距离较短，与使用试剂塞相比，可将大量试剂单独引入微反应器。因此，在不影响反应或分析流量的情况下，可以快速加载进样环，在提供时间效率的同时，保证样品浓度不会因过量扩散到载体溶剂而降低。此外，该方法可以维持色谱分离的高流速，但在微反应器的出口流体直接与分析柱相耦合时难以实现。对试剂完整性、反应效率和色谱分离来说，单独优化这三部分流量的能力也很重要。显然，除化学合成的质量控制技术外，所述系统还具有其他的应用。例如，合并生物处理和/或耦合反应器装置与其他分析仪器相对更加简单。综上所述，所述的自动化系统可以快速评估一系列反应条件如反应时间、温度和试剂化学计量比等，使组合库的生产更容易。

与传统宏观尺度的反应器相比，微反应器具有很多优势，特别是在能够生产大量具有高化学选择性的产品的可控、信息丰富、高通量、环保和自动化过程的实现方面。这主要归因于显著减小的规模带来的独特操作条件，如非紊流、扩散混合体系下试剂的时空控制以及高比表面积(表面积/体积)。毫无疑问，微反应器技术可以作为大量应用如化学和生物分析、化学合成、材料化学和生物技术等的平台。这里仅简单列举几个。

5.1.2 微波反应器

长期以来，微波一直被用于家用烤箱，该技术在化学研究和工业中的应用受到安全性和重现性问题的限制。现在，最新的设备则可以精确、安全地控制间歇和连续反应的功率，使得更加节能的加热方式以及更快、更清洁的化学反应成为可能（Loupy，2002；Adam，2003）。

近年来，作为加速化学反应的传导加热的一种有价值的替代方法，微波辅助反应器受到人们越来越多的关注。由于与化学反应物和能量源之间无直接接触，微波辅助化学更加节能，能够提供快速加热速率并对程序进行快速优化。从家用烤箱的早期实验到设计的有机合成多模式或单模式仪器，这项技术已在世界范围内得到应用并不断发展。

尽管存在一些替代方法（如使用多模式间歇反应器或连续流反应器），现有技术还是试图用连续流（CF）反应器克服常规仪器的障碍，该反应器通过腔内外缠绕的加热圈抽送试剂，使用光纤传感器监测外部温度（Esveld 等，2000；Shieh 等，2002；Stadler 等，2003）。流动单元的主要设计特点是对反应器腔的优化利用和直接利用仪器的内置红外传感器监测流动单元的温度。为此，在装有定制钢顶的标准额定压力玻璃管（10mL）的两个钻孔熔块间装满沙子（10g）（图 5.1），以减少分散并有效地创建一个装有溶剂（体积为 5 mL）的微通道，该通道由聚四氟乙烯垫圈密封并通过背压调节器连接至高效液相色谱流动系统。在向反应器引入试剂之前，将流动单元插入到可自调谐的单模式微波合成器腔内，辐射照射流动单

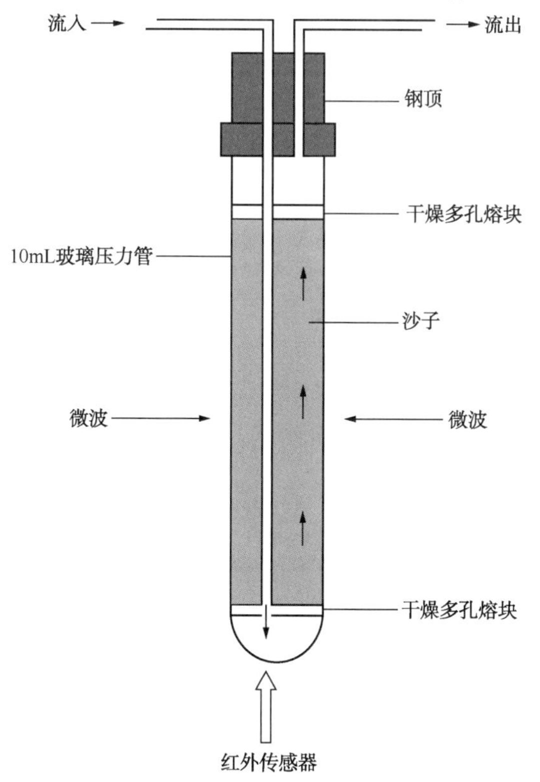

图 5.1 微波化学流反应器示意图

元并通过调节微波功率使其稳定在需要的反应温度。与商用线圈相比，该系统具有很多优势，如流通单元温度的测量简单；除高效液相色谱泵外，不需要额外昂贵的设备；仅需将催化剂固定在玻璃管中的载体上即可进行多相和均相反应。

5.1.3 高压反应器

高度控制的高压反应器可以模拟许多重要工业反应的实际工艺操作条件，在缩小的规模上优化现有工艺或新工艺，从而更易转化为实际的生产设置。对于一个新工艺，加压可以提高试剂浓度和加快反应，从而提高产量。高压也会产生过热水，给清洁合成带来重大收益。

设计的高压反应器系统使用易更换的钢制压力容器，其安全特性保证了高压下的安全反应。

不锈钢反应器保证了高耐酸性。在高压下，使用带视镜的钢制压力容器可以实现可视的过程控制和监测。各种高、低转矩磁力驱动装置则保证了高黏度、低黏度工艺介质的高效混合和搅拌以及优异的传热。快速的关闭动作和容器提升使容器能够在不使用工具的情况下简单快速地变化。

设计这种反应器的目的是弥补热化学燃料转换过程中普遍存在的实验室燃料性质测试和条件之间的差距。反应器主要用于惰性气氛(热解)、氢气(加氢热解和加氢气化)中的高压实验以及蒸气—空气和蒸气—氧气环境中的气化作用。此外，还研究了高压对固体产品——炭的形貌和反应活性的影响。气化是一门成熟的艺术，过去，研究者进行了大量的实验研究煤和生物质的热解和气化。大多数现代气化炉的设计以短停留时间的流化床或气流床反应器为基础，这些反应器的加热速率快且暴露于反应条件的时间短。在大多数情况下，固体可在几秒(最多几十秒)内离开反应器。流化床和气流床设计的扩展使用产生的需求大大改变了固体燃料特性。满足快速加工要求的必要性推动了燃料特性测试的新设计。另一个关键因素是这些测试的结果取决于反应器的结构和热击穿的反应条件以及燃料的原始组成。

5.1.4 旋转盘反应器

旋转盘反应器(SDR)是指能够加热或冷却以及在空气发动机的作用下以高达5000r/min的速度旋转的水平圆盘(图5.2)。对于黏性材料，圆盘表面的比表面积(表面积/体积)约为100m^2/m^3；对于黏性体系，圆盘表面的比表面积(表面积/体积)则约为100000 m^2/m^3。该反应器的传热系数高达14000W/(m^2·K)，平均传热系数在5000~7000W/(m^2·K)。通过在圆盘表面涂覆固体催化剂，旋转盘反应器也可用于固体催化反应。根据黏度和自旋速率，原料在圆盘上的停留时间为0.1~3s，因此旋转盘反应器适于半衰期为0.1~1s的反应。通过盘内流动的热交换流体对旋转盘进行冷却或加热。外加的离心力在旋转圆盘表面产生薄液相膜。反应物通过圆盘中心穿过表面，形成薄膜(此步发生化学反应)，并在圆盘边缘被收集。

旋转盘反应器已发展成为一种能够替代传统搅拌釜式反应器的反应器。该反应器主要针对放热强烈的液—液反应，如硝化反应、磺化反应和聚合反应。薄膜的尺寸小(通常是

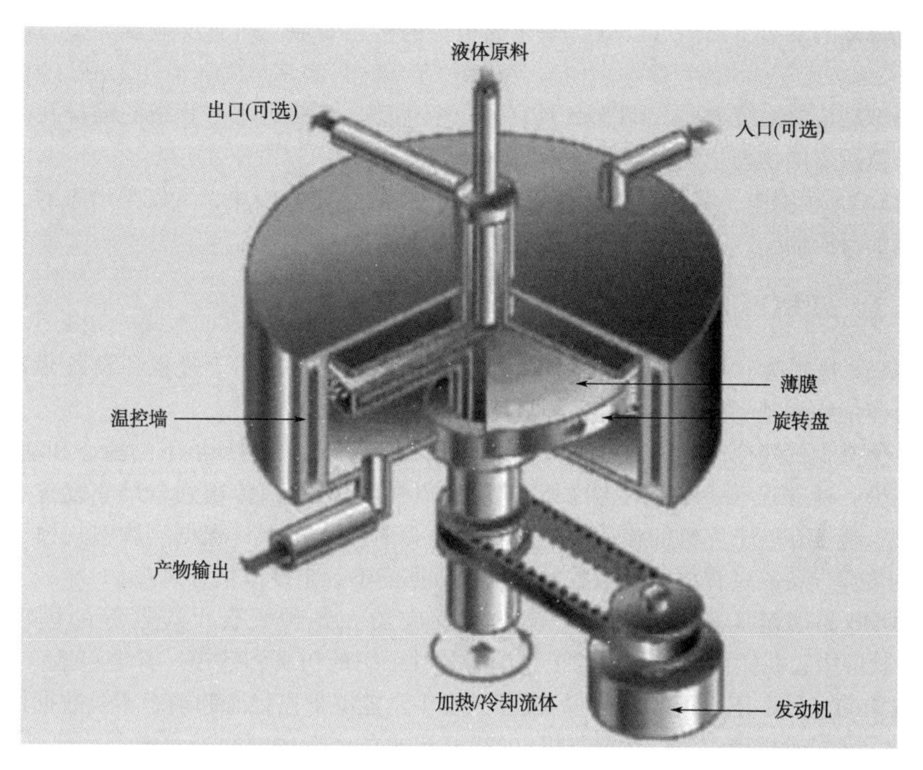

图 5.2 旋转盘反应器示意图

100μm)是造成薄膜和圆盘间高传热速率以及薄膜间流体和大气中气体高效传质的主要原因。此外，旋转盘反应器使得液体薄膜强烈混合，因此可以维持快速反应液体中浓度的均匀分布。由于停留时间短，因此反应器可以使用较高的温度。该反应器的特点是平推流，对于快速有机反应和纳米、微米颗粒的沉淀或生产，反应器固含量低且流体温度控制得好，运行方式安全。该反应器的主要结构缺点为在克服高速旋转系统低输出问题上面临挑战。与其他小型反应器一样，可以采用编号法扩大规模。

5.2 一些反应器设计软件及其应用

深入了解反应器模拟的最佳途径是深入理解和熟悉如何编排反应系统的方程，但当反应器系统过于复杂且数学模拟包(MATLAB，POLYMATH)难以模拟时，我们就需要应用过程模拟包(ASPEN Plus，ANSYS，ChemCAD，HYSYS 等)。

化学反应器设计工具是指求解描述常见化学反应器模型的方程的一组计算机程序。反应器的设计是一项脑力活动，即对应用于反应器中化学反应性能的质量和能量平衡原理的深入理解。可模拟的反应器类型包括间歇反应器、连续搅拌釜式反应器、平推流反应器、轴向分散平推流反应器和径向分散管式流动反应器。将描述特定反应最常用的方程作为基础模型，从而将各种复杂性包含在内，不仅使学生能够在短时间内对不同的模型进行比较，还可以用来研究许多不同的现象。将平推流模型和轴向扩散平推流模型及二维模型的结果进行对比，我们可以很容易地研究轴向和径向扩散的影响。通过选择传质阻力中的外部阻力和提供合适的参数，我们可以分析催化剂填料的多相效应。所有反应器类型均包括器壁的传热。

在模拟反应器系统方面，HYSYS 具有另一个优势，它跳过了方程组的编排并减少了反应系统模拟所需的物理化学数据的收集工作。

在 HYSYS 模拟中，我们可以选择我们想要模拟的反应器模块，可以是动态的、变换的或者平衡的反应器。

5.2.1 gPROMS：用于反应器的模拟和模型化

gPROMS 是制造工业使用的一种高保真预测模型平台，是用于过程和设备开发、设计及过程操作优化的基于模型的一种工程活动平台。

与其他类似的建模软件相比，它具有许多重要的优势：相同环境下的稳态和动态建模；多尺度建模；能够建立一个同时考虑所有现象，从催化剂孔内传质到全尺寸设备效应的反应器模型；能够在一个完整的流程中应用这种高保真单元模型；根据实验室规模、中试或操作数据估算设备或过程的经验参数，并分析数据的不确定度以估计风险。

gPROMS 是固定床催化反应器、流化床反应器和各种聚合反应器等的模型库。在 gPROMS 软件中，我们可以将不同的工具用于各种系统的仿真和建模。其中包括：(1)复杂过程和现象的多尺度建模；(2)先进的模型验证工具能够根据稳态和动态实验数据估计多个模型参数，并提供机理模型的数据分析；(3)从最少的实验中获得最多的参数信息；(4)通过将壳程流体力学的 CFD 模型与管程催化反应的 gPROMS 模型连接在一起，gPROMS－CFD 混合列管式界面确保了列管式反应器建模的精度；(5)类似地，gPROMS－CFD 混合多区域界面将 gPROMS 和 CFD 模型联系起来，并用于提高流化床反应器建模以及其他适于区域建模的应用的准确性。

5.2.2 ANSYS 反应器设计

反应器是化工厂的重要组成部分，我们必须确保反应器的高性能。ANSYS 是一种可以补充化工实践内容的强大可靠的工具。它可以为反应工程提供综合的多物理能力。ANSYS 可以解决各种反应器和反应的建模问题，包括气相和液相，单相和多相，均相和多相，竞争和平行反应、催化反应、表面和体相反应，层流和湍流，流化床反应，列管式反应器、膜反应器、微反应器、搅拌釜式反应器、固定床反应器、高压蒸汽反应器，乳化、加氢、氯化、聚合、加氢裂化、结晶和沉淀等。

用户可以通过更好地理解进料位置、容器尺寸和内部结构、振动、故障、盲点、剪切速率、停留时间分布、热点以及粒度分布等的影响来优化反应器性能。

ANSYS 提供了多种水和污水工程模拟能力，以帮助优化其工艺技术。物理分析包括计算流体力学、水力学和传质预测。当 ANSYS 用于下列目的(工艺罐尺寸的最小化；模拟储存罐中流体流动模型；优化混合槽速率和几何尺寸；测量和提高消毒效率；最大限度地提高氧转移率；优化各种泵系统的效率；充分利用筛选和过滤系统来提高涡轮通风效率；建模和评估非牛顿流体流动等)时，水和污水工程会面临一些实际挑战。

ANSYS 还为系列流动问题包括湍流、化学反应、传热、传质和多相流等提供了关于污染物(NO_x、SO_x、汞和其他 VOCs)形成和分散的认识和详细了解。

ANSYS 模拟使工程人员能够研究多相分布、传热和传质计算、化学动力学和气—液反应。其中包括板式塔、填充塔和鼓泡塔的设计，环状反应器和生物反应器的开发，气体在液体中的分散研究和乳化设计。

5.2.2.1 计算流体力学

计算流体力学代码是基于可以帮助解决流体问题的数字算法构造的。为了方便地访问其求解模块，所有商业计算流体力学代码包都包含用于输入问题参数和检查结果的复杂用户接口。因此，所有代码包含 3 个主要元素：(1)预处理；(2)求解程序；(3)后处理。

5.2.2.1.1 预处理

这是建立和分析流动模型的第一步。

在预处理器中，通过一个操作友好的界面输入流动问题，随后，通过求解器将输入内容转换成适合使用的形式。预处理阶段包括：

(1)区域几何体的定义：计算区域。

(2)模块生成：将计算区域分割为若干较小的、不重叠的子域(控制体或元素)。选择需要建模的物理或化学现象。

5.2.2.1.2 流体性质的定义

定义与边界重合或接近边界的单元的适宜边界条件。确定每个单元内节点的流动问题(速度、压力、温度等)的解决方案。计算流体力学解决方案的准确性由网格中单元的数量决定。一般来说，单元数目越多，解决方案的准确性越高。解决方案的准确性及其计算机硬件和计算时间的成本取决于网格的细度。人们正努力开发具有自适应模块功能的计算流体力学代码。最后，这些程序会对快速变化区域的网格进行自动细化。

5.2.2.1.3 GAMBIT(计算流体力学预处理器)

GAMBIT 是用于工程分析的一种先进预处理器。由于 GAMBIT 强大、灵活、紧密集成且其易于使用的界面中具有先进的几何和模块工具，因此可以显著减少许多应用的预处理时间。在 GAMBIT 几何建模器内，我们可以直接建立复杂的模型或从任何主要计算机辅助设计/计算机辅助工程(CAD/CAE)系统中引入。通过使用虚拟的几何结构覆盖高级的清理工具，我们可以快速将导入的几何结构转换为合适的流域。一套完整的高度自动化、尺寸功能驱动的网格工具确保了最佳网格的产生，无论是结构化的、多模块的、非结构化的，还是混合的。

5.2.2.1.4 求解程序

计算流体力学求解程序，如 FLUENT、FloWizard、FIDAP、CFX 和 POLYFLOW，能够进行流动计算并输出结果。FLUENT 可用于大多数行业；FloWizard 是 Fluent 为设计和工艺工程师构建的第一个通用的快速流建模工具；POLYFLOW(和 FIDAP)的应用领域也较为广泛，重点是材料加工行业。

ANSYS 独立开发了两个求解程序——FLUENT 和 CFX，二者具有很多共同点，但也存在一些显著差异。为了获得高精度，二者均基于控制体，且二者在很大程度上依赖于压力修正的解决方案以获得广泛的适用性。它们的差异主要在于流体流动方程的积分方式和方程的求解策略。

CFX 求解程序中应用于离散化域的有限元(单元顶点数值)与机械分析中使用的类似。相反，FLUENT 求解程序使用了有限元(单元中心数值)。

CFX 软件采用一种方法求解运动的控制方程(耦合代数多网格)，FLUENT 产品则提供多种解决方案(基于密度的非耦合法和基于压力的耦合法)。

由于 FLUENT 计算流体力学代码具有广泛的交互性，因此我们可以在求解过程中随时更改分析，既节省了时间，又能够更有效地优化设计。直观的图形用户界面(GUI)有助于缩短学习曲线，加快建模过程。此外，FLUENT 的独特自适应和动态网格能力对多种物理模型有效，使得涉及流动的复杂移动物体的建模成为可能并有所简化。该求解程序提供了一种经过工业应用验证的最广泛的严格物理模型，因此我们可以精确地模拟真实环境的条件，包括多相流、反应流、旋转设备、运动和变形物体、湍流、辐射、声学和动态网格。对于许多计算流体力学应用，我们已经反复证明：FLUENT 求解程序既快速又可靠。软件套件使得从几何构建到求解过程，再到后期处理，最后到最终输出的整个过程始终处于一个界面，因而求解速度更快。

在计算流体力学编码中，Navier - Stokes 方程的数值解通常暗指一种离散化方法，这意味着通过有限差分或有限元素法得到的代数表达式与偏微分方程的导数接近。否则，采用一种完全不同于以往的方法，我们可以由守恒方程的积分形式推导得到离散方程。这种方法被称为有限体积法，适用于各种网格结构，因而可在 FLUENT 中实现。这种方法的结果是一组代数方程，通过这些方程可以预测域内离散点的质量、动量和能量传输。在描述的干舷模型中，我们选择了分离求解程序，从而顺序求解控制方程。由于控制方程是非线性的耦合方程，在得到收敛解之前，我们必须进行多次迭代，每次迭代过程如下：

(1)根据现有解决方案修正流体性质；如果在第一次迭代中进行计算，流体性质与初始解决方案一致。

(2)利用当前的压力值顺序求解 3 个动量方程，从而修正速度场。

(3)由于上一步得到的速度可能不满足连续性方程，由连续性方程和线性化动量方程推导另一个压力校正方程：求解得出正确的压力值，满足连续性。利用简单算法如 FLUENT 的默认选项可得压力—速度耦合。

(4)利用之前修正的其他变量值求解其他标量如湍流、化学物种和辐射的方程；当考虑相间耦合时，我们必须采用离散相轨迹计算来修正适宜的连续相方程中的源项。

(5)最后，检查方程组的收敛性并重复所有步骤，直至满足收敛性判别准则。

根据因变量的隐格式，将守恒方程线性化，结果为一组可同时求解的线性方程(每一个方程对应域内的一个单元)。简单地说，分离隐式法能够计算每个单一变量字段并同时考虑所有单元。代码用于计算存储单元中心每个标量的离散值，面值则必须由单元中心值内插得到。对于所有标量，为了达到高阶精度，我们采用二级迎风格式进行插值。唯一的例外是压力插值的计算，其采用标准法。

5.2.2.1.5 后处理

这是计算流体力学分析的最后一步，包括预测流动数据的组织和解释，以及计算流体力学图像和动画的制作。FLUENT 软件包含完整的后处理功能。FLUENT 将计算流体力学数据输出到第三方后处理器和可视化工具，如 Ensight、Fieldview 和 TechPlot，或将其输出为

VRML格式。此外，FLUENT计算流体力学解决方案很容易与ABAQUS、MSC和ANSYS等结构代码以及其他工程过程仿真工具结合。

因此，FLUENT是通用的计算流体力学软件，最适于不可压缩和适度可压缩流体。由于采用基于压力的分离有限体积法求解程序，FLUENT包含了广泛应用的物理模型，包括湍流、传热、反应流、化学混合、燃烧和多相流。FLUENT提供了非结构化网格的物理模型，通过使用网格适配方案，使用户的问题设置更容易、更准确。FLUENT是一套模拟流体流动问题的计算流体力学软件，它使用有限体积法求解流体的控制方程，提供了使用不同物理模型如不可压缩或可压缩流体、非黏性或黏性流体、层流或湍流等的能力并通过GAMBIT生成几何体和网格。GAMBIT是FLUENT附带的预处理器。由于工程工作站日益流行且其中许多工作站具有出色的图形功能，目前主要的计算流体力学都配备了多功能数据可视化工具，包括：域几何体和网格显示，向量图，线和等高阴影图，二维和三维曲面图，粒子示踪，视图操作(平移旋转和缩放等)。

5.2.2.1.6 计算流体力学的优势

气—固多相流建模的重大进展带来了实质性的工艺改进，并有可能显著改善工艺装置的操作。

对气—固流场如气力输送线、立管、流化床反应器、料斗和沉淀器等的预测对大多数工艺装置的运行来说至关重要。到目前为止，由于我们无法准确地模拟这些交互模型，因此模拟在改善操作中的作用受到限制。近年来，计算流体力学软件开发人员将研究重点聚集在该领域，以期开发一种能够更可靠地模拟气—液—固流体的新模型方法。因此，加工工业工程师开始利用这些方法对车间昂贵或耗费时间的实验的可能替代方案进行评估，以做出重大的改进。在过去几十年里，通过允许工程师模拟替代结构的性能，消除常用于建立设备模型和工艺条件的猜测，我们已将计算流体力学应用于工艺设计的改进。

计算流体力学的使用使工程师能够解决具有复杂模型和边界条件的问题。计算流体力学分析会产生压力值、流体速度、温度和整个解域内计算网络中物种或相的浓度。

(1)在不改变硬件的情况下，灵活地改变设计参数，因此，其成本低于实验室规模或现场试验，允许工程师尝试更多可行的备选设计。

(2)周转时间比试验快。

(3)指引工程师至问题的根源，因此非常适于故障排除。

(4)提供了流场的综合信息，特别是在难以测量或无法测量的地区。

5.2.2.2 复杂体系的计算流体力学建模

本节将重点介绍多相体系的计算流体力学建模。以下是多相体系的一些例子：

(1)鼓泡流实例：吸收塔，通风，气动提升泵，穴蚀现象，蒸发器，浮选和洗涤塔。

(2)液滴流实例：吸收塔，雾化器，燃烧器，低温泵，干燥机，蒸发，气体冷却和洗涤塔。

(3)节涌流实例：管道或容器中的大气泡运动。

5.2.2.2.1 搅拌釜式反应器中的层流混合：数值研究

流体混合是许多工业操作(如纺织纸和纸浆，药物，聚合物，化学和生物化学产业)的核心。一般来说，为了以最低的时间投资、电力输入和最大的效率获得稳定的高质量产品，工业在很大程度上依赖流体混合。研究中长期存在的一个问题是如何描述混合。在混合中有两个问题：首先是测量什么，其次是如何测量。在进行混合操作时，我们的最终目标是以最快、最便宜、最简洁的方式使混合物达到目标水平的均一性。而留给实验者的任务是如何量化或描述该均一化过程。多年来，研究者采用了许多不同的方法研究混合流体的性能。早期的实验方法包括流动特性的粗略测量，如压降、功率、扭矩要求和停留时间分布；基于探针(光学、导电分析等)、非介入技术(如染料可视化)的流场研究(Akanke 等，1986)。然而，使用染料的高浓度可视化方法和直接观察法仅提供空间的平均信息，掩盖了混合结构的许多方面。

混合在技术与自然中无所不在，它涵盖了广泛的时间和长度尺度。混合控制了各种环境和工业现象。在技术方面，混合至关重要。通常，最终产品的质量是混合过程有效性的函数。因此，混合在许多工程操作的成功中发挥着至关重要的作用。然而，由于对控制均化过程的基本原则缺乏理解，混合的有效性受到制约。最近，研究者才正式开始研究混合，在从经验主义演变至半定性水平的过程中，混合的基本原理尚不清晰。

层流和湍流状态下均可进行混合。在研究搅拌釜式反应器中的层流混合时，由于不存在湍流且形成了大型循环回路，混合性能变得无效。为了使流体混合，我们必须在合适的时间内用叶轮使整个容器中的流体循环。此外，流体离开叶轮的速度必须足以携带最远部分的物质。因此，从对产品质量和过程经济性的未来认知来看，确定混合程度和混合釜的整体行为及性能至关重要。从理论角度和工业角度来说，分析这些过程的最基本需求是了解该混合容器中的流动结构。

通常，混合与湍流的存在有关。但是，在湍流区操作并不总是可行的。例如，对于聚合反应，由于流体黏度高，要达到高雷诺数(搅拌速度)才会导致能耗和扭矩要求大幅增加，并可能超过设备能力。在这种情况下，我们最好在层流区域操作。由于这些原因，在制药，食品，聚合物和生物技术产业，洗涤剂、软膏、乳霜、悬浮液、食品混合乳剂等产品生产中存在很多在层流条件下混合的例子，在这些过程中，高黏度材料也可进行混合。

为了解流体力学并建立合理的设计程序，人们在过去一个世纪进行了不断的尝试，大致可分为两部分：实验流体力学(EFD)和计算流体力学(CFD)。实验研究为更好地理解搅拌釜式反应器的复杂动力学做出了巨大贡献。然而，对于一定时间内可以研究的参数空间范围，这些实验研究具有明显的局限性。大多数工业生产常涉及高压、高温和有害物质。由于操作过程中访问受限，除了一些温度和压力测量，我们通常难以获得容器内流动结构的数据，仅能用该单元或其他某一更远的下游单元的产量来判断任一加工单元的性能。测量单元操作的细节是不可行的。因此，我们仅能在停工时观察故障的影响及其原因。

计算流体力学已被应用于许多行业，包括化工、石油、汽车、建筑环境(建筑、工业设计、建筑施工管理、城市规划)、食品加工等，使得工艺工程师开始将流场分析和其他转移过程与观察到的现象关联，更加详细地了解各个单元的内部操作，从而确定问题的原因并评估解决方案。此外，计算流体力学已经从研究小组稳固扩展至设计和开发部门。简而言之，作为一种有用的工程工具，计算流体力学在帮助理解和设计工艺操作方面更加经济有效。

在本研究中，我们利用商业计算流体力学软件 FLUENT 14 对同心和偏心系统的单叶和三叶混合釜进行了完整分析。由于顺利创建了几何体并标出几何体的尺寸，我们绘制了 8 种不同的几何体(单一混合釜同心人字形叶片，单一混合釜偏心人字形叶片，单一混合釜同心圆固体拉斯顿圆盘叶片，单一混合釜偏心圆固体拉斯顿圆盘叶片，三重混合釜同心人字形平叶片，三重混合釜偏心人字形平叶片，三重混合釜同心圆固体拉斯顿圆盘刀片，三重混合釜偏心圆固体拉斯顿圆盘叶片)。采用一级差分迎风格式创建具有局部适应性的四面网格，将 1.2 网格偏置于不同偏斜度，为了达到层流混合的精确度，采用不同几何结构的快速格式使 1.0 ~ 1.4 网格处于松弛因子。然后，将它们传输至一个包含流动模式、按比例缩小的曲线和轮廓设计的流动过程中，这样我们可以计算在不同的迭代周期条件下，不同的混合参数在稳定时间时的值。

混乱流体的两个属性使其对层流区的流动非常有吸引力：(1)初始邻近轨迹的指数发散性；(2)遍历性。

第一个属性意味着两个初始非常接近的轨迹将很快偏离对方，之后便进行完全不同的演变。假设 $x(t)$ 是时间 t 时流线上一点，考虑附近某一点 $x(t)+\delta(t)$，其中 δ 是任一初始长度 $\delta(0)$ 的一个小分离向量。对于混乱流，$\delta(t)/\delta(0)$ 被称为流体元的拉伸性，表示如下：

$$\delta(t)=\delta(0)\times e^{\lambda t} \tag{5.1}$$

其中，$\delta(t)$ 为时间 t 时两颗粒间的间距。采用轨迹的短期李雅普诺夫指数的常数表示距离的指数增长，其渐近极限是对给定流动周期内平均拉伸速率的一种度量。通过李雅普诺夫实验可以辨别混乱流。

第二个属性遍历性意味着：当时间趋于无穷时，一个混乱的轨迹将密集地分布于整个混乱区域。在混合研究中，该属性确保了每个粒子可以访问混乱子域的所有区域。空间位置决定了一个小流体元在该处经历的拉伸和再取向的次数。最终，连续拉伸和再取向过程使得整个混乱区域的材料均匀分布。

近年来，人们提出了涉及周期性和非周期性时空协议的混合策略以增强理想流体和实际流体的混合性能。周期性协议通过破坏周期性区域中存在的隔离区域显著提高混合性能。人们也研究了利用扰动增强实际流体混合的方法。变速协议可以破坏层流条件下操作的搅拌釜中的隔离区域。通过打破时间对称，可以实现普遍混乱；不同转速值间的迭代变化意味着两个不同的稳定流动结构的交替使用。

打破空间的对称性也被认为是一种引起搅拌釜混乱的手段。压缩或延伸主轴和旋转轴 w 之间的角度 α 可诱发混乱。如果 $\alpha=0$，那么流动是对称的且由叶轮上方和下方的嵌套门组成。但是，如果使叶轮倾斜($\alpha>0$)并在几何上扰乱系统，流动会失去旋转对称并产生混乱。Alvarez 等(2000)证实：对于一些几何偏心率，我们可以实现普遍混乱，并显著降低采用一般叶轮的同心搅拌釜式系统的混合时间。

5.2.2.2.2 计算代码

ANSYS FLUENT 14 是一种软件，它包含流动、湍流、传热和反应建模所需的广泛物理建模能力，是产品开发的设计和优化阶段不可缺少的一部分。先进的求解程序技术提供了快速、准确的计算流体力学结果，灵活的移动变形网格和优越的平行扩展性。用户定义的函数可以实现新用户模型和现有模型的广泛定制化服务。计算流体力学代码FLUENT 14 被用于当前的研究。它解决了可以轻松生成的复杂几何图形的结构化或非结构化网格的流动问题，支持的网格类型包括三维三角形或四边形，三维四面体、六面体、棱锥、楔形，以及混合网格。FLUENT 14 也允许我们基于流动解决方案细化或粗化网格。这种解调试网格能力对于准确预测梯度较大的区域(如自由剪切层和边界层的流场)特别有用。与结构化或模块化结构网格的解决方案相比，该特性显著减少了一个“好”网格生成所需的时间。由于网格细化仅限于那些需要较大网格分辨率的区域，解调试细化使得网格细化研究的实施更加容易，并且减少了达到所需准确性水平的计算工作量。

5.2.2.2.3　几何体及其表征

在 ANSYS FLUENT 14 中，设计建模者设计了一个传统搅拌釜，它包括一个装有旋转搅拌器的容器。在这项工作中，我们采用 8 种不同类型的系统进行数值试验，系统包括单一混合釜同心人字形叶片，单一混合釜偏心人字形叶片，单一混合釜同心圆形固体拉斯顿圆盘叶片，单一混合釜偏心圆形固体拉斯顿圆盘叶片，三重混合釜同心人字形平叶片，三重混合釜偏心人字形平叶片，三重混合釜同心圆形固体拉斯顿圆盘刀片和三重混合釜偏心圆形固体拉斯顿圆盘叶片。不同设计的几何构形列于表 5.1。

表 5.1　ANSYS 14 中的几何设计构形表

规格	构形	离散方案	釜间隙 m	釜底宽度 m	叶轮直径 m	釜高 m	1 级至 2 级间的空隙	2 级至 3 级间的空隙
单一混合釜人字形平叶轮	同心	1 级	13.639	28.865	19.661	29.502	—	—
	偏心	1 级	18.507	29.851	15.374	31.447	—	—
单一混合釜实心圆盘	同心	1 级	20.663	23.962	18.879	20.663	—	—
	偏心	1 级	5.316	27.682	18.883	18.076	—	—
三重混合釜人字形平叶轮	同心	1 级	—	25.646	12.282	17.329	4.8905	5.111
	偏心	1 级	—	29.834	18.676	32.584	8.621	10.056
三重混合釜实心圆盘	同心	1 级	—	43.574	24.989	33.705	11.059	10.311
	偏心	1 级	—	39.701	27.654	31.371	11.321	9.2468

5.2.2.2.4　网格尺寸要求的影响

将计算域建模为 3 种不同的容量：用于混合釜叶轮的容量、叶片和轴的容量以及某些构形作为入口和出口的其他容量。这使得我们可用相对粗糙的基元对混合釜模型进行建模，而与釜相比，较小的入口/出口管道则可应用一个更精细的网格。如果域由单一容量组成，那么我们需要大量的小基元来建立网格，这是因为我们必须基于入口/出口管道、叶轮叶片、轴和釜壁的尺寸选择网格的尺寸。分别建立 3 种容量的网格会极大地减少域中基元的数量，因此，数值模拟准确度的维持需要实际的计算时间。

表5.2显示了本文列举的各种情况的几何构形。

表5.2 离散方案相关的网格尺寸分布表

规格	构形	离散方案	总节点数	细胞元数目	最大偏斜度
单一混合釜人字形平叶轮	同心	1级	4691	23013	0.9685
	偏心	1级	5004	25039	0.9738
单一混合釜实心圆盘	同心	1级	15292	30326	0.8481
	偏心	1级	66048	364822	0.8453
三重混合釜人字形平叶轮	同心	1级	8917	46208	0.9648
	偏心	1级	73502	405198	0.9743
三重混合釜实心圆盘	同心	1级	72066	397025	0.8274
	偏心	1级	71794	393524	0.8432

5.2.2.2.5 速度场

流体的速度场是指用于数学描述流体运动的向量场。流体速度矢量的长度代表了流动速度。将 $Re=130$、转子转速为150r/min时的流动场以速度矢量的形式示于图5.3至图5.10，这些图形展示了釜中心垂直剖面一半及延伸处的速度。向量的长度与液体流速的大小成正比。在 $Re=130$ 的层流区域，叶轮周围的液体随叶轮的旋转而平稳地移动，而远离叶轮的液体停滞不动。除此之外，流体中存在两个涡环：

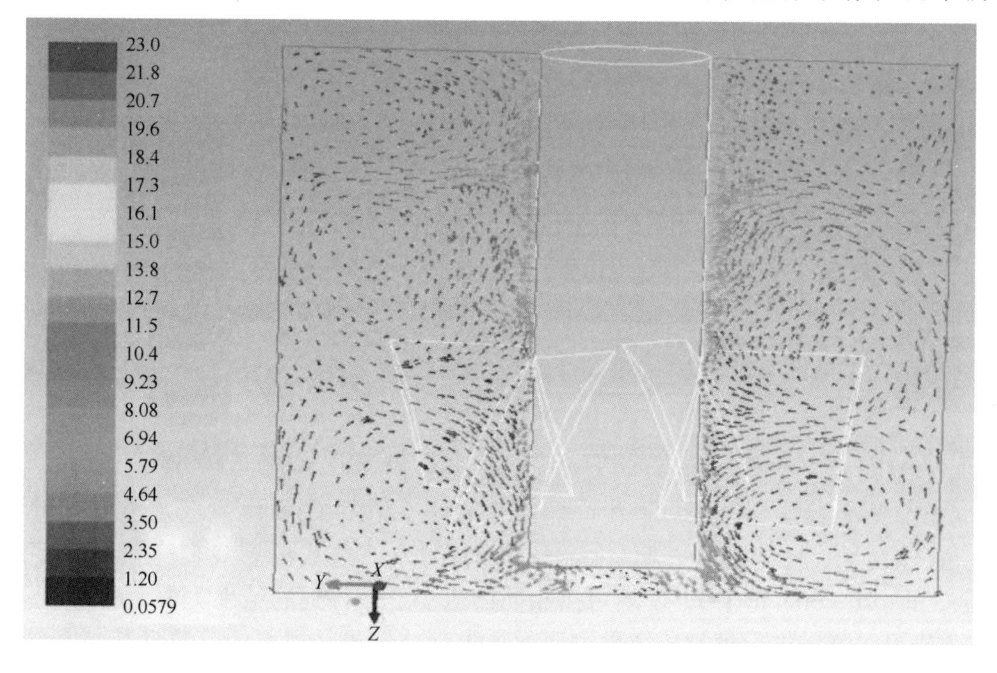

图5.3 $Re=130$ 处同心单人字形平叶片单一混合釜的速度矢量示意图

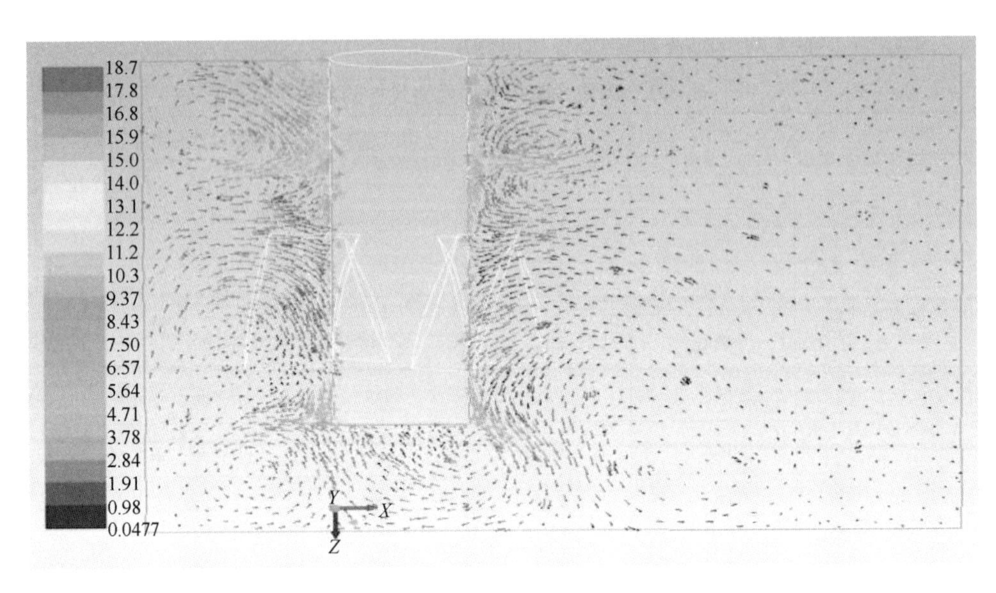

图 5.4 $Re=130$ 处偏心平叶片单一混合釜的速度矢量流场示意图

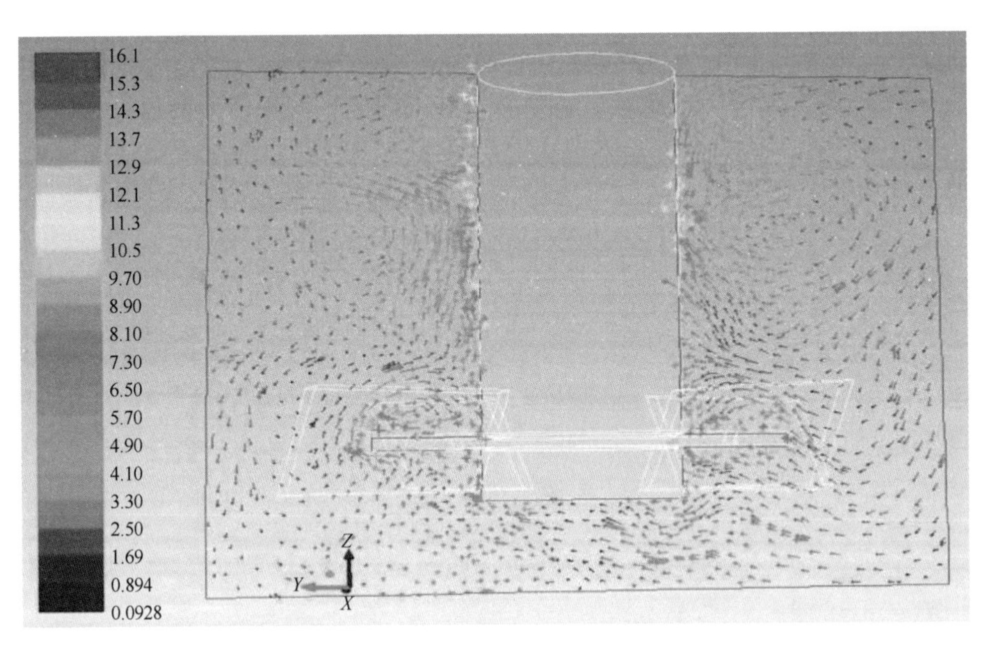

图 5.5 $Re=130$ 处同心圆形叶片单一混合釜的速度矢量流场示意图

一个位于叶轮平面以下，另一个在叶轮平面以上。在中间的层流区观察到的停滞区消失。在该区域，叶轮的旋转阻力主要是由黏滞效应造成的。我们还尝试了更高的雷诺数，即 220、300 和 390，发现采用相同的流动形式得到的结果类似。利用 Navier - Stokes 方程对层流区进行模拟，结果表明：整体流动形式是规则的且流动特性与湍流区不同。

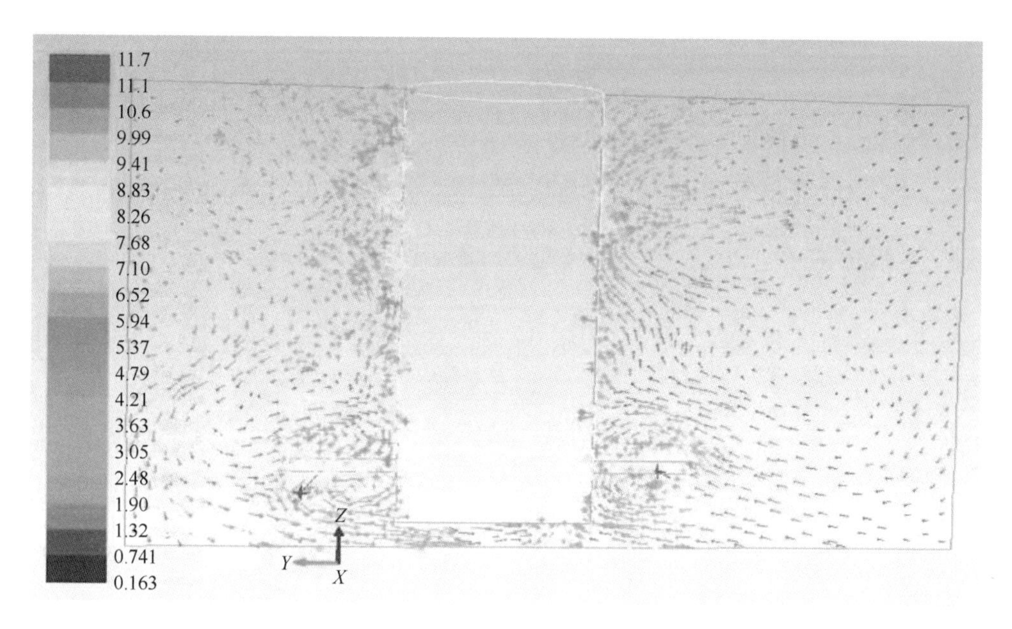

图 5.6 $Re=13$ 处同心圆形叶片单一混合釜的速度矢量流场示意图

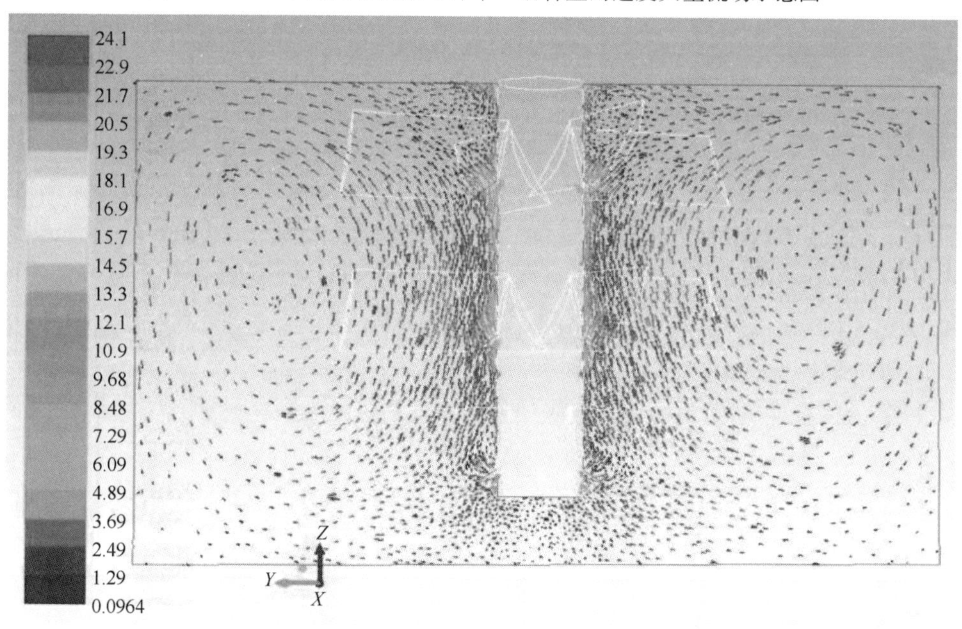

图 5.7 $Re=130$ 处同心平叶片三重混合釜的速度矢量示意图

5.2.2.2.6 最大涡度随雷诺数的变化

流体元的最大涡度被定义为叶片附近或远离叶轮某一具体位置 ω 处的特定区域内单位面积流体元旋转或循环的趋势。对于层流混合搅拌釜中的计算流体力学，最低带状区域的最大涡度较高，其特征是不稳定性引起的小型和大型螺旋旋涡增强的混合层的形成，在环形区域的有角位置表现为蓝色区域，在某些角速度下则表现为浅蓝色的斑点，说明旋涡在高黏度时发生延伸。这种现象发生在图 5.3 至图 5.6 所示的单一混合釜的同心和偏心圆盘和图 5.7 至图 5.9 所示的三重混合釜的同心和偏心圆盘中。

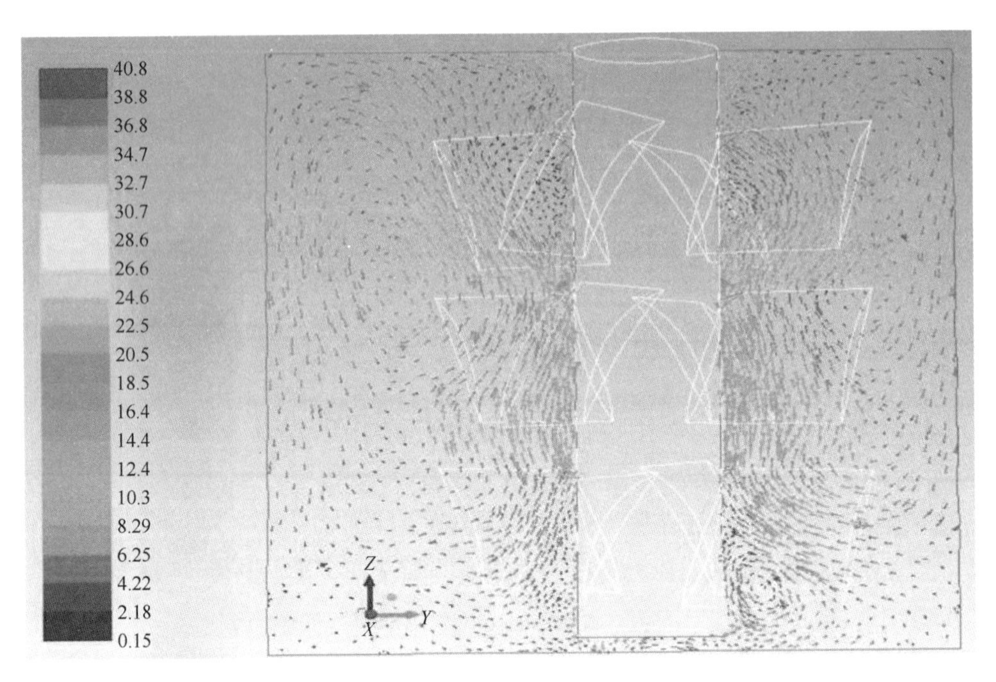

图 5.8　*Re* = 130 处同心圆形叶片三重混合釜的速度矢量场示意图

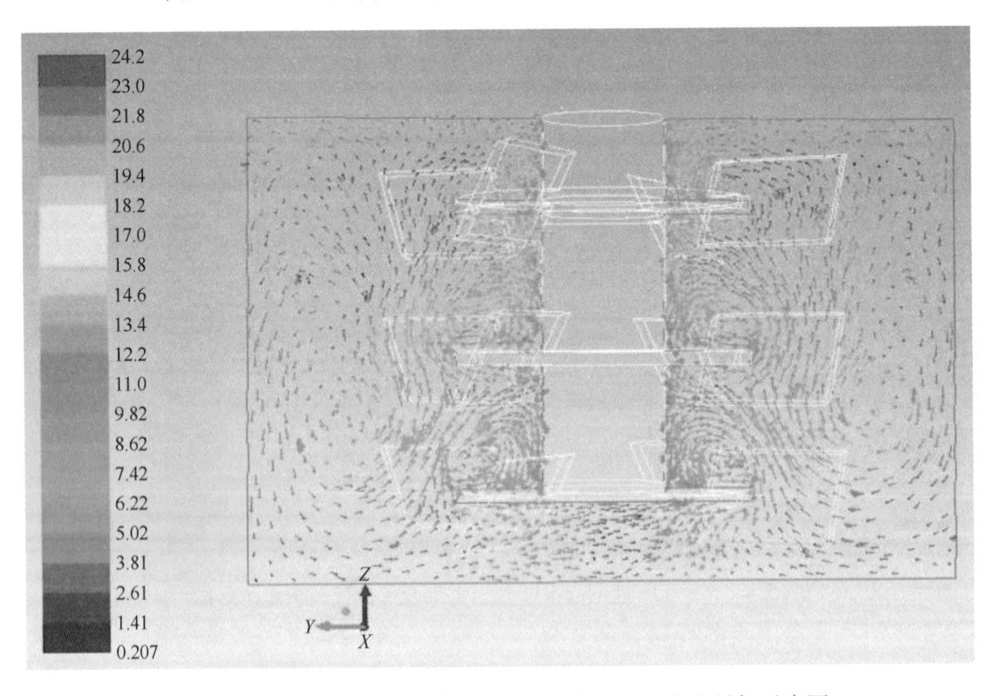

图 5.9　*Re* = 130 处同心圆形叶片三重混合釜的速度矢量场示意图

圆形叶片周围的空间不稳定性是由轴向和径向速度分布的屈折性引起的。最初由一定角速度下的搅拌容器引起的旋涡是线性不稳定的，它们会卷曲形成图中指出的连贯旋涡。在 FLUENT 14 中，尽管雷诺数较低，利用三维计算流体力学数值模拟可以很好地再现螺旋混合层旋涡。这表明，当旋涡相距很近时，它们具有成对的趋势，如图 5.10 和表 5.3 所示。

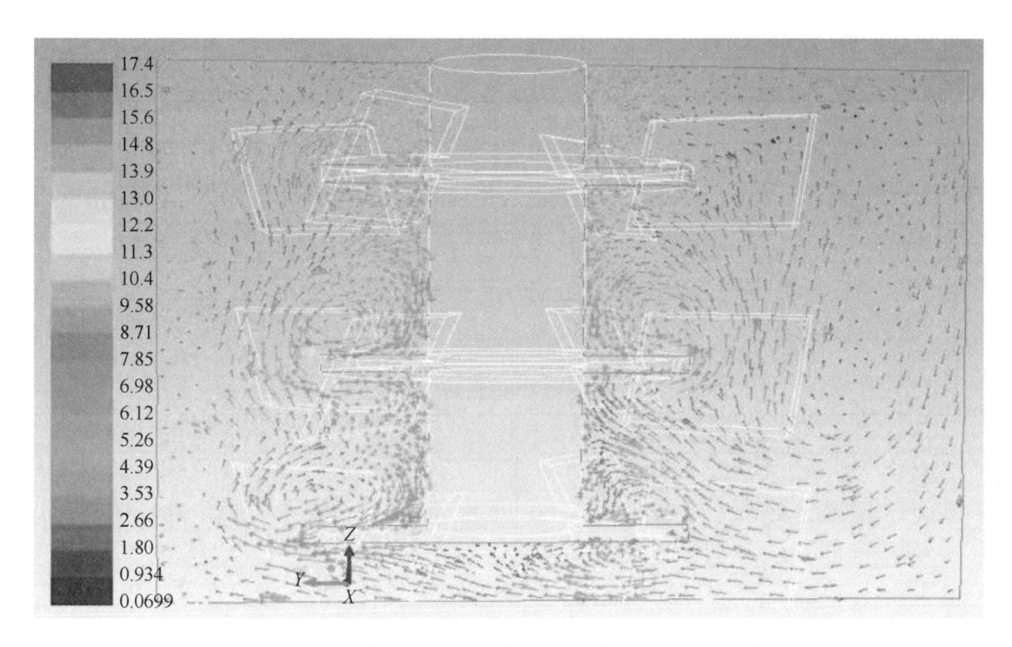

图 5.10　$Re=130$ 处偏心圆形叶片三重混合釜的速度矢量场示意图

表 5.3　最大涡度随雷诺数的变化表

人字形平叶片同心圆盘		圆形同心圆盘	
雷诺数(RPM)	最大涡度	雷诺数(RPM)	最大涡度
人字形平叶片 4 叶轮			
单一混合釜(4 叶轮)			
0	17. 31	0	24. 12
150	108. 02	150	122. 42
250	181. 18	250	223. 63
350	298. 82	350	374. 51
450	500. 45	450	600. 13
三重混合釜(4 叶轮)			
0	16. 32	0	21. 08
150	112. 31	150	129. 61
250	193. 13	250	238. 71
350	314. 98	350	389. 17
450	551. 67	450	680. 23

续表

人字形平叶片偏心圆盘		圆形偏心圆盘	
雷诺数(RPM)	最大涡度	雷诺数(RPM)	最大涡度
圆形拉斯顿实心圆盘			
单一混合釜(4 叶轮)			
0	27.30	0	38.07
150	167.96	150	212.02
250	269.16	250	331.19
350	384.13	350	455.14
450	498.24	450	589.13
三重混合釜(4 叶轮)			
0	41.58	0	55.10
150	181.36	150	224.11
250	283.52	250	344.91
350	396.08	350	477.39
450	522.51	450	621.50

5.2.2.2.7　结论

利用计算流体力学模拟对单一和三重混合釜同心系统中圆形实心圆盘转子和 4 叶片叶轮搅拌的无挡板混合容器中的层流进行比较。计算结果表明：实心圆盘转子产生的流场与径向流 4 叶片叶轮产生的流场类似。实心圆盘可被归类为准径向流转子。在相同的雷诺数下，再循环中心的径向位置进一步远离实心圆盘转子，而 4 叶片叶轮更接近中间平面。对该运动的了解将有助于研究人员理解层流混合中孤立混合区的运动，进而理解层流区的速度变化。叶轮周围的液体随着叶轮转动而平稳运动，远离叶轮的液体则停滞不前。除此以外，两个小涡环分别位于叶轮平面以下和叶轮平面以上的流体中。在该区域中，叶轮旋转的阻力主要来自黏性效应。

在这两种情况下，对于该临界区域，当 Re 升高且 $130 < Re < 400$ 时，再循环中心开始向转子移动并逐渐消失。对于层流和湍流状态，这一现象值得我们进一步研究。4 叶片叶轮再循环中心的涡流速度和 Z 涡量要比实心圆盘转子高得多。结果表明，将实心圆盘转子应用于平稳的层流是可行的。

模拟结果表明，叶轮附近的涡流速度和 Z 涡量都较高。在 $Re = 150 \sim 350$ 的 4 叶片叶轮中，涡流速度的突然增加使得底部的旋转轴附近产生了强烈流动。对于层流和湍流状态，可进一步研究上述现象。

5.3　连续搅拌釜式反应器模型的 ASPEN Plus 模拟

ASPEN Plus 是一种过程建模工具，用于化工、聚合物、金属、矿物和电力工业的概念设计、优化和性能监测。除此以外，还包括质量和能量平衡、物理化学、化工热力学、化学反应工程、单元操作、过程设计和过程控制。它还可以作为模拟反应工程(如设计和确定反应器尺寸，预测反应转化率和理解反应平衡行为）的一种方便工具。7 种不同的反应器模型如下：RStoic、Ryield、Requil、Rgibbs、RCSTR、Rplug 和 Rbatch。动态机理模型有平衡、幂次定律、Langmuir - Hinshelwood - Hougen - Watson 和广义 Langmuir - Hinshelwood - Hougen - Watson 等。在 ASPEN Plus 软件库中，我们可以找到反应器模型。

连续搅拌釜式反应器中可进行多个反应，其中每个反应组分的转化程度或转化率被指定。对于反应：

$$aA + bB \longrightarrow cC + dD \tag{5.2}$$

连续搅拌釜式反应器中苯胺加氢生成环己胺的反应式如下：

$$C_6H_5NH_2 + 3H_2 \longrightarrow C_6H_{11}NH_2$$

反应器的操作压力为 40bar，温度为 120℃，容积为 1200ft^3（75% 为液体）。对于液相反应，入口流体具有一定规格，如下：纯苯胺和氢气分别以 45kmol/h 和 160kmol/h 的流速进入反应器，温度分别为 43℃和 230℃，压力为 41 bar。阿伦尼乌斯定律的反应动力学数据如下：指前因子 = 500000m^3/（kmol · s）；活化能 = 200000Btu/lbmol。模拟采用 SYSOPO 基础属性方法。

5.3.1　连续搅拌釜式反应器模型的模拟

（1）打开 Aspen Plus。

（2）从模型库工具栏中选择反应器项，接着选择连续搅拌釜式反应器图标并将其置于空白工艺流程图窗口。

（3）点击左下角的物流图标，完成物流构建，通过选择物流并使用快捷键“Ctrl + M”可对物流重新命名。图 5.11 为流程图。

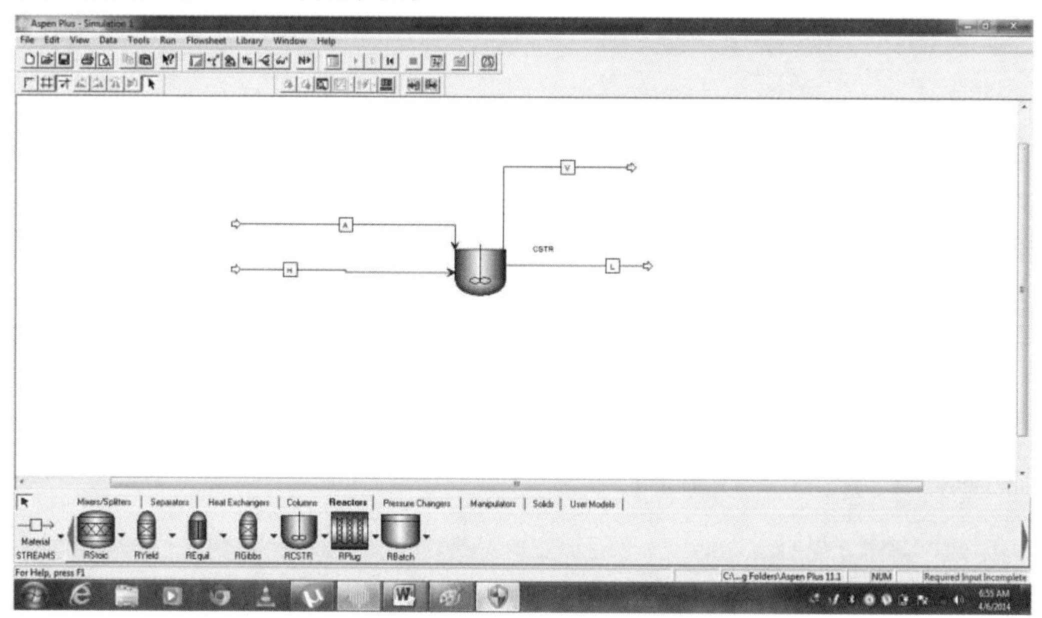

图 5.11　连续搅拌釜式反应器流程图

(4)参数设置(图 5.12)，接着进行标注(图 5.13)。

用户名：S Suresh。

账号：01。

项目 ID：Chemical。

项目名称：CSTR。

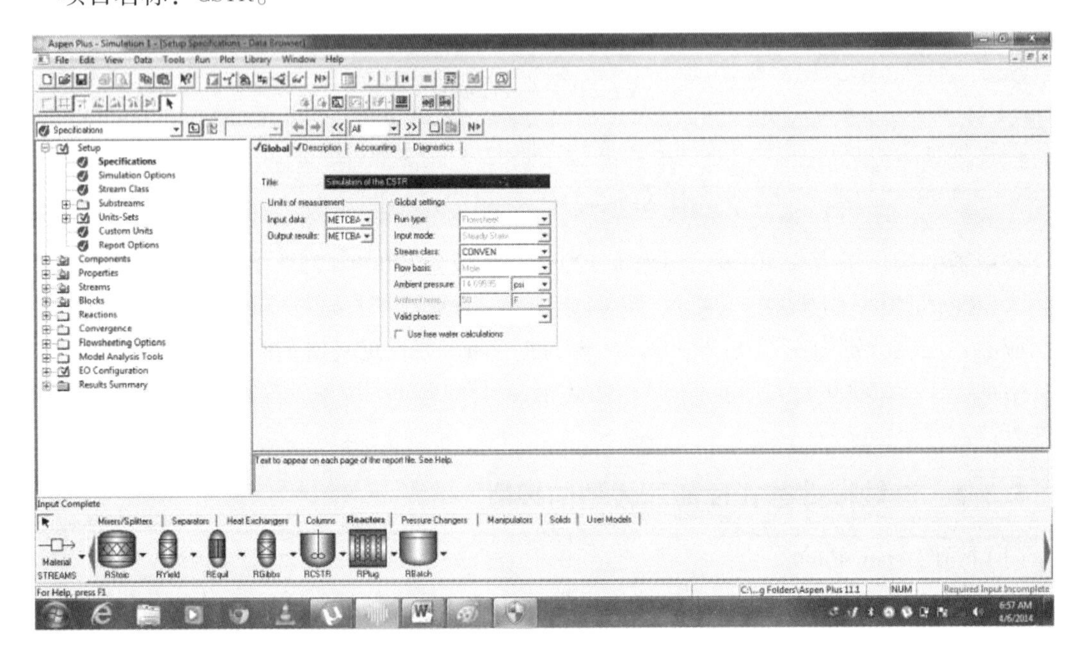

图 5.12　参数设置示意图

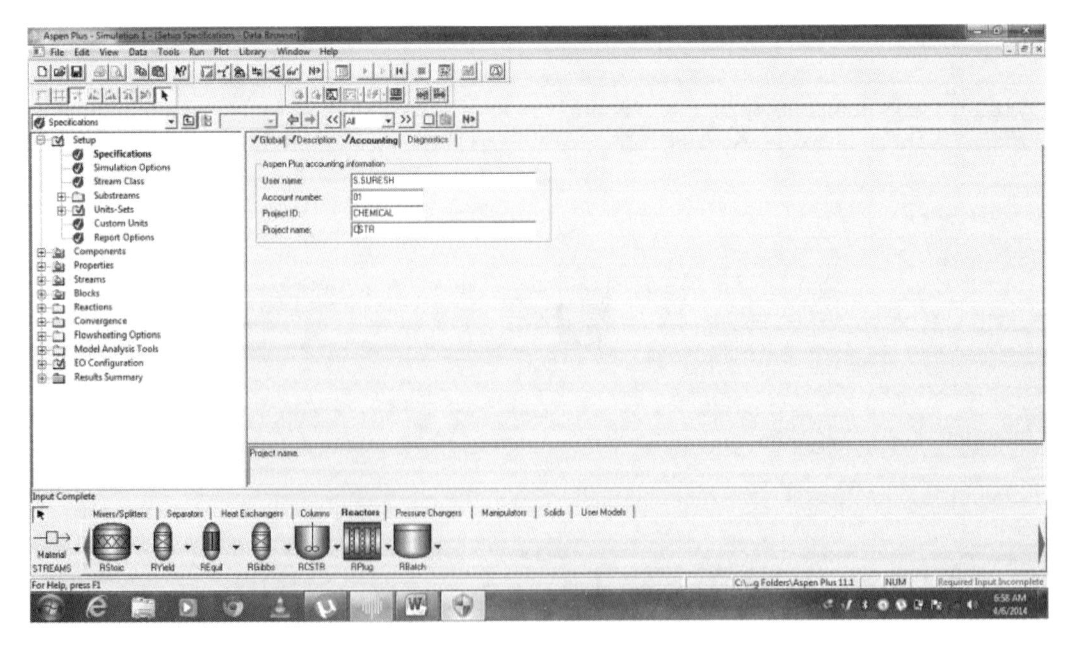

图 5.13　标注信息示意图

(5)指定组分：输入反应物和产物，即反应涉及的组分(图5.14)。

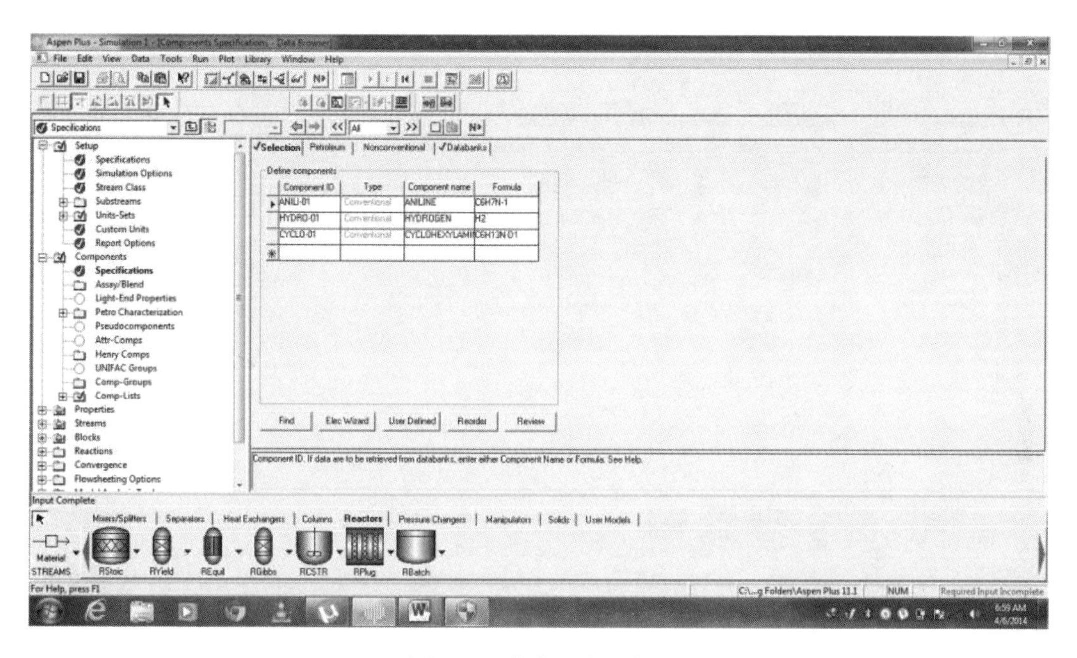

图5.14　指定组分示意图

(6)指定性质方法(图5.15)。

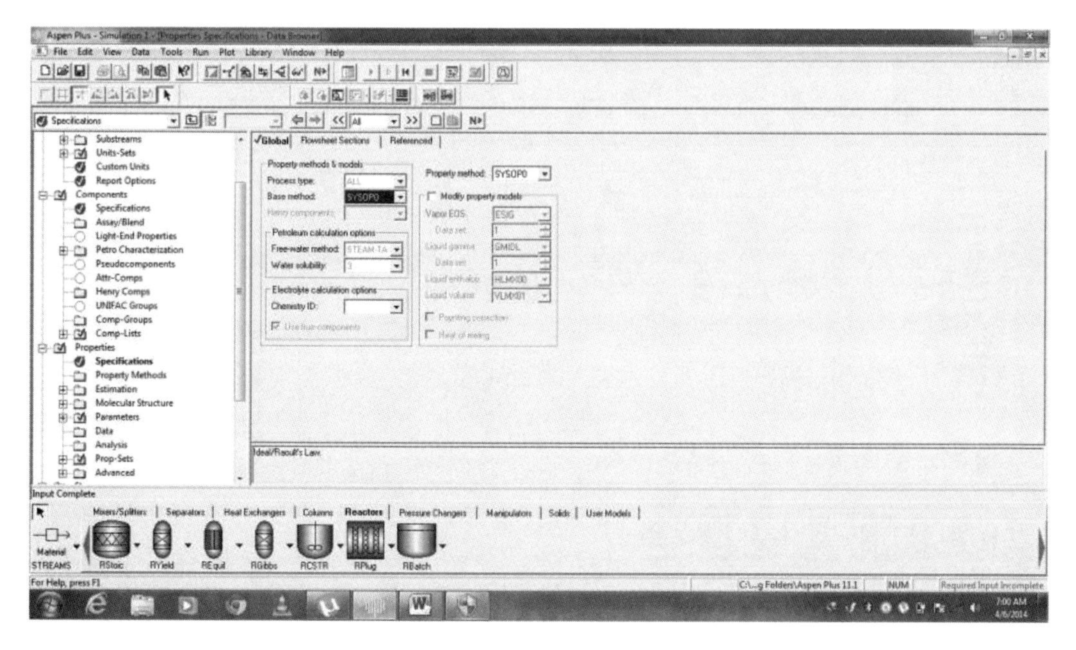

图5.15　性质方法示意图

(7)定义物流 1 的信息(图 5.16)。

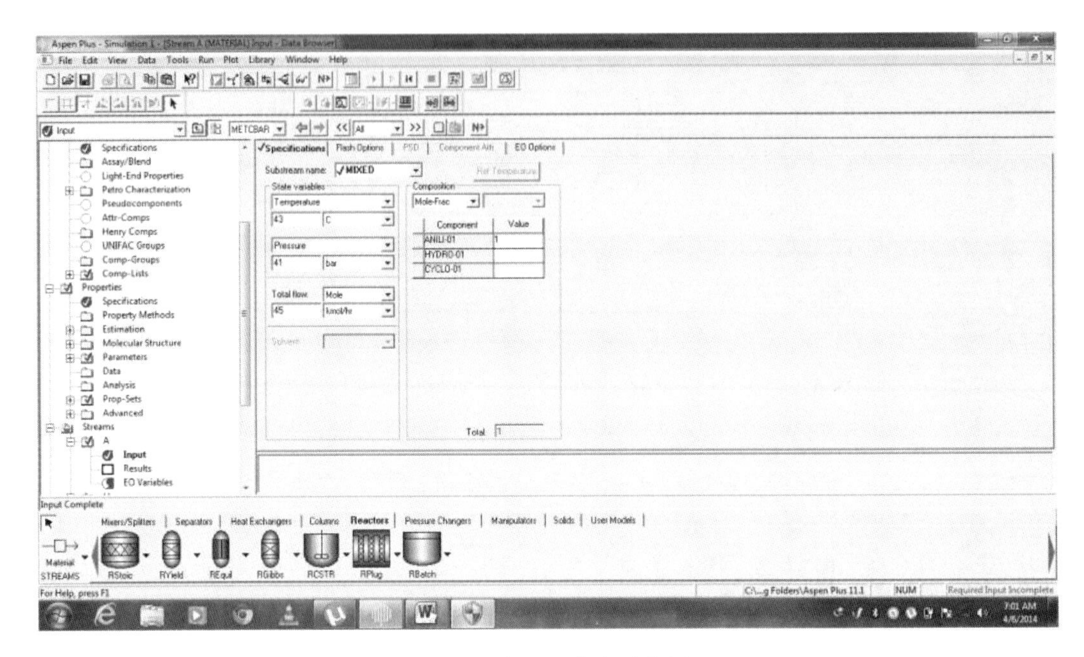

图 5.16　物流 1 信息示意图

(8)定义物流 2 的信息(图 5.17)。

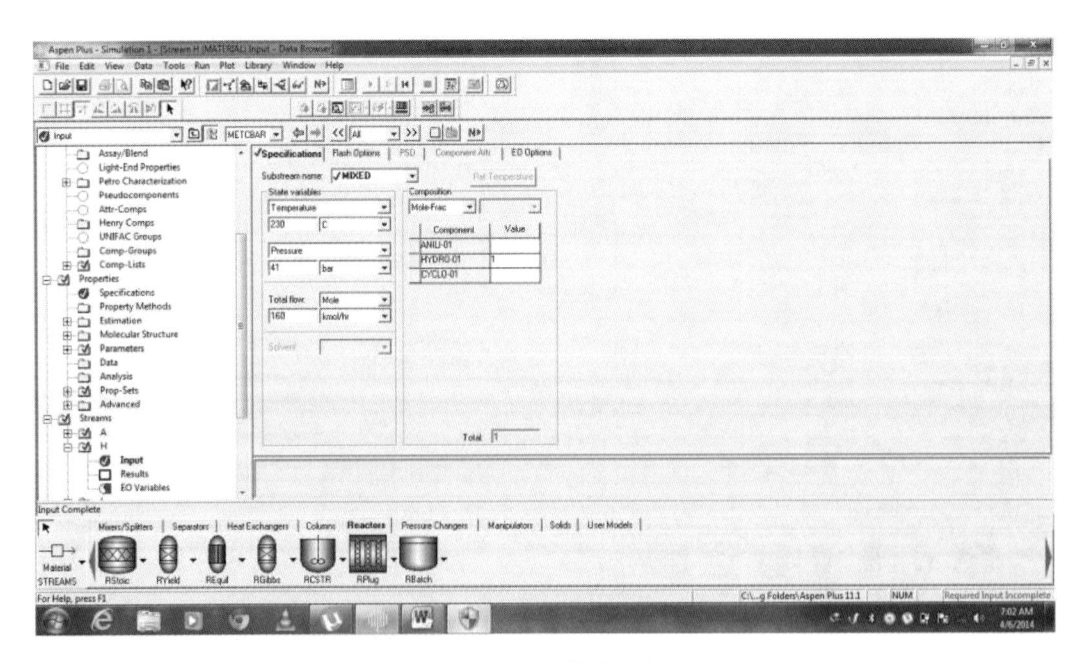

图 5.17　物流 2 信息示意图

(9)定义模块信息(图5.18)。

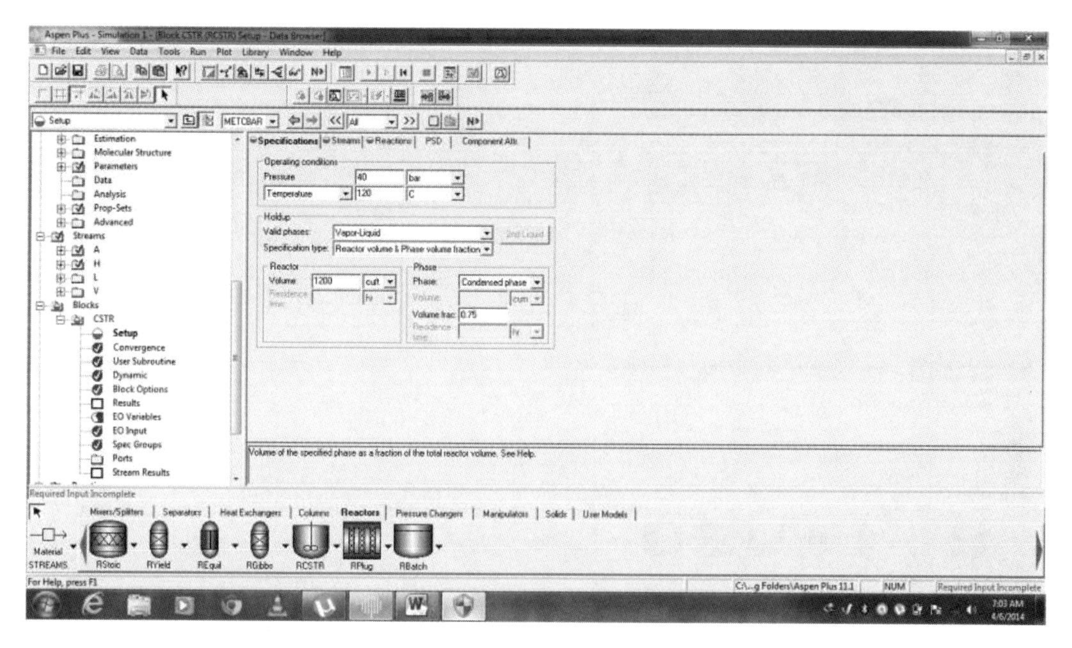

图5.18　模块信息示意图

(10)产品流相信息(图5.19)。

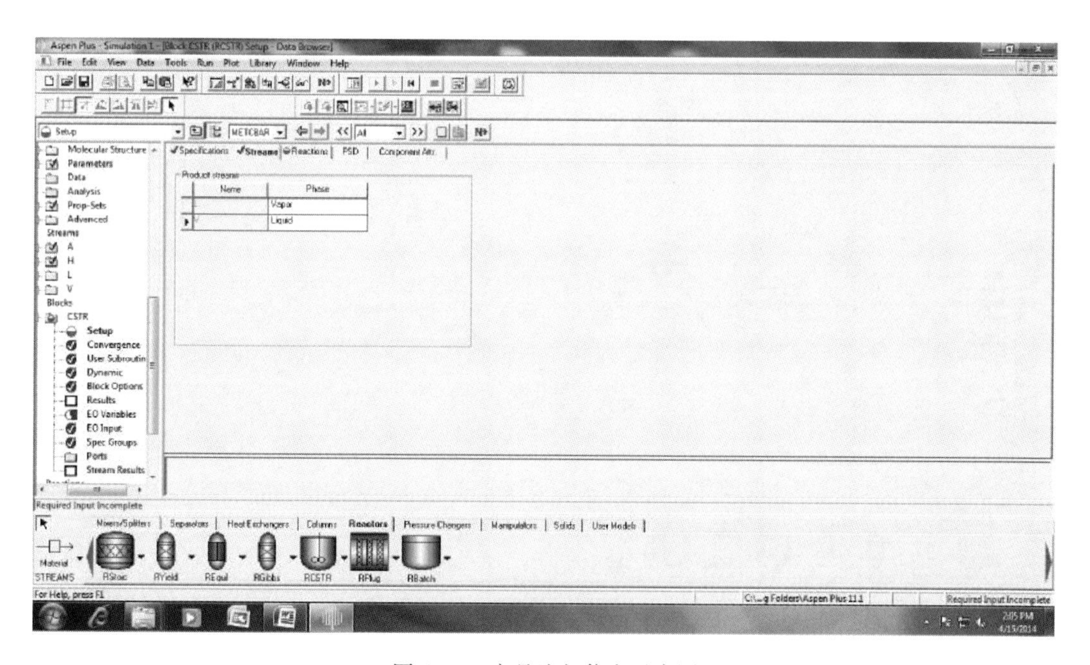

图5.19　产品流相信息示意图

(11)反应信息(图 5.20)。

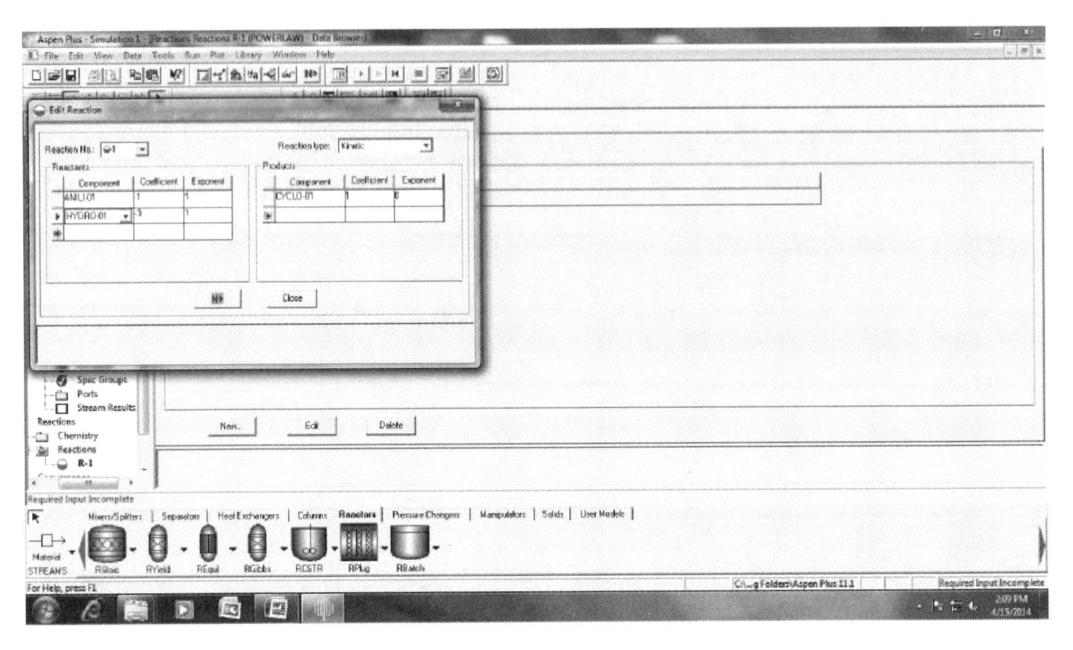

图 5.20　反应信息示意图

(12)动力学信息(图 5.21)。

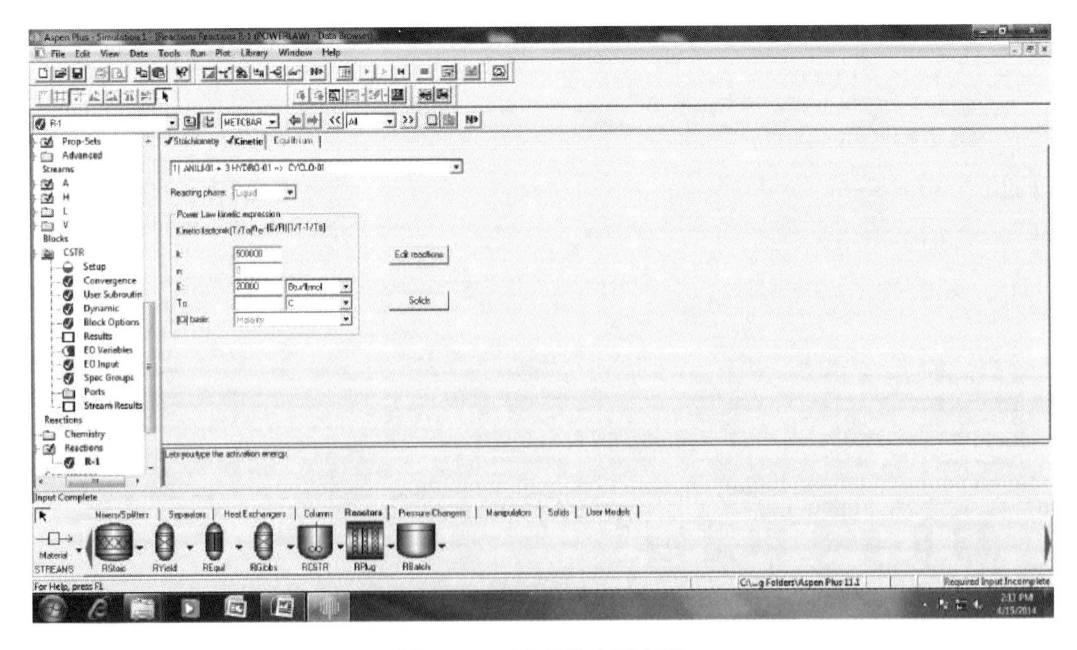

图 5.21　动力学信息示意图

(13)可用的反应集(图 5.22)。

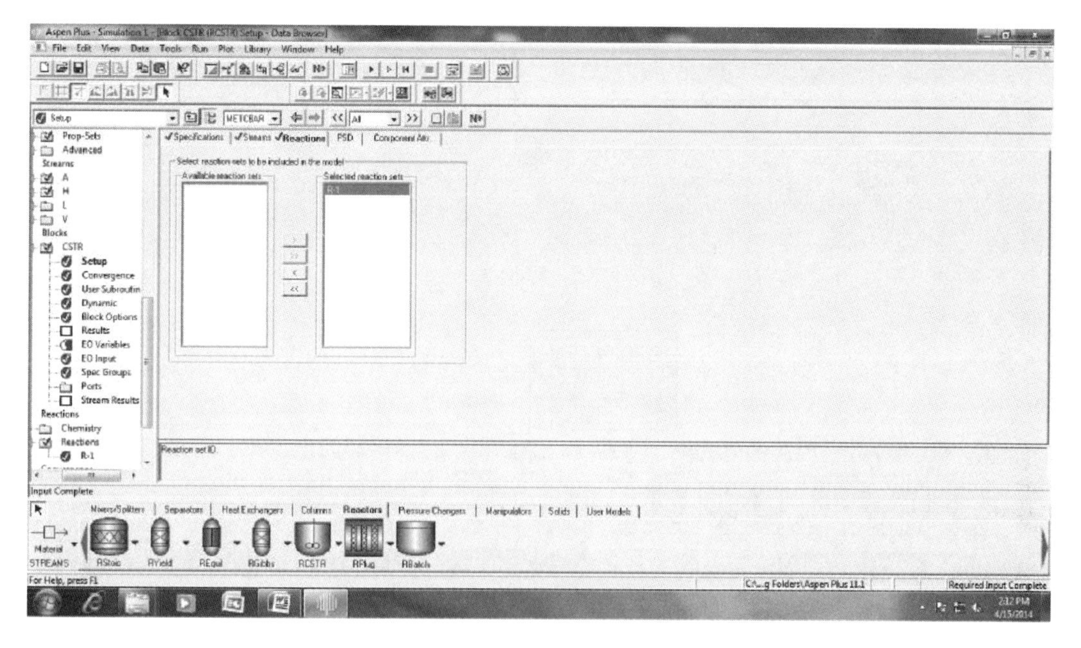

图 5.22　可用反应集示意图

(14)运行模拟并查看结果(图 5.23)。

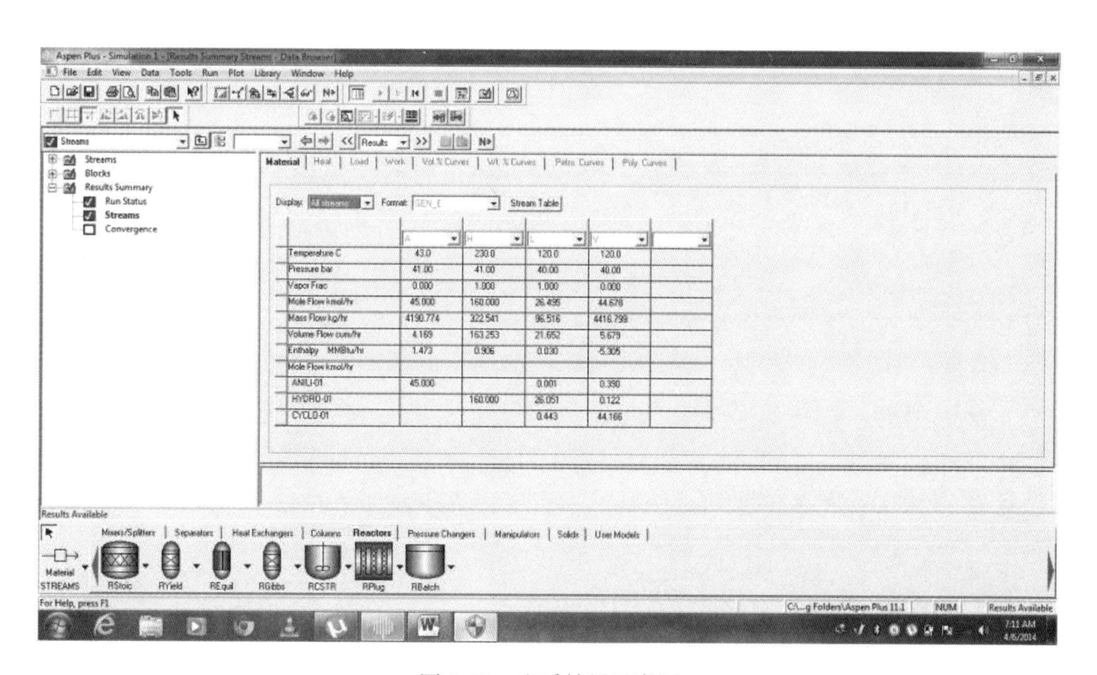

	A	H	L	V	
Temperature C	43.0	230.0	120.0	120.0	
Pressure bar	41.00	41.00	40.00	40.00	
Vapor Frac	0.000	1.000	1.000	0.000	
Mole Flow kmol/hr	45.000	160.000	26.495	44.678	
Mass Flow kg/hr	4190.774	322.541	96.516	4416.799	
Volume Flow cum/hr	4.169	163.253	21.652	5.679	
Enthalpy MMBtu/hr	1.473	0.906	0.030	-5.305	
Mole Flow kmol/hr					
ANILI-01	45.000		0.001	0.390	
HYDRO-01		160.000	26.051	0.122	
CYCLO-01			0.443	44.166	

图 5.23　查看结果示意图

(15)查看输出报告(图 5.24)。

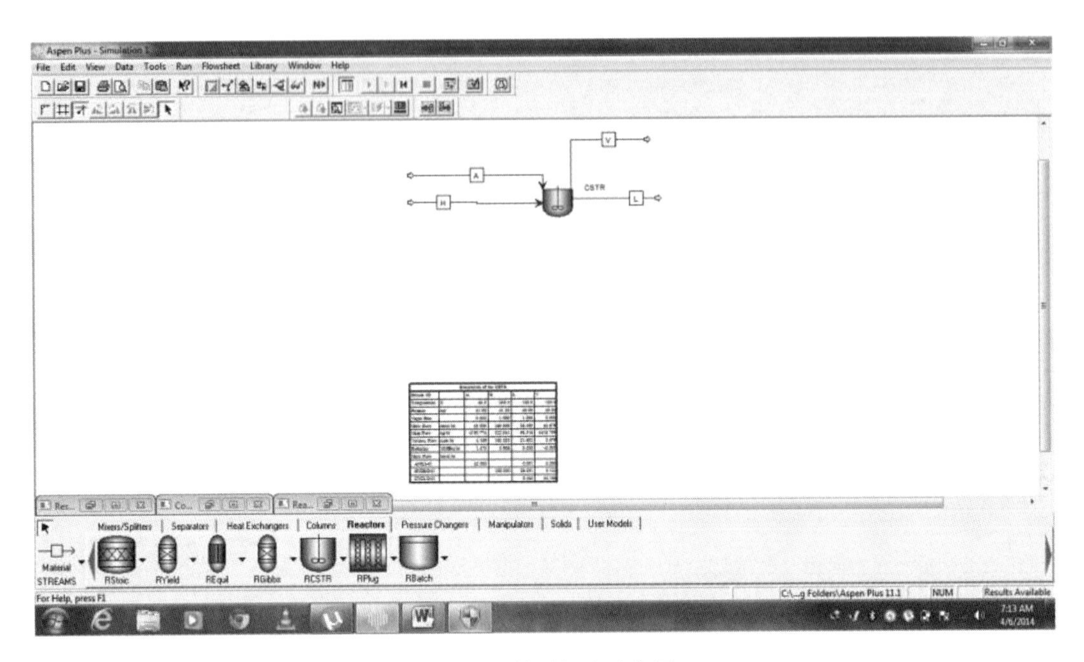

图 5.24　结果报告示意图

5.3.2　结论

在上述研究中，我们对连续搅拌釜式反应器中苯胺加氢生成环己胺(cyclo-01)的反应进行了模拟。结果表明：蒸气和液体的质量流速分别为 4416.79kg/ h 和 96.51kg/ h，cyclo-01 的摩尔分数约为 1，反应器的热负荷为 -1.9290×10^{6}kcal/h，反应的停留时间为 1.24h。

第 6 章　绿色催化和绿色过程的应用

本章的主要目的是为各种环境污染治理过程开发新的催化剂。接着，采用系统方法为这些实际应用提供信息。化学和反应工程均考虑在内。

6.1 节介绍了绿色催化和绿色过程的应用概况。6.2 节介绍了粉煤灰合成分子筛 X 和分子筛 A 的过程，合成分子筛的表征及其作为吸附剂用于染料去除的应用。此外，还介绍了各种不同的数学动力学模型，用于比较不同染料的反应机理及其扩散至合成分子筛界面的传质速率。6.3 节讨论了粉煤灰熔化、热处理合成 Na-Y 分子筛的过程。通过这两种加热方法，优化了结晶所需的时间。此外，还研究了添加晶种的影响。采用 XRD(X 射线衍射)、SEM(扫描电镜)、EDAX(原子能量色散 X 射线分析)和 FTIR(傅里叶变换红外光谱)对晶体的形成进行分析。以 Fe 交换的分子筛为催化剂，对催化湿式过氧化氢氧化(WPO)过程去除酸性橙 7 染料、颜料和化学耗氧物质进行了研究。此外，对过程参数如温度、初始 pH 值、过氧化氢浓度和催化剂负载量进行了研究，并对比了商业 Na-Y 分子筛和 FA Na-Y 分子筛去除染料的效率。

热解已成为纸浆和造纸厂废水、棉花纺织厂综合废水、石化和酒厂废水(DWW)和酒精生产工厂沼气池废水的一种有效的预处理方法。6.4 节重点介绍了不同类型的商用催化剂(如 $CuSO_4$、$FeCl_3$、$FeSO_4$、CuO、ZnO、Mn/Cu 和 Mn/Ce)的使用，并开展了时间实验以确定哪些吸附剂性能更好并对其热解过程进行动力学描述。通过实验确定了各个参数及其相互作用对聚丙烯装置废水的影响并建立了过程的统计模型。热解动力学分析表明：化学耗氧物质去除过程包含连续两步，首先是初始快速步骤，然后是速率缓慢的第 2 步。假设化学耗氧物质去除过程的两步均为 1 级反应，则可用一个简单的幂次表达式表示。在 6.5 节中，在常压和中等温度下，石化和酒厂废水的催化湿式空气氧化(CWAO)使用的催化剂为无机以及有机形态[$CuSO_4$、$FeCl_3$、$ZnCl_2$、$Al(OH)_3$ 和合成分子筛]。

6.1　绿色催化和绿色过程应用导论

20 世纪 90 年代以来，科学界已逐步改变了应对环境保护法规的方法。化学工业和研发实验室的这种变化导致了绿色化学的发展。在过去的十年中，人们广泛认可和接受绿色化学为可持续发展的一种新方式。

采用传统方法治理或回收废物时，工厂常常被迫支付高价以满足污染管理委员会制定的标准。同时，随着环境问题的日益加剧，政府对大规模化学物质可能造成的有害影响的要求更加严苛。因此，现有的环境安全法规、对此前鲜为人知的有毒化学物质及其对生物的长期影响的不断发展的科学认知以及产业的货币利益的综合作用使得人们的注意力从末端清理转向利用绿色化学方法的环境安全生产过程。美国国家环境保护局对绿色化学的一个简单定义如下："将化学用于污染预防和更环保的化工产品和过程的设计。"绿色化学日益增长的重要性可归因于其在生态效率和经济增长间的桥梁作用。

在过去20年中，环境催化在全球催化剂市场的重要性不断提高，同时也是整个催化领域发展的推动力之一。创新"环保"催化的发展也是建立新的可持续化学工业的一个至关重要的因素。例如，美孚利用新发现的分子筛ZSM-5实现了商业化甲醇制汽油过程和生物质制生物燃料过程(Chang 和 Silvestri，1977；Suresh 等，2013)，这有助于降低20世纪70年代相对较高的油价。

环境催化的创新。催化在传统领域外及具有最佳反应条件的环境技术的基本问题上均可扩展使用，使用方向的选择取决于能量和原料约束条件和/或上游装置定义的条件，这意味着对于新型催化材料、设备和解决方案的开发，创新的努力是必需的。显而易见，不仅仅是环境催化的特定领域，整个多相催化领域以及其他工业领域都将受益于这项研究成果。

化学合成多相催化剂的一般使用温度为200～500℃，而环保催化剂可以在较低温度如室温或更低的温度下使用，例如：水净化技术及一些氮氧化物或挥发性有机化合物减排系统提及的低温CO氧化催化剂。在这些过程中，大量废水的加热非常昂贵。化学合成多相催化剂也可以在极高的温度(如900℃或以上)下使用，如燃气轮机的催化燃烧。最近，欧洲共同体的欧洲气候变化计划(ECCP)进一步促进了人们对采用催化技术控制温室气体(二氧化碳、甲烷、一氧化二氮和卤素化合物)排放的研究。温室气体排放的全球影响及寻求上述问题实际解决方案的压力逐渐增加，使得该领域的研究逐渐引起研究者的兴趣。

环境催化研究正在经历从污染治理向污染预防的转变。先进燃料电池和催化燃烧的研究使得超低排放发电成为可能，全球范围内的研究者正在进行深入研究。新的清洁催化路线正在改变大量精细化学品的生产方式。在这个过渡阶段，我们将继续使用催化污染治理技术，同时需要进一步提高其商业效率。内燃机排放物仍将是提高燃油经济性和降低温室气体(如二氧化碳)排放新技术的焦点问题。贫燃内燃机显著改善了燃油经济性，但NO_x减排的问题仍有待解决。

使用可能含有催化剂的传感器监测汽车尾气、化学过程、商业和住宅建筑中浓度极低的污染物仍处于研究阶段。通过"被动催化"消除空气中的痕量污染物是提高空气质量的一种令人兴奋的新方法。热交换器表面沉积的催化剂可用来分解周围的臭氧和碳氢化合物。光催化也在发挥作用(Gota 和 Suresh，2014)，但其只适用于特殊的应用。

锆基电化学O_2传感器为燃烧过程提供了计算机控制的反馈，以保持发动机空气/燃料比在一个较窄范围内，从而实现有效的三元催化。CeO_2和ZrO_2的组合在提供储氧能力方面起着不可分割的作用，进而提高了反馈控制系统相关的富/贫扰动过程中NO_x、CO和碳氢化合物的转化效率。事实上，汽车催化剂实现了极端环境下可用材料的可持续发展，这在传统催化过程中被认为是不可能实现的。但是，上述过程仍需进一步改进以满足全球日益严格的排放标准要求。

分子筛如H-ZSM-5是将污水中甲基叔丁基醚(MTBE)转化为生物可降解化学物质的有效催化剂。将H-ZSM-5添加至含有MTBE的水溶液中，即发生快速的初始吸附，接着生成主要产物醇(丁醇和甲醇)，MTBE开始缓慢降解。数据表明，分子筛可以作为催化剂修复

MTBE污染水体，也可以用作汽油罐周围护床。水体修复技术和废水净化中催化剂使用的整个领域是一个越来越重要的话题。除了化工生产的废水处理外，分子筛应用的其他相关领域包括减少非化学工业(如电子、皮革鞣制和纸浆/造纸工业)和农业/食品生产对环境的影响。

近年来，在一直进行的新型可回收固体催化剂的合成与应用研究中，我们对绿色催化的各种环境应用进行了探索(Gota和Suresh，2014)。这些案例研究的一个主要目的是描述绿色催化剂应用的设计和推广(Suresh等，2014)。

6.2 案例研究1：利用各种催化剂处理工业废水

纳米孔材料具有良好的孔隙度和结构完整性，是各种应用的代表性材料(Davis，2002)。已有报道证实了纳米孔材料的微孔(<2nm)和介孔(2~50nm)组分在环境、制药、电子等领域以及分离过程、吸附、膜和催化剂中的潜在应用(Corma，1997)。因此，获得的纳米孔材料具有应用所需的一定孔径、可利用的活性位和良好的孔隙度等非常重要。在这方面，由于微波能够在较短时间、低能耗和有限步骤内选择性加热，故其可以作为绿色化学方法的一个重要工具。自从利用微波辐照成功合成分子筛以来，许多研究小组对微波合成介孔材料及微孔材料进行了研究(Ramaswamy等，2001；US Patent 4778666[P])。

此外，由于微孔材料独特的形貌和增强的结晶时间，通过控制粒径分布和相选择性，微波合成可以很容易地得到微孔材料(Park等，1998；Suresh等，2014)。

目前的研究集中于以下几方面：

(1)从煤的粉煤灰中合成Na-Y分子筛，然后进行水热处理。这种合成方法使用两种不同的加热方式——传统加热和微波加热。利用这两种加热方式，对结晶时间进行了优化。除此之外，还研究了添加晶种的作用。利用XRD、SEM、EDX和FTIR分析了晶体的形成。

(2)以Fe交换分子筛为催化剂，对催化湿式过氧化氢氧化(WPO)去除酸性橙7染料、颜料和化学耗氧物质的过程进行了研究，并考察了温度、初始pH值、过氧化氢浓度和催化剂负载量等参数对反应的影响。

(3)比较了商用Na-Y分子筛和FA Na-Y分子筛对染料的去除效率。

6.2.1 引言

分子筛及其结构。瑞典的矿物学家Cronstedt是第一个发现分子筛的人。分子筛名字起源于希腊，意思是“沸石”——之所以如此称呼是因为当加热到高温时，材料内会出现沸水并离开此结构。自从Cronstedt在1756年发现分子筛以来，研究者又陆续发现了许多不同的分子筛结构——一些是天然的，一些是纯合成的。

分子筛是一种结晶物质，结构由Ⅰ族和Ⅱ族金属特别是钠、钾、镁和钙的水合铝硅酸盐组成。结构上，分子筛为基于无限延伸的三维网络的骨架铝硅酸盐，其中，三维网络由通过共用所有氧原子而相互连接的AlO_4和SiO_4四面体构成。分子筛的结构公式用晶体单元表示如下：

$$M_{x/n}[(AlO_2)\times(SiO_2)_y]\cdot wH_2O$$

式中　M——阳离子；

n——阳离子的价态；

w——水分子的数目；

y/x——硅氧四面体和铝氧四面体的比值；

[　]部分——骨架组成。

骨架包含了孔道和正离子、水分子占据的相互连通的空隙。分子筛由 SiO_2、Al_2O_3、碱金属离子、水和其他物质组成，其功能各不相同。表 6.1 总结了分子筛中各个成分的作用。阳离子相当活泼，通常可以在不同程度上被其他阳离子交换。分子筛晶体内的“沸石”水可以被连续、可逆地除去。

表 6.1　分子筛中成分的来源及作用

来源	作用
SiO_2	结构的初级结构单元
AlO_2	结构电荷的来源
OH^-	矿化剂，客体分子
碱金属离子	骨架电荷的反荷离子
水	溶剂，客体分子
有机导向剂	骨架电荷的反荷离子，客体分子，模板剂

第一种结构分类法基于骨架拓扑结构，每个骨架具有一个独特的三字母代码(Meier 等，1996)。具有相同代码的分子筛的结构是相同的。为每个分子筛指定一个三字母的结构代码，且分子筛命名的优先级取决于该组中发现的第一个矿物。该分类方法对以阳离子交换和合成分子筛为主要兴趣的研究人员有用，但对试图命名分子筛矿物的地质学家来说没有帮助(Armbruser 等，2001)。

Meier 等(1968)基于图 6.1 所示的二级结构单元(SUB)概念对分子筛分类的第二种结构

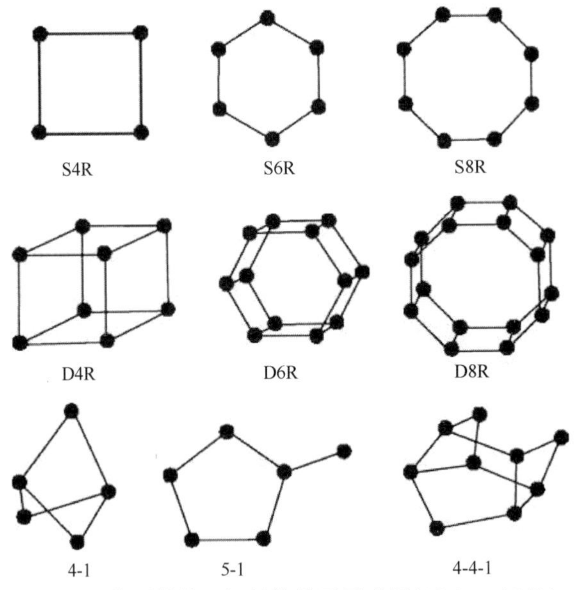

图 6.1　分子筛的二级结构单元示意图(Meier，1968)

方法进行了描述。分子筛的一级结构单元是四面体，二级结构单元为四面体的几何排布(Breck 等，1974)。通常，这些二级结构单元控制分子筛的形貌。

这些二级结构单元只表示四面体硅和铝的位置。氧原子位于连接实线附近，但这些实线并不代表键。Breck 等(1974)使用的分类方法是基于结构已知的分子筛的拓扑结构，分为七组，每组分子筛具有共同的结构子单元：一系列特定的(Al，Si)O_4 四面体。在该分类方法中，Si－Al 分布忽略不计。Meier(1968)将这些子单元称为二级结构单元。分子筛的一级结构单元为四面体(图 6.1)。

由于二级结构单元可通过多种方式连接成多面体，这些多面体进而组合形成规则的孔道和腔网络，因而存在多种可能的分子筛结构(Sulikowski 等，1987)。

除了包含一些分子筛是如何被发现并命名的历史背景外，Gottardi 提出的分类方法与 Breck 等(1974)的二级结构单元分类法类似(表 6.2)。该方法使用了地质学家广泛使用的具有特定二级结构单元的一系列分子筛组名字，并含有一些有限或无限的复杂四面体结构单元：(1)纤维状分子筛链；(2)单连接 4 元环链；(3)双连接 4 元环链；(4)单或双 6 元环；(5)带悬键的六角片；(6)片沸石单元。这些复杂的单元大多通过连接形成实际的结构，但在某些情况下，会与临近的单元共用点、边或面。

表 6.2　基于 Breck 等(1974)的分类

分组	二级结构单元(SBU)
1	单 4 元环，S4R
2	单 6 元环，S6R
3	双 4 元环，D4R
4	双 6 元环，D6R
5	复合体 4-1，T_5O_{10}单元
6	复合体 5-1，T_8O_{16}单元
7	复合体 4-4-1，$T_{10}O_{20}$单元

由 6 元氧环，8 元氧环，10 元氧环，12 元氧环，14 元氧环……组成的分子筛孔道会形成彼此间相互连通的管状结构和孔。但是，一些其他因素如骨架外阳离子的位置、大小和配位数亦会影响孔径。

6.2.1.1　分子筛性质

分子筛脱水。大多数分子筛可在晶体结构无重大改变的情况下发生一定程度的脱水，接着发生再水合，即从液相的蒸汽中吸收水分(表 6.3)。但是，许多分子筛会发生不可逆的结构变化，导致结构完全坍塌。

表 6.3 分子筛的某些物理性质

<table>
<tr><td>粒径(合成分子筛)</td><td colspan="5">1 ~ 10μm</td></tr>
<tr><td>热膨胀系数(−183 ~25℃)系数</td><td colspan="5">大约为 6.9×10^{-6}(分子筛 A)；石英为 5.2×10^{-6}</td></tr>
<tr><td>密度，g/cm^3</td><td colspan="5">1.9 ~ 2.3</td></tr>
<tr><td>晶体硬度(莫氏硬度)</td><td colspan="5">4 ~ 5</td></tr>
<tr><td>光学性质(颜色)</td><td colspan="5">无色(分子筛中其他金属的存在会增添色彩)</td></tr>
<tr><td>导电性，$\Omega^{-1}\cdot cm^{-1}$</td><td colspan="5">10^{-8} ~ 10^{-4}(脱水形成完全水合物 A)</td></tr>
<tr><td>介电质</td><td colspan="5">在较大范围内随温度和含水量变化。例如，对于分子筛 A，介电质为 0.01 ~ 0.3。导电性取决于很多因素，如温度、SiO_2/Al_2O_3 比、ΔH、每个晶胞的阳离子数目、阳离子半径、ΔG、每个晶胞的水分子数等</td></tr>
<tr><td>沸石水</td><td colspan="5">核磁共振光谱对不同位点间水分子的交换及传输时间比停留时间短的现象进行了解释。较大分子筛腔中的水分子表现出与隔离液体相同的性质，但对较小的分子筛腔，水分子似乎聚集在阴离子周围。在脱水过程中，水分子似乎在分子筛超笼内成直线排列。阳离子偶极作用对沸石水的性质和结构影响很大</td></tr>
<tr><td rowspan="3">热力学数据</td><td>项目</td><td>S^0_{298K}，cal/(℃ · mol)</td><td>ΔH^0_{298K}，kcal/mol</td><td>ΔG^0_{298K}，kcal/mol</td><td>$(\lg K_f)_{298}$</td></tr>
<tr><td>方沸石</td><td>56.03</td><td>−786.341</td><td>−734.262</td><td>538.228</td></tr>
<tr><td>翡翠</td><td>31.90</td><td>−719.871</td><td>−677.206</td><td>496.405</td></tr>
</table>

表面羟基。对于终止晶体内相邻的四面体铝或硅离子成键位置处的分子筛晶体面，羟基是必要的。

结构羟基。羟基拉伸 X 和 Y 型分子筛的结构。

一价离子的水解。阳离子的适度水解可能产生一些阳离子缺陷位并被羟基取代，如图 6.2 所示。

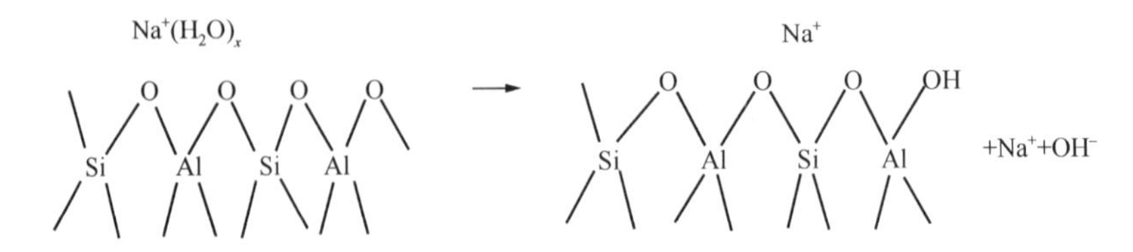

图 6.2 一价离子的水解和羟基取代

水热转化反应。在水蒸气存在的条件下，分子筛的高温转化或重结晶反应与分子筛在溶液如强碱溶液中转化为其他分子筛或非分子筛物种的反应不同。由于分子筛在岩浆热液中具有热力学亚稳定性，一段时间后，它可转化为其他结晶物种。

高温下的水蒸气影响 X 型分子筛和 Y 型分子筛的稳定性。当暴露于 350℃ 的蒸汽时，

Na-X 分子筛会失去结构和吸附特性。在水中，用无机酸处理分子筛至低 pH 值(6 左右)，可对分子筛进行部分氢交换，改善稳定性损失，最大限度地减少吸附容量并保留其晶体结构。具有相同拓扑结构的合成 X 型分子筛和合成 Y 型分子筛的蒸汽稳定性不同。当用 410℃的水蒸气处理 Si/Al > 1.5 的 Y 型分子筛时，分子筛的结构和结晶度保持不变。

脱水分子筛的转化。当加热到高温时，晶体结构分解，生成非晶态固体并再结晶成非分子筛物种。例如：

$$\text{分子筛 Y} \xrightarrow{1000℃} \text{玻璃}$$

高压下分子筛的转化。高压下，分子筛转化为高密度硅酸铝。例如：

$$\text{分子筛 Y} \xrightarrow{300℃,\ 15\text{kbar}} \text{分子筛 P}$$

$$\xrightarrow{400℃,\ 10\text{kbar}} \text{方沸石}$$

$$\xrightarrow{500℃,\ 20\text{kbar}} \text{翡翠}$$

$$\xrightarrow{200℃,\ 15\text{kbar}} \text{钠长石} + \text{霞石}$$

强酸溶液中的反应。分子筛可在酸作用下分解。强酸处理下分解的硅酸盐可分为两组：(1)能够分离不溶性二氧化硅而不形成凝胶；(2)酸处理时成胶。一般规律：当分子筛 Si/Al < 1.5 时，分解并形成透明的凝胶状分子筛 A；当分子筛 Si/Al > 1.5 时，经 HCl 处理后，分解并沉淀二氧化硅。

强碱。与强碱反应后，分子筛会转变成不同的物种。例如，当与氢氧化钠反应时，分子筛 A 生成分子筛 P，进一步反应则生成方钠石水合物。

螯合剂。螯合剂如 H_4EDTA 与酸和脱铝分子筛的作用方式相同。用这种方法彻底脱除铝会完全破坏结构。生成热稳定产物的最佳去除水平为 25%~50%。对于分子筛 Y，50% 的铝脱除率使 Si/Al 比从 2.63 上升至 10.6。

分子筛的离子交换。与 X 型分子筛相比，Y 型分子筛的离子交换能力较弱。在标准温度下，许多交换反应进行不完全。当阳离子分数 A_Z 约为 0.7 时，与一价铯、铵和铊交换的等温线会终止。选择性随交换程度的变化而变化，当交换程度达到 68% 时，选择性的递减顺序如下：

$$Tl > Ag > Cs > Rb > NH_4 > K > Na > Li$$

6.2.1.2 分子筛 Na-Y

合成分子筛 Na-Y 为钠离子中和铝硅酸盐骨架结构形成的合成分子筛 Y，该物质与分子筛 X 位于同一族。这两种分子筛的结构均与天然八面沸石类似。这些分子筛的差异是由其组成及组成差异引起的物理性质造成的(表 6.4)。分子筛 Y 的 Si、Al 含量与八面沸石类似，但分子筛 X 含有的铝更多。分子筛 Y 表现出八面沸石(FAU)结构，具有三维孔道，其孔道在 x、y 和 z 平面相互垂直。由于孔道由 12 元氧环形成，其孔径较大，为 7.4Å，并形成直径为 12Å 的更大的腔。该腔周围有 10 个通过六边形面连接的方钠石笼

（截断八面体）。

表 6.4 分子筛 Y 的性质

结构组	4
化学组成	
典型的氧化物公式	$Na_2OAl_2O_3-4.8SiO_2-8.9H_2O$
典型的晶胞成分	$Na_{56}[(AlO_2)_{56}(SiO_2)_{136}]\cdot 250\ H_2O$
变化	Na/Al：0.7～1.1；Si/Al：1.5～3
晶体学数据	
对称性	立方体
密度，g/cm^3	1.92
空间群	Fd3m
晶胞体积，$Å^3$	14901～15347
结构性质	
骨架	截断正八面体、β 笼，通过 D6R's 像金刚石中的碳原子一样以四面体形式连接。每个晶胞包含 8 个直径约为 13Å 的腔
SBU	D6R
空隙体积，cm^3/cm^3	0.48
笼类型	β，26－hedron（Ⅱ）
骨架密度，g/cm^3	1.25～1.29
脱水的影响	稳定可逆
吸附的最大分子	$(C_4H_9)_3N$

近来的研究表明：粉煤灰在合成各种分子筛方面具有潜力。由于对地质材料如火山岩和黏土矿物中分子筛生长的深入研究，粉煤灰向分子筛的转化反应逐渐受到人们的重视。粉煤灰中反应物质如硅酸铝的含量高，这也使其成为合成具有广泛应用范围的分子筛的一种重要原料。到目前为止，人们发明了多种由粉煤灰合成分子筛的方法并获得了专利。一些重要技术有碱熔和水热处理(Shigemoto 等，1993)、料浆法(Grutzeck 和 Siemer ，1997)和熔盐法(Park 等，2000)。其中熔融法是从各种粉煤灰合成 X 型分子筛、Y 型分子筛和 A 型分子筛最有效、最通用的方法。

Chang 等(2000)研究了从粉煤灰合成 A 型分子筛和 X 型分子筛的改进熔融法。研究发现向熔融粉煤灰溶液中加入氢氧化铝，接着在 60℃下水热处理可合成单相分子筛 A 和 X，合成过程取决于粉煤灰的来源。结果证明：溶解的铝物种的数量对于粉煤灰生成的分子筛类型至关重要。Sutarno 和 Arryanto(2007)由粉煤灰合成了八面沸石，并对其作为重质馏分油加氢裂化催化剂的应用进行了研究。通过碱溶液中的水热反应，HCl 的回流处理和氢氧化钠的熔融处理，由粉煤灰合成了八面沸石。

Ojha 等(2004)通过碱熔和水热处理合成了交叉型沸石，并采用各种技术如 XRD、SEM 和红外光谱对合成分子筛进行了表征。Querol 等(2002)通过两种不同的方法由粉煤灰合成了沸石材料：(1)各种粉煤灰直接转化为不纯的沸石材料；(2)由麦若玛粉煤灰的提取物二氧化硅合成高纯4A-X沸石混合物。

Vadapalli等(2010)研究了酸性矿山废水经粉煤灰处理后产生的固体残留物，该残留物在温和的水热处理条件下能够成功转化为分子筛P。扫描电镜表明产物分子筛P是高度结晶的。产物具有较高的阳离子交换能力(1.787meq/g)和表面积(69.1m^2/g)，并在废水处理中具有应用的潜力。Lu等(2010)采用水热方法由粉煤灰合成了分子筛NaPI，并研究了NaPI作为饮用水中氟去除材料的可能性。Fukui等(2003)研究了氢氧化钠浓度对粉煤灰水热处理合成的分子筛晶体结构和反应速率的影响。

1961年，Breck发现了分子筛Y，其研究小组发现：当硅/铝比高达4.7时，有可能合成分子筛X结构。

作为热电厂的富氧废料，粉煤灰在经过适当处理后可以用作不同行业的原料。在印度，如何恰当地利用粉煤灰已经受到了人们的关注，但是，只有3%的粉煤灰得到了利用，且主要用于火山灰水泥、空心砖成品、石棉板的制造、堤防道路和农业。美国材料与试验学会(ASTM)定义了两类粉煤灰：

(1)F类粉煤灰。年代久远的硬无烟煤和烟煤的燃烧通常会产生F类粉煤灰。粉煤灰在本质上是火山灰，它含有的石灰(CaO)不超过20%。由于具有火山灰特性，F类粉煤灰的玻璃二氧化硅和氧化铝需要一种黏合剂，如硅酸盐水泥、生石灰或熟石灰，以反应并生成胶凝化合物。另外，向F类粉煤灰中加入化学活化剂如硅酸钠(水玻璃)会导致地质聚合物的生成。

(2)C类粉煤灰。年代较近的褐煤或次烟煤燃烧产生的粉煤灰除了具有火山灰特性外，还具有一些自黏结的性质。在水的存在下，C类粉煤灰会随时间的延长而变硬且强度增加。通常，C类粉煤灰中石灰(CaO)的含量超过20%。与F类粉煤灰不同的是，自黏结的C类粉煤灰不需要活化剂。一般来说，C类粉煤灰中碱和硫酸盐的含量更高。在处理过程中生成的分子筛的类型以及原料组成对反应参数具有很高的选择性。由粉煤灰合成各种分子筛的过程及合成的分子筛的性能主要受反应时间、反应温度、碱度和粉煤灰成分的影响。

分子筛是由$[SiO_4]^{4-}$和$[AlO_4]^{4-}$四面体通过共用氧原子相互连接成的三维网络无限扩展形成的结晶、微孔、水合铝硅酸盐。一般来说，它们的结构被认为是由TO_4四面体单元形成的无机聚合物，其中T是Si^{4+}或Al^{3+}。每个氧原子由两个T原子共用。

由粉煤灰合成分子筛。目前，燃煤电厂中粉煤灰的处理是全球关注的一个问题。在印度，由于大多数的公共火电煤和次烟煤灰分含量高(30%~50%)，导致大量粉煤灰的生成，其中只有一小部分用作混凝土制造和建筑用途的原料，剩余的则直接堆积于垃圾填埋场。目前，印度每年生产超过9000×10^4t粉煤灰，同时有65000acre(1acre = 4046.8564224m^2)土地被沉渣池占据。如果没有适当的处理措施，如此多的灰分会对环境构成严重威胁。由废弃粉煤灰合成沸石分子筛的可能性对粉煤灰在不同领域的潜在广泛应用具有重要的意义。事实上，活性材料如铝硅酸盐的高含量使粉煤灰成为分子筛合成的重要原料(Shigemoto等，1993)。将粉煤灰转化为分子筛不仅解决了粉煤灰的处理问题，同时也将废弃物转变成可销售的商品。

影响分子筛合成的一些重要因素如下：

试剂。在任何合成过程中，试剂是最明显、最重要的因素。试剂的纯度是形成不含杂质的适当产品的关键。作为一种硅铝酸盐，分子筛需要硅源、铝源和氧源。除此以外，平衡电荷的阳离子也是必要的，通常以氢氧化物的形式提供。尽管存在其他来源，我们通常以氧化铝或铝酸钠的形式提供铝。硅的来源广泛，但最常用的是气相二氧化硅、硅溶胶和偏硅酸钠。

pH。凝胶的 pH 值也在决定分子筛的成分和结构方面发挥着重要作用。分子筛是由高 pH 值(通常高于 12)的凝胶结晶形成。pH 值影响溶液中物种的数量，进而影响产物的生成速率。

反应器。由于使用凝胶的 pH 值较高，标准硼硅玻璃制品不是一种合适的反应器。玻璃中可能会浸出硅，从而改变凝胶中硅的量，因此不仅会影响 Si/Al 比，还可能会影响生成的产物。相比之下，我们更常用的是耐用的塑料容器。由于上次反应剩余的任何晶体均可作为晶种，在多次使用时，我们必须彻底清洁容器。

老化或结晶。一旦生成凝胶，在使用前，可以将凝胶直接加热或在室温下老化。老化过程是晶核形成的时期，是最终晶体形成的基础。传统上，成核发生在初始凝胶加热至反应温度的时期。但是，如果采用微波加热，可以有效消除缓慢加热段，且有利于老化。如果前驱体晶核已存在，那么很快就可进行结晶，减少所需的加热时间。

搅拌。老化或反应过程的搅拌可以增加溶液中物质的碰撞次数，并预防形成的晶体周围试剂的局部消耗。在某些情况下，这可能是有益的，并能够通过提高成核速率来减少反应时间。但是，搅拌也可能损坏现有物种，并促进非理想结构的形成。例如，研究者研究了不同搅拌速度(0～350r/min)下 Na-X 分子筛的合成，结果表明提高搅拌速度会降低 Na-X 的纯度，纯度也受 Na-P 分子筛共结晶的影响(Freund，1976)。

成核和晶体生成。小聚集体形成不稳定的晶核，其中一些晶核逐渐生长形成稳定的原子核晶核。溶液中的原料沉积在稳定的晶核上，进而形成微晶。由于晶体是缩合聚合而成，上述过程比较缓慢。

加热条件。前驱体凝胶的加热条件本质上与分子筛生成的条件类似。通常，我们在熔岩流或火山沉积物中会发现天然分子筛，因此，早期合成阶段常采用高于 200℃的温度和高压(>100bar)。但是，如果使用活性碱金属铝硅酸盐凝胶，则可以采用较低的温度和压力，如 100℃和常压。

Ostwald 连续变换定律对于分子筛的合成非常重要。根据此定律，反应过程的第一阶段在热力学上是最不稳定的，会被更加稳定的阶段取代，直到形成最稳定的产物。但是，在某些情况下，如果更稳定阶段的活化能垒更大，那么热力学不稳定产物可能会持续存在。与密相相比，所有分子筛结构处于亚稳态。

6.2.1.3　分子筛的应用

分子筛具有广泛的应用。分子筛的 4 个主要应用领域如下：

(1)吸附剂、干燥剂、分离过程。分子筛作为干燥剂可用于气体净化和重要的分离过程如从支链烷烃中分离正构烷烃、从二甲苯的同分异构体中分离对二甲苯等。

(2)催化。分子筛巨大的内表面积可用于催化用途并具有较高的选择性，特别是当孔径可调控时，例如通过离子交换的方式。分子筛在催化中的作用包括利用孔径的3个不同的选择性领域。

①反应物选择性催化：如果试剂的尺寸小于孔径，此时试剂只能进入分子筛，从而到达催化位点。

②产物选择性催化：只有合适大小的产物可以离开孔道，不同产物离开孔道的扩散速率不同。

③过渡态催化：由于孔道的空间有限，一些过渡态无法发生，这限制了可能发生的反应，并最终影响产物。

与其他高比表面积的催化剂相比，分子筛具有许多优势：具有高选择性(因此，产生的副产物少且产物纯度更高)，单位体积的催化位多且结构更规则，产生的结果可重复性高。由于其他产物可以在任意分子筛杂质中形成(由于杂质的孔径不同，允许不同的试剂进入和产物离开)，因而再现性和选择性取决于分子筛样品的纯度。

分子筛Y在石化行业和流化催化裂化(FCC)过程中作为催化剂的优势归因于以下5点：高活性；不易形成焦炭；耐有机氧和NH_3；再生性能；分子择形选择性。

(3)洗涤剂。吨数级，分子筛在洗涤剂配方中的应用是一个很大的市场，具有很大的潜力。分子筛A几乎可以完全取代磷酸盐，用作螯合剂。

(4)其他。合成或天然分子筛用于许多用途，如：废水处理；核废水处理；动物饲料添加剂；土壤改良。

近年来，分子筛已被用作气味去除中的功能性粉末和塑料添加剂。

吸附和吸附过程是物理化学的重要研究领域。它们是理解诸如多相催化、色谱分析、纺织品染色和各种废水净化现象的基础。染料被定义为有色物质，当被应用于纤维时，会使其成为一种耐光、水和肥皂的永久颜色。实际上，每种染料均是由煤焦油蒸馏得到的一种或几种化合物制成，主要是苯(C_6H_6)、甲苯($C_6H_5 \cdot CH_3$)、萘($C_{10}H_8$)、蒽($C_{14}H_{10}$)、苯酚(C_6H_5OH)、甲酚(C_7H_7OH)、吖啶($C_{13}H_9N$)和喹啉(C_9H_7N)。

该案例研究描述了分子筛催化剂上亚甲基蓝、甲基橙和碱性藏红T的吸附。染料或颜料被广泛应用于纺织工业的有色产品，但同时会产生环境有害废物。纺织业染色和精加工过程产生的污水中颜料和有机质含量高。在过去几年中，纺织废水的脱色一直是人们关注的焦点，不仅仅是因为其潜在的毒性，更主要的是由于其可见性问题。最近的一项估计表明：20%的染料通过工业污水处理产生的废水进入环境中。现有技术在染料的去除中具有一定的效用，但它们的初始费用和运营成本非常高。而另一方面，低成本技术不具有所需的脱色度或具有某些其他的缺点。

氧化和吸附是用于纺织工业污水处理的两个主要技术。在所有的氧化方法中，紫外/臭氧和紫外线/H_2O_2处理是漂白污水的技术。吸附正迅速成为处理液体排出物的一种重要方法，并广泛应用于各种分离和纯化用途的工业过程。分子筛吸附染料已经变成纺织污水漂白的一个最有效的物理过程。从初始费用、设计的简易性、易于操作和对有毒物质的不灵敏性角度分析，该技术在水的再生利用方面优于其他技术。

6.2.2 染料在分子筛上的吸附

虽然我们对分子筛上染料的吸附进行了广泛的研究，但只有很少的研究报道了粉煤灰基分子筛上染料的吸附。Mondragon 等(1990)研究了粉煤灰的可能用途，特别是由其合成分子筛的用途。但像大多数其他研究者一样，他们尝试了水热方法。Atun 等(2011)研究了粉煤灰上两种碱性染料硫堇和碱性藏红 T 的吸附特性及其在不同水热条件下合成的 3 种分子筛产物。Wang 等(2006)研究了天然分子筛和合成分子筛上的吸附过程，如 MCM-22 作为去除污水中碱性染料亚甲基蓝的一种有效吸附剂。

染料。所有芳香族化合物均可吸收电磁能量，但只有那些吸收可见光波段(350 ~ 700nm)光的芳香族化合物才有颜色。染料含有两种基团：发色基团即带有共轭双键的离域电子体系，助色基团即给电子或供电子取代基。它们通过改变电子系统的总能量引起或增强发色基团的颜色。常见的发色基团有—C ═C—、—C ═N—、—C ═O、—N ═N—、—NO_2 和醌环，常见的助色基团有—NH_3、—COOH、—SO_3H 和—OH。染料通常用于水溶液中，可能需要媒染剂来改善其在纤维上的牢度。根据官能团、衍生物及盐等，染料分为以下几种类型：有机染料(酸性染料、碱性染料、直接染料、媒染料、还原染料、活性染料、分散染料、硫染料、偶氮染料和食用染料)和其他重要染料(皮革、荧光、溶剂和碳染料等)。

染料分类。基于化学结构或色度，人们已识别出 20 ~ 30 种不同的染料。偶氮染料(单偶氮、二氮、三氮和多偶氮)、蒽醌、酞菁和三芳基甲烷染料是最重要的一组染料。其他染料有二芳基甲烷、靛蓝、嗪、恶嗪、硫氮、硝基、甲胺、噻唑、靛碱、靛酚、内酯、氨基酮与羟基酮染料和未确定结构的染料(芪、硫染料)。根据 1924 年以来英国印染工作者协会和美国纺织化学师与印染师协会编辑的色指数(C. I.)中的颜色、结构和应用方法(每三个月修订一次)对大量的商业着色剂进行了分类。根据应用特性和颜色，确定每一种染料的 C. I. 属名，利用 C. I. 可以区分 15 个不同的应用种类，其中一些如下：酸性染料，活性染料，金属络合染料，直接染料，碱性染料，媒染染料，分散性染料，涂料，还原染料，阴离子染料和显色染料，溶剂染料，荧光染料。

6.2.2.1 酸性橙 7 染料

酸性橙 7 是一种单系化合物，其优异的化学组成使其适合于各种工业应用，包括羊毛、尼龙、丝的染色和印花，其他用途如用作纸张、皮革、生物染色剂和指示剂等。染料的重金属盐则被用作纸张涂料及锡印刷和模塑粉中的透明颜料。橙酸偶氮染料能够产生一种橘红色。它们被用于有色食品和药物，并作为制造光敏染料和药物的中间体。酸性橙 7(酸性洋红)是一种磺化洋红的混合物，其中有四种化合物，每一种化合物都含有三种磺酸基团(图 6.3)。

6.2.2.2 甲基橙染料

一种碱性偶氮染料，其分子式为 $C_{14}H_{14}N_3NaO_3S$，主要用作酸碱指示剂。在中性溶液中，稀释溶液呈黄色；在酸性溶液中，稀释溶液则为粉红色。甲基橙染料的结构如图 6.4 所示。

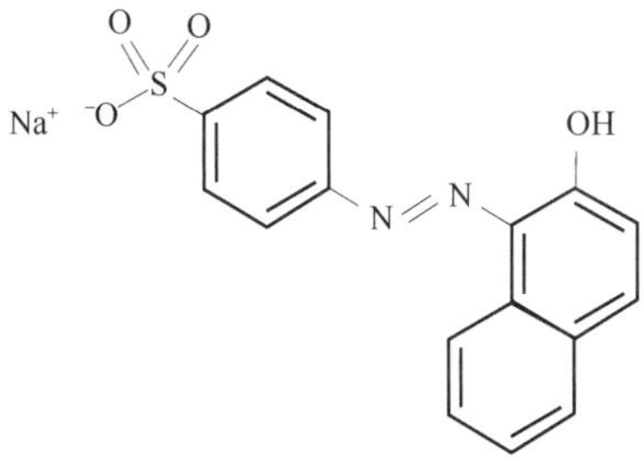

图 6.3 酸性橙 7 染料结构图

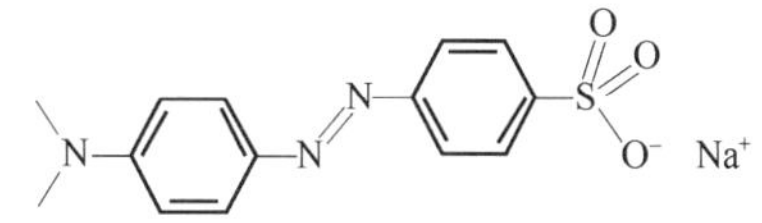

图 6.4 甲基橙染料结构图

6.2.2.3 亚甲基蓝

亚甲基蓝是一种分子式为 $C_{16}H_{18}N_3SCl$ 的杂环芳香族化合物。它在生物学和化学等不同领域具有很多用途。室温下，它是一种无臭、深绿色的固体粉末。当其溶于水时，会产生蓝色溶液。亚甲基蓝的结构如图 6.5 所示。

6.2.2.4 碱性藏红 T 染料

碱性藏红 T 是 3，7-二氨基苯吖嗪的偶氮化合物。它由一分子的对二胺和两分子的伯胺氧化，对氨基偶氮化合物和伯胺缩合，对硝基烷基钠苯胺和仲碱(如二苯基甲烷—苯二胺)作用得到。碱性藏红 T 的结构如图 6.6 所示。

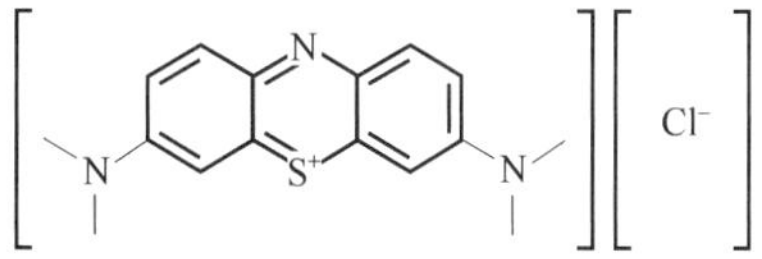

图 6.5 亚甲基蓝染料结构图

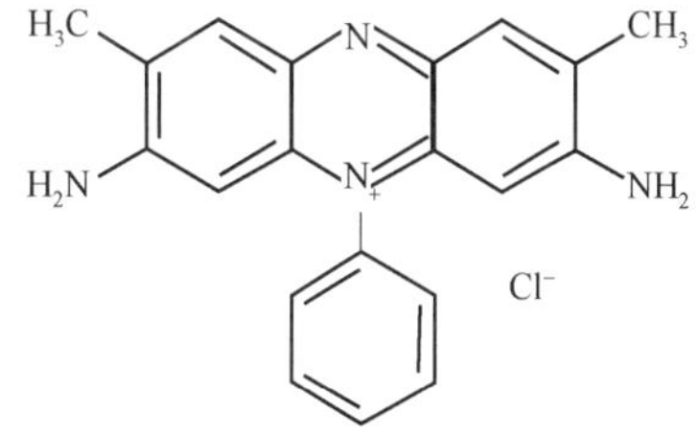

图 6.6 碱性藏红 T 染料结构图

一种沸石类粉煤灰产品已被成功用作阳离子和阴离子染料的低成本吸附剂。本研究中获得的平衡和动力学结果有助于设计一种去除工业有色废水中染料的处理装置。

染料的应用。染料在纺织、食品、医药和电子等多个领域具有广泛的应用，上述提到的一些类型的染料的应用见表 6.5。

表 6.5 染料应用表

染料	应用领域
酸性染料	尼龙，丝绸，羊毛，纸，油墨和皮革
活性染料	棉花，羊毛，丝绸和尼龙
碱性染料	纸张，聚丙烯腈，改性尼龙，聚酯和油墨
直接染料	棉，人造丝，纸，皮革和尼龙
媒染染料	羊毛，皮革和阳极铝
分散性染料	聚酯，聚酰胺，醋酸酯，丙烯酸和塑料
还原染料	棉，黏胶，羊毛

续表

染料	应用领域
溶剂染料	塑料，汽油，清漆，油漆，污渍，墨水，油脂，油和蜡
荧光染料	肥皂和洗涤剂，所有的纤维，油，油漆和塑料
其他染料类型	食品，药品及化妆品，电学，直接及热转移印刷

6.2.3 催化湿式过氧化氢氧化

湿式氧化(WO)是水热处理的一种形式，是指以氧气为氧化剂氧化水中溶解或悬浮的成分的过程。当使用空气时，其被称为湿式空气氧化(WAO)；当使用过氧化氢时，其被称为湿式过氧化氢氧化。氧化反应发生的温度高于水的正常沸点(100℃)，但低于临界点(374℃)。更确切地说，氧化反应发生的条件为：温度为150～320℃，压力为10～220 bar (Imamura等，1999)。湿式氧化过程也可用于难降解废水的预处理，使其能够排放到常规生物处理厂进行快速处理；湿式氧化还可用于氧化酒类生产污染物以回收利用。

催化湿式过氧化氢氧化与催化湿式空气氧化类似，是指利用过氧化氢的原子氧氧化有毒的生物不可降解有机化合物。

湿式过氧化氢氧化的机理如下：

$$H_2O_2 + (C) \longrightarrow 2HO^* + (C) \tag{6.1}$$

$$H_2O_2 + M^{n+} \longrightarrow HO^* + OH^- + M^{+(n+1)} \tag{6.2}$$

$$ROOH + (C) \longrightarrow RO^* + HO^* + (C) \tag{6.3}$$

反应(6.1)和反应(6.3)中有一个碰撞体(C)，它可以是水分子，也可以是反应器的表面物质或沉积物。反应(6.2)在过渡金属物种存在的条件下进行。

催化剂的使用取决于需要移除的化合物(表6.6)。一些催化剂用于苯酚、染料溶液等不同化合物的去除。一些分子筛合成方法见表6.7。

表6.6 催化湿式过氧化氢氧化中去除不同基质所使用的催化剂表

染料	应用领域
苯酚	$LaTi_{1-x}Cu_xO_3$ 钙钛矿催化剂(Sotelo等，2004) AlFe柱撑蒙脱土(Kiss等，2003) Fe-SBA-15(Martinez等，2007) Fe/AC(Quintanilla等，2007)
偶氮染料	CeO_2 填充的 $Fe_2O_3/\gamma\text{-}Al_2O_3$(Liu等，2006)
活性染料溶液	Al-Cu柱撑黏土(Kim等，2004)
偶氮染料(活性黄84)	Fe交换的超稳Y分子筛(Catrinescu等，2002)
有机化合物	混合(Al-Fe)柱撑黏土(Barrault等，2000)
染料废水	$Fe_2O_3/\gamma\text{-}Al_2O_3$(Liu等，2006)
酚醛树脂溶液	$LaTi_{1-x}Cu_xO_3$ 钙钛矿催化剂(Sotelo等，2004)

表 6.7 分子筛合成方法文献表

文献	合成方法	反应条件	获得的结果
Shigemoto 等(1995);Singer 和 Berkgaut(1995)	碱熔融	170～180℃熔融，有/无老化下100℃水热处理12h	形成未报道的钠铝硅酸盐，组成近似为 $Na_{15}Si_4Al_3O_{20}$，熔融产物与水相互作用产生铝硅酸盐凝胶，水热处理后生成分子筛P
Zhao 等(1997)	熔融后水热处理	pH 为 13.55，物质的量组成为 $4.5Na_2O:1Al_2O_3:7.5SiO_2:104H_2O$ 的混合物加至500mL高压釜中，50℃老化48h，然后105℃静态加热48h	老化在提高水热条件方面起重要作用，在此过程中，粉煤灰中的硅和铝溶解于碱溶液并反应形成环状结构，进一步生成分子筛材料
Zhao 等(1997)	熔融后水热处理	使用晶种的 pH 为 13.55，物质的量组成为 $15Na_2O:1Al_2O_3:15SiO_2:300H_2O$，温度为105℃	本研究得到的分子筛的最大结晶度为72%。对于分子筛的形成，研究证明老化是有利于水热铝硅酸盐化学的一个主要因素。除此之外，还添加了不同量的晶种，有利于晶体的形成，并导致多余杂质的生成
Hollman 等(1999)	两阶段	500g 粉煤灰与2mol/L的氢氧化钠溶液混合并经过不同的阶段：分别在90℃下放置6h和24h	纯分子筛的阳离子交换容量从3.6mol/g 到4.3mol/g 不等，含残余粉煤灰的分子筛的阳离子交换容量则从2.0mol/g 到2.5mol/g 不等，表明纯分子筛适于废水中铵和重金属离子的去除
Ho 等(2000)	熔融盐	通常，在不同的处理阶段，包含0.7g粉煤灰、0.3g碱和1g盐的混合物被磨成细粉并在(350±5)℃下加热到熔融状态	熔融盐法合成的分子筛的主要种类取决于所使用的盐混合物和原料。推断熔融盐法是一种低成本、大规模处理这些矿物废料的新的替代方法，同时可提高分子筛材料的纯度和碱度
Hui 等(2006)	熔融后水热处理	水热处理过程中合成温度的阶跃	降低整体合成时间，同时保持样品的高结晶度
Tanaka 等(2006)	渗析	半透膜制成的管中加入的FA和NaOH溶液在相同的氢氧化钠溶液中于85℃预处理24h。预处理后，取出管，向残留溶液中加入 $NaOH$-$NaAlO_2$ 溶液以控制溶液的 SiO_2/Al_2O_3 摩尔比在0.9～4.3，得到的沉淀在温度为85℃的条件下老化24h	预处理后加入 $NaOH$-$NaAlO_2$ 溶液，然后老化。整个 SiO_2/Al_2O_3 范围内均产生白色沉淀。当 SiO_2/Al_2O_3 = 0.9时，形成的物质被确定为单相Na-A分子筛。当 SiO_2/Al_2O_3 不小于1.7时，生成少量Na-X分子筛

6.2.3.1 实验设计

分子筛合成。Na-Y 分子筛的合成共分 5 步。首先用 355μm 的筛子对粉煤灰进行筛分，筛子上残留的颗粒储存备用。筛分后，于(800±10)℃煅烧颗粒以除去未燃尽的炭和挥发性物质。称量 24g NaOH 和 20g 粉煤灰。使用研磨机将颗粒状的氢氧化钠磨成粉末，并与粉煤灰彻底混合，将混合物置于一个坩埚中，并于温度为 550℃的加热炉中熔融，加热炉升温速率为 30℃/10min。将熔融混合物在室温下冷却、研磨、老化 10h。老化后得到的铝酸钠浆液经微波加热 15~20min 后，在静止状态下置于加热炉中结晶 10~12h。水热结晶后，收集上层悬浮液，冷却并用去离子水彻底清洗，然后过滤并于 50~60℃下干燥 4h。得到的分子筛为粉末状，将其存储于干燥的地方(图 6.7)。

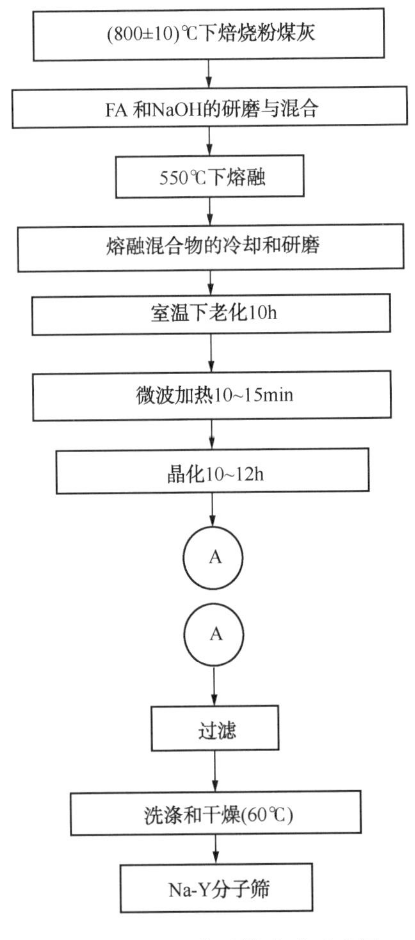

图 6.7 Na-Y 分子筛合成示意图

偶氮染料的催化湿式过氧化氢氧化。这项研究需要一个 0.5L 的三口玻璃反应器，具有电热板的电磁搅拌器，温度控制器，电磁搅拌器，瓶塞，热电偶和冷凝器。将含有已知浓度酸性橙 7 的合成水以及过氧化氢和催化剂放入反应器。使用加热器将反应混合物的温度加热至指定温度，并利用 PID 温度控制器维持温度，热电偶与温度控制器相连，通过反应器的一个入口进入反应器(图 6.8)。将反应混合物的温度从常温升到 80℃大约需要 25min。

冷凝器用来防止蒸汽的损失，电磁搅拌器用来搅拌混合物。将过氧化氢和已知量的离子交换催化剂加至染料溶液，在80℃下反应；每隔一段时间取出样品。加入浓度为0.1mol/L的氢氧化钠溶液，使收集样品的pH值升至11（这样不会进一步发生反应）并加入MnO_2以除去残留过氧化氢，MnO_2能够催化过氧化氢使其分解为水和氧气。将收集后的样品沉淀一夜或离心，然后过滤，收集澄清溶液。分析所收集样品的化学需氧量、颜色和染料去除率。

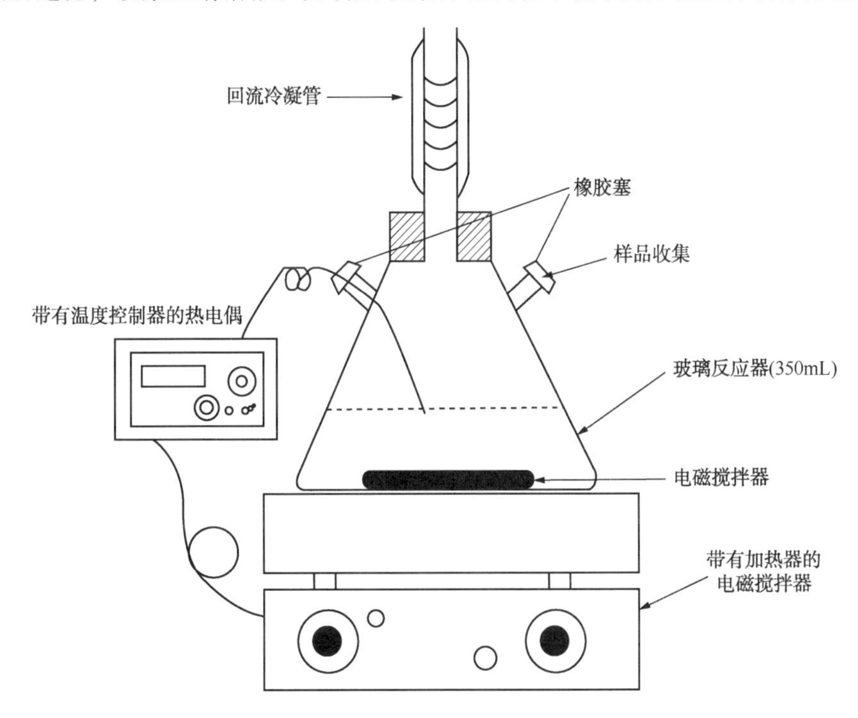

图6.8　催化湿式过氧化氢氧化过程的实验设置

用于分子筛合成的化学物质。粉煤灰来自北阿坎德邦达得里的印度国家电力集团。氢氧化钠颗粒来自孟买RFCL有限公司。

用于催化湿式过氧化氢氧化的化学物质。酸性橙7来自哈里亚纳邦索内帕特县的HBR化学品有限公司。分析级过氧化氢（30%）、二氧化锰、氢氧化钠、Ag_2SO_4和重铬酸钾来自孟买RFCL有限公司。

Na-Y分子筛的表征。采用XRD、SEM、EDX和FTIR光谱对粉煤灰合成的Na-Y分子筛进行表征。

X射线衍射。采用鲁尔基伊利诺伊理工学院研究所仪器中心的X射线衍射仪测定非均相催化剂的结构（Bruker AXS，D8衍射仪，德国）。使用Cu-Kα射线源和Ni过滤器鉴定催化剂结构。测角仪速度保持在1°/min，记录纸速度为1cm/min。扫描角度（2θ）的范围维持在5°~70°。峰强度代表2θ值，布拉格定律也适用。将研究得到的XRD谱图与其他研究人员发现的XRD谱图以及JCPDS文件（1971）进行对比，检测化合物的形成。

根据相长干涉的布拉格定律：

$$2d\sin\theta = n\lambda \tag{6.4}$$

当X射线束撞击原子时，原子周围的电子开始以与光束相同的频率振荡。几乎所有的方向都有相消干涉，即结合波具有相位差且因此产生的能量不会离开固体样品。但是，晶体中的原子是按规则排列的，极少方向具有相长干涉。波处于相位，而 X 射线从不同的方向离开样品。因此，可以将衍射光束描述为一个由大量散射射线相互强化形成的光束。当 X 射线击中铜靶时，会发射 Cu-Kα 射线。这些射线在样品的各晶格层之间衍射，并被接收器收集，从而提供 XRD 图。从得到的 XRD 图中可以看出每个 d 间距值的强度。将这些 d 间距值与(JCPDS)粉末衍射文件(PDF)进行比较，首先确定化合物(以及组成)的 3 个最强峰，然后是较小的峰(误差范围内)。

扫描电子显微镜。采用鲁尔基伊利诺伊理工学院研究所仪器中心的 SEM/EDAXQUANTA 200 FEG(规格：加速电压为 0.2 ~ 30kV，放大倍数至 ×1000k)确定催化剂的图像和组成。扫描电子显微镜与反射中使用的光学显微镜类似。主要区别在于，电子光束不是立即将整个样品成像，而是在样品上来回扫描，一次只成像一个点。记录电子与表面的相互作用，从这些数据可以构建一个图像。在不同放大倍数和电压 15 ~ 25kV 下对分子筛样品进行扫描，以解释晶体的形成和尺寸。

能谱分析。从 EDAX 可以得到元素组成的质量分数和原子百分数，以及整个组成特别是局部区域组成的光谱。

傅里叶变换红外光谱。由 FTIR 确定并证实了分子筛的内部四面体和外键。IR 光谱数据来自 Ojha 等(2004)，见表 6.8。

表 6.8　分子筛的红外光谱图

分子筛 IR 峰归属(适用于所有分子筛)		波数，cm^{-1}
内部四面体	不对称伸缩	1250 ~ 950
	对称伸缩	720 ~ 650
	T－O 弯曲	420 ~ 500
外键	双环	650 ~ 500
	孔口	300 ~ 420
	对称伸缩	750 ~ 820
	不对称伸缩	1050 ~ 1150(尖锐)

分光光度计。通过直接读取 TVS 25(A)可见光分光光度计分析溶液中的染料含量。记录 486nm 处样品特征波长的可见吸光度范围，以跟踪湿式过氧化氢氧化中的漂白过程。

颜色。将 HANNA(新加坡)制造的色度计用于染料溶液样品的颜色测试。以去离子水为空白样进行分析。接着，将过滤后的样品放入与用于分析样品的 HI 93727 小瓶容器相配的小瓶中。在波长 486nm 处读取样品的颜色。将样品瓶的外部擦干净，然后插入色度计。将色度计插入空白样中，调整色度计的读数为 0。读取每个样本，并将结果记录于铂—钴单元。

6.2.3.2　结果和讨论

本节研究了常规加热、微波加热及晶种对 Na-Y 分子筛形成的影响(表 6.9，图 6.9)。

表 6.9　识别的分子筛峰

样品	常规加热时间，h	报道的峰
样品 1	10	1
样品 2	12	8
样品 3	14	9

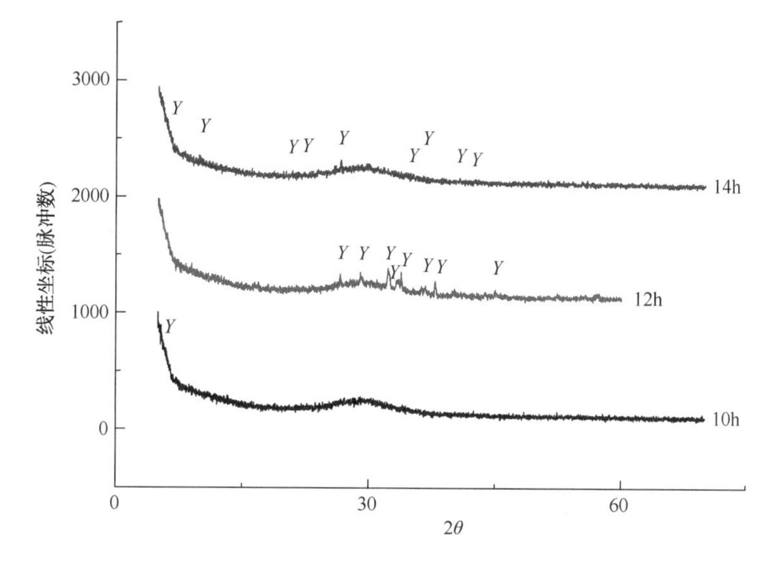

图 6.9　传统加热时间为 10h、12h 和 14h 时报道的峰

传统加热时间的影响。将熔融混合物老化一段时间后，在常规烘箱再次加热分子筛悬浮液以进行不同时间的结晶，并研究了 Na-Y 分子筛的形成。从 XRD 峰可以推断出 Na-Y 的形成。将每个样品的衍射峰与 JCPDS 标准的 Na-Y 分子筛衍射峰进行对比。

不同常规加热速率下 Na-Y 分子筛的形成。从表 6.10 中可以明显看出，随着加热时间的延长，Na-Y 衍射峰的数目增加，结晶 18h 时最多，结晶 10h 时最少。由此我们可以推断分子筛的形成需要较长的常规加热时间。

常规加热时间对结晶度的影响(基于所有衍射峰)。对常规加热时间对结晶度的影响进行研究。加热 12h 时结晶度最大，加热 16h 时结晶度最小。根据所有峰的结果(表 6.10)，结晶度无增加或降低的趋势。

表 6.10　常规加热时间对结晶度的影响(基于所有衍射峰)

样品	结晶度,%
样品 1	32.4
样品 2	44.6
样品 3	40.6

传统加热时间对 Si/Al 比的影响。计算了常规加热时间的 Si/Al 比(表 6.11)。样品 1 的最大 Si/Al 比为 3.01，最小 Si/Al 比为 1.56。Si/Al 比无增加或降低的趋势。

表 6.11 常规加热时间对 Si/Al 比的影响

样品	Si/Al 比
样品 1	3.01
样品 2	1.99
样品 3	1.68

图 6.10 为 SEM 图。合成 Na-Y 分子筛的化学组成为 C(11%)、O(42%)、Na(2%)、Si(14%)、Fe(5%)、Al(5%)、Ti(22%)和 Br(2%)(图 6.11)。SEM 图和 EDAX 数据清楚地显示了晶体/分子筛的形成和相似的 Y 分子筛的化学组成。颗粒大小为 1 ~

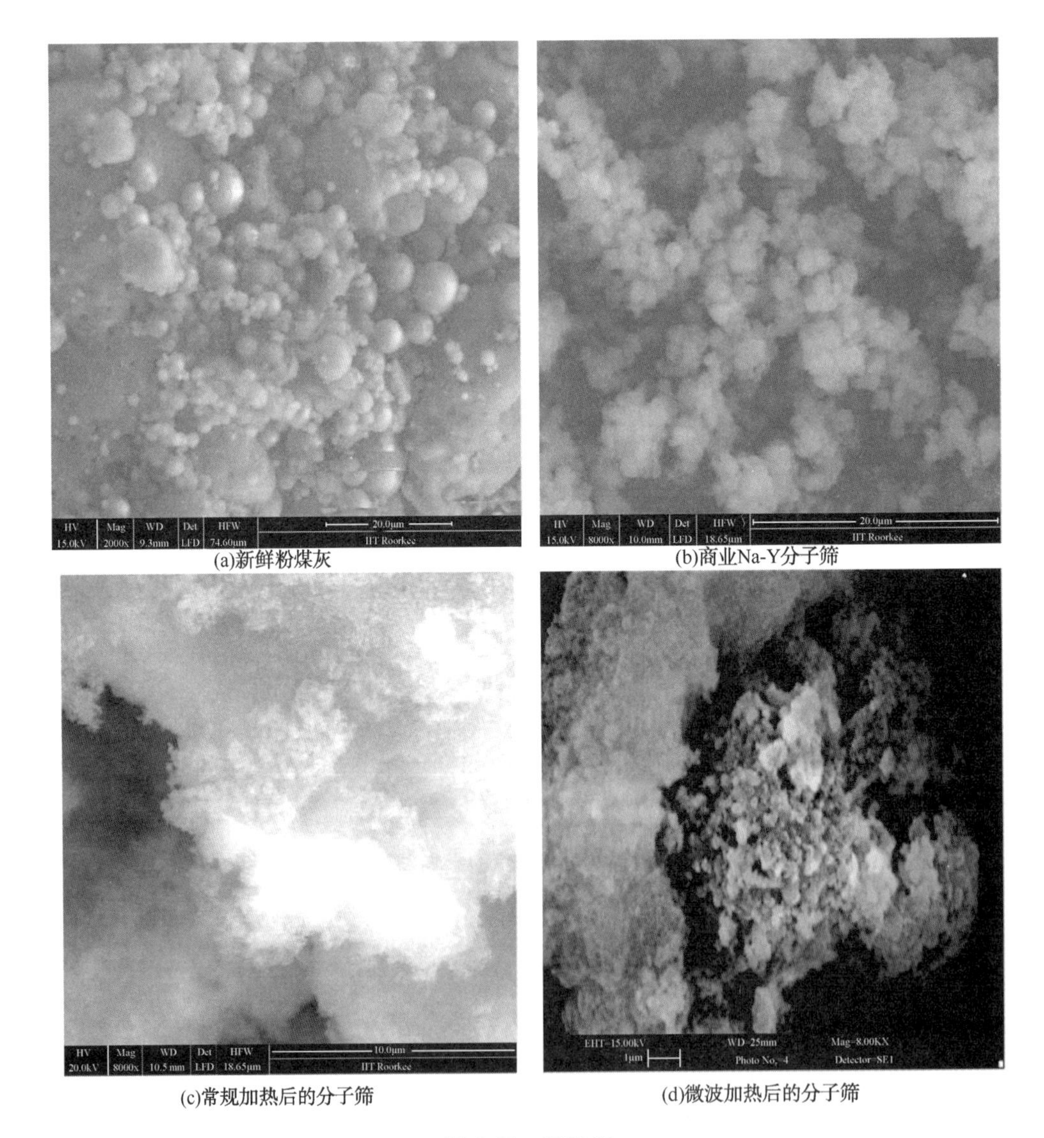

(a)新鲜粉煤灰 (b)商业Na-Y分子筛
(c)常规加热后的分子筛 (d)微波加热后的分子筛

图 6.10 SEM 图

1.5mm，孔隙率为0.28。合成Na-Y分子筛的BET表面积为456m^2/g。XRD谱图（图6.12）显示了分子筛衍射峰随NaOH浓度增加的变化。总体来说，根据XRD谱图，可知合成分子筛的结晶度为84%，谱图中标注了每个d间距值的峰强度。60℃下，Na-Y分子筛中添加氢氧化钠和过氧化氢（逐滴）得到的分子筛铁氧化物在离子交换后出现了Na-Y，其Y衍射峰强度随着Na-Y衍射峰强度的增加而降低（Kondru等，2009）。即使Fe交换后，FTIR（图6.13）中IR峰的归属保持不变。FTIR确定并证实了分子筛的内部四面体和外键。IR光谱数据来自文献（Ojha等，2004）。分子筛的红外光谱参数适用于所有分子筛。内部四面体：不对称伸缩为1250～950cm^{-1}，对称伸缩为720～820cm^{-1}，T-O弯曲为420～500cm^{-1}。外键：双环为650～500cm^{-1}，孔口为300～420cm^{-1}。本研究也得到了类似的峰值。除此以外，详细研究了温度、初始pH值、H_2O_2浓度和催化剂负载量对酸性橙7偶氮染料催化湿式过氧化氢氧化的影响。

微波加热时间的影响。熔融混合物老化一定时间后，将分子筛悬浮液在微波炉中加热不同时间，研究了Na-Y分子筛的形成。

c:\edax32\genesis\genmaps.spc 13-Mar-2009 10:17:25 LSecs:14

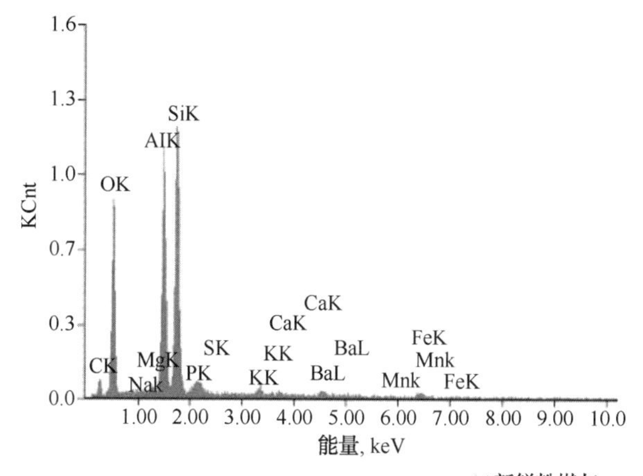

元素	wt,%	at,%
CK	10.22	17.96
OK	32.19	42.44
NaK	00.20	00.18
MgK	00.42	00.37
AlK	18.83	14.72
SiK	27.53	20.67
PK	00.54	00.37
SK	00.21	00.14
KK	01.40	00.76
CaK	00.62	00.32
BaL	03.95	00.61
MnK	00.56	00.22
FeK	03.33	01.26
基体	修正	ZAF

(a)新鲜粉煤灰

c:\edax32\genesis\genmaps.spc 13-Mar-2009 09:57:42 LSecs:14

KCnt
1.6
1.3
1.0
0.7
0.3
0.0
SiK
OK
AlK
Nak
1.00 2.00 3.00 4.00 5.00 6.00 7.00 8.00 9.00 10.0
能量, keV

元素	wt,%	at,%
OK	41.79	54.59
NaK	10.52	09.56
AlK	12.00	09.29
SiK	35.69	26.55
基体	修正	ZAF

(b)新鲜Na-Y分子筛

c:\edax32\genesis\genmaps.spc 10-June-2009 18:19:36 LSecs:18

<Pt. 1 Spot>

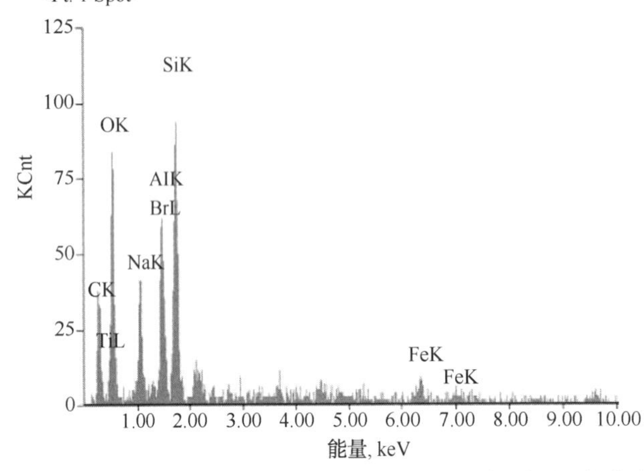

元素	wt,%	at,%
CK	18.42	31.62
TiL	23.93	10.30
OK	32.49	41.87
NaK	06.08	05.45
BrL	05.03	01.30
AIK	02.79	02.13
SiK	08.71	06.39
FeK	02.56	00.94
基体	修正	ZAF

(c)常规加热后的分子筛

c:\edax32\genesis\genmaps.spc 10-June-2009 16:30:37 LSecs:17

<Pt. 1 Spot>

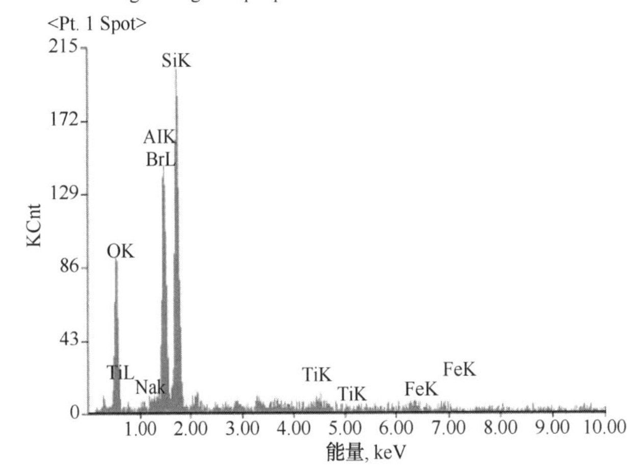

元素	wt,%	at,%
OK	21.42	38.14
NaK	08.42	10.43
BrL	08.86	03.16
AIK	09.28	09.79
SiK	21.95	22.26
TiK	10.51	06.25
FeK	19.57	09.98
基体	修正	ZAF

(d)微波加热后的分子筛

图 6.11　EDAX 图和元素组成

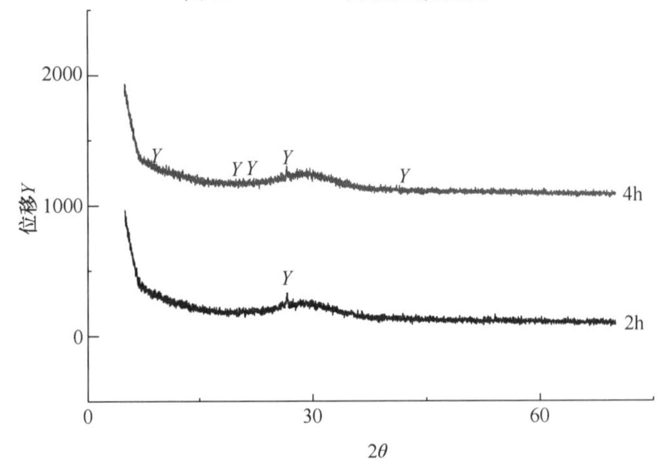

图 6.12　微波辅助结晶 2h 和 4h 后的衍射峰图

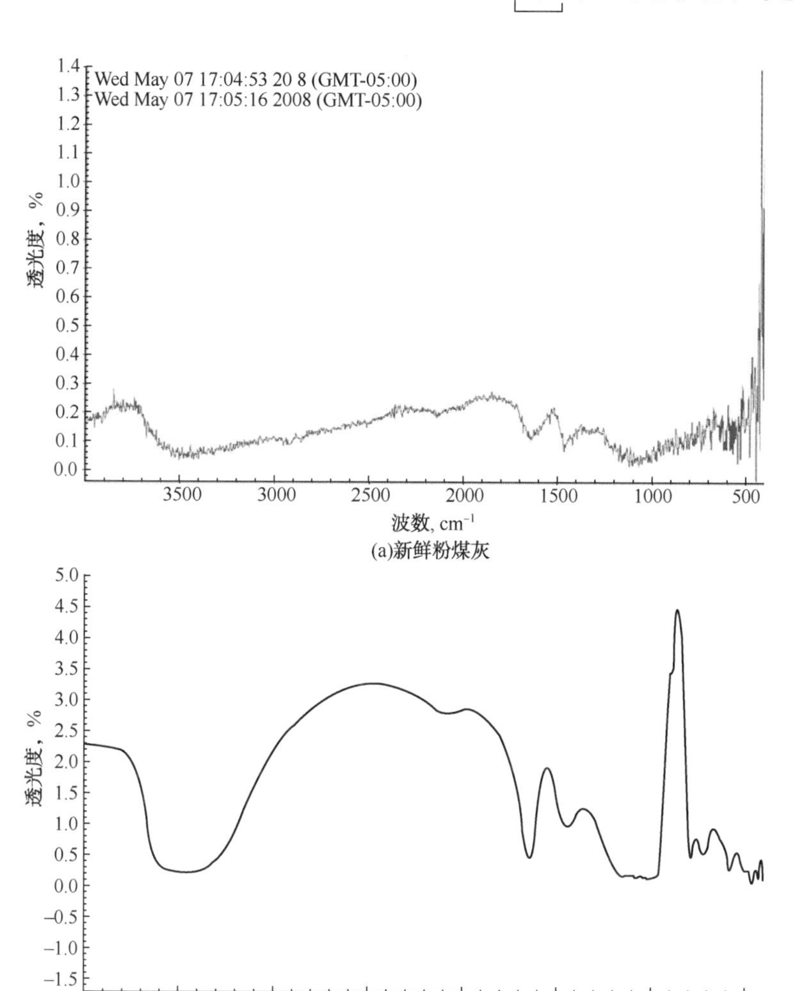

(a)新鲜粉煤灰

(b)商业Na-Y分子筛

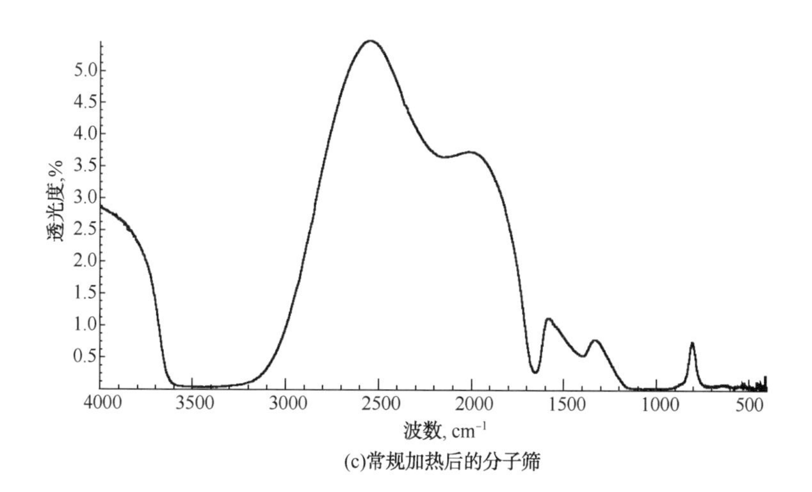

(c)常规加热后的分子筛

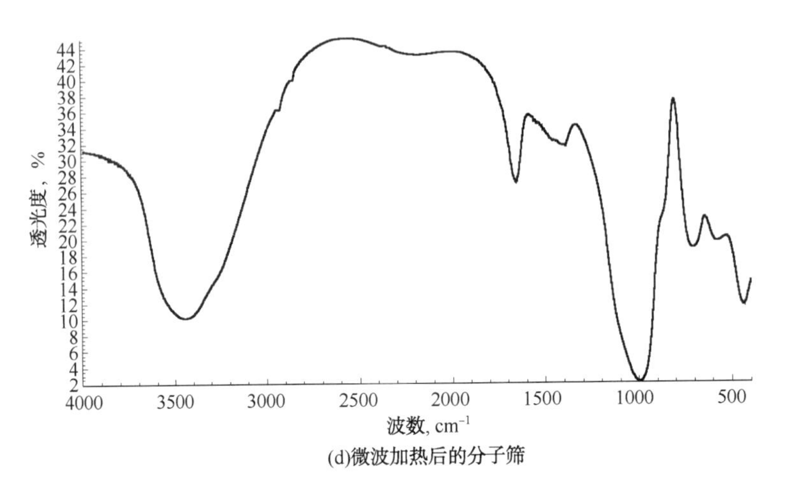

(d)微波加热后的分子筛

图 6.13　FTIR 谱图

微波加热时间对分子筛形成的影响。从获得的 XRD 峰推导出 Na-Y 的形成，将每个样品的衍射峰值与 JCPDS 中 Na-Y 分子筛的标准峰值进行对比。识别的分子筛衍射峰见表 6.12。

表 6.12　常规加热时间对 Na-Y 分子筛结构的影响

样品	微波加热时间，min	常规加热时间，min	报道的峰
样品 1	15	105	1
样品 2	15	225	5
样品 3	15	345	4

与传统的结晶方式相比，微波辅助结晶所需要的时间更少(表 6.13)。从表 6.14 中可以明显看出，直至样品 4，分子筛的形成均未受到特殊的影响，但这之后，衍射峰明显增强。这表明，随着微波辅助结晶时间的延长，分子筛形成的可能性增大。

表 6.13 微波加热对结晶度的影响(基于所有衍射峰)

样品	结晶度,%
样品 1	84
样品 2	28.85
样品 3	33.9

微波加热对 Si/Al 比的影响。对微波辅助晶化的 Si/Al 比进行研究。微波加热 4h 时的 Si/Al 比最大；微波加热 8h 时的 Si/Al 比最小，为 1.6(表 6.14)。Si/Al 比的变化没有特定的顺序(表 6.15 至表 6.19)。

表 6.14　微波加热对 Si/Al 比的影响

样品	结晶度,%
样品 1	2.06
样品 2	2.28
样品 3	1.9
样品 4	1.6
样品 5	1.83

表 6.15 JCPDS 中 Y 和 P 分子筛的各个 *d* 间距的强度值

标准 Y 分子筛		标准 P 分子筛	
d(A)	强度	*d*(A)	强度
14.3	100	7.101	795
8.73	18		
7.45	12	5.021	480
5.67	31		
4.75	13	4.1	647
4.37	20		
3.9	7	3.551	12
3.77	30		
3.57	2	3.176	999
3.46	3		
3.3	20	2.899	68
3.22	4		
3.02	8	2.684	604
2.9	11	2.511	52
2.85	24	2.387	101
2.76	8	2.246	34
2.71	2		
2.63	8	2.141	16
2.59	4		
2.52	1	2.05	48
2.42	1		
2.38	5	1.97	171
2.23	1		
2.18	3	1.834	27
2.16	2		
2.12	1	1.775	87
2.1	4		
2.06	2	1.722	117
1.93	1		
1.91	2	1.674	113
1.86	1		
1.81	1	1.629	79
1.77	1		
1.75	3	1.588	45
1.7	4		
		1.55	41

表 6.16　莫来石和石英的各个 d 间距的强度值

标准莫来石 JCPDS		标准石英 JCPDS	
d(A)	强度	d(A)	强度
5. 38	70	4. 2453	213
3. 78	20	3. 3373	999
3. 42	90	2. 451	73
3. 39	100	2. 2781	74
2. 88	70	2. 2318	34
2. 69	80	2. 1226	52
2. 54	90	1. 9755	28
2. 42	70	1. 8147	109
2. 4	10	1. 7999	5
2. 3	10	1. 6686	38
2. 29	80	1. 6571	16
2. 2	90	1. 6045	2
2. 19	20	1. 5381	84
2. 12	80	1. 4507	16
2. 11	40	1. 4151	3
1. 985	20	1. 3793	52
1. 916	20	1. 3728	61
1. 891	50	1. 3688	85
1. 857	10	1. 2864	22
1. 841	70	1. 2533	25
1. 836	10	1. 2255	12
1. 795	30	1. 1977	26
1. 709	60	1. 1951	20
1. 699	70	1. 1824	21
1. 696	70	1. 774	25
1. 595	80	1. 1504	13
1. 58	60	1. 139	2
1. 56	30	1. 1159	1
1. 548	20	1. 1124	2
1. 523	90		
1. 502	10		
1. 484	10		
1. 469	10		
1. 461	60		
1. 439	80		
1. 42	40		
1. 416	50		
1. 39	30		
1. 346	40		

表 6.17 商业 Na-Y 的各个 *d* 间距的强度值

Y 标准	商业 Na-Y 分子筛						
d(A)	*d*(A) ±0.05	±0.1	±0.2	±0.3	±0.4/0.8	ERR	高度
14.3	14.38						2318
8.73		8.82					611
7.45	7.5						733
5.67		5.59					1690
4.75	4.7						793
4.37	4.32						1150
3.9	3.87						613
3.77	3.73						1957
3.57	3.53						395
3.46	3.43						508
3.3	3.27						1570
3.22	3.19						640
3.02	2.99						779
2.9	2.89						970
2.85	2.83						2229
2.76	2.74						836
2.71	2.69						519
2.63	2.64						431
2.59	2.57						273
2.52	2.5						234
2.42	2.4						282
2.38	2.36						541
2.23	2.21						285
2.18	2.17						447
2.16	2.14						335
2.12	2.1						273
2.1	2.08						399
2.06	2.04						360
1.93	1.97						261
1.91	1.92						267
1.86	1.89						304
1.81	1.81						224
1.77	1.79						317
1.75	1.76						317
1.7	1.73						457

表 6.18　常规加热样品的各个 *d* 间距的强度值

常规加热							
d(A)	Exact	±0.05	±0.1	±0.2	±0.3	±0.4/0.8	高度
14.3					14.67		752.823
8.73	No						
7.45	No						
5.67	No						
4.75	No						
4.37	No						
3.9	No						
3.77	No						
3.57	No						
3.46	No						
3.3	No						
3.22	No						
3.02	No						
2.9	No						
2.85	No						
2.76	No						
2.71	No						
2.63	No						
2.59	No						
2.52	No						
2.42	No						
2.38	No						
2.23	No						
2.18	No						
2.16	No						
2.12	No						
2.1	No						
2.06	No						
1.93	No						
1.91	No						
1.86	No						
1.81	No						
1.77	No						
1.75	No						
1.7	No						

注：(1)峰[35]=1[Exact]+34[No]。

(2)3 个最强峰=1[Exact]+2[No]。

表 6.19 微波加热样品的各个 *d* 间距的强度值

微波加热							
Y 标准	Mic2	±0. 05	±0. 1	±0. 2	±0. 3	±0. 4/0. 8	高度
14. 3	No						
8. 73					8. 38		328. 61
7. 45	No						
5. 67	No						
4. 75	No						
4. 37		4. 35					220. 88
3. 9					4. 25		214. 64
3. 77	No						
3. 57	No						
3. 46	No						
3. 3		3. 35					318. 2
3. 22	No						
3. 02	No						
2. 9	No						
2. 85	No						
2. 76	No						
2. 71	No						
2. 63	No						
2. 59	No						
2. 52	No						
2. 42	No						
2. 38	No						
2. 23	No						
2. 18	No						
2. 16		2. 15					152. 24
2. 12	No						
2. 1	No						
2. 06	No						
1. 93	No						
1. 91	No						
1. 86	No						
1. 81	No						
1. 77	No						
1. 75	No						
1. 7	No						

注：Exact[35] = Exact[5] + No[30]。

温度对酸性橙7去除的影响。在保持其他参数不变的情况下，研究了6个温度(40～90℃)对酸性橙7去除的影响。染料在90℃和80℃下经处理4h时的转化率最大；90℃下的染料的最大去除率为97%。当温度为40℃和50℃时，染料浓度逐渐降低至某一点，继而略微升高，接着降低又升高，然后逐渐降低，染料的去除率很低。但温度为60℃时，染料浓度略微升高后降低，同时去除率有所升高。当温度为70℃、80℃和90℃时，染料浓度随时间逐渐降低且在80℃和90℃时染料的去除率几乎相等。图6.14所示为不同温度下，染料去除率随时间的变化。

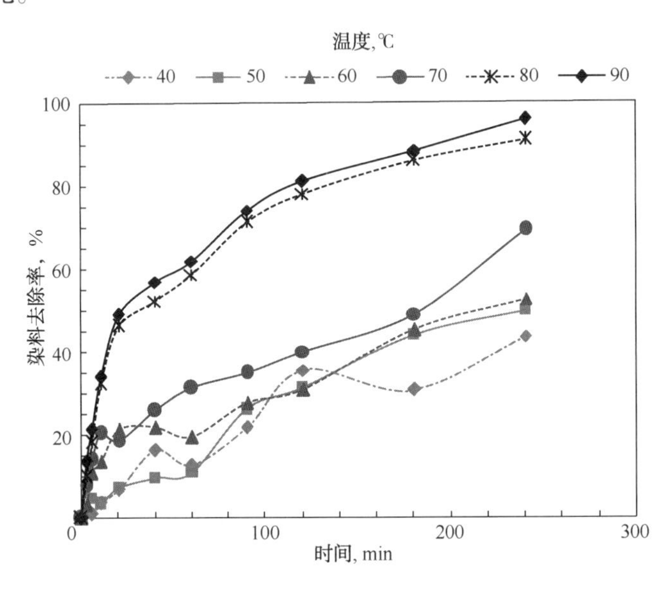

图6.14 不同温度下染料去除率随时间的变化图

温度对脱色的影响。研究了温度对脱色的影响。脱色的结果表示为时间的函数(这里未显示图)。90℃下反应20min后和80℃下反应60min后的脱色率最大。低温下的脱色速度较慢，70℃下也是如此，但在80℃和90℃时，脱色速度较快。低温下染料的脱色率低至70%，但在较高的温度下，在较短的时间内脱色率即可达到100%。

我们的实验数据并不遵循0级动力学，但符合1级动力学。对方程(6.6)作染料去除图(这里未显示图)，可知湿式空气氧化是一个两步连续过程。因此，可以确定第一步(慢)和第二步(快)的速率常数 k_1 和 k_2。假设染料去除的速率方程为有机底物浓度和氧分压的函数。这是由于在所有实验中，空气分压保持不变，反应速率必然是有机物浓度的函数。我们认为速率遵循1级反应动力学，并尝试通过实验数据证明1级反应动力学是否适用。

对于1级反应，可得：

$$(-r_A) = -\frac{dC_A}{dt} = kC_A \tag{6.5}$$

其中，C_A 为有机底物(染料)浓度。

$$C_A = C_{A0}(1 - x_A)$$

$$\Rightarrow -C_{A0}\frac{d(1 - x_A)}{dt} = kC_{A0}(1 - x_A)$$

$$\Rightarrow -k\mathrm{d}t = -\frac{1}{1-x_A}\mathrm{d}x_A$$

因此

$$kt = -\ln(1-x_A) \tag{6.6}$$

对制备的分子筛催化剂的方程(6.6)作图[$\ln(1-x_A)$—t，这里未显示]。这些数据完全符合一条直线，说明1级速率表达式适用。但是，存在两个不同的区域：第一个区域的斜率高(反应1h内的直线)，第二个区域的斜率较低(反应1h后的直线)。这两个区域分别代表快速1级反应区和缓慢1级反应区，因此这些直线的斜率即反应速率常数值，313K下，反应速率常数分别为0.556h^{-1}(快速1级步骤)和0.03h^{-1}(慢速1级步骤)；323 K下，反应速率常数分别为0.41h^{-1}(快速1级步骤)和0.035h^{-1}(慢速1级步骤)；333K下，反应速率常数分别为0.556h^{-1}(快速1级步骤)和0.05h^{-1}(慢速1级步骤)；343K下，反应速率常数分别为0.626h^{-1}(快速1级步骤)和0.006h^{-1}(慢速1级步骤)；353K下，反应速率常数分别为0.726h^{-1}(快速1级步骤)和0.065h^{-1}(慢速1级步骤)；363K下，反应速率常数分别为0.902h^{-1}(快速1级步骤)和0.068h^{-1}(慢速1级步骤)。

从数据可以看出，两个步骤的反应速率常数均随温度的升高而增大。第一步的反应速率常数随温度的变化量较第二步小(图6.15)。

根据阿伦尼乌斯方程确定活化能和频率因子。

$$k = k_0 e^{(-E/RT)} \tag{6.7}$$

k与$1/T$的关系曲线如图6.15所示，两个步骤的频率因子k_0和活化能E得到确定。染料去除过程中第一步和第二步的活化能分别为1.56kJ/mol和2.95kJ/mol。

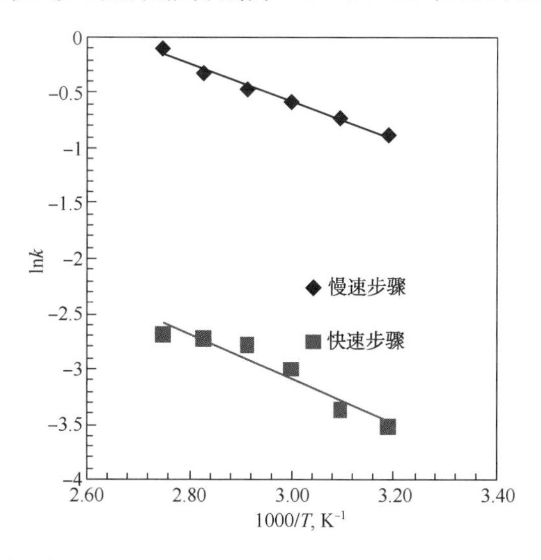

图6.15 废水催化湿式空气氧化(以$CuSO_4$为催化剂)的阿伦尼乌斯曲线

(1区：$t_R=0\sim1h$；2区：$t_R=1\sim8h$)

(Suresh 等，2011d)

6.2.3.3 结论和建议

(1)从硅酸铝的来源——粉煤灰可以制备分子筛。

(2)分子筛衍射峰的形成。

(3)水热结晶前加入的晶种使得形成的Y分子筛的衍射峰更强。

(4)微波加热分子筛凝胶有利于产物的形成。

(5)Na-Y分子筛生成过程中竞争相Na-P分子筛的生成随添加晶种量的变化而变化。

(6)XRD和EDAX结果证实：与商业分子筛相比，粉煤灰合成的Na-Y分子筛的铁交换程度更大。

6.2.3.3.1 催化湿式过氧化氢氧化

(1)当温度为90℃时，染料去除率(97%)和脱色率(100%，30 min内)更高。但是，当溶液开始汽化时，将80℃作为操作温度以达到染料去除率(95%)、脱色率(100%，40min内)和化学耗氧物质去除率(65%)的要求。

(2)染料去除率(97%)和脱色率(100%，10min内)。

(3)当催化剂负载量为1.5g时，染料去除率为98.9%，脱色率为100%。

6.2.3.3.2 Fe交换商业Na-Y分子筛和Fe交换合成Na-Y分子筛的对比

(1)Fe交换商业Na-Y分子筛的染料去除率为96%，由粉煤灰合成的Fe交换合成Na-Y分子筛的染料去除率为67.14%。

(2)4h后，Fe交换商业Na-Y分子筛催化剂的最大脱色率为100%，而Fe交换合成Na-Y分子筛的最大脱色率为70%。

(3)Fe交换商业Na-Y分子筛催化剂的最大化学耗氧物质去除率为67%，而Fe交换合成Na-Y分子筛的最大化学耗氧物质去除率为46%。

6.2.3.3.3 建议

(1)可以对结晶结束及结晶中期铝硅酸盐的微波加热进行研究。

(2)可以研究不同曝光时间下的微波加热。

(3)可以优化老化和结晶时间，这可以通过在老化时加热来完成。

(4)可以对不同的水热结晶方式，如离子热合成路线、微乳液水热路线、干凝胶转化合成路线以及溶液热合成路线等进行研究。

(5)可以对高温下的合成进行研究。

(6)可以对中性条件下染料的去除进行研究，这有助于催化剂的再利用。

6.3 案例研究2：石油化工废水的热解

热解法是一种用于制浆造纸废水、棉纺织厂复合废水、石油化工废水、工业废水和乙醇生产工厂生物废水预处理的有效方法。热化学沉淀是指高温下金属盐或化学物与废水中存在的有机和/或无机物发生反应，导致不溶性沉淀物络合和形成的过程。热解是一种非常有效的废水处理方法，其可处理具有高化学需氧量(mg/L)、生化需氧量(mg/L)、苯甲酸和一些金属(如Co、Mn、Ca、Mg、Na和Al等)的废水。热解会产生污泥，由于污泥是一种危险废物，故需要对其进行表征、处理和管理。

污泥的产生是含有机物和无机物的废水的物理化学、热化学和生物处理中一种不可避免的现象。污泥通常含有机物和无机物，这些物质较早出现于原始废水中，并在热化学(热解)处理过程中被除去。污泥的特性取决于净化水的原始污染负荷。2003 年印度政府颁布的《危险废物(管理和处理)修订规则》中规定：石化污泥是一种危险废物，需要进行妥善处理和处置。

均相催化剂：几种过渡金属(如 Cu、Fe、Zn、Mn、Ni、Cr、Co)的硝酸盐已被用作均相催化剂。硝酸铜是乙酸湿式氧化最有效的催化剂(Imamura，1999)，其次是铁的硝酸盐。反应后，硝酸铜以 CuO 沉淀的形式被分离出来，其他的铜盐(如 $CuCl_2$ 和 $CuSO_4$)都不稳定，一部分盐以 Cu_2O 的形式沉淀。此外，$LiNO_3$ 的添加有助于维持铜离子的稳定性，并提高硫酸铜的活性。

多相催化剂：由于从废水中分离均相盐存在问题，研究者们正在努力开发适于湿式氧化反应的多相催化剂。催化剂的性能取决于催化剂的制备方法、焙烧温度和催化剂的表面积。此外，对于任何特定的工业废水，金属和载体的选择至关重要。人们发现几种含铜的复合氧化物(如 Cu/Co、Cu/Co/Bi、Cu/Mn/Bi、Cu/Bi/γ-Al_2O_3)是具有潜力的催化剂，其他不含铜的复合氧化物(如 Bi/γ-Al_2O_3、Co/ Bi、Co/ Bi/γ-Al_2O_3、Sn /Bi、Zn/ Bi、Mn/Ce)也是非常活泼的催化剂。除此之外，不同的载体(如 CeO_2、γ-Al_2O_3、Na-Y 分子筛、ZrO_2 和 TiO_2)负载一些贵金属(如 Ru、Pt、Pd 和 Ir)形成的催化剂对各种有机和无机化合物的催化氧化非常有用。CeO_2 负载 Ru 催化剂表现出最高的催化活性。设计的多相疏水催化剂应对所有有机化合物具有亲和力，此外，还必须具有高氧化还原能力，能够与污染物发生有效的电子传递。这些催化剂在氧的活化中也应该是有效的。

Garg 等(2005)研究了温度为 20 ~ 95℃时纸浆和造纸厂废水化学需氧量的降低和脱色。在研究采用的均相和多相催化剂中，均相催化剂 $CuSO_4$ 的效果最好。当 pH = 5，催化剂浓度为 5kg/m^3 时，COD 去除率为 63.3%。然而，催化剂浓度为 2kg/m^3 时脱色率最大(92.5%)。温度对 COD 降低的影响不明显。Kumar 等(2008)将 $CuSO_4$、$FeSO_4$、$FeCl_3$、CuO、ZnO 和 PAC 作为棉纺厂复合废水热解的催化剂/化学物质，以降低化学需氧量并脱色。当催化剂浓度为 6kg/m^3、pH = 12、温度为 95℃时，$CuSO_4$ 的效果最佳，COD 去除率为 77.9%，脱色率为 92.8%。热解后进行凝固和絮凝。在测试的其他混凝剂中，浓度为 5kg/m^3 的 $KAl(SO_4)_2 \cdot 16H_2O$ 的效果最佳。催化热解后得到的上清液的凝固使得 COD 降低 97.3%，脱色率接近 100%。Choudhari 等(2008)在 80 ~ 100℃下，以 $CuSO_4$、CuO、MnO_2 - CeO_2 和 ZnO 为催化剂催化热解酒厂废水(DWW)。在所有的催化剂中，CuO 去除 COD 和脱色效果最佳。当温度为 100℃、催化剂浓度为 4kg/m^3 时，化学需氧量降低 47% 且脱色率为 68%；酒厂生物沼气池废水的化学需氧量降低 61%，脱色率为 78%。

6.3.1 废水的来源

废水来自印度北部聚丙烯车间生产单元的废水处理厂。将废水储存于实验室 4℃的冰箱里，不做任何稀释，然后用于实验。实验所用的所有化学试剂均为分析级(AR)。硫酸铜($CuSO_4 \cdot 5H_2O$)、无水氯化铁($FeCl_3$)和硫酸亚铁($FeSO_4 \cdot 7H_2O$)购自新德里的 RFCL 有限公司。

物理化学参数的分析。按照标准方法(APHA)确定废水的特性如pH、化学需氧量、生化需氧量、总固体(TS)、总溶解固体(TDS)、总悬浮固体(TSS)、总碱度和以甲酸为标准的总酸度。将处理得到的废水样品进行离心以获得澄清的上清液和沉淀。在处理前后，采用标准重铬酸盐封闭回流法测定废水的化学需氧量。用化学需氧量分析仪测定化学需氧量(Aqualytic，德国)。

6.3.2 实验程序

在高于环境温度40~160℃、0.5L的三口玻璃反应器内进行实验研究。根据情况，向废水中添加0.5mol/L的H_2SO_4或1mol/L的NaOH以调节废水的初始pH值(pH_0)。反应器中使用的废水的体积为250mL。用装有数字温度控制器的水浴将反应混合物的温度升至所需温度。反应器的侧颈装有垂直水冷式冷凝器以防止蒸汽的损失，中间颈口装有一个机械搅拌器。接着，向反应器中添加化学/凝结剂。$CuSO_4 \cdot 5H_2O$、$FeCl_3$和$FeSO_4 \cdot 7H_2O$被用作化学/凝结剂。

$FeCl_3$的使用浓度范围为1~4kg/m^3，$FeSO_4 \cdot 7H_2O$的使用浓度范围也为1~4kg/m^3，$CuSO_4 \cdot 5H_2O$的使用浓度范围为3~7kg/m^3。实验过程包括3个阶段：化学/凝聚剂在搅拌器转速为250r/min下瞬时混合5min；接着在搅拌器转速为30r/min下缓慢混合；在最后阶段，将絮凝体沉淀90min。每隔一段时间及沉淀结束时，取出反应器样品。对样品离心后，测定上层清液的化学需氧量(图6.16)。

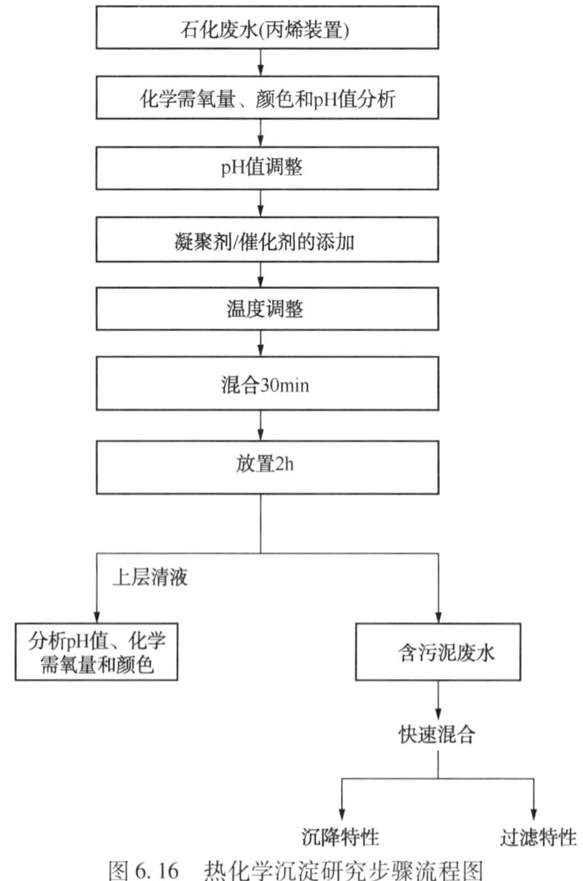

图6.16 热化学沉淀研究步骤流程图

6.3.3 动力学研究

实验在 40～160℃下进行，催化剂负载量为 2～5kg/m³。在上述操作条件下，对各种动力学数据进行评价。在评价动力学数据(速率常数和组成活化能)时，反应期间的温度应恒定，当反应温度达到 40～160℃时确定动力学数据。在催化热解过程中，两种平行且相互补充的机理同时发生。废水中的大分子及小分子有机分子经过化学分解和热分解以及络合后，形成沉淀的不溶性粒子。此外，在热解过程中，大分子也会分解成更小的可溶分子。由于不溶性粒子的形成，总碳值大幅降低，碳水化合物、木质素、蛋白质以及氮、磷酸盐和硫酸盐的含量均降低。这些也说明聚丙烯厂废水的化学需氧量降低(减少 70%)。

因此，聚丙烯厂废水的热解过程可表示如下：

$$\text{聚丙烯废水有机物} \xrightarrow[\text{加热}]{\text{水}} \text{固体残留物} + \text{小分子有机物} + \text{气体}$$

在催化剂的作用下，固体残渣的生成速率加快，且产量也不断增加。反应方程式可写成如下形式：

$$\text{聚丙烯废水有机物} \xrightarrow[\text{水}+\text{热量}]{\text{催化剂}} \text{固体残留物} + \text{小分子有机物} + \text{气体}$$

反应方程式写成有机物形式如下：

$$\text{A} \xrightarrow[\text{水}+\text{热量}]{\text{催化剂}} \text{B(固体)} + \text{C(大量有机物)} + \text{气体} \tag{6.8}$$

气体的形成量过少，没有任何意义。

因此，热解的总速率表达式可写成：

$$-\mathrm{d}C_A/\mathrm{d}t = k_c C_A^n C_w^m \tag{6.9}$$

在恒定的催化剂负载量下，式(6.9)可化简为：

$$-\mathrm{d}C_A/\mathrm{d}t = kC_A^n \tag{6.10}$$

其中

$$k = k_c C_w^m \tag{6.11}$$

对于可用 COD 表示的集总有机物，式(6.11)可写成：

$$-\mathrm{d}(\mathrm{COD})/\mathrm{d}t = k(\mathrm{COD})^n \tag{6.12}$$

在湿式氧化的大多数情况下，有机物的还原均遵循 1 级动力学(Mishra 等，1995)。随后，Lele 等(1989)证明了酿酒厂废醪的热预处理遵循 0 级动力学。Belkacemi 等(1999)提出梯牧草基酒厂废水的热解遵循 1 级单步动力学。对于 1 级动力学，式(6.12)表示为 COD 转化率(x)的形式为：

$$-\ln(1-x_A)=kt \tag{6.13}$$

对于0级动力学，可写为：

$$(\text{COD})=kt \tag{6.14}$$

实验数据与式(6.13)吻合，表明热解过程可用1级动力学描述。将式(6.14)绘于图6.17，可以看出热解是一个两步串联过程。

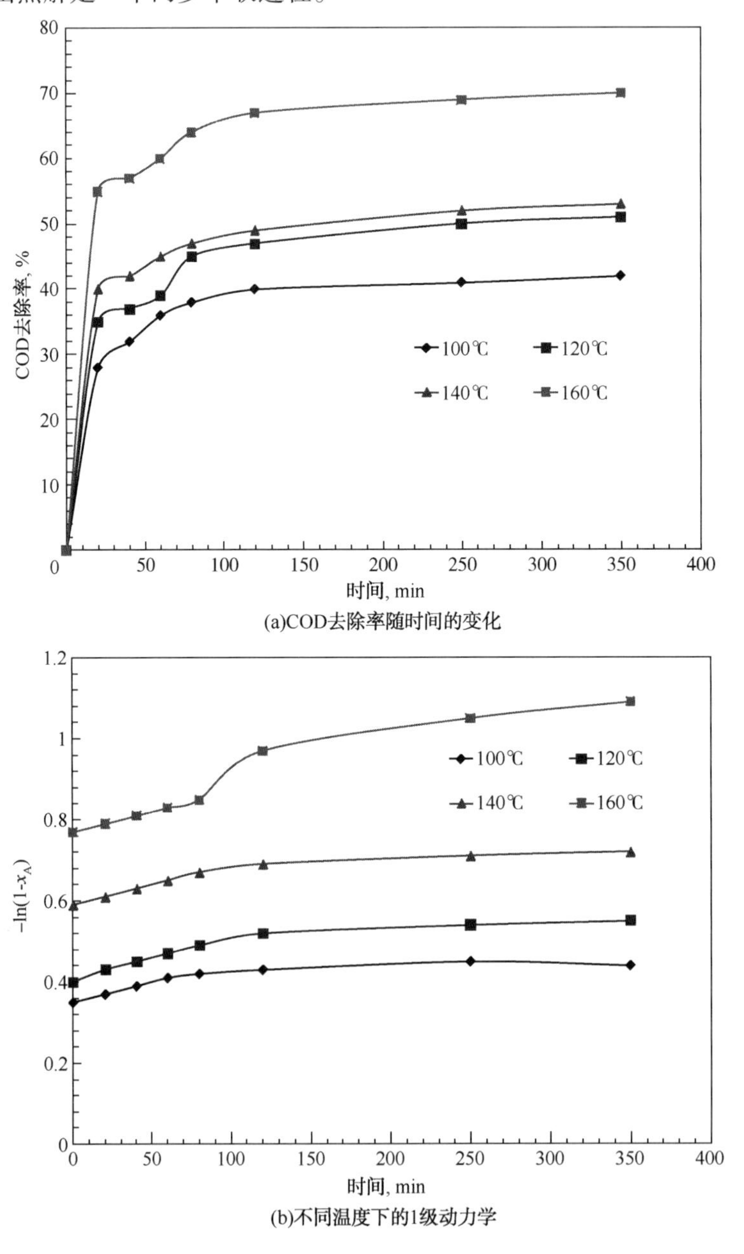

图6.17 热解过程中温度对降低聚丙烯厂废水COD去除率的影响

(COD_0 = 3520mg/L，C_w = 3kg/m^3，pH_0 = 6.53，p = 自压)

因此，可以分别确定第1步快速步骤和第2步慢速步骤的速率常数 k_1 和 k_2。尽管第1步速率常数的增长幅度高于第2步，两个步骤的速率常数均随温度的升高而升高。因此，k_1/k_2 比值从100℃的2.3增长到160℃的3.3。k_2 值较低，表明废水中的含碳物质导致催化剂失活，使其失去了抗性，从而造成反应速率降低。k_2 与温度的关系见表6.20。

表6.20 催化热解第1步和第2步的1级速率常数(k)表

速率常数随温度的变化(催化剂负载量 $C_w=3kg/m^3$)			
温度,℃	k_1, min^{-1}	k_2, min^{-1}	k_1/k_2
100	0.0011	0.0004	2.3
120	0.0012	0.0005	2.22
140	0.0019	0.0007	2.45
160	0.0021	0.0008	3.3

假设式(6.7)中速率常数随温度的变化符合阿伦尼乌斯定律，可得：

$$k = k_0 e^{-E/RT}$$

因此，$\ln k$—$1/T$(图6.18)为一条直线，从而确定频率因子 k_0 和活化能 E。第1步和第2步的活化能分别为24.12kJ/mol和16.11kJ/mol。第1步和第2步的频率因子分别为 $0.221min^{-1}$ 和 $0.0413min^{-1}$。

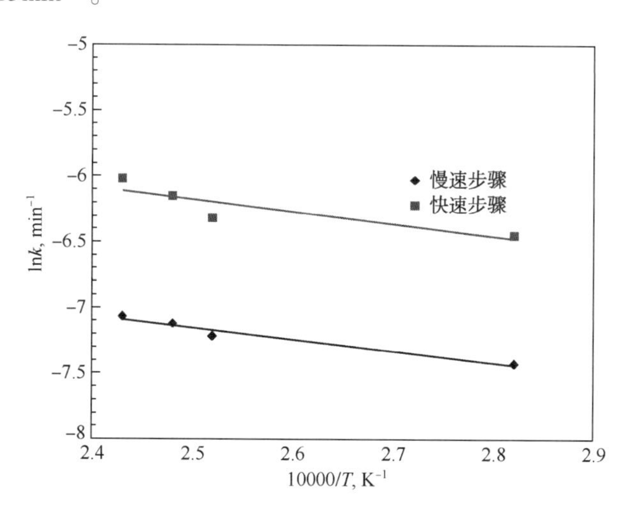

图6.18 聚丙烯厂废水热解的阿伦尼乌斯曲线

6.3.4 结果和讨论

聚丙烯装置废水的特点。石化厂分析得到的聚丙烯装置废水的特点见表6.21。废水由有机物和无机物组成，本质上为弱酸性(pH值为5.3)。废水的化学需氧量(3520mg/L)和生化需氧量(1132mg/L)非常高且为最主要的参数。

表 6.21 聚丙烯装置工业废水的典型组成表

参数	浓度，mg/L（除 pH 值外）
pH 值	5.3
化学需氧量	3520
生化需氧量	1132
总固体量	6864
有机氮	90
P	57
Mn	5.17
SO_4^{2-}	7120
Mg	0.76
Na^+	730
Ca^{2+}	12
Fe^{2+}	10
Cu^{2+}	8
Mn^{2+}	2
颜色	黑棕色

当 $CuSO_4 \cdot 5H_2O$、$FeCl_3$ 和 $FeSO_4 \cdot 7H_2O$ 的用量为 $3kg/m^3$、pH 为 6.65 时，温度(40～160℃)对 COD 去除率的影响如图 6.18 所示。在室温下，使用 $CuSO_4 \cdot 5H_2O$、$FeCl_3$ 和 $FeSO_4 \cdot 7H_2O$ 的 COD 去除率分别为 30.2%、39.1% 和 8.1%。由于 COD 去除率较低，高温(40～160℃)下对不同的无机化合物进行进一步实验。随温度升高，COD 去除率先上升到一定值，然后开始下降。所有化学物均表现出这一变化趋势，说明存在一个最佳温度，此温度下的 COD 去除率最高。

接下来，对 160℃下，负载量为 2～$5kg/m^3$ 的不同催化剂对热解的影响进行研究(图 6.19)。当 $C_w = 3kg/m^3$ 时，COD 去除率为 63%。可以看出，COD 去除率随催化剂 $CuSO_4$ 量的增加而明显升高。催化剂负载量超过 $4kg/m^3$ 时，COD 去除率的升高趋势不明显。对 160℃下，C_w 对反应速率常数的影响进行研究，动力学如图 6.19 所示。方程(6.12)可写成：

$$\ln k = \ln k_c + m \cdot \ln C_w \tag{6.15}$$

因此，当温度为 40～160℃、催化剂负载量为 2～$5kg/m^3$、$pH_0 = 6.65$ 时，聚丙烯厂废水催化热解的动力学方程可写为：

第 1 步：

$$(-r_1) = -d(COD)/dt = 0.442e^{(-2139/T)}(COD)C_w^{0.744} \tag{6.16}$$

第 2 步：

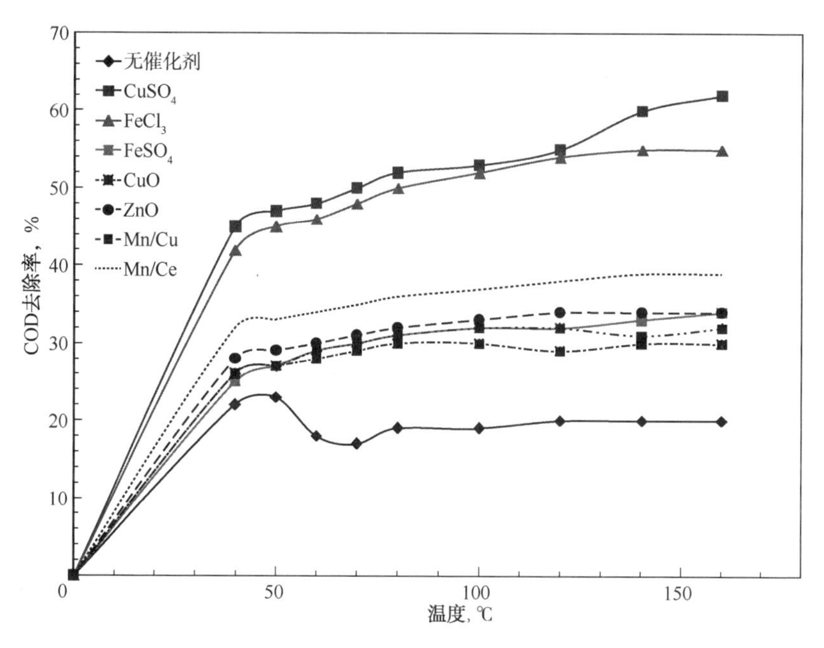

图 6.19　不同催化剂对降低聚丙烯厂废水化学需氧量的影响

($COD_0=3520mg/L$，$C_w=3kg/m^3$，$t_R=6h$，$T=160℃$，$p=0.1MPa$)

$$(-r_2)=-d(COD)/dt=0.03762e^{(-1551/T)}(COD)C_w^{0.187} \tag{6.17}$$

其中，T 的单位为 K。

6.3.5　结论

热解是一种处理丙烯厂废水的有效工艺。废水处理过程的温度为 40～160℃，压力为相应的自生压力，同时，使用 CuO 催化剂，则可使废水的生化需氧量和化学需氧量大大降低。在温度为 160℃、pH=6.65、$C_w=3kg/m^3$ 的条件下对废水进行热处理，初始废水的化学需氧量为 3520mg/L，其最大降低幅度约为 70%（表 6.21）。化学需氧量的降低常伴随着富含碳的可沉降固体残留物的形成。

热解的动力学分析表明：该过程由连续两步构成——降低化学需氧量的初始快速步骤和之后的慢速步骤。这两步可用一个简单的幂次速率表达式表示，且两步均为关于化学需氧量的 1 级反应(图 6.19)。

6.4　案例研究 3：催化湿式空气氧化过程

随着加工业数量的急剧增加和人口的增长，工业污染已经成为全世界关心的主要问题。现今，加工业的生存越来越依赖于技术的环境可持续性。在本项工作中，我们主要关注酒厂排放的废水，该行业的废水具有化学需氧量和生化需氧量高、颜色较深的特点。然而，总体认知的不断提高、环境法规的实施越来越严格及在高度竞争性市场中生存的需求，正慢慢迫使产业升级和实践提高。

特殊废水处理方法的选择由以下因素决定：有机成分和无机成分的浓度、毒性和环境排放标准。将湿式空气氧化作为一种预处理步骤，可以从生物学上处理所得溶液。催化湿式空气氧化是湿式空气氧化技术的一种替代选择，利用催化剂能够在较低的温度和压力下，以较高的氧化速率有效去除工业废水中的有机物。

反应机理：有机化合物的氧化遵循链反应机理。湿式空气氧化包括以下反应步骤：

$$\left.\begin{array}{l}\text{有机化合物} + O_2 \longrightarrow \text{氢过氧化物} \\ \text{氢过氧化物} \longrightarrow \text{乙醇} \\ \text{乙醇} + O_2 \longrightarrow \text{酮类(或醛)} \\ \text{酮(或醛)} + O_2 \longrightarrow \text{酸} \\ \text{酸} + O_2 \longrightarrow CO_2 + H_2O\end{array}\right\} \tag{6.18}$$

实际上，有机自由基 $R^{\bullet}$ 与分子氧耦合，促进了湿式空气氧化反应的进行。$R^{\bullet}$ 自由基来源于最弱 C—H 键和氧之间的反应，并生成 $HO_2^{\bullet}$，接着 $HO_2^{\bullet}$ 与 RH 结合形成过氧化氢。在一定温度下，形成的过氧化氢易分解成羟基自由基。最后一个反应为传递步骤，生成氧化物种。结合下述反应，可以更好地理解湿式空气氧化机理。

$$O—O + R^{\bullet} \longrightarrow ROO^{\bullet} \tag{6.19}$$

$$RH + O_2 \longrightarrow R^{\bullet} + HO_2^{\bullet} \tag{6.20}$$

$$RH + HO_2^{\bullet} \longrightarrow R^{\bullet} + H_2O_2 \tag{6.21}$$

$$H_2O_2 + M \longrightarrow 2HO^{\bullet} + M \tag{6.22}$$

$$ROO^{\bullet} + RH \longrightarrow R^{\bullet} + ROOH \tag{6.23}$$

对于大多数分子的反应(6.23)，引发步骤也为控制步骤，取决于温度，其活化能可能超过 100kJ/mol 或 200kJ/mol。这就是湿式空气氧化在室温下无法进行，需要在高温(大于250℃或大于300℃)下才能进行的原因。上述机理表明了自由基的重要性，因此，使用催化剂和促进剂可以降低反应所需操作条件的苛刻程度。

总湿式空气氧化机理包括两步：第 1 步为有机物和溶解氧间的化学反应，已在上面进行讨论；第 2 步包括气相至液相间氧的转移、液相至气相间 CO_2 的转移。在湿式空气氧化(WAO)反应的设计中，我们认为气体在气相中扩散迅速。Li 等(1991)提出了一种基于简化反应方案的广义的动力学模型，该模型以乙酸为限速中间产物，表示如下：

$$\begin{array}{ccc}\text{有机化合物} + O_2 & \xrightarrow{k_1} & CO_2 \\ & \searrow^{k_1} \quad \nearrow_{k_2} & \\ & CH_3COOH + O_2 & \end{array}$$

$$\frac{[\text{有机物}+CH_3COOH]}{[\text{有机物}+CH_3COOH]_0}=\frac{k_2}{(k_1+k_2-k_3)}e^{-k_3t}+\frac{(k_1-k_3)}{(k_1+k_2-k_3)}e^{-(k_1+k_2)t}$$

6.4.1 引言

随着对有限不可再生资源需求的不断增加以及石油和天然气价格的不断变化，以农业物料为原料生产乙醇作为替代燃料引起了全世界的关注。在印度，由于法律允许向汽油中添加5%乙醇混合使用，且该比例将进一步上升至10%，因而预计乙醇的需求将不断升高（印度公报，2002）。除此之外，乙醇的其他常见用途还包括作为工业溶剂和饮料。在印度，有很多大型酿酒厂与糖厂结合。糖厂的废物包括甘蔗渣（甘蔗压碎的残渣），压滤泥浆（果汁澄清的泥土和污垢残留）和糖蜜（糖结晶部分的最后残渣）。甘蔗渣被用作造纸和锅炉的燃料，糖蜜则为酒厂酒精生产的原料，压滤泥浆无任何直接的工业应用（Nandy 等，2002）。以糖蜜为原料的酿酒厂的废水中含有大量暗红色的糖蜜废醪（MSW）。蒸馏产生的乙醇的体积从5%到12%不等，因此，蒸馏乙醇中废物的体积从88%到95%不等。以糖蜜为原料的酿酒厂每生产1L乙醇，平均会产生15L废醪。糖蜜废醪为暗红色，且其pH低、温度高、灰分高以及含有的溶解有机物和无机物比例高，是最难处理的废物之一。

6.4.1.1 印度的乙醇生产

印度是世界上最大的糖生产国。在甘蔗生产方面，印度和巴西的地位几乎相同（图6.20和表6.22）。在巴西，压碎的所有甘蔗的45%用于生产糖，55%用于直接从蔗汁生产乙醇。由于糖产量的近40%用于出口，因此巴西甘蔗业能够灵活调整糖的产量以适应国际市场的糖价格。在印度，糖是由甘蔗制造而成。印度的甘蔗产量如图6.20和表6.22所示。

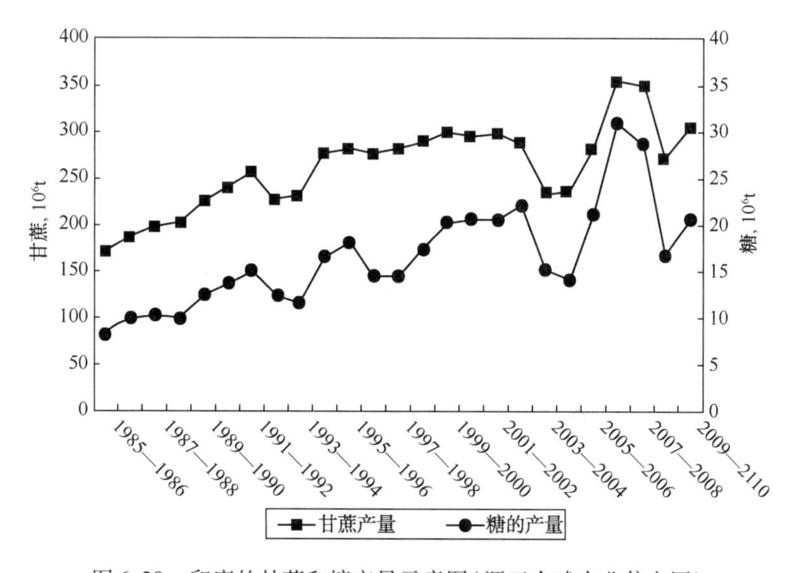

图6.20 印度的甘蔗和糖产量示意图（源于全球农业信息网）

表 6.22　每年印度各邦的甘蔗产量表　　单位：10^6t

邦	2001 年	2002 年	2003 年	2004 年	2005 年	2006 年
北方邦	106.07	117.98	120.95	112.75	118.72	121.53
马哈拉施特拉邦	49.59	45.14	42.17	25.67	20.48	34.69
卡纳塔克邦	42.92	33.02	32.49	16.02	14.28	15.2
泰米尔纳德邦	33.19	32.62	24.17	17.66	23.4	33.3
安德拉邦	17.69	18.08	15.39	15.04	15.74	17.94
古吉拉特邦	12.7	12.47	14.07	12.67	14.57	13.34
哈里亚纳邦	8.17	9.27	10.65	9.28	8.06	6.84
旁遮普	7.77	9.25	9.29	6.62	5.17	5.29
UK	7.35	7.56	7.33	7.65	6.44	6.13
其他	10.51	11.83	10.89	10.48	10.25	12.65
总计	295.96	297.22	287.4	233.84	237.11	266.88

来源：Ethanol - production - india. htm。

印度的乙醇生产稳定增长，预计产量从 1992—1993 年的 8.872×10^8L 增长到 1999—2000 年的近 16.54×10^8L。过剩的乙醇会导致酒精和糖蜜的价格降低。预计乙醇产量将从 2002—2003 年的 18.697×10^8L 增长到 2006—2007 年的 23.004×10^8L。因此，预计过剩乙醇产量将从 2002—2003 年的 5.277×10^8L 增长到 2006—2007 年的 8.228×10^8L（表 6.23，表 6.24 和图 6.21）。

表 6.23　每年印度各邦酒厂废水的生物能源潜力

时间	糖蜜产量	乙醇产量	工业用量	饮用水用量	其他用量	过剩量
1998 年	7.00	1411.8	534.4	584.0	55.2	238.2
1999 年	8.02	1654.0	518.9	622.7	57.6	455.8
2000 年	8.33	1685.9	529.3	635.1	58.8	462.7
2001 年	8.77	1775.2	539.8	647.8	59.9	527.7
2002 年	9.23	1869.7	550.5	660.7	61.0	597.5
2003 年	9.73	1969.2	578.0	693.7	70.0	627.5
2004 年	10.24	2074.5	606.9	728.3	73.5	665.8
2005 年	10.79	2187.0	619.0	746.5	77.2	742.8
2006 年	11.36	2300.4	631.4	765.2	81.0	822.8

来源：中央污染控制局（CPCB），2003。

注：所有单位均为 10^6t。

表 6.24 印度各邦每年的乙醇产量表

州	装置	生产能力，ML/a	废水产量，ML/a
安德拉邦	24	123	1852
比哈尔	13	88	1323
古吉拉特邦	10	128	1919
卡纳塔克邦	28	187	2799
中央邦	21	469	7036
马哈拉施特拉邦	65	625	9367
旁遮普	8	88	1317
泰米尔纳德邦	19	212	3178
北方邦	43	617	9252
拉贾斯坦邦	7	14	202
喀拉拉邦	8	23	343
查谟和克什米尔	7	24	366
其他	32	105	1854
总计	285	2703	40508

来源：www. ethanolindia. net。

注：酿酒厂的乙醇生产工艺包括四个主要步骤，即备料、发酵、蒸馏和包装(图 6.21)。

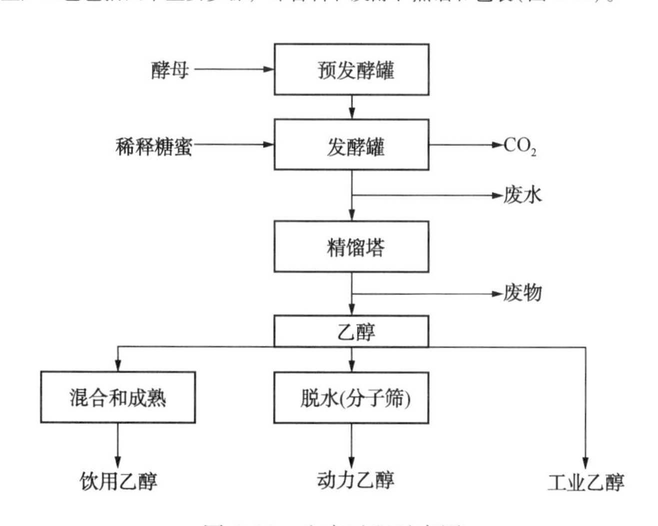

图 6.21 生产过程示意图

备料。乙醇可由多种原料制造，包括糖类(甘蔗和甜菜糖蜜、甘蔗汁)、淀粉类(玉米、小麦、木薯、大米、大麦)和纤维素(作物残留物、甘蔗蔗渣、木材、市政固体废物)。印度酿酒厂几乎全部以甘蔗糖蜜为原料。总体来说，世界上近 61% 的乙醇生产来自糖作物(Berg，2004)。

糖蜜的成分随甘蔗的种类，地区的农业气候条件，糖生产工艺以及处理、存储的变化而变化。发酵前，如果需要的话，将糖蜜稀释至 20 ~ 25 Bx(溶液中糖浓度的测量)并调整其 pH 值。在印度，蔗糖制造业生产的约 90% 糖蜜都用于乙醇生产(Billore 等，2001)。

发酵。在实验室制备酵母培养物并将其在一系列的热敷器中进行繁殖，每个热敷器比前一个大10倍左右，原料中加入的酵母培养液（酵母菌）的体积分数约为10%。该过程是一个在可控温度和pH下进行的厌氧过程，其中糖被还原分解为乙醇和二氧化碳，反应为放热反应。使用板式热交换器使温度维持在25～32℃，此外，还可向发酵罐壁喷淋冷却水。发酵方式可为间歇式或连续式（CPCB，2003）。间歇操作的发酵时间通常为24～36h，效率约为95%。得到的液体培养基中含有6%～8%的乙醇。通过沉淀分离出污泥（主要是酵母细胞）并将其从底部卸出，不含细胞的发酵液体培养基则被送去蒸馏。

蒸馏。蒸馏过程分为两个阶段，通常在一系列泡罩分馏塔中进行。第一阶段包括分析塔，接着是精馏塔。含细胞的发酵液体培养基（冲积物）通过与污水（废醪）进行热交换预热达到约90℃，然后将其送到分析塔的排气部分。此时，利用流动蒸气加热酒并分离出40%～45%乙醇。分析塔底部卸出物为废醪。将乙醇蒸气引至精馏塔进行回流，抽出、冷却和收集96%的乙醇。该阶段的冷凝水被称为“待生残渣”，通常被泵送回分析塔。

包装。将精馏酒精（乙醇体积分数为96%）直接销售用于乙酸、丙酮、草酸和无水乙醇等化学物质的生产。工业和实验室使用的变性乙醇通常包含60%～95%的乙醇和1%～5%的甲醇、异丙醇、甲基异丁基甲酮（MIBK）和乙酸乙酯等。对于饮料，待乙醇成熟后，将其与麦芽酒混合（用于制造威士忌）并稀释至必要的浓度以获得所需类型的酒，然后在瓶装工厂进行适当包装。燃料混合用无水乙醇（动力乙醇）中乙醇的质量分数需达到99.5%。通常使用分子筛对乙醇进行脱水。

6.4.1.2 废水的产生及特点

废水产生的主要来源是蒸馏步骤，在71～81℃的温度范围内，该步骤产生大量的深棕色废水（称为废醪、釜馏物、废油或残渣）。废醪的特征取决于使用的原料，此外，据估计，糖蜜成分的88%最终会变为废物。糖蜜废醪具有非常高的BOD、COD、COD/BOD比以及高含量的钾、磷和硫。此外，甘蔗糖蜜废醪中含有低分子量化合物，如乳酸、甘油、乙醇和乙酸。表6.25列出了酒精生产过程的不同阶段生成的主要废水，处理后废水和未处理废水的质量对比见表6.26。

表6.25 酒精生产过程的不同阶段生成的主要废水

参数	每千升酒精废水产量，kL	颜色	pH值
废水产量	14.4	深棕色	4.6
发酵罐清洗	0.6	黄色	3.5
发酵罐清洗	0.4	无色	6.3
冷却器冷却	2.88	无色	9.2
地面清洗	0.8	无色	7.3
装瓶厂	14	模糊	7.6
其他	0.8	浅黄色	8.1

来源：Satyawali和Balakrishnan（2008）。

表 6.26 处理后废水和废水的质量对比表

参数	初级处理后废水的特征（Ali，2002）	地表水，印度标准：2490（1974）	土地灌溉用水，印度标准：3307（1974）
温度，℃	37	不超过 40	不超过 40
pH 值	7.0～8.5	5.5～9.0	5.5～9.0
生化需氧量，mg/L	4000～5000	30	100①
化学需氧量，mg/L	25000～30000	250	—
悬浮固体，%	1.0～1.5	100②	200②
总溶解固体（无机），mg/L	—	2100	2100
油脂，mg/L	—	10	10
硫化物（S^{-2}），mg/L	700～800	2	—
Cl^- 表示的氯化物，mg/L	2000～3000	1000	600
总残留氯，mg/L	—	1.0	—
钠（Na^+），mg/L	300～500	—	600
钾（K^+），mg/L	1500～2500	—	—

来源：中央污染控制局（CPCB），2003。

注：①当土地用于二次处理时，BOD 达到 500mg/L 是允许的。

②绝对值，mg/L。

甘蔗糖蜜中还包含大约 2% 的暗棕色色素，这种色素被称为类黑精，是废醪颜色的来源（Kalavathi 等，2001）。类黑精是美拉德反应生成的一种最终产物——低/高分子量聚合物，美拉德反应是还原性糖和氨基酸化合物反应引起的一种非酶褐变反应（Martins 和 van Boekel，2004）。当温度高于 50℃、pH 值为 4～7 时，该反应可以有效进行。在传统厌氧—好氧污水处理过程中，黑精只能被降解 6%～7%（Gonzalez 等，2000）。由于具有抗氧化性，类黑精对废水处理过程涉及的许多微生物是有毒的（Sirianuntapiboon 等，2004）。除了类黑精，废水中还包含其他色素，如酚醛树脂、焦糖和黑色素。酚醛树脂在甘蔗糖蜜废水中更明显，而黑色素在甜菜糖蜜中更明显（Godshall，1999）。

工业水资源保护方法：由于日益激烈的竞争和严格的环境标准，工业用水的监测变得越来越重要。水不再被看作一种免费商品，人们通过采用创新技术或对现有技术进行改进来减少工艺用水量。一般来说，可通过以下一种措施或多种措施的结合来减少工业废水：

（1）改进工艺或改变原材料以减少用水量；

（2）废水的直接回用；

（3）回收废水的厂内回用；

（4）将处理过的废水用于非工业用途。

最后，采用何种措施由替代原料和技术的可用性、污染物的本质、回用水的纯度要求、竞争水需求和整体处理成本决定。

6.4.1.3 废水处理方法

特殊污水流处理方法的选择取决于以下因素：有机和无机成分的含量、浓度、毒性和环境排放标准等。迄今为止，可用的技术大多是基于单一处理方式或涉及一个或多个化学处理方法、物理处理方法(吸附—分离、反渗透、蒸馏等)、生物处理方法(厌氧和/或有氧)、湿法氧化(WO)和焚烧的混合处理方式。

化学处理。化学处理用于 pH 值的调整、胶体杂质的凝固(使用明矾、$FeSO_4$ 及聚合电解质等)、溶解污染物的沉淀(氢氧化物和碳水化合物等的金属去除)、氧化(使用 O_3、ClO_2、H_2O_2 和 O_2)、还原和污泥处理。然而,对于大批量处理,化学处理非常昂贵。

反渗透。反渗透(RO)是一种通过对选择性膜一侧的溶液加压,使得溶质保留在膜的高压侧,同时允许纯溶剂通过至另一侧,从而去除溶液中多种大分子和离子的过滤方法。作为“选择性”膜,不应当允许大分子或离子通过孔(洞),而应当允许溶液的小分子(溶剂)自由通过。反渗透过程用于苦咸水的淡化、食品工业及枫糖浆生产等。这种技术不经常使用,主要是由于膜置换成本高。

生物处理。生物处理方法几乎适用于所有用途。然而,在复杂的增稠和脱水过程后,我们有必要采用土地填充或具有一定能耗的燃烧方式对产生的污泥进行处理。尽管如此,这在某种程度上是一种受欢迎的处理方法,可以先通过其他方式处理因毒性或高有机负荷而不适于生物处理的废水,使得最终的废水适于生物处理。

焚烧。焚烧是一种涉及有机材料和/或物质燃烧的废物处理技术。焚烧和其他高温废物处理系统被称为热处理。废物的焚烧将废物转换成焚化炉底灰、烟道气体、颗粒和热量,这些反过来又可用来发电。在烟道气体扩散到大气中之前,需要清洗烟道气体中的污染物。

湿法氧化。湿法氧化是水热处理的一种形式,是指以氧气作为氧化剂氧化水中溶解或悬浮组分的工艺过程。使用空气作为氧化剂时,此工艺则被称为湿空气氧化(WAO)。氧化反应发生在温度高于水的正常沸点(100℃)但低于临界点(374℃)的过热水中。系统必须维持一定的压力以避免水的过度蒸发,这样做一方面是为了控制汽化潜热引起的能耗,另一方面是因为液态水是大多数氧化反应发生的必要条件。在相同的温度和压力下,干燥条件下无法氧化的化合物可以在湿法氧化条件下氧化。

6.4.1.4 不同技术的缺点

一系列技术的主要缺点如下:

(1)浓缩/焚烧产生有害的气体排放。此外,我们必须适当调整废水中需氧化合物的浓度,使其在自动热持续所需的浓度操作窗口内。

(2)生物甲烷回收的厌氧消化是一种生物处理方式,其主要缺点如下:

① 需要的占地面积大;

②生成大量的污泥,引起相关处理问题;

③微生物对基质类型和废水浓度固有的敏感性通常需要在治理前对废水进行稀释。

(3)生成蒸汽后进行有氧快速处理的非催化湿法氧化是一种通常在苛刻条件(如高温、高压和长停留时间)下运行的水相无焰燃烧技术。

6.4.1.5 湿式空气氧化

湿式空气氧化系统的第一个专利距今已经超过 100 年了。1911 年,Strehlenert 获得了一个专利:在 180℃下,利用压缩空气氧化处理亚硫酸盐废液。该技术的工业应用始于一家独立获得专利的瑞典公司。1958 年,Borregaard 在挪威建立了第一个已知的湿式空气氧化工厂,但后来由于操作不经济被关闭。

对于废水特别是有毒和有机物含量高的废水的处理，湿式空气氧化是一种重要的行之有效的技术。湿式空气氧化包括高温和高压下利用气相氧源(通常是空气)的有机可氧化无机组分的液相氧化。高压是保持水处于液态的必需条件，水也可作为阻燃剂，提供蒸发传热和移除多余热量的介质。我们已经证明湿式空气氧化能够将有机化合物和其他无害的最终产物氧化为CO_2。温度越高，氧化程度越高，且废水主要包含低分子质量含氧化合物(主要是羧酸)。氧化的程度主要取决于温度、氧气分压、停留时间和所研究污染物的氧化性。氧化反应取决于治理的目的。

当COD高于20000mg/L时，湿式空气氧化可以自我维持。通过降低氧化条件的苛刻程度可以进一步降低成本。湿式空气氧化是提高垃圾渗滤液生物降解性和解决污泥特征的一种预处理工艺。印度的大多数酒厂都有一个污水处理厂，利用生物处理方法处理废水。但是，对于废水中生物不可降解部分的处理，生物处理方法不经济。因此，有必要先除去生物不可降解部分，这样剩余的部分才可以通过生物处理方法进行降解，催化湿式氧化则是我们在不久的将来可以使用的一种方式。

废水的湿式空气氧化。来自酿酒厂的废水由于颜色而被称为绛紫液。它本质上是高度有机物，包含悬浮固体、胶体、生物耗氧物质、化学耗氧物质、硫化物、使用的制浆化学物质、有机酸、氯化木质素、树脂酸、酚醛树脂、不饱和脂肪酸以及萜烯等。因此，酒中包含可回收的化学物质和能量。为了满足当地的排放标准，生产单位必须回收化学物质。在无催化剂的条件下，纸浆黑液的湿式空气氧化一般较慢，并且需要非常严苛的温度和压力条件。因此，我们需要开发一种能够在不太严苛的温度和压力下降解这些有机化合物的催化剂体系。尽管均相铜、锌和铁对湿式氧化过程有效，非均相催化剂由于不需要进一步处理并从废物中去除，仍是催化剂的首选。

湿式空气氧化的局限性。在将生物不可降解的垃圾转化为可降解羧酸的过程中，会产生不同形式的中间体。为了消除这些中间体，我们采用了高温、高压。由于条件苛刻，可以观察到腐蚀现象。该方法仅可以作为一种预处理方法而非一个完整的处理方案。

湿式空气氧化的优势。利用催化剂可以减少高温高压的使用。在催化剂的作用下，采用低强度的操作条件可以减小反应器壁的厚度，减少反应器设计、制备和维护的成本。

6.4.2 文献调研

Imamura 等(1982)对乙酸的催化湿式氧化进行了广泛研究，并考察了30多种不同的催化剂。其中活性最高的是$MnCl_2$和$CeCl_3$共沉淀生成的Mn/Ce(7/3)复合氧化物催化剂。在反应时间为1h、温度为247℃、$[TOC]_0$为2000mg/L、[cat]为20mol/L(总金属浓度)的实验条件下，该催化剂能够去除99.5%的有机碳。Chowdhury 和 Copa(1986)提出：涉及高温(175~320℃)和高压(2169~20789kPa)下水流处理的湿式空气氧化工艺是一种新的技术，这种技术被证明对工业废水中各种有机和无机成分的破坏有效。特别是硫化物、氰化物、硫氰酸盐、硫代硫酸盐、酚类和各种其他可被湿式空气氧化破坏的有毒和有害有机化合物。他们强调：对于工业废水中存在的各种有毒、有害有机物，湿式空气氧化对其破坏率可以超过99.9%。Prasad 和 Joshi(1987)研究了牛皮纸浆行业产生的纸浆黑液在高温120~1800℃和高压0.3~1.0MPa高压釜中的动力学，6h内观察到COD降低超过90%，并评价了 CuO、ZnO、MnO_2 和 SeO_2 的催化效果。Wakabayashi 和 Okuwaki(1988)发现：当在 Ni 反应器中使用 Fe 粉催化剂时，提高碱度可以增强乙酸钠的氧化。在使用的实验条件下，Ni 反应器会发生腐蚀。因此，氧化镍是氧化反应的助催化剂。碱度对催化湿式氧化反应机理的影响是对催化湿式氧化机理间接影响的一个例子。在该机理中，对提高与催化剂反应的中间物种的生成速率来说，氢氧化物必不可少。Pinter 和 Levec(1994)对半间歇浆态反应器中苯酚溶液的湿式空气氧化进行了研究，发现在压力略高于大气压、温度低于 130°C 的条件下，ZnO、CuO 和 Al_2O_3 组成的催化剂可以将苯酚通过不同的中间体转化为无毒化合物。在 105～130℃的温度范围内，苯酚催化氧化的表观活化能为 84kJ/mol。

Hao 等(1994)对高温(260℃)和高压[p_{O_2} = 0.69MPa(25℃)]下红水的湿式氧化进行了研究。发现反应 1h 后，近 25% 的总固体、66% 的挥发性固体和 97% 的总有机碳被去除。他还观察到，废气会产生高浓度的 N_2(净增长 4.6%)、CO_2(4.3%)和 CO(0.33%)。在评价用于红水治理和处理的湿法氧化技术时，我们必须考虑废气的质量可能会随湿式氧化温度的变化而变化。Mishra 等(1995)综述了高温(125～320℃)和高压(0.5～20MPa)条件下有害、有毒和非生物降解废水的湿式空气氧化过程。他们认为当废水的 COD 为 20000mg/L 时，该过程可以自我维持，且当原料的 COD 足够高时，该过程能够产生能量。我们对发表的所有关于湿式空气氧化的信息进行分析并将它们以一种连贯的方式呈现。除工业应用外，我们也对湿式空气氧化的其他方面(如各种催化剂和氧化剂)进行了讨论，并对进一步的研究提出了建议。所讨论的工业应用包括市政污水污泥处理、氰化物和腈废水处理、酒厂废物处理、待生炭的再生、能源和资源的再生。

Lin 和 Ho(1996)对采用催化湿式空气氧化处理一种典型的高强度工业废水——含浆废水的过程进行了研究。他们通过实验研究了温度和催化剂[$CuSO_4$ 和 $Cu(NO_3)_2$]用量对污染物(COD)去除率的影响，发现在温度为 2000℃、压力为 7MPa 的条件下，催化湿式空气氧化 1h 后的 COD 去除率可达 80%。他们还开发了一种动力学模型，发现处理反应符合 2 阶 1 级动力学表达式，并确定了反应速率系数和温度、催化剂用量之间的关系。据报道：在温度小于 90℃、压力为常压的条件下，铂基催化剂上甲酸的氧化率可达 100%(Gallezot 等，1996；Lee 和 Kim，2000)。铂基催化剂也被证明在催化草酸和马来酸的湿式氧化中非常有效。Belkacemi 等(1999)对两个酒厂废液湿式氧化所使用的 3 种非均相催化剂进行了报道。废液由蒸汽、氨分解饲草和农业残留物的酶水解产物的酒精发酵产生。活泼催化剂包括 1% Pt/Al_2O_3、Mn/Ce 复合氧化物和 Cu^{2+} 交换 Na-Y 分子筛。实验在温度为 180～250℃、氧气压力为 0.5～2.5MPa 的条件下进行。使用 Mn/Ce 氧化物和 Cu^{2+}/Na-Y 催化剂时的总有机碳去除率最高。但是，随着大量强吸附性含碳毒物的形成，催化剂失活。

Zhang 和 Chuang(1998)在温度为 463K、氧分压为 1.5MPa 的条件下，评价了浆态反应器中负载贵金属催化剂对软木纸浆废水中有机污染物的的氧化效果，并测试了催化剂制备工艺(如金属负载量、焙烧或还原处理)对催化活性的影响，发现氧化铝负载钯催化剂的活性高于负载型锰、铁或铂催化剂。他们强调，Pd/Al_2O_3 催化剂上的氧化速率高于非催化反应。在温度为 463K、氧分压为 1.5MPa、接触时间为 40min 的条件下，总有机碳的去除率超过 70%。

Luck(1999)对湿式空气氧化进行了全面的研究。他对早在 20 世纪 50 年代中期美国即已开始使用的商业催化湿式空气氧化(CWAO)过程进行了改进。他发现与湿式空气氧化相比，催化湿式空气氧化的耗能低且氧化效率高，并建议该技术的进一步发展方向应包括高耐久性/低成本催化剂的开发。

Gaikwad 和 Naik(2000)对已成功用于酒厂废水中硫酸盐去除的湿式空气氧化和吸附过程进行了研究，实验在一个以 25cm 小碎石负载 20cm 蔗渣灰柱作为吸附剂的逆流反应器中进行。废水从反应器顶部进入，空气的供应速度为 1.0L/min，通过该处理可使废水的 COD 降低 57%、BOD 降低 72%，同时可去除 83% 总有机碳和 94% 硫酸盐。湿式空气氧化被推荐作为有氧消化处理废醪的综合工艺方案的一部分。Hamoudi 等(1999)开发了一种 MnO_2/CeO_2 催化剂并用于研究湿式空气氧化工艺中苯酚对总有机碳的去除。在温度为 80℃、氧分压为 0.5MPa 的条件下，该催化剂在 1h 内可使总有机碳的去除率达到 80%。但是，在相同条件下，总有机碳的实际转化率(转化为 CO_2)只有 40%。总有机碳去除率和转化率的差异是由催化剂上聚合物的沉积造成的，这导致总有机碳去除率增加了约 40%。催化剂上沉积的聚合物会使催化剂失活。

Dhale 等(2000)对酒厂废沼气单元的废水进行了处理，为了回收其中的乙酸，对废水进行热膜预处理工艺后进行湿式氧化。预处理过程使废水的化学需氧量降低 40% 并除色 30%，接着在温度为 180~225℃ 和 $p_{O_2}=0.69\sim1.38$MPa 的条件下对预处理后的废水进行了湿式氧化。当温度为 210℃时，$FeSO_4$ 催化剂在 2h 内使废水的化学需氧量降低 60% 并除色 95%。与温度为 220℃下达到相同结果的非催化湿式氧化相比，该过程仅有些许改进。微量氢醌的添加可以提高 COD 去除率并有利于酸的生成。该过程的动力学遵循 2 阶机理：有机基质的初始快速氧化，其次是低分子量难降解化合物如乙酸的缓慢氧化。Chen(2001)开发了一种 Mn-Ce-O 催化剂用于苯酚总有机碳的高效去除。这种催化剂在温度为 110℃、氧分压为 0.5MPa 的条件下，能够在 10min 内去除 80%~90% 的苯酚总有机碳。据报道，该催化剂达到的总有机碳去除率很大程度上取决于 Mn/Ce 比。当 Ce/(Mn+Ce)比为 1(即无 Mn 存在)时，总有机碳的转化率为 0；当 Ce/(Mn+Ce)为 4/6 时，总有机碳的转化率可以达到 80%~90%。

他们提出该 Mn-Ce-O 催化剂的高活性主要来源于以下几点：改善的储氧能力；改善的催化剂表面氧移动性；富电子表面对吸附氧的活化可能非常重要。

Zerva(2002)总结回顾了温度为 180~260℃、氧分压为 30bar(总压力为 42~78bar)的条件下，工业含油废水处理的湿式空气氧化工艺。他们提出：升高温度能够显著提高湿法氧化过程中 COD 的去除率。当温度升高至 260℃时，仅仅 10min 内，COD 去除率可达到 50%。随着有机化合物(主要是乙酸)的生成，氧化速率随时间的延长而逐渐降低。在湿式氧化过程中，除有机酸(主要是乙酸)外，大多数化合物可以在 250℃左右完全转化为二氧化碳。在废水含有的污染物中，乙二醇是对湿式氧化抵抗性最强的化合物。Prasad 等(2004)对 Cu 催化汽提净化水湿法氧化的动力学和机理进行了研究。该体系的动力学研究表明：由快速和慢速区域构成的两步一级模型与实际反应几乎吻合。Cu 催化湿式空气氧化反应机理的研究表明：导致汽提净化水中有机物矿化的两种机理发生在无氧条件下的加热期。机理如下：(1)热氧化降解；(2)Cu 催化的有机物的直接氧化。

6.4.3 实验装置和设计

化学需氧量(COD)是指通过化学方法氧化废物所需的氧气量，包括两种类型：(1)生物活泼，可进行生物氧化；(2)生物惰性，无法生物氧化。COD包括生物可降解物质和生物不可降解物质完全氧化所需的氧气量。

催化剂的选择。在常压和中等温度下，酒厂废水湿式空气氧化测试选择的催化剂如下：$CuSO_4$，$FeCl_3$，$ZnCl_2$，分子筛和$Al(OH)_3$。

实验设置和程序。催化湿式空气氧化实验：在实验室0.5L的(三口)玻璃反应器中进行催化湿式空气氧化实验。反应器的温度由PI控制器控制。使用电磁搅拌器(搅拌速度不能确定，但是搅拌强度可以变化)搅拌反应器中的物质。通过大量实验研究确定不同催化剂降低COD和除色的最佳浓度。使用不同用量的催化剂，在催化湿式空气氧化装置中采用间歇模式处理废水并进行分析。实验期间，酒厂废水一直很热，温度在343~373K，颜色为绛紫色。化学耗氧物质浓度大约为160000mg/L。实验在设定的温度下开始后，定时从反应器中采集废水样品并进行COD分析。研究了pH值(酸性区域：添加0.5mol/L H_2SO_4；碱性区域：添加1mol/L的NaOH进行调节)、温度(T=343~373K)和催化剂负载量(m=2~5g/L)等变量对化学耗氧物质效率的影响。以处理开始的时间(即将废水从室温预热达到处理温度的时间)为“零时”。反应器中所有实验进行的处理时间t_R=8h。测试开始后，处理期间及结束后每隔一定时间采集样品进行分析(图6.22)。

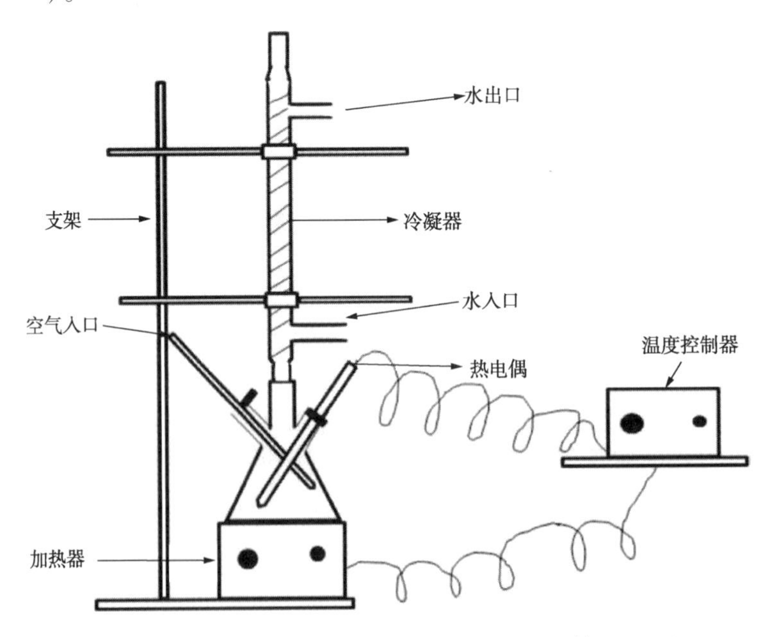

图6.22 催化湿式空气氧化的实验装置(Suresh等，2011g)

6.4.4 结果和讨论

酒厂废水(DWW)来自于萨哈兰普尔的Pilakhni酒厂。酒厂废水的特性见表6.27。

表6.27 酒厂废水的特性表

化学需氧量，mg/L	158400
生化需氧量，mg/L	62300
固定碳，mg/L	31500
总固体，mg/L	175000
悬浮固体，mg/L	2710
总硬度，mg/L	18000
氯化物，mg/L	1100
碱度，mg/L	80
pH值	3.96
总氮含量，mg/L	12000
灰分含量，mg/L	31000
挥发性物质，mg/L	112000

一些学者研究了酒厂废水的湿式空气氧化(Belkacemi 等，1999；Chaudhari 等，2006；Suresh 等，2011d)，并对不同催化剂(CuO、1% Pt/Al_2O_3、Mn/Ce 氧化物和 Cu(Ⅱ)交换 Na-Y 分子筛)的催化效果进行了报道。上述研究的温度和分压分别为 453～523K、5～20Pa。在该项研究中，我们分别采用了多种无机催化剂[$CuSO_4$，$FeCl_3$，$ZnCl_2$，$Al(OH)_3ZnCl_2$]和一种有机催化剂[Cu(Ⅱ)交换 Na-Y 分子筛]，并研究了其对酒厂废水 COD 去除和除色的催化行为。由于无机化合物成本低且易于获得，本研究中我们将其作为催化剂。报道的实验结果包括反应参数(如酸碱度、反应时间、催化剂浓度和催化剂组成)的影响。

图6.23 所示为初始 COD 为1600 mg/L 时，不同催化剂上 pH 值对酒厂废水 COD 去除率的影响，pH 值范围为2～12。除此以外，对不同 pH 值下，不同催化剂[$CuSO_4$、$FeCl_3$、分子筛、$Al(OH)_3$ 和 $Zn(Cl)_2$]对酒厂废水的 COD 的去除进行了研究。从曲线可以看出，当不使用催化剂、pH 值为12时，COD 的去除率最大，为13.1%，褪色13.3%(图中未显示)。

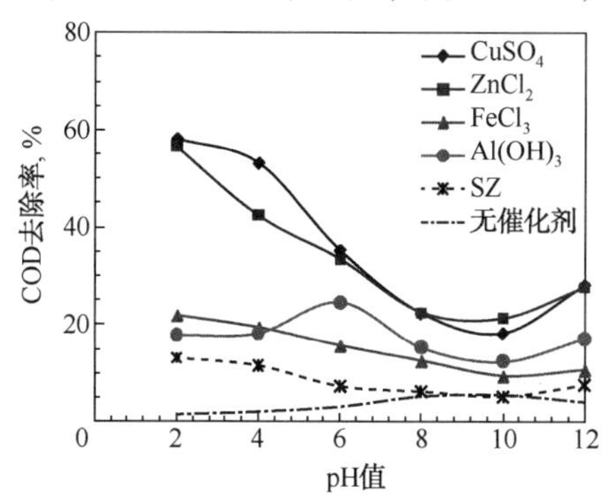

图6.23 催化湿式空气氧化过程中 pH_0 对酒厂废水 COD 去除的影响(Suresh 等，2011g)

(COD_0 = 1600mg/L；T = 373K；p = 1atm；

t_R = 8h；m = 5g/L；v = 0.25L/min)

分别以 $CuSO_4$、$FeCl_3$、分子筛和 $Zn(Cl)_2$ 为催化剂，当 pH 值为 12 时，COD 去除率和褪色度最大，COD 分别降低 56.2%、34.375%、21.875% 和 57.57%，褪色度分别为 80.4%、56.66%、13.33% 和 88.23%。但是，对于催化剂 $Al(OH)_3$，pH 值为 12 时褪色度最高(12.8%)，而 pH 值为 8 时 COD 的去除率最高(24.5%)。在酸性介质中，COD 去除率和褪色度均较低。对于酒厂废水，COD 去除率和褪色度则随碱度的增加而升高。对于催化剂 $CuSO_4$ 和 $FeCl_3$，当 pH 值从 10 增加至 12 时，COD 去除率和褪色度略有升高。因此，当以 $CuSO_4$ 和 $FeCl_3$ 为催化剂处理酒厂废水时，我们选择的最佳操作 pH 值为 10。

催化剂和负载量的影响。在 $T=373\mathrm{K}$、$p=0.1\mathrm{MPa}$、$COD_0=1600\ \mathrm{mg/L}$、$m=5\mathrm{g/L}$ 的条件下，考察了催化剂 $CuSO_4$、$FeCl_3$、分子筛、$Al(OH)_3$ 和 $Zn(Cl)_2$ 在酒厂废水催化湿式空气氧化中的性能，反应时间为 8 h(图 6.24)。测试的 pH 值为 2 时催化剂的性能最佳。可以看出，在短暂的预热期 t_h 和初始 2h 的预处理时间 t_R 内，COD 降低速度很快，随后，变得非常缓慢。在从室温升高至处理温度的预热期，废水会发生热降解/沉淀。

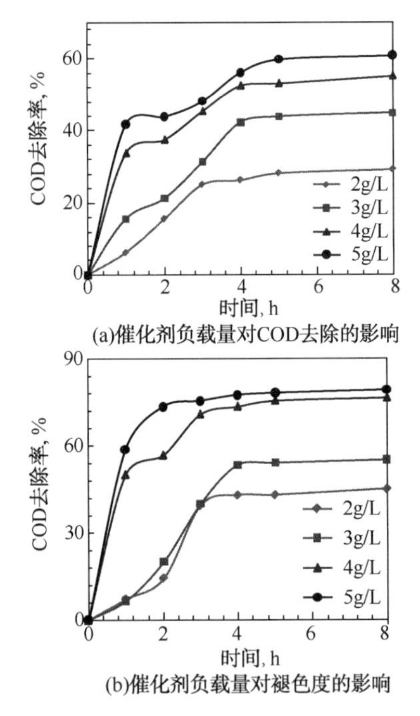

图 6.24 催化湿式空气氧化过程中酒厂废水 COD 的下降图(Suresh 等，2011g)
($COD_0=1600\mathrm{mg/L}$；初始色度 = 1500PCU；$T=373\mathrm{K}$；$pH_0=2$；
催化剂为 $CuSO_4$；$p=0.1\mathrm{MPa}$；$t_R=8\mathrm{h}$；$v=0.25\mathrm{L/min}$)

t_h 是指将反应器和反应器内物质从室温升高至处理温度所需的时间，随处理温度 T 的升高而升高。从图 6.23 中也可以看出，对于酒厂废水，初始阶段(直至 1h 左右)COD 的降低速度较快，随后变得缓慢。在第一阶段，有机基质中的大分子会分解成小分子，而小分子的水解(在第二阶段)似乎很难发生。

当 $T=373\mathrm{K}$ 和 $p=0.1\mathrm{MPa}$ 时，对 $m(2\sim5\mathrm{g/L})$ 对酒厂废水的影响进行了研究(图 6.24)。

对于酒厂废水，当 $CuSO_4$ 的负载量 $m=2g/L$，3g/L，4g/L，5g/L 时，反应 8h 后，COD 分别降低 29.2%、42.5%、50.1%、59.8%；色度分别降低 45.1%、53.2%、78.2%、87.3%。当以 $FeCl_3$、分子筛、$Al(OH)_3$ 和 $Zn(Cl)_2$ 为催化剂时，COD 和色度降低的最大百分比的趋势类似。可以看出，从 $m=2\sim4g/L$ 起，COD 和色度的降低幅度略有增加，因此，当 m 增加到 5g/ L 时，COD 和色度不会受到明显影响。在预热阶段，COD 的降低幅度则随 m 的升高而增大(图 6.23)。

温度的影响。当以 $CuSO_4$ 和 $Zn(Cl)_2$ 为催化剂时，不同温度下 COD 去除率和褪色度随反应时间的变化而变化(这里未显示图)。反应温度分别为 70℃、85℃和 95℃。当反应温度从 70℃升高至 95℃时，COD 去除率和褪色度均升高。当反应温度为 95℃时，反应 4h 后，$CuSO_4$ 和 $Zn(Cl)_2$ 催化剂上 COD 去除率分别为 53% 和 57.7%，褪色度分别为 78% 和 88%；当反应温度为 85℃ 时，COD 去除率分别为 48% 和 52%，褪色度分别为 75% 和 84%；当反应温度为 70℃时，COD 去除率分别为 45% 和 49%，褪色度分别为 71% 和 80%。在反应(所有温度下)开始的 1h 内，COD 去除率和褪色度要比 1h 以后的反应阶段增加得快。

反应动力学。废水中含有还原性碳水化合物、木质素、蛋白质和矿物质。木质素分子含有羟基、甲氧基和一个羧基。碳水化合物的分子结构中含有羟基和羰基。在酸性和高温条件下，木质素会发生凝结和聚合(Casey，1960；Chaudhari 等，2008)，碳水化合物会发生水解(Kirk - Othmer，1993；Chaudhari 等，2010)。由于酒厂废水中存在的各种官能团间发生反应，废水的有机物含量降低，催化剂则加速了反应的进行。

在催化湿式空气氧化过程中，废水中的有机大分子和小分子均发生化学反应和热分解反应并络合形成不溶性粒子。同时，大分子也会分解成可溶性小分子。由于上述原因，上清液的 COD 降低。固体残渣的生成取决于反应的 pH 值、温度和自生压力。中等温度(373 ~ 413K)和中等压力(0.2 ~ 0.9MPa)(Daga 等，1986；Lele 等，1989；Chaudhari 等，2008，2010)下对废水进行热处理时，有机残渣的生成明显减少，同时可得到化学耗氧物质、生物化学耗氧物质、蛋白质、还原性碳水化合物和木质素等有机物。因此，COD 的降低是由蛋白质、还原型碳水化合物和木质素等有机分子的减少引起的。研究发现：催化剂的使用可以增强湿式空气氧化过程，从而降低 COD。在酒厂废水的催化湿式空气氧化过程中，废水中的杂质(有机和无机成分)转化为 CO_2、H_2O 和沉淀污泥。反应式如下：

$$\text{酒厂废水} + \text{催化剂} + \text{热量} \longrightarrow CO_2 + H_2O + \text{污泥}$$

我们得到的实验数据不遵循 0 级动力学，但符合 1 级动力学。可以看出：湿式空气氧化是一个两步串联过程，因此我们可以分别确定第一步(快速步骤)和第二步(慢速步骤)的速率常数 k_1 和 k_2。

假设 COD 去除的速率方程是有机底物的浓度以及氧分压的函数。由于所有实验中保持空气分压不变，反应速率总是有机浓度的函数。我们认为反应速率遵循 1 级反应动力学，并试图通过实验数据证实 1 级反应动力学适用。详细的理论见 6.3 节。

图 6.25 和图 6.26 所示为 $CuSO_4$ 催化剂上 $-\ln(1-y_A)$—t 关系图，数据完全符合一条

直线，说明1阶速率表达式有效。但是，图中存在两个截然不同的区域：第一个区域(反应1h之前)的斜率高而第二个区域(反应1h之后)的斜率低。这两个区域分别代表快速1级区和缓慢1级区，由此可得这些线的斜率即为反应速率常数。373K下速率常数分别为0.556h^{-1}(快速1级步骤)和0.05h^{-1}(慢速1级步骤)；358K下速率常数分别为0.48h^{-1}(快速1级步骤)和0.035h^{-1}(慢速1级步骤)；343K下速率常数分别为0.412h^{-1}(快速1级步骤)和0.03h^{-1}(慢速1级步骤)。

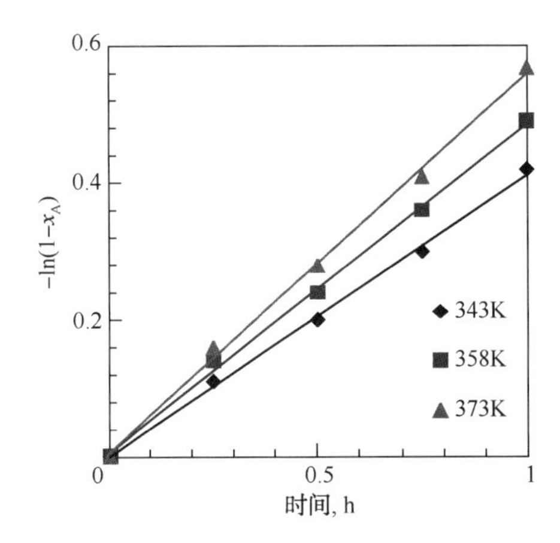

图6.25　有机底物的1级动力学(区域1：$t_R=0\sim1h$；催化剂：$CuSO_4$)
(Suresh等，2011g)

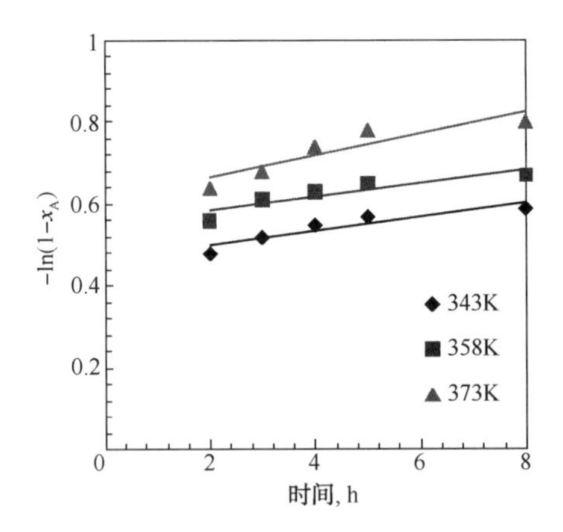

图6.26　有机底物的1级动力学(区域2：$t_R=0\sim8h$；催化剂：$CuSO_4$)
(Suresh等，2011g)

从数据可以看出，两步的速率常数均随温度的升高而增大。第一步速率常数随温度增加的幅度比第二步小。

阿伦尼乌斯曲线。根据阿伦尼乌斯方程确定活化能和频率因子，$\ln k$—$1/T$曲线如图6.27所示，由此确定两步的频率因子k_0和活化能E。酒厂废水处理第一步和第二步反应的活化能分别为2.86kJ/mol和3.65kJ/mol(图6.25至图6.27)。

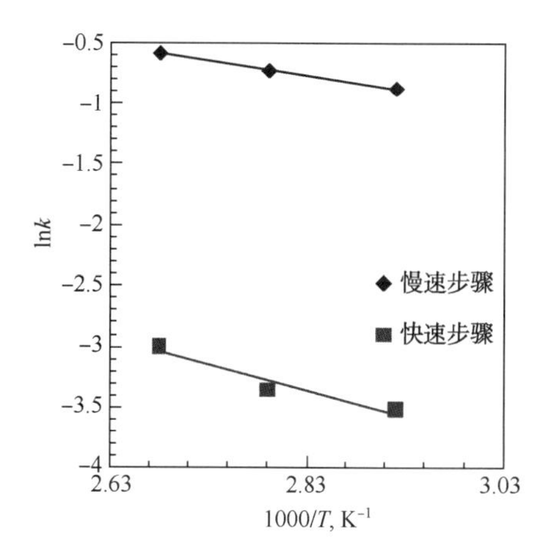

图 6.27 酒厂废水催化湿式空气氧化的阿伦尼乌斯曲线(Suresh 等, 2011g)
(区域 1: $t_R=0\sim1h$, 区域 2: $t_R=1\sim8h$, 催化剂: $CuSO_4$)

6.4.5 结论

本案例研究在常压和温度为 343 ~ 373K 的条件下, 采用催化湿式空气氧化(CWAO)对高强度酒厂废水进行了处理。通过实验研究了温度(T)和催化剂用量(m)对 COD 去除和褪色的影响。研究中共使用了 5 种催化剂, 分别为 $CuSO_4$、$Zn(Cl)_2$、$FeCl_3$、$Al(OH)_3$ 和 Cu(Ⅱ)交换 Na-Y 分子筛(SZ)。催化湿式空气氧化是酒厂废水的一种有效处理工艺。无机催化剂[$CuSO_4$、$Zn(Cl)_2$、$FeCl_3$ 和 $Al(OH)_3$]和有机催化剂[Cu(Ⅱ)交换 Na-Y 分子筛]在该过程中均有效。在研究的所有催化剂中, $CuSO_4$ 的效果最佳。当 $T=373K$、$p=0.1MPa$、$t_R=8h$、$CuSO_4$ 催化剂的用量为 5g/L 时, 酒厂废水 COD 去除率和褪色度最高, 分别为 58.2% 和 88.3%。催化湿式空气氧化是一个两步过程, 第一步(初始)为快速步骤, 第二步为缓慢步骤, 两步均符合 1 级动力学。当采用 $CuSO_4$ 催化剂时, 反应的活化能分别为 2.86kcal/mol 和 3.65kcal/mol。

参考文献

Abid M. S. , Ammar M. , Driss Z. , Chtourou W. Effect of the tank design on the flow pattern generated with a pitched blade turbine. *Int. J. Mech. Appl.* , 2012; 2(1): 12 – 19.

Adib F. , Bagreev A. , Bandosz T. J. Analysis of the relationship between H_2S removal capacity and surface properties of unimpregnated activated carbons. *Environ. Sci. Technol.* , 2000; 34: 636 – 692.

Adam D. *Nature* 2003; 421: 571.

Albert H. D. III. , West D. H. , Tullaro N. B. Evaluation of laminar mixing in stirred tanks using a discrete – time particle – mapping procedure. *Chem. Eng. Sci.* , 1999; 55(3): 667 – 684.

Alberto S. J. , Muzzio F. J. Experimental and computational study of mixing behavior in stirred tanks equipped with side entry impellers. Chemical & Biochemical Engineering, University of British Columbia, Vancouver, 2012.

Anastas P. T and Warner J. C. *Green Chemistry: Theory and Practice*, Oxford University Press, Oxford, UK, 1998, 135 + xi pages.

ANSYS, Inc, Southpointe, 275 Technology Drive, Canonsburg, PA 15317. November 2011, Release 14.0, http://www.ansys.com.

APHA (American Public Health Association), AWWA (American Water Works Association), WPCF (Water Pollution Control Federation), Standard methods for the examination of water and wastewater. Washington, DC, USA, 1995.

Aspen Plus Version 7.0 documentation, *Flotran Simulation: An Introduction*, 1974.

ASTM Standards, Vol. 15.01, *Refractories*; *Carbon and Graphite Products*; *Activated Carbon*; *Advanced Ceramics*, ASTM D6646 – 01, 1998.

Bakker A. , Fasano J. B. , Myers K. J. Effects of flow patterns on the solid distribution in a stirred tank. *Proceedings of the 8th European Conference on Mixing (IChem. E Symp. Ser. No. 136)*, Cambridge, UK, 1994; 21(23): 1 – 8.

Bakker A, Myers K. J. , Ward R. W. , Lee C. K. Laminar and turbulent flow pattern of the pitched flat blade turbine. *J. Trans. I. Chem. E*, 197; 674(1): 1 – 7.

Bakshi B. , Fiksel, J. The quest for sustainability: Challenges for process systems engineering. *AIChE* J. 2003; 49(6): 1350 – 1358.

Bartholomew C. H. , Farrauto R. J. *Fundamentals of Industrial Catalytic Processes.* Wiley – VCH Publisher, NJ, 2006, ISBN No. 978 – 0 – 471 – 45713 – 8.

Belkacemi K. , Larachi F. , Hamoudi S. , Sayari A. Catalytic wet oxidation of high strength alcoholdistillery liquors. *Appl. Catal. A Gen.* , 2000; 199: 199 – 209.

Boehm H. P. , in: D. D. Eley (Ed.), *Advances in Catalysis*, 16th edition. Academic Press, New York, 1966, pp. 179 – 274.

Casey J. P. *Pulp and Paper Chemistry and Chemical Technology*, Vol. 1, 2nd edition. Pulping and Bleaching, Interscience, New York, 1960.

Chang C. D. , Silvestri A. J. The conversion of methanol and other O – compounds to hydrocarbons over zeolite catalysts. *J. Catal.*, 1977; 47: 249.

Chaudhari P. K., Mishra I. M., Chand S. Effluent treatment for alcohol distillery: Catalytic thermal pretreatment (catalytic thermolysis) with energy recovery. *Chem. Eng. J.*, 2008; 136: 14 - 24.

Chaudhari P. K., Singh R. K, Mishra I. M., Chand S. Catalytic thermal pretreatment (catalytic thermolysis) of distillery, wastewater and bio - digester effluent of alcohol production plant at atmosphericpressure. *Int. J. Chem. React. Eng.*, 2010; 8: 1 - 32.

Christensen P. D. et al. *Anal. Commun.*, 1998; 35: 341 - 344.

Chorkendorff I., Niemantsverdriet J. W. *Concepts of Modern Catalysis and Kinetics*, 2nd edition. Wiley - VCH Publisher, NJ, 2007, 478 pp, ISBN No. 978 - 3 - 527 - 31672 - 4.

Corma A. From microporous to mesoporous molecular sieve materials and their use in catalysis. *Chem. Rev.*, 1997; 97: 2373.

Daga N. S., Prasad C. V. S., Joshi J. B. Kinetics of hydrolysis and wet air oxidation of alcohol distillery waster. *Indian Chem. Eng.*, 1986; 28: 22 - 31.

Danckwerts P. V. Continuous flow systems. *Chem. Eng. Sci.* 1953; 2: 1 - 13.

Davis M. E. Ordered porous materials for emerging applications. *Nature*, 2002; 417: 813.

Deleye L., Froment G. F. Rigorous simulation and design of columns for gas absorption and chemical reaction - I. packed columns, *Computers & Chemical Engineering*, 1986; 10: 493 - 504.

Del Vecchio R. J., *Understanding Design of Experiments.* Carl Hanser Verlag, Munich, 1997.

Dielot J. Y., Delaplace G, Guerin R, Brianne J. P, Leuliet C. Laminar mixing performances of a stirred tank equipped with helical ribbon agitator subjected to steady and unsteady rotational speed. *Chem. Eng. Res. Design*, 2008; 80(4): 335 - 344.

Documentation, FLUENT 6. 2, 2008.

Dong L., Johansen S. T., Engh T. A. Flow induced by an impeller in an unbaffled tank—1. Experimental. *Chem. Eng. Sci.*, 1993; 49(4): 549 - 560.

Dubinin M. M., Radushkevich L. V. Equation of the characteristic curve of activated charcoal, *Chem. Zentr.*, 1947; 1: 875.

Ehrfeld W., Hessel V., and Löwe H. *Microreactors: New Technology for Modern Chemistry*, Wiley - VCH, Weinheim, Germany, 2000.

Eldridge J. W., Piret E. L. Continuous - flow stirred - tank reactor system I, Design equations for homogeneous liquid phase reactions, Experimental data, *Chem. Eng. Prog.*, 1950; 46: 290.

El - Hendawy A. A. *Carbon*, 2003; 41: 713 - 722.

Etemandi O., Yen T. F. Aspects of selective adsorption among oxidized sulfur compounds in fossil fuels. *Energy Fuels*, 2007b; 21: 1622 - 7.

Esveld E., Chemat F., van Haveren. *J. Chem. Eng. Technol.*, 2000; 23: 429.

FLUENT User's Guide, vols. 1 - 5 Lebanon, 2001.

Freundlich H. M. F. Over the adsorption in solution. *J. Phys. Chem.*, 1906; 57: 385 - 471.

Gabriel A., Fernando M. J. Chaotic flow in laminar mixing in stirred vessels. *Sixth International Symposium on Mixing in Industrial Processes*, 2008; 17(21): 1 - 3.

Garg A., Mishra I. M., Chand S. Thermochemical precipitation as a pretreatment step for the chemical oxygen demand and color removal from pulp and paper mill effluent. *Ind. Eng. Chem. Res.*, 2005; 44(7): 2016 - 2026.

Guisnet M., Ribeiro F. R. *Decativation and Regeneration of Zeolites Catalyst*, *Catalytic Science Series*, Vol. 9. World Scientific Publishing Co, Inc, 2010, 350 pp, ISBN No. 978 - 1 - 84816 - 637 - 0. www. worldscientific. com.

Gota K. R. and Suresh S. Preparation and its application of TiO_2/ZrO_2 and TiO_2/Fe photocatalysts: A perspective study. *Asian J. Chem.*, 2014; 26(21).

Hinshelwood C. N. *The Kinetics of Chemical Change*. Clarendon Press, Oxford. 1940.

Ho Y. S. Second – order kinetic model for the sorption of cadmium on to tree fern: A comparison of linear and non – linear methods. *Water. Res.*, 2006; 40: 119 – 125.

Ho Y. S., McKay G. Pseudo – second order model for sorption processes. *Process Biochem.*, 1999; 34: 451 – 165.

Ho Y. S., Wase D. A. J., Forster C. F. Kinetic studies of competitive heavy metal adsorption by sphagnum moss peat. *Environ. Technol.*, 1996; 17: 71 – 77.

Hollmana G. G., Steenbruggena Jurkovicoǒva G. M. J. A two – step process for the synthesis of zeolites from coal fly ash. *Fuel*, 1999; 78: 225 – 1230.

Hougan O. A., Watson K. M. *Chemical Process Principles*, Vol. III, Wiley, New York, 1943.

Huang C. P. Adsorption of phosphate at the hydrous Al_2O_3 – electrolyte interface. *J. Colloid InterfaceSci.*, 1975; 53: 178 – 186.

Hui K. S., Chao C. Y. H. Effects of step – change of synthesis temperature on synthesis of zeolite 4A from coal fly ash. *Microporous Mesoporous Mater.*, 2006; 88: 145 – 151.

Imamura S. Catalytic and noncatalytic wet oxidation. *Ind. Eng. Chem. Res.*, 1999; 38: 1743.

Jahnisch K., Hessel V., Löwe H., and Baerns M. *Angew. Chem.*, *Int. Ed.*, 2004; 43: 406 – 446.

Kirk – Othmer. *Encyclopedia of Chemical Technology*, Vol. 4, 4th edition. John Wiley, New York, 1993.

Kunii D., Levenspiel O. Bubbling bed model. *Ind. Eng. Chem. Fundam.*, 1968; 7: 446 – 452.

Lagergren S. About the theory of so called adsorption of soluble substances. *Ksver Veterskapsakad Handl*, 1898; 24: 1 – 6.

Langmuir I. The adsorption of gases on plane surfaces of glass, mica and platinum. *J. Am. Chem. Soc.*, 1918; 40: 1361 – 1403.

Lele S. S., Rajadhyaksha P. J., Joshi J. B. Effluent treatment for alcohol distillery: Thermal pretreatment with energy recovery. *Environ. Prog.*, 1989; 8: 245 – 252.

Leon y Leon C. A., Radovic L. R., in: P. A. Thrower (Ed.), *Chemistry and Physics of Carbon*, Vol. 24. Marcel Dekker, New York, 1992, pp. 213 – 310.

Liebig J. Uber die Erscheinungen der Gahrung, Faulniss und Verwesung, und ihre Ursachen. *Ann. Pharm.*, 1839; 30: 250 – 287.

Lindemann F. A. Discussion on the radiation theory of chemical reactions. *Trans. Faraday Soc.*, 1922; 17: 598 – 599.

Loupy A. Microwaves in *Organic Synthesis*, Wiley – VCH, Weinheim, Germany, 2002.

Lu H., Wang B., Ban Q. Defluoridation of drinking water by zeolite NaP synthesized from coal flyash. *Energy Sources Part A*, 2010; 32: 1509 – 1516.

Mario A. M., Lamberto D. J., Fernando M. Computational analysis of regular chaotic and biochemicalmixing in a stirred tank reactor. *Chem. Eng. Sci.*, 2005; 56(14): 4887 – 4899.

Mario A. M., Paulo A. E., Fernando M. J. Laminar mixing in eccentric stirred tank systems. *Can. J. Chem. Eng.*, 2002; 80(4): 546 – 557.

Marquardt D. W. An algorithm for least – squares estimation of nonlinear parameters. *J. Soc. Ind. Appl. Math.*, 1963; 11: 431 – 441.

Masel R. I. *Chemical Kinetics and Catalysis*. Wiley – VCH Publisher, 2001, ISBN No. 978 – 0 – 471 – 24197 – 3.

Masoud R., Aso K., Ammar D., Abdul – Aziz A. Experimental and computational fluid dynamics (CFD) studies on mixing characteristics of a modified helical ribbon impeller. *Korean J. Chem. Eng.*, 2010; 27(4): 1150 – 1158.

Matatov – Meytel Y. I. , Sheintuch M. Catalytic abatement of water pollutants. *Ind. Eng. Chem. Res.* , 1998; 37: 309.

Michaelis L. , Menten M. L. The kinetic of invertin working, *Biochem* Z (in German), 1913; 49: 333 – 369.

Mishra V. S. , Mahajani V. V. , Joshi J. B. Wet air oxidation. *Ind. Eng. Chem. Res.* , 1995; 34: 2 – 48.

Montgomery D. C. *Design and Analysis of Experiments*. John Wiley & Sons, Inc, New York, 2001.

Moreno – Castilla C. , Carrasco – Marin F. , Maldonado – Hodar F. J. , Rivera – Utrilla J. Effects of non – oxidant and oxidant acid treatments on the surface properties of an activated carbon with very low ash content. *Carbon*, 1998; 36: 145 – 151.

Mununga L. , Hourigan K. , Bakker A. , Thompson M. Comparative study of flow in a mixing vessel stirred by a solid disk and four bladed impeller. *14th Australian Fluid Mechanics Conference*, Adelaide University, Adelaide, Australia, 2001.

Nadaniel E. A. , Misici L. , Ricardo P. Laminar mixing flow in stirred vessel. *Chem. Eng. Sci.* , 2001; 45(17): 1 – 14.

Ostwald W. Uber Katalyse. *Ann Naturphilos*, 1910; 9: 1 – 25.

Park M. , Choi C. L. , Lim W. T. , Kim M. C. , Choi J. , Heo N. H. Molten – salt method for the synthesis of zeolitic materials II. Characterization of zeolitic materials. *Microporous Mesoporous Mater.* , 2000; 37: 81 – 89.

Ramaswamy V. , Tripathi B. , Srinivas D. , Ramaswamy A. V. , Cattaneo R. , Prins R. Structure and redox behavior of zirconium in microporous Zr – silicalites studied by EXAFS and ESR techniques. *J. Catal.* , 2001; 200: 250.

Redlich O. , Peterson D. L. A useful adsorption isotherm. *J. Phys. Chem.* , 1959; 63: 1024 – 1026.

Selvavathi V. , Chidambaram V. , Meenakshisundaram A. , Sairam B. , Sivasankar B. Adsorptive desulfurization of diesel on activated carbon and nickel supported systems. *Catal. Today*, 2009; 141: 99 – 102.

Shigemoto N. , Hayshi H. , Miyaura K. Selective formation of Na – x zeolite from coal fly ash by fusion with sodium hydroxide prior to hydrothermal reaction. *J. Mater. Sci.* , 1993; 28: 4781 – 4786.

Shieh W. – C. , Dell S. , and Repie O. *Tetrahedron Lett.* , 2002; 43: 5607.

Singer A. , Berkgaut V. Cation exchange properties of hydrothermally treated coal fly ash. *Environ. Sci. Technol.* , 1995; 29(9): 1748 – 1753.

Skelland A. H. P. *Diffusional Mass Transfer*. Wiley, New York, 1974.

Stadler A. , Yousefi B. H. , Dallinger D. , Walla P. , Van der Eycken E. , Kaval N. , and Kappe C. O. *Org. Process Res. Dev.* , 2003; 7: 707.

Suresh S. , Kamsonlian S. , Balomajumder C. , Chand S. Biosorption of Cd (II) and As (III) ions from aqueous solution by tea waste biomass. *Afr. J. Environ. Sci. Technol.* , 2011a; 5(1): 1 – 7.

Suresh S. , Kamsonlian S. , Majumder C. B. , Chand S. Biosorption of As(v) from contaminated water onto tea waste biomass: Sorption parameters optimization, equilibrium and thermodynamic studies. *J. Fut. Eng. Technol.* , 2011b; 7l(11).

Suresh S. , Kamsonlian S. , Majumder C. B. , Chand S. Biosorption of As(III) from contaminated water onto low cost palm bark biomass. *Int. J. Curr. Eng. Technol.* , 2012d; 2(1): 153 – 158.

Suresh S. , Kamsonlian S. , Ramanaiah V. , Majumder C. B. , Chand S. , Kumar A. Biosorptive behaviour of mango leaf powder and rice husk for arsenic (III) from aqueous solutions. *Int. J. Environ. Sci. Technol.* , 2012c; 9: 565 – 578.

Suresh S. , Keshav A. *Textbook of Separation Processes*. Studium Press (India) Pvt. Ltd. , 2012, ISBN No. 978 – 93 – 80012 – 32 – 2, 1 – 459.

Suresh S. , Shankar R. , Chand S. Treatment of distillery wastewater using catalytic wet air oxidation. *J. Fut. Eng. Technol.* ,

2011g; 6: 1.

Suresh S., Srivastava V. C., Mishra I. M. Critical analysis of engineering aspects of shaken flask bioreactors. *Crit. Rev. Biotechnol.*, 2009a; 29(4): 255 – 278.

Suresh S., Srivastava V. C., Mishra I. M. Kinetic modeling and sensitivity analysis of kinetic parameters for L – glutamic acid production using *Corynebacterium glutamicum*. *Int. J. Chem. React. Eng.*, 2009b; 7 (A89): 1 – 14.

Suresh S., Srivastava V. C., Mishra I. M. Techniques for oxygen transfer measurement in bioreactors: A review. *J. Chem. Technol. Biotechnol.*, 2009c; 84: 1091 – 1103.

Suresh S., Srivastava V. C., Mishra I. M. Adsorption of hydroquinone in aqueous solution by granulated activated carbon. *J. Environ. Eng. (ASCE)*, 2011c; 137(12): 1145 – 1157.

Suresh S., Srivastava V. C., Mishra I. M. Isotherm, thermodynamics, desorption, and disposal study for the adsorption of catechol and resorcinol onto granular activated carbon. *J. Chem. Eng. Data (ACS)*., 2011f; 56 (4): 811 – 818.

Suresh S., Srivastava V. C., Mishra I. M. Study of catechol and resorcinol adsorption mechanism through granular activated carbon characterization, pH and kinetic study. *Sep. Sci. Technol.*, 2011d; 46(11): 1750 – 1766.

Suresh S., Srivastava V. C., Mishra I. M. Studies of adsorption kinetics and regeneration of aniline, phenol, 4 – chlorophenol and 4 – nitrophenol by activated carbon. *Chem. Ind. Chem. Eng. Q.*, 2012e; 19(2): 195 – 212.

Suresh S., Srivastava V. C., Mishra I. M. Adsorption of catechol, resorcinol, hydroquinone and its derivatives: A review. *Int. J. Energy Environ. Eng.*, 2012a; 3: 32.

Soni A. B., Keshav A., Verma V., Suresh S. Removal of glycolic acid from aqueous solution using bagasse flyash. *Int. J. Environ. Res.*, 2012; 6(1): 297 – 308.

Suresh S., Vijayalakshmi G., Rajmohan B., Subbaramaiah V., Adsorption of benzene vapor onto activated biomass from cashew nut shell: Batch and column study. *Recent Patents Chem. Eng.*, 2012b; 5(2): 116 – 133.

Suresh S., Arisutha S., Sharma S. K. Production of renewable natural gas from waste biomass. *J. Inst. Eng. India Ser. E*, 2013; 94: 55 – 59.

Suresh S., Teja K. R., and Chand S. Catalytic wet peroxide oxidation of azo dye (Acid Orange 7) using NaY zeolite from coal fly ash. *Int. J. Environ. Waste Manage.*, 2014 (in press).

Temkin M. J., Pyzhev V. Kinetics of ammonia synthesis on promoted iron catalysts. *Acta Physiochim.*, 1940; 12: 327 – 356.

Tundo P., Perosa A., Zecchini F. *Methods and Reagents for Green Chemistry: An Introduction*. Wiley – VCH Publisher, 2007, 314 pp, ISBN No. 978 – 0 – 470 – 12408 – 6.

Turk A., Sakalis S., Lessuck J., Karamitsos H., Rago O. Ammonia injecti on enhances capacity of activated carbon for hydrogen sulfide and methyl mercaptan. *Environ. Sci. Technol.*, 1989; 33: 1242 – 1245.

Van Heerden C., *Ind. Eng. Chem.*, 1953; 45: 1245.

Wakao N., Smith J. M., Sherwood P. W. *J. Catalysis*, 1962; 1: 62.

Weber W. J., in: *Physicochemical Processes for Water Quality Control*. Wiley – Interscience, New York, 1972, p. 211.

Weber W. J., Morris J. C. Kinetics of adsorption on carbon from solution. *J. Sanit. Eng. Div. Am. Soc. Civ. Eng.*, 1963; 89: 31 – 39.

Wiles C. et al. *Tetrahedron*, 2005; 61: 5209 – 5217.

Wirth, T., Ed. *Microreactors in Organic Synthesis and Catalysis*, Wiley – VCH, Weinheim, Germany, 2008.

Xu R., Pang W., Yu J., Huo Q., Chen J. *Chemistry of Zeolites and Related Porous Materials*. Wiley – VCH

Publisher, 2007, 616 pp, ISBN No. 978 - 0 - 470 - 82233 - 3.

Xue M., Chitrakar R., Sakane K., Hirotsu T., Ooi K., Yoshimura Y., Feng Q., Sumida N. *J. Colloid Interface Sci.*, 2005; 285: 487.

Yakoob Z., Kamruddin S. K., Hasran U. A. Experimental and numerical studies of laminar mixing in stirred tanks. *CIMMA CS' 08 Proceedings of the 7th WSEAS International Conference on Computational Intelligence, Man - Machine Systems and Cybernetics*, 2008; 978(474): 149 - 151.

Yoona H. S., Hillb D. F., Balachandra S., Adrianc R. J., Haa M. Y. Re ynolds number scaling of flowing a Ruston turbine stirred tank. Mean flow, circular jet and tip vortex scaling. Chemical & Biochemical Engineering, New Brunswick, Rutgers University, 2004.

Zadghaffari R., Moghaddas J. S., Ahmadlouydarab M., Revested J. *Fourth International Conference on Advanced Computational Methods in Engineering.* 15*th Mixing Conference of* (*ACOMEN*), University of Belgium, Europe, 2008.

Zhao X. S., Lu G. Q., Zhu H. Y. Effects of ageing and seeding on the for mation of zeolite Y from coal fly ash. *J. Porous Mater.*, 1997; 4: 245 - 251.

拓展阅读

Armbruster T. , Gunter M. E. Crystal structure of natural zeolites. Natural zeolites: Occurrence, properties, applications. In: *Reviews in Mineralogy and Geochemistry* 45, D. L. Bish and D. W. Ming (Eds.), Mineralogical Society of America, Washington, D. C. , 2001, pp. 1 -67.

Atun G. , Hisarh G. , Kurtoglu A. E. , Ayar N. A comparison of basic dye over zeolitic materials synthesized from fly ash, *Journal of Hazardous Materials*, 2011; 187: 562 -573.

Belkacemi K. , Larachi F. , Hamoudi S. , Turcotte G. , Sayari A. , Inhibition and deactivation effects in catalytic wet oxidation of high - strength alcohol - distillary liquors. *Ind. Eng. Chem. Res.* , 1999; 38: 2268 -2274.

Berg C. World fuel ethanol analysis and outlook. 2004. http: //www. distill. com/World - Fuel - Ethanol - A&O - 2004. html.

Billore S. K. , Singh N. , Ram H. K. , Sharma J. K. , Singh V. P. , Nelson R. M. , Dass P. 2001. Treatment of molasses based distillery efcuent ina constructed wetland in central India. *Water Science and Technology*, 2001: 44(11 -12): 441 -448.

Breck D. W. *Zeolite Molecular Sieves: Structure, Chemistry and Use*, 1st Ed. , John Wiley, New York, 1974, 313pp.

Central Pollution Control Borard (CPCB). 2003. Environmental management in selected indusrial sectors status and needs, 97/2002 -03, Ministry of Environment and Forest, New Delhi.

Chen H. , Sayari A. , Adnot A. , Larachi F. Composition - activity effects of Mn - Ce - O composites on phenol catalytic wet oxidation, *Applied Catalysis B: Environmental*, 2001; 32: 195 -204.

Chowdhury A. K. , Copa W. C. Wet air oxidation of toxic and hazardous organics in industrial wastewaters, *Ind. Chem. Eng.* , 1986; 28: 3 -10.

Dhale A. D. , Mahajani V. V. Treatment of distillery waste after bio - gas generation: Wet oxidation. *Indian J. Chem. Tech.* , 2000; 7: 11 -18.

Denbigh K. G. , *Chemical Reactor Theory: An Introduction*, England, University Press, 1965.

Freund E. F. Mechanism of the crystallization of zeolite x. *J. Cryst. Growth*, 1976; 34: 11 -23.

Froment G. F. and Bischoff K. B. *Chemical Reactor Analysis and Design*, John Wiley and Sons, New York, 1979.

Fukui K. , Nishimoto T. , Takiguchi M. , Yoshida H. Effects of NaOH concentration on zeolite synthesis from fly ash with a hydrothermal treatment method. *J. Soc. Powder Technology*, Japan. 2003; 40: 497 -504.

Fogler H. S. *Elements of Chemical Reaction Engineering*, Prentice Hall, USA, 2005.

Gaikwad R. W. , Naik P. K. Technology for the removal of sulfate from distillery wastewater. *Indian Journal of Environmental Protection*, 2000; 20(2): 106 -108.

Gallezot P. , Laurain N. , Isnard P. , Catalytic wet - air oxidation of carboxylic acids on carbon - supported platinum catalysts. *Applied Catalysis B: Environmental*, 1996; 9: L11 -L17.

Godshall M. A. Removal of colorants and polysaccharides and the quality of white sugar. In: *Proceedings of Sixth International Symposium Organized by Association Andres Van Hook*, March 1999, France, pp. 28 -35.

Gonzalez T. , Terron, M. C. , Yague S. , Zapico E. , Galletti G. C. , Gonzalez A. E. Pyrolysis/gas chromatorgraphy/mass spectrometry monitoring of fungal – biotreated distillery wastewater using Trametes Sp. 1 – 62. *Rapid Communications in Mass Spectrometry*, 2000; 14(15): 1417 – 1424.

Hamoudi S., Belkacemi K., Larachi F., Catalytic oxidation of aqueous phenolic solutions catalyst deactivation and kinetics. *Chem. Engg. Sci.*, 1999; 54: 3569 – 3576.

Hao O. J., Phull K. K., Chen J. M. Wet oxidation of red water and bacterial toxicity of treated waste. *Wat. Res.*, 1994; 28(2): 283 – 290.

Imamura S., Kinunaka H., Kawabata, N. The wet oxidation of organic compounds catalyzed by Co – Bi complex oxides, *Bull. Chem. Soc. Jpn.*, 1982; 55: 3679 – 3680.

Kalavathi D. F., Uma L., Subramanian G. Degradation and metabolization of the pigment – melanoidin in a distillery effluent by the marine cyanobacterium *Oscillatoria boryana* DBU 92181. *Enzyme and Microbial Technology*, 2001; 29(4 – 5): 246 – 251.

Kondru A. K., Kumar P., Chand S. Catalytic wet peroxide oxidation of azo dye (Congo red) using modified Y zeolite as catalyst. *Journal of Hazardous Materials*, 2009; 166: 342 – 347.

Kumar P., Prasad B., Mishra I. M., Chand S. Decolorization and COD reduction of dyeing wastewater from a cotton textile mill using thermolysis and coagulation. *Journal of Hazardous Materials*, 2008; 153(1/2): 635 – 645.

Lee D., Kim D., Catalytic wet air oxidation of carboxylic acids at atmospheric pressure, *Catalysis Today*, 2000; 63: 249 – 255.

Levenspiel O., *Chemical Reaction Engineering*, Wiley, New York, 1972.

Li L., Chen P., Gloyna E. F., Generalized kinetic model for wet oxidation of organic compounds. *AIChE Journal*, 1991; 37(11): 1687 – 1697.

Lin S. H., Ho S. J., Catalytic wet – air oxidation of high strength industrial wastewater. *Applied Catalysis B: Environmental*, 1996; 9: 133 – 147.

Luck F., Wet air oxidation: Past, present and future. *Catalysis Today*, 1999; 53: 81 – 91.

Martins SIFS, Van Boekel MAJS. A kinetic model for the glucose/glycine maillard reaction pathways. *Food Chemistry*, 2004; 90(1 – 2): 257 – 269.

Meier W. M. Zeolite structures. In: *Molecular Sieves*, Society of Chemical Industry, London, 1968, pp. 10 – 27.

Meier W. M., Olson D. H., Baerlocher Ch. *Atlas of Zeolite Structure Types*, 4th Ed., Elsevier, London, 1996, 230p.

Mishra V. S., Mahajani V. V., Joshi J. B., Wet air oxidation. *Ind. Eng. Chem. Res.*, 1995; 34(1): 2 – 48.

Smith J. M. *Chemical Engineering Kinetics*, McGraw Hill, USA, 1970.

术　　语

符号

a　催化剂活性

a，b，…，r，s　反应物 A，B，…，R，S 的化学计量系数

a　单位体积塔的界面面积，m^2/m^3

A　反应器的横截面积，m^2

A，B　反应物

C　浓度，mg/L

C_M　莫诺常数或米式常数，mol/m^3

C_p　比热容，J/(mol·K)

C_{pA}，C''_{pA}　每摩尔关键反应物对应的原料和完全转化产物的平均比热容，J/mol A + 其他物质

d　直径，m

d　失活级数

D　分子扩散系数，m^2/s

D_e　孔结构中的有效扩散系数，m^2/s

ei(x)　指数积分

℃　摄氏度

C_0　溶液中吸附质的初始浓度

C_e　平衡液相浓度

C_L　液体热容

C_p　气体的恒压热容

C_S　溶液中吸附剂的浓度

C_t　时间 t 时的平衡液相浓度

$C_{0,i}$　溶液中各个组分的初始浓度

C_e　平衡时未吸附的单组分浓度

D　偶极矩；扩散系数；馏分流速；馏分量；解吸剂

D_e，D_{eff}　有效扩散系数，m^2/s

D_i　叶轮直径

D_p　有效填料直径；颗粒直径

D_s　表面扩散系数

$E(\theta)$　$E(\theta)$——t 曲线

F 原料流速，mol/s 或 kg/s

$F(\theta)$ $F(\theta)$——t 曲线

E_a 活化能

[ES] 复合体 ES 的浓度

[S] 基质 S 的浓度

[E] 自由酶 E 的浓度

H 相分配系数或亨利定律常数，对于气相体系，$H=p/C$，Pa · m^3/mol

H'_A，H''_A 每摩尔 A 对应的未反应原料和完全转化产物的焓，J/mol A + 其他物质

ΔH_r，ΔH_f，ΔH_c 反应、生成和燃烧的热或焓变，J 或 J/mol

k 反应速率常数，$(\text{mol/m}^3)^{1-n} \cdot \text{s}^{-1}$

k_d 催化剂的失活速率常数

k_{eff} 有效热传导系数，W/(m · K)

k_g 气膜传质系数，mol/(m^2 · Pa · s)

K_L 朗格缪尔等温线常数

K_R Redlich – Peterson 等温线常数

K_F 单一组分的单组分(非竞争性)弗罗因德利希等温线常数

$K_{F,i}$ 各个组分的单组分弗罗因德利希等温线常数

$K_{L,i}$ 各个组分的单组分朗格缪尔等温线常数

K_T 最大结合能对应的平衡键合常数

L 液相；长度；高度；液体流速；低于流速；晶粒尺寸

m 平衡曲线的斜率；平均流速；质量；每升溶液中含有的吸附剂质量

M 分子质量；持液的物质的量

n 物质的量流速；摩尔；弗罗因德利希方程常数；每单位横截面积膜的孔数；单元数目

N 相数；物质的量；物质的量流量；平衡(理论级)数；旋转速率；传递单元数；晶粒尺寸的累计数；稳定节点数；数据点数

N_{Nu} 努塞尔数 = 壁或界面的温度梯度/流体的温度梯度

N_{Re} 雷诺数 = 惯性力/黏性力

N_{Pr} 普朗特数 = 动量扩散系数/热扩散系数

N_{Pe} 克莱准数 = 对流运输/分子迁移

N_{Sc} 施密特数 = 动量扩散系数/质量扩散系数

N_{Sh} 舍伍德数 = 壁或界面的浓度梯度/液体的浓度梯度

N_{St} 传质、传热的斯坦顿数

N_{OG} 总气相传输单元数

$1/n$ 单一组分的单组分(非竞争性)弗罗因德利希非均质系数，无量纲

$1/n_i$ 各个组分的单组分弗罗因德利希非均质系数

P 压力；功率

p 分压

P 贡献百分比

p_c　临界压力
P_M　渗透性；磁导
P_r　减压；蒸汽压
pH_0　溶液初始 pH
q_e　单组分平衡固相浓度
$q_{e,i}$　二元混合物中各个组分的平衡固相浓度
$q_{e,cal}$　平衡时吸附质固相浓度的计算值
$q_{e,exp}$　平衡时吸附质固相浓度的实验值，mg/g
q_m　吸附剂的最大吸附容量
q_{max}　扩展朗格缪尔等温线常数
q_t　时间 t 时吸附剂吸附的吸附质的量
Q　传热速率；液体体积；体积流速；吸附能
Q_L　液体体积流速
R　通用气体常数，8.314J/(mol·K)
R^2　关联系数
R_a　假设为球状的吸附剂颗粒的半径
R_{min}　最小回流比
r　半径；反应速率
r_H　水力半径 = 流动截面/湿周
r_p　孔径
R_L　液相移除因子；分离因子，无量纲
S　固体；熵率；总熵；溶解度；流动截面积；溶剂流率；吸附剂质量；剥离因子；表面积；惰性固体流率；晶体流率；过度饱和
S_g　单位体积多孔颗粒的表面积
SS_T　平方总和
S　吸附剂表面的活性位
ΔS　活性复合体生成的焓变
ΔS^0　吸附焓变
k_l　液膜传质系数，m/s
K　化学计量反应的平衡常数
$\dot{m}$　质量流速，kg/s
M　质量，kg
n　反应级数
N　串联等体积全混流反应器的数目
N_A　组分 A 的物质的量
p_A　组分 A 的分压，Pa
p_A^*　与液相浓度 C_A 平衡的气相 A 的分压；因此，$p_A^* = H_A C_A$，Pa
Q　热负荷，J/s = W

q_t 染料吸附量，mg/g
r_c 未反应核的半径，m
R 颗粒半径，m
R 理想气体常数 =8.314J/(mol·K) =1.987cal/(mol·K) =0.08206lit·atm/(mol·K)
R 循环比
s 空速，s^{-1}
S 表面积，m^2
t 时间，s
T 温度，K 或℃
u^* 无量纲速度
v 体积流速，m^3/s
V 体积，m^3
W 反应器中固体的质量，kg
x_A A 转化的分数，转化率
x_A 每摩尔液相惰性组分中 A 的物质的量
x_A A 的转化率
Y_A 每摩尔气相惰性组分中 A 的物质的量
$F(t)$ 吸附剂上吸附质的吸收率，$0<F(t)<1$
G 吉布斯自由能；质量流速；塔盘上持液的体积；晶粒尺寸的生长速率
ΔG 活性化合物生成的吉布斯自由能
ΔG^0 吸附的吉布斯自由能
ΔH 活性化合物的生成焓
ΔH^0 吸附焓
ΔH_w 水的吸附热(一般假设为 0)
ΔH_{sol} 溶解热
$\Delta H_{st,0}$ 零覆盖率下的等量吸附热
$\Delta H_{st,a}$ 表观等量吸附热
$\Delta H_{st,net}$ 净等量吸附热
k 考虑整体流效应的传质系数；速率常数
K 气液平衡的平衡比；组分在流体和膜间的平衡分配系数；总传质系数；吸附平衡常数
K_G 具有分压驱动力的气相总传质系数
K_L 具有分压驱动力的液相总传质系数
k_{0B} 班厄姆方程常数
k_0 阿伦尼乌斯方程的指前因子
k_A 吸附平衡的吸附速率常数
k_B 玻尔兹曼常数
k_D 吸附平衡的脱附速率常数
k_d 分配系数

k_f　准1级吸附模型的速率常数
k_{id}　颗粒内扩散速率常数
k_S　准2级吸附模型的速率常数
K_F　弗罗因德利希等温线常数
$K_{EL,i}$　各个组分的扩展朗格缪尔等温线常数
$\overline{T}$　响应的总平均值
t　时间；停留时间；平均停留时间
t_b　吸附穿透的时间
t_E　色谱的流出时间
T　绝对温度
T_c　临界温度
U　表面速度；总传热系数；液体物质的量流速
U_a　表面蒸汽速度
u　速度；填充速度；体相平均速度；平均流动速度
u_c　表面液体速度
U_r　使用率
u_s　表面速度
u_v　气体速度
V　蒸汽；体积；蒸汽流速；溢流速度；溶液体积
V_p　单位质量颗粒的孔容
w　质量分数；吸附剂质量
W_i　样品的初始质量
W_τ　样品的实际质量
W_f　样品的最终质量
x　液相中的物质的量分数；任一相中的物质的量分数；距离；萃余液中的质量分数；底流中的质量分数；颗粒的质量分数
X　平衡湿度
X_B　结合水含量
X_c　临界自由水含量
X_T　总水含量
X_{Ae}　平衡状态下吸附剂吸附的吸附质分数
X_i　单位体积固体的溶质质量
y　气相中的摩尔分数；距离；提取物中的质量分数；溢流中的质量分数
Y　物质的量或质量比；溢流中可溶物质与溶剂的质量比；溶剂中溶质的浓度
z　任一相中的物质的量分数；复合相中的物质的量分数

希腊字母

δ　狄拉克δ函数，$t=0s^{-1}$时的一个理想脉冲

μ 流体黏度，kg/(m·s)
ρ 密度或浓度，kg/m^3/或 mol/m^3
σ^2 示踪曲线或分布函数的方差，s^2
τ 反应物颗粒完全转化为产物的时间，s；时间
Φ 蒂勒模数
γ HATTA 数
β Redlich－Peterson 等温线常数
λ 波长
η 有效因子
θ 平均停留时间
θ_B 间歇反应时间
ρ_s 固体颗粒密度
ρ_B 反应物的物质的量密度
ε_s 床层固含率
ε_d 密相体积分数
ε 床层孔隙率
$\sum$ 求和符号
Å 埃

缩写词

AAS 原子吸收光谱
AC 活性炭
AFS 原子荧光光谱
ASTM 美国材料与试验协会
Avg 平均
bar 0.9869 大气压或 100kPa
bbl 桶
BET BET 理论，BET 是三位科学家(Brunauer、Emmett 和 Teller)的首字母缩写
BFA 蔗渣粉煤灰
BFB 鼓泡流化床
BJH 孔径分布计算模型
BOD 生化需氧量
BR 间歇反应器
Btu 英制热量单位
℃ 摄氏度，K－273.3
CAD 计算机辅助设计
CAE 计算机辅助工程

cal　卡路里
CEC　阳离子交换容量
CFB　循环流化床
CFD　计算流体力学
cfs　立方英尺每秒
CI　色指数
cm　厘米
cmHg　厘米汞柱压力
COD　化学需氧量
cP　厘泊
CSTR　连续搅拌釜式反应器
CT　计算机断层扫描
CWPO　催化湿式过氧化氢氧化
D-R　Dubinin-Radushkevich 方程
DOE　实验设计
DOF　自由度
DTA　差热分析仪
DWW　双蒸水
e　指数函数
E-factor　环境因子
ECCP　欧洲气候变化计划
ECD　电子俘获检测器
EDAX　X 射线能谱分析
EOF　电渗流
eq　当量
exp　指数函数
F　华氏度，R 459.7
FA　粉煤灰
FF　快速流化床
FID　火焰离子化检测器
ft　英尺
FTIR　傅里叶变换红外光谱
g　克
GAC　颗粒活性炭
GC　气相色谱
GC-MS　气相色谱—质谱
GDP　国内生产总值
gpd　加仑每天

GUI　图形用户界面
h　小时
HPLC　高效液相色谱
HYBRID　混合相对误差函数
JCPDS　粉末衍射标准联合委员会
J　焦耳
K　开尔文
kg　千克
kmol　千摩尔
L　升
lb　镑
lbf　磅力
LFR　层流反应器
LHHW　Langmuir-Hinshelwood-Hougan-Watson 机理
LHS　方程的左边
ln　以 e 为底的对数
log　以 10 为底的对数
max　最大值
meq　毫当量
MFR　全混流反应器
mg　毫克
min　分钟；最小值
m　米
mm　毫米
mmHg　毫米汞柱压力
M　摩尔
mmol　毫摩尔(0.001mol)
MPSD　马夸特百分比标准偏差
MTBE　甲基叔丁基醚
MW　相对分子质量
mw　分子质量，kg
N　牛顿；标准
nm　纳米
P　苯酚
PCM　渐进转化模型
PC　气动输送

Pe 佩克莱特准数
PFR 平推流反应器
PLA 聚乳酸
ppm 百万分之一
psi 磅力每平方英寸
psia 磅力每平方英寸(绝对压力)
PTFE 聚甲氟乙烯
R-P Redlich-Peterson
RHA 谷壳灰
RHS 方程的右边
rpm 每分钟旋转次数
RTD 停留时间发布
SBU 二级结构单元
SCM 缩核模型
SDR 旋转盘反应器
SEM 扫描电子显微器
s 秒
SSE 误差平方和
stm 蒸汽
STP 标准温度和压力(通常为 1 atm，0℃或 60℉)
SZ 合成二氧化锆
TB 湍流流化床
TCD 热导检测器
TGA 热重分析
TG 热重
US EPA 美国环境保护署
VOC 挥发性有机化合物
vs 对
WAO 湿式空气氧化
wt 质量
XRD X 射线衍射
yr 年
y 年
Zr 二氧化锆
ZX 分子筛
μm 微米

量纲和单位

美国工程单位和厘米—克—秒制单位与标准国际单位换算系数表

量的名称	单位名称	单位符号	换算系数和备注
面积	平方英尺	ft^2	$1ft^2 = 0.0929m^2$
	平方英尺	in^2	$1in^2 = 6.452 \times 10^{-4}m^2$
加速度	英尺每二次方小时	ft/h^2	$1ft/h^2 = 2.325 \times 10^{-8}m/s^2$
密度	磅每立方英尺	$1b/ft^3$	$1lb/ft^3 = 16.02kg/m^3$
	磅每美加仑	lb/gal(US)	$1lb/gal(US) = 119.8kg/m^3$
	克每立方厘米	g/cm^3	$1g/cm^3 = 1000kg/m^3$
扩散系数，运动黏度	二次方英尺每小时	ft^2/h	$1ft^2/h = 2.581 \times 10^{-5}m^2/s$
	平方厘米每秒	cm^2/s	$1cm^2/s = 1 \times 10^{-4}m^2/s$
质量，功，热量	英尺磅力	ft · lbf	1ft · lbf = 1.356J
	英制热单位	Btu	1Btu = 1055J
	卡	cal	1cal = 4.187J
	尔格	erg	$1erg = 1 \times 10^{-7}J$
	千瓦时	kW · h	$1kW \cdot h = 3.6 \times 10^6J$
焓	英制热单位每磅	Btu/lb	1Btu/lb = 2326J/kg
	卡每克	cal/g	1cal/g = 4187J/kg
力	磅力	lbf	1lbf = 4.448N
	达因	dyn	$1dyn = 1 \times 10^{-5}N$
传热系数	英制热单位每小时平方英尺华氏度	$Btu/(h \cdot ft^2 \cdot ℉)$	$1Btu/(h \cdot ft^2 \cdot ℉) = 5.679W/(m^2 \cdot K)$
	卡每秒平方厘米摄氏度	$cal/(s \cdot cm^2 \cdot ℃)$	$1cal/(s \cdot cm^2 \cdot ℃) = 4.187 \times 10^{-4}W/(m^2 \cdot K)$
界面张力	磅力每英尺	lbf/ft	1lbf/ft = 14.59N/m
	达因每厘米	dyne/cm	$1dyne/cm = 1 \times 10^{-4}N/m$
长度	英尺	ft	1ft = 0.3048m
	英寸	in	1in = 0.0254m
质量	磅	lb	1lb = 0.4536kg
	英吨	ton	1ton = 1016kg
质量流速	磅每小时	lb/h	$1lb/h = 1.26 \times 10^{-4}kg/s$
	磅每秒	lb/s	1lb/s = 0.4536kg/s
质量流量，质量流速	磅每小时平方英尺	$lb/(h \cdot ft^2)$	$1lb/(h \cdot ft^2) = 1.356 \times 10^{-3}kg/(s \cdot m^2)$
功率	英尺磅力每小时	ft · lbf/h	$1ft \cdot lbf/h = 3.766 \times 10^{-4}W$
	英尺磅力每秒	ft · lbf/s	1ft · lbf/s = 1.356W
	马力	hp	1hp = 745.7W
	英制热单位每小时	Btu/h	1Btu/h = 0.2931W

续表

量的名称	单位名称	单位符号	换算系数和备注
压力	磅力每平方英尺	lbf/ft^2	$1lbf/ft^2 = 47.88Pa$
	磅力每平方英寸	lbf/in^2	$1lbf/in^2 = 6895Pa$
	标准大气压	atm	$1atm = 1.013 \times 10^5 Pa$
	巴	bar	$1bar = 1 \times 10^5 Pa$
	托 = 毫米汞柱	torr = mmHg	1torr = 133.3Pa
	英寸汞柱	in Hg	1in Hg = 3386Pa
	英寸水柱	in H_2O	1in H_2O = 249.1Pa
比热容	英制热单位每磅华氏度	Btu/(lb·℉)	1Btu/(lb·℉) = 4187J/(kg·K)
	卡每克摄氏度	cal/(g·℃)	1cal/(g·℃) = 4187J/(kg·K)
表面张力	磅力每英尺	lbf/ft	1lbf/ft = 14.59N/m
	达因每厘米	dyn/cm	1dyn/cm = 0.001N/m
	尔克每平方厘米	erg/cm^2	$1erg/cm^2 = 0.001N/m$
热传导系数	英制热单位每小时英尺华氏度	Btu/(h·ft·℉)	1Btu/(h·ft·℉) = 1.731W/(m·K)
	卡每秒厘米摄氏度	cal/(s·cm·℃)	1cal/(s·cm·℃) = 418.7W/(m·K)
速度	英尺每小时	ft/h	$1ft/h = 8.467 \times 10^{-4} m/s$
	英尺每秒	ft/s	1ft/s = 0.3048m/s
黏度	磅力每英尺秒	lbf/(ft·s)	1lb/(ft·s) = 1.488kg/(m·s)
	磅力每英尺小时	lbf/(ft·h)	$1lb/(ft \cdot h) = 4.134 \times 10^{-4} kg/(m \cdot s)$
	厘泊	cP	1cP = 0.001kg/(m·s)
体积	立方英尺	ft^3	$1ft^3 = 0.02832m^3$
	升	L	$1L = 1 \times 10^{-3} m^3$
	美加仑	gal(US)	$1gal(US) = 3.785 \times 10^{-3}$

物理常数

通用(理想)气体定律常数，R

1987cal/(mol·K)或Btu/(lbmol·℉)

8315J/(kmol·K)或Pa·m^3/(kmol·K)

8.315kPa·m^3/(kmol·K)

0.08325bar·L/(mol·K)

82.06atm·cm^3/(mol·K)

0.7302atm·ft^3/(lbmol·°R)

10.73psia·ft^3/(lbmol·°R)

1544ft·lbf/(lbmol·R)

62.36mmHg·L/(mol·K)

$21.9 inHg \cdot ft^3/(lbmol \cdot °R)$

大气压(海平面)

$101.3 kPa = 101300 Pa = 1.013 bar$

$760 torr = 29.92 inHg$

$1 atm = 14.696 psia$

阿伏加德罗常数

6.022×10^{23}分子/摩尔

玻尔兹曼常数

$1.381 \times 10^{-23} J/K$

法拉第常数

96490 电荷每克当量

重力加速度(海平面)

$9.807 m/s^2 = 32.174 ft/s^2$

焦尔常数(热功当量)

$4.184 J/cal$

$778.2 ft \cdot lbf/Btu$

普朗克常数

$6.626 \times 10^{-34} J \cdot s$

真空中的光速

$2.998 \times 10^8 m/s$

斯蒂芬—波尔兹曼常数

$5.671 \times 10^{-8} W/(m^2 \cdot K^4)$

$0.1712 \times 10^{-8} Btu/(h \cdot ft^2 \cdot °R^4)$